亚洲开发银行技术援助项目“秦岭国家公园淡水生态系统保护
与修复的机制与策略研究”（编号：56052-001）成果

秦岭国家公园淡水生态系统
保护与修复研究

陕 西 省 财 政 厅
陕 西 省 水 利 厅
陕 西 省 林 业 局
陕西中国西部发展研究中心
编

西北大学出版社
·西安·

图书在版编目(CIP)数据

秦岭国家公园淡水生态系统保护与修复研究 / 陕西省财政厅等编. -- 西安 : 西北大学出版社, 2025. 6.
ISBN 978-7-5604-5688-1

Ⅰ. X143

中国国家版本馆CIP数据核字第2025T17T20号

秦岭国家公园淡水生态系统保护与修复研究

QINLING GUOJIA GONGYUAN DANSHUI SHENGTAI XITONG BAOHU YU XIUFU YANJIU

陕西省财政厅
陕西省水利厅
陕西省林业局
陕西中国西部发展研究中心 编

出版发行 西北大学出版社
(地址:西北大学校内 邮编:710069 电话:029-88303404)
http://nwupress.nwu.edu.cn E-mail:xdpress@nwu.edu.cn

经 销 全国新华书店
印 刷 陕西龙山海天艺术印务有限公司
开 本 889毫米×1194毫米 1/16
印 张 30

版 次 2025年6月第1版
印 次 2025年6月第1次印刷
字 数 640千字

书 号 ISBN 978-7-5604-5688-1
定 价 360.00元

前言

秦岭是中国长江和黄河两大流域的分水岭与重要水源地、南北气候的分界线，被誉为中国的“中央水塔”，水资源丰富，是中国水安全格局的重要组成部分。同时，秦岭是中国乃至世界生物多样性热点地区之一，是中国重要的生物地理分界线，其复杂的地形与多样的气候、水文与土壤条件为生物生存提供了良好的条件，生物多样性资源丰富，是生物基因宝库。尤其秦岭作为长江、黄河中上游鱼类的重要种质资源库，分布着多种依赖河流、湿地等淡水生态系统生存的水生野生动物，包括鱼类161种、两栖和爬行类动物72种，含国家一级重点保护野生动物川陕哲罗鲑和国家二级重点保护野生动物秦岭细鳞鲑、多鳞白甲鱼、渭河裸重唇鱼、山溪鲵、西藏山溪鲵、秦巴北鲵、大鲵、宁陕齿突蟾等珍稀、濒危物种，对支持区域生物多样性起着关键作用。

2021年10月19日，国家公园管理局正式复函同意陕西省政府《秦岭国家公园创建方案》。目前，秦岭国家公园（创建区）以保护森林陆地生态系统及相应物种为主。在淡水生态系统方面，为保护秦岭地区重要水生生物及其生境，之前已建立了6处水生生物自然保护区和8处水产种质资源保护区，一些珍稀特有鱼类种群数量及其河湖生境得到了较大改善。但相比陆地生态系统，秦岭淡水生态系统受重视程度仍然不足，对水生野生动物的保护没有形成统筹与长效管理机制，淡水生态系统保护与管理仍然面临着多方面威胁，存在一系列问题：第一，秦岭淡水生态系统保护管理职责分散，责权不明晰；第二，秦岭淡水生态系统保护修复缺乏技术标准，数据不共享，科学研究支撑不足；第三，秦岭淡水生态系统与生物多样性的社会关注度不高，保护修复资金不足、来源单一。

因此，在秦岭国家公园获批之后，亟待统筹陆域与水域生态系统保护，理顺管理体制与机制，完善淡水生态系统保护修复技术体系。本书是亚洲开发银行技术援助项目“秦岭国家公园淡水生态系统保护与修复的机制与策略研究”（编号：56052-001）成果。其目标是为发挥联系黄河和长江流域作用的秦岭国家公园的淡水生态系统保护和恢复提供体制机制和技术与管理策略建议。本项目预期成果产出包括如下三个方面：第一，编制关于强化秦岭国家公园淡水生态系统保护和恢复能力的体制机制整合与政策建议；第二，编制秦岭国家公园淡水生态系统保护和修复的技术指南；第三，使关于淡水生态系统养护和恢复的良好治理做法的知识得到加强。

本成果基于中国国家公园的特征和挑战，强调在中国国家公园淡水生态系统保护方面的突破，将为中国国家公园在淡水生态系统保护体制机制的完善和技术标准的细化深化上填补空白、做出示范，并进一步将经验向全国国家公园推广甚至在国际上分享。

编者

2025 年 4 月 30 日

目　录

第一部分

第二部分

第一部分

总报告
秦岭国家公园淡水生态系统保护与修复研究

1　绪　论

1.1　项目背景

1.1.1　中国国家公园的特征与挑战

2013 年 11 月，十八届三中全会提出建立国家公园体制，强调三大理念：坚持生态保护第一、坚持国家代表性和坚持全民公益性。之后，中国国家公园体系与制度逐步形成，包括 2017 年中央办公厅、国务院办公厅发布《建立国家公园体制总体方案》，2018 年组建国家林草局（加挂国家公园管理局的牌子），2019 年中央办公厅、国务院办公厅印发《关于建立以国家公园为主体的自然保护地体系的指导意见》，2021 年 10 月第一批 5 个国家公园正式设立，2022 年《国家公园空间布局方案》印发以及 2023 年首批国家公园总体规划正式发布等。目前，包括秦岭在内的第二批国家公园建设正在稳步推进之中。

中国国家公园建设有四方面特征：

第一，中国国家公园在自然保护地体系中占据核心和主体地位。中国的自然保护地体系是以国家公园为中心的同心圆式结构，外围是广义的自然保护地，再往外是生态红线和生态空间。这与国际上的自然保护地分类情况不同，即国家公园属于第二类，而第一类是严格的自然保护区和荒野保护区等。

第二，中国的国家公园建设速度非常快。从 2013 年十八届三中全会提出建立国家公园体制，到 2021 年 10 月 12 日宣布第一批国家公园正式设立，只用了 8 年时间。而美国从 1872 年建立黄石国家公园，到 1916 年成立国家公园管理局，用了几十年的时间。中国在短时间内完成了极具挑战性的任务，也面临许多问题，需要在实践中应对，也需要在理论上积累经验。

第三，中国国家公园面积巨大。中国第一批国家公园总面积达到 23×10^4 km²。美国目前的 62 个国家公园总面积约为 21×10^4 km²。中国的 5 个国家公园的总面积已经超过了美国 62 个国家公园的总面积。同时，未来中国将建成 49 个国家公园，总面积将达到 110×10^4 km²，占国土面积的 10%。这与中国的体制、任务和国家战略对国家公园的定位有关。

第四，中国国家公园的建设面临着结构性矛盾和限制性条件。前者包括发展与保护的关系、城市化与保护地扩展的关系、粮食安全和生态安全的统筹兼顾等，后者包括土地权属、社区生计、民族稳定等，使得中国在目前的发展阶段建设世界上最大的国家公园体系的难度非常大。

自 2021 年第一批国家公园正式设立之后，中国国家公园工作重点开始进入 3 个转变：①从顶层设计到落地实践，解决如何在具体实践中解决具体问题、应对各方面挑战、形成具有中国特色的国家公园治理模式的问题；②从全面布局到细化和深化，解决实践后的落地及深化和细化以及形成技术标准和技术指南的问题；③从技术管理到综合治理的转变，强调国家治理体系与治理能力的现代化、多政府部门和利益方共同参与治理。

1.1.2 项目设计

应中国国家公园建设工作重点的 3 个转变，我们特别设计了“秦岭国家公园淡水生态系统保护与修复的机制与策略研究”这个项目。项目设计具有以下两重背景：

秦岭是中国乃至世界生物多样性热点地区之一，是中国重要的气候与生物地理分界线，复杂的地形与多样的气候、水文与土壤条件为生物生存提供了良好的条件，生物多样性资源丰富，是生物基因宝库。鉴于秦岭生态系统与生态过程具有国家代表性，创建秦岭国家公园对于维护中国中部生物多样性最丰富地区的生态系统完整性，对于保障国土自然生态系统平衡、筑牢中国地理中央生态安全屏障具有重要意义，2021 年 10 月 19 日国家公园管理局正式复函同意陕西省政府《秦岭国家公园创建方案》。秦岭国家公园以森林生态系统为主，森林覆盖率 94%。土地利用以林地为主，面积 1.26×10^4 km²，占秦岭国家公园总面积的 98%。记录有野生脊椎动物 791 种，国家重点保护野生动物 106 种；高等植物 3196 种，国家重点保护野生植物 42 种。

亚洲开发银行（ABD，以下简称“亚行”）一直对秦岭生物多样性保护、生态系统管理提供支持。此前通过黄河生态廊道项目和长江经济带倡议支持中国生态环境保护，涉及秦岭水源地保护；还包括支持建立秦岭国家植物园、更新陕西省动物救护中心，以及完成“秦岭生态系统综合管理研究”等。秦岭国家公园淡水生态系统保护与修复的机制与策略研究，作为亚行的知识和技术援助项目（TA）（编号：56052-001），将为作为黄河和长江流域分水岭的秦岭国家公园（QNP）的淡水生态系统保护和恢复提供制度和战略建议。本项目与亚行 2030 年战略的以下业务重点保持一致：应对气候变化、建设气候和灾害恢复力、提高环境可持续性以及加强治理机构能力,还与亚行 2021—2025 年国家伙伴关系战略及其关于环境可持续发展、气候适应和减缓的战略重点保持一致。

1.2　项目意义、范围和对象

1.2.1　项目意义

秦岭以河流为主的淡水生态系统，与陆地生态系统具有同样重要的保护价值。秦岭是中国长江和黄河两大流域的分水岭与重要水源地，孕育了长江一级支流汉江、嘉陵江与黄河一级支流渭河、洛河等众多重要河流，被誉为中国的“中央水塔”，水资源丰富，是中国水安全格局的重要组成部分，也是南水北调中线工程的水源涵养地。同时，秦岭作为长江中上游鱼类重要种质资源库，分布着多种依赖河流生态系统生存的国家重点保护动物，包括鱼类 161 种、两栖和爬行类动物 72 种，含国家一级重点保护野生动物川陕哲罗鲑和国家二级重点保护野生动物秦岭细鳞鲑、多鳞白甲鱼、渭河裸重唇鱼、山溪鲵、西藏山溪鲵、秦巴北鲵、大鲵、宁陕齿突蟾等珍稀、濒危物种，对支持区域生物多样性起着关键作用。

综上所述，在秦岭国家公园获批之后，亟待统筹陆域与水域生态系统保护，理顺管理体制与机制，完善淡水生态系统保护修复技术体系。基于中国国家公园的特征和挑战，“秦岭国家公园淡水生态系统保护与修复的机制与策略研究”作为亚行技术援助项目，强调在中国国家公园淡水生态系统保护方面的突破，将为中国国家公园在淡水生态系统保护体制机制的完善和技术标准的细化深化上填补空白、做出示范，并转化为中国国家公园淡水生态系统技术标准或规范，进一步将经验向全国国家公园推广甚至在国际上分享。

1.2.2　项目范围和研究对象

秦岭国家公园总面积 1.26×10^4 km²，沿陕西秦岭山系主梁，东至渭南老爷岭，西至陕甘省界马家沟，南至勉县大沟顶，北至华州李家堡。涉及陕西省西安、宝鸡、渭南、汉中、安康、商洛 6 市 20 个县（区）102 个乡（镇）。秦岭国家公园共涉及 62 处自然保护地，总面积 5770 km²。其中纳入秦岭国家公园范围的面积为 5509 km²。

本项目的研究对象为秦岭国家公园范围内的河流，包括秦岭北麓的渭河支流黑河、甘峪河、库峪河、汤峪河、田峪河、石砭峪河、涧峪河、桥峪河、石头河、辋川河等，以及秦岭南麓的嘉陵江水系与汉江水系上游，如肖家河、正河、湑水河、褒河、酉水河、金水河、椒溪河、蒲河、汶水河、子午河、旬河等。

1.3 秦岭淡水生态系统目前存在的问题和挑战

目前，秦岭国家公园（创建区）以保护森林陆地生态系统及相应物种为主，淡水生态系统相比陆地生态系统受重视程度不足，对水生野生动物的保护没有形成统筹与长效管理机制。具体问题包括：

①秦岭淡水生态系统保护管理职责分散，责权不明晰。

目前秦岭生态系统及生物保护管理总体遵循“陆域归自然资源厅林业局，水域归农业农村厅渔业渔政局”的原则。农业农村厅渔业渔政局虽然负责鱼类保护等工作，但监管范围仅限于水产种质资源保护区内，对保护区外的涉渔工程未有明确权限，不能进行实际的保护和管理。同时，水利厅负责地表地下水资源、生态流量、防洪等工作，生态环境厅负责水质水环境等工作。未来秦岭国家公园创建完成后将由陕西省林业局（国家公园管理局）统一管理，为淡水生态系统整体保护提供了契机，但其职责还有待明确。目前，林业局虽然也管理着若干以水生野生动物保护为主的自然保护区，但根据实地调查，林业部门实际职能以陆地生态保护为主，对水域只能进行基本巡护，水生生物资源调查及其生存环境监测等工作很大程度上被简化甚至忽略，因为水和鱼都不归林业部门管。因此，未来针对淡水生态系统保护管理的各职能可能仍然分散在多部门，合作机制不完善，容易形成管理漏洞。

②秦岭淡水生态系统保护修复缺乏技术标准，数据不共享，科学研究支撑不足。

秦岭已完成小水电整治工作，但部分未拆除坝体仍然影响着河流的生态连通性，因为缺乏淡水生态系统保护与修复标准及技术指南，所以难以对秦岭淡水生态系统保护与修复工作的成效进行科学评价。同时，秦岭水生生物原有调查工作比较久远，珍稀鱼类资料较为陈旧和零散。而农业农村厅管理众多水产站，掌握了大量与秦岭鱼类相关的数据，水利、环境等部门也掌握着水文、水质监测数据，跨部门数据壁垒会对保护管理整体效能形成阻碍。目前涉及秦岭淡水生态系统保护管理的相关机构，都与相应科研机构和大学建立了合作关系，但科学研究成果向实践应用转化不足，无法有效指导保护修复实际工作。许多科研项目的开展也受到经费不足的限制。

③秦岭淡水生态系统与生物多样性的社会关注度不高，保护修复资金不足、来源单一。

秦岭淡水生态系统相比陆地生态系统受重视程度不足，尤其对特有珍稀鱼类研究及关注不足。较少人知道川陕哲罗鲑也是国家一级保护动物，是研究地理和气候变化的重要指示物种，和“秦岭四宝”一个保护等级，野生川陕哲罗鲑数量可能比野生大熊猫数量还要稀少，但目前宣传十分不足。相比较而言，四川省已经在川陕哲罗鲑人工繁殖以及育种保护方面取得了重要进展。陕西作为川陕哲罗鲑野外种群重要分布地，宣传及关注有限，保护力度偏弱。现有的水产种质资源保护区和水生野生动物自然保护区对川陕哲罗鲑等珍稀濒危水生野生动物的覆盖相对较弱。近年在太白县太白河流域上游河溪发现了川陕哲罗鲑踪迹，推测有原生种群，应进行深入研究，建立统筹与长效保护机制。但目前秦岭生态保护资金主要依赖财政，经费有限，生态补偿制度尚不健全，鱼类保护资金更为匮乏，如负责鱼类保护的渔业渔政部门开展必要的科研监测活动缺乏经费支持。

1.4　项目目标与产出

本技术援助项目的目标包括：①加强秦岭国家公园淡水生态系统管理的体制机制整合；②制定秦岭国家公园淡水生态系统保护和修复的技术指南；③促进与其他发展中成员国分享秦岭国家公园治理方面的知识。本项目具体成果产出包括如下 3 个方面：

产出 1：编制关于强化秦岭国家公园淡水生态系统保护和修复能力的体制机制整合与政策建议。包括：

①研究淡水生态系统保护和修复体制创新方面的国际和国家做法；

②根据调查和协商，绘制秦岭国家公园关键淡水生态系统的空间分布图；

③制定评估淡水生态系统健康状况的方法；

④开展淡水生态系统保护和修复机构案例研究；

⑤编写提案，以改善秦岭国家公园淡水生态系统保护和修复的体制机制整合。

产出 2：编制秦岭国家公园淡水生态系统保护和修复的技术指南。包括：

①开发秦岭国家公园淡水生态系统保护和修复的评估工具；

②开展淡水生态系统保护与修复的全面调查与分析，特别是对河流水坝退役及连通性修复提出关键性评价建议，完善生态修复方法，考虑成本效益；

③与包括当地妇女组织在内的主要利益相关方协商，制定关于秦岭国家公园淡水生态系统保护和修复的技术指南；

④为秦岭国家公园的淡水生态系统保护和修复编制农村生活空间管理指南，该指南将以性别分析为基础，确定项目区域内男性和女性的需求、利益、知识和行为。

产出 3：使关于淡水生态系统保护与修复的良好治理做法的知识得到加强。包括：

①组织关于淡水生态系统保护和修复的国际研讨会，为秦岭国家公园相关机构发展国际伙伴关系；

②为地方管理者举办关于自然资本审计和生态服务估值实现机制的培训；

③设计生态补偿机制，用于秦岭国家公园的制度整合和跨省大秦岭地区的绿色发展；

④编制秦岭国家公园综合淡水生态系统保护与修复策略建议，并提交相关政府机构；

⑤在区域知识共享倡议支持下，在亚行发展中成员国之间分享技术援助的成果。

1.5 项目组织与实施过程

本项目执行时间为 2023 年 1 月到 2024 年 12 月，分为四个阶段：启动、中期、后期和最终阶段。

（1）启动阶段：2023 年 1—6 月

① 2023 年 4 月 14 日，召开项目启动预备会：介绍项目团队；讨论项目总体工作计划/范围，包括亚行和政府的期望；澄清与正式项目启动会有关信息；各专题根据计划和分工开始工作。

② 2023 年 6 月 8—9 日，召开项目启动会：形成项目启动报告；成立指导委；提出项目总体工作计划、研究大纲和研究进度；完成文献综述、建立数据库、制定调研方案、设计问卷；形成关于淡水生态系统保护与修复以及国家公园管理体制创新方面国际经验与案例研究初步研究成果；形成备忘录。

③ 2023 年 6 月 8 日，组织国际研讨会，就秦岭淡水生态系统保护与修复、秦岭国家公园建设、秦岭人居环境与生态保护协同发展等主要议题进行研讨，同时形成阶段性的专家咨询建议，为完善项目研究提供理论与技术支持。

本项目的执行机构为陕西省财政厅，实施机构为陕西省水利厅、陕西省林业局，咨询顾问机构为陕西中国西部发展研究中心（以下简称“西部中心”）。围绕本项目需要，亚行和西部中心进行咨询专家招聘，组成了如下项目专家组（表 0−1）。

表 0−1　项目专家组

专家职责	专家姓名	专家单位	项目职务
淡水生态保护与修复专家	Jonathan B. Jarvis	美国加利福尼亚大学洛杉矶分校 UCLA，USA	
国家公园管理专家	Mick Abbott	新西兰林肯大学 Lincoln University，NZ	
国家公园管理专家	杨锐	清华大学教授	联合组长

续表

专家职责	专家姓名	专家单位	项目职务
淡水生态修复专家	刘海龙	清华大学副教授	联合组长
人居环境专家	周庆华	西安建筑科技大学教授	
水生生物专家	王开锋	陕西省动物研究所研究员	
战略和规划专家	赵进勇	中国水利水电科学研究院研究员	
河流生态专家	潘保柱	西安理工大学教授	
性别专家	陈晓楠	西北农林科技大学副教授	
生态补偿专家	袁晓玲	西安交通大学教授	
林下经济专家	王新杰	北京林业大学教授	

（2）中期阶段：2023 年 7—12 月

① 2023 年 6—9 月、11 月，组织实地调研与验证考察，选择典型区域，组织专家实地调研；开展水生生物分布及其健康状况评估，形成淡水生态系统健康状况的综合调查报告，完成秦岭关键淡水生态系统空间分布制图，校准空间识别指标的选择，完善基础数据库；对秦岭主要水域保护地管理机构进行深入访谈，明确现存保护体制的管理症结及近、中、远期的可行体制整合与改革方向，并根据调查情况与相关部门协商，分析秦岭关键淡水生态系统保护修复利益相关者结构。

② 2023 年 10—12 月，初步提出秦岭国家公园淡水生态系统保护和修复的评估工具，选择典型区域对秦岭淡水生态系统保护和修复展开调查和分析，尤其针对河流大坝退役前后的淡水生态系统变化，评估珍稀水生生物栖息地保护目标物种的有效性、河流水坝退役及连通性修复、国家公园等保护地的设立对支持淡水生物多样性的作用等，在考虑成本效益的情况下提出生态修复策略工具；开展中期审查研讨会，形成中期报告。

（3）后期阶段：2024 年 1—6 月

① 2024 年 1—3 月，形成关于秦岭国家公园淡水生态系统保护和修复的体制与策略的性别分析报告，并邀请 40 名（女性占比至少为 40%）利益相关者参加协商会议。

② 2024 年 4—6 月，完成关于秦岭国家公园淡水生态系统保护和修复的体制案例研究报告；与主要利益相关者进行协商，完善秦岭国家公园淡水生态系统保护和修复的评估工具，提出秦岭国家公园淡水生态系统保护和修复的技术指南；形成基于性别分析的秦岭国家公园淡水生态系统保护和修复的乡村人居空间管理和控制指南，确定项目区域内男性和女性的需求、兴趣、知识和行为。

（4）最终阶段：2024 年 7—12 月

① 2024 年 7—9 月，编写最终报告草案；完成一份在制度层面上将淡水生态系统保护和修复纳入秦岭国家公园的提案、一份生态补偿提案，完成秦岭国家公园淡水生态系统保护和修复的技术指南。

② 2024 年 10—12 月，举办关于淡水生态系统保护和修复、自然资本和生态服务价值实现机制的培训班，参加者至少 60 人（女性占比至少为 40%）；完成秦岭地区淡水生态系统综合保护与修复方案，提交秦岭生态补偿方案；开展最终审查研讨会，分享技术援助成果，形成最终报告和最终知识产品。

2　相关国际研究

2.1　美国国家公园淡水生态系统保护与修复

2.1.1　体制机制

2.1.1.1　美国国家公园体系的法律框架

美国国家公园体系始于 1872 年建立的黄石国家公园，由美国国会授权保护其自然资源供公众享用。1916 年，美国国会通过美国《国家公园管理局组织法》，成立美国国家公园管理局（USNPS），明确其责任为保护景观、历史遗迹和野生动植物，以不破坏其自然状态的方式为后代保留。此后，相关法律体系不断完善，涵盖了美国国家公园的综合保护需求，例如，美国《水资源清洁法》和《野生和风景河流法》，后者为管理跨多个司法管辖区的河流提供了法律支持。

美国《野生和风景河流法》（图 0−1）将国家公园内外的河流分为野生河流、风景河流和游憩河流：

野生河流区域——没有水库的河流或河段，除了小径外一般无法到达，流域或河岸线基本上是原始的，水域未被污染。这些代表了原始美洲的遗迹。

风景河流区域——没有水库的河流或河段，其河岸线或流域仍很原始，河岸线大部分未开发，但可通过道路到达。

游憩河流区域——通过公路或铁路容易到达的河流或河段，沿着其河岸线可能有一些开发项目，并且在过去可能经历过水库或引水建设。

无论如何分类，国家系统中的每条河流都是以保护和提高其被指定的价值为目标进行管理的。

在美国国家公园内，野生和风景河流的指定需要一个规划过程，确定河流的“突出显著价值”，然后要求这些价值的维护、恢复和改善成为公园管理的优先事项。当野生和风景河流跨越多个司法管辖区时，USNPS 成为负责保护这些河流价值的众多合作伙伴之一。其作用通

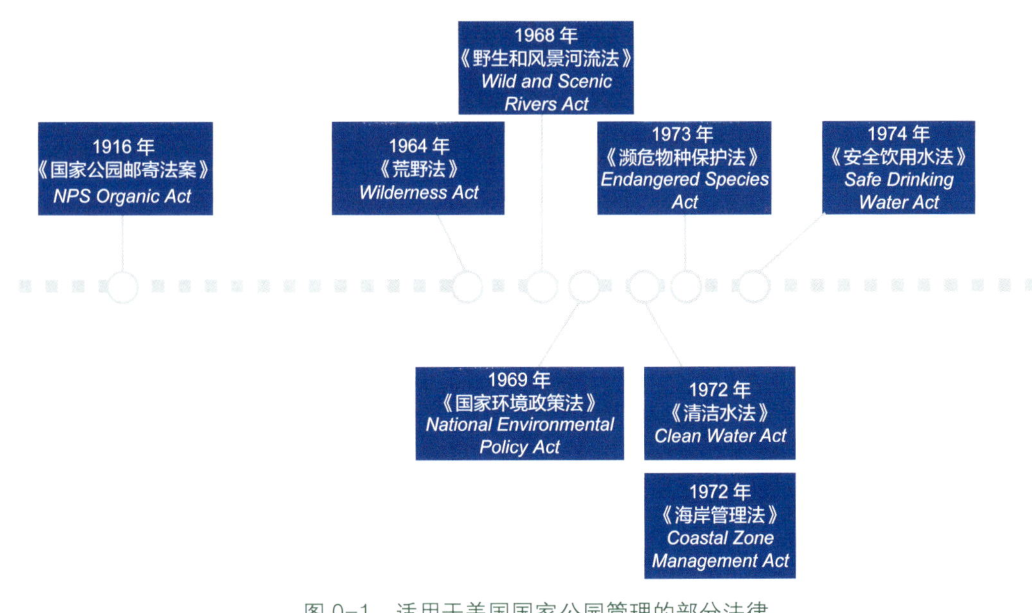

图 0-1　适用于美国国家公园管理的部分法律

常是为拟建项目和开发对河流的潜在影响提供科学证据。

2.1.1.2　美国国家公园管理局的合作与协调机制

USNPS 是美国内政部的一个联邦机构，内政部是美国总统下属的一个内阁级部门。在美国内政部内，USNPS 是内政部长下属的 10 个局之一，拥有最多的预算和工作人员。美国内政部下属部分局之间的职责有些重叠。例如，美国鱼类和野生动物管理局（FWS）执行美国《濒危物种保护法》，该法案适用于美国国家公园管理局中包含这些物种的任何单位。USNPS 和 FWS 经常合作致力于恢复这些濒危物种。美国垦务局（USBR）经营着美国的一些大型水电大坝，USNPS 管理着这些水库创造的游憩活动和周围的土地。USNPS 和 USBR 在水位控制方面密切合作，管理着进入水库的通道。

1979 年，USNPS 启动了“自然资源挑战”（Natural Resource Challenge）项目，这是一项旨在实现自然资源管理专业化的持续性运营、人员配备和资金倡议。USNPS 每年获得 8000 多万美元的常规资金，雇用许多新的自然资源专家。对于拥有大量水资源的国家公园，水文学家、湖沼学家、水文地质学家、冰川学家、水生生态学家和其他专业人士被雇用来制订淡水保护计划。这些专业人士通常拥有包括博士学位在内的高级学位，他们不仅仅作为学术科学家，而是作为经理，将最好的科学理论应用于复杂问题。然后，这些公园工作人员通过“合作生态系统研究单元”项目与学院和大学建立了工作关系，以便科学家更容易发挥其在公园资源研究方面的作用。在人员聘用上，美国国家公园内的员工资格和专业标准是非结构化的。USNPS 雇用了大约 16000 名永久全职员工，平均每年雇用 8000 名夏季员工。大多数员工在园区内工作，少部分在 7 个区域办事处和华盛顿特区的总部工作。

2.1.1.3　美国国家公园的资金支持

美国国家公园管理的资金是确保其可持续运行和生态保护目标实现的重要保障。资金来源通常包括以下几个方面：①政府财政拨款：是美国国家公园管理最主要的资金来源，也是基础性支持，用于覆盖美国国家公园的日常运维、基础设施建设、生态保护、监测研究和工作人员的薪资支出等。美国中央和地方政府可能共同分担资金责任，根据美国国家公园的重要性和管理需求分配拨款。②生态补偿机制：是美国国家公园建设中的关键资金来源之一，尤其是涉及生态移民、土地置换和社区发展等方面。通过设立专项资金，补偿因生态保护而受限制的社区和个人利益，协调保护与发展的关系。③社会捐赠和公益基金：美国国家公园吸引了大量社会资金的支持，如企业、社会组织和个人的捐赠。这类资金通常用于支持科学研究、特定保护项目以及教育宣传活动，能够弥补政府拨款的不足，增强资金来源的多样性。④旅游收入：美国国家公园通过门票、导览服务、生态旅游等方式获取收入，可以直接支持部分运维支出，但其比例通常有限，且需要平衡保护与开发之间的关系，不能作为主要依赖的资金来源。⑤国际合作与援助：一些美国国家公园还可能获得来自国际组织、基金会和外国政府的资金支持，用于推动生物多样性保护、气候变化应对及管理能力提升。

综合来看，政府财政拨款是美国国家公园管理资金的核心与基础，其他资金来源则起到补充作用。建立多元化的资金支持体系，不仅有助于提高美国国家公园的管理效率，还能够确保其在长期发展中保持可持续性。

2.1.2　技术导则

2.1.2.1　鱼类栖息地保护与恢复

保护与恢复鱼类栖息地十分重要。本地鱼类需要特定的栖息地才能成功产卵、繁殖以及开展日常生活。人类在河流、溪流、湖泊或沿岸地区的活动常常会干扰或破坏鱼类的栖息地。设计和执行不当的“洪水控制”活动会使自然蜿蜒的溪流变直，从而对鱼类栖息地造成严重影响。在国家公园内，这些活动应予以禁止，如果是过去实施的，则应予以恢复。被“拉直”的溪流可以恢复到自然蜿蜒的状态，并重新填充木质碎屑，形成当地的鱼类栖息地。奶牛直接进入溪流饮水也会破坏鱼类栖息地，因此，奶牛不应被允许进入或至少应被严格限制在国家公园内的特定区域活动。

河岸带作为生态系统的重要组成部分，其保护对维持淡水生态功能至关重要。国家公园应采取措施防止河岸植被因公众进入和其他人类活动而退化，例如，铺设木板路和设置围栏保护敏感区域，并通过植被恢复计划快速改善受损区域。许多国家公园已建立本地植物苗圃，专门用于培育河岸恢复所需的特定植物。（图 0−2、图 0−3）

图 0-2　本土湿地植物正在迅速形成(图片由照片改绘)

图 0-3　工程原木结构

2.1.2.2　国家公园内的水坝、蓄水设施和溪流改道

一般来说，国家公园应禁止修建水坝、蓄水设施和改道，因为它们会对园区生态造成重大影响。其中包括洪水、栖息地淹没、破坏斜坡稳定、制造非本地物种的栖息地、鱼类迁徙中断、溪流温度变化以及建造和维护大坝、蓄水和改道的相关基础设施。但在某些情况下，在建立一个新的国家公园的时候，会存在已有的水坝、改道和蓄水设施。纳入考虑的第一个选

择是拆除和恢复。如果在财务、政治或环境上不可行，可以采取缓解措施来降低影响。美国的水坝可能由私人、城市、公用事业、州和联邦政府所有。大坝退役的第一步是确定谁拥有大坝，以及是否可以收购大坝进行拆除。大坝拆除需要公众的积极参与，并对拆除的上游和下游影响进行分析。

首选的也是最复杂的选择是大坝退役和拆除。大坝拆除是一个复杂的过程，远远超出了物理结构的实际拆除。威斯康星州河流联盟（the River Alliance of Wisconsin）和无限鳟鱼（Trout Unlimited）保护组织编制的《大坝拆除：恢复河流的公民指南》中列出了有助于确定退役和拆除的问题清单：

是否有针对大坝闸门开口的警报系统？

大坝上游和结构附近是否有足够的警告标志？

大坝结构是否存在可见裂缝？

是否有结构碎片分离或脱落？

是否存在通过大坝结构的渗水（例如，通过混凝土、泥土）？

大坝或护堤的泥土部分是否有动物洞穴？

大坝或护堤上是否生长着树木？

水位是否有大的和/或突然的非自然变化？

大坝上方和下方的水质是否发生变化？

大坝上方和下方的水温是否发生变化？

蓄水中是否存在过量的植被和/或藻类？

大坝上方是否有明显的沉积物堆积？

鱼类或贻贝是否滞留在大坝上方或下方？

水坝上方或下方是否淹没了水禽或滨鸟的巢穴？

鱼卵或两栖动物卵是否暴露在大坝上方或下方？

鱼类产卵床（如砾石坝）是否暴露在大坝上方或下方？

2.1.2.3　淡水资源监测系统

对水资源保护至关重要的是制订调查和监测计划，即利用现代卫星图像、地理信息系统以及地面实况调查，为管理人员提供一套涵盖所有地表水资源的有效数字地图。大多数资源管理者使用某种形式的分类系统来显示淡水资源特征，如常年性或间歇性河流、泉水、湿地等。在对水资源进行充分调查后，就需要一个全面的水质和水量监测系统来确定是否存在需要采取行动的预期外变化，并不是任何地表淡水资源都需要监测，但足够的地表淡水资源监测数据可以提供一个具有代表性和敏感性的数据集。

指标和评估方法：

溶解氧、pH、电导率、温度（水资源核心参数）

连续水温

连续空气温度

底栖大型无脊椎动物丰度和物种组成

浊度

快速栖息地评估（溪流和河岸栖息地特征的关键）

溪流栖息地的物理特征

入侵物种的存在与否

2.1.2.4　为在气候变化背景下保护国家公园淡水资源做好准备

国家公园在应对气候变化方面发挥着重要作用，具体集中在四个领域：科学研究、缓解措施、适应策略和公众教育。

在科学研究上，国家公园通过建立气候监测站和评估气候脆弱性，为决策提供依据。例如，美国约书亚树国家公园通过监测发现短叶丝兰正受到气候变化的威胁，采取清除易燃草地等措施保护其生存。

在缓解措施上，国家公园通过碳固存、节能技术和可持续管理减少自身碳足迹，同时推广基于自然的解决方案，增强生态服务功能，如清洁水源与生物多样性保护。

适应策略则关注资源管理和连通性增强，保护重要物种的避难所，并通过生态恢复提升淡水系统韧性。例如，在加州东湾公园，通过关闭迁徙通道上的道路保障物种生存。

国家公园作为科普与公众教育的平台，以具体实例传递气候变化的影响及应对行动，激发公众参与环境保护的热情。通过这种综合方法，国家公园为气候变化下生态系统的保护提供了宝贵的模式。

2.1.3　项目开发与运营

2.1.3.1　基于淡水生态系统保护的项目开发最佳实践

①规划和选址：在国家公园内启动项目开发需明确规划，包括位置、规模、环境影响和资源需求。游客和行政项目尽可能在公园边界外实施，利用周边社区资源并推动经济发展。开发需限制对保护目标的干扰，避开淡水资源和洪泛区，并考虑气候变化影响。

②生态设计与运营：推广节水措施，如低流量厕所和零灌溉景观设计，减少用水和污水生成。室外水资源需标明是否可饮用，并对公共用水进行定期安全测试。

③废水处理和处置：访客和员工的废水处理需避免污染淡水资源，包括坑式厕所、拱顶

式厕所、管道设施。废水处理设施应位于公园边缘或公众无法进入的区域。

坑式厕所：适用于低使用率地区，但需妥善封闭和迁移。

拱顶式厕所：通过水箱和通风设计提升卫生条件，需定期泵送。

管道设施：将废水输送至专门处理设施，确保排放达标。

④社区用水管理：早期国家公园曾将小型社区驱逐，但现代实践将其融入管理，优化其基础设施以减少对淡水资源的影响。在社区周边设立明确边界，限制其扩展，同时规划基础设施提升以改善居民生活质量。

2.1.3.2　美国国家公园游憩收入分配

一个多世纪以来，私人旅馆、导游和服装店、食品服务和纪念品销售一直是美国国家公园运营的一部分。美国国会于 1965 年和 1996 年通过了管理国家公园管理局“特许经营”的法律，为这些商业经营提供法定框架。该法令授权私营部门在向 USNPS 支付占总收入 4%至 15%的特许费的同时，在公园内经营专门的游客服务，如住宿、食品和纪念品销售。

USNPS 每年从大约 500 个特许权获得者那里收取大约 1.25 亿美元的特许权使用费，这些特许权获得者的总收入超过 10 亿美元。像门票费一样，这笔资金保留在美国财政部，由 USNPS 使用，但有一些限制，如资金不能用于基本的公园运营。这些资金像门票一样按 80/20 的比例分配，收费公园保留 80%，20%用于整个管理机构。该笔资金用于提高为游客提供服务的设施的质量，通常用于修复现有的酒店和特许设施，或收购公园基础设施中过去的私人权益。

2.1.3.3　面对气候变化问题的自然教育

为了有效应对气候变化及其影响，国家公园需向工作人员和管理人员提供气候变化科学决策工具培训，并以身作则，与公众讨论气候变化虽复杂，但公园的角色是展示具体变化和适应行动，避免争议。工作人员需学会如何在不指责的情况下讨论气候变化，教育公众了解其对公园的影响，使解决全球变暖问题更具体和可行。公园作为游客体验气候变化影响的地方，具有独特的潜力传播科普知识，激发个人与气候变化的联系和行动。

2.2　新西兰国家公园淡水生态系统保护与修复

2.2.1　体制机制

2.2.1.1　新西兰保护部（DOC）的职责

新西兰保护部（DOC）作为国家公园及自然保护工作的核心机构，其主要职责涵盖生物多样性保护、文化遗产保护、公众参与及游憩服务。其中，新西兰保护部高度重视淡水生态系统的保护与管理，其职能从政策制定到执行，贯穿生态保护的全链条。

①主要成果 1：生物多样性。

在其保护工作中，新西兰保护部努力确保新西兰的所有生态系统都得到强有力的保护，包括从海洋环境到高山地区的各种独特景观的生物多样性。新西兰保护部保护的大部分物种是本地植物、鸟类和无脊椎动物。新西兰保护部实施物种恢复计划，在将濒危物种放回野外之前进行饲养，以增加它们的数量。

②主要成果 2：游憩。

在新西兰的保护区内有 100 条步道，长约 1000 km。最受欢迎的是新西兰的九大步道，每年有成千上万的人去体验。新西兰保护区内还有大量驿站，归政府所有，可供公众使用。新西兰保护部管理着新西兰各地的游客中心，是游客到达保护区的第一站。新西兰保护部在此向公众提供当地情况的信息，包括天气、路线和驿站。

③主要成果 3：遗产。

新西兰保护部在新西兰的保护区内保护着 12000 多处考古和历史遗址。这些遗址因其历史意义而具有文化价值并得到保护，以确保它们能够传承给后代。新西兰保护部向公众介绍历史遗产遗址，包括向人们提供关于这些遗址的信息，解释其重要性及值得访问的原因，并鼓励人们参与保护。确保游客对这些地方有难忘的经历，这样他们就能感受到它们的历史和文化意义。

④主要成果 4：公众参与。

新西兰保护部与毛利部落合作，确保毛利人在管理保护区方面的利益得到满足。这意味着确保保护区的政策、战略和规划能够反映毛利人的世界观和他们作为当地人的身份。企业和公司通过制定自己的环境绩效标准，并通过环保伙伴关系发挥着重要作用。反过来，合作伙伴可以参加由世界保护管理领导者领导的高级项目。

新西兰保护部还实施了几项教育计划，旨在提供有关保护区的信息，鼓励人们了解生态学和重要的动植物物种。其中有为儿童设计的教育计划，目的是从小激发他们对环境保护的兴趣。新西兰保护部与社区合作很重要，因为新西兰保护部是代表社区管理这些共同构成新西兰公共保护地的地方。新西兰保护部还试图通过保护项目来吸引年轻人，激发其对保护淡水生态系统的兴趣。

2.2.1.2 有关淡水生态系统保护的政策

新西兰保护部制定了国家公园的总体政策，包含一系列与主题相关的政策。就淡水物种、栖息地和生态系统而言，国家公园总体政策中的具体要求包括：

国家公园管理规划将确定国家公园内的本地淡水渔业、休闲淡水渔业和淡水鱼栖息地；

应对国家公园内的淡水物种、生境和生态系统进行管理，以尽可能保护所有本地淡水渔业和生境，并保护娱乐性淡水鱼生境，包括：

①维护和恢复土著淡水渔业的自然地理范围；

②维持鱼道，并在可行的情况下恢复鱼道，除非这会导致非本地物种进入只有本地物种存在的淡水渔业区域，或会对本地淡水渔业的保护构成威胁；

③与其他管理机构合作，预防、根除、遏制或排除有害物种，以及未经批准转移淡水鱼或水生生物的行为；

④保护或恢复水体（包括湿地）、河岸地区、地下水、地热和河口生态系统至自然状态。

新西兰的每个国家公园都有自己的国家公园管理规划（National Park Management Plan），由当地的保护委员会、当地的毛利部落和保护部共同制定，但必须符合新西兰《国家公园法》和国家公园总体政策的要求。

2.2.1.3　资金来源

在管理与运营方面，新西兰保护部年度预算中的55%用于生物多样性保护，资金主要来源于政府税收。新西兰保护部以合理的支出策略在 8×10^4 km^2 的公共保护地中实施高效的生态管理，包括每0.01 km^2 40新西兰元的淡水生态保护运营支持。新西兰保护部通过社区和志愿者力量的广泛参与，大大提升了资源利用效率，这种合作模式也成为新西兰保护工作的典范。（表0–2）

表0–2　保护部的资金支出方向与比例

活动	金额	百分率/%
生物多样性保护	NZ$326m	55
娱乐和游客服务	NZ$185m	31
社区参与和伙伴关系	NZ$40m	7
历史遗产保护	NZ$9m	2
其他	NZ$30m	5
总数	NZ$590m	100

2.2.1.4　科学咨询小组

新西兰河流系统治理因涉及多方利益和复杂生态特性而极具挑战性。不同机构分担河流的多项管理职能，然而，没有单一政府机构专门负责整体河流的保护和治理。新西兰的地方议会、地方政府、保护部、土地信息局（LINZ）、渔业部（MFish）以及渔猎理事会分别管理河床、商业活动、淡水物种及其栖息地等方面的事务。其中，保护部负责大部分土著淡水物种的保护，土地信息局则管理大片河床，但通常不实行保护性管理。这种分散治理模式类似于秦岭国家公园所面临的多机构协作挑战，亟须更强的协调和统一监管机制。

新西兰保护部的首席科学顾问在治理中发挥着关键作用，通过整合大学和研究机构的最新成果，确保决策和治理措施的科学性。这一机制为提升治理水平提供了有力支持。在秦岭国家公园等地，设立科学咨询小组或类似机构，结合已有治理框架引入科学指导，可能会显著增强生态保护与治理的有效性。

2.2.2　技术导则

2.2.2.1　监测和评估淡水生态系统质量：全流域的管理视角

通用的监测和评估协议允许进行稳健的纵向研究，通过反复测量同一变量来评估变化或趋势。新西兰保护部建立了生物多样性清单和监测工具箱，以确保标准化的可重复措施。

清查和监测淡水环境的具体方法包括：

①淡水生态系统中的大型无脊椎动物监测；

②溪流生态系统中的固着生物监测；

③淡水生态系统中的定量周边生物监测；

④溪流栖息地评估现场表；

⑤湖泊淹没植物指示器。

监测淡水鱼类物种的具体方法包括：

①聚光灯法；

②电捕鱼法；

③固定距离和多次采样法。

这些方法令观测者聚焦于标准长度的溪流（100～400 m）以观察夜间活动的鱼类。

全面的监测可以在早期发现污染源和生态系统压力源，这些压力源可以在系统的任何一点产生。如果任由（下游）河流系统被进一步污染，在上游源头区设置国家公园保护水质的努力可能会失去应有的价值。在绝大多数情况下，从源头解决问题都是最具成本效益和对环境无害的方法。它还可以使管理者全面了解即将被规划的河流，从而进行有效的综合土地利用规划。

2.2.2.2　保护新西兰最稀有的淡水鱼类

保守的农业做法，如限制牲畜进入水道、河岸边种植，都是当地农民为新西兰珍稀的本土鱼类——加拉昔鱼提供更好的栖息地的方式。悬挂在水道上的本地植被，如草丛、莎草和亚麻，有助于保持水温凉爽，减少藻类水华。它还有助于去除多余的营养物质，降低到达水道的沉积物含量，避免沉积物堵塞河流鹅卵石之间的空间，使加拉昔鱼物种更容易繁殖和觅食。清洁的水支撑着银河目物种和其他鱼类所依赖的复杂的溪流昆虫生态系统。此外，屏障的使用和电动捕鱼有助于阻止鳟鱼进入这些小型源头溪流，从而为加拉昔鱼增加数量提供了更好的机会。

金枪鱼和鳗鱼也是主要的本地鱼类，长鳍鳗鱼只在新西兰有发现，被列为濒危物种，数量正在减少。它们受到人类活动的严重影响，如污染、建造水坝、栖息地附近植被的丧失和过度捕捞。对此可采取的保护措施包括：

拆除障碍物，并提供涵洞、水坝和堰等结构的鱼类通道；

通过将水道与农场动物隔离来保护河岸植被；

沿着溪流边缘种植本地植物，为鳗鱼和其他鱼类提供阴凉的栖息地；

在农场和公共场所创建和加强湿地；

鼓励保护和阻止过度捕捞。

2.2.2.3 社会—生态学方法

新西兰在国家公园治理中尝试将社会-生态学方法融入管理，借鉴 Ignacio Palomo 的模型探索保护区在保护景观与区域生物多样性中的作用。研究发现，传统的将保护区视为独立单元的方式虽然强化了边界内的保护，却可能忽略其在更大范围生态系统中的价值。社会-生态学方法可通过多层次理解促进治理创新，与中国生态文明理念有相似之处。

新西兰尤瑞瓦拉国家公园的独特管理实践即为典型案例，其国家公园认定被撤销后，由特定法律赋予自主权力，仅开展有益于生态健康的活动。同样，旺格努伊河作为全球首个获得法律地位的河流，其权益决定其活动范围。这些案例体现了社会-生态学方法的灵活性和实验性。

2.2.3 产业发展与公众参与

2.2.3.1 国家公园内外的水游憩

新西兰的湖泊、河流和溪流是广受欢迎的户外游憩场所，包括国家公园内和之外的地点。这引发了一系列与管理相关的挑战，其中包括：①活动的适宜性，尤其是机动船只或其他便于进出的交通工具的使用；②希望在同一地点进行不同活动的用户之间的冲突。

为应对这些挑战，国家公园管理规划为商业活动制定了严格的规程，包括游客数量（每日、每周和每年的最大限制）、游客团体的规模、活动的时长以及这些活动可以发生的具体地点等。旅游经营者需申请特许权来从事他们的活动，并必须满足环境保护、避免或减轻对该地区其他人的影响以及确保游客健康与安全等方面的具体标准。游憩发展采用再生旅游原则，确保活动对环境和当地社区产生直接利益，已越来越多地成为许多申请考虑的标准之一。

2.2.3.2 游客体验的再生设计

旅游经常被认为会对我们的生存环境和自然界产生负面影响。过度拥挤、践踏脆弱的景观以及垃圾和废物的丢弃都是众所周知的影响。再生旅游（Regenerative Tourism）是一个新的概念，它超越了可持续旅游的传统原则，旨在对目的地和社区产生积极影响。它致力于恢复、振兴环境和当地文化，同时为旅行者提供独特而有意义的体验。再生旅游根植于这样一个理念，即旅游可以直接产生积极的环境效益。通过积极引导游客参与协作和参与式的保护、恢复和学习大自然的经历，从而增长和增强生态和经济效益。

2.2.3.3 公众参与推动淡水资源保护与共享

新西兰保护部的职责不仅局限于保护，还通过公众参与实现共建共享。其与毛利部落和地方社区的合作体现在生态保护项目的设计和实施中，例如，协同管理淡水鱼栖息地和湿地保护区。新西兰保护部还推动教育计划，以提高公众对淡水生态系统重要性的认识，特别是通过儿童教育激发其环境保护意识，并提供各类培训课程，如植物鉴定、勘察绘图、杂草管理等。此外，志愿者和环保慈善机构的参与也在淡水生态保护中发挥了关键作用，约有 1000 名志愿者协助保护部在新西兰保护区内开展日常活动，弥补了资金和人力的不足。

2.3 欧洲国家公园与保护地淡水生态系统管理

2.3.1 欧盟《水框架指令》与流域管理规划

欧盟《水框架指令》（Water Framework Directive，WFD）是欧盟水政策中最全面和最重要的文书。它是一个综合性水管理办法，通过一个框架法规统一了欧盟各方面的水环境政策，为成员国设定了一致认可的水质目标，并将指令的执行权移交给成员国，从而避免了原有各个法律文本间的交叉、重叠及局部内容冲突现象。欧盟《水框架指令》要求成员国依据指令修订完善各自的法律法规并在规定时间内完成相应工作，形成完整的水法规框架体系。2003 年年底，欧盟《水框架指令》被纳入各成员国的相关法律。

流域管理规划是欧盟《水框架指令》的一个关键方面，以实现整个欧洲的流域综合管理。由于河流经常跨越国界，来自几个成员国的代表必须合作和共同努力管理流域（所谓的跨界流域）。关于流域范围，一般情况下制定规划的流域应完全在成员国领土内。对于属于欧盟共同管辖的国际流域，其相关成员国应进行协调，制定一个统一的国际流域管理规划；如果上一点无法满足，则成员国应制定至少涵盖其境内国际流域部分的流域管理规划以实现目标。

关于流域规划内容，要求如下（图 0-4）：

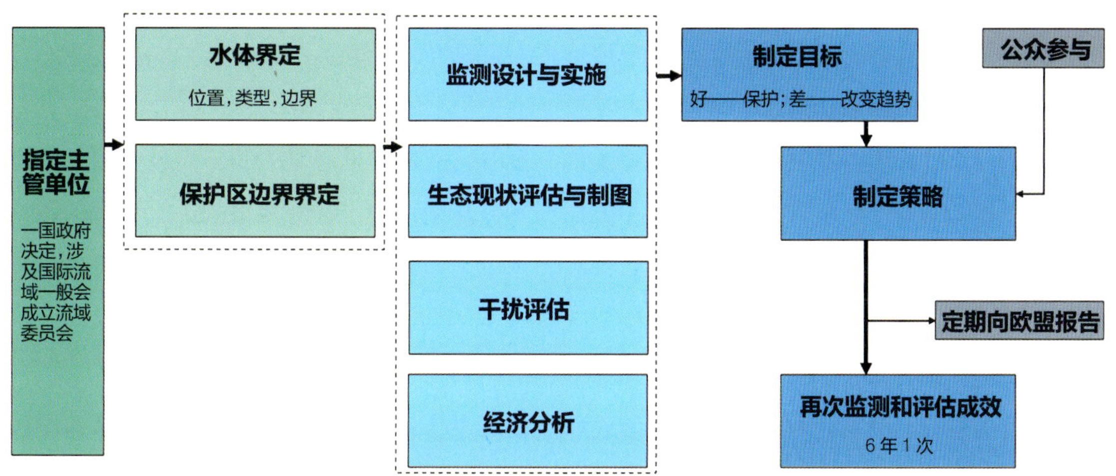

图 0-4 流域管理规划的实施流程

①提供所要求的河流流域地区水体的类型和边界（以 GIS 的形式整合）；

②概述人类活动对地表水和地下水状况的干扰和影响；

③确定和绘制保护区图；

④确定和绘制流域生态状况现状和未来监测地图，以及监测方案的计划；

⑤提供一份为地表水、地下水和保护区确定的目标清单；

⑥提供一份流域内人类活动对环境影响的回顾和用水的经济分析文件；

⑦提供采取的一项或多项措施的概要，包括⑤中目标的实施路径；

⑧流域地区处理特定子流域、部门、问题或水类型的任何更详细的计划和管理计划的登记册，以及其内容摘要；

⑨关于所采取的公众参与和协商措施、其结果以及因此对计划所做调整的摘要；

⑩流域主管当局名单与联系方式，当流域有一个以上成员的领土国家或包括非成员国领土，需要为该流域指定一个统一的主管当局，并对机构关系进行总结；

⑪获取流域背景文件及资料的联络点和程序。

在欧盟《水框架指令》中，实现协调管理是重要的水资源管理方式。这种协调既体现在欧洲与欧盟之间以及欧盟内部成员国之间，也体现在协调目标和协调措施上。

2.3.1.1 成员国报告机制

如果一个成员国发现一个对其水资源管理有影响但该成员国无法解决的问题（如国际河

流区的问题），它可以向委员会和其他任何有关成员国报告该问题，并可以就解决该问题提出建议。委员会应在 6 个月内对成员国的任何报告或建议做出回应。

2.3.1.2 加强评估标准的科学性

由于欧洲各地的水生生态系统差异很大，专家们建立了 14 个不同的地理互校准小组（GIGs），相互校准确保不同国家的水状况评估系统获得可比的结果。

2.3.1.3 污染源头控制

欧盟《水框架指令》要求作为基本措施的一部分，流域各国必须先实施由技术驱动的源头控制。在此基础上，它还提出了一个框架进行进一步的控制。在欧盟级别上，该框架包括根据风险进行排序，列出优先物质清单；同时，考虑生产和加工的源头，设计了一套最为经济的措施，以使这些物质的负荷降低。

2.3.1.4 加强文件公开与交流

在执法层面，目标的确定、措施的强化和规范的报告越透明，成员国就会越关注这些法规的实施，公民（不管是通过协商，还是通过投诉和诉讼等途径）对环境保护走向的影响也就越大。因此，流域管理计划必须以草案的形式公布，并且必须提供流域管理计划所依据的背景文件，供公众讨论。此外，每年将组织举办交流会，定期交流在计划实施中遇到的问题和积累的经验，并督促各成员国按照预定计划履行职责。

欧洲为生物多样性保护提供多样化的融资方式。生物多样性战略是欧盟减缓气候变化战略的重要组成部分。每年欧盟为该问题提供 200 亿欧元，并尝试将其作为商业实践的一部分。（表 0–3）

表 0–3 欧盟生物多样性战略资金来源

欧盟直接管理下的资助计划	欧盟共同管理下的资助计划	项目开发协助	金融机构工具	支持服务	其他
LIFE 欧洲地平线 （Horizon Europe） 其他欧盟基金	ERDF Interreg 凝聚力基金 （Cohesion Fund） EAFRD	欧洲地平线项目开发援助	自然资本融资基金	技术支持工具 欧洲投资项目门户 fi-compass EIAH	全国性资金 国家援助

2.3.2 技术导则

根据欧盟《水框架指令》，河流连通性是实现欧洲水域良好地位的关键。根据欧盟《水框架指令》第二个流域管理计划（RBMPs）报告，欧洲自由流动的河流很少，河流障碍物对欧洲约 20%的地表水体构成了巨大压力，是河流未能达到良好生态状况的主要原因之一。因此，欧盟生物多样性战略旨在通过消除障碍和恢复洪泛区和湿地，到 2030 年恢复至少 25000 km 的自由流动河流。

欧洲将河流障碍物分为 6 个种类：

坝（Dem）——阻挡或限制水流并提高水位，形成水库的屏障。

堰（Weir）——一种屏障，高度通常小于 5 m，水可以在堰顶部自由流动。

涵洞（Culvert）——一种允许溪流或河流流过的结构，通常嵌入土壤中。

浅滩（Fold）——河流或溪流中为车辆或步行穿越创造的浅水区。

水闸（Sluice）——可移动的屏障，旨在控制河流和溪流的水位和流速。

斜坡（Ramp）——斜坡或床槛是一种旨在稳定河床和减少侵蚀的结构。

障碍物自适应管理项目（AMBER）还包括一个“公民科学”计划，让当局、非政府组织和公众参与数据收集和传播。其团队与市民联手绘制和研究欧洲河流的障碍物，使用名为“障碍物跟踪器”（Barrier Tracker）的应用程序将新的障碍物记录到数据库中。与使用传统调查相比，该应用程序有助于收集更多的数据、记录更大的空间覆盖范围。收集的典型数据包括障碍物的照片、障碍物的位置和障碍物的高度。以下方法被用来降低拆除大坝施工时的影响：

①生物学家希望避免在鱼类洄游季节进行施工。因此，可以在迁移后确定施工时间。

②避免特定物种的筑巢和产卵季节，或让生物学家确定在施工过程中要避免或保护的特定地点。

施工前将影响降至最低的方法：

①生物学家也许能够在施工开始之前从蓄水池中收集和重新安置个体。例如，在水位受控下降期间电击鱼或手工收集贻贝。

②安装屏障，防止物种进入建筑工地。例如，可以在工地周围设置屏障，以防止海龟等野生动物进入施工区并因移动设备而受伤。

③改善栖息地。

④可以添加本地植物来启动恢复，例如，种植树木增加遮阴来降低水温。

⑤可以为受到影响的敏感物种人工添加临时栖息地。这可能包括在现场施工期间将树木移走，并将它们堆放在适当的区域以创建庇护所或筑巢地点。

2.3.3　人才培养计划

LIFE 筹备项目 LIFE ENABLE 的主要目的是使所有 Natura2000 和保护区管理人员成为更

有效、更有能力和更自信的自然管理专业人员。该项目由 EUROPARC 联合会领导，并得到来自 7 个国家的 7 个合作伙伴的支持。

利用 LIFE e-Natura2000.edu 的经验，这个新项目将创建一个名为欧洲自然学院的欧洲培训系统，作为在泛欧范围内进一步开发培训项目和能力建设计划的手段，目标是为 Natura2000 管理人员提供广泛可及和量身定制的学习体验。eNatura2000 应用程序是在 LIFEe-Natura2000.edu 项目中设计的，为 Natura2000 现场经理和私人土地所有者提供创新的联系、讨论和学习方式。

2.4 国际经验借鉴①

2.4.1 体制机制

2.4.1.1 美国国家公园淡水生态系统保护体制机制

在美国，国家公园淡水生态系统的保护管理体现了多部门合作和跨地域协调的体制机制。四个主要联邦机构——国家公园管理局（NPS）、林务局（FS）、鱼类和野生动物管理局（FWS）及土地管理局——严格按照法案管理自身边界内的土地和水域，并在部门间进行大量合作与相互监督。为加强河流保护，美国成立了河流保护委员会，组织各州政府与 NPS 共同落实河流保护工作。NPS 对国家公园范围内的所有土地、水域等具有绝对的权利，其他机构无权进行管辖，除非某一物种被确认为濒危物种，此时 FWS 可以对其施加保护限制。在野生动物保护方面，FWS 依据《濒危物种保护法》负责保护和管理美国的鱼类、野生动物及其栖息地。在具体的淡水生态系统保护与管理工作中，不同机构之间的职责虽有重叠，但通常会联合工作，共同推进保护行动。在人才聘用方面，NPS 除了拥有约 16000 名正式员工外，还招聘了大量的夏季员工（8000 人）以及合作的专家团队，以满足不同季节对管理者的需求。在专家咨询方面，尽管 NPS 没有自己的科研中心，但通过“自然资源挑战”计划，雇用自然资源专家，从而获得最前沿的科学技术支持。资金来源方面，美国国家公园依赖于政府拨款、游憩服务收费、特许经营权使用费和慈善捐助等多种渠道，确保了国家公园保护管理的灵活性和稳定性。这些多元化的机制共同构成了美国国家公园淡水生态系统保护的综合管理体系，为其他国家提供了宝贵的经验和参考。

① 该部分内容基于国际专家完成的研究报告，以及项目组展开的多次国内外访谈交流总结而成。

2.4.1.2　新西兰国家公园淡水生态系统保护体制机制

新西兰国家公园的淡水生态系统保护管理展现了职能整合的高效模式，其中保护部(DOC)承担了生物多样性保护、旅游游憩、遗产保护以及公众参与等多项职责，实现了生态保护与旅游、文化和社区管理的有机结合。特别是在淡水资源的保护上，DOC 不仅管理着土著淡水物种，还负责淡水渔业研究和推广水生生物及淡水渔业的保护工作，同时监督所有自然保护区域，成为淡水鱼类和生态系统保护的主力军。在管理规划方面，新西兰遵循《国家公园法》的高层次目标，为每个国家公园量身定制国家公园管理规划（NPMP），这些规划在确保保护目标的同时，也兼顾了娱乐、旅游和其他活动，体现了因地制宜的管理智慧。此外，新西兰保护部还设立了首席科学顾问职位，作为连接科研机构与管理部门的桥梁，确保最新的科研成果能够迅速转化为管理实践，尤其是在平衡旅游发展与生态保护的关系上发挥了关键作用。首席科学顾问通常由大学教授兼任，具有直接向保护部负责人汇报的权力，为国家公园的科学管理和决策提供了强有力的支持。

2.4.1.3　欧洲国家公园淡水生态系统保护体制机制

欧洲国家公园在淡水生态系统保护方面采取了以流域为单位的管理体制，通过《水框架指令》确立了明确的管理主体和统一评估标准，要求成员国制定国际流域管理规划，并以 GIS 形式整合流域边界等数据，确保水生态评估结果的可比性。这一指令还要求成员国提供生态状况分类地图，汇总形成欧洲整体的水生态状况图。在执行欧盟统一指令的同时，各成员国根据本国资源条件差异，开展详细立法，并保持执行方式上的灵活性，同时定期向欧盟提供监测报告。欧盟委员会监督成员国执行情况，确保指令得到有效实施。在保护地管理上，国家公园的管理分区和占比可灵活调整，以适应不同公园的管理需求，提高管理效率。欧盟还提供了多样化的融资方式，通过多个基金和国家援助支持生物多样性保护项目，预计每年投入超过 200 亿欧元。此外，欧洲在众筹和非政府组织资金获取方面表现突出，为水坝拆除和河流恢复等项目提供了重要资金支持。这些综合性的体制机制为欧洲国家公园的淡水生态系统保护提供了坚实的基础。

2.4.1.4　根据秦岭现状的建议

针对秦岭国家公园的管理和保护体制机制，借鉴美国、新西兰和欧洲的经验可以为秦岭的有效管理提供有益的参考。通过分析各国的管理实践，以下是综合性建议：

①建立多部门协作与协调机制。类似于美国的《野生和风景河流法》和“河流保护委员会”，秦岭国家公园的管理应建立明确的多部门协作机制。目前，秦岭的保护工作涉及多个部门，但各部门的职能划分不够清晰，容易导致管理漏洞。建议通过跨部门协作，建立类似于美国河流保护委员会的组织，由各相关部门和地方政府共同参与，定期召开会议，协调解决

跨区域、跨部门的问题。这一机制有助于推动各部门的合作与信息共享，特别是在水资源保护和生态恢复等关键领域。

②职能明确化与整合。目前，秦岭国家公园的管理职责分散在多个部门（如林业局、农业农村厅、水利部门等），这导致了职能重叠或缺失，影响了水生生态系统的整体保护。借鉴新西兰的做法，建议进一步明确各部门的职责，并在有必要的情况下进行职能整合，确保淡水资源和生态系统保护的全面性和有效性。例如，可以考虑赋予农业农村厅"关键栖息地"划定的权限，强化其在淡水生物保护中的作用，并与其他部门协调解决保护区与开发活动之间的冲突。

③加强科学研究与决策支持。科学研究在国家公园管理中起着至关重要的作用。借鉴美国"自然资源挑战"项目和新西兰的科学咨询机制，秦岭国家公园应加强与科研机构和大学的合作，并赋予科学家一定的管理权限，使其参与到具体的生态保护和管理决策中。此外，可以考虑设立类似"科学咨询小组"这样的机构，确保科研成果能够及时应用到管理实践中，推动新技术和工具的研发。政府应增加科研专项资金的支持，为科研活动提供充足的资金保障。

④建立全面的监测系统与数据共享。国际经验表明，长期和系统的生态监测能够有效指导保护工作。秦岭国家公园应建立一套全面、可持续的监测体系，以长期收集生态数据，为管理决策提供有力支持。监测数据不仅能够帮助及时发现生态问题，还能为科学研究提供坚实的数据基础。因此，建议秦岭国家公园建立跨部门的数据共享平台，促进政府部门、科研机构和社会公众之间的信息交流与合作。

目前，秦岭各部门之间的监测和研究基本各自进行，缺乏数据互通。一些研究数据以纸质版的形式记录，导致共享不便。在秦岭国家公园设立后，可以通过国家公园局建设共享数据的网站，将所有观测数据、研究成果和实践项目进行汇总。该网站将为研究者和各部门提供便捷的查询渠道，同时也应开放给科研院所和公众进行补充和投稿。这种数据共享平台将有助于提升监测效率，促进科学研究，增强公众参与，最终实现秦岭国家公园的可持续管理与保护。

⑤灵活的资金管理机制。资金问题是许多国家公园面临的共同挑战。美国的经验表明，除了政府资金，游憩、商业经营和慈善捐助等多元化的资金来源对于公园的可持续发展也至关重要。秦岭国家公园应考虑设立专项资金账户，确保公园管理具有灵活性，并通过生态旅游、特许经营和慈善捐赠等途径使资金来源多元化。此外，建议探索资金的横向调拨机制，使得资金能够灵活用于各项具体的保护工作和科学研究。

秦岭国家公园应重视游憩活动的价值，将大部分游憩收入用于提升游憩服务和基础设施建设，以支持生态保护与可持续发展。美国国家公园的经验显示，游憩收入是国家公园收入的重要组成部分，合理的资金分配能够促进公园的长期发展。

⑥区分行政边界与生态保护单元。欧洲的经验表明，生态保护管理应更多依赖自然边界而非行政边界。秦岭地区的河流往往流经多个行政区，形成跨区域的生态系统。因此，在秦岭国家公园设立后，建议按照流域进行管理分区，而非按照行政区域划分。这样可以确保生态保护更加契合自然规律，避免行政区划带来的管理碎片化问题。

2.4.2 技术导则

2.4.2.1 美国国家公园淡水生态系统保护技术导则

美国在国家公园淡水生态系统保护中建立了相对具体而完善的法律体系。依据其《野生和风景河流法》，美国建立了河流分类体系，将河流分为野生河流、风景河流和游憩河流，并为每种类型河流设定了不同的管理方式和监测指标，实现了河流的精细化管理。美国国家公园管理局（NPS）建立了淡水生态系统监测系统，通过长期监测站点收集数据，支持研究和管理，同时要求所有科研活动共享数据，确保管理者能够及时了解水量变化，为保护战略提供数据支持。

在应对气候变化方面，美国国家公园重视监测协议的建立，提供预警系统，制定气候适应战略，进行风险资源的脆弱性评估，并监督实施结果。对于亲水体验的营造，美国国家公园采取了细致的河岸带保护措施，包括限制公众进入、重新种植植被和建立本地植物苗圃，以保护河岸带的生态功能。在水坝退役管理上，美国国家公园在水坝生命周期结束时，根据成本效益分析选择拆除或采取生态修复措施，并在财务、政治或环境上确认其可行性，同时对未拆除的大坝采取减少生态影响的措施。

在鱼类管理方面，美国国家公园禁止了对鱼类栖息地造成严重影响的“洪水控制”设施，并恢复了自然蜿蜒的溪流，保护和恢复了鱼类栖息地。同时，对捕鱼活动进行了严格规定，包括使用人工鱼饵、禁止使用破坏性捕鱼方法，确保捕鱼活动的可持续性。

这些措施共同构成了美国国家公园在淡水生态系统保护方面的综合策略，为其他国家提供了宝贵的经验和参考。

2.4.2.2 新西兰国家公园淡水生态系统保护技术导则

新西兰强调加强数据监测与科学研究，并促进成果在线共享，以应对河流治理的复杂性。通过建立国家级的水质和水量监测网络，新西兰能够提供跨区域兼容的数据，这些数据不仅用于研究和建模，还帮助建立降水和河流流量之间的联系，从而更好地理解和预测水流和河流行为。新西兰保护部将数据统一转换成 GIS 格式，并在线共享，确保新的信息和研究结果能够及时应用于水资源管理的调整中。新西兰还采用社会–生态系统方法，关注河流与人的关系，特别是在旺格努伊国家公园中，旺格努伊河与当地毛利人的精神联系被立法承认，体现了社会和文化因素在保护区管理中的重要性。这种方法认识到了不同利益相关者对保护地的不同理解，强调了保护河流的整体“生命力”。

除此之外，新西兰将国家公园的保护扩展到水体乃至整个流域，强调上下游的连通性，不仅仅局限于保护区范围内。这种整体性的保护方法有助于确保河流得到全面的保护，即使部分河流位于国家公园之外。流域监测被视为有效流域管理的关键。在鱼类保护方面，新西兰也采取了先进做法，包括保守的农业做法和为本地鱼类提供适宜的栖息地。这些做法包括限制牲畜进入水道，河岸边种植本地植物以保持水温，减少藻类水华和沉积物含量、为金枪鱼和鳗鱼等本地鱼类提供鱼类通道以及保护河岸植被。

这些措施共同构成了新西兰国家公园在淡水生态系统保护方面的综合策略，旨在实现生态保护与社会发展的和谐共存。

2.4.2.3 欧洲国家公园淡水生态系统保护技术导则

欧洲通过欧盟《水框架指令》识别了对河流造成多方面干扰的因素，包括点源和面源污染物、重要取水活动、水利工程、河道调整、土地利用模式以及渔业和林业等，并要求成员国对这些干扰进行评估和敏感性分析，以制定针对性措施。欧洲还对地表水生态状况进行长期监测，依据欧盟《水框架指令》规定的评估指标和推荐周期，部署监测网络并改进评估方法。这些监测计划不仅由各国国家公园制订，还鼓励公众参与，如《障碍物自适应管理项目》（AMBER）中的“公民科学”计划，通过“障碍物跟踪器”应用程序收集数据，提高公众对河流障碍物的认识和处理障碍物的参与度。

欧洲重视对气候变化的研究和应对，将气候变化纳入水资源管理的主流，并在空间规划中考虑气候缓解和适应。欧盟适应气候变化战略强调了在 2050 年前实现气候适应能力的重要性。各国国家公园和保护地，如高陶恩国家公园，进行持续的观察和高频测量，建立试验点，对水文、地貌、水化学和浊度等参数进行监测。此外，对于高海拔湖泊等对气候变化敏感的淡水生态系统，欧洲实施了“哨兵湖”计划，协调高山范围内的研究和观测工作，以研究气候变化的影响和制定应对策略。

这些措施共同构成了欧洲在淡水生态系统保护方面的综合策略，旨在实现水资源的可持续管理和保护。

对于监测数据和研究成果的共享，欧盟以及各组织建设了多个数据整合网站，汇总监测数据和研究成果，例如，阿尔卑斯山干旱管理平台（ADO）正在整合来自所有阿尔卑斯山国家的气候模型数据、卫星观测数据和地面站数据以及历史条目，包括气象指标，如 SPI（降水）、SPEI（蒸发）和 SSPI（雪况），卫星植被指标 VHI、VCI 等。该数据根据观测指数每天或每两周更新一次，所有阿尔卑斯山国家的数据格式保持一致，通过单击网站地图，可以检索详细信息，包括特定位置的时间序列图。又如阿尔卑斯山地图数据集（Alpine Convention Atlas）能够管理、可视化和传播在《阿尔卑斯山协定》活动范围内收集的阿尔卑斯山范围内的数据，数据由阿尔卑斯山常设秘书处（PSAC）整合并上传。

同时，欧洲对于实施项目也会有专门的汇总网站，可以查询每个项目的起始结束时间、资金、参与方、成果等，该网站还包括各项目网站的跳转链接，例如，欧洲河流恢复中心（European Centre for River Restoration，ECRR）设立的 EU RiverWiki，是一个用于分享河流修复知识的交互式数据库，充满来自欧洲乃至世界各地的河流恢复项目，任何人都可以查看 RiverWiki，注册用户可以上传他们的项目，其中包含目标、技术、成本、生态系统效益、监测结果和成果等信息。

2.4.2.4　根据秦岭现状的建议

①建立河流分类体系与监测系统。秦岭国家公园应建立一个针对河流特点的分类体系，区分保护、恢复和游憩河段，借鉴美国《野生和风景河流法》实施分类管理。同时，需要建立一个长期的淡水生态系统监测系统，明确监测指标和方法，开发统一的数据管理平台，促进部门间数据共享，避免资源浪费。此外，应与科研机构合作，通过许可证形式开放科学研究，并共享数据结果。

②关注与应对气候变化。秦岭国家公园应加强对气候变化影响的科学研究，建立敏感监测方案，将气候适应战略纳入保护区规划中。考虑到秦岭是气候变化的敏感区域，需要特别关注气温升高对冷水生态系统的影响，并寻找气候避难所的位置。也可鼓励公众参与监测活动，如监测水温、流速等，以及让当地学校参与河段监测，提高公众保护意识。同时，重视对气候变化的研究，将气候变化纳入水资源管理主流，并在空间规划中考虑气候缓解和适应。

③河岸带管理与亲水体验。针对秦岭河岸硬化问题，应增大生态型驳岸比例，建立本地植物苗圃，用于河岸恢复。同时，完善洪水风险预报和应急撤离机制。在确保安全的前提下，适当增加亲水活动，如设置娱乐性的下水通道，以提升公众体验。

④水坝退役与鱼类管理。对于水坝管理，应研究许可证发放标准，评估水坝退役的最佳时机，并采取缓解措施降低影响。对于未拆除的水坝，采取生态友好措施，如调整排水时间和水量、安装鱼梯等。同时，出台具体鱼类管理规定，将垂钓活动纳入景区体验。

⑤社会–生态系统方法与流域保护。秦岭国家公园的管理应采用社会–生态系统方法，关注河流与人的关系，特别是在河流评价中考虑历史价值和文化价值。保护措施应扩展到整个流域，包括国家公园边界外的下游河道，考虑整个流域的模型，执行各类措施。

⑥保护鱼类的先进做法。借鉴新西兰保护土著鱼类的做法，采取保守的农业措施，如限制牲畜进入水道及河岸植被区等，为鱼类提供适宜的栖息地。对于金枪鱼和鳗鱼等本地鱼类，拆除障碍物，提供鱼类通道，保护河岸植被。

2.4.3 产业发展与公众参与

2.4.3.1 美国国家公园淡水生态相关产业发展及公众参与

在产业开发准备方面，美国强调需要为国家公园内的项目提供完整的规划方案，这包括确定可开发位置、规模、环境影响、建筑工程和能源使用需求等。对于秦岭国家公园而言，这意味着在开发规划时需特别关注淡水资源的保护和气候变化情况下的洪涝风险规避。产业管理主体应由政府与其他运营伙伴共同担任，合作发挥管理优势，这要求秦岭国家公园与现有景区经营者、当地文旅局等相关方达成合作协议，实现共同管理。

在游憩收入分配方面，美国国家公园的实践表明，大部分游憩收入应继续用于游憩服务的提升，以支持公园的可持续发展。秦岭国家公园也应重视游憩价值，通过建立旅游专项资金，将游憩收入再投资于提升游憩基础设施质量等，以促进公众福祉和地方经济发展。自然教育与培训方面，美国国家公园注重结合自然体验进行教育，强调气候变化等国际热点主题。秦岭国家公园应与专业科学家、教育学家合作，设计自然解说与培训课程，针对不同人群提供定制化教育，增强公众对气候变化和生物多样性保护的认识。

在产业开发与社区生活中，美国国家公园强调采用一系列措施控制淡水生态环境影响。秦岭国家公园应注重废水处理和处置，考虑低成本的自然化污水处理技术，并建立示范区展示生态设计和保护水平。同时，应控制游憩区域的环境影响，包括岸线设施、水质监测和限制游客护肤品中的有害化学物质。此外，应发展国家公园内及周边社区的生产生活，完善基础设施，减少对淡水资源的影响，并让当地居民参与国家公园的管理，如保护水资源、提供住宿餐饮等，实现社区与公园的共赢发展。这些综合性措施将有助于秦岭国家公园在保护生态的同时，实现游憩和教育功能的最大化。

2.4.3.2 新西兰国家公园淡水生态相关产业发展及公众参与

新西兰保护部高度重视自然保护地的游憩价值，将其视为国家公园四大保护价值之一，并认为游憩活动对淡水生态系统保护有积极影响。新西兰通过推广再生旅游概念，超越了传统旅游模式，强调旅游应直接产生积极的环境效益，并通过引导游客参与保护、恢复和学习大自然的活动，增强生态和经济效益。新西兰还制定了精细的国家公园游憩管理规划，明确游憩活动范围、管理方法和商业活动规程，以预防活动适宜性和冲突问题。此外，新西兰保护地建立了完善的游客中心、步道、驿站、露营地体系，衍生出受欢迎的游憩活动系列，同时对旅游经营者实行特许经营制度，确保旅游活动满足环境保护和游客安全的具体标准。

新西兰保护部还强调公众参与的重要性，鼓励社区、企业和社会组织参与公园活动，与毛利部落合作，确保他们在管理保护区方面的利益得到满足，并理解保护遗产地的历史意义。新西兰通过教育宣传与培训促进公众参与保护，实施针对不同人群的教育计划，激发儿童对环境保护的兴趣，并提供各类培训课程，如植物鉴定、勘查绘图、杂草管理等。志愿者在新西兰国家公园管理中扮演着重要角色。约有 1000 名志愿者协助保护部在新西兰保护区内开展日常活动，体现了新西兰在公众参与方面的积极实践。这些经验为秦岭国家公园在游憩产业发展、公众参与和环境保护方面提供了全面有效的借鉴。

2.4.3.3　欧洲国家公园的公众参与

欧洲国家公园以及保护地体系都很重视对志愿者的培训工作。如 EUROPARC 联合会组织的 LIFE ENABLE 项目，主要目的是使所有 Natura 2000 和保护区管理人员成为更有效、更有能力和更自信的自然管理专业人员。这个新项目将创建一个名为欧洲自然学院的培训系统，作为在泛欧范围内进一步开发培训项目和能力建设计划的手段。在奥地利高陶恩国家公园中，建设了水之屋（海拔 1440 m 的水知识中心），为学校团体提供为期三至五天的项目课程，适合各个年龄组。在经过专门培训的国家公园护林员的监督下，儿童和成人可以结合适合年龄的水、天气和气候项目，体验该地区丰富的水资源，学生的目标是通过跨学科的教学和各种方法，以不同的方式了解水元素，并积极为保护和可持续利用这一宝贵资源做出贡献。

2.4.3.4　根据秦岭现状的建议

①产业开发准备。秦岭国家公园应制定全面的项目规划方案，明确可开发位置、规模、环境影响、建筑工程和能源使用需求等，特别是关注淡水资源的保护和气候变化情况下的洪涝风险规避。美国的经验表明，完善的规划能够有效指导产业开发，确保生态保护与经济发展之间的平衡。产业管理主体应由政府与其他运营伙伴共同管理，充分发挥各自的管理优势。秦岭国家公园可以与现有景区经营者、当地文旅局等相关方达成合作协议，建立多部门合作机制，以提高管理效率和效果。在人员招聘与考核时，合作能力应成为重要标准，以确保各方在管理中的有效协作。

②注重自然教育。秦岭国家公园应结合自然体验进行教育，特别关注气候变化等重要主题。通过与专业科学家和教育学家的合作，设计针对不同人群的自然解说与培训课程，激发公众对环境保护的兴趣。新西兰的再生旅游理念强调旅游活动应直接产生积极的环境效益，秦岭可以借鉴这一理念，鼓励游客参与生态恢复和保护活动。

③鼓励公众参与。秦岭国家公园应鼓励当地社区、企业和社会组织参与公园活动，提高公众对自然保护的意识。通过志愿者体系的建立，吸引公众参与各类保护活动，增强他们与

自然的情感联系，最终形成切身的保护意识。此外，志愿者培训和公众教育是新西兰国家公园建设的重要目标，秦岭国家公园可以借鉴这一经验，开展针对儿童的教育宣传，激发他们对环境保护的兴趣。通过与当地学校的联合研学项目，提升公众对秦岭自然和文化价值的认识，促进生态保护与社会发展的良性互动。

④淡水生态环境影响控制。秦岭国家公园应注重废水处理和处置，推广低成本的自然化污水处理技术，如农村自然小坑塘等。同时，建立严格的游憩区域环境影响监测机制，确保水上游憩活动的环境影响最小化，特别是在岸线设施、水质监测和游客护肤品的管理上。

⑤国家公园内及周边社区的生产生活发展。秦岭国家公园应允许居民参与管理，完善基础设施，减少对淡水资源的影响。与美国国家公园的原则类似，秦岭国家公园在创建过程中未强制搬迁居民，而是通过制定合理的管理方案，确保社区与公园的和谐共存。

3　调查评估

3.1　秦岭淡水生态系统基础调查

3.1.1　水资源

秦岭被尊为华夏文明的龙脉，是黄河流域和长江流域的分水岭，素有“国家中央公园”和“中央水塔”之称，是重要的水源涵养区。秦岭是汉江、渭河、嘉陵江及伊洛河的重要水源区，因此，秦岭是南水北调中线工程以及引汉济渭工程的重要水源地。南水北调以及引汉济渭等工程是实现我国水资源优化配置，促进经济社会可持续发展，保障和改善民生的重大战略性基础工程。2014 年 12 月，南水北调中线工程正式通水运行，2022 年 2 月，引汉济渭输水隧洞也已全线贯通，作为两个国家重大水利工程的水源涵养地及保护区，秦岭地区的生态环境状况备受关注。

同时，秦岭北部地处西安、宝鸡、渭南三市，秦岭南部地处汉中、安康、商洛三市。因此，秦岭作为重要供水水源地，为关中平原城市群的可持续发展提供着水安全保障。渭河超过 50%的径流来自秦岭。关中平原城市群地处湿润—半湿润气候过渡带，资源型缺水由来已久，也正成为其社会经济发展的瓶颈。秦岭北部为关中平原城市群提供源源不断的优质水源，是中心城市西安的核心水源地。研究区的产业结构以传统资源型为主，农作物种植业、旅游业和采矿业占较大比重。目前关中平原的河流径流量普遍偏小，生产与生活用水缺乏，生态用水不足，明显制约了当地社会经济发展，尤其作为丝绸之路起点的西安，在国家深入推进“一带一路”倡议的大背景下，“国家中心城市”“关中平原城市群发展”“西咸一体化”，以及获批建设“综合性科学中心”和“科技创新中心”等一批国家级定位叠加，迎来发展的黄金期。但是，随着城市快速发展，人口大量涌入，水安全问题亟待解决。

2021 年，习近平总书记在推进南水北调后续工程高质量发展座谈会上强调，为形成全国统一大市场和畅通的国内大循环，促进南北方协调发展，全面建设社会主义现代化国家，需要提供有力的水安全保障。秦岭地处我国中部，其充沛的水资源为重大引水调水工程提供着有力的水资源支撑。因此，科学揭示秦岭水文水资源的演变机制，可增强我国水资源统筹调配能力、供水保障能力和战略储备能力，是支持全面建设社会主义现代化国家的关键举措。此外，秦岭地区气候与自然景观要素复杂，其对水文水资源演变的影响机制尚不清楚，是该地区水资源可持续利用的重大挑战。秦岭地处我国南北过渡带，气象水文条件复杂，植被覆盖度高，再加上该地区地势陡峭、海拔落差大，为典型的山地气候，导致该地区降水—径流关系的主导因子难以明确，同时植被生态系统对气候、地形变化响应较强。

秦岭阻隔北方的冷空气和西南的暖空气，造成南北气候差异较大，被称为南北过渡带。该地区年平均降水量接近 1000 mm，6—11 月降水量约占 60%，年平均气温在 5 ℃～17 ℃，河流流量主要由降雨补给，融雪流量只占总流量的很小一部分。研究区地处中纬度地区，横跨暖温带和北亚热带，具有明显的季风气候特征，其南部具有北亚热带气候特征，北部属于暖温带气候。秦岭属于古老的褶皱断层山脉，地形较为复杂，其特征是北仰南俯，北部陡峭而南部缓长。北部因是大断层，山势陡峭，加之河流深切形成许多峡谷，因此河流短促，多急流而少和缓。南部山麓缓长，坡势较缓，群山毗连，河流源远流长，河道多为横切背斜或向斜，河流中上游也多峡谷。此外，除大部分山地外，秦岭还有平原、盆地、丘陵等地形，其北部与关中平原接壤，中部还包括汉中盆地和安康盆地等。

秦岭地区水系发达，涵养了汉江、渭河、嘉陵江及伊洛河等众多河流。汉江发源于陕西秦岭南坡的嶓冢山，干流流经陕西后进入湖北，并于武汉汇入长江，其河长约 1577 km，流域面积 15.9×10^4 km^2，其中丹江口以上为上游，以下至钟祥为中游。汉江流域水资源丰富，其多年平均地表水和地下水资源分别约为 566×10^8 m^3 和 188×10^8 m^3，但两者重复占比较高，约为 90%，因此年均水资源总量约为 582×10^8 m^3。渭河发源于甘肃省渭源县的鸟鼠山，流经甘肃后进入陕西，穿过关中平原于渭南市潼关县汇入黄河。渭河全长约 818 km，流域面积约 13.5×10^4 km^2，宝鸡峡以上为上游，以下至咸阳为中游。本研究区涵盖了渭河的上游及发源于秦岭北部的黑河、沣河、灞河等支流。作为黄河的第一大支流，渭河多年平均径流量约为 75.7×10^8 m^3。嘉陵江发源于陕西秦岭的凤县代王山，流经陕西、甘肃、四川，最后在重庆汇入长江，其河长约 1345 km，流域面积约 16×10^4 km^2，四川广元以上为上游，以下至重庆市合川区为中游。嘉陵江作为长江的第二大支流，其多年平均径流量约为 651×10^8 m^3。伊洛河发源于陕西渭南市的箭峪岭，流经陕西东南部及河南省西北部洛阳市境内，最后在河南巩义注入黄河，其河长约 447 km，流域面积约 1.9×10^4 km^2。伊洛河是黄河的重要一级支流，其多年平均径流量约为 20×10^8 m^3。伊洛河充沛的水资源支撑了周边地区的社会经济发展。

秦岭作为长江和黄河两大流域的分水岭，南坡河流分属长江流域的汉江和嘉陵江水系，北坡河流分属黄河流域的渭河和洛河水系。北麓诸河源短、坡陡，数量众多，水系多呈羽毛状，近乎正交注入渭河，多数为单支水系，流域面积 500 km^2 以上的一、二级支流有石头河、黑河、涝河、沣河、灞河共 5 条河流；南麓的陕南水系呈格子状特征，流域面积在 500 km^2 以上的一、二级支流主要有汉江、嘉陵江、玉带河、褒河、湑水河、子午河、池河、月河、旬河、金钱河和丹江共 11 条河流。

根据《秦岭南北典型流域径流变化规律的对比研究》《我国区域发展的水资源压力分析》《秦岭地区水资源及其开发利用研究》等资料显示，秦岭大部分地区年降水量在 700～1000 mm。秦岭北坡、山间盆地和河谷，年降水量在 600～800 mm；南坡和山地的中上部年降水量都在 800 mm 以上，并随高度上升而增多。以太白山为主的高大山区，年降水量在 1000 mm 以上，是秦岭降水量最多的地区。根据陕西境内秦岭共 39 个气象站点近 50 年的月均降水观测资料可以看出，研究区降水空间分布不均，年降水量由南向北逐渐减少。除此之外，秦岭陕西段降水在时间尺度上的分布也极不均匀。年内分配方面，降水量主要集中在汛期，四季差异较大；年际变化方面，计算各流域年降水量的年际变化极值比可知大都在 2.3～4.52，说明秦岭陕西段年降水量的年际变化较大。

秦岭陕西段多年（1956—2000）平均年径流量为 26.23×10^8 m^3，折合径流深 327.2 mm，高出水资源维系良好生态系统的临界值 150 mm 一倍多。然而，受各地区降水量及地形因素影响，秦岭陕西段径流在空间分布上极不均匀，总体分布特点与降水量的空间分布规律相似。为了反映秦岭陕西段主要河流天然径流量及变化情况，选取秦岭北麓的灞河马渡王水文站以上流域和秦岭南麓的旬河柴坪水文站以上流域作为典型流域对径流量演变趋势进行分析，根据灞河流域和旬河流域 1956—2011 年径流数据，绘制径流年际变化趋势图。可以看出，灞河流域和旬河流域近 50 年径流变化总体呈现下降趋势，灞河流域下降趋势更为明显。选用 Mann-Kendall 趋势检验法对灞河流域和旬河流域径流变化趋势做进一步分析。经检验，马渡王站肯德尔秩次相关检验统计量 $Z=-2.6503$，向家坪站统计量 $Z=-2.1839$，绝对值均大于 1.96（在 0.05 显著性水平下的临界值），说明秦岭陕西段典型流域年径流均呈现显著的下降趋势。

秦岭陕西段地表径流主要补给源为大气降水和冰雪融水，多年平均地表水资源量为 192.5×10^8 m^3，南坡和北坡河流差异显著。在年径流量方面，南坡普遍大于北坡，南坡年径流量 140.65×10^8 m^3，北坡年径流量 19.24×10^8 m^3，北坡径流量仅为南坡的 13.68%。南坡年径流量最大的河流为嘉陵江，年径流量达 37.1×10^8 m^3，占南坡年径流量的 26.38%，其次是旬河和丹江。北坡年径流量最大的河流为黑河，年径流量达 5.92×10^8 m^3，占北坡年径流量的 30.77%，其次是石头河和灞河。在年径流深方面，秦岭北坡普遍大于南坡，北坡年径流深均值为 434.9 mm，南坡年径流深均值为 336.8 mm，北坡与南坡相比年径流深度相差 22.56%。秦岭北坡年径流深最大的为清姜河，年径流深 631 mm，其次是石头河和沣河。秦岭南坡年径流深最大的为湑水河，年径流深 499.3 mm，其次是西水河和池河。近 60 年来，秦岭陕西段的河川径流量均呈显著下降趋势，北坡 80%的河流成为季节性河流，北麓的伊洛河和黑河年径流减少速率分别约为 $0.67\times10^8\ m^3/a$ 和 $2.44\times10^8\ m^3/a$，南麓的嘉陵江和汉江分别约为 $1.46\times10^8\ m^3/a$ 和 $2.31\times10^8\ m^3/a$。

秦岭陕西段多年平均水资源总量为 $274.39\times10^8\ m^3$，其中地表水资源量 $262.31\times10^8\ m^3$，地下水资源量 $96.72\times10^8\ m^3$。秦岭陕西段黄河流域的渭河和伊洛河地下水资源量分别约为 $22.1\times10^8\ m^3$ 和 $3.2\times10^8\ m^3$；长江流域的丹江、嘉陵江和汉江地下水资源量分别约为 $4.5\times10^8\ m^3$、$4.2\times10^8\ m^3$ 和 $29.8\times10^8\ m^3$。秦岭地区西安、宝鸡、渭南、汉中、安康及商洛的地下水资源量分别约为 $13.6\times10^8\ m^3$、$9.9\times10^8\ m^3$、$2.9\times10^8\ m^3$、$12.7\times10^8\ m^3$、$10.4\times10^8\ m^3$ 及 $14.3\times10^8\ m^3$。在各个行政分区中，商洛地下水资源量最为丰富，约占 26%，其次是西安、汉中、安康、商洛、宝鸡和渭南。从流域上看，地下水资源主要集中于渭河和汉江流域；从行政区上看，地下水资源主要集中于商洛、西安、汉中、安康、宝鸡。结合地形地貌来看，上述区域地下水资源的富集与中低山山前及山间的盆地发育有关。

秦岭作为我国暖温带和亚热带的分界线，以南属亚热带气候，气温高、降水多；以北属暖温带气候，气候相对干燥且降水偏少。特殊的地形、地貌和气候条件，导致水资源时空分布不均匀。一是地域分布不均，秦岭以北的关中平原地区属黄河流域，面积约占秦岭陕西段的 30%，人口数量占比过半，约为 53%，生产总值约占秦岭陕西段的 59%，而地表水资源量只占秦岭陕西段的 20%，地下水资源量占秦岭陕西段的 46%；二是时间分布不均，降水径流均集中在 7—9 月，占年总量的 60%～70%，不同年份最小年径流与最大年径流相差 2～10 倍。秦岭陕西段的供水工程，按工程类型划分，主要有蓄、引、提以及机电井工程四大类。截至 2019 年年底，秦岭陕西段共建成水库 666 座，包括 7 座大型水库、22 座中型水库、637 座小型水库，总库容 $53.75\times10^8\ m^3$，有效调蓄能力约占多年平均地表水资源量的 11.7%，低于全国平均水平 20.8%；各类供水工程总供水量 $39.89\times10^8\ m^3$，其中地表水供水量 $26.70\times10^8\ m^3$，约占总供水量的 67%；地下水供水量 $12.82\times10^8\ m^3$，约占总供水量的 32%；其他水源供水量 $0.37\times10^8\ m^3$，占总供水量的 1%，说明现状年以地表供水为主。2000 年以来，从秦岭陕西段供水量变化可以看出，秦岭陕西段供水总量呈波动型缓慢增长趋势，年递增率约为 0.55%，以地表供水为主，且地表水源供水量在历年总供水量中所占比例呈持续增长的趋势。

2019 年秦岭陕西段总用水量为 $39.89\times10^8\ m^3$，其中，农田灌溉、林牧渔畜、工业、居民生活、城镇公共和生态环境的用水量分别为 $21.68\times10^8\ m^3$、$4.72\times10^8\ m^3$、$4.95\times10^8\ m^3$、$5.90\times10^8\ m^3$、$1.44\times10^8\ m^3$ 和 $1.19\times10^8\ m^3$，分别占总用水量的 54.4%、11.8%、12.4%、14.8%、3.6%和 3.0%，可以看出，农田灌溉是主要的用水行业。2000 年以来，秦岭陕西段各行业用水

量变化统计可以看出，虽然用水量增加不多，但用水结构变化显著。农田灌溉用水量逐年减少，从 2000 年的 $24.5\times10^8\ m^3$ 减少到 2019 年的 $21.7\times10^8\ m^3$，农田灌溉用水占总用水的比例从 2000 年的 66.4%降低到 2014 年的 54.4%，净减水量 $2.77\times10^8\ m^3$，而灌溉面积变化不大，这与陕西省重视灌区节水改造关系密切；工业用水量也逐年减少，从 2000 年的 $5.8\times10^8\ m^3$ 减少到 2019 年的 $4.95\times10^8\ m^3$，工业用水占总用水的比例从 2000 年的 15.8%降低到 2019 年的 12.4%，净减水量 $0.85\times10^8\ m^3$，这与流域内工业用水水平提高有关。然而，随着流域内城镇化进程加快，城镇公共、居民生活、生态环境用水逐年增加，相应的各行业用水占总用水量的比例也越来越大。

3.1.2　水环境

根据《秦岭陕西段水资源现状及存在问题分析》等水质检测资料显示，秦岭陕西段参与评价的主要河流包括北麓黄河流域渭河、伊洛河水系与南麓长江流域嘉陵江、汉江、丹江水系。渭河评价河长为 1096.3 km，主要超标污染物为氨氮、总磷等。Ⅰ～Ⅲ类水质中，2008—2009 年、2011—2018 年，全年平均Ⅰ～Ⅲ类水质河长占总评价河长的百分比超过了 50%，只有 2010 年低于 50%，为 45.1%；Ⅳ类水质中，2012—2013 年、2016—2017 年占比超过了 15%，2008—2011 年、2015 年、2018 年百分比在 10%～15%，只有 2014 年低于 10%，为 7.93%；Ⅴ类水质中，除了 2014—2016 年百分比高于 10%，其余均小于 10%，劣Ⅴ类水质中，2008 年、2010 年百分比高于 30%，2009 年、2011 年、2014 年介于 20%～30%，2012—2013 年、2015—2016 年介于 10%～20%。总体而言，2008—2018 年渭河全年期水质有所改善，主要污染物浓度明显下降。

伊洛河水质评价河长为 158.1 km，主要超标污染物为氨氮等。Ⅰ～Ⅲ类水质中，2011—2018 年全年平均Ⅰ～Ⅲ类水质河长占总评价河长的百分比均为 100%，全年期水质良好。嘉陵江水质评价河长为 869.3 km，主要超标污染物为氨氮等。Ⅰ～Ⅲ类水质中，除了 2010 年全年平均Ⅰ～Ⅲ类水质河长占总评价河长的百分比为 83.2%，其余年份均为 100%。2008—2018 年嘉陵江全年期水质良好。汉江水质评价河长为 1424.2 km，主要超标污染物为氨氮、高锰酸钾指数等。Ⅰ～Ⅲ类水质中，除了 2008 年全年平均Ⅰ～Ⅲ类水质河长占总评价河长的百分比为 93%，其余年份均大于 98%。2008—2018 年汉江全年期水质良好。丹江水质评价河长为 331.7 km，主要超标污染物为氨氮等。Ⅰ～Ⅲ类水质中，除了 2009 年、2010 年、2013 年、2016 年、2017 年全年平均Ⅰ～Ⅲ类水质河长占总评价河长的百分比为 90%～94%，其余年份均为 100%。2008—2018 年丹江全年期水质良好。

区域各河流离子总量在 100～300 mg/L，属重碳酸盐钙组，总硬度小于 200 mg/L，多年平均 pH 值在 7.0～8.5，多为弱碱性，pH 值由北向南递减。依据秦岭生态区 50 个水质断面的监测资料，主要河流评价总河长 2584.4 km。枯水期中，Ⅲ类以下水质河长 2253.7 km，占评价总河长的 87.2%，5 个流域区均有分布；Ⅳ类以上水质河长 331.2 km，占总评价河长的 12.8%，主要分布在嘉陵江、汉江及丹江区。丰水期中，Ⅲ类水质河长 2386.2 km，占 92.4%，5 个流域区均有分布；Ⅳ类以上水质河长 197.7 km，占 7.7%，主要分布在嘉陵江、汉江及丹江区。年平均：Ⅲ类以下水质河长 2253.02 km，占 87.2%，5 个流域区均有分布；Ⅳ类以上水质河长 331.2 km，占 12.8%，主要分布在嘉陵江、汉江及丹江区。生态区主要河流总体水质较好，主要污染河段为嘉陵江的略阳段、汉江安康段、丹江的商州段，主要污染物为氨氮、挥发酚等，其余河段水质未受污染。

秦岭国家公园总面积 1.26×10^{8} km^{2}，沿陕西秦岭山系主梁，东至渭南老爷岭、西至陕甘省界马家沟、南至勉县大沟顶、北至华州李家堡，涉及陕西省西安、宝鸡、渭南、汉中、安康、商洛 6 市 20 个县（区）102 个乡（镇）。嘉陵江、沣河、灞河等许多河流都发源于秦岭国家公园，部分河流在秦岭国家公园内的河段的水质数据如表 0–4 所示。根据《地表水环境质量标准》发现，大部分河流总氮含量小于 1 mg/L，为Ⅰ～Ⅲ类水质，尤其是嘉陵江，总氮含量最低；对于氨氮含量来说，月河、乾佑河、清姜河、黑河、灞河和沈河达到Ⅰ类水质标准，其他河流达到Ⅱ类水质标准；大部分河流 COD 水平均达到Ⅲ类水质标准；所有河流总磷含量均比较低，在 0.1 mg · L^{-1} 以下，为Ⅰ～Ⅱ类水质。总体来说，秦岭国家公园内河流河段的水质良好，污染程度较轻。

表 0–4 秦岭国家公园内部分河流河段水体理化指标含量

河流	TN/ mg · L^{-1}	TDN/ mg · L^{-1}	NH_4^+–N/ mg · L^{-1}	NO_3^-–N/ mg · L^{-1}	TP/ mg · L^{-1}	TDP/ mg · L^{-1}	碱度	硬度	COD/ mg · L^{-1}
嘉陵江	0.342	0.160	0.216	0.001	0.026	0.019	100	316.8	2.842
太白河	0.785	0.548	0.176	0.002	0.028	0.021	210	230	2.487
西河	1.220	0.769	0.151	0.003	0.021	0.018	230	199	15.988
湑水河	1.325	0.828	0.208	0.002	0.022	0.015	64	51	34.818
池河	1.301	0.758	0.167	0.001	0.025	0.022	166	365	29.133
月河	1.414	1.022	0.135	0.002	0.031	0.029	146	156	20.962
乾佑河	0.789	0.532	0.053	0.001	0.029	0.028	174	58	10.659
清姜河	1.717	1.612	0.134	0.044	0.009	0.004	66.5	2.1	12.347
清水河	0.843	0.765	0.481	0.206	0.127	0.008	298.6	177.1	14.592

续表

河流	TN/ mg · L^{-1}	TDN/ mg · L^{-1}	NH_4^+−N/ mg · L^{-1}	NO_3^-−N/ mg · L^{-1}	TP/ mg · L^{-1}	TDP/ mg · L^{-1}	碱度	硬度	COD/ mg · L^{-1}
石头河	0.525	0.490	0.199	0.148	0.011	0.01	318.2	179.2	9.490
黑河	0.517	0.249	0.055	0.029	0.008	0.005	212.8	46.3	43.571
沣河	0.618	0.552	0.258	0.052	0.007	0.001	259.9	62.2	41.939
灞河	2.086	1.962	0.111	0.1	0.008	0.001			50.306
沈河	2.715	0.148	0.064	0.203	0.082	0.02	188.1	200.6	14.592

秦岭北部具有丘陵沟壑区水土流失的典型特征，以水力和重力侵蚀为主。秦岭南部属于秦巴山区，人类活动频繁，自然植被破坏严重，滑坡、泥石流广泛发育，年平均侵蚀模数 3460 t/km^2，侵蚀类型主要是水力侵蚀，此外在中山及中山以上地区分布有冻融侵蚀。截至 2019 年，研究区水土流失面积达到 41450 km^2。其中西安市水土流失面积占西安市总面积的 42.52%，西安市中水土流失最严重的地区为蓝田县，水土流失面积占比达 69.79%；宝鸡市水土流失面积占比达 55.86%，其中金台区水土流失面积高达 88.77%；渭南市水土流失面积占比为 51.17%，其中潼关县水土流失面积占比达到 84.23%；汉中市水土流失面积占总面积的 46.25%，其中洋县水土流失面积占比达到 59.08%；安康市水土流失面积占总面积的 45.61%，其中紫阳县的水土流失情况较为严重，水土流失面积占比为 68.62%；商洛市水土流失面积占比为 63.94%，水土流失情况较为严重，其中镇安县水土流失面积占比高达 78.84%。

3.2　秦岭淡水生境与生物多样性现状

3.2.1　淡水生境现状质量

秦岭国家公园的淡水生态系统主要分为河流与湖泊两类，由各具独特的生态特征与生物组成。在河流方面，秦岭国家公园涵盖多条河流，如红岩河、清姜河、西河、太白河、黑河、灞河等多条河流水系。河流具有明显的梯度变化，从上游的急流浅滩到下游的缓流深潭，形成了多样化的生境。上游水流湍急，溶氧丰富，河床多为砾石与巨石，为适应急流环境的冷水性鱼类和水生昆虫提供了栖息场所，如细鳞鲑等珍稀物种。中游水流稍缓，河岸植被丰富，形成了复杂的河岸带生态系统，不仅能够过滤陆源污染物，还为两栖动物、鸟类等提供了觅食与栖息的空间，同时也是众多水生植物扎根生长之处。下游水流平缓且水域宽阔，淤泥底质，适宜鲤科等广适性鱼类生存繁衍，河漫滩湿地的存在则进一步丰富了生物多样性，为候鸟停歇与觅食提供了关键区域。秦岭国家公园湖泊较少，大爷海作为典型的高山湖泊，海拔高、水温低、水体透明度高，其生态环境相对简单且脆弱，主要以浮游藻类和耐寒性水生植物为主。周边丰富的陆生生态系统与湖泊相互作用，共同维持着湖泊生态系统的稳定与平衡。

基于所调查采样的河段的实际生境状况，结合河流生境评价数据表对 10 项参数分别进行评分，每项参数分值范围为 0～20，划分为五个评价等级。每个监测点位的生境总分（H）由 10 项参数分值累加计算，分级评价标准见表 0–5。根据评分结果，秦岭国家公园所有河流评价等级均为优秀，其中，清姜河的得分为 155 分，清水河的得分为 163 分，西河的得分为 166 分，红岩河的得分为 158 分，太白河的得分为 162 分，石头河的得分为 171 分，黑河的得分为 172 分，沣河的得分为 157 分，灞河的得分为 151 分，沈河的得分为 156 分，湑水河的得分为 163 分，池河的得分为 169 分，旬河的得分为 153 分，乾佑河的得分为 157 分。

表 0–5　河流栖息地生境质量的分级评价标准

分值	生境等级
H＞150	优秀
120＜H≤150	良好
90＜H≤120	一般
60＜H≤90	较差
H≤60	很差

3.2.2　淡水生物多样性

3.2.2.1　鱼类种类及分布特征

（1）鱼类种类

秦岭国家公园共有鱼类 6 目 12 科 48 种（表 0–6）。其中，鲤科为优势科，共有 27 种，占物种总数的 56.25%。其余分别为：条鳅科 5 种；花鳅科、鲿科各 3 种；爬鳅科、鲑科各 2 种；钝头鮠科、鲱科、鲇科、大颌鳉科、合鳃鱼科和虾虎鱼科各 1 种。

表 0–6　秦岭国家公园的鱼类

目	科	种	拉丁文名
鲤形目	鲤科	中华细鲫	*Aphyocypris chinensis*（Günther）
		马口鱼	*Opsariichthys bidens*（Günther）

续表

目	科	种	拉丁文名
鲤形目	鲤科	宽鳍鱲	*Zacco platypus*（Temminck *et* Schlegel）
		瓦氏雅罗鱼	*Leuciscus waleckii*（Dybowski）
		拉氏大吻鲹	*Rhynchocypris lagowskii*（Dybowski）
		䱗	*Hemiculter leucisculus*（Basilewsky）
		兴凯鱊	*Acheilognathus chankaensis*（Dybowski）
		大鳍鱊	*Acheilognathus macroptrus*（Bleeker）
		高体鳑鲏	*Rhodeus ocellatus*（Kner）
		中华鳑鲏	*Rhodeus sinensis*（Günther）
		棒花鱼	*Abbottina rivularis*（Basilewsky）
		似鳎	*Belligobio nummifer*（Boulenger）
		嘉陵颌须鮈	*Gnathopogon herzensteini*（Günther）
		短须颌须鮈	*Gnathopogon imberbis*（Sauvage *et* Dabry）
		棒花鮈	*Gobio rivuloides*（Nichols）
		唇鳎	*Hemibarbus labeo*（Pallas）
		清徐胡鮈	*Huigobio chinssuensis*（Nichols）
		乐山小鳔鮈	*Microphysogobio kiatingensis*（Wu）
		似鮈	*Pseudogobio vaillanti*（Sauvage）
		麦穗鱼	*Pseudorasbora parva*（Temminck *et* Schlegel）
		黑鳍鳈	*Sarcocheilichthys nigripinnis*（Günther）
		银鮈	*Squalidus argentatus*（Sauvage *et* Dabry）
		点纹银鮈	*Squalidus wolterstorffi*（Regan）
		鲫	*Carassius auratus*（Linnaeus）
		鲤	*Cyprinus carpio*（Linnaeus）
		多鳞白甲鱼	*Onychostoma macrolepis*（Bleeker）
		渭河裸重唇鱼	*Gymnodiptychus pachycheilus weiheensis*（Wang）
	条鳅科	红尾副鳅	*Homatula variegatus*（Dabry de Thiersant）
		勃氏高原鳅	*Triplophysa bleekeri*（Sauvage *et* Dabry）
		岷县高原鳅	*Triplophysa minxianensis*（Wang *et* Zhu）
		粗壮高原鳅	*Triplophysa robusta*（Kessler）

续表

目	科	种	拉丁文名
鲤形目	条鳅科	赛丽高原鳅	*Triplophysa sellaefer*（Nichols）
	花鳅科	北方花鳅	*Cobitis granoei*（Rendahl）
		中华花鳅	*Cobitis sinensis*（Sauvage）
		泥鳅	*Misgurnus anguillicaudatus*（Cantor）
	爬鳅科	犁头鳅	*Lepturichthys fimbriata*（Günther）
		峨眉后平鳅	*Metahomaloptera omeiensis*（Chang）
鲇形目	钝头鮠科	拟缘鉠	*Liobagrus marginatoides*（Wu）
	鮡科	中华纹胸鮡	*Glyptothorax sinense*（Regan）
	鲇科	鲇	*Silurus asotus*（Linnaeus）
	鲿科	黄颡鱼	*Pelteobagrus fulvidraco*（Richardson）
		盎堂拟鲿	*Pseudobagrus ondon*（Shaw）
		切尾拟鲿	*Pseudobagrus truncates*（Regan）
鲑形目	鲑科	秦岭细鳞鲑	*Brachymytax lenok tsinlingensis*（Li）
		川陕哲罗鲑	*Hucho bleekeri*（Kimura）
颌针鱼目	大颌鳉科	青鳉	*Oryzias latipes*（Temminckl）
合鳃鱼目	合鳃鱼科	黄鳝	*Monopterus albus*（Zuiew）
鲈形目	虾虎鱼科	子陵吻虾虎鱼	*Rhinogobius giurinus*（Rutter）

（2）主要河流中鱼类种类的变化

秦岭国家公园涉及的主要河流，其鱼类种类的变化有以下特点。

在秦岭国家公园涉及的河流的上源河段，种类虽然比较少，但一般所有种类都得以保存。比如黑河上游、湑水河上源河段、褒河的太白河的上源河段及中游支流上南河、金水河的中上游、子午河支流蒲河上游和汶水河的上源河段，鱼类种类在最近 30 年基本没有变化。这得益于上述这些河段均有保护区设立。

在河流的上源河段之下，鱼类种类的减少比较明显。比如黑河由 20 世纪 90 年代的 34 种减少到目前的 19 种，湑水河—太白河段由 13 种减少到 7 种（表 0−7）。这主要是由于对这些河段的开发力度或人为影响较大，比如在湑水河—太白河段修建了观音峡水电站和黑匣子水电站，椒溪河则主要受佛坪县城的影响较大。

表 0–7　河流鱼类的种类变化

流域	河段	20 世纪 90 年代种数/种	目前种数/种	目前种数占 20 世纪 90 年代种数的百分比 /%
黑河	陕西周至国家级自然保护区（黑河上游）	5	5	100.00
	全流域	34	19	55.88
湑水河	上源河段（老县城保护区）	5	5	100.00
	太白河段	13	7	53.85
褒河	太白河的上源河段及支流（桑园保护区）	4	4	100.00
	中游支流上南河（摩天岭保护区）	6	6	100.00
酉水河	中上游河段	18	16	88.89
金水河	中上游河段	15	15	100.00
子午河	椒溪河	11	6	54.55
	蒲河上游（天华山保护区）	6	6	100.00
	汶水河的上源河段及支流（皇冠山保护区）	6	6	100.00

（3）秦岭国家公园重点保护鱼类及其分布

①国家一级重点保护野生动物。

川陕哲罗鲑（*Hucho bleekeri*）：川陕哲罗鲑分布于四川省岷江、青衣江上游，四川省和青海省大渡河中上游，以及陕西省秦岭山脉南麓汉江上游的湑水河和褒河上游河段太白河。目前在褒河上游太白河支流苏家沟局域种群有一定数量。

②国家二级重点保护野生动物。

秦岭细鳞鲑（*Brachymytax lenok*）：秦岭地区的秦岭细鳞鲑主要分布于秦岭北坡的渭河上游及其支流，该水域的周至黑河上游是秦岭细鳞鲑模式标本的产地。秦岭细鳞鲑在陕西省分布于秦岭南北麓的汉水北侧支流湑水河（太白县）、子午河（佛坪县）及褒河上游太白河（太白县）和渭河支流，如千河（陇县）、石头河（太白县）、汤峪河（眉县）、黑河（周至县）、田峪河（周至县）、甘峪河（鄠邑区）、石砭峪（长安区）、西涧峪、桥峪（华州区）等。

多鳞白甲鱼（*Onychostoma macrolepis*）：在陕西省分布于嘉陵江水系、汉水水系、黄河水系渭河的支流。国内还见于长江中上游、淮河上游、黄河支流及海河上游的滹沱河。

③陕西省重点保护野生动物。

岷县高原鳅（*Triplophysa minxianensis*）：秦岭地区特有。分布于黄河水系的洮河和渭河。在秦岭国家公园分布于秦岭北坡的黑河、甘峪河、库峪河、石头河等。

唇䱻（*Hemibarbus labeo*）：分布于黑龙江至云南元江各水系以及朝鲜和日本。在秦岭国家公园分布于嘉陵江、金水河、西水河、椒溪河、黑河、辋川河等。

3.2.2.2 两栖动物种类及分布

（1）两栖动物种类

秦岭国家公园共发现两栖类 2 目 8 科 20 种（表 0–8）。其中，小鲵科物种数量最多，共 4 种；角蟾科、蛙科、叉舌蛙科各 3 种；蟾蜍科、雨蛙科和姬蛙科各 2 种；隐鳃鲵科 1 种。

表 0–8 秦岭国家公园的两栖动物

目	科	学名	拉丁文名
有尾目	小鲵科	山溪鲵	*Batrachuperus pinchonii*（David）
		西藏山溪鲵	*Batrachuperus tibetanus*（Schmidt）
		太白山溪鲵	*Batrachuperus taibaiensis*（Song）
		秦巴北鲵	*Ranodon tsinpaensis*（Liu）
	隐鳃鲵科	大鲵	*Andrias davidianus*（Blanchard）
无尾目	角蟾科	小角蟾	*Megophrys minor*（Stejneger）
		宝兴齿蟾	*Oreolalax popei*（Liu）
		宁陕齿突蟾	*Scutiger ningshanensis*（Fang）
	蟾蜍科	中华蟾蜍	*Bufo gargarizans*（Cantor）
		华西蟾蜍	*Bufo andrewsi*（Schmidt）
	雨蛙科	无斑雨蛙	*Hyla arborea immaculate*（Boettge）
		秦岭雨蛙	*Hyla tsinlingensis*（Liu *et* Hu）
	蛙科	黑斑侧褶蛙	*Pelophylax nigromaculata*（Hallowell）
		中国林蛙	*Rana chensinensis*（David）
		崇安湍蛙	*Amolops chunganensis*（Pope）
	叉舌蛙科	棘腹蛙	*Quasipaa boulengeri*（Günther）
		川村陆蛙	*Fejervarya kawamurai*（Djong，Matsui，Karamoto，Nishioka *et* Sumida）
		隆肛蛙	*Feirana quadranus*（Liu，Hu *et* Yang）
	姬蛙科	合征姬蛙	*Microhyla mixtura*（Liu）
		饰纹姬蛙	*Microhyla ornate*（Dumeril）

（2）秦岭国家公园重点保护两栖类及其分布

①国家二级重点保护野生动物。

大鲵（*Andrias davidianus*）：大鲵为我国特有野生动物。在国内分布于长江、黄河及珠江中下游的支流。在陕西省分布于秦岭、大巴山、米仓山山区；在秦岭的南北坡均有分布，但以南坡为主，北坡相对较少。在秦岭国家公园分布于嘉陵江流域的肖家河、正河，汉江北侧的支流褒河、湑水河、金水河、子午河、旬河等，以及秦岭以北的黑河、峪河等。

山溪鲵（*Batrachuperus pinchonii*）：山溪鲵为我国特有野生动物。在陕西目前已知分布于留坝、宁陕、南郑等县境内；在秦岭国家公园分布于褒河流域和子午河流域。国内还见于四川、云南，贵州可能有分布。

西藏山溪鲵（*Batrachuperus tibetanus*）：西藏山溪鲵分布于中国青海（循化、班玛、化隆），甘肃（文县、武都、天水、徽县、礼县、西和、成县、两当、康县、武山、和政、卓尼、渭源、临夏），四川（南平、平武、青川、茂县、南江、泸定、康定、雅江、九龙、木里、德格、甘孜、炉霍、道孚、红原、阿坝、马尔康、小金、理县、汶川、黑水），西藏（江达）。陕西目前已知分布于留坝、宁陕、周至、陇县。在秦岭国家公园分布于黑河、库峪、子午河上游汶水河、褒河上游等处。

秦巴北鲵（*Ranodon tsinpaensis*）：秦巴北鲵为中国特有种，分布于陕西（周至、宁陕），四川（万源），河南（内乡），重庆（城口）。在秦岭国家公园分布于黑河上游、子午河上游蒲河、汶水河等。

宁陕齿突蟾（*Scutiger ningshanensis*）：宁陕齿突蟾为中国特有种，分布于陕西、河南。在秦岭国家公园仅分布于宁陕县平河梁，属于池河、旬河、子午河分水岭。

②陕西省重点保护野生动物。

秦岭雨蛙（*Hyla tsinlingensis*）：秦岭雨蛙为中国特有种，分布于陕西（南部），甘肃（南部），重庆（城口、巫山），安徽（岳西、霍山）。在陕西分布于周至、太白、宁陕、洋县、佛坪等，即分布于秦岭国家公园的黑河流域，西水河、金水河、子午河、旬河的上游区域。

隆肛蛙（*Feirana quadranus*）：隆肛蛙为中国特有种，分布于甘肃（文县、武山、两当、徽县、天水），陕西（陇县、太白、留坝、宁强、佛坪、洋县、宁陕、镇巴、平利、柞水、山阳、商南、华阴），河南（伏牛山、桐柏山），湖北（丹江口、神农架、宜昌、巴东、利川），湖南（桑植），四川（平武、青川、茂县、安县、南江、万源），重庆（城口、巫溪、巫山、奉节、秀山）。在秦岭国家公园水域广泛分布。

中国林蛙（*Rana chensinensis*）：中国林蛙栖息在阴湿的山坡树丛中，离水体较远，9 月底至次年 3 月营水栖生活。在严寒的冬季，它们成群地聚集在河水深处的大石块下进行冬眠。中国林蛙分布于中国和蒙古。在中国分布于黑龙江、吉林、辽宁、内蒙古、河北、山西、陕西、甘肃、青海、新疆、山东、江苏、四川、西藏。在秦岭国家公园，中国林蛙分布较隆肛蛙更广泛，主要分布于甘峪河、辋川河、黑河、涧峪、石头河、金水河、西水河、子午河、月河等流域。

小角蟾（*Megophrys minor*）：小角蟾为中国特有种，分布于陕西、甘肃、湖北、四川、重庆。小角蟾较为罕见，目前在陕西发现于洋县、平利，在秦岭国家公园分布于西水河流域。

宝兴齿蟾（*Oreolalax popei*）：宝兴齿蟾为中国特有种，分布于陕西、甘肃、四川。在陕西省仅发现于洋县，在秦岭国家公园分布于西水河流域。

3.2.2.3 秦岭国家公园主要依水而生的鸟类

秦岭国家公园依水而生的鸟类（包括传统意义上的水鸟，以下简称"涉水鸟类"）共计 30 种，隶属于 7 目 11 科（表 0–9）。其中，黑鹳为国家一级重点保护野生动物，其余 29 种为有重要生态、科学、社会价值的陆生野生动物，短嘴豆雁和绿鹭是陕西省重点保护野生动物。按流域或区域分，湑水河流域（包括陕西太白牛尾河省级自然保护区、陕西太白湑水河珍稀水生生物国家级自然保护区和陕西老县城国家级自然保护区）分布 16 种，西水河（包括陕西长青国家级自然保护区大部）分布 20 种，金水河（陕西佛坪国家级自然保护区）分布 22 种，椒溪河（包括陕西观音山国家级自然保护区）分布 10 种，蒲河（包括陕西天华山国家级自然保护区）分布 9 种，汶水河（包括陕西皇冠山省级自然保护区）分布 10 种，陕西平河梁国家级自然保护区（包括长安河、旬阳坝河、新矿河，它们分别是子午河、旬河、池河的上游）分布 11 种，黑河中上游（包括陕西周至国家级自然保护区、陕西黑河珍稀水生野生动物国家级自然保护区、陕西黑河湿地省级自然保护区的山区部分）分布 15 种，陕西华州区大鲵水生野生动物省级自然保护区（包括涧峪、桥峪、石堤峪、沟峪等）分布 10 种。

表 0–9 秦岭国家公园主要依水而生的鸟类及其分布

目科种	保护级别	分布								
		甲	乙	丙	丁	戊	己	庚	辛	壬
I. 雁形目 Anseriformes										
1. 鸭科 Anatidae										
（1）短嘴豆雁 *Anser serrirostris*	SZ，SY	√		√						
（2）赤麻鸭 *Tadorna ferruginea*	SY	√								
（3）绿翅鸭 *Anas crecca*	SY	√		√						

续表

目科种	保护级别	分布								
		甲	乙	丙	丁	戊	己	庚	辛	壬
Ⅱ. 鹤形目 Gruiformes										
2. 秧鸡科 Rallidae										
（4）普通秧鸡 *Rallus indicus*	SY		√	√						
（5）白胸苦恶鸟 *Amaurornis phoenicurus*	SY		√	√					√	
（6）董鸡 *Gallicrex cinerea*	SY		√							
Ⅲ. 鸻形目 Charadriiformes										
3. 反嘴鹬科 Recurvirostridae										
（7）反嘴鹬 *Recurvirostra avosetta*	SY		√	√						
4. 鸻科 Charadriidae										
（8）灰头麦鸡 *Vanellus cinereus*	SY	√								
（9）长嘴剑鸻 *Charadrius placidus*	SY		√	√						
（10）金眶鸻 *Charadrius dubius*	SY		√	√						
5. 鹬科 Scolopacidae										
（11）扇尾沙锥 *Gallinago gallinago*	SY		√	√						
（12）青脚鹬 *Tringa nebularia*	SY			√						
（13）白腰草鹬 *Tringa ochropus*	SY								√	
（14）矶鹬 *Actitis hypoleucos*	SY		√	√						
Ⅳ. 鹳形目 Ciconiformes										
6. 鹳科 Ciconiidae										
（15）黑鹳 *Ciconia nigra*	Ⅰ								√	
Ⅴ. 鹈形目 Pelecaniformes										
7. 鹭科 Ardeidae										
（16）夜鹭 *Nycticorax nycticorax*	SY			√					√	
（17）绿鹭 *Butorides striata*	SZ，SY							√		
（18）池鹭 *Ardeola bacchus*	SY	√	√	√					√	
（19）牛背鹭 *Bubulcus ibis*	SY	√								
（20）苍鹭 *Ardea cinerea*	SY								√	√
（21）白鹭 *Egretta garzetta*	SY	√	√	√	√	√	√	√	√	

续表

目科种	保护级别	分布								
		甲	乙	丙	丁	戊	己	庚	辛	壬
Ⅵ. 佛法僧目 Coraciiformes										
8. 翠鸟科 Alcedinidae										
（22）蓝翡翠 *Halcyon pileata*	SY	√	√	√	√		√	√		√
（23）普通翠鸟 *Alcedo atthis*	SY	√	√	√	√	√	√	√	√	√
（24）冠鱼狗 *megaceryle lugubris*	SY	√	√	√	√	√	√	√	√	√
Ⅶ. 雀形目 Passeriformes										
9. 河乌科 Cinclidae										
（25）褐河乌 *Cinclus pallasii*	SY	√	√	√	√	√	√	√	√	√
10. 鹟科 Muscicapidae										
（26）红尾水鸲 *Phoenicurus fuliginosus*	SY	√	√	√	√	√	√	√	√	√
（27）白顶溪鸲 *Phoenicurus leucocephalus*	SY	√	√	√	√	√	√	√	√	√
（28）小燕尾 *Enicurus scouleri*	SY	√	√	√	√	√	√	√	√	√
（29）白额燕尾 *Enicurusleschenaulti*	SY	√	√	√	√	√	√	√	√	√
11. 鹡鸰科 Motacillidae										
（30）白鹡鸰 *Motacilla alba*	SY	√	√	√	√	√	√	√	√	√

注：“保护级别”栏：Ⅰ——国家一级重点保护野生动物，SY——有重要生态、科学、社会价值的陆生野生动物，SZ——陕西省重点保护野生动物；“分布”栏：甲——湑水河（包括陕西太白牛尾河省级自然保护区、陕西太白湑水河珍稀水生生物国家级自然保护区和陕西老县城国家级自然保护区），乙——西水河（包括陕西长青国家级自然保护区大部），丙——金水河上游（陕西佛坪国家级自然保护区），丁——椒溪河（包括陕西观音山国家级自然保护区），戊——蒲河（包括陕西天华山国家级自然保护区），己——汶水河（包括陕西皇冠山省级自然保护区），庚——陕西平河梁国家级自然保护区（包括长安河、旬阳坝河、新矿河），辛——黑河中上游（包括陕西周至国家级自然保护区、陕西黑河珍稀水生野生动物国家级自然保护区、陕西黑河湿地省级自然保护区的山区部分），壬——陕西华州区大鲵水生野生动物省级自然保护区（包括涧峪、桥峪、石堤峪、沟峪等）；√——有分布。

从表0-9、图0-5可以看出，金水河上游（陕西佛坪国家级自然保护区）涉水鸟类最多，达22种，占涉水鸟类总数的73.33%；蒲河（包括陕西天华山国家级自然保护区）鸟类最少，为9种，占涉水鸟类总数的30.00%。由于秦岭国家公园属于山涧溪流型湿地，普通意义上的水鸟种类较少，但普通翠鸟（*Alcedo atthis*）、冠鱼狗（*megaceryle lugubris*）、褐河乌（*Cinclus pallasii*）、红尾水鸲（*Phoenicurus fuliginosus*）、白顶溪鸲（*Phoenicurus leucocephalus*）、小燕

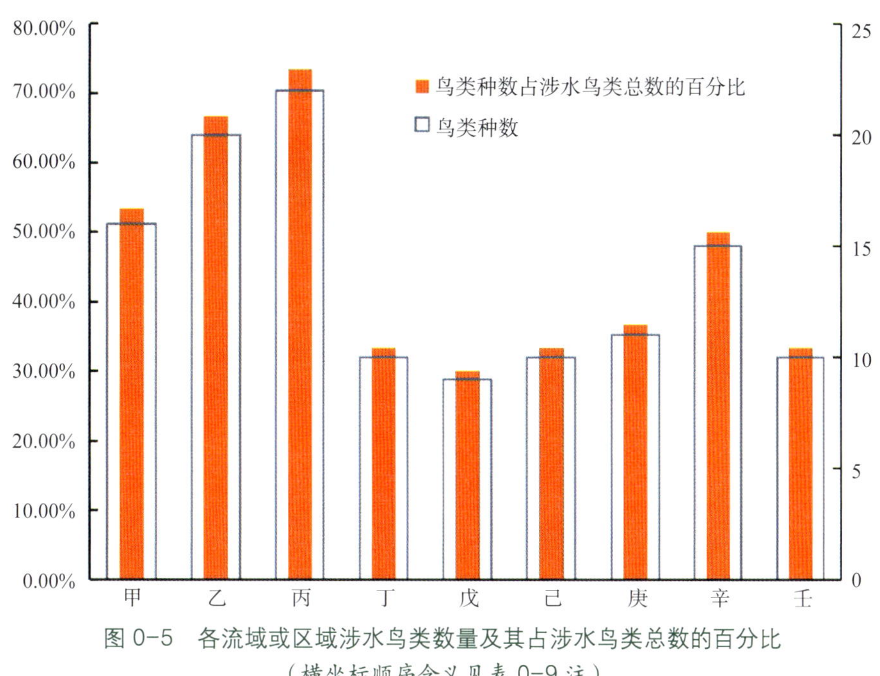

图 0-5　各流域或区域涉水鸟类数量及其占涉水鸟类总数的百分比
（横坐标顺序含义见表 0-9 注）

尾（*Enicurus scouleri*）、白额燕尾（*Enicurusleschenaulti*）、白鹡鸰（*Motacilla alba*）等 8 种鸟类在各支流均有分布。

秦岭国家公园重点保护水鸟为黑鹳，分布于黑河，黑河属于有重要意义的河流。

另外，从涉水鸟类的分布数量看，金水河、酉水河、湑水河、黑河都是具有重要意义的河流。

3.2.2.4　浮游植物物种组成及多样性

秦岭国家公园调查的南北麓河流中，南麓河流浮游植物物种数高于北麓，共鉴定出 203 种。其中，硅藻门 108 种，占 53.20%；蓝藻门 22 种，占 10.84%；绿藻门 53 种，占 26.11%；金藻门 2 种，占 0.99%；隐藻门 5 种，占 2.46%；甲藻门 4 种，占 1.97%；裸藻门 8 种，占 3.94%；黄藻门 1 种，占 0.49%。其中，春季共鉴定浮游植物 167 种，秋季共鉴定浮游植物 152 种。秦岭南北麓河流春季 Shannon-Wiener 多样性指数在 1.89～4.69，其平均值为 3.41，秋季 Shannon-Wiener 多样性指数在 1.44～4.92，其平均值为 3.42，南麓河流 Shannon-Wiener 多样性指数高于北麓河流。时间尺度上，清姜河、清水河、石头河、黑河、潏河、沈河、酉水河、月河、旬河和乾佑河春季浮游植物物种数普遍高于秋季，其他河流秋季物种数普遍高于春季。除沣河、灞河、褒河、酉水河、池河、旬河和金钱河秋季浮游植物现存量普遍高于春季外，其他河流春季现存量均普遍高于秋季。秦岭南北麓河流春秋两季优势种多为硅藻，硅藻门相比其他门占据绝对优势，如梅尼小环藻、普通等片藻、尖针杆藻、偏肿桥弯藻和谷皮菱形藻在秦岭北麓和南麓河流中均为优势种。清姜河、清水河、黑河、灞河、沈河、湑水河、月河和乾佑河的 Shannon−Wiener 多样性指数大多数断面具有春季高于秋季的特点，其他河流表现出与之相反的特点。从空间尺度看，春季各河流及水库浮游植物种类数最多为黑河，最少为石头河；秋季各河流及水库浮游植物种类数最多为褒河，最少为石头河。春季各河流及水库浮游植物现存量最多为清姜河，最少为沣河；秋季各河流及水库浮游植物现存量最多为灞河，最少为月河。乾佑河、清姜河以及湑水河等的 Shannon−Wiener 多样性指数较高，较低则出现在石头河、沣河和褒河等。（图 0−6 至图 0−8）

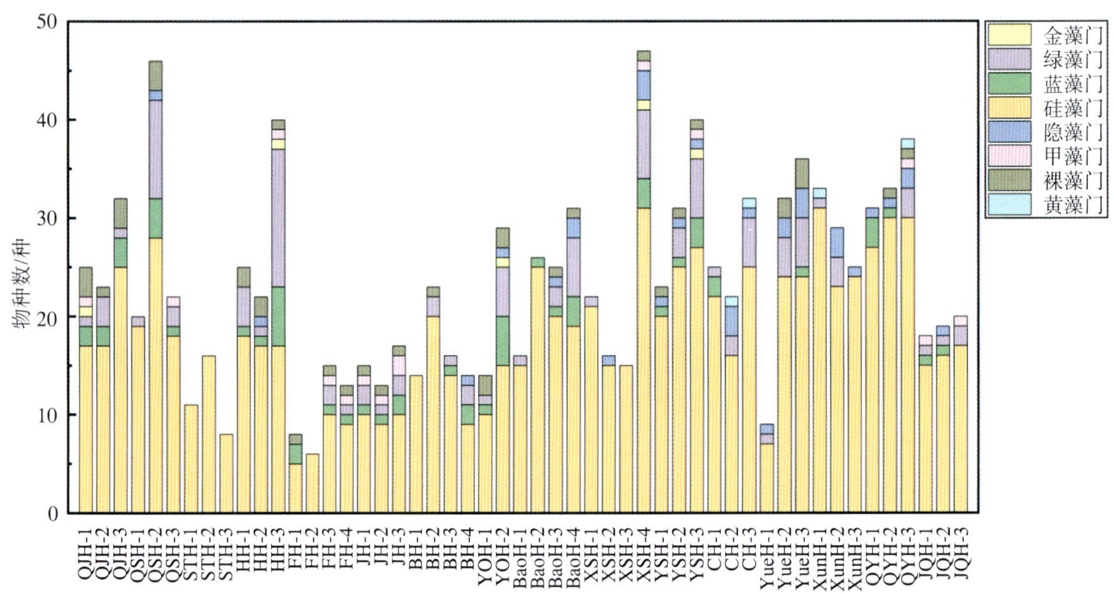

图 0−6　秦岭南北麓河流春季浮游植物物种数

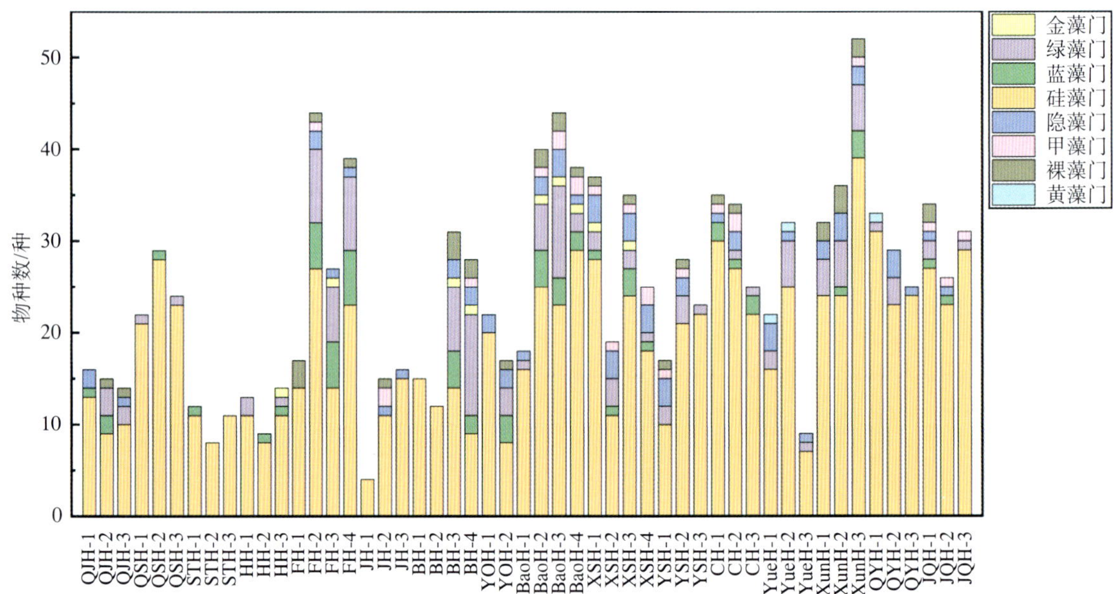

图 0−7　秦岭南北麓河流秋季浮游植物物种数

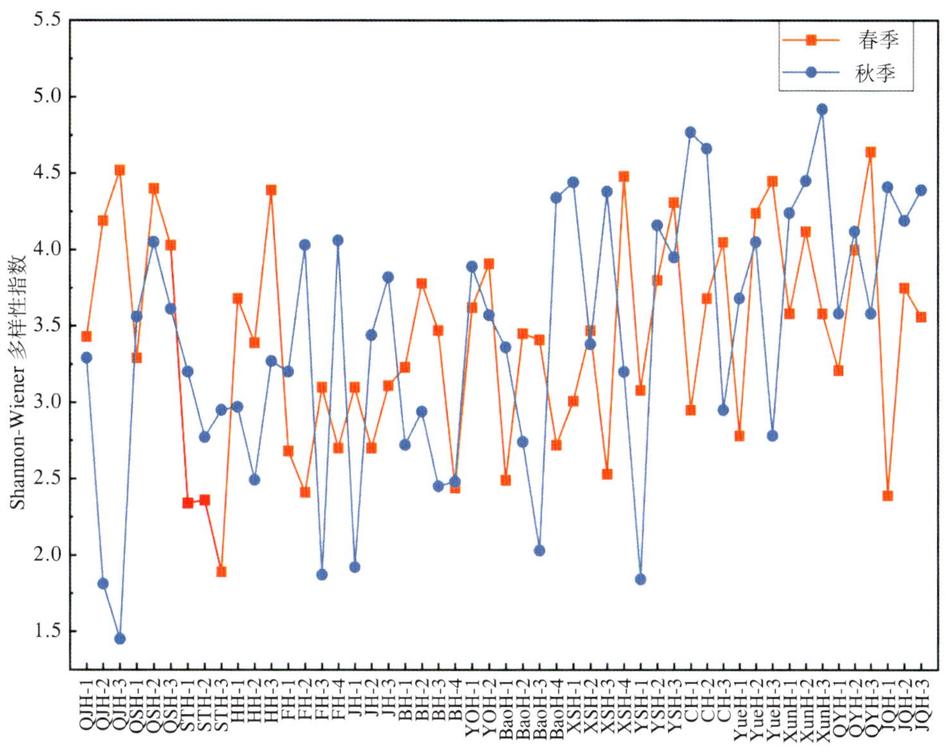

图 0-8　秦岭南北麓河流浮游植物 Shannon-Wiener 多样性指数

3.2.2.5　浮游动物物种组成及多样性

在秦岭国家公园调查的南北麓河流中，南麓河流浮游动物物种数高于北麓，共鉴定 347 种。其中，原生动物 127 种，占 36.60%；轮虫 157 种，占 45.24%；枝角类 33 种，占 9.51%；桡足类 30 种，占 8.65%。秦岭南北麓河流春季 Shannon−Wiener 多样性指数在 0.45～3.48，其平均值为 1.82；秋季 Shannon−Wiener 多样性指数在 0.00～3.14，其平均值为 1.55；南麓河流 Shannon−Wiener 多样性指数高于北麓。在时间尺度上，综合河流各采样点来看，清姜河、沣河、褒河春季浮游动物物种数普遍高于秋季，其他河流秋季物种数基本高于春季；清姜河、沣河、褒河、湑水河春季浮游动物现存量普遍高于秋季，其他河流秋季现存量基本高于春季。秦岭南北麓河流春秋两季的优势种为针棘匣壳虫、旋匣壳虫、累枝虫、螺形龟甲轮虫和无节幼体，南北麓河流主要优势种为无节幼体；清水河、沣河、褒河的 Shannon−Wiener 多样性指数大多数断面具有春季低于秋季的特点，其他河流及水库则与之相反。从空间尺度看，两个季节除清水河、石头河浮游动物种类数较少外，其余河流浮游动物物种数基本较多，单一断面物种数最高的断面出现在黑河与金钱河中。春季各河流浮游动物密度最高点出现在黑河，最低点出现在池河；秋季各河流浮游动物密度最高点出现在沈河，最低点出现在清水河。春季各河流浮游动物现存量最高点出现在乾佑河，最低点出现在清水河；秋季各河流浮游动物现存量最高点出现在沈河，最低点出现在清水河和旬河。春季各河流 Shannon−Wiener 多样性指数最高点出现在灞河，最低点出现在湑水河；秋季各河流 Shannon−Wiener 多样性指数最高点出现在旬河，最低点出现在湑水河。（图 0−9 至图 0−11）

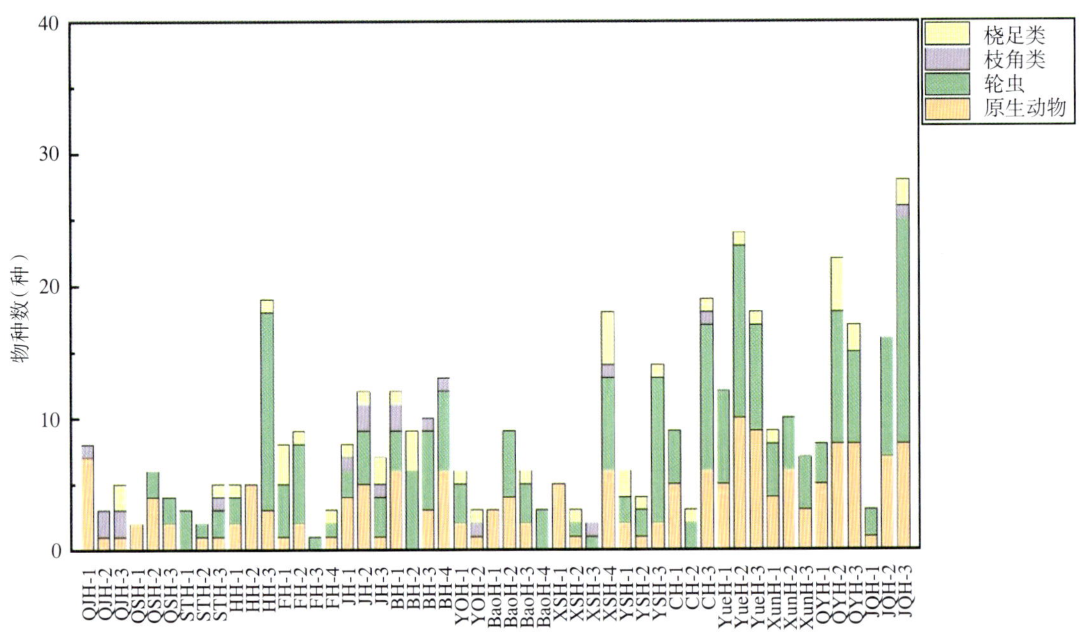

图 0−9　秦岭南北麓河流春季浮游动物物种数

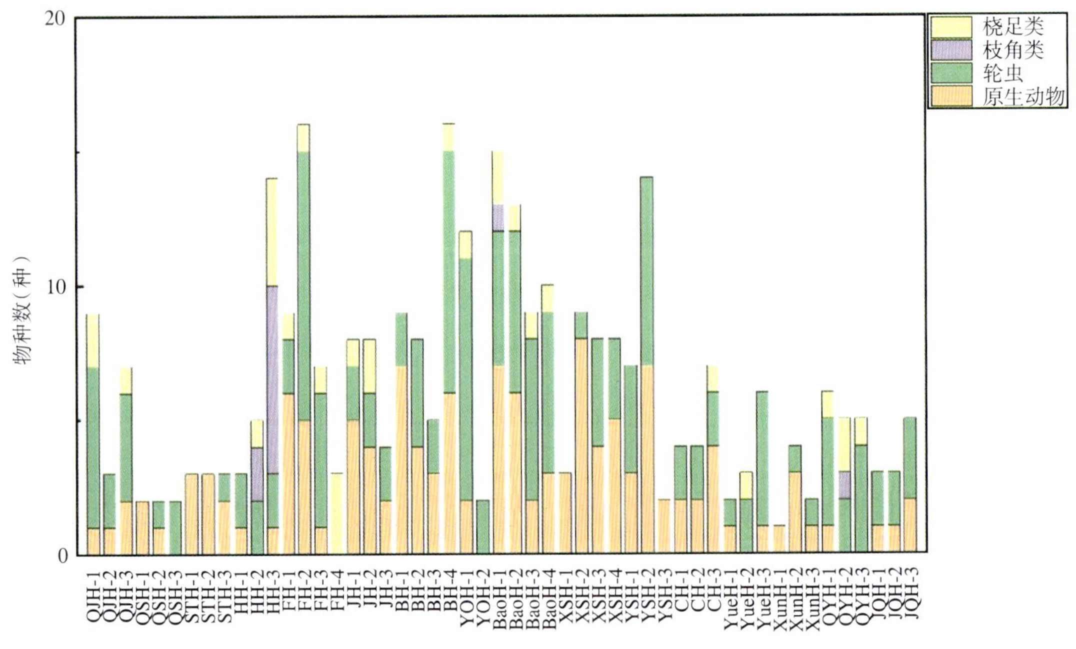

图 0−10　秦岭南北麓河流秋季浮游动物物种数

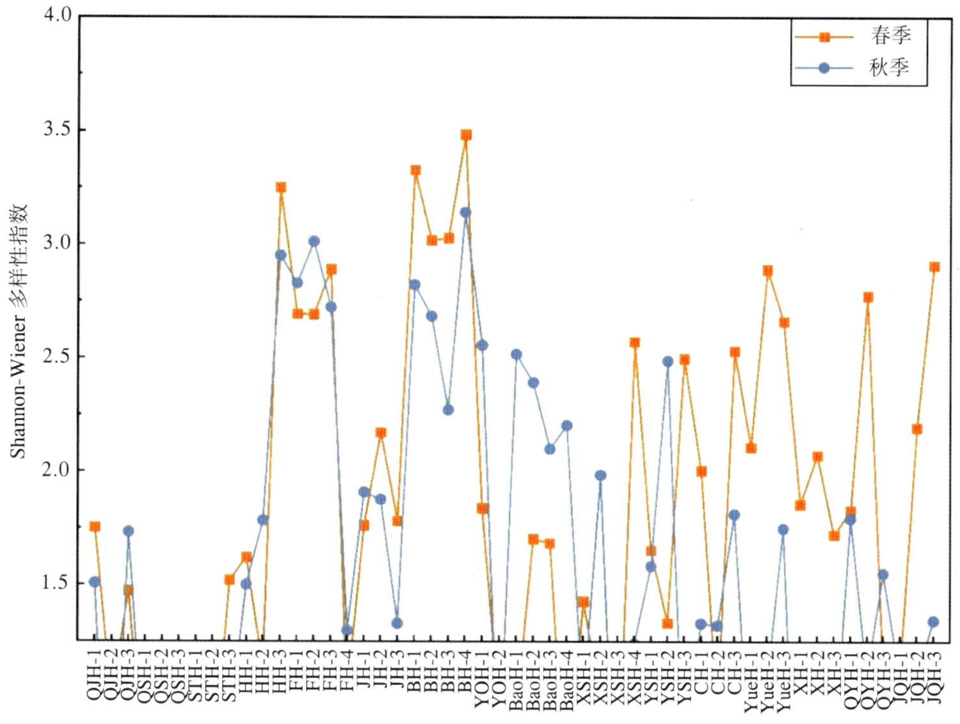

图 0-11　秦岭南北麓河流浮游动物 Shannon-Wiener 多样性指数

3.2.2.6　底栖动物物种组成及多样性

秦岭国家公园调查的南北麓河流中，南麓河流底栖动物物种数多于北麓，共鉴定 338 种。其中，环节动物门 11 种，占 3.25%；软体动物门 12 种，占 3.55%；节肢动物门 312 种，占 92.31%；线形动物门 2 种，占 0.59%；扁形动物门 1 种，占 0.30%。春季共鉴定出底栖动物 234 种，秋季共鉴定出底栖动物 224 种。秦岭南北麓河流春季 Shannon−Wiener 多样性指数在 0.00～3.13，其平均值为 1.83；秋季 Shannon−Wiener 多样性指数在 0.46～2.78，其平均值为 1.89；南麓河流 Shannon−Wiener 多样性指数高于北麓河流。在时间尺度上，石头河、汁河、潏河、沈河、褒河、湑水河、金钱河春季底栖动物物种数普遍高于秋季，其他河流秋季物种数普遍高于春季。清姜河、清水河、石头河、黑河、潏河、灞河、沈河、湑水河和旬河底栖动物现存量秋季普遍高于春季，其他河流春季现存量大部分点位都高于秋季；秦岭河流春秋两季的优势种多为节肢动物，节肢动物门相比其他门占据绝对优势；石头河、沣河、褒河、湑水河和金钱河的 Shannon−Wiener 多样性指数大多数断面具有春季高于秋季的特点，其他河流则与之相反。从空间尺度看，两个季节湑水河底栖动物种类数最多，而单一断面物种数最高的断面也出现在湑水河中。春季各河流及水库底栖动物现存量最高的为清水河，最低的为黑河；秋季各河流及水库底栖动物现存量最高的为湑水河，最低的为滈河和灞河；湑水河、金钱河以及沈河等河流的 Shannon-Wiener 多样性指数较高，黑河、滈河和灞河等则较低。（图 0-12 至图 0-14）

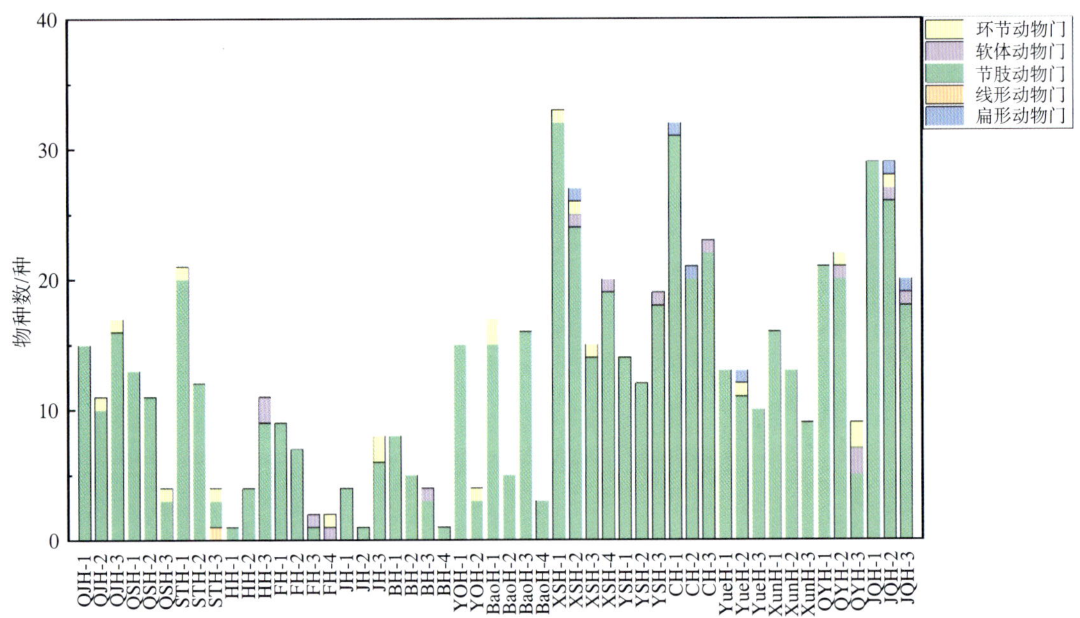

图 0-12　秦岭南北麓河流春季底栖动物物种数

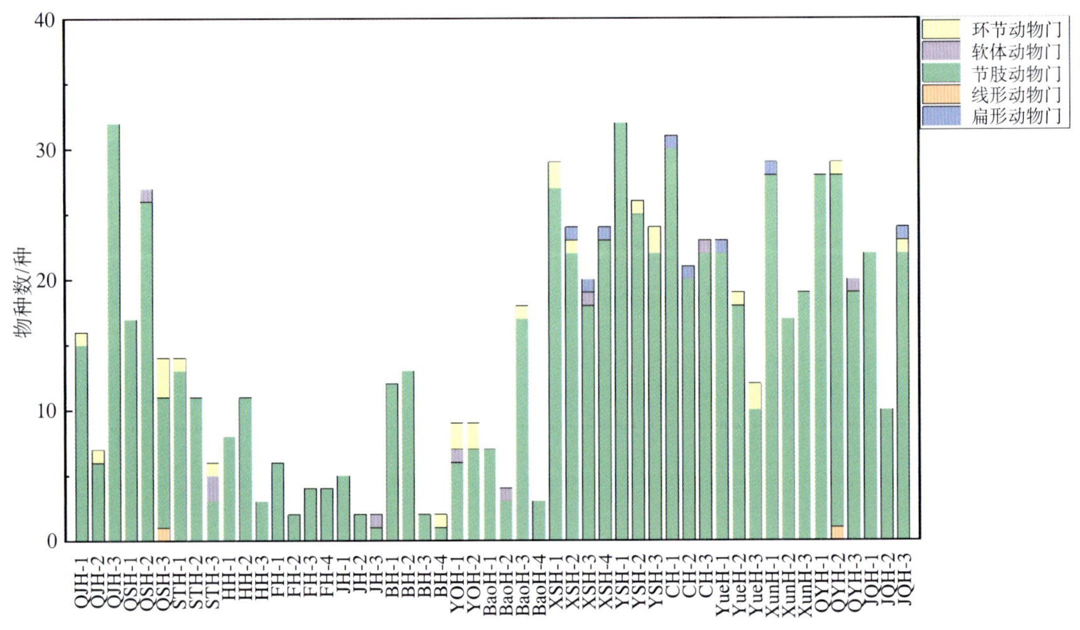

图 0-13　秦岭南北麓河流秋季底栖动物物种数

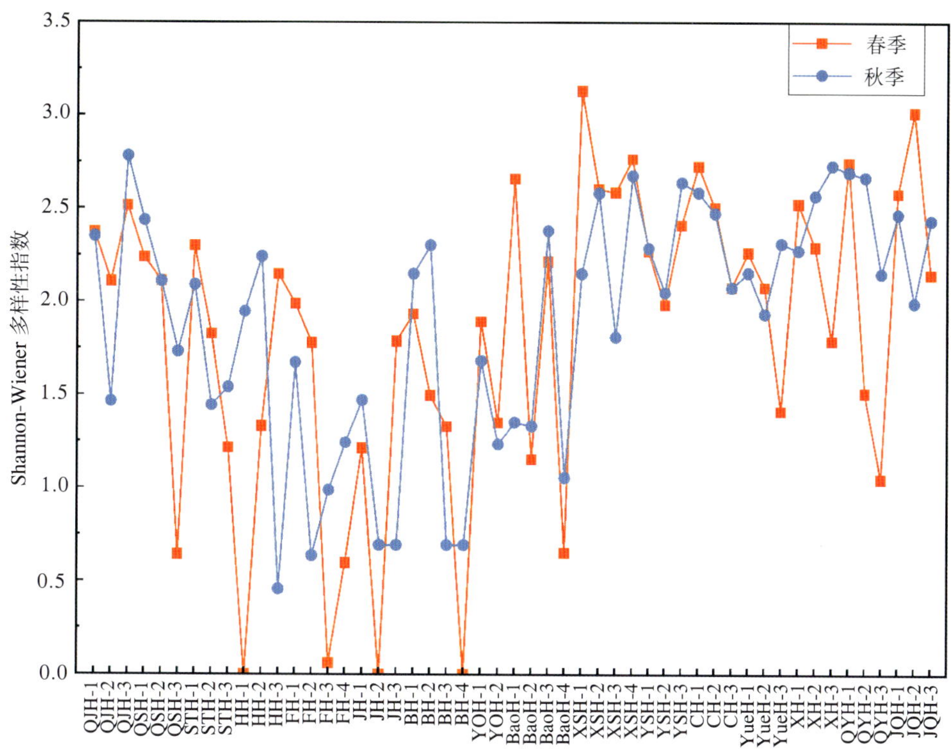

图 0-14　秦岭南北麓河流底栖动物 Shannon-Wiener 多样性指数

3.2.3　问题分析

3.2.3.1　珍稀水生生物变化趋势及影响因素

近十年秦岭保护力度加强，保护区管护能力不断提高，对非法猎捕的打击加大，加之生态环境保护的加强，水生动物种群得到了持续恢复。

但近年研究也发现，秦岭鱼类群落结构变化表现为渔获物数量主要以拉氏大吻鳄、红尾副鳅、短须颌须鮈、麦穗鱼、餐等小型鱼类为主，低营养级鱼类已占据渔获物优势地位，整体呈现小型化趋势。体型较大的种类仅有秦岭细鳞鲑、多鳞白甲鱼少数几种。秦岭细鳞鲑和多鳞白甲鱼体长及体重相比历史资料均有不同程度下降。

川陕哲罗鲑、秦岭细鳞鲑、多鳞白甲鱼等珍稀鱼类的致危因素，除了本身生长缓慢、性成熟较晚、怀卵量较少、扩散能力不足外，还包括以下 4 个方面：

（1）生境退化或丧失

①拦筑河坝阻碍洄游通道，小水电开发导致生态流量不足。②采矿业对栖息地的破坏。③居民住房和工程建设等在河道采石挖沙破坏栖息地。④种植型农业生产的发展扩大导致大片林地、草地被开垦，蓄水能力减弱，水土流失加剧。

（2）外来物种入侵

秦岭细鳞鲑分布的河流冷水资源丰富，很多河道都建有冷水性鱼类（以虹鳟为主）的养殖场，逃逸的虹鳟个体会进入自然河道，对秦岭细鳞鲑的生存造成威胁。调水工程也会带来生物入侵风险。

（3）气候变化与自然灾害

秦岭细鳞鲑属于山涧冷水性鱼类，对环境变化极为敏感。据资料记载，秦岭细鳞鲑在黑河主河道分布广泛，在海拔 900 m以上的河段皆有分布。但研究发现，因气候变化引起水资源量减少。秦岭细鳞鲑的分布具有面积减少、海拔升高的趋势。同时，暴雨、山洪后，秦岭细鳞鲑种群数量急剧减少。自然灾害及气候变化，不仅会导致秦岭细鳞鲑分布范围缩减，也直接影响了自然种群数量。

（4）人为活动（不合理捕捞、污染）

20 世纪末，人类“狂捕滥炸”，对野生鱼类资源保护的投入严重不足，管理手段落后，执法力量薄弱，野生鱼类资源已到了濒临枯竭的边缘。21 世纪第一个十年段，受经济利益驱动，资源利用过度，局部旅游开发影响水环境质量，严重破坏了秦岭细鳞鲑、川陕哲罗鲑等野生鱼类的生存环境，使其种群数量日趋减少，生殖亲体出现退化趋势，朝小型化、低龄化方向发展。

3.2.3.2　珍稀水生生物及其生境保护修复关键问题及建议策略

（1）珍稀物种特征问题

川陕哲罗鲑：数量稀少，养殖实验受阻。

秦岭细鳞鲑：数量较多，但仍存在生存挑战。

多鳞白甲鱼、西藏山溪鲵：数量相对稳定。

建议策略

加强保护和研究：加大对稀有物种的保护力度，尤其是川陕哲罗鲑，通过建立保护区来保护其栖息地。

促进人工养殖：针对繁殖受阻的物种，如川陕哲罗鲑，要投入更多的资源和技术，解决饵料问题等。

关键问题：推动人工养殖的成功。

持续监测：对物种种群数量和分布进行持续监测，及时发现问题并采取相应措施。

（2）珍稀水生生物保护挑战

①生境退化或丧失：拦河坝、采矿、居民活动等导致生境丧失或退化。

建议策略

生态修复与监测：针对已拆除水坝的河流，监测物种种群及生境质量；对仍存的水坝评估其生态和经济效益，必要时进行拆除，治理污染，修复被破坏的河流生态系统。

科学规划：制定科学的河流管理规划，平衡开发和保护的关系，最大限度地保护生物多样性。

②外来物种入侵：外来物种如虹鳟对本地珍稀物种造成威胁。

建议策略

严格管控：加强对虹鳟等外来物种的检测和管控，防止其进入河道。

加强监测：建立监测体系，及时发现入侵的外来物种，采取应对措施。

③气候变化与自然灾害：气候变化及导致的暴雨等自然灾害对珍稀鱼类生存构成威胁。

建议策略

适应性管理：制定应对气候变化的管理策略，加强对生态系统的监测和调查，提高生物群体对环境变化的适应能力。

3.3　秦岭珍稀水生生物空间分布

3.3.1　国家重点保护鱼类空间分布

秦岭有川陕哲罗鲑、秦岭细鳞鲑、多鳞白甲鱼、渭河裸重唇鱼等 4 种国家重点保护野生动物。分布情况参见图 0-15。

川陕哲罗鲑：分布于褒河上游太白河和湑水河太白段。

秦岭细鳞鲑：分布于秦岭南北麓的汉水北侧支流湑水河（太白县）和渭河支流，如石头河（太白县）、汤峪河（眉县）、黑河（周至县）、田峪河（周至县）、甘峪河（鄠邑区）、石砭峪（长安区）、西涧峪、桥峪（华州区）。

多鳞白甲鱼：在秦岭国家公园分布于嘉陵江水系、汉水水系、黄河水系渭河的支流，具体为黑河、嘉陵江上游、褒河、酉水河、金水河、椒溪河、蒲河、汶水河。

渭河裸重唇鱼：仅在黑河有分布记录。

3.3.2　陕西省重点保护鱼类空间分布

秦岭有唇䱻、岷县高原鳅等 2 种陕西省重点保护野生动物。分布情况参见图 0-16。

唇䱻：在秦岭国家公园分布于嘉陵江、金水河、酉水河、椒溪河、黑河、辋川河等。

岷县高原鳅：在秦岭国家公园分布于秦岭北坡的黑河、甘峪河、库峪河、石头河等。

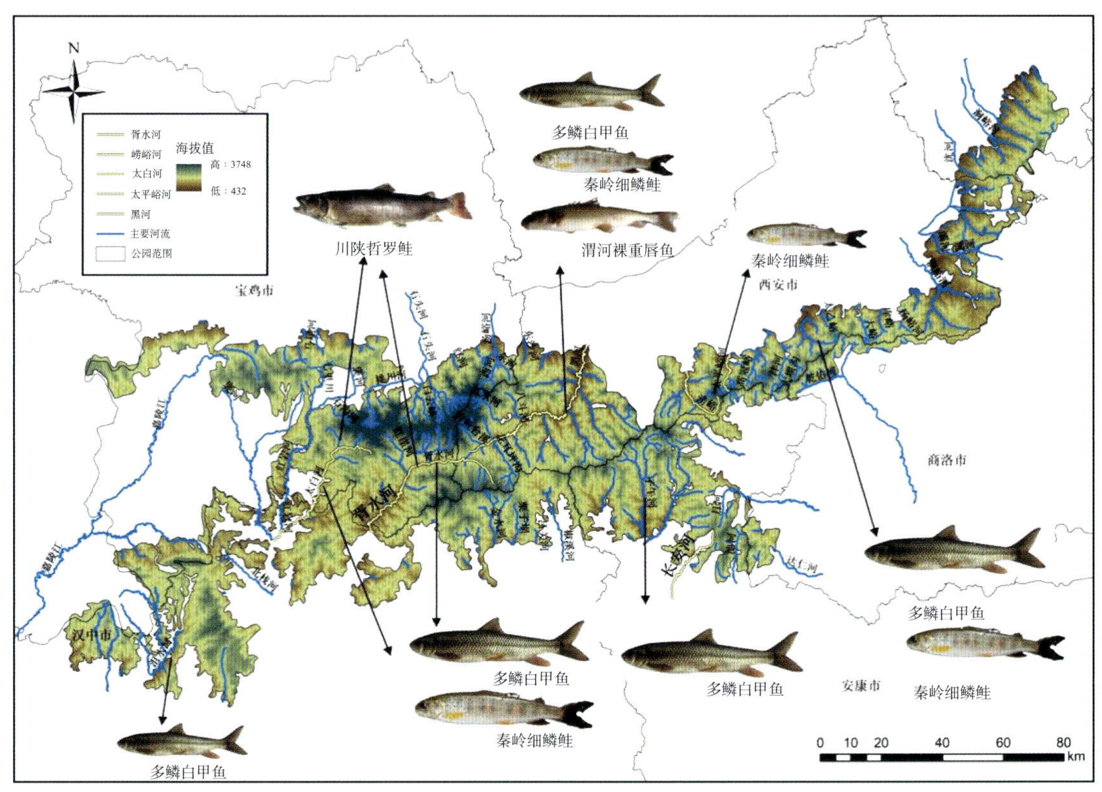

图 0-15　秦岭南北麓河流国家重点保护鱼类分布示意图

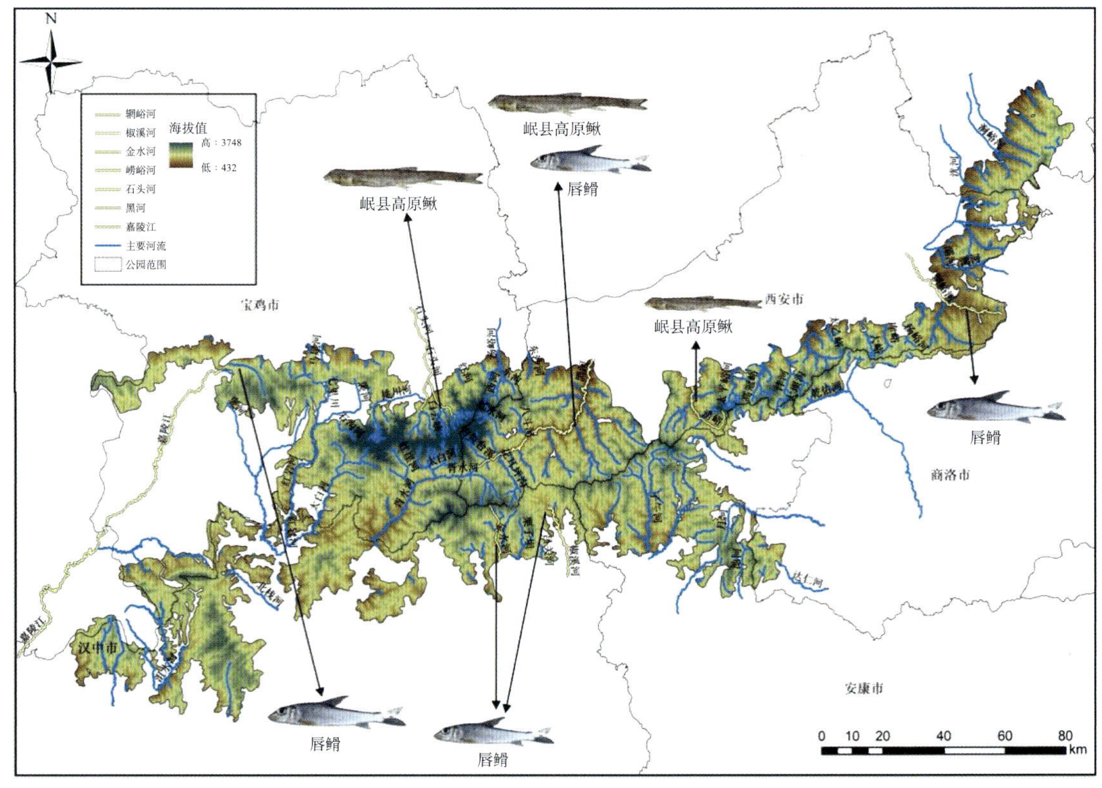

图 0-16　秦岭南北麓河流陕西省重点保护鱼类分布示意图

3.3.3　国家重点保护两栖类空间分布

秦岭有大鲵、山溪鲵、西藏山溪鲵、秦巴北鲵、宁陕齿突蟾等 5 种国家重点保护野生动物。分布情况参见图 0-17。

大鲵：分布于嘉陵江流域的肖家河、正河，汉江北侧支流褒河、湑水河、金水河、子午河、旬河等，以及秦岭以北的黑河、峪河等。

山溪鲵：在秦岭国家公园分布于褒河流域和子午河流域。

西藏山溪鲵：在秦岭国家公园分布于黑河、库峪、子午河上游汶水河、褒河上游等处。

秦巴北鲵：在秦岭国家公园分布于黑河上游、子午河上游蒲河、汶水河等。

宁陕齿突蟾：在秦岭国家公园仅分布于宁陕县平河梁，属于池河、旬河、子午河分水岭。

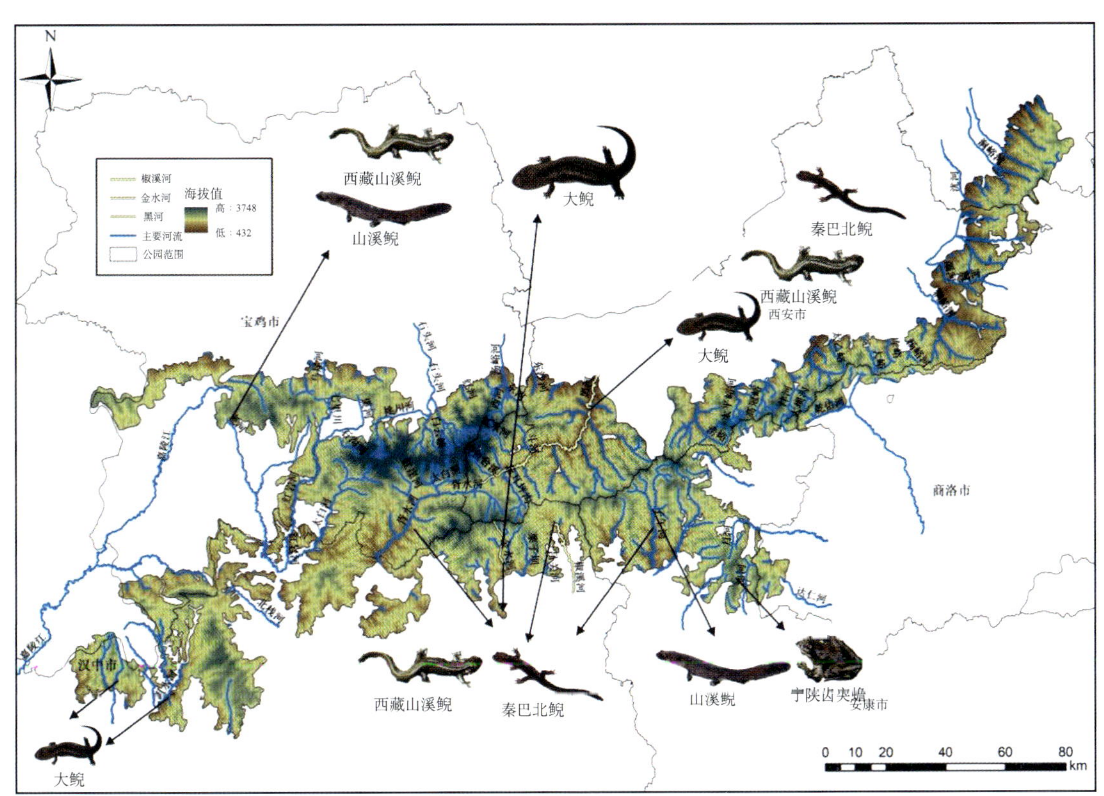

图 0-17　秦岭南北麓河流国家重点保护两栖类分布示意图

3.3.4　陕西省重点保护两栖类空间分布

秦岭有秦岭雨蛙、隆肛蛙、中国林蛙、小角蟾、宝兴齿蟾等 5 种陕西省重点保护野生动物。分布情况参见图 0-18。

秦岭雨蛙：分布在秦岭国家公园的黑河流域，以及西水河、金水河、子午河、旬河的上游区域。

隆肛蛙：在秦岭国家公园水域广泛分布，主要分布于嘉陵江、褒河、西水河、金水河、子午河等流域。

中国林蛙：在秦岭国家公园，中国林蛙较隆肛蛙更易见，主要分布于甘峪河、辋川河、黑河、涧峪、石头河、金水河、西水河、子午河、月河等流域。

小角蟾：较为罕见，目前在陕西发现于洋县、平利，在秦岭国家公园分布于西水河流域。

宝兴齿蟾：在陕西仅发现于洋县，在秦岭国家公园分布于西水河流域。

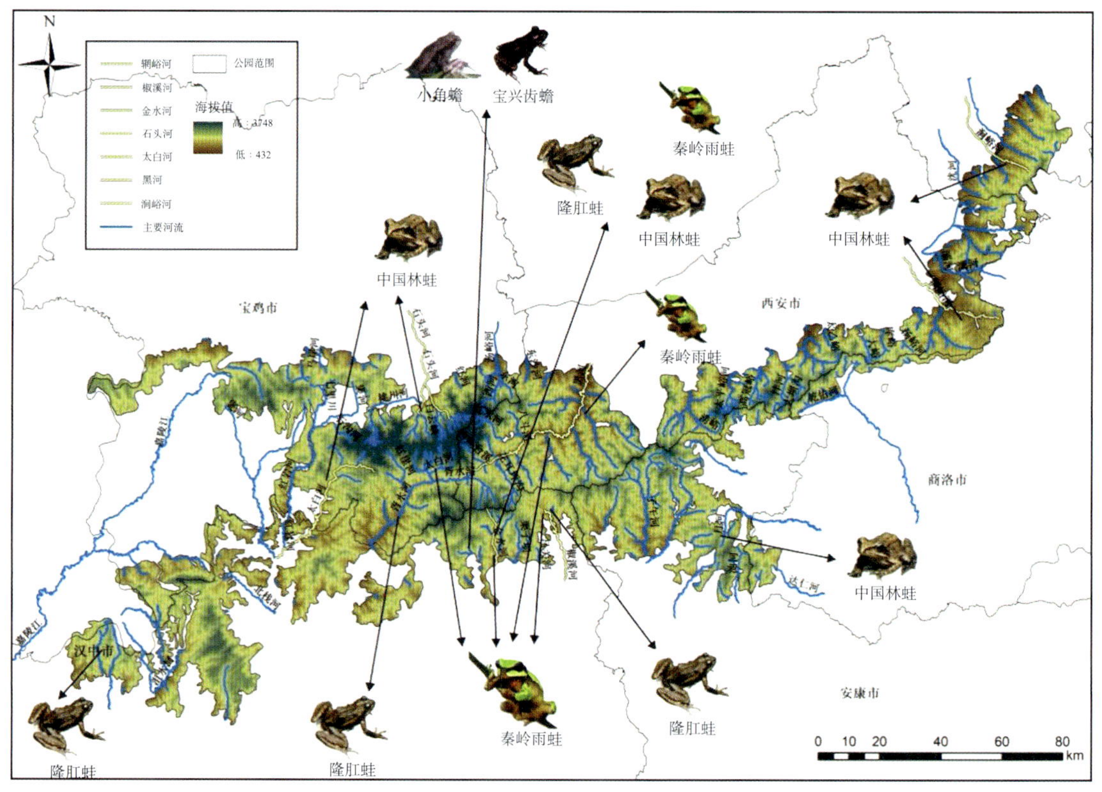

图 0-18　秦岭南北麓河流陕西省重点保护两栖类分布示意图

3.3.5　依水而生的保护鸟类空间分布

黑鹳：国家一级重点保护野生动物，仅分布于黑河。

绿鹭：陕西省重点保护野生动物，分布于陕西平河梁国家级自然保护区长安河。

短嘴豆雁：陕西省重点保护野生动物，分布于湑水河的黄柏塬段（包括大箭沟）。具体情况参见图 0-19。

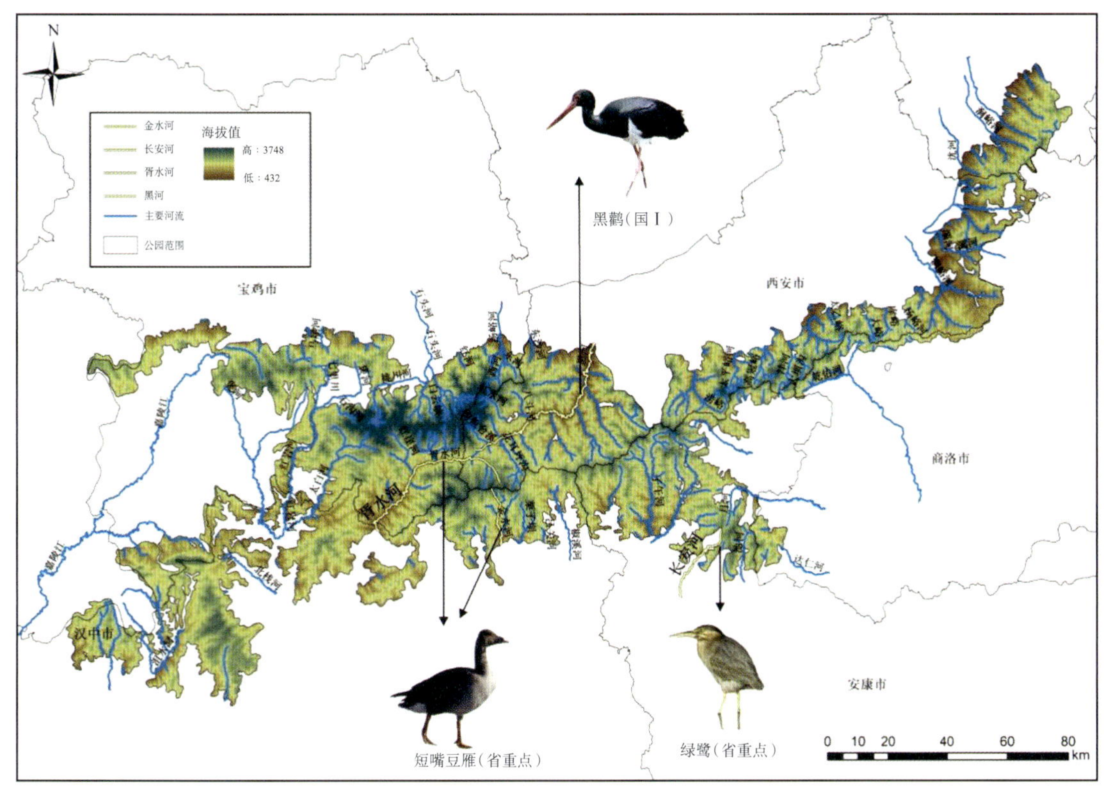

图 0-19　秦岭南北麓河流依水而生的保护鸟类分布示意图

3.4　秦岭人居环境对淡水生态系统的影响

3.4.1　人居环境空间基本分布

秦岭国家公园涉及陕西省 6 市 21 个县（区），分别是西安市的蓝田县、长安区、鄠邑区、周至县，宝鸡市的眉县、太白县、渭滨区、陈仓区、凤县，渭南市的华州区、临渭区，汉中市的略阳县、勉县、留坝县、城固县、洋县、佛坪县，安康市的宁陕县，商洛市的镇安县、柞水县，共包含 102 个乡镇 415 个行政村。

从空间规模上来看，太白县、周至县、宁陕县、留坝县纳入秦岭国家公园内的面积超过 1000 km^2，蓝田县纳入秦岭国家公园内的面积接近 1000 km^2，这 5 个县在秦岭国家公园总面积中占比最大；临渭区纳入秦岭国家公园内的面积约为 100 km^2，是占秦岭国家公园面积比例最小的县（区）；其余各县（区）纳入秦岭国家公园内的面积在 100～1000 km^2。太白县纳入秦岭国家公园内的面积达 2168.41 km²，是秦岭国家公园总面积中占比最大的县，在所有县市区中占比最高；其次为周至县，有 59%左右的县域面积纳入秦岭国家公园中；此外，华州区、佛坪县、留坝县、鄠邑区、渭滨区、蓝田县、宁陕县有超过 40%的县（区）面积纳入秦岭国家公园中；柞水县、陈仓区、临渭区、镇安县纳入秦岭国家公园的面积不足 10%。

从行政总面积纳入秦岭国家公园的比例来看，太白县纳入秦岭国家公园的面积为 80%，在所有县市区中占比最高；其次为周至县，有 59%左右的县域面积纳入到了秦岭国家公园中；此外，华州区、佛坪县、留坝县、鄠邑区、蓝田县、渭滨区、宁陕县有超过 40%的县（区）面积纳入秦岭国家公园中；柞水县、陈仓区、临渭区、镇安县纳入秦岭国家公园的面积不足 10%。

根据内外位置不同，可将秦岭国家公园范围内和邻近边界的乡镇分为腹地型和边缘型两类。由于邻近乡镇与国家公园存在多方面的紧密关系，因此一并纳入研究范围。腹地型乡镇的面积普遍比范围外和边缘型乡镇要大，并且不少乡镇的行政边界与林场或者自然保护区存在嵌套关系。经初步统计，腹地型乡镇 18 个，面积较大的乡镇包括太白县咀头镇与黄柏塬镇，周至县厚畛子镇、板房子镇和王家河镇，宁陕县新场镇和皇冠镇，其中宝鸡市太白县县城位于较大天窗处。边缘型乡镇 84 个，其中佛坪县县城与宁陕县县城距秦岭国家公园边界较近。

3.4.2 人居空间与河流水系关系

秦岭国家公园内部的各乡村聚落，主要分布在河流水道两侧。但随着社会的稳步发展、各种政策的推行，聚落正经历着新的变革，聚落整体构型也变得越来越清晰，主沟密度在逐渐增加，次沟、支毛沟聚落的建设越来越少。研究认为，秦岭国家公园流域内的乡村聚落越来越多地呈现出以下两种“主、次、梢”发展构型（图 0−20、表 0−10）：

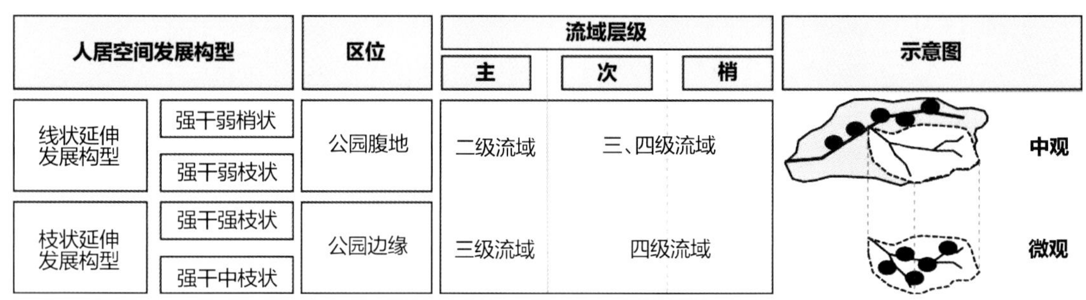

图 0−20 人居空间发展构型与流域层级耦合关系

表 0–10　流域人居空间发展构型

发展构型	流域形态图	结构示意图
线状延伸发展构型	厚畛子镇滑水河流域	强干弱梢状
	黄柏塬镇湑水河	强干弱枝状
枝状延伸发展构型	长安区沣河流域沣峪村	强干中枝状
	长安区太峪流域太乙村	强干强枝状

①线状延伸发展构型——强干弱梢状、强干弱枝状。该类空间发展构型可以划分为两种模式：一种是由支毛沟直接衔接主沟而成，各种支毛沟由于衔接坡度、腹地纵深、所提供的可建设用地有限，聚落基本呈现出沿主沟展开的“一”字构型；另一种是虽具有一定规模及纵深的支沟，但由于地形坡度或者两侧可提供建设用地局促、交通不便等原因，依然不适宜聚居，聚落仍主要是沿主沟展开。

②枝状延伸发展构型——强干强枝状、强干中枝状。该空间发展构型内，有一条或多条支沟可以提供较好的居住条件，与主沟相辅相成，其他支毛沟依然是偶尔有两三户人家的小型聚落。不过由于次沟的规模、所处主沟区段及自身建设用地可提供规模等原因，可以进一步划分。其中，强干强枝状主要指次沟位于主沟下游，且自形成一套体系；强干中枝状则主要指次沟位于中、上游段，有一定的聚居规模。

由于地形地势的限制以及位于秦岭山脉的区位条件，秦岭国家公园内的每个聚落都拥有其独特的形态。它们或并排而立，或三两错落，依山傍水，因地制宜。流域中的聚落按聚落人居空间的集聚程度与分布区位可分为集中段、过渡段、门户段。根据调研所获取的资料，对不同区段的聚落进行布局的空间特征类型研究，可得到以下几种类型（表 0−11）：

表 0−11　聚落人居空间集聚形式图示

聚落类型	行列式线状聚集型	散点式线状聚集型	面状聚集型	点状聚集型
集中段（以厚畛子村为例）	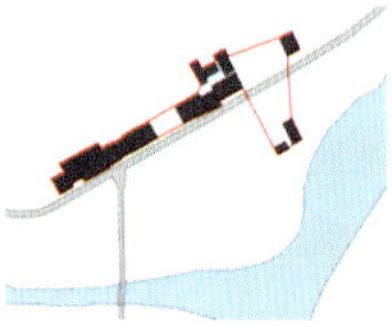	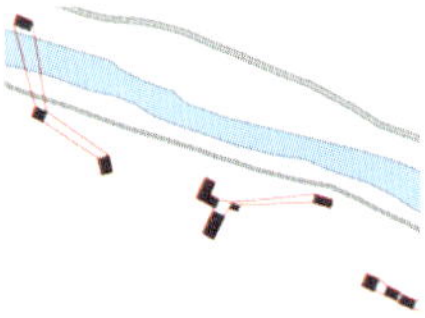	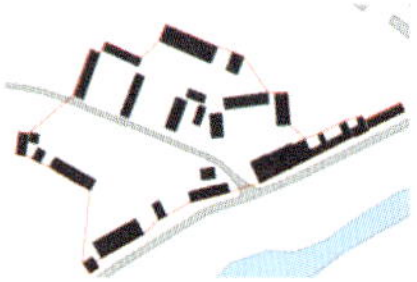	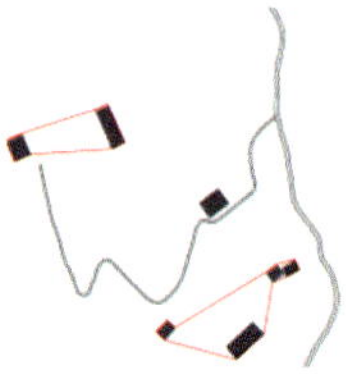
过渡段（以三合村、大蟒河村为例）		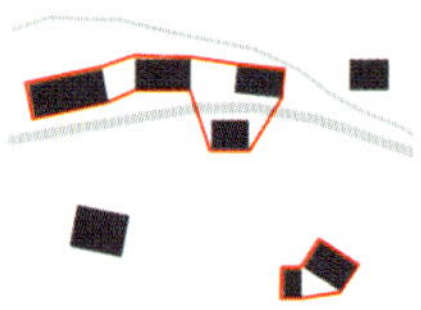		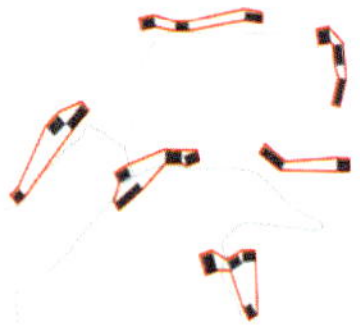
门户段（以太乙村为例）			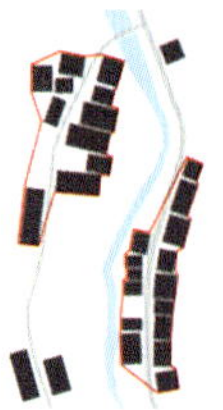	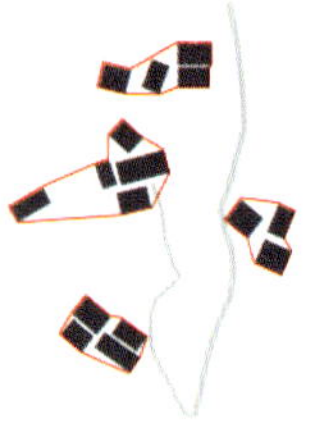

①行列式线状聚集型。这种形式是一种常见的聚落聚集方式。由于用地有限，聚落内部的房屋布局紧凑，几乎是户户相邻，房屋的长度和宽度各不相同，根据周边耕地的多少来决定。除了保留必要的后院通道外，这种聚落形式几乎没有间隔。该类型的聚落有较多的公共服务设施布置。

②散点式线状聚集型。该形式是由相对较近的点状聚集聚落组合而成的，因为受到山体与河流的挤压，这种形态在流域中最为常见。与其他聚落形式相比，该类型聚落的空间边界较为模糊。它可以按照一个聚落进行界定，也可以按照几个点状聚落单独计算，处于一种非常模糊的状态。

③面状聚集型。面状空间聚集形式通常出现在户数相对较多、规模较大的聚落中。这种聚落主要分布在较为宽敞的川道地区，有时也会在平坝上出现。它依托于偶然出现的地理条件而形成，数量相对较少。这种聚落通常布置有较大规模的公共服务设施，例如小学

等。未来随着移民搬迁和较大尺度的地形改造的减少，这种面状空间聚集形式的数量将逐渐趋于稳定。

④点状聚集型。点状聚集型是流域中非常常见的聚落聚集方式。因为地形地势的限制，耕地规模的制约，聚落两三户一组，三五户一群，前后略有错落，高高低低依地形而建，其特点是独立于流域之中，静静布置于路边，以不规则的围合与行列方式为主。

3.4.3　人居空间分型、分类、分级界定

根据人居空间与行政管理及河流的关系，考虑到上下游相互的影响程度，可以发现，由分水线所包围的河流集水区，在生态系统内具有明确的地理边界，是完整、独立、自成一体的地理单元，是重要的管理治理依据。考虑到基础层级的完整性、可操作性，小流域是研究生态系统与人居活动特征的理想空间尺度。

3.4.3.1　流域人居空间分型

结合秦岭国家公园人居空间的现状分析，按照秦岭的流域自然特征，根据流域人居空间与国家公园边界的相对区位、人口密度等客观状态，将人居空间整体分为两大类型，分别为腹地型和边缘型聚落。

（1）腹地型小流域

腹地型小流域主要指位于国家公园核心区和一般控制区的，以三、四级流域为主的人居与生态空间。这些区域的人口密度相对较低，居住点分散，与周围的自然环境形成了一种共生的关系。由于地理位置的偏远性，这些区域的发展往往受限，居民往往依赖于与生态资源紧密相关的经济活动，如生态旅游和林下经济（图 0–21）。

图 0–21　腹地型人居空间分类

（2）边缘型小流域

边缘型小流域主要指处于国家公园边界区域，与国家公园关联较为紧密的，以三、四级流域为主的人居与生态空间。这些区域中的聚落往往靠近公园边界，人口密度和聚落集聚度相对较高，聚落形态可能呈现更为集中的面状分布，发展条件相对较好，可以发展的产业类型更丰富，但同时也可能面临生态保护与经济发展之间平衡的挑战（图 0–22）。

图 0-22　边缘型人居空间分类

3.4.3.2　聚落人居空间分类

秦岭地区地形复杂、人口众多、社会经济发展相对落后，由于在长期发展过程中对生态环境的约束性认识不足，局部地区人地矛盾突出。根据秦岭山脉地区的空间供需程度、地形条件、聚落分布形态以及所处区段等特征，对秦岭国家公园范围内和紧密关联地区的聚落人居空间做出搬迁、观察过渡、存续的趋势判断，具体划分为以下四类（存续共生发展类可进一步细化为两种情况）。

（1）搬迁撤并类

该类型人居空间位于地形起伏较大、生态和水文功能均至关重要的山区和生态敏感区域，大部分位于腹地型小流域中。由于山区的交通不便和土地利用限制，其聚落分布极为分散，呈散点式分布。居民的生活方式与自然环境紧密相连，经济发展依赖于当地的自然资源且具有规模不大、潜力不高等特征。这类聚落通常需要引导村民有序退出宅基地，疏导人口转移。已搬迁地区依旧需拆除建筑，以减少对敏感生态环境的影响，保护水生态及动物栖息地，同时改善居民的生活质量。

（2）协同过渡类

该类型人居空间散布在起伏较大的山地之中，用地紧张导致居民点呈散点式或线状分布，如位于腹地型黑河流域王家沟中的聚落。这些聚落已经经历了一定程度的开发建设，且它们的存在与周围自然山水较为融合，未对自然环境造成显著的影响。然而，鉴于这些区域的自然本底较为优越，未来的发展规划应侧重于生态恢复和保护，控制建设规模，且这些聚落未来的发展潜力和态势尚难判断。因此，对于这些聚落的未来走向，是否搬迁应基于生态保护和居民福祉的双重考量，给予一定的过渡期进行观察，根据综合情况决定是否搬迁，确保在维护生态平衡的同时，也能提升居民的生活质量，实现人与自然和谐共生的可持续发展目标。

（3）协同共生类（共生发展 A 型）

该类型人居空间在腹地型与边缘型小流域中均有分布，特别是在河流交汇处或地势较为平坦的区域，形成了点状聚集的聚落。这些地区往往具备一定的城乡建设基础设施，由于其通常处于交通枢纽性区位，因此，在生态敏感性上相对较低，为城乡空间的集约化布局提供了有利条件。例如，腹地型黑河源头小流域的厚畛子组团和边缘型太峪支沟中的聚落，都具备更新发展潜力。在这些区域的发展策略中，允许在保护生态环境的前提下进行适度更新和建设，并通过合理的规划和引导，实现与自然生态和谐共生的目标。

（4）完善发展类（共生发展 B 型）

该类型人居空间位于国家公园边界附近，属于边缘型小流域或国家公园一般控制区，通常分布在河流的中下游地带。这里地形相对平坦，为人类活动提供了较为优越的发展条件。这些区域的聚落分布较为集中，形成了面状聚集的特点，也具有较好的现状基础，为城乡建设提供了较为有利的条件。因此，这一类型相对 A 型可以有更多的发展机遇和可行性。在这样的地理环境下，适宜的聚落可以进行适度的集中建设，从而有利于优化土地使用，提高基础设施利用的效率，并减少对自然环境的干扰。同时，通过政策引导和激励措施，可以鼓励产业和居民点向这些区域迁移，从而探索出一种低影响、高效率的集中建设模式。农户的生活和耕作活动成为生态多样性和文化传统的重要组成部分。

3.4.3.3　人水空间关系分级

水是人类生活生产的基础性资源，人类活动具有主观能动性和创造性，对水资源进行不断利用和改造。要实现秦岭国家公园淡水生态系统的保护，需要人水关系的协调发展。秦岭国家公园内的居民沿水而居、逐水而行是其空间发展的重要特征之一，在自然环境与人居需要的双重影响下，人们主动地塑造地形、开凿沟渠、引排防涝。为探究距河流不同远近位置的人类活动对淡水系统产生的影响，研究利用 ArcGIS 的多环缓冲区工具，依据关联用地类型、强度，以及人居空间建设发展的诉求，沿河流向两侧扩展相应的缓冲距离。这些决定了缓冲区的宽度与管控模式，将河流周边的地段划分成“亲水—近水—望水”3 个空间层次（图 0–23）。

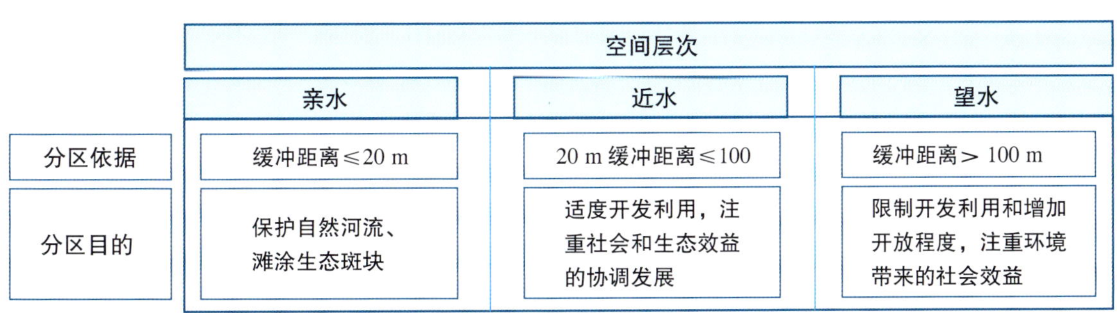

图 0–23　人水空间层次划分尺度

（1）亲水空间

亲水空间主要指宅院与水的距离在 20 m 的范围内。其中，边缘型的聚落布局较为紧凑，亲水空间的人工痕迹最重，一般会包含亲水小品、游憩设施或是与河流距离较近的一排房子。腹地型的聚落，因农宅较少，亲水空间相对较宽敞，分布有单独存在或围绕在人居点周边的农田，人工痕迹较轻，生态斑块较大，基本为非建设用地，呈现出原始自然的状态。

（2）近水空间

近水空间主要指宅院与水的距离在 20～100 m 的范围。其中，边缘型的近水空间是人类活动最活跃的地段，它包含两到三排布局紧凑的农宅，此段也是流域中各类产业设施、基础设施、公共服务设施集中建设的地段，生态用地比例较低。腹地型的聚落近水空间包含较为松散的建筑布局，存在零散的产业设施、服务设施点，生态用地比例较大，呈现较原始自然状态。

（3）望水空间

望水空间主要指宅院与水的距离大于 100 m 的范围。根据河流缓冲区与卫星图的叠加显示，望水空间在边缘型和腹地型的人居空间分异不大，开发强度最弱，因为此段的地势较陡，少有房屋存在，仅存零散的几户分布在山腰上，生态用地比例较大，几乎是最原始自然的状态。但需注意，有时，宅院与该流域的支沟距离比较近。

3.4.4 人居环境对淡水生态系统的影响

秦岭国家公园里的乡村聚落世代分布于此，成为公园内部重要的有机组成部分。其特有的人居环境关系使得其成为秦岭文化重要的社会生态承载体。内部居民在此生产生活的同时，也扮演着森林维护管理者、游憩休闲服务者等诸多角色。应该说，和谐的共处方式有益于公园的发展与管理。

近年来，随着我国城镇化的快速变化，人口进行着潜移默化的、自我主动的转移。同时，在国家政策指导下，生态搬迁、避灾搬迁、扶贫搬迁等重大工程不断实施。仅在 2016—2020 年，西安市共搬迁 5.04 万人、汉中市 14.67 万人、宝鸡市 2.81 万人、商洛市 20.3 万人、渭南市 1.06 万人、安康市 33.52 万人。安置点布局以进城入镇为主，优先在市、区县、镇（街道）规划内建设集中安置点。这些变化在促进人居空间的改善和建设的同时，也优化了整个秦岭国家公园内外城乡的人口分布，进一步降低了公园内的人口数量，降低了相应的能量消耗，进而减缓了淡水生态系统的负面衰减。

此外，随着国家乡村振兴战略的开展，秦岭国家公园范围内及其周边多个乡镇村获得了乡村振兴示范镇、传统村落、全国生态文化村与美丽宜居示范村等称号，很好地提升了人居环境的质量。产业的转型更新、管理体系的优化等一系列举措，也使得河流水质逐步提高，景观利用更具特色，特别是各种保护观念的宣传普及、各种保护地的建设、水产种质资源保护区的设立，使得整个淡水生态系统得到更有效的保护。

但人居环境在淡水系统维系方面仍有不足，亟待进一步调整与完善：

①虽然各类搬迁已基本完成，但人居空间的分布仍较为零散，缺乏整合，不利于社区可持续发展，不利于聚落水系以及淡水系统的管理与保护。

②随着村民生产生活质量提高，旅游业的发展，经营活动、种植活动增加，治理虽也在加强，但农村面源污染仍有发生，已经成为影响淡水生态环境的重要因素。

③居民生计水平不高，依托秦岭特征的产业绿色转型升级不足，淡水生态系统的科学保护利用不足，发展中的建设对淡水生态系统仍存在一定的负面影响。

考虑到人居环境的分布情况，与河流水系的关系，结合影响的具体空间表征，按照分型、分类及分级展开针对性优化调整，将是解决问题的重要基础。

3.5　秦岭淡水生态系统管理体制机制

3.5.1　利益相关者分析

国家公园建设过程中，同时面临“人—地”两个体制改革难点，社会矛盾突出表现在原住居民权益受损、土地利用冲突尖锐、各级财政资金保障不足、事权划分不清晰等方面。因此，应该科学开展社会影响评价分析，合理评估国家公园设立及后续建设过程中可能产生的正、负面影响，分析利益相关者的态度和社会影响程度，识别潜在的社会风险，开展社会互适性、可持续性分析，以实现保护与发展统筹协调，促进社会稳定。

秦岭国家公园行政区划涉及陕西省西安、宝鸡、渭南、汉中、安康和商洛6个市的21个县（区），拟设立总面积约13400 km^2。目前范围内，第一产业结构以种植业为主，其次为畜牧业；第二产业以自然资源利用企业为主；第三产业是占比最高的产业，产业发展以旅游业和餐饮业为主，已经建设形成了以风景区、风景名胜区、森林公园、地质公园等为主的旅游体系，并整合了62个自然保护地。原大熊猫国家公园体制试点陕西片区将纳入秦岭国家公园的拟建范围，面积为4300 km^2。因此，对大熊猫国家公园陕西省管理局将产生一定影响。

国家公园利益相关者是指任何影响国家公园发展目标实现或被这个目标所影响的群体或者个人。结合秦岭国家公园特征分析，对秦岭国家公园利益相关者进行分类：①确定型利益相关者（DS）；②预期型利益相关者（ES）；③潜在型利益相关者（PS）。根据Mitchell的利益相关者理论，结合国家公园社会影响评价的初始动机，强调从整个决策链的源头预防和解决社会问题并涵盖项目的全过程，围绕利益相关者的认定和特征，通过特征分析、文献查阅、座谈、访谈和问卷调查等对各利益相关者开展调查分析，识别出秦岭国家公园设立和后续建设的利益相关者共 16 个群体或组织，并按照三分类评分法分析其合法性、影响力和紧急性。各利益相关者对秦岭国家公园设立的态度与意见如表 0−12 所示。

表 0−12　利益相关者识别与态度

类型	利益相关者	合法性	影响力	紧急性	对项目态度
确定型利益相关者（DS）	X1 秦岭国家公园前期办	高	高	高	支持
	X2 大熊猫国家公园管理机构	高	高	高	支持、担心
	X3 市、县（区）政府	高	高	高	支持
	X4 公园涉及乡镇政府	高	高	高	支持
	X5 保护地管理机构	高	高	高	支持、担心
	X6 森林资源管理局	高	高	高	支持
	X7 国营农林牧场	高	高	高	支持
	X8 公园内社区居民	高	中	高	支持、担心
	X9 公园内个体经营户	高	中	高	支持、担心
	X10 公园内合作社	高	中	高	支持、担心
	X11 公园内企业	高	中	高	支持、担心
预期型利益相关者（ES）	Y1 社会组织	中	低	中	预计支持
	Y2 科研机构	中	低	中	预计支持
潜在型利益相关者（PS）	Z1 社会访客	低	低	低	预计支持
	Z2 公园周边居民	低	低	低	预计支持
	Z3 未来投资企业	低	低	低	预计支持

通过识别分析，秦岭国家公园主要利益相关者中有关市、县、乡镇人民政府和园内社区居民对国家公园设立具有主导作用，影响力为确定型 ＞预期型＞ 潜在型，各利益相关者对国家公园的设立均持支持态度。

3.5.1.1　层次模型构建

不同的利益相关者在国家公园建设过程中的重要性不一样，国家公园建设与不同的利益相关者的相互影响程度也有所不同。因此，将评价指标体系划分为：①目标层，对秦岭国家公园的利益相关者进行综合评价（SA）；②方面层，该层由不同的影响系统组成，即秦岭国家公园建设对利益相关者的影响（QS）和利益相关者对秦岭国家公园建设的影响（SQ）；③准则层，该层在不同的方面均包含了3类利益相关者，即确定型、预期型、潜在型利益相关者；④指标层，即具体的利益相关者。调研组在每个调研地区召开座谈会期间寻求3位专家配合，对利益相关者的相对重要程度进行打分,并通过层次分析法计算各个指标的相对权重(表0-13)。

表0-13　利益相关者综合评价体系的层次结构与指标权重（Wi）

目标层	方面层	准则层	指标层
SA	QS（0.682）	DS（0.928）	X1（0.139）
			X2（0.115）
			X3（0.112）
			X4（0.096）
			X5（0.053）
			X6（0.036）
			X7（0.036）
			X8（0.183）
			X9（0.053）
			X10（0.042）
			X11（0.135）
		ES（0.055）	Y1（0.526）
			Y2（0.474）
		PS（0.017）	Z1（0.313）
			Z2（0.429）
			Z3（0.258）
	SQ（0.318）	DS（0.868）	X1（0.162）
			X2（0.111）
			X3（0.157）
			X4（0.188）
			X5（0.105）
			X6（0.037）
			X7（0.037）

续表

目标层	方面层	准则层	指标层
SA	SQ（0.318）	DS（0.868）	X8（0.072）
			X9（0.043）
			X10（0.043）
			X11（0.044）
		ES（0.070）	Y1（0.513）
			Y2（0.487）
		PS（0.062）	Z1（0.420）
			Z2（0.303）
			Z3（0.277）

3.5.1.2 互适性评价

结合专家意见，对秦岭国家公园建设与利益相关者的相互影响程度进行评分。评分值记为 S。其中，S 的取值范围为−5～5，代表负向影响程度极大至正向影响程度极大。将所有专家打分汇总得到算数均值结果（表 0−14）。

表 0−14 秦岭国家公园建设与利益相关者相互影响程度的评分值（Si）

SA	QS		SQ	
X1	4.96	极大	4.92	极大
X2	−2.11	一般	4.83	极大
X3	−1.21	很小	4.70	极大
X4	3.92	较大	4.85	极大
X5	−0.17	极小	4.52	极大
X6	3.35	较大	3.13	较大
X7	3.15	较大	3.25	较大
X8	4.93	极大	4.80	极大
X9	4.39	极大	4.62	极大
X10	4.07	极大	4.11	极大
X11	−1.88	较小	−1.55	较小
Y1	2.31	一般	2.68	一般

续表

SA	QS		SQ	
Y2	2.11	一般	2.55	一般
Z1	1.85	较小	1.89	较小
Z2	2.36	一般	2.83	一般
Z3	1.89	较小	1.55	较小

通过 Wi 与 Si 的加权求和，计算秦岭国家公园建设与利益相关者相互影响程度的综合评价指数，用于反映秦岭国家公园建设的优劣程度，综合评价指数记为 CS，得出：对于方面层“秦岭国家公园建设对利益相关者的影响 QS”，综合评价指数为 1.98；对于方面层“利益相关者对秦岭国家公园建设的影响 SQ”，综合评价指数为 4.09；对于目标层“秦岭国家公园建设与利益相关者的相互影响”，综合评价指数为 2.64。数据结果表明：秦岭国家公园建设对利益相关者的影响程度为正向，影响程度一般。负面影响一方面体现在大熊猫国家公园管理机构、保护地管理机构存在职能上的重叠；另一方面，秦岭国家公园建设涉及水电工矿企业退出，增加了市、县（区）政府的宣传和保护工作量，从而对这些机构也造成了一定程度的负面影响。利益相关者对国家公园建设的影响程度为正向，影响程度极大。

通过现场访谈，发现当地居民通过政府部门宣传、电视等渠道对国家公园有一定程度的了解，对秦岭国家公园创建工作较为支持，认为国家公园建设不仅生态效益突出，还具有显著的社会效益，能充分依托地区生态资源优势，支持社区发展生态产业，增加经营性收入和财产性收入，带动社区受益。同时，当地居民较为关注国家公园建设过程中的“产业发展”“就业增收”“征地补偿”“生态移民”等问题。企业经营者主要关心国家公园空间管控强度、管控措施以及产业经营、设施建设等政策性问题。

秦岭国家公园常住人口的主要收入来自个人经营、农产品销售、打工等。其中 46%的居民从事农林牧渔生产。以种植业为例，主要集中于种植粮食、瓜果、豆类等农作物，然而只有少部分人参与合作社的生产与经营。42%的居民在周边村镇打工，仅有 9%的居民从事住宿餐饮和零售批发。通过调研分析，秦岭国家公园建立后，对收入、就业、能源、周边社区利用有较大的正面影响。

①收入方面。第一，个体经营将通过特许经营的方式开展，同时，随着游客数量的增加，经营农业、农家乐的业主数量增加，并带动零售小商贸的收入增加。第二，利用秦岭地区优质的自然资源，种植生态茶叶、高山蔬菜等精品农产品，并通过加入农业合作社、“山水秦岭”之类的生态品牌等营销方式打开销路，提高农产品附加值。第三，转移性收入增加，秦

岭国家公园范围内有公益林 12100 km²。居民将因移民搬迁、退耕等生态保护措施而获得一定的补贴。

②就业方面。目前园内第三产业岗位占比较少，不能为居民提供就地就近就业。国家公园建立后，接待中心、教育体验中心等将提供更多的就业岗位，其中，根据《陕西省公益护林员管理办法》，仅护林员可从现有的 1418 人增加至 2500 人左右。

③能源利用方面。秦岭国家公园建成后，主要居民居住点将全部使用液化气和电力，杜绝使用薪柴，减少环境破坏。因此，耕地面积减少并不会产生较大的社会影响。

在利益相关者与项目的适应性方面。首先，根据前文对利益相关者主要诉求、与秦岭国家公园建设之间的相互影响分析，绝大部分利益相关者的诉求能够得到满足，国家公园建设对其产生的影响是正面的，绝大部分利益相关者支持国家公园建设，部分企业、居民有条件支持。其次，秦岭国家公园范围内及周边区域不存在相关社会组织和城乡居民自发成立的民间组织或团体，因此不存在项目的相互适应问题。同时，由于人口大量外迁，常住人口减少，对基础设施的建设需求逐步降低，项目对新基础设施的建设影响较小。总体而言，项目与社会结构也是相互适应的。最后，新发展理念下的国家公园建设，将传统文化保护作为重点任务和重点目标之一。因此，当地文化条件与秦岭国家公园建设是相互适应的。

3.5.2 管理体制现状与问题

目前，秦岭国家公园已创建完成，但管理机构具体设置尚未公布。考虑到秦岭国家公园淡水生态系统保护管理体制很大程度上还要综合考虑以往的部门职能分工，以减少行政成本，因此这里主要基于国家公园创建前所涉及的政府部门和保护地管理机构的设置与其职能分工，通过对陕西省林业局、农业农村厅、水利厅、生态环境厅、住房和城乡建设厅及部分保护地基层管理机构的调研访谈，并查阅相关部门官方网站和文献进行分析（表 0–15、表 0–16）。

表 0–15　秦岭淡水生态系统保护和修复涉及的省级相关部门及其职责

部门	与淡水生态系统保护和修复相关的职责
省农业农村厅	秦岭地区涉及珍贵、濒危水生野生动植物及其重要栖息地、水产种质资源保护区的规划或建设项目，由省农业农村厅组织论证。省水产研究与技术推广总站负责全省重点保护水生野生动物重要栖息地摸底调查，开展水生生物资源与环境本底调查，建立水生生物资源资产台账
省林业局（国家公园管理局）	负责全省湿地生态修复保护工作，制定全省湿地保护规划，组织开展建立湿地保护小区、湿地公园等保护管理工作，监督管理湿地的开发利用 负责监督管理自然保护区等各类自然保护地。制定各类自然保护地规划和相关省级标准，提出新建、调整各类自然保护地的审核建议并按程序报批。依法指导各类自然保护地的建设和管理。按分工负责生物多样性保护的有关工作。未来统一管理秦岭国家公园

续表

部门	与淡水生态系统保护和修复相关的职责
省水利厅	负责水文工作。包括水文水资源监测、全省水文网站建设和管理；对江河湖库和地下水实施监测，发布水文水资源信息、情报预报和全省水资源公报；按规定组织开展水资源、水能资源调查评价和水资源承载能力监测预警工作 指导水利设施、水域及其岸线的管理、保护与综合利用。组织指导水利基础设施网络建设。指导重要江河湖库及河口的治理、开发和保护。指导河湖水生态保护与修复、河湖生态流量水量管理以及河湖水系连通工作 负责水土保持工作。拟定全省水土保持规划并监督实施，组织实施全省水土流失综合防治、监测预报并定期公告
省生态环境厅	负责建立健全省级生态环境基本制度。会同有关部门编制并监督实施省内重点区域、流域、饮用水水源地生态环境规划和水功能区划，组织拟定全省生态环境标准和技术规范 负责全省环境污染防治的监督管理。制定全省包括水、土壤在内的污染防治管理制度并监督实施。会同有关部门监督管理全省饮用水水源地生态环境保护工作，组织指导全省城乡生态环境综合整治工作，监督指导全省农业面源污染治理工作 指导协调监督全省生态保护修复工作。组织编制全省生态保护规划，监督对生态环境有影响的自然资源开发利用活动、重要生态环境建设和生态破坏恢复工作。组织制定全省各类自然保护地生态环境监管制度并监督执法。监督全省野生动植物保护、湿地生态环境保护、荒漠化防治等工作。指导协调和监督全省农村生态环境保护，监督生物技术环境安全，牵头生物物种（含遗传资源）工作，组织协调生物多样性保护工作，参与生态保护补偿工作 负责全省生态环境监测和信息发布。组织开展省委生态环境保护督察。统一负责全省生态环境综合行政执法。组织指导和协调全省生态环境宣传教育工作，制定并组织实施全省生态环境保护宣传教育纲要，推动社会组织和公众参与生态环境保护
省住房和城乡建设厅	指导全省城市公共供水设施、城市生活垃圾及污水处理设施的运营管理；指导城市市容环境卫生综合整治、建筑垃圾管理工作

表 0–16　秦岭以水生野生动物保护为主的国家级自然保护区

保护地名称	保护地行政区划	主要管理单位	派出管理机构	管理单位主要职责	反映的突出问题
辋川河特有鱼类国家级水产种质资源保护区	西安市蓝田县	辋川河特有鱼类国家级水产种质资源保护区管理处	县农业农村局设 1 处保护站，保护工作 1～3 人，渔政工作 2～3 人	①制定水产种质资源保护区具体管理制度； ②设置和维护水产种质资源保护区界碑、标志及有关保护设施； ③开展水生生物资源及其生存环境的调查监测、资源养护和生态修复等工作； ④救护伤病、搁浅、误捕的保护物种； ⑤开展水产种质资源保护的宣传教育； ⑥依法开展渔政执法工作； ⑦依法调查处理影响保护区功能的事件，及时向渔业行政主管部门报告重大事项	资金不足，调查监测、资源养护和生态修复职责难以开展；保护区与水务局、林业局等部门在工作内容上权责并不完全清晰

续表

保护地名称	保护地行政区划	主要管理单位	派出管理机构	管理单位主要职责	反映的突出问题
黑河国家级森林公园	西安市周至县	黑河国家级森林公园管理局，隶属周至县林业局	管理单位直接管理	①景区巡查； ②河道及林地巡护管理（林地巡查、红外监测、河道管护、病虫害防治等）； ③资源保护； ④景区运营； ⑤科普教育	保护地存在空间重叠，保护地内各自然要素管辖机构不同，导致重复管理；保护与发展经营有一定矛盾；河流生态管理内容缺失，相关专业人员不足
黑河珍稀水生野生动物国家级自然保护区	西安市周至县	陕西周至黑河湿地省级自然保护区管理中心（陕西黑河珍稀水生野生动物自然保护区管理中心）	保护站3处，珍稀水生野生动物救护中心1处	①保护优先、科学规划、合理利用、持续发展； ②贯彻执行国家相关自然保护法律法规，负责保护区的发展规划、资源保护、自然资源建档、环境监测、改善生态环境、维护生物多样性； ③统一管理陕西黑河珍稀水生野生动物自然保护区	
陕西黄柏塬国家级自然保护区（划入大熊猫国家公园陕西省秦岭片区）	宝鸡市太白县	陕西黄柏塬国家级自然保护区管理局加挂大熊猫国家公园宁太管理分局	共6个管护站，中心管护站为黄柏塬管护站	①森林资源调查监测； ②国有林区森林病虫鼠害防治检疫； ③森林防火保护巡查； ④生产复育； ⑤退化林改造； ⑥绿色友好经济发展等	保护管理人员老化，保护知识落后，专业技术水平不足；资金来源有限，缺乏基础保障；缺乏对鱼类等水生生物的相关保护监测
太白山国家级自然保护区（划入大熊猫国家公园陕西省秦岭片区）	宝鸡市太白县、眉县，西安市周至县	太白山国家级自然保护区管理局加挂大熊猫国家公园太白山管理分局，设8个科室，编制100人	下设5个保护站，5个巡护哨卡，1个中心苗圃	①保护区域内的生物多样性和珍稀自然遗迹，维护生态平衡； ②自然生态系统保护； ③生物物种保护； ④遗传基因保护、自然遗迹保护； ⑤自然保护科学研究； ⑥自然保护宣传教育； ⑦自然资源合理开发利用试验示范； ⑧自然保护区生态旅游管理； ⑨林业违法行为处罚	相关工作人员专业性不足，专业配比不合理；垂直管理系统混乱；不同管理机构之间合作不畅；对淡水生态系统保护关注不足

续表

保护地名称	保护地行政区划	主要管理单位	派出管理机构	管理单位主要职责	反映的突出问题
陕西略阳珍稀水生动物国家级自然保护区	汉中市略阳县	陕西略阳珍稀水生动物国家级自然保护区管理局，设3个科室	下设保护站5处，野外巡护点6处，水生动物救助站1处。除3处原有保护站外，其余均为2022年后新增	①保护区基础建设； ②保护区机构和队伍建设； ③实施渔业种质资源保护项目； ④日常巡护； ⑤保护区环境监测和生态修复； ⑥人工增殖放流； ⑦对外交流合作； ⑧科普宣传教育	
湑水河珍稀水生野生动物国家级自然保护区	宝鸡市太白县	陕西太白湑水河珍稀水生生物国家级自然保护区管理局		①制定日常巡护管理和岗位责任考核等各项规章制度； ②提高全民生态意识； ③开展宣传教育活动； ④建立界碑、界牌，埋设界桩； ⑤开展保护水生野生动物签名活动； ⑥建立社区共管小组	

注：主要参考了访谈记录、各管理机构官网和陕西省事业单位登记管理局官网。

总体而言，秦岭生态系统保护管理体制遵循“陆域归自然资源厅林业局，水域归农业农村厅渔业渔政局”的原则。具体与秦岭淡水生态系统保护管理相关的政府部门及其职能分工情况如下：

①省农业农村厅渔业渔政局。目前，秦岭鱼类等水生野生动物保护管理由省农业农村厅渔业渔政局负责。这一职能是2018年12月从水利部门划转过来的。近年来，农业农村厅在鱼类保护方面的工作取得了很多成果。但其监管范围总体限于水产种质资源保护区内，对保护区外的涉渔工程未有明确权力权限。如部分水生野生动物在洄游时需经过水利设施，但渔业渔政局的工作仅为将划定的通道和珍稀水生生物名录等相关信息反馈给水利部门，而不能进行实际的保护和管理；又如部分水生物种分布于林业部门管辖的自然保护地内，渔业部门需要进行物种监测和数据采样时，也受到管理职能限制。①

②省林业局。林业局管理着秦岭3处以水生野生动物保护为主的国家级自然保护区②，以

① 根据2023年10月30日农业农村厅访谈。

② 黑河珍稀水生野生动物国家级自然保护区、略阳珍稀水生野生动物国家级自然保护区、湑水河珍稀水生野生动物国家级自然保护区。

及其他与淡水生态系统有关的自然保护地。但根据实地调查，林业部门基层管理站的实际职能仍以陆地保护管理为主，因为水和鱼都不归林业部门管，且因为缺乏熟悉水生态保护的相关专业人士，对水域只能进行基本巡护，水生生物资源调查及其生境监测等工作很大程度上被简化甚至忽略。未来，秦岭国家公园创建完成后将由陕西省林业局（国家公园管理局）统一管理，这为淡水生态系统整体保护提供了契机，但其职责还有待明确，对水生生物及淡水生态系统的保护管理能力与技术水平也需要加强。

③省水利厅。总体负责秦岭地表地下水资源、生态流量、防洪等工作。近年秦岭河道的最大问题是河道水量减少很多，上游也存在水量不够问题，因而生态流量无法保证。上游的人为取水现象、修建水库以及为保证汛期安全修筑河堤工程等，综合导致河道生态状况变差。①

④其他省级部门。生态环境厅负责水质水环境等工作，住房和城乡建设厅负责农村生活垃圾和污水处理设施管理。

总体而言，目前秦岭针对淡水生态系统保护与修复的管理体制，总体按部门职责进行分工，基本上是农业部门管鱼，水利部门管水，林业部门管保护地，但三者在实际管理操作中存在交叉、重叠、嵌套，可能因权责界定不清晰而产生遗漏问题。未来秦岭国家公园创建完成后，其内部淡水生态系统保护管理实行名义上的统一管理，但如何将目前分散的各职能进行整合仍不清楚，权责结构不清容易形成管理漏洞。

3.5.3 管理机制现状与问题

秦岭国家公园的创建解决了以往自然保护地体系的交叉重叠等体制性问题，但是仍存在大量机制性需求，关系到秦岭国家公园成立后如何更好地实施总体保护与统筹管理。具体针对秦岭国家公园淡水生态系统的保护管理机制涉及多个方面，包括跨部门合作机制、科研支撑机制、人员能力建设机制、社会宣传机制与资金保障机制等。这些方面决定了未来淡水生态系统保护与修复的具体运作与实施效果。

①跨部门合作机制不完善，同时存在不同机构管理职能重复问题。目前，在秦岭淡水生态系统保护修复方面，林业厅与水利厅、农业农村厅等部门工作内容权责并不清晰，合作不顺畅，带来了许多问题，例如：水利厅负责释放水库生态流量，但水库调度不公布具体数据，难以保证鱼类产卵期脉冲流量，需要更为精细化的管理；水利厅与林业部门工作有重叠，对两栖动物保护界限不清；部分河流与河岸分属两个保护区，管理过程中因各部门职责存在差

① 根据 2023 年 6 月 11 日在辋川河特有鱼类国家级水产种质资源保护区管护站的访谈。

异，合作不够紧密①；周至国家级自然保护区管理局（大熊猫国家公园周至管理分局）对该保护地内的生态环境进行监管巡护，同时还有周至县政府对黑河水源地进行巡护、环保局下属环保站对河流水域进行巡护，上述巡护工作内容较为一致，存在不同机构管理条例重复导致的管理空间和职能重复问题，造成人员及资源浪费。②

②科研支撑机制不到位，多部门数据不共享。秦岭淡水生态系统保护修复缺乏技术标准，科学研究支撑不足。秦岭已完成小水电整治工作，但部分未拆除坝体仍然影响着河流的生态连通性。因为缺乏淡水生态系统保护与修复标准及技术指南，对秦岭淡水生态系统保护与修复工作成效难以进行科学评价。目前涉及秦岭淡水生态系统保护管理的相关机构，都与相应科研机构和大学建立了合作关系，但科学研究成果向实践应用转化不足，无法有效指导保护修复实际工作。秦岭水生生物原有调查工作比较久远，珍稀鱼类资料较为陈旧和零散。农业农村厅管理众多水产站，掌握了大量与秦岭鱼类相关的数据，然而水利厅在此方面的数据获取相对有限，因此往往更倾向于寻求与第三方机构（如动物研究所）的合作，以弥补数据缺口。③同时水利、环境等部门也掌握着水文、水质监测数据，跨部门数据壁垒会对保护管理整体效能形成阻碍。

③人员能力建设机制缺乏。秦岭国家公园管理巡护人员的培训、考核和激励机制尚不完善，长远看不利于保护管理水平提高。如根据基层工作人员介绍，目前保护区内的管理人员普遍年纪较高，50 岁在管理人员中尚属年轻。且由于常年待在山区，与外界新兴技术接触交流较少，对新型设备使用与保护管理知识同样掌握不足。④

④社会宣传机制不充分，关注度不高。秦岭淡水生态系统相比陆地生态系统受重视程度不足，尤其对特有珍稀鱼类的研究及关注不足。较少人知道川陕哲罗鲑也是国家一级保护动物，是研究地理和气候变化的重要指示物种，和秦岭四宝属于一个保护等级，野生川陕哲罗鲑数量可能比野生大熊猫数量还要稀少，但目前对此宣传十分不足。相比较而言，四川省已经在川陕哲罗鲑人工繁殖以及育种保护方面取得了重要进展。陕西省虽为川陕哲罗鲑野外种群重要分布地，但对哲罗鲑的宣传及关注有限，保护力度偏弱。现有的水产种质资源保护区和水生野生动物自然保护区对川陕哲罗鲑等珍稀濒危水生野生动物的覆盖相对较弱。近年，研究人员在太白县太白河流域上游河溪发现了川陕哲罗鲑踪迹，推测有原生种群，建议深入研究，建立统筹与长效保护机制。

---

① 根据 2023 年 10 月 31 日林业局访谈。

② 根据 2023 年 6 月 14 日大熊猫国家公园周至管理分局小王涧管护站管理人员访谈。

③ 根据 2023 年 10 月 31 日水利厅访谈。

④ 根据 2023 年 6 月 15 日湑水河上游（黄柏塬国家级自然保护区，大箭沟景区）访谈。

⑤资金保障机制不完善，保护修复资金不足、来源单一。目前，秦岭生态保护资金主要依赖财政，经费有限，生态补偿制度尚不健全，许多科研项目的开展也受到经费不足的限制。鱼类保护资金更为匮乏，如负责鱼类保护的渔业渔政部门开展必要的科研监测活动缺乏经费支持；日常监管经费比较欠缺，导致现在水生生物资源及其生存环境的调查监测等方面的工作很大程度上被简化，部分保护区河流生境调查需要水下摄像机来更好地推进工作的需求得不到满足。①

3.6 秦岭淡水生态系统健康状况评估

3.6.1 评估工具

淡水生态系统是指那些以淡水为基础的生物群落及其环境，包括流动水体如河流和溪流，以及静止水体如湖泊、池塘和湿地。这类生态系统中的生物相对丰富，呈现多样性，包括多种鱼类、无脊椎动物、植物和微生物等，它们与非生物环境因素如水质、水温和河流流速等相互作用，共同构成了复杂的生态网络。

淡水生态系统在维持水循环、净化水质、提供食物来源和生物多样性保护等方面发挥着关键作用。淡水生态系统的评价方法多种多样，但大致可以分为定性评价和定量评价两大类。定性评价主要依赖于专家的知识和经验，对生态系统的状况进行描述和分析。定量评价则通过收集和分析数据，利用数学模型或统计方法对生态系统的各个方面进行量化评估，主要包括生物多样性指数法、生态系统服务价值评估法、生态足迹法、生态健康评价法、景观生态学评价法等。DPSIR 模型，即“驱动力—压力—状态—影响—响应”模型，是一种广泛应用于环境评估和管理领域的概念框架。它主要用于组织和整合大量复杂的信息和数据，以揭示环境问题或可持续发展问题中的因果关系链。DPSIR 模型的核心在于其 5 个组成部分——驱动力、压力、状态、影响和响应，这五者之间相互作用，共同构成了一个动态的系统。

淡水生态系统的评价主要包括以下几个方面：

①评价目的。对淡水生态系统进行评价的主要目的是了解生态系统的现状、功能、价值和变化趋势，为生态保护、管理和决策提供科学依据。具体来说，评价目的可能包括以下几个方面：评估淡水生态系统的健康状况和完整性；识别生态系统面临的主要威胁和压力；确定生态系统服务的价值和效益；指导生态保护和恢复项目的规划和实施；促进生态系统的可

① 根据 2023 年 6 月 11 日辋川河特有鱼类国家级水产种质资源保护区访谈。

持续利用和管理。

②评价对象。淡水生态系统的评价对象通常包括河流、湖泊、水库、沼泽等自然水体及其周边区域。这些对象构成了淡水生态系统的主要组成部分，对维持生态平衡具有重要意义。

在具体评价中，可以将评价对象进一步细化为不同的生态类型、功能区域或关键物种等。例如，可以针对河流的不同河段或湖泊的不同区域进行评价，也可以针对某些具有特殊生态价值或受到特别关注的物种进行评价。

③评价要素。淡水生态系统的评价要素涵盖了生态系统的各个方面，主要包括以下几个方面：

生物多样性：包括物种丰富度、群落结构、生态系统类型等；

水质状况：包括水体理化指标、污染物浓度等；

水文情势：包括水流速度、水位变化等；

生态系统服务：包括供给服务（如水资源供应）、调节服务（如气候调节）、文化服务（如景观美学）等；

人类活动影响：包括土地利用变化、水资源开发利用等。

④评价结果。评价结果通常通过定量和定性的方式展示。对于理化参数，结果多以具体数值呈现，通常与环境质量标准或基线条件对照；生物多样性可以通过多样性指数和群落结构图表示；水文条件可能用图表显示高程与流量的关系；生态健康指数可能通过等级分类框架（如优、良、中、差等级）来表述。除此之外，GIS 地图和遥感图像可以用来直观展示评价对象的空间分布和生态特征。评价结果亦可借助统计分析和模型预测来揭示淡水生态系统的变化趋势和潜在问题。

3.6.2 DPSIR

DPSIR 模型涵盖经济、社会、人口与环境四大要素，是评价环境系统所处状态的评价指标体系概念模型，它从系统分析的角度看待人类和环境系统之间的相互作用。该模型中，驱动力是指环境变化的潜在原因；压力通过驱动力作用之后直接施加在环境系统之上，促使环境发生变化的各种因素，是环境的直接压力因子；状态是在这种压力下由自然环境所呈现出来的物理、化学和生物状态；影响是自然系统所处的状态对人类健康、生态环境和社会经济的影响；响应是人类为了预防、减轻或者消除不好的影响而采取的相关措施。该模型的表现形式及整体结构描述如图 0-24、图 0-25 所示。

淡水生态系统生态风险是在驱动力、压力、状态、影响和响应共同作用下产生的。其表

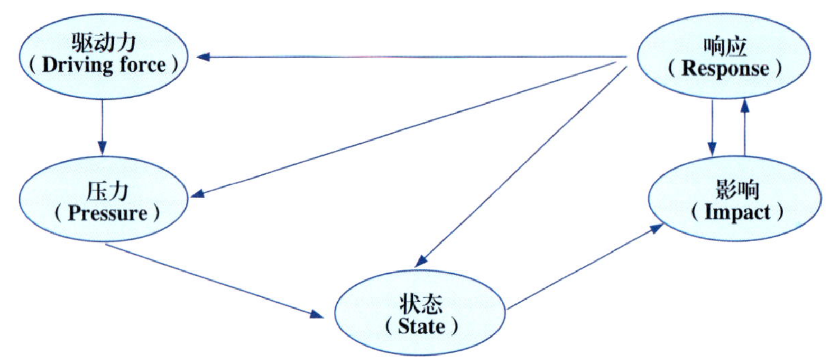

图 0-24 DPSIR 模型原理

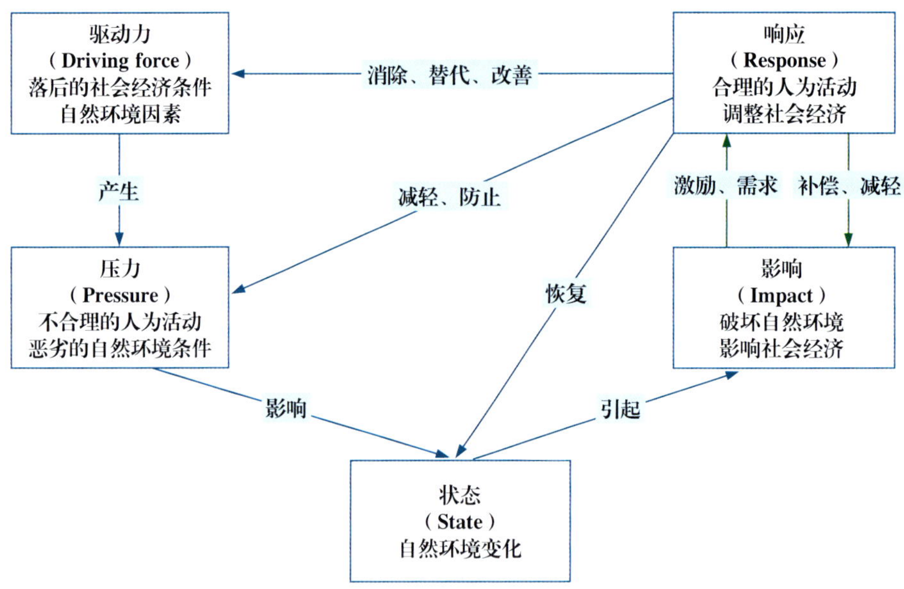

图 0-25 淡水生态系统生态风险概念模型

达式为公式 0-1：

$$ADER=f(D, P, S, I, R) \tag{0-1}$$

式中，*ADER* 为淡水生态系统恶化生态风险，*D* 为驱动力，*P* 为压力，*S* 为状态，*I* 为影响，*R* 为响应。

结合 DPSIR 概念模型原理与淡水生态系统恶化影响因子可知，驱动力和压力是淡水生态系统恶化的成因，驱动力和压力越大，淡水生态系统恶化风险越大，从而对生态系统及其组分造成损失的可能越大。

驱动力是指引发淡水生态系统生态风险的潜在原因。结合淡水生态系统恶化影响因子的作用机理可知，社会经济因素并不是直接作用于土地导致淡水生态系统恶化的发生与发展，而是作为一种驱动使得不合理的人为活动产生。因此，社会经济因子是淡水生态系统生态风险的驱动力因素。秦岭地区的农业人口增长增加了对土地的开垦需求，导致草地破坏，加剧了淡水生态系统恶化的风险。再者，如果不对产业结构进行调整，一直以第一产业为主，导致农业生产活动较多，对土地的压力增大，亦会增加淡水生态系统恶化的风险。此外，自然环境因素也是驱动力的一部分。

压力是指由驱动力引发的恶劣的自然环境条件和不合理的人为活动。自然环境因素会引发恶劣的自然环境条件。而人口、经济的驱动会引起不合理的人为活动。

状态是指在上述各种压力下自然环境的现实表现（变化），是驱动力和压力共同作用的结果。在淡水生态系统恶化地区，淡水生态系统恶化程度是淡水生态系统恶化的最直接表征。此外，生态系统自身的结构、功能和价值也可反映生态系统的状态。在驱动力和压力的影响下，自然环境状态越差，其淡水生态系统恶化程度越高。

影响是指生态系统所处的状态对自然环境和社会经济的影响。在淡水生态系统恶化的过程中，景观单元亦会发生复杂的变化，景观类型受到淡水生态系统恶化的干扰越大，对其干扰的抵抗能力及恢复能力越差，相应的生态风险也就越大。总之，影响越大，相应的淡水生态系统恶化生态风险越大。

响应是人类为了预防、减轻或者消除不好的影响而采取的相关措施。

3.6.2.1　评价指标体系构建

（1）指标体系构建原则

构建指标体系一是要考虑淡水生态系统的内部因素，二是要从影响淡水生态安全的人为活动、社会经济等各方面对其安全性进行评价。淡水生态系统是具有复杂结构的整体，是各种要素共同作用的结果，一定的淡水生态系统是与该区域自然、经济、环境、人口的分布相适应的，某一类要素的变化可能会导致淡水生态安全水平的改变，使区域淡水生态安全朝不好的方向发展。因此，指标的选取不但要遵循普遍适用的原则，还应符合研究区域的实际情况，具有代表性。具体包括以下原则：

①综合性原则。淡水生态系统是一个各要素相互作用、不断进行物质能量交换的复杂系统，要从社会、经济和自然等多方面综合选取指标，能够全面反映出秦岭国家公园淡水生态安全状况。

②动态性原则。淡水生态系统处于长期的动态变化过程中，任何一种要素的变化都会导致淡水生态系统发生变化，淡水生态安全评价和预测都是建立在淡水生态系统动态变化的基础上的。因此，选取的指标要能够反映时空变化的规律，具有动态性，能够在一定时间内反映出淡水生态安全的动态趋势。

③可操作性原则。淡水生态安全评价指标的构建要求对整个系统状态进行完整的描述，所

需的指标数量过大，部分指标难以量化，数据获取和测算的难度增大。因此，在全面选取指标的过程中，要考虑到指标的可获取性以及量化的可操作性。

④普遍性与区域性原则。在选取评价指标时，要充分考虑研究区域自身的社会经济和自然环境特点，因地制宜地选取能体现区域差异性的指标。在此基础上，指标的选取还要扩大覆盖范围，使其起到普遍适用的作用，在不同的研究区域具有普遍可比性。

（2）指标体系确立

目标层是淡水生态系统安全评价的结果，用于评价淡水生态系统安全状况和安全等级。准则层包括驱动力、压力、状态、影响、响应等 5 个要素。驱动力子系统的指标选取主要考虑人类活动对该区域生态安全的作用，包括社会发展驱动力和经济发展驱动力；压力子系统的指标选取要考虑人口增长对目标区域的压力、生态环境脆弱性和资源方面的问题对生态安全造成的压力；生态安全状态子系统的指标是在驱动力和压力的共同作用下，能够反映当前生态环境变化和社会发展的现状；生态安全影响子系统的指标选取包括生态环境和社会两个方面；生态环境响应子系统的指标选取人类对生态安全变化采取的一系列措施，包括社会经济响应、生态恢复和污染控制等。指标的选取应遵循可操作性、科学性、系统性的原则。评价指标体系见表 0−17。

表 0−17　秦岭国家公园淡水生态系统生态安全评价指标体系

目标层	准则层	指标层	趋向性
淡水生态系统安全评价	驱动力	人口自然增长率	正
		人均 GDP	正
	压力	人口密度	负
		单位耕地农药负荷	负
		单位 GDP 污水排放量	负
	状态	土地经济密度	正
		建成区绿地率	正
	影响	农村家庭可支配收入	负
		农林牧副渔增加值	正
	响应	污水集中处理率	正
		第三产业产值比重	正

（3）指标标准化

淡水生态安全评价是整体性、系统性的评价，涉及指标较多，各指标的量纲不尽相同，需要通过数学方法对各指标进行无量纲化处理，达到统一、可比的目的。可利用极差法进行标准化处理。

正向指标状态值越大，表示淡水生态越安全，公式如 0−2 所示：

$$S_{ij}=\frac{X_{ij}-X_{\min}}{X_{\max}-X_{\min}} \tag{0-2}$$

负向指标状态值越小，表示淡水生态系统越安全，公式如 0−3 所示：

$$S_{ij}=\frac{X_{\max}-X_{\min}}{X_{ij}-X_{\min}} \tag{0-3}$$

式中，S_{ij} 为标准化后的数值，X_{ij} 为某项指标标准化处理前的实际值。

3.6.2.2　指标权重确定

（1）层次分析法

层次分析法是将评价对象视为一个系统，然后相应地划分为不同的层次，形成一个多层性分析的结构模型，以此解决复杂的多目标决策问题。在分析过程中，通过对同一层次中的各个要素逐一进行比较，形成判断矩阵，计算特征向量，最终得出每层的优先权重，最后加权得出最终权重。具体如下：

①构建层次结构模型。

构建以淡水生态安全评价为决策目标，以驱动力、压力、状态、影响、响应作为中间层，以各项指标作为指标层的递阶式层次结构。

②构建判断矩阵。

对指标层的所有因素，通过两两对比判断重要程度，对比结果形成的矩阵即为判断矩阵。

③指标重要性排序。

指标重要性排序包括层次单排序和层次总排序。层次单排序是指计算每个指标层指标相对于准则层的重要性；层次总排序是指计算某一层次的所有因素相对于目标层重要性的权重。具体步骤如下：

A. 对判断矩阵的每一列进行归一化处理。

$$\overline{C_{ij}}=\frac{C_{ij}}{\sum\limits_{k=1}^{n}C_{ij}} \tag{0-4}$$

B. 归一化处理后，将判断矩阵按行相加。

$$\overline{W_i}=\sum\limits_{j=1}^{n}\overline{C_{ij}} \tag{0-5}$$

C. 求得判断矩阵特征向量。

$$W_i=\frac{\overline{W_i}}{\sum\limits_{i=1}^{n}\overline{W_i}} \tag{0-6}$$

最终得到判断矩阵特征向量 $W=[W_1,\ W_2,\ \dots\ W_n]^T$。

④一致性检验。

一致性检验用来判断矩阵是否合理。检验通过，则可进行下一步决策，得到各指标权重；反之，则需要重新调整直至通过为止。

（2）变异系数法

变异系数法又称离散系数法，是一种客观的赋值方法，通过直接利用各项指标的数据，计算得到指标的权重。步骤如下：

①计算平均数和标准差。

$$\overline{X_j}=\frac{1}{n}\sum_{i=1}^{n}S_{ij} \tag{0-7}$$

$$\sigma_j=\sqrt{\frac{1}{n-1}\sum_{i=1}^{n}(S_{ij}-\overline{X})^2} \tag{0-8}$$

②计算变异系数。

$$V_j=\frac{\sigma_j}{\overline{X_j}} \tag{0-9}$$

③求得权重。

$$W_j=\frac{V_j}{\sum_{i=1}^{m}V_j} \tag{0-10}$$

（3）综合权重确定

综合权重是指将主观赋权层次分析法与客观赋权变异系数法确定的权重相结合。层次分析法是一种主观的赋权方法，在赋权过程中带有一定的主观性，而变异系数法通过指标测算得到，是一种客观的赋权方法。单一的赋权方法都有一定的缺点，本研究将两种方法相结合得到最终权重，如公式 0−11。

$$W=\frac{W_i+W_j}{2} \tag{0-11}$$

3.6.2.3 构建评价模型

TOPSIS 法又称双基点法，是多目标多属性决策方法的一种。其基本原理是：首先，针对归一化后的决策矩阵确定其最优解和最劣解；其次，通过比较各个方案的最优解和最劣解，计算被评价对象与最优解和最劣解的距离；最后，计算贴近度来表示评价对象与理想解的接近程度，越贴近表示淡水生态系统安全程度越高。鉴于此，本文利用 TOPSIS 模型来分析淡水生态系统安全与理想状态的差距，测算秦岭国家公园淡水生态安全综合值。过程如下：

①构建标准化矩阵。

$$X_{ij}=|Y_{ij}|_{m\times n} \tag{0-12}$$

②构建加权标准化矩阵。

$$Z=|Z_{ij}|=|W_j\times X_{ij}|_{m\times n} \tag{0-13}$$

③确定正理想解和负理想解。

正理想解：$Z^+=[maxZ_{ij}]$，$(i=1, 2, 3,\ldots, m)$ （0−14）

负理想解：$Z^-=[minZ_{ij}]$，$(i=1, 2, 3,\ldots, m)$ （0−15）

④计算各评价对象的欧式距离。

$$D_i^+=\sqrt{\sum_{j=1}^{n}(Z_{ij}-Z^+)^2} \tag{0-16}$$

$$D_i^-=\sqrt{\sum_{j=1}^{n}(Z_{ij}-Z^-)^2} \tag{0-17}$$

⑤计算贴近度，即淡水生态系统安全指数，表示评价对象与理想的接近程度。

$$C=\frac{D_i^-}{D_i^++D_i^-} \tag{0-18}$$

式中：贴近度 $C\in[0, 1]$，C 值越大，说明淡水生态系统安全程度越高。当 C 为 1 时，说明土地系统处于最佳状态；反之，当 C 为 0 时，说明淡水生态系统处于最劣状态。

3.6.2.4　评价等级划分

为确保评价结果的正确合理，需要建立客观、科学的评价标准与安全等级。本研究通过参考相关研究，结合秦岭国家公园实际情况，以等间距的方法，将贴近度 C 划分为 5 个等级，见表 0−18。

表 0−18　淡水生态安全评价等级表

贴近度 C	安全程度	系统特征
$C<0.2$	不安全	淡水生态系统破坏严重，结构紊乱，系统受干扰后自我恢复与重建十分困难，淡水生态安全性差
$0.2\leq C<0.4$	较不安全	淡水生态系统破坏较大，系统受干扰后自我恢复与重建能力较弱，淡水生态安全面临较大风险
$0.4\leq C<0.6$	临界安全	淡水生态系统中度破坏，系统功能较完善，具有一定的自我恢复能力，淡水生态安全性一般
$0.6\leq C<0.8$	较安全	淡水生态系统轻微破坏，系统受干扰后自我恢复和重建能力较强，淡水生态安全性较强
$0.8\leq C$	安全	淡水生态系统基本未破坏，生态环境良好，结构合理，人水协调，系统受干扰后自我恢复和重建能力强，基本无生态问题

3.6.2.5 评价结果分析①

（1）指标权重的确定

通过前文所述的层次分析法和变异系数法分别计算得出秦岭国家公园淡水生态安全评价的准则层的权重和各评价指标的权重，见表 0−19。

表 0−19 淡水生态系统生态安全评价指标综合权重

准则层	权重	指标层
驱动力	0.1732	人口自然增长率
		人均 GDP
压力	0.1529	人口密度
		单位耕地农药负荷
		单位 GDP 污水排放量
状态	0.2100	土地经济密度
		建成区绿地率
影响	0.2359	农村家庭可支配收入
		农林牧副渔增加值
响应	0.2280	污水集中处理率
		第三产业产值比重

（2）评价结果

2008—2018 年，淡水生态安全综合值波动上升，由 2008 年的 0.2189 上升到了 2018 年的 0.6298。其中，淡水生态安全综合指数最高的是 2015 年，为 0.6428，相比淡水生态安全综合指数最低的 2008 年高出了 0.4239。2008—2018 年状态和影响子系统安全指数也呈现波动上升的趋势。根据前文安全等级划分可知，2008—2018 年秦岭淡水生态安全程度稳步上升到较安全状态。其中，2008—2011 年，淡水生态安全程度为较不安全，淡水生态系统破坏较为严重，风险较大。2012—2014 年，淡水生态安全上升到临界安全的状态，淡水生态系统功能趋于完善。2015—2018 年，淡水生态安全程度提高到较安全状态，生态安全系统转变为良好，结构较为合理，人地关系安全性较强，系统自我恢复和重建能力不断提高。见表 0−20。

① 研究数据来源于陕西省统计年鉴、西安市统计年鉴、陕西省土地利用变更数据和其他相关资料。

表 0-20　秦岭淡水生态系统生态安全评价指标综合权重

年份	驱动力	压力	状态	影响	响应	综合指数
2008 年	0.3484	0.4377	0.1405	0.0978	0.0255	0.2189
2009 年	0.3495	0.4135	0.1112	0.1476	0.2017	0.2735
2010 年	0.3758	0.5889	0.1281	0.2820	0.2189	0.2984
2011 年	0.7889	0.3048	0.1395	0.2998	0.3296	0.2660
2012 年	0.8694	0.2589	0.2027	0.4460	0.4420	0.4387
2013 年	0.6660	0.3435	0.3203	0.5417	0.4210	0.4589
2014 年	0.5804	0.4351	0.6465	0.5954	0.5350	0.5653
2015 年	0.5632	0.4657	0.7827	0.7888	0.5423	0.6428
2016 年	0.5583	0.5327	0.8276	0.7684	0.4661	0.6339
2017 年	0.5707	0.5977	0.8576	0.6737	0.4286	0.6270
2018 年	0.5994	0.6037	0.8638	0.6089	0.5815	0.6298

在各子系统中，驱动力子系统上升到安全状态后，2014 年又下降到临界安全的状态；压力子系统由 2008 年的临界安全下降到 2013 年的较不安全，2014 年又回升到临界安全状态；状态子系统由 2008 年的不安全改善到 2018 年的安全，提升幅度最大；影响子系统由 2008 年的不安全提升到 2018 年的较安全，提升幅度次之；响应子系统 2008 年为不安全，2009 年上升为较不安全，之后年份均为临界安全。

从 2008—2018 年，秦岭淡水生态系统的整体生态安全状况显著改善，从不安全逐步提升至较安全状态，表明生态保护与修复措施取得了积极成效，生态系统结构趋于合理，自我恢复能力增强。但各子系统的不同表现提示未来需继续加强针对性治理与保护，以确保生态系统的长期稳定与可持续发展。

（3）评价结果分析

①驱动力系统生态安全分析。

2008—2018 年，驱动力子系统安全值呈波动式上升，贴近度 C 由 2008 年的 0.3484 提高到 2012 年的 0.8694，2010—2012 年大幅度上升，之后逐年下降至 2016 年的 0.5583，在 2018 年回升到 0.5994，安全值最高的是 2012 年。

2008—2012 年，贴近度 C 小幅度上升，在 2011 年大幅度上升，到 2012 年达到最大值。这一时期社会经济快速发展，城镇化、市场化进程加快，人均国民收入稳步增长，表现在人均 GDP 从 7327 元提高到 13795 元，城镇化率从 19.97%提高到 28.89%，城市和经济综合发展水平对淡水生态系统安全的正向驱动力显著。

2012—2016 年，贴近度 C 呈现小幅度下降，表现在人口自然增长率由 2012 年的 5.51‰上升到 2016 年的 6.45‰，城市化发展速度放缓，由 2012 年的 28.89%小幅度下降到 2016 年的 28.74%，社会经济发展的正向作用不显著。

2016—2018 年，贴近度 C 开始小幅度上升，根据指标反映，人均 GDP 稳定增长，周至县农业规模化发展和乡村从业人数增加促进驱动力子系统安全发展，表现在人均 GDP 由 22864 元增加到 24718 元，乡村从业人数增加到 33.36 万人，其指标的正向作用超过了人口增长率增加和城镇化率下降带来的负向作用。通过对驱动力子系统各指标的阶段性进行分析可以发现，其贴近度 C 的上升和下降是由城镇化的快速发展和其发展带来的负面效应的程度决定的。城镇化的发展给周至县淡水生态系统安全带来了一定的压力，导致压力子系统的贴近值在 2011 年和 2012 年处于最低值。这期间，周至县社会经济发展水平在不断提高，表现在城市化率由 2008 年的 18.87%上升到 2018 年的 27.64%，人均 GDP 由 2008 年的 7327 元提高到 2018 年的 24718 元。这一时期，虽然淡水生态系统驱动力子系统安全值波动较大，但总体呈上升趋势。

②压力系统生态安全分析。

2008—2018 年，压力子系统安全指数呈现先上升后下降、最后稳步上升的趋势，由 2008 年的 0.4377 上升到 2010 年的 0.5889，然后下降到 2012 年的 0.2589，最后上升到 2018 年的 0.6037。

2008—2010 年，贴近度 C 小幅度上升，是由于 2008 年的金融危机使得周至县在这个阶段仍处于城市发展的初期，城市化扩张缓慢，城市化发展给周至县淡水生态系统带来的压力较小。但产业结构不完善，工业生产方式粗放，其生产消耗和污染物排放给淡水生态系统带来了一定的压力。

2010—2012 年，贴近度 C 大幅度下降。这是因为随着城市化进程的快速推进，人类物质文化水平的提高，人口密度的增加，生产生活对土地资源的需求越来越大，耕地面积逐年减少，但粮食需求与日俱增，为提高粮食产量，农药化肥、塑料薄膜的使用量增加，单位面积农药负荷由 2010 年的 4.77 kg/hm^2 增加到 2012 年的 4.95 kg/hm^2，单位面积农用塑料薄膜用量由 2010 年的 2.77 kg/hm^2 增加到 2012 年的 2.96 kg/hm^2。虽然工业总产值有所提高，但是单位产值污水排放量由 2010 年的 3.82 万元/hm^2 增加到 2012 年的 5.38 万元/hm^2。这一时期，各种生产和生活活动加大了淡水生态系统的负荷，导致周至县淡水生态系统压力子系统安全状况有所下降。

2012—2018 年，贴近度 C 持续稳定上升，淡水生态系统等级由“较不安全”提高到“临界安全”，表明周至县淡水生态系统的压力得到一定程度的缓解，农药化肥和塑料薄膜的使用量得到一定的控制。表现在单位面积农药负荷由 2012 年的 4.95 kg/hm^2 提高到 2018 年的 5.01 kg/hm^2，单位面积农用塑料薄膜用量由 2010 年的 2.96 kg/hm^2 增加到 2012 年的 3.01 kg/hm^2，单位产值污水排放量由 2010 年的 5.38 万元/hm^2 减少到 2012 年的 2.84 万元/hm^2。这一时期，农业、工业结构的不断优化，其发展所带来的负面效应得到了有效的控制，降低了淡水生态系统的负荷，使得周至县淡水生态系统压力子系统有所好转。通过对压力子系统各项指标的总体分析，淡水生态系统安全水平下降主要是由于周至县工农业发展引起的反向作用。在农业方面，具体表现为人口密度的增加，为了满足粮食供给需求，农业生产通过增加农药、化肥和塑料薄膜的使用量来提高产量，但由此带来的面源污染加剧了给淡水生态系统压力系统的负荷。在工业方面，片面追求产值的增加，单位产值污水排放量随之增加，导致土地负荷不断增大，淡水生态系统安全遭到破坏。随着资源过度消耗的负面效应带来的淡水生态系统问题日益凸显，有关集约节约用地的政策相继出台，土地利用方式也得到了转变，污水排放、单位能耗、农药等的使用也得到了控制，一定程度上减缓了周至县淡水生态系统安全的压力，其负面效应逐渐降低，安全水平得到了提升。

③状态系统生态安全分析。

在状态子系统方面，2008—2009 年周至县淡水生态系统安全状况稍有下降，之后逐年上升至 2018 年的 0.8638。淡水生态系统安全程度稳步上升到 2018 年的安全状态。

2008—2009 年，贴近度 C 小幅度下降，除了人均耕地面积，其他指标均有所提高，人均耕地面积由 2008 年的 0.0613 hm^2 减少到 2009 年的 0.0601 hm^2。建设用地大量占用耕地、不合理的土地利用方式以及人均耕地占有量的减少都给淡水生态系统安全系统带来一定的消极影响。

2009—2018 年，贴近度 C 持续稳定上升。根据指标反映，2008 年经济危机后，周至县社会经济开始缓慢发展。单位土地的经济效益不断提升、经济结构的完善以及政府对环境绿化的重视，使得淡水生态系统状态系统发生向好的变化。但是人均耕地面积依旧处于下降的趋势，由 2009 年的 0.0601 hm^2 减少到 2018 年的 0.0551 hm^2，说明经济的发展导致的占用耕地这一问题仍不容小觑。

通过各指标的总体分析，2008—2018 年状态子系统贴近度 C 的持续稳定增长与土地经济密度和固定资产的投入密切相关。人类社会环保意识增强，加大了城市绿化工作，这对生态安全状态子系统产生了促进作用。除此之外，在经济方面，固定资产的投资、土地经济密度的迅速提高、销售品零售总额的增加，也在一定程度上维护了淡水生态系统安全水平，对周至县状态子系统淡水生态系统安全等级的稳步上升起到了直接促进作用。但是城市扩张、经济的快速发展，导致人均耕地面积由 2008 年的 0.0613 减少到 2018 年的 0.0551，同时，周至县后备资源严重紧缺，这一问题仍需要我们继续关注，并加强对耕地的保护。

④影响系统生态安全分析。

2008—2018 年，影响子系统贴近度 C 在 2008—2015 年波动上升，2016 年开始小幅度下降，其淡水生态系统安全等级上升为“较安全”状态。

2008—2015 年，贴近度 C 稳定上升。随着经济发展水平的提高，科技的不断进步，农业机械化水平显著提高，产业结构调整及土地利用方式多样化，农林牧副渔增加值提升，以及社会各界对生态保护的意识不断加强，人均公园绿地面积增加，这些指标的正向作用使淡水生态系统影响子系统安全水平得到了改善。表现为农业机械化水平由 2008 年的 10.38 kW/hm^2 提高到 2015 年的 14.53 kW/hm^2，农林牧副渔增加值由 2008 年的 106510 万元提高到 2015 年的 317254 万元，农村居民可支配收入由 2008 年的 3537 元/人提高到 2015 年的 11148 元/人，人均公园绿地面积由 2008 年的 8.23 m^2 提高到 2015 年的 15 m^2。这一时期，淡水生态影响系统得到了有效的改善。

2015—2018 年，贴近度 C 有所下降，但其安全程度依旧保持在“较安全”状态。从指标反映来看，这是由于人均公园绿地面积和农业机械化水平较之前有所下降。其中，人均公园绿地面积由 2015 年的 15 m^2 下降到 2018 年的 10.22 m^2，农业机械化水平也由 2015 年的 14.53 kW/hm^2 下降到 2018 年的 10.81 kW/hm^2。单位粮食产量有小幅度提高，农林牧副渔增加值和农民人均可支配收入较之前变化并不显著，保持稳定状态。

通过总体分析影响子系统的各个指标，2008—2018 年贴近度 C 的上升，是淡水生态系统的自我恢复功能不断完善发挥了一定作用。经济和科技水平的提高，产业结构的调整以及政府对农业的投入力度增大，使得农业机械化水平和农林牧副渔增加值不断提高，农民可支配收入得到提高，加之人均公园绿地面积的增加，使得淡水生态影响系统处于“较安全”状态，促使影响安全指数由 2008 年的 0.0978 上升到 2015 年的 0.7888。而贴近度 C 下降主要是农业机械化水平下降和人均公园绿地面积的减少阻碍了淡水生态安全的良好发展，但社会经济稳定，各指标的变化相对较小，使得 2015—2018 年影响子系统贴近度 C 虽有下降，但淡水生态系统安全等级依然保持在“较安全”状态。

⑤响应系统生态安全分析。

2008—2018 年，响应子系统的安全值波动上升，由 2008 年的 0.0255 上升到 2018 年的 0.5815，其淡水生态系统安全等级上升到“临界安全”状态。

2008—2012 年，响应子系统各项指标均对淡水生态系统安全起到促进作用，贴近度 C 稳定上升，表明这五年产业结构调整、实施污染总量的控制、加快低碳经济的发展以及加大环保投资力度等有效措施进一步改善了周至县的淡水生态系统安全状况。2012—2013 年，有效灌溉面积指数和环保投资占 GDP 比重均产生了负向作用，主要表现为有效灌溉面积指数由 2012 年的 103.44%降低到 2013 年的 97.49%，环保投资占 GDP 比重由 2012 年的 0.84%降低到 2013 年的 0.57%。耕地的抗旱能力减弱以及地方政府对改善淡水生态系统安全的响应减弱，导致了生态安全水平的降低。

2013—2015 年，响应子系统各项指标均为正向作用，其贴近度 *C* 小幅度上升。

2015—2017 年，贴近度 *C* 小幅度下降，其安全程度依旧保持在“临界安全”状态。由于人口密度的增加，生活垃圾的无害化处理率的降低，以及造林面积的减少带来的安全程度降低，其负向作用超过了其他指标的正向作用。

2017—2018 年，贴近度 *C* 呈现上升趋势。从各指标的反映来看，周至县因地制宜发展滴灌、喷灌等节水农业，不断完善农田水利设施，使有效灌溉指数显著提高，由 2017 年的 111.92%上升到 2018 年的 123.67%。除此之外，环保投资占 GDP 的比重也从 2017 年的 0.65%上升到 2018 年的 1.19%，说明政府对维护生态安全做出了积极的响应，采取了积极措施应对环境问题，促进了淡水生态系统响应子系统向良好的方向发展。周至县淡水生态系统安全的响应指数表现出波动上升的趋势，由 2008 年的 0.0255 上升到 2018 年的 0.5815，表明这期间产业结构的调整、实施污染总量的控制、低碳经济发展的加快以及环保投资力度的加大等有效措施进一步改善了周至县的淡水生态系统安全状况。表现为污水处理率由 2008 年的 68.5%提高到 2018 年的 81.2%，有效灌溉面积指数由 2008 年的 95.62%提高到 2018 年的 123.67%，环保投资占 GDP 比重由 2008 年的 0.24%提高到 2018 年的 1.19%。但是造林面积由 2008 年的 7 km^2 减少到 2018 年的 4.47 km^2。人类采取相关措施对改善生态环境起到了良好的推动作用，应该继续保持，不能有所松懈。

3.6.3　河流健康状况评价方法

河流是地球上水文循环的重要路径，河流系统是自然界最重要的生态系统之一，人类社会的生存和发展与河流息息相关。随着城市化和工业化进程的不断加速、水利工程的逐步修建与布局、用水量和排放量的持续增加，我国的河流水质不断恶化，河流生态系统退化加剧。保护和恢复河流生态系统的需求日益迫切，建立面向河流生态系统的水治理体系日益重要。河湖健康状况评价是一种流域综合管理的技术手段，是开展河湖管理工作的重要抓手，不仅可以对河湖生态系统的现状及存在的问题进行诊断评价，还可以对河湖生态修复的进程及时进行量化评估，是维护河流健康的有效举措。

黑河地处陕西省秦岭北麓，发源于秦岭山脉太白山，位于北纬 33°42' ~ 34°13'，东经 107°43' ~ 108°24'。黑河干流长约 125.8 km，流域面积 2258 km^2，多年平均径流量 8.17×10^8 m^3，主要有板房子河、虎豹河、大蟒河等支流，河流整体位于西安市周至县境内。该区域主要属暖温带半湿润半干旱大陆性季风气候区，年平均温度 13.2 ℃，区域内降水受季风影响，年内分配不均，不同季节径流量变化较大。

参照水利部河长办《河湖健康评价指南（试行）》，结合秦岭国家公园范围内黑河的水情和河流实际情况，可以从“盆”、水、生物、社会服务功能等 4 个准则层对该河流健康状况进行评价。

3.6.3.1 评价指标体系

参照《全国重要河湖健康评价（试点）工作大纲》《河湖健康评价指南（试行）》《河湖健康评估技术导则》关于河湖健康指标体系构建的技术要求，黑河健康评价指标体系包括目标层、准则层和指标层。河流评价指标体系见表 0–21。

表 0–21 河流评价指标体系表

目标层	准则层		权重	指标层	权重
河流健康	“盆”		0.2	河流纵向连通指数	0.1
				岸线自然指数	0.1
	水	水量	0.3	生态流量（水量）满足程度	0.15
		水质		水质优劣程度	0.15
	生物		0.2	大型底栖无脊椎动物生物完整性指数	0.2
	社会服务功能		0.3	防洪达标率	0.15
				公众满意度	0.15

目标层为河流健康，是河流生态系统状况与社会服务功能状况的综合反映。结合黑河实际状况，从生物层面考虑水生生物的群落分布、水生生物的动态分布，可以反映水域生态环境的变化。掌握水生生物的时空分布情况对河湖的管理与监测具有重要意义。因此，从水安全的角度出发，最终选用岸线自然状况、水生植物群落指数、公众满意度、水质优劣程度等 4 类指标进行评价。

3.6.3.2 “盆”

（1）河流纵向连通指数

采用实地调查的方法对黑河沿线影响河流连通性的建筑物或设施进行了勘查。调查结果显示，黑河沿线没有影响河流连通性的建筑物或相关设施。

根据河流纵向连通指数赋分原则，具体详见表 0–22，黑河沿线没有影响河流连通性的建筑物或相关设施，即黑河河流纵向连通指数赋分为 100。

表 0–22　河流纵向连通指数赋分标准表

河流纵向连通指数（单位：个/100 km）	0	0.25	0.5	1	≥1.2
赋分	100	60	40	20	0

（2）岸线自然指数

岸线自然指数包括河岸稳定性和岸线植被覆盖度两个分指标。其中，河岸稳定性调查评价包括岸坡倾角、岸坡植被覆盖度、岸坡高度、岸坡基质（类别）和河岸冲刷状况 5 个参数，指标得分为 5 个参数得分的平均值；岸线植被覆盖度主要评价河岸带自然植被覆盖度。黑河岸线自然指数调查时间为 2024 年，共计 1 个监测点位。在监测点位基于 3 个监测断面调查河岸稳定性和岸线植被覆盖度，以 3 个监测断面的平均值作为该监测点位的代表值。

①河岸稳定性。

河岸稳定性调查结果表明，黑河大部分河段，岸坡倾角在 20°左右，部分河段由于河道自然下切、河岸硬化等原因，岸坡倾角较大。大部分岸坡植被覆盖度在 80%～100%。

河岸稳定性指标评价赋分结果表明，黑河河岸稳定性得分 84 分。

②岸线植被覆盖度。

岸线植被覆盖度调查结果表明，黑河大部分点位岸带植被覆盖度在 50%以上。总体上，黑河植被覆盖度高。

岸线植被覆盖度评价赋分结果表明，黑河岸线植被覆盖度得分 100 分。

③岸线自然指数。

综合河岸稳定性和岸线植被覆盖度两个分指标，计算黑河岸线自然指数得分。黑河岸线自然指数平均得分 92 分，见表 0–23。

表 0–23　监测点位岸线自然指数赋分表

监测点位	河岸稳定性赋分	岸线植被覆盖度赋分	岸线自然指数赋分
1	84	100	92

（3）“盆”准则层健康赋分

综合河流纵向连通指数、岸线自然指数 2 项指标，黑河“盆”准则层得分 96 分，见表 0–24。

表 0–24　黑河“盆”准则层健康赋分

<table>
<tr><th rowspan="3">评价河段</th><th colspan="3">指标得分</th><th rowspan="2">“盆”准则层健康赋分</th></tr>
<tr><th rowspan="2">河流纵向连通指数（0.5）</th><th colspan="2">岸线自然指数（0.5）</th></tr>
<tr><th>河岸稳定性（0.5）</th><th>岸线植被覆盖度（0.5）</th><td rowspan="2">96</td></tr>
<tr><td>黑河</td><td>100</td><td>84</td><td>100</td></tr>
</table>

3.6.3.3　水量

（1）生态水量满足程度

黑河采用日均流量计算生态流量满足程度不适用于黑河现状实际情况，因此本次评价指标采用生态水量。黑河生态流量满足程度赋分为 100。

（2）河流断流程度

河流断流程度指标采用评价基准年天数内断流天数的比例进行评估，其赋分标准见表 0–25，最终赋分采用线性插值方法得到。

表 0–25　河流断流程度赋分标准表

断流比例	赋分
≥50%	0
40%	20
30%	40
20%	60
10%	80
0	100

根据实测数据，2024 年黑河无断流。根据上表河流断流程度赋分标准，赋分采用线性插值方法，黑河断流程度赋分为 100 分。

（3）水量准则层健康赋分

综合生态水量满足程度、河流断流程度 2 项指标，黑河水量准则层得分 100 分。黑河水量准则层健康赋分见表 0–26。

表 0–26　黑河水量准则层健康赋分

<table>
<tr><th rowspan="2">评价河段</th><th colspan="2">指标得分</th><th rowspan="2">水量准则层健康赋分</th></tr>
<tr><th>生态水量满足程度（0.5）</th><th>河流断流程度（0.5）</th></tr>
<tr><td>黑河</td><td>100</td><td>100</td><td>100</td></tr>
</table>

3.6.3.4　水质

（1）水质优劣程度

①水质状况。

评判黑河水质优劣程度时选用包括 pH、溶解氧、高锰酸盐指数、氨氮、总磷在内的 21 项评价指标。主要污染物为高锰酸盐指数、五日生化需氧量、化学需氧量和氨氮。

②水质赋分。

评价时采用监测结果的平均值，以各监测断面的代表性河长作为权重，计算各个断面监测结果的加权平均值。

评价时段内最差水质项目的水质类别代表该河流（湖泊）的水质类别，将该项目的实测浓度值依据 GB 3838—2002 水质类别标准值和对照评分阈值进行线性内插得到评分值，赋分采用线性插值，对照评分见表 0–27。当有多个水质项目浓度均为最差水质类别时，分别进行评分计算，基于 GB 3838—2002 中的要求，水质赋分为最差的水质指标得分值。

表 0–27　水质优劣程度评价赋分标准表

水质类别	Ⅰ、Ⅱ	Ⅲ	Ⅳ、Ⅴ	劣Ⅴ
赋分	[90,100]	[60,90）	[40,60）	[0,40）

黑河水质优劣得分为 85 分。

（2）水质准则层健康赋分

综合水质优劣程度 1 项指标，黑河水质准则层得分 85 分（表 0–28）。

表 0–28　黑河水质准则层健康赋分

评价河段	指标得分	水质准则层健康赋分
	水质优劣程度	
黑河	85	85

3.6.3.5　生物

大型底栖无脊椎动物生物完整性指数：

（1）参照点的选取

在秦岭国家公园河流点位中选择 XiH–1（西河）、TBH–1（太白河）、CH–1（池河）、XH–1（旬河）4 个点为春秋两季的参照点，其他点位为受损点。

（2）候选参数及生物参数分布范围分析

本次共选取 20 个 B–IBI 指标体系的候选生物学参数（表 0–29）。对各个指标在 4 个参照点的分布情况进行计算，发现春季及秋季 M12 参数值标准差过大，表示数据分散，指数不稳定，不予考虑；春季 M14 及秋季 M3 和 M7 参数值过小，表示随着干扰增强，波动不明显，不予考虑。

表 0–29　20 个 B–IBI 指标体系的候选生物学参数

类群	备选参数编号	评估参数
多样性和丰富性	M1	总分类单元数
	M2	蜉蝣目、毛翅目、襀翅目分类单元数
	M3	蜉蝣目分类单元数
	M4	襀翅目分类单元数
	M5	毛翅目分类单元数
群落结构组成	M6	蜉蝣目、毛翅目和襀翅目个体数百分比
	M7	蜉蝣目个体数百分比
	M8	摇蚊类个体数百分比
耐污能力	M9	敏感类群分类单元数
	M10	耐污类群个体数百分比
	M11	Hilsenhoff 生物指数
	M12	底栖动物敏感类群评估指数（BMWP 指数）
	M13	科级耐污指数（FBI 指数）
功能摄食类群与生活性	M14	黏附者个体相对丰度
	M15	滤食者个体相对丰度
	M16	刮食者个体相对丰度
生物多样性指数	M17	Shannon–Wiener 多样性指数
	M18	Margalef 丰富度指数
	M19	Pielou 均匀度指数
	M20	Simpson 多样性指数

（3）判别能力分析

利用箱形图法分析上述筛选后的各指数值在参照点与受损点的分布情况，比较各指数在参照点和受损点的 25%～75%分位数，即箱体 QI 重叠情况。各指标值在参照点和受损点的分布结果显示，春季 M1、M4、M9、M11、M13、M17、M18 等 7 个参数及秋季 M1、M5、M9、

M11、M16、M17、M18、M19 等 8 个参数满足 QI≥2，进入下一轮筛选。

（4）相关性分析

对（3）中确定的春季 7 个参数及秋季 8 个参数进行 Spearman 相关性分析（表 0−30、表 0−31）。最终保留春季 M4、M11、M17 和秋季 M1、M5、M9、M11、M16、M17、M19 作为核心评价参数。

表 0−30　春季 7 个候选参数间的相关性分析结果

相关性	M1	M4	M9	M11	M13	M17	M18
M1	1						
M4	0.368	1					
M9	0.747**	0.603**	1				
M11	−0.543**	−0.667**	−0.771**	1			
M13	−0.556**	−0.615**	−0.812**	0.886**	1		
M17	0.850**	0.195	0.470*	−0.314	−0.335	1	
M18	0.945**	0.375	0.816**	−0.526*	−0.526*	0.828**	1

注：*在 0.05 级别（双尾），相关性显著。
**在 0.01 级别（双尾），相关性显著。

表 0−31　秋季 8 个候选参数间的相关性分析结果

相关性	M1	M5	M9	M11	M16	M17	M18	M19
M1	1							
M5	0.318	1						
M9	0.440*	0.718**	1					
M11	0.268	−0.037	−0.275	1				
M16	0.714**	0.318	0.352	0.372	1			
M17	0.555**	0.171	−0.117	0.636**	0.527*	1		
M18	0.888**	0.520*	0.474*	0.255	0.765**	0.514*	1	
M19	−0.468*	−0.371	−0.536*	0.325	−0.354	0.317	−0.456*	1

注：*在 0.05 级别（双尾），相关性显著。
**在 0.01 级别（双尾），相关性显著。

（5）生物学指数分值计算

采用比值法对各参数进行计算（表 0−32、表 0−33）。

表 0–32　比值法计算春季 3 个参数分值的公式

指标代码	分值计算公式
M4	M4/2.00
M11	（7.31–M11）/（7.31–3.22）
M17	M17/2.69

表 0–33　比值法计算秋季 7 个参数分值的公式

指标代码	分值计算公式
M1	M1/26.00
M5	M5/3.95
M9	M9/6.95
M11	（6.19–M11）/（6.19–3.12）
M16	M16/0.07
M17	M17/2.44
M19	M19/0.94

（6）底栖动物生物完整性指数评价

将各指标的分值用比值方法计算后，再对分值进行加和，得到 B-IBI 的指数值，对春、秋两季的水体进行健康评价，评价标准如表 0–34、表 0–35：

表 0–34　春季健康状况评价标准

健康状况	健康	亚健康	一般	较差	极差
B–IBI 值	≥2.12	1.59～2.12	1.06～1.59	0.53～1.06	0～0.53

表 0–35　秋季健康状况评价标准

健康状况	健康	亚健康	一般	较差	极差
B-IBI 值	≥4.41	3.31～4.41	2.21～3.31	1.10～2.21	0～1.10

根据评价标准对调查区域的水体健康进行初步评价，评价结果如下，将两季 B–IBI 赋分均值作为秦岭国家公园河流底栖动物生物完整性指数最终得分，春季最终得分为 87.88，秋季最终得分为 85.15。

3.6.3.6 社会服务功能

（1）防洪达标率

防洪达标率计算标准：评价堤防及沿河口建筑物防洪达标情况，其中，1 级、2 级堤防欠高 0.5 m 以内，按达标统计。河流堤防防洪达标率、堤防交叉建筑物防洪达标率按照公式计算。有堤防交叉建筑物的，须考虑堤防交叉建筑物防洪标准达标比例，按照公式计算。河流防洪达标率赋分标准见表 0–36，最终赋分采用线性插值方法得到。

表 0–36 防洪达标率赋分标准表

防洪达标率（%）	≥95	90	85	70	≤50
指标	100	75	50	25	0

$$\begin{cases} RDAI=\dfrac{RDA}{RD}\times 100\% \\ SLI=\dfrac{SL}{SSL}\times 100\% \\ FDRI=(RDAI+SLI)\times\dfrac{1}{2}\times 100 \end{cases}$$

式中，*RDAI* 为河流堤防防洪达标率；*RDA* 为河流达到防洪标准的堤防长度（m）；*RD* 为河流堤防总长度（m）；*SLI* 为河流堤防交叉建筑物防洪达标率；*SL* 为河流堤防交叉建筑物达标个数；*SSL* 为河流堤防交叉建筑物总个数；*FDRI* 为河流防洪达标率（%）。

黑河防洪达标率赋分为 100 分。

（2）公众满意度

在水生态调查期间对社会公众、河湖管理者发放调查问卷，调查内容主要包括：水量状况（水量大小、断流情况），水质状况（感官、盐度、垃圾漂浮物、是否有异味），河岸带状况（树草配置、垃圾堆放），景观状况（景观优美度、娱乐休闲活动），鱼类状况（鱼类数量、鱼类个体大小）5 个层面，共计回收调查问卷 40 份。黑河公众满意度详细情况如下：

对公众的生活影响较小，沿河岸没有居民。公众满意度得分为 84 分，5 个方面的公众满意度由高到低分别为水量状况、景观状况、水质状况、河岸带状况、鱼类状况。公众对水量状况、景观状况满意度高，公众认为河流水量大小合理，不存在断流情况，沿河景观优美，适合开展娱乐休闲活动。公众对水质状况满意度较高，认为水质较清澈，不存在垃圾漂浮物，在水质改善方面存在进一步改善空间。公众对河岸带状况、鱼类状况满意度一般，公众认为河岸树草配置合理性一般，存在少量垃圾堆放情况，河流中鱼类的数量一般，鱼类个体大小一般，在岸边树草配置、鱼类保护方面存在较大的改善空间。

（3）社会服务功能准则层健康赋分

综合防洪达标率、公众满意度 2 项指标，黑河社会服务功能准则层得分 92 分（表 0–37）。

表 0–37　黑河社会服务功能准则层健康赋分

评价河段	指标得分		社会服务功能准则层得分
	防洪达标率（0.5）	公众满意度（0.5）	
黑河	100	84	92

3.6.3.7　黑河健康评价结果

黑河健康得分为 91.85 分（表 0–38），为健康状态。

表 0–38　黑河健康准则层得分

目标层	准则层（权重）		准则层得分	河流健康得分
河流健康	“盆”（0.2）		19.2	91.85
	“水”（0.3）	水量（0.15）	15	
		水质（0.15）	12.75	
	生物（0.2）		17.30	
	社会服务功能（0.3）		27.6	

3.6.4　关键区域评价

本研究选取黑河流域作为秦岭国家公园范围内的关键区域进行健康评价。采用鱼类生物完整性指数评价秦岭黑河流域健康状况。

本研究以鱼类为研究对象，采用 IBI 评价水域生态系统健康状况，初步构建秦岭黑河流域基于鱼类生物完整性（F-IBI）的评价标准和体系，通过资料收集和野外调查，进一步分析不同时期秦岭黑河流域鱼类生物完整性的特点及变化情况，从而对黑河流域淡水水生生态系统健康状况进行评价。

生物完整性等级划分可根据研究中的实际情况进行适当修改。本研究在 Karr 等的研究基础上，结合秦岭黑河流域的生态系统类型和鱼类种群组成特点，将黑河 F-IBI 分为 6 个等级：极好、好、一般、差、极差、没有鱼。可采用 Moyle&Randall 提出的 IBI 统计方法来消除由指标数量不同所带来的 IBI 总分差异。

秦岭黑河流域 20 世纪 80 年代共记录鱼类 34 种，其中，鲑形目 1 科 1 种、鲤形目 2 科 29 种、鲇形目 2 科 2 种、合鳃鱼目 1 科 1 种、鲈形目 1 科 1 种。按耐受性划分，高耐污鱼类 7

种，占鱼类种数的20.59%；低耐污鱼类12种，占鱼类种数的35.29%。按营养结构划分，浮游生物食性鱼类 6 种、肉食性鱼类 7 种、杂食性鱼类 21 种，分别占鱼类种数的 17.65%、20.59%、61.76%。

20世纪90年代共记录鱼类18种，其中，鲑形目1科1种、鲤形目2科14种、鲇形目1科1种、合鳃鱼目1科1种、鲈形目1科1种。按耐受性划分，高耐污鱼类3种，占鱼类种数的16.67%；低耐污鱼类5种，占鱼类种数的27.78%。按营养结构划分，浮游生物食性鱼类2种、肉食性鱼类6种、杂食性鱼类10种，分别占鱼类种数的11.11%、33.33%、55.56%。

2018年共调查到鱼类17种，其中，鲑形目1科1种、鲤形目2科14种、鲇形目2科2种。按耐受性划分，高耐污鱼类6种，占鱼类种数的35.29%；低耐污鱼类5种，占鱼类种数的29.41%。按营养结构划分，浮游生物食性鱼类2种、肉食性鱼类4种、杂食性鱼类11种，分别占鱼类种数的11.76%、23.53%、64.71%。

黑河流域F-IBI体系8个指标：鱼类总种类数、鳅科鱼类占总种类数百分比、鲤科鱼类占总种类数百分比、高耐污鱼类占总种类数百分比、低耐污鱼类占总种类数百分比、浮游生物食性鱼类占总种类数百分比、肉食性鱼类占总种类数百分比、杂食性鱼类占总种类数百分比。这8项指标综合考虑了研究区域中鱼类的主要种群组成、环境耐受性及营养食性等特点。

20世纪80年代秦岭黑河流域F-IBI总得分为57分，等级为“极好”；90年代总得分为18分，等级为“极差”；2018年总得分为30分，等级为“差”。从评分结果来看，20世纪80年代秦岭黑河鱼类生态状况优良，90年代鱼类生态状况极差，但在21世纪初鱼类生态状况有了一定的好转。

4　淡水生态保护与修复技术指南

4.1　总则

4.1.1　适用范围

本指南适用于秦岭国家公园范围内淡水生态系统的生态建设与修复工作，同时可为秦岭地区淡水生态系统的生态建设与修复提供参考。

4.1.2　术语

4.1.2.1　水系生态连通

水系生态连通指保护、修复河流在纵向、横向和垂向空间以及时间维度上的物理连通性和水文连通性，改善水动力条件，使河湖水系中物质流、物种流和信息流保持畅通，即河湖水系三流四维连通。主要针对以水生态环境修复为主，同时兼顾防洪减灾和水资源配置需求的河湖水系连通类型。

4.1.2.2　河流地貌单元

河流地貌单元指河流廊道内由于河床演变、水沙冲淤等过程所形成的多样化的地貌结构特征，如河流故道、河漫滩、深潭、浅滩、洲滩、牛轭湖故道以及自然堤等。

4.1.2.3　胁迫因子

胁迫因子指自然界或人类活动对河湖生态系统演变带来胁迫影响的因子。

4.1.2.4　生态护岸

生态护岸指在具备岸坡防护基本功能的基础上，具有河水与土壤相互渗透、一定的植物生长条件和生态恢复功能以及一定程度上增强河道自净能力和自然景观效果的护岸结构形式。

4.2　目标与技术体系

4.2.1　保护与修复目标

秦岭国家公园淡水生态系统保护修复的目的在于全面维护和恢复这一宝贵生态系统的健康与稳定，保障秦岭地区淡水资源的清洁与安全，守护其独特的生物多样性，为众多水生生物提供安全的栖息地。同时也是为了增强生态系统的服务功能，提升水质净化、防洪抗旱等能力。因此，秦岭国家公园淡水生态系统保护与修复的目标主要有：

4.2.1.1　水质改善

秦岭地区作为南水北调水源地，其水质的改善是保护和修复淡水生态系统的首要目标之一。之前由于农业、工业和城市化的发展，水体不可避免地受到了农药、化肥、工业废水和城市污水等的影响。为了提升秦岭国家公园及其周边区域流经人口聚集村落的河流水质，针对生活污废水处理率低、无序排放、农村固废垃圾及农业面源污染等问题，实施一系列治理和修复措施。为了保护生态系统的健康，必须采取措施净化水质。针对此问题，可以采取建设湿地、植被带和生态滤池等生态工程手段，促进水质自净能力，降低污染物的浓度，提高水体的透明度和氧化还原能力。采用这些举措旨在显著提高相关区域的水质，为当地居民和生态系统提供更健康、更清洁的水资源。

4.2.1.2　防洪安全提升

秦岭地区常年降雨量较大，加之山区地势复杂，易发生洪涝灾害。因此，保障防洪安全是淡水生态系统保护与修复的重要目标之一。为此，可采取多种措施，包括恢复和保护水源涵养功能，加强山地植被的恢复和保护，构建山洪灾害综合治理工程等。通过这些措施，可以有效减少洪涝灾害对秦岭地区淡水生态系统的破坏，提升防洪安全水平。为确保流经人口聚集区的河流具备更高的防洪安全等级，也可采用拓宽河道、生态护岸、阶梯–深潭设计等手段，有效增强河道的过流能力并削减水能。这些措施将共同提升防洪安全等级，切实保护沿河区域的防洪安全，实现水流的平稳与安宁。

4.2.1.3　生物多样性保护

秦岭地区拥有丰富的生物多样性资源，但受到人类活动的威胁，部分物种面临着生存困境。因此，保护和恢复生物多样性是淡水生态系统保护与修复的又一重要目标。保护和恢复淡水生态系统中的生物多样性，包括鱼类、水生植物、底栖生物等，以维护生态系统的完整性和稳定性。尤其要针对川陕哲罗鲑、秦岭细鳞鲑等特种鱼类，开展专项保护与修复工作，确保这些珍稀物种得到有效保护。为此，应当建立健全自然保护区网络，加强对这些重点保护物种的保护，推动生态补偿机制的落实，并保护和恢复重要生境类型，如湿地、溪流和湖泊等。通过这些措施，可以有效保护秦岭地区的生物多样性，维护生态系统的稳定性和完整性。

4.2.1.4 河流连通性改善

河流的连通性对于生物迁徙和种群交流至关重要。秦岭地区的河流系统受到了人类活动的干扰，如修建水坝、堤坝等人工障碍物，严重影响了河流的连通性，阻碍了水生生物的迁徙和种群交流。为改善河流的连通性，首先需要对已有的人工障碍物进行评估，有针对性地拆除或改建部分障碍物，恢复河流的自然流动状态。其次，要加强对河流连通性的监测和评估，了解水生生物迁徙的路径和方式，为采取相应的保护措施提供科学依据。同时，可以采取一些技术手段，如设置鱼类通行设施，帮助鱼类顺利通过水坝等人工障碍物，促进河流生态系统的恢复和稳定。为改善秦岭地区河流的连通性，对仍阻碍河流连通的废旧拦河坝、堰等设施也应该进行评估并拆除。

4.2.2 保护与修复技术体系

在确定了秦岭国家公园淡水生态系统修复的目标、任务和优先排序以后，需要选择适宜的技术和措施。在选择这些措施时，工程措施与非工程措施应相互补充，相得益彰。需注意各类措施的应用条件，坚持因地制宜的原则，充分论证方案的技术可行性和经济合理性。采取的各类工程措施要相互配套，具有技术整合性。通过综合比选优化，秦岭国家公园淡水生态系统保护与修复技术体系可归纳为水文、水质、地貌植被、连通性等四大类。

4.2.2.1 绿色小水电建设

对秦岭国家公园范围内保留的或未彻底拆除的小水电进行生态改造，解决河流纵向连通性受阻问题，保证引水式电站脱水河段下泄环境流量。小水电绿色改造的手段之一是对引水式电站进行闸坝生态改建。引水式电站改建工程需保留拦河闸坝大部分，以继续发挥挡水和泄洪功能。只需改造部分坝段，改建的溢流坝段可以按鱼坡设计，将鱼坡结构整体嵌入堰坝中。

4.2.2.2 生态护岸技术

河湖水系生态横向连通工程技术中，生态护岸建设技术是指拆除硬质不透水护底和岸坡防护结构，采取自然化措施或多孔透水的近自然生态工程技术进行岸坡侵蚀防护的技术。

生态型岸坡防护技术的设计主要需满足规模最小化、外形缓坡化、内外透水化、表面粗糙化、材质自然化及成本经济化等要求。最终目标是在满足人类需求的前提下，使工程结构对河流的生态系统冲击最小，亦即对水流的流量、流速、冲淤平衡、环境外观等影响最小，同时大量创造动物栖息及植物生长所需要的多样性生活空间。生态型护岸技术种类多样，可根据当地的具体情况在设计时进行调整，如土体生态工程技术、生态砖/鱼巢砖等构件、石笼席、天然材料垫、土工织物扁袋、混凝土预制块、土工格室、间插枝条的抛石护岸、椰壳纤维捆、木框墙、三维土工网垫、消浪植生型生态护坡构件等。其中，土体生态工程技术大多利用自然材料，在自然力的作用下达到生态恢复和保护的目的，主要有木桩、梢料层、梢料捆、梢料排、椰壳纤维柴笼以及它们的不同组合形式等。

4.2.2.3　河道内栖息地加强结构

通过在河道内增加砾石、翼型导流设施（侧堰）、堆石堰和鱼巢等结构，改善河道内局部地貌特征，增加水流特性的多样性，可为不同生物群落提供适宜的栖息地环境。

小型堰：通过创造回水效应来改善栖息地的多样性，这种回水效应有助于形成向上游缓慢流动的深水区域。水流向下游快速流动，能够冲刷出流速快、含氧量丰富且底部为粗粒径河床的深潭。从深潭冲刷出的材料在下游处沉积，形成浅滩。小型堰可采用许多不同类型的设计，选用木料和石料等自然材料进行建造，以达到最好的美学效果，也可应用板桩或混凝土桩。

导流装置：能够提供相对廉价和有效的方法来减少渠道化的影响。导流装置是建在渠道内用来改变流态的装置，尤其在低水位的时候，可利用导流装置使水流离开岸坡来防止冲刷。不过，在高水位时，导流装置通常被淹没。导流装置不仅提供了有用的栖息地功能，还能够帮助河流恢复到更加自然的状态。导流装置通过收缩渠道形成了急流区域，并在导流装置背侧形成缓流区域，从而增加了水流特征的多样性。最终，靠近导流装置端部的急流将冲刷形成深潭，这将帮助形成对渠道修复有利的深潭–浅滩序列。导流装置后面的缓流区将形成沉积地区。布置导流装置时，应将其设在适当位置，以加强河流的自然趋势，并与自然浅滩区域保持一定距离，其高度应保证回水不会淹没潜在的浅滩区域。导流装置最终可能为植被所覆盖，并形成渠道河岸的永久性部分。

翼形装置：在河床上建造并被完全淹没的装置，其目的是促进河床的合理性冲刷，通过在水流中增加次级环流来实现此目的。翼形装置可选用木板结构，在水流中以一定角度进行建造，这使得河床底流向固定方向流动，但较快的表面流会漫过翼形装置，向不同的方向流动。

4.2.2.4　改善地貌多样性技术–生态河床构建

河床的生态化，主要是指深槽与浅滩形态序列构建、河床生态化以及栖息地结构加强三个部分。针对水量偏少或易发生断流的河流，采用人工机械挖掘方式塑造河床深槽浅滩犬牙交错分布的形态格局；在条件允许的情况下，亦可利用生态丁坝和潜坝进行河床深槽浅滩形态构建。河床生态化主要是指河床组成材料的生态化，手段包括：采用透水性能较好的材料构筑河床；以木桩、块石或混凝土块等提高河床孔隙率等。生物栖息地结构加强，主要是指运用树墩、砾石、渔樵等改善河床地貌，旨在提高河道生境异质性。

4.2.2.5 生物群落多样性的技术

生物水生态环境修复包括水域岸线修复、河道内栖息地修复等。河漫滩和河岸植被相互作用是自然河岸系统稳定性的主要来源，也是河流栖息地修复的重要基础。河流自然功能修复是堤岸功能保护的主要目的，其基本条件是不妨碍水流的长期自然流动的过程。沉陷区水域岸线一般分为堤防和护岸两种防护形式。堤防沉陷后，河道行洪能力受到堤顶高程下降影响有所降低，不同程度的裂缝出现在堤防内部，降低了堤防的安全度，影响其行洪安全。堤防修复一般主要采用工程措施从堤防尺寸和防渗两个方面进行修复。园区河道堤防工程较少，多以护岸防护为主，水系岸坡防护工程修复主要可以采用两种方式：一是降低水流冲刷来改善河岸结构，减小水流流速来加强堤岸的防护；二是对河岸栖息地进行相应的恢复。自然型岸坡防护主要在天然植物等防护材料的基础上对其护岸的结构进行防护加固，且可以为水生动植物建立较好的栖息地环境，也可以改善河流自然景观。

4.3 保护

4.3.1 保护总体原则

4.3.1.1 原真性原则

要求保护生物多样性时尽可能维持生态系统和物种的原始状态，包括其原本的生态结构、物种组成以及自然过程。保护过程中需避免过度的人为干预和破坏，让生态系统和物种能够自然地发展和演变，以保存其固有的生态、文化和历史价值。

4.3.1.2 连通性原则

强调生态系统之间以及生态系统内部各部分之间的连通程度。既包括物理连通，如栖息地斑块之间的廊道，也包括生态连通，如物种在不同栖息地之间的迁移通道等。通过确保连通性，有利于物种的扩散、迁移和基因交流，使生态系统能够更好地抵御外界干扰，维持其功能完整性，并促进生态系统之间的物质和能量交换。

4.3.1.3 完整性原则

主张从整体上考虑生物多样性保护，不仅要保护物种本身，还要保护它们所处的生态系统以及生态系统所依赖的各种环境要素，涵盖生物因素和非生物因素。只有保护好整个生态系统的完整性，才能最大限度地维持其自我调节和自我修复能力，确保生物多样性的长期稳定和可持续发展。

4.3.2　山地自然河溪的保护

4.3.2.1　生态系统完整性保护

保护河岸带生态系统：河岸带是河溪生态系统与陆地生态系统的交错地带，具有多种重要生态功能。它可以过滤和缓冲来自陆地的污染物，减少其进入河溪的量。例如，河岸带的植被能够吸收和分解农业面源污染中的氮、磷等营养物质，防止河溪水体富营养化。

同时，河岸带为众多生物提供栖息地。丰富的植被类型，如柳树、芦苇等，为鸟类提供筑巢场所，为昆虫提供食物和栖息环境。保护河岸带宽度是关键，一般来说，根据河溪的大小和生态重要性，应尽量保持数米到数十米宽的河岸带不受破坏。

维护河溪生态结构和功能：河溪的生态结构包括河道形态、底质类型和水生生物群落等。保持自然的河道形态，如蜿蜒的河道，能减缓水流速度，增加河水与土壤的接触时间，有利于地下水的补给。而且，不同的底质，如沙石、淤泥等，能为不同的水生生物提供生存环境。

河溪的功能包括物质循环、能量流动和水文调节等。例如，河溪中的藻类通过光合作用将太阳能转化为化学能，为整个生态系统提供能量基础；河溪中的水生植物和微生物可以分解有机物质，促进营养物质的循环。保护河溪生态功能需要控制污染物的排放，确保河溪的水质符合生态要求。

4.3.2.2　水资源保护

合理规划水资源利用：制定科学的山地自然河溪水资源利用规划，明确水资源的开发利用上限，优先保障生态用水需求。根据河溪的径流量、季节变化和生态系统需水特点，合理分配水资源在农业、工业、生活和生态等方面的应用，确保水资源的可持续利用。

生态流量保障措施：通过水库调度、生态补水、河道内生态流量设施建设等手段，确保山地自然河溪在不同时期都能维持足够的生态流量。例如，在枯水期通过水库放水或跨流域调水补充河流水量，维持水生生物的生存环境；在鱼类繁殖期，调整流量和水位，创造适宜的繁殖条件。

水资源节约与循环利用：推广节水技术和措施，提高水资源利用效率。在农业领域，发展高效节水灌溉技术，如滴灌、喷灌等，减少农业用水浪费；在工业领域，鼓励企业采用节水工艺和设备，提高水的重复利用率；在生活方面，加强公众节水意识教育，推广节水器具，倡导节约用水的生活方式。同时，探索水资源循环利用模式，如中水回用、雨水收集利用等，减少对新鲜水资源的依赖。

4.3.2.3　生物多样性保护

物种保护与管理：针对山地自然河溪中的珍稀濒危物种，制订个性化的保护计划和管理措施。加强对这些物种的种群动态监测，掌握其数量、分布和生存状况的变化。通过建立自然保护区、野生动物救护中心等保护设施，为珍稀濒危物种提供安全的生存空间；实施人工繁育和放流项目，增加种群数量，促进物种的恢复和繁衍。

控制外来物种入侵：加强对外来物种的监测和防控，防止外来物种对本地生物多样性造成威胁。建立外来物种监测预警机制，及时发现外来物种的入侵迹象；加强边境检疫和国内流通环节的监管，防止外来有害生物的引入；对于已经入侵的外来物种，采取物理、化学和生物控制等综合措施进行有效治理，减少其对本地生态系统的影响。

4.3.2.4 合理利用与管理

（1）生态旅游管理

山地自然河溪具有较高的旅游价值，但要实现可持续的生态旅游。要合理规划旅游线路和活动区域，避免游客对河溪生态系统造成破坏。例如，在河边设置专门的步行道，引导游客在指定区域观赏河溪风光，禁止游客进入生态脆弱区域。同时还要控制旅游人数，根据河溪生态系统的承载能力，限制每天的游客数量，确保旅游活动不会对河溪的水质、生物多样性等造成过大的压力。

（2）水资源合理利用

对于山地河溪的水资源利用，要遵循可持续利用的原则。在满足生态用水需求的基础上，合理分配用于农业灌溉、居民生活和工业生产等方面的水量。例如，通过修建小型的水利设施，如拦水坝和蓄水池等，对河溪水进行合理的调配，同时要保证河溪有足够的水量维持其生态功能。

4.3.3 淡水生物种群与生物多样性保护

4.3.3.1 珍稀濒危鱼类种群保护

（1）栖息地保护与恢复

关键栖息地的划定与保护：对珍稀濒危鱼类的产卵场、索饵场、越冬场等关键栖息地进行精确划定，设立自然保护区或保护地，实施严格的保护措施。例如，对于秦岭山地自然河溪中的川陕哲罗鲑，明确其分布在湑水河、褒河上游等特定河段的产卵场，禁止在这些区域进行可能破坏栖息地的活动，如水电开发、河道采砂等，确保其繁殖生境的完整性。

栖息地修复工程实施：针对受损的鱼类栖息地，开展生态修复工程。例如：通过改善河流水质、恢复河道连通性、增加河道内适宜的栖息结构（如设置人工鱼巢、恢复深潭浅滩序列等）等措施，为鱼类提供更适宜的生存环境；在黑河等河流中，通过拆除部分阻碍河道连通的小水电设施，恢复河流的自然流淌状态，使鱼类能够在上下游之间自由迁徙，扩大其生存空间。

（2）种群监测与管理

建立监测体系：构建包括鱼类资源定期调查、安装水下监测设备（如水下摄像机、声呐设备等）、利用环境 DNA 技术等多种手段的监测体系，实时掌握珍稀濒危鱼类种群数量、分布范围、年龄结构、繁殖状况等动态信息。例如，在汉江、渭河等主要河流及支流设置监测断面，定期进行鱼类资源调查，同时利用环境 DNA 技术检测水体中鱼类的 DNA 痕迹，及时发现鱼类种群的变化情况。

制定科学管理策略：根据监测数据，制定针对性的种群管理策略。例如：在鱼类繁殖季节，实施禁渔期制度，限制捕捞活动，保护亲鱼和幼鱼；对于种群数量稀少的物种，采取人工增殖放流措施，增加其种群数量。以秦岭细鳞鲑为例，根据其繁殖习性，在每年的特定繁殖期内严格禁止捕捞，并在适宜河段进行人工增殖放流，放流前对放流鱼苗进行严格筛选和健康检测，确保放流效果。

（3）保护与修复技术应用

过鱼设施建设：在河流上的水坝、堰等水利工程处，建设科学合理的过鱼设施，如鱼道、鱼梯、升鱼机等，帮助鱼类克服人工障碍物，保障其洄游通道的畅通。例如，对已建的部分水电站进行改造，增设适合当地鱼类洄游特性的过鱼设施，确保鱼类能够顺利通过大坝到达上游繁殖区域。

生态流量保障：通过科学计算和水库调度，确保河流在不同时期保持适宜的生态流量，满足鱼类生存、繁殖和生长的需求。例如，在枯水期，合理调配水库水资源，保证下游河道有足够的水量，维持鱼类的基本生存环境，避免因水位过低、水流过缓等导致的鱼类生存危机。

4.3.3.2　两栖动物保护

（1）栖息地保护与改善

湿地与水陆交错带保护：加强对山地河溪周边湿地、水陆交错带等两栖动物重要栖息地的保护，禁止非法开垦、污染排放等破坏行为。例如，在秦岭地区的一些高山湿地，建立保护区域，限制人类活动干扰，保护湿地生态系统的完整性，为两栖动物提供适宜的繁殖和栖息场所。

营造适宜的栖息环境：通过植被恢复、营造浅水区和水陆过渡带等措施，改善两栖动物的栖息环境。例如：在河流两岸种植适合两栖动物栖息的植被，如芦苇、菖蒲等，为两栖动物提供遮蔽和觅食场所；在部分河段设置缓坡浅滩，方便两栖动物上岸活动和繁殖。

（2）监测与保护行动

建立监测网络：建立两栖动物监测网络，定期开展调查监测工作，掌握两栖动物的种类、数量、分布和生态习性变化情况。例如，组织专业人员和志愿者在不同季节对山地河溪周边区域进行两栖动物监测，记录发现的物种和个体数量，分析其种群动态变化趋势。

应对威胁因素：针对两栖动物面临的栖息地丧失、污染、气候变化、外来物种入侵等威胁因素，采取相应的保护行动。例如：加强对农药、化肥使用的监管，减少农业面源污染对两栖动物的危害；控制外来物种（如牛蛙等）的引入和扩散，防止其对本地两栖动物造成竞争和捕食压力。

4.3.3.3 生物多样性保护的综合措施

（1）生态系统整体保护

流域综合管理：从流域尺度出发，对山地自然河溪所在流域进行综合管理，统筹考虑水资源利用、土地开发、生态保护等多方面因素。制定流域生态保护规划，协调上下游、左右岸的保护行动，确保整个流域生态系统的健康稳定。例如，在嘉陵江流域，建立流域统一管理协调机制，对流域内的水电开发、农业生产、城镇建设等活动进行统一规划和管理，避免局部开发对整个流域的生态系统造成破坏。

生态廊道建设与维护：构建连接山地自然河溪与周边森林、湿地等生态系统的生态廊道，促进生物在不同生态系统之间的迁徙、扩散和基因交流。例如，在秦岭山地，通过恢复和保护植被带，建立连接河流与森林的生态廊道，为野生动物提供迁徙通道，有利于物种的扩散和种群的稳定发展。

（2）公众教育与参与

开展环保教育活动：通过学校教育、社区宣传、科普展览、媒体报道等多种途径，广泛开展淡水生物多样性保护的宣传教育活动，提高公众对淡水生物重要性的认识和保护意识。例如，举办“走进山地自然河溪”科普活动，向公众介绍当地淡水生物的种类、生态习性以及面临的威胁，增强公众对生物多样性保护的责任感。

鼓励公众参与保护行动：建立公众参与机制，鼓励公众积极参与山地自然河溪的保护行动，如参与河流清理、湿地保护、鱼类监测等志愿者活动，举报破坏生物多样性的违法行为。例如，成立“山地河溪保护志愿者协会”，吸引当地居民和游客参与到河流生态保护的工作中，形成全社会共同保护生物多样性的良好氛围。

（3）政策法规与科学研究支持

完善法律法规体系：制定和完善相关法律法规，明确对珍稀濒危淡水生物及其栖息地的保护要求和法律责任，加大对非法捕捞、破坏栖息地等违法行为的处罚力度。例如，修订地方渔业法规，增加对珍稀鱼类保护的具体条款，严厉打击非法捕捞珍稀濒危鱼类的行为。

加大科学研究投入：加大对山地自然河溪淡水生物多样性保护的科学研究投入，深入研究生物多样性的形成机制、生态功能、受威胁因素以及保护技术等。例如：开展针对秦岭山地特定珍稀鱼类和两栖动物的生态习性、繁殖生物学等方面的研究，为制定科学合理的保护策略提供依据；支持科研机构与高校开展合作研究项目，培养专业人才，提高生物多样性保护的科学水平。

4.3.4 淡水生态系统保护与监测

4.3.4.1 保护措施

（1）水资源管理与保护

优化水资源配置：制定科学合理的水资源利用规划，根据山地自然河溪的水资源特点和用水需求，合理分配水资源，优先保障生态用水需求。例如，在干旱季节，通过水库调度等手段，确保河流有足够的生态流量维持水生生物生存和生态系统正常功能。

节约用水与提高用水效率：在农业领域推广节水技术和措施，鼓励农业、工业和居民生活节约用水。在农业方面，推广滴灌、喷灌等高效节水灌溉技术；在工业领域，推行清洁生产工艺，提高水资源重复利用率；在居民生活中，加强节水宣传教育，推广节水器具，减少水资源浪费。

（2）水生态保护与修复

栖息地保护与恢复：识别和保护山地自然河溪中的关键生态栖息地，如深潭、浅滩、湿地、河岸带等，为鱼类、两栖动物等水生生物提供适宜的生存环境。通过植被恢复、设置生态护坡、拆除非法障碍物等措施，恢复受损的栖息地，促进生态系统的自然修复。

生态连通性维护：保障河流的纵向和横向连通性，拆除或改造影响河流连通的水坝、堰闸等水利工程设施，恢复河流的自然流淌状态，便于水生生物洄游和物质能量交换。例如，在一些小型河流上，拆除废弃的拦河坝，恢复鱼类洄游通道，促进种群交流，保持生态系统完整性。

（3）水环境治理与保护

污染源控制：加强对山地自然河溪流域内的工业污染源、农业面源污染和生活污染源的监管和治理。工业企业应严格执行环保标准，达标排放污染物；在农业生产中，合理使用农药、化肥，推广生态农业模式，减少农业废弃物对水体的污染；加强城镇和农村生活污水处理设施建设，提高污水收集和处理率。

水质监测与改善：建立完善的水质监测体系，定期监测河流水质指标，及时掌握水质动态变化。针对水质不达标的河段，采取针对性的治理措施，如生态修复、污水处理、河道清淤等，改善河流水质状况。

4.3.4.2 监测体系

（1）监测指标与方法

生物多样性监测：对山地自然河溪中的鱼类、两栖动物、浮游生物、底栖生物等进行定期调查和监测，记录物种种类、数量、分布变化以及生物群落结构特征。采用样方法、标志重捕法、环境 DNA 技术等多种方法，全面准确掌握生物多样性状况。

水文水质监测：监测河流水位、流量、水温、pH 值、溶解氧、化学需氧量、氨氮、总磷等水文和水质指标，了解水资源量和水质变化情况。利用自动监测站、便携式监测设备和实验室分析相结合的方式，确保监测数据的准确性和时效性。

生态系统功能监测：评估山地自然河溪生态系统的生产力、物质循环、能量流动等功能。例如，通过测定初级生产力、营养物质循环速率等指标，了解生态系统的健康状况和服务功能。

（2）监测站点布局与频率

合理布局监测站点：根据山地自然河溪的流域特征、生态功能分区和人类活动影响程度，合理设置监测站点，确保能够全面反映流域内生态系统的整体状况。在河流源头、支流汇入点、城市下游等关键位置设置代表性监测站点。

确定监测频率：针对不同监测指标和监测站点的重要性，确定合理的监测频率。例如：对于水质常规指标，可进行实时或定期高频监测；生物多样性监测可根据生物的生活史特点，选择在繁殖期、生长期等关键时期进行定期监测，一般每年进行 1～2 次全面调查。

（3）监测数据管理与应用

建立数据库：构建山地自然河溪生态监测数据库，对监测数据进行集中管理和存储，确保数据的完整性、准确性和安全性。利用数据库管理系统对数据进行分类、整理和备份，方便数据查询和分析。

数据分析与评估：运用统计学方法和生态模型对监测数据进行分析，评估淡水生态系统的健康状况、变化趋势以及保护措施的有效性。例如：通过对比不同年份的生物多样性数据，分析物种数量和群落结构的变化，判断生态系统是否处于恢复或退化状态；利用水质数据评估水环境治理效果，为调整保护策略提供科学依据。

4.4　修复

4.4.1　修复总体原则

4.4.1.1　生态优先原则

保护生态系统完整性：秦岭国家公园淡水生态系统复杂且完整，生物、生态过程和服务功能相互依存。修复时应优先保护其完整性，维护结构、功能与生物多样性。例如，建设水利工程时要考量对栖息地的影响，保护关键栖息地，遵循自然演替规律，保障生态系统自我修复和服务功能。

遵循自然规律：尊重秦岭自然生态规律是修复的关键。其生态系统有独特演化规律，修复应以自然修复为主、人工干预为辅。例如，恢复河流生态时模拟自然形态与水动力，创造多样化的生境，避免过度干预，确保与周边环境和谐共生。

4.4.1.2　因地制宜原则

结合区域特点制定修复方案：秦岭国家公园所涉地域较广，各地域的地形地貌、气候和生态状况不同。修复方案需结合实际，山区可采用阶梯-深潭技术防洪并提升生态功能，平原应侧重生态护岸与湿地恢复。利用当地自然条件和资源优势，提高修复针对性和有效性。

充分利用当地资源：利用当地自然资源和生态材料，可降低成本，减少对外依赖，促进区域经济可持续发展。例如：生态护岸用本土植物和石材，使其与环境融合；利用当地水资源进行生态补水，合理调配，以满足生物生存需求，避免浪费。

4.4.1.3　综合治理原则

多学科协同修复：秦岭国家公园淡水生态修复涉及多学科。需在多学科协同、综合考虑多方面因素的基础上制定方案。生态学家研究生物群落，水文学家分析水文，环境科学家评估污染与风险，工程师实施工程。以多学科合作确保修复全面有效。

综合考虑生态、经济和社会因素：生态修复要兼顾生态、经济和社会发展。评估修复措施对当地的影响，平衡生态保护与经济发展。例如：发展生态旅游要合理规划，避免干扰生态，带动就业和经济增长；加强公众参与和教育，鼓励公众参与生态保护，营造全社会共同参与氛围。

4.4.1.4　可持续发展原则

确保修复效果长期稳定：要使生态修复长期持续，需长效机制保障效果稳定。制订长期监测评估计划，跟踪生态系统，及时发现并解决问题。维护修复设施，确保正常运行。注重适应性管理，依生态变化调整策略，适应环境变化，实现可持续发展。

促进区域生态经济社会可持续发展：生态修复要与区域发展紧密结合，实现三者的良性互动。通过修复提升生态服务功能，为经济提供支撑，如保障用水、助力旅游。培育生态产业，推动产业升级，实现经济可持续增长。提高居民生活质量，提供就业机会，改善环境，促进社会公平和谐，达成区域可持续发展目标。

4.4.2　水生生物栖息地修复

4.4.2.1　改善河流水文条件

优化水库调度保生态流量：科学调度水库，依河流生态需水特点制订放水计划，枯水期增加放水量，如在鱼类繁殖季提高下游水位流量。结合实时监测动态调整策略，确保生态流量稳定有效，为水生生物提供适宜的生存繁衍环境。

恢复连通助生物迁徙：评估拆除或改造废旧拦河坝、堰等，畅通水生生物迁徙通道。拆除阻断鱼类洄游障碍，建造鱼道、鱼梯等过鱼设施，依生物洄游习性设计，加强监测评估，促使生态系统恢复。

4.4.2.2 修复河道内栖息地

增强结构多样性优化环境：合理设置砾石、翼形导流等设施，模拟自然地貌，创造多样水流与栖息环境。用砾石帮助鱼产卵藏身，建造翼形设施改水流，堆石堰造深潭–浅滩，提升生物群落内多样性，吸引水生生物栖息繁衍。

改善河床底质适宜生物：依生物偏好优化河床底质，为产黏性卵鱼类清理尖角砾石，铺设圆滑卵石堆积体。选择合适河段实施，借汛期洪水动力形成自然产卵场，定期监测调整，以利于水生生物生存。

4.4.2.3 营造适宜河岸带环境

建生态护岸护河岸：用自然化或近自然技术防护岸坡，拆除硬质结构。选择合适技术，如土工材料复合生态护岸用特殊扁袋，内填混合物，插活枝条木桩；生态混凝土护坡制多孔混凝土种植物。护岸防护可以保障生态功能与生物多样性。

植缓冲带促生态稳定：河岸种本土植物形成植被缓冲带，宽度依河道等确定。选择适生植物构建多层次结构，使之具有固土护坡、净化水质、为生物提供栖息地和食物等功能。定期维护管理，保证生态功能持续发挥。

4.4.3 河道连通性改善与生态修复

4.4.3.1 河道连通性改善

拆除改造障碍物：评估水坝、堰等的影响，优先拆除废旧且阻碍大的设施，采用分段拆除与水下爆破技术，拆除后监测河道恢复。对保留设施，增设仿自然鱼道（如仿溪流式、梯级鱼道）及水下隧道，优化泄流设施，保障生态流量。

建设辅助设施：在河道两侧依水位和水流建立水生植物带，选本地植物如芦苇等，定期维护。构建生态护坡与缓冲带，如土工材料复合生态护坡，增强河岸稳定性，减少水土流失，为生物提供栖息地，过滤地表径流中的污染物。

4.4.3.2 生态修复

水质净化与补水：用人工湿地和生态浮岛净化水质，选择合适的植物优化设计，提高净化效率。通过水库调度、跨流域调水等进行生态补水，建造监测调控系统，依数据调整补水量和时间，保证生态流量。

生物多样性保护与恢复：建立保护区以保护珍稀濒危生物，如保护秦岭细鳞鲑产卵场和洄游通道，打击非法捕捞，开展人工繁育放流。营造多样化栖息地，设置深潭–浅滩、鱼巢鱼礁，恢复河岸带植被，为不同生物提供生存环境和食物，促进生物多样性恢复。

4.4.4 小水电坝体拆除后的生境修复与监测

4.4.4.1 小水电坝体拆除后的生境修复

恢复河流自然形态与水动力条件：拆除坝体后，依据河流自然特性开展工作。利用生态疏浚和土方调整重塑河道，恢复其蜿蜒性、河宽变化与自然纵剖面坡度，形成深潭–浅滩序列，创造多样化水流条件，满足不同水生生物需求。同时，优化河床糙率，促进水体循环和泥沙输移，模拟自然水动力过程，营造适宜水生生物栖息环境。

修复河床与河岸带生态系统：针对坝体拆除后的问题，改良河床基质，清除杂物后铺设自然基质，为鱼类产卵和底栖生物生存创造条件。在河岸带采用多种生态护坡技术，种植本地乡土植物，构建乔灌草植被群落，增强河岸稳定性，减少水土流失，促进水陆生态系统物质和能量交换，为水生生物提供栖息地。

重建水生生物栖息地与促进生物多样性恢复：根据生物生态需求，在河段内重建优化栖息地，设置鱼巢、人工鱼礁，营造水生植物群落，为鱼类和水生生物提供生存、觅食、繁殖空间和食物来源。通过增殖放流本地优良品种，补充生物资源，推动生物群落恢复重建，提升生物多样性。

4.4.4.2 小水电坝体拆除后的监测

建立生态监测指标体系：构建全面科学的指标体系，涵盖物理环境（水位、流量、水温、水质、河床底质等），生物（水生生物种类、数量、分布等）和河岸带植被（种类、覆盖度、群落结构等）等指标，用于评估生境修复效果和生态系统变化。

制订监测计划与实施监测方案：依据指标体系制订长期监测计划，初期加密监测频次，之后根据生态系统稳定情况进行调整。综合运用实地调查、水样和生物采样分析、遥感监测等方法，在关键位置设监测站点，运用先进设备提高数据准确性和可靠性，为评估提供支持。

分析监测数据与评估修复效果：定期收集整理数据，用统计学和生态学方法分析。对比坝体拆除前后及不同修复阶段的数据，评估生态指标变化趋势和修复措施的有效性，包括水生生物群落结构、生物多样性、水质和河流生态功能等方面。根据评估结果及时调整策略措施，推动生态修复工作，实现河流生态系统的健康恢复和可持续发展。

4.4.5 仍留存小水电的生态改造与监测

4.4.5.1 小水电的生态改造

优化闸坝结构：对引水式电站闸坝进行生态改建，保留主要功能，同时将部分坝段改造为仿生态鱼坡结构。依据鱼类游泳能力和栖息水深确定水流条件，设计适宜坡度、水深和流速，并采用自然材料构建坡面以满足鱼类上溯需求。

增设生态设施：电站建设或改造时，增设生态流量泄放与监测装置，确保下游河道水量适宜。同时设置自然模仿型鱼道，模拟天然水流环境，配置合适水深、流速及休息池，助力鱼类洄游与种群交流。

开展周边生态修复：加强电站周边生态修复保护，在厂房及周边营造多层次植被群落，种植本地适生乔灌草植物以减少水土流失，为野生动物提供栖息地；对水库周边湿地生态系统实施保护与修复，增强其生态功能，促进周边生态平衡稳定。

4.4.5.2 小水电生态改造后的监测

建立指标体系：构建全面生态监测指标体系，涵盖水文（水位、流量、水温等），水质（溶解氧、酸碱度、污染物指标等），生物（鱼类、植物、底栖生物相关指标）及河岸带生态（植被覆盖度、种类多样性、稳定性等）等方面，以综合评估改造的生态效益与环境影响。

制订监测计划与实施方案：依指标体系制订监测计划，初期加密监测频率，后续依生态系统稳定状况调整。综合运用实地调查、采样分析、遥感监测及自动监测设备等多种方法技术，在电站上下游及周边布设监测网络，运用智能化检测设备，实现流域生态过程的动态精准监控。

评估反馈调整：定期分析监测数据，借助统计学和生态学模型评估改造措施的有效性，对比前后数据，判断生态恢复趋势。依据评估结果及时反馈问题，有针对性地改进鱼道结构、加强污染源治理或生态修复等，通过持续监测评估调整，不断完善生态改造工作。

4.4.6 调水工程的影响及修复

4.4.6.1 调水工程影响

改变水文情势：调水工程致使秦岭地区河流水量、水位和水流速度发生显著变化。大规模调水会使调出区河流水量减少，可能导致部分河段水位下降，影响水生生物的生存空间。水流速度的改变会干扰河流的自然水动力过程，影响河道形态塑造和底质分布，对依赖特定水流条件的水生生物产生不利影响。例如，一些鱼类需要特定的水流速度洄游和产卵，水流速度变化可能阻碍其洄游通道，降低繁殖成功率。

影响水质状况：调水工程可能改变水体的物理、化学和生物特性，进而影响水质。在调水过程中，水源地和受水区的水质可能发生变化。如果调出区的水资源过度调出，水体自净能力可能下降，会导致污染物浓度相对升高，水质恶化。不同水源地的水质差异也可能给受水区带来新的水质问题，如引入新的污染物或改变原有水体的化学平衡。此外，调水工程还可能影响水体的温度、溶解氧等参数，对水生生物的生存环境产生间接影响。

破坏生态连通性：调水工程中的渠道、隧洞等水利设施会阻断河流的自然连通性，分割水生生物栖息地，阻碍物种迁徙和基因交流。一些鱼类和水生动物在不同的生命周期阶段需要在不同的水域间迁徙，水利设施的阻隔使其无法完成正常的生活史，导致种群数量下降。生态连通性的破坏还会影响河流生态系统的物质循环和能量流动,降低生态系统的稳定性和生物多样性。

4.4.6.2　修复策略

优化调水方案与生态调度：基于对生态系统影响的科学评估，合理调整调水工程的规模、时间和路线，以减轻对生态系统的不利影响。在制定调水方案时，充分考虑河流的生态需水，确保调出区和受水区的生态用水需求得到满足。实施生态调度，根据河流的季节性变化和生物的生态需求，灵活调整调水量和放水时间。例如，在鱼类繁殖期增加下泄流量，模拟自然洪水过程，为鱼类创造适宜的繁殖环境，促进生物多样性的恢复。

生态修复与栖息地保护：针对调水工程造成的生态破坏，开展生态修复工作，重点保护和恢复关键栖息地。在调出区，通过植树造林、恢复湿地等措施，提高水源涵养能力，改善生态环境，增加水体自净能力。在受水区，修复受损的河道和湿地生态系统，建设生态护岸，恢复河流的自然形态和生态功能。保护珍稀濒危物种的栖息地，建立自然保护区或生态廊道，促进生物的迁徙和扩散，加强生物多样性保护。

建立生态监测与评估体系：构建长期、动态的生态监测体系，对调水工程影响区域的水文、水质、生物等生态指标进行实时监测。设立监测站点，定期采集数据，运用先进的监测技术和方法，全面掌握生态系统的变化情况。建立科学的评估模型，定期评估调水工程对生态系统的影响程度和修复效果，根据评估结果及时调整修复策略和管理措施，确保修复工作的有效性和适应性，实现调水工程与生态保护的协调发展。

4.4.7　河道水质维护与改善

4.4.7.1　河道水质维护技术

①生物浮床技术所采用浮体装置，应满足浮力大、抗冲刷、承载力强、耐水性好、不易老化变形、能固定植物根系且能保证植物生长所需水分养分等要求。生物浮床结构主要包括框体、床体、基质和植物。浮床基质用于固定植物植株，同时要保证植物根系生长所需的水分、氧气条件，确保其能作为肥料载体。

②生态沉床技术。生态沉床系统包括箱体、填料、人工水草、沉水植物等组成部分，根据实际情况采用模块化组织形式：充分利用当地现有的砂石块和土壤等资源，可拆卸，方便管理和回收利用。箱体模块改变水流状态，形成部分水流缓滞区，为生物提供了适宜的栖息带。填料为沉水植物提供了营养物质和良好的底质环境，提高了沉水植物种植成活率和抵抗外界环境变化的能力，并可根据需求调整沉水植物的布置密度及增设人工水草。填料层、人工水草–沉水植物共植共生层可吸附、降解部分水体悬浮物和营养物质，从而提升水质，改善水体环境。

4.4.7.2　面源与内源治理

面源污染治理应包括源头减量、过程削减等，内源污染治理包括底泥清淤处置、原位处理等。

①源头减量应满足下列规定：

A. 应通过调整农业生产方式提高农药化肥使用效率、农村生活污水分散式处理、畜禽养殖专项治理等措施，使农业农村面源源头减量。

B. 应根据屋面、庭院、道路、滨水区等不同下垫面的特点以及排水管网和排水泵站的类型特点，形成农村降雨初期径流污染的截留和处理措施。

②过程削减应根据面源污染物向附近河湖水体的输移规律利用生态沟渠、土壤渗滤、前置库、滨水缓冲带、小微水体修复、雨水净化等技术进行污染物削减。

③底泥清淤处置应满足下列规定：

A. 应在河湖底泥调查基础上明确污染底泥清淤的范围和深度，进行无害化处理后采用合理的方式进行生态清淤和淤泥处置。

B. 可在合理分析的基础上采用覆盖、固化、微生物等技术进行底泥原位处理。

④饮用水水源地、输水干线等水域应采用植物隔离带、隔离网、护栏网等综合隔离措施等。具有航运功能的河流、湖泊，应进行移动源污染控制。

4.4.7.3　农业面源污染治理

①农业面源污染减量化技术。

A. 农业结构升级与优化布局：农业结构是面源污染物产生、输移的决定性因素。当农业结构确定之后，可以通过节水、控制施肥、改变沟渠系统等措施，减少面源污染物的产生量。因此，调整农业结构是面源污染物减量化的主要途径。

B. 农田养分投入减量化：农田养分投入减量直接关系到面源污染物的产生量。在研究不同农田生态系统、不同作物和不同生长时期的养分需求特征的基础上，建立养分投入的合理分配比例，优化确定不同肥料的品种和投入量。

C. 农业节水减污：农业节水的核心是提高农业水的利用效率、减少污染物，我国农业用水占总用水量的70%左右，节约农业用水是缓解我国水资源紧张状况的必由之路。通过节水，减少水资源的使用量和农田排水量，减少因排水而携带的污染物总量，能够实现节水减污的目标。

②农田面源污染生态拦截技术。

A. 农村居住区面源生态拦截技术：农村居住区面源生态拦截应根据农村居住区的实际情况，充分利用土地和植被的净化能力，建立湿地生态系统以截留、吸收、利用生活污水等，利用村镇的水塘系统或水陆交错带截留净化居住区径流中的氮、磷及有机物。同时在受纳水体的岸边按照不同的类型种植植物,形成边坡植被和滨水植物带系统,实现植物对污染物的生态净化。

B. 农村灌排沟渠面源截留净化技术：沟渠具有天然的自净能力，可以通过植物、动物和微生物等的生理过程来吸收降解污染物质。通过人为创造适宜的生境条件，增强沟渠的净化能力，降低灌区农业面源对周边水环境质量的影响。沟渠水生植被的修复，利于形成“水生植物–微生物–微型动物”系统，实现对污染物质的截留净化。

4.4.7.4　河床与河岸带生态修复

①河床基质改良与生物栖息地构建：河床基质状况对水生生物栖息与水质净化至关重要。针对河床基质受损或不适宜生物生存的河段，采取基质改良措施，如铺设鹅卵石、砾石等，提高河床粗糙度与孔隙度，为水生生物提供栖息与繁殖场所。在合适区域构建鱼巢、贝类附着基等生物栖息地设施，吸引鱼类、贝类等生物栖息，促进生物多样性恢复。同时，改良后的河床基质有利于微生物附着生长，增强对污染物的分解转化能力，提升河道自净功能。

②河岸带生态修复与缓冲功能提升：河岸带是河道生态系统的重要组成部分，具有缓冲过滤、稳定河岸等功能。对受损河岸带进行生态修复，采用植被护坡技术，选择本地乡土植物，如柳树、迎春花等，构建乔灌草相结合的植被群落。植被根系固土护坡，减少水土流失与河岸崩塌；茎叶拦截过滤地表径流中的污染物，降低入河污染负荷。建设河岸缓冲带，控制缓冲带宽度与坡度，优化植物配置，增强缓冲带对污染物的截留净化能力与生态稳定性，保护河道水质与生态环境。

4.5　近自然防洪技术

4.5.1　自然段溪流防洪

4.5.1.1　保护与修复原则

（1）生态完整性原则

维持自然段溪流生态系统的完整性是防洪技术应用的核心。保护溪流的自然形态、地貌特征和生态过程，避免因防洪工程建设对生态系统造成割裂或破坏。例如，保留溪流中的深潭、浅滩、河曲等自然地貌，它们不仅是水流调节的重要部分，也是众多水生生物的栖息地。

（2）自然适应性原则

遵循自然段溪流的自然水文规律和生态特性进行防洪设计。充分考虑溪流在不同季节、不同降水条件下的水位变化、水流速度和流量特征，使防洪措施能够满足这些自然变化。例如，采用柔性的、可调节的防洪结构，以便在洪水期能够有效疏导水流，而在非洪水期不影响溪流的自然生态功能。

（3）多目标协同原则

将防洪目标与生态保护、水资源利用、景观营造等多项目标相结合。在保障防洪安全的前提下，促进生态系统的健康发展，提高水资源的利用效率，提升溪流的景观价值。例如，通过构建生态护岸，既实现河岸的稳固，防止水土流失，又为河岸生物提供生存空间，同时美化溪流景观。

4.5.1.2 具体防洪技术措施

（1）生态护岸技术

生态护岸是自然段溪流防洪的关键技术之一。采用自然材料如石块、木材、植被等构建护岸结构，模拟自然河岸形态。例如: 石笼护岸利用石块填充金属网笼，形成具有孔隙的护岸结构，既保证了河岸的稳定性，又为水生生物提供了栖息场所；植被护岸则通过种植草本植物、灌木和乔木等，利用植物根系固土护坡，减少水流对河岸的冲刷，同时植被还能吸收雨水，降低洪峰流量。

（2）河流地貌修复

修复和保护自然段溪流的自然地貌，增强其行洪能力。恢复溪流的蜿蜒形态，延长水流路径，减缓水流速度，降低洪水冲击力。重建深潭和浅滩结构，深潭可在洪水期储存水量，削减洪峰，浅滩则能促进水流交换，增加水中氧气含量，有利于水生生物生存。此外，合理规划河漫滩，使其在洪水期能够容纳部分洪水，减轻主河道的行洪压力。

（3）洪水调蓄与预警

建立自然段溪流的洪水调蓄系统，结合流域内的湿地、湖泊等自然蓄水区域，合理调节洪水流量。通过修建小型水坝、蓄水池等设施，在洪水期储存多余水量，在枯水期释放，以维持溪流的生态流量。同时，建立完善的洪水预警机制，利用现代监测技术如水位传感器、雨量计等实时监测溪流的水文状况，提前预测洪水发生的可能性和规模，及时发布预警信息，为下游居民和生态系统提供足够的应对时间。

（4）阶梯-深潭

在山区河流修复的实践中，阶梯-深潭作为一种重要的修复结构被广泛运用。它能够促进河流生态系统的恢复和改善。阶梯-深潭是一种人工构造的河流底部沉积结构，通常由一系列呈阶梯状的深潭组成，以模拟天然河流的水文动力过程和生物栖息地特征。

阶梯-深潭结构是比降大于3%的山区河流中广泛发育的微地貌形态，为典型的高效消能结构，是山区河流自我调整的结果。以人工阶梯-深潭系统为代表的模仿自然的措施常用于河流修复中，能够起到防治山地灾害、有效提升和保持河流生态功能及廊道连通性的作用。与传统的岩土工程相比，阶梯-深潭系统就地取材、因地制宜、施工难度低，在交通不便的山区小流域广泛适用。研究阶梯-深潭结构在山区河流中稳定沟道的机制，对山区河流消能减灾和稳定河床具有重要意义。阶梯-深潭结构的阶梯由卵石或巨石组成，深潭中颗粒较细，阶梯和深潭在河段中交替排列，纵断面呈现连续的台阶状。阶梯-深潭结构的关键几何参数包括阶梯高度和阶梯长度，阶梯高度主要与阶梯石块粒径有关，阶梯长度则取决于河段坡降、阶梯高差和冲刷深度。

在阶梯-深潭中，水流通过一系列坡度较陡的坎坷阶梯后，进入深潭区域。阶梯的阻挡和改变、水流能量的转化和减弱导致底部沉积物的聚集和悬移质的沉淀，有利于水体中的悬浮颗粒物质和营养物质的沉降与河道地貌的塑造，促进生物栖息地的形成。阶梯-深潭还能够提供河流中多样的水流形态与生境，能够维持多样的底栖动植物群落生存，有利于生物多样性的增加，对于一些具有洄游生活史的迁游性鱼类也是非常重要的栖息和觅食场所。此外，阶梯-深潭的构造也有助于改善河道的水生态环境，提高水体的氧合水平，并有利于修复河流的生态功能和服务。总之，阶梯-深潭作为一种重要的山区河流修复结构，通过模拟天然河流的水文与生物相互作用，能够改善水体质量、促进水生生物栖息地的形成，对河流生态系统的恢复与改善具有重要的生态学意义和应用价值。

4.5.2　村镇人居段溪流防洪

4.5.2.1　防洪与生态保护兼顾的规划策略

（1）综合规划理念

在村镇人居段溪流防洪规划中，秉持防洪安全与生态保护并重的理念。将溪流防洪纳入村镇整体规划体系，综合考虑地形地貌、土地利用、人口分布、生态环境等多方面因素。例如，结合村镇的发展规划，合理确定溪流两岸的用地功能，避免在易受洪水侵袭的区域进行大规模建设，同时保护溪流周边的自然生态空间，为居民提供休闲娱乐场所。

（2）生态缓冲带规划

沿溪流两岸设置生态缓冲带，缓冲带宽度根据溪流的规模、洪水风险以及生态保护需求确定。生态缓冲带以植被为主，种植本地适生的草本植物、灌木和乔木，形成多层次的植被群落。植被的根系可以固土护坡，减少水土流失，缓冲洪水对河岸的冲击；植被还能过滤和吸收地表径流中的污染物，改善水质。此外，生态缓冲带为野生动物提供栖息地和迁徙通道，促进生物多样性的保护。

4.5.2.2 防洪工程措施与生态融合

（1）生态护岸工程

在村镇人居段溪流，采用适合当地环境的生态护岸形式。如采用格宾石笼生态护岸，石笼内填充石块，表面可种植植被，既具有良好的抗冲刷能力，又能与周边自然环境相融合。在护岸设计中，考虑不同水位变化，设置亲水平台和台阶，方便居民在非洪水期接近溪流，同时在洪水期不影响行洪安全。生态护岸的坡度设计结合地形和水流情况，尽量模拟自然河岸坡度，为水生生物和两栖动物提供适宜的生存环境。

（2）河道整治与疏通

对村镇人居段溪流河道进行整治，清除河道内的障碍物和淤积物，保持河道畅通。整治过程中，避免过度硬化河道，尽量保留河道的自然底质和形态。例如，对于一些小型溪流，采用生态疏浚的方式，清除影响行洪的淤泥和杂物，同时不破坏河床的生态结构。在河道弯曲处，采取适当的工程措施，如设置护岸和丁坝，稳定河道形态，防止河岸侵蚀，同时利用弯道的水流特性，促进泥沙沉淀和水质净化。

4.5.2.3 非工程防洪措施与社区参与

（1）洪水预警与应急管理

建立村镇人居段溪流的洪水预警系统，与当地气象部门、水利部门等联动，实时监测雨情、水情信息。通过广播、短信、社交媒体等多种渠道，及时向居民发布洪水预警信息，包括洪水的预计到达时间、水位高度等，让居民提前做好防范准备。制定完善的洪水应急预案，明确居民在洪水发生时的疏散路线、避险场所等，定期组织居民进行防洪演练，提高居民的应急反应能力和自救互救能力。

（2）社区参与和教育

鼓励社区居民积极参与溪流防洪和生态保护工作。开展防洪知识宣传和教育活动，提高居民的防洪意识和环保意识。组织居民参与溪流周边的植树造林、垃圾清理等生态保护活动，增强居民保护溪流生态环境的责任感。成立社区防洪志愿者队伍，协助政府部门进行溪流巡查、防洪设施维护等工作，形成全民参与的溪流防洪和生态保护格局。

4.6　监测与管理的成本效益分析

4.6.1　拆坝

4.6.1.1　成本

工程拆除成本：拆除大坝涉及人力和物力的投入。包括拆除施工团队的费用、炸药（如有需要）、拆除设备的租赁或购置费用，以及运输和处理拆除废料的成本等。

生态恢复成本：大坝拆除后，需要对原坝址及周边受影响区域进行生态恢复，以促进河流生态系统的自然恢复。这包括重新种植植被、改善河床地貌、恢复湿地等措施，需要购买植物种子或苗木、进行土壤改良、实施水土保持工程等，这些都需要投入资金。

经济补偿成本：拆坝可能会对当地依赖大坝发电、灌溉或供水的社区和产业造成影响，需要给予相应的经济补偿。

4.6.1.2　效益

生态效益：拆坝能够恢复河流的自然连通性，保障鱼类等水生生物的洄游通道畅通，有利于物种的扩散和种群交流，促进生物多样性的增加。

防洪减灾效益：拆除部分阻碍河道的大坝，可以恢复河流的自然行洪能力，减轻洪水对上下游地区的威胁。

经济效益：虽然短期内可能会因为拆除大坝而损失一定的水电发电量等经济收益，但从长期来看，河流生态系统的改善有助于促进生态旅游等绿色产业的发展，带动当地经济的多元化转型，为当地创造更多的就业机会和经济收入来源。

4.6.2　建设过鱼设施

4.6.2.1　成本

设施建设成本：过鱼设施的建设需要专业的工程技术和材料，包括鱼道、鱼梯、升鱼机等不同类型设施的建设费用。这涉及建筑材料的采购、工程施工、设备安装调试费用等。

运行维护成本：过鱼设施建成后需要定期进行运行监测、维护和保养，以确保其正常运行。这包括设备的日常检查、维修、清理杂物等工作，需要投入人力和物力成本，以及设备更新费用。

4.6.2.2　效益

保护渔业资源：过鱼设施为鱼类提供了通过大坝等障碍物的通道，有助于保护和恢复鱼类种群。对于一些珍稀或经济价值较高的鱼类，能够保障其洄游繁殖，维持渔业资源的可持续利用，从而支持渔业产业的发展，带来渔业经济收益。

维护生态平衡：鱼类在河流生态系统中扮演着重要角色，它们的洄游活动有助于传播营养物质、控制水生生物数量等。过鱼设施的存在有助于维持河流生态系统的完整性和生态平衡，保障生态系统服务功能的正常发挥，如水质净化、生态景观等方面的效益。

科研与教育价值：过鱼设施可以成为开展鱼类生态学研究和科普教育的重要场所，吸引科研人员进行相关研究，同时向公众普及河流生态保护知识，提高公众的环保意识，具有一定的社会效益。

4.6.3 生态工程

4.6.3.1 成本

工程建设成本：实施生态工程如生态护岸建设、湿地恢复、河道内栖息地改善等，需要投入资金用于购买生态材料（如生态砖、土工织物等）、植物种植（包括苗木采购、种植费用）、工程施工（如土方工程、结构搭建等）。

监测与维护成本：生态工程建成后，需要持续进行监测以评估其效果，包括对水质、生物多样性、生态系统功能等方面的监测，这需要购置监测设备、聘请专业人员进行监测工作，同时定期对生态工程设施进行维护，确保其正常运行和长期发挥生态功能，这都需要一定的资金支持。

4.6.3.2 效益

生态系统改善效益：生态工程能够有效改善山地自然河溪的生态环境。例如：生态护岸可以增强河岸稳定性，减少水土流失，同时为河岸带生物提供栖息和繁殖场所，促进生物多样性提升；湿地恢复工程能扩大湿地生态系统的面积并提高其质量，增强湿地对洪水的调蓄能力、水质净化能力，为众多野生动植物提供适宜的生存环境。

社会经济效益：生态工程的实施有助于提升周边地区的生态景观价值，促进生态旅游等相关产业的发展，为当地创造就业机会和经济收入。

5 政策建议

5.1 体制机制

根据相关部门调研，秦岭国家公园创建完成后，将设立秦岭国家公园管理局，实行陕西省政府为主与国家林草局（国家公园管理局）双重领导的管理体制。同时国家林草局（国家公园管理局）对秦岭国家公园管理工作开展派驻监督，与陕西省政府建立秦岭国家公园工作协调机制，协调解决国家公园保护发展重大问题，将各要素和事项统一管理，整合国家公园内各类自然保护地管理机构和人员编制，解决分级管理方式、人员编制来源和人员培训方式等具体问题。

具体思路为设秦岭国家公园管理局—管理分局—管护站三级结构，其中：①秦岭国家公园管理局设于西安，内设党委、行政、法规、人事、财务、资源管理、生态保护、公共服务等机构；②管理分局按自然地理单元设 5～6 个，负责辖区内国家公园的生态保护修复、资源环境综合执法、社区管理、辅助协调地方政府和上级工作等任务。管理分局编制可从原自然保护地管理机构调剂编制，并视情况新增编制若干。

为了在秦岭国家公园创建完成后更有效地进行淡水生态系统保护管理，解决以往体制中存在的问题，提出如下机构设置建议：

①设立秦岭生态系统保护联席管理委员会。在省发改委秦岭办的基础上，由林业、农业、水利、环境等省级各部门领导作为成员，在秦岭国家公园管理局（省林业局）设立办公室，作为秦岭国家公园管理的咨询和支持机构，其职责包括：定期组织会议交流沟通和研究秦岭生态系统相关问题；发布秦岭陆地与淡水生态系统公报，全面评估水陆生态系统的健康状况；成立秦岭生态数据中心，共享各部门数据；组织秦岭生态系统保护修复督查及联合执法，提升秦岭生态保护和管理的综合效能。

②设立秦岭生态保护专家委员会，含淡水生态系统专家分委会。由秦岭国家公园管理局负责，从国内、省内聘任对秦岭生态系统、生物多样性保护有深入研究的专家，其中包含淡水生态系统分委会，其职责包括：制定秦岭水生野生动物保护管理办法；完善《陕西省秦岭

生态环境保护条例》中关于淡水生态系统与珍稀水生生物的保护条款，为加强秦岭淡水生态系统保护提供法律法规保障，从立法与制度层面健全规范水生生物的资源评估、水生态监测等工作；指导编制《秦岭国家公园淡水生态系统保护总体规划》，为秦岭淡水生态系统保护修复提供技术指导与咨询。

③设立秦岭水生野生动物保护研究中心。秦岭国家公园建立后，由秦岭国家公园管理局牵头，省水利厅和农业农村厅参与，设立秦岭水生野生动物保护研究中心，明确机构性质、职责和人员编制等，强化水生生物人才的引进与培养，促进与科研单位和大学的合作，增加科研专项资金支持，鼓励科学家对秦岭淡水生物多样性保护热点区域提供针对性技术支撑，保障科研成果能有效应用于秦岭淡水生态系统保护管理。尽快在太白县太白河流域设立川陕哲罗鲑国家级保护保种基地，加强对该种群的长期观察研究并通过人工繁育逐步增加种群数量，并进行科普和宣传。

④组织秦岭水生态论坛，使之成为秦岭淡水生态系统保护修复与国内和国际该领域交流的知名平台，成为秦岭生态保护与对外宣传的名片。

5.2 技术标准与科学研究

5.2.1 出台秦岭淡水生态系统保护修复标准

由省水利厅牵头，省农业农村厅和秦岭国家公园管理局参与，制定秦岭淡水生态系统保护修复标准，为小水电拆除后的河流生态恢复效果、淡水生物种群恢复程度、珍稀濒危鱼类生境的完整性、国家公园与自然保护地体系对重要淡水生境的覆盖度及保护效力、秦岭河流生态流量管理、河流连通性评估等提供科学标准。对尚未拆除的河流障碍物的保留或拆除进行成本效益分析，对其未来发展方向提供科学依据。未来争取以《秦岭淡水生态系统保护修复标准》为基础，对国内其他国家公园的淡水生态系统展开科学调查与研究，综合拓展成为《国家公园淡水生态系统保护修复》国家标准。

5.2.2 制定秦岭河流生态流量管理技术规程

针对未来气候变化等不确定因素，由省水利厅牵头，省农业农村厅与国家公园管理局参与，制定秦岭河流生态流量管理技术规程，掌握敏感区域重点珍稀保护性鱼类的生活习性，确定特定时段重点珍稀鱼类的环境水流条件，加强生态流量适应性管理以保障重点珍稀鱼类生存。确保鱼类能在现产卵场产卵、受精卵漂流孵化通道畅通，根据其产卵繁殖、孵化应满足的基本条件以及鱼类的繁殖生物学习性，在鱼类的繁殖盛期安排人造洪峰，模拟建坝前的水文情势，恢复部分鱼类产卵条件；建立统一调度的机制，保障关键断面生态环境需水。通过（汛期）给予一定次数的高脉冲或小洪水，不仅能刺激鱼类产卵繁殖，还能促进洪泛区湿地植被的生长，更有利于栖息地环境的修复。

5.2.3 组织关键科研项目立项与支撑

尽快开展太白县太白河流域上游河溪川陕哲罗鲑专项科研，对其原生种群进行专项深入研究，建立统筹与长效保护机制；组织秦岭珍稀水生动物物种“三场一通道”专项科研，包括开展生态调查，监测物种数量的变化，特别是产卵场、索饵场和越冬场及洄游通道的具体位置，及时掌握其生态现状和受干扰情况，为拟定保护措施提供数据支持；开展秦岭淡水生态系统修复与增殖放流专项科研，对珍稀水生生物物种受损的生态环境，须进行生态修复；对于种群数量极低或较低的珍稀濒危种类，采用建设增殖放流站的方式，开展增殖放流；对区域内灭绝或消失的物种，比如渭河厚唇裸重唇鱼，可进行再次引入；开展特有鱼类保护利用研究。目前水产种质资源的保护措施主要为就地保护，即通过建立保护区来实现种质资源保护，但对种质资源如何在保护的基础上进行科学合理的开发利用，建议统筹渔业资源保护与利用研究。

5.2.4 编制秦岭国家公园人居空间评估分类管控导则

组织专业团队对秦岭国家公园内的村镇进行全面深入的评估，依据地形地貌、生态功能、人口规模等因素，精准划分搬迁、观察、保留三类村镇。明确各类村镇在去留引导、规模控制、观察过渡、公共设施配置、低效用地改造等方面的具体管控措施，推动社区化建设，提升居民生活质量。建议通过限制新建筑许可证的发放等措施，控制公园内及周边居民点的人口增长，确保人口规模与环境承载能力相适应。对于核心区腹地型小流域内的村镇，鉴于其地形起伏大、生态和水文功能的重要性，建议逐步引导村民自愿、有偿、有序退出宅基地，制定合理的生态移民补偿政策和安置方案，确保村民搬得出、稳得住、能致富。

强化微观空间的精细化管控。针对保留和过渡类村镇，依据“亲水—近水—望水”空间等级实施精细化管控，严格防止淡水污染。在亲水空间（距离水岸 20 m 以内），原则上拆除各类人工设施，必须保留的设施需要严格消除对河流的污染；在近水空间（距离水岸 20～100 m），重点推进建筑生态化利用和环境风貌管控；对于望水空间（距离水岸 100 m 以上），注重建筑风貌的本土化和流域文化的展示，有序推进建筑低耗化改造和复合利用。可以鼓励村民利用传统建筑材料修复和改造房屋，展示秦岭传统建筑工艺，发展民俗文化展示馆、手工艺品制作坊等，传承和弘扬当地文化。

5.2.5 编制秦岭国家公园乡镇绿色营建设计导则、建筑材料准入和限制目录

推动绿色营建与全民公益活动，规范建筑绿色施工措施，减少建设和使用过程中对于水体和环境的污染，推动绿色建筑材料在秦岭国家公园及周边人居环境中的广泛应用。建议基于全民公益性理念在国家公园适宜区域开展具有全民共享、共有和共建的公益性活动，促进当地居民就业增收。与数字秦岭建设协同，构建“人防、物防、技防”三防合一的秦岭全要素治理体系，实现国家公园生态效益和经济社会效益相统一。

5.2.6 出台“秦岭国家公园产业准入和限制目录”

充分衔接国家重点生态功能区县产业准入负面清单，有效管控生态环境保护与产业发展。建议建立以生态产业化和产业生态化为主体的生态经济体系，积极承接环境友好型产业转移。边缘型小流域可适度发展生态旅游、绿色农业、自然研学、生态林业等绿色产业，少量配套商贸服务业、生态产品加工和必要的物流运输业；腹地型小流域执行更为严格的产业准入要求，重点探索绿色产业发展路径，如发展生态林业碳汇项目、开展生态修复技术研发与应用等。加快秦岭国家公园及周边地区绿色食品、有机农产品地理标志认证。

5.2.7 建议在《陕西省秦岭国家公园管理条例》中增设特许经营专项条款

出台特许经营管理办法和分级分类操作指南，编制特许经营项目规划，根据不同区域的资源特色和生态承载能力，合理布局特许经营项目，建构由一般许可、活动许可、品牌授权构成的秦岭国家公园特许经营类型体系。确保原住居民在特许经营项目中的优先参与权和收益权，建立“企业+社区+当地政府”的合作模式，如企业负责项目运营，社区组织居民参与服务，当地政府提供政策支持和监管，共同为公众和国家公园访客提供优质的生态体验产品和服务。

5.3 资金

5.3.1 完善秦岭国家公园水源地生态补偿的政策建议

从国家层面，加快生态补偿立法，明确生态补偿主体；积极争取中央财政纵向转移支付，增加补偿资金数额；加强跨区域协调联动，拓宽生态补偿资金的来源渠道；强化生态移民制

度，创新生态补偿的具体措施；科学量化生态补偿标准，健全水源地生态补偿监管机制。

5.3.2　设立秦岭水生态保护基金，形成以基金为主导的水源地生态补偿机制

秦岭国家公园淡水生态系统与水源地保护涉及陕西省 6 市，因此生态补偿机制的构建包含前期准备、中期运营和后期监督三个环节，为秦岭国家公园淡水生态系统保护修复提供资金支持。

前期应通过围绕秦岭国家公园管理体制构建和综合决策建立高效紧密的协调联动机制，完善水源地生态补偿的相关法规制度，为后续基金的运作、生态补偿标准的制定等奠定基础。

中期采取 PPP 模式，以政府财政投入为种子基金，吸引社会资本参与生态补偿项目，通过建立专业的基金公司负责基金资产的管理，进行生态保护修复与环境友好型相关项目投资，具体建议秦岭生态补偿资金可以用于水源涵养、水资源保护、水土保持、水电站过鱼设施建设、小水电保留设施运行维护及大坝除险加固、生物多样性保护、植被恢复、松材线虫病害防治、矿山环境治理、尾矿库治理等有关秦岭生态环境保护和生态系统监测、维护、修复及其综合管理工作。

后期加大对于基金运转的监管，通过制定基金运行管理规章制度、设立基金监管机构、完善网络信息披露等方式，构建政府、市场和社会协同的监督机制，确保秦岭国家公园水源地生态保护基金的运行成效，并实现基金资产的保值增值。

5.3.3　发挥非政府优势，完善以财政为主导的多源资金保障机制

除政府内部加大财政投入、理顺下拨渠道、规范使用投向外，还应完善社会捐赠制度，吸引社会资本为国家公园建设提供支持。应继续加强自然教育与宣传，扩大国家公园的社会影响力。例如：推广特许经营模式，适度开发特色入口社区，将优质的生态环境和自然资源转化为市场竞争力，逐步增强造血能力；建立国家公园基金会，统一召集、接收和管理社会及国际捐款，同时与国家公园管理局建立合作关系，确定、资助和推进优先项目。

5.4　能力建设与人才培养

5.4.1　管理机构能力建设

目前，秦岭国家公园创建已完成，各类型保护地管理机构将转为秦岭国家公园管理分局与管护站，将明确保护职责和管理范围，加强国家公园统一保护管理职责，尤其加强在淡水

生态系统方面的能力建设和管理技术水平提升。

拓宽管理巡护人员多源招聘渠道，完善培训、考核和激励机制。针对目前国家公园管理巡护工作压力大和获得报酬不足等情况，可参考发达国家采取“少量政府派出职员＋长期招募的当地居民＋临时社会化招聘（通常是季节性）人员＋志愿者”的组合模式，并由专家学者组织安排培训，可在保证一定人员素质的前提下分散巡护压力，同时提升社会（特别是当地居民社区）保护积极性。

建议首先建设专门的员工培训基地，提升各类人才专业素养，例如国家公园、相关院校和培训机构共同建立国家公园人才培训基地，对各类人才开展常态化培训，不断丰富专业知识，提升工作能力。

创建专业人才职业体系，完善科学评价机制。建立和完善国家公园专业人才职业等级认定体系，制定相应职业标准，包括学历和资历、专业水平、综合能力等全面指标。还要拓宽人才引进渠道，畅通人才成长路径。采取更多优惠政策，增强国家公园对人才的吸引力，不断优化考核机制，畅通正常晋升渠道。

5.4.2 发挥高等院所智力和人才优势

加强与科研机构和大学的合作，并赋予科学家一定的管理权限，使其参与到具体的生态保护和管理决策中。此外设立“科学咨询小组”机构，确保科研成果能够及时应用到管理实践中，推动新技术和工具的研发。加强同政府的联合人才培养，从高校吸纳具有淡水生态系统、鱼类保护及地理信息学、生物多样性保护、监测巡护技能、信息化等方面的专业技术人才；建立健全联合培训管理和实施体系，探索国家公园与高校和科研院所的合作机制，推动建立人才培训基地，以国家公园实际需求和专业化为导向，通过在职或脱产攻读学位、远程教育、在线学习平台、专家资源交流互访等方式，提升管理人员业务能力和专业化水平。

5.5 公众参与

秦岭国家公园在保护生态的同时，需要提升当地居民特别是在留守人员中占多数的女性的就业能力和机会，促进当地居民全面参与和发展环保事业。

5.5.1 加强就业培训与岗位开发

建议建立专门的就业培训中心，根据市场需求和当地居民实际情况，开展有针对性的就业培训课程，增强当地居民的经济活动参与，确保普惠金融支持。培训内容涵盖生态保护技能、绿色产业知识、旅游服务技能等。例如，组织护林员培训、生态农业种植技术培训、农家乐经营管理培训等。积极开发各类就业岗位，在生态保护项目中设立生态监测员、护林员、环保志愿者等岗位；在绿色产业发展中，为当地居民提供就业机会，使其在生态农业园、手工艺品加工厂、旅游景区等地就业。特别关注女性就业，开展适合女性的就业技能培训，鼓励女性自主创业，发展家庭手工业和乡村旅游服务业，促进妇女就地就近就业。

5.5.2　推动文化传承与环保教育融合

挖掘展示秦岭传统文化特色，推动社区环保与文化组织建立，开展环保教育活动，如组织环保知识讲座、生态体验活动等，提高当地居民的环保意识，让他们成为保护秦岭国家公园的坚定宣传者和积极责任人。同时，在文化旅游产业发展中，注重保障女性的参与权益，提高女性在产业发展中的地位，推动性别平等。

5.5.3　发挥媒体优势，开展广泛社会宣传和社会监督

当前秦岭国家公园借助媒体开展宣传工作已初见成效，例如，已开展秦岭大熊猫、朱鹮文化宣传活动，编印《陕西国家公园》季刊 17 期，公开征集评选秦岭国家公园标志设计和宣传语，配合主流媒体开展国家公园系列栏目制作，开展“大美秦岭　熊猫陕西”自然教育进课堂科普讲座志愿者活动等。后续应发挥媒体在信息获取和社会关系方面的优势，协助构建利益表达和协商机制，建立畅通、开放的利益沟通平台，为非政府利益相关者增权；同时积极在媒体监督和公众监督中发挥正确作用。

5.5.4　促进生态保护与社会经济融合发展

完善以生态保护为重点、以改善民生为核心的常态化生态补偿机制。合理确定生态补偿标准，将项目性、阶段性生态补偿政策落实为常态化、长期化的补偿来源。深入探索生态产品价值实现路径，挖掘国家公园品牌价值，将“两山”理论转化为实践行动，让国家公园建设给当地政府和群众带来实惠。要尊重利益相关者的合理诉求，保障利益相关者特别是社区居民的合法权益；重点推进社区居民生产生活方式转型、增收脱贫。

巩固拓展脱贫攻坚成果，大力实施乡村振兴，选聘续聘脱贫群众担任护林员，聘用周边社区青年参与巡护监测；搭建“企业+农户”合作平台，抽调业务骨干驻村指导，积极引导和扶持社区群众发展绿色产业，创建国家林下经济示范基地 5 个、省级林下经济示范基地 7 个，打造系列生态产品，推动生态保护与社会经济融合发展，增强社区群众的参与感、获得感和

幸福感。后续应继续坚持“保护优先，适度利用；低碳生活，循环发展；科学规划，分区施策；政府主导，共同参与”的原则，推动企业形成可持续生产方式，引导居民转向可持续生活方式。充分发挥政府、企业、非政府组织和个人的积极性，构建政府主导、多元主体参与，尊重自然、顺应自然的环境友好型社会体系和产业体系。

第二部分

专题报告 1
美国国家公园淡水生态系统保护与修复研究[①]

1　美国国家公园概念

世界上第一个国家公园——黄石国家公园，创建于 1872 年，当时美国国会划定了超过 100 万英亩的土地作为“给人们提供福祉和享受的公共公园或游乐场”。这项立法把新公园的控制权交给了内政部长，其负责颁布条例，规定“保护公园内的所有木材、矿藏、自然奇观或奇迹，使其免受损害或掠夺，并保持其自然状态”。

美国国家公园管理的基本原则：

- 遵守现行法律、法规和行政命令［包括所有重叠的法律，但美国《国家公园管理局组织法（1916）》（*the USNPS Organic Act*，*1916*）是主导法律］；
- 防止公园资源和价值受损；
- 在资源的保护和使用发生冲突时，确保以保护为主；
- 维持美国国家公园管理局（NPS）在制定决策和行使关键权力方面的责任；
- 强调与地方/州/部落/联邦实体的协商与合作；
- 支持追求最佳当代商业实践和可持续性；
- 提倡整个系统的一致性——“一个国家公园系统”；
- 体现美国国家公园管理局（USNPS）目标和对合作保护及公民参与的承诺；
- 采用一种不会让人误解的语气来表明国家公园管理局对公众适当使用和享受公园资源的承诺，包括教育和解释，同时防止不可接受的影响；
- 传递给后代的是比今天更好满足期望条件的自然、文化和物质资源，以及更

① 美国加州大学伯克利分校，Jarvis Jonathan，2024 年 12 月。

好的享受机会。

美国国家公园系统由 400 多个国家公园系统“单位”组成，包括自然和文化资源。历史上，国家公园被指定在大片联邦土地上，传统上与土地相关的美洲当地居民被迁移，使得这些地区除了公园游客和公园工作人员之外，没有其他人居住。这种做法不再被认为是适当或合理的。相反，当考虑在目前有人类居住的土地上指定一个国家公园时，会努力以一种符合保护要求的方式将过去和现在的人类活动纳入公园。

以圣莫尼卡山国家游乐区（SAMO）为例，该游乐区位于加利福尼亚州南部，于 1978 年作为美国国家公园系统的一部分建立。SAMO 占地 634 km^2，其中 USNPS 仅拥有并管理着 94.73 km^2 的土地，占 SAMO 陆地总面积的 15%以下。在公园范围内，有 6 个国家管理的公园和 6 个休闲海滩，以及 33 个公园合作伙伴，它们都在公园管理中发挥作用。

该公园还有 3 个主要的运营伙伴：加州州立公园、圣莫尼卡山脉保护协会，以及山地娱乐和保护管理局。目前，国家公园管理局与这三个机构签订了合作协议，管理娱乐区法定范围内的土地。虽然每个机构都拥有和管理自己的土地，但所有管理伙伴在资源保护、恢复和土地收购项目上共同努力，有利于公众对山地的利用。

公园里还有数以千计的私人住宅、私人土地和人口数量达到 1 万的马里布市。通过与各种各样的公园伙伴合作，USNPS 已经能够恢复和改善公园的自然资源状况，包括淡水资源。

总体而言，国家公园的概念已经传播到世界各地，并适应了国家和地方的习俗、文化和传统。“国家公园”一词已被扩大为一种“被保护的区域”。国际自然保护联盟（IUCN）制定了保护区的类别目录，更好地反映了世界各地保护方法的多样性。

Ⅰ类 a——严格的自然保护区。

Ⅰ类 b——荒野地区。

Ⅱ类——国家公园。

Ⅲ类——自然遗迹或特色。

Ⅳ类——栖息地或物种管理区。

Ⅴ类——受保护的景观或海景。

Ⅵ类——自然资源可持续利用的国家公园。

其他有效区域保护管理区（OECM）。

随着中国国家公园体系的发展，在保持一套与上述相似的核心保护原则的同时，对这些类别的变化进行调整以反映中国文化、特点和历史是完全合适的。最重要的是保护指定国家公园内的所有自然和文化资源免受重大干扰。这意味着国家公园范围内的所有活动都要服从于保护目标。秦岭国家公园通常被称为中国生物多样性的“基因库”，值得最高水平的保护和管理。

2　美国国家公园系统治理

2.1　美国国家公园体系的法律框架

美国在 1872 年建立了第一个国家公园——黄石国家公园，由国会创建，并且规定了国家公园管理的具体要求：

根据美国法律，特别声明保留和收回居住、占用或出售，并专门辟为公共公园或游乐场，供人民享用；除下文另有规定外，所有在该区域或其任何部分内办公、定居或占用的人，均被视为侵入者并须从该区域或其任何部分内移走。

条例应规定保护上述公园内的所有木材、矿藏、自然奇观或奇迹，使其免受损害或掠夺，并保持其自然状态。

禁止肆意伤害在所述公园内发现的鱼类和猎物，禁止出于商品或利润目的捕获或伤害它们。(《美国法典》)。

1916 年，美国国会成立了美国国家公园管理局（NPS），这是一个负责公园管理的联邦机构。1916 年 8 月 25 日的美国《国家公园管理局组织法（1916）》明确规定了 NPS 的责任：

由此建立的管理机构应促进和管理被称为国家公园、纪念物和保留地的联邦土地的使用，其目的是通过采用符合所述公园、纪念物和专用地的基本目标的方式和措施，保护风景、自然和历史遗迹以及其中的野生生物，并使它们在尽量不遭受损害的状态下留给后代享受。(16 USC 1)

有多项法律适用于美国国家公园的管理。它们通常被认为是分等级的，美国《国家公园管理局组织法（1916）》在最顶层，之下是具体的美国国家公园立法，然后是所有其他法律，要求 NPS 采取具体的行动来管理特定的公园资源以满足特定的标准。(图 1–1)

例如，1972 年的美国《水资源清洁法》，旨在恢复和维护国家水域的化学、物理和生物完整性，包括国家公园系统的水域。

1968 年，美国国会通过了美国《野生和风景河流法案》，并指定 4 个联邦机构负责：国家公园管理局、森林管理局、鱼类和野生动物管理局以及土地管理局。每个机构都有权管理（由国会指定的）位于他们管理的土地范围内的野生的、风景的或游憩的河流。一些河流跨越多

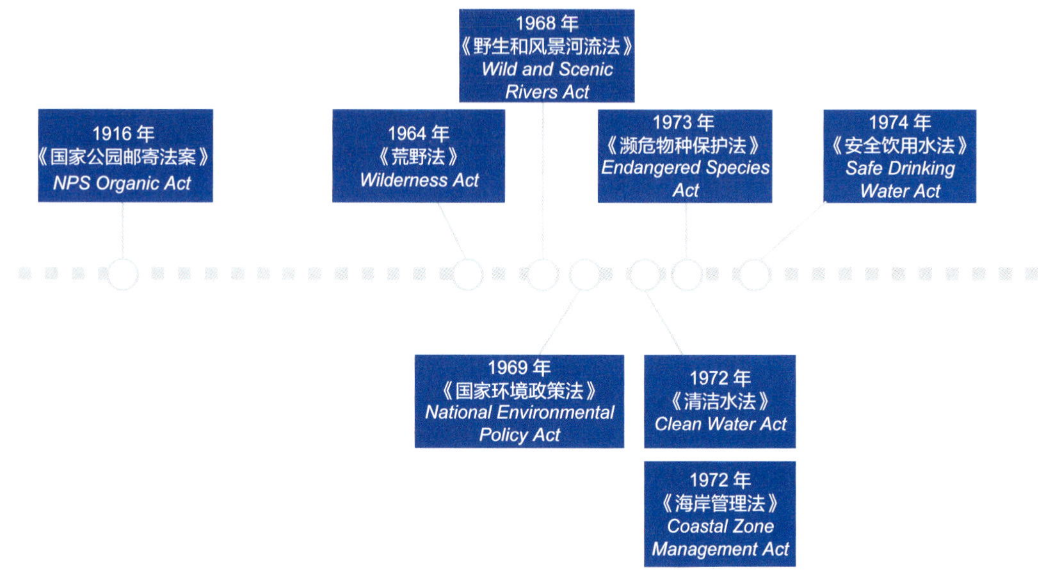

图 1-1　适用于美国国家公园管理的部分法律

个土地管理者，需要协调管理。

这 4 个机构在野生和风景河流指导委员会中各有一名代表，负责协调工作并解决具体冲突。如果委员会无法解决冲突，问题将提交给机构主管。在国家公园内，野生和风景河流称号是由国家公园内补充保护和管理要求的“叠加”所得。

美国《野生和风景河流法》将国家公园内外的河流分为野生河流、风景河流和游憩河流：

野生河流区域——没有水库的河流或河段，除了小径外一般无法到达，流域或河岸线基本上是原始的，水域未被污染。这些代表了原始美洲的遗迹；

风景河流区域——没有水库的河流或河段，其河岸线或流域仍很原始，河岸线大部分未开发，但可通过道路到达；

游憩河流区域——通过公路或铁路容易到达的河流或河段，沿着其河岸线可能有一些开发项目，并且在过去可能经历过水库或引水建设。

无论分类如何，国家系统中的每条河流都是以保护和提高其被指定的价值为目标进行管理的。

在美国国家公园内，野生和风景河流的指定需要一个规划过程，确定河流的“突出显著价值”，然后要求这些价值的维护、恢复和改善成为公园管理的优先事项。当野生和风景河流跨越多个司法管辖区时，USNPS 成为负责保护这些河流价值的众多合作伙伴之一。其作用通常是为拟建项目和开发对河流的潜在影响提供科学证据。

案例研究：特拉华州野生和风景河流

特拉华河流经美国东部的 4 个州——纽约州、宾夕法尼亚州、特拉华州和新泽西州——一度被严重污染和退化。当认识到流域内存在多个重叠的司法管辖区后，美国政府成立了特拉华河流域委员会。在该委员会成立之前，大约有 43 个州机构、14 个州际机构和 19 个联邦机构在流域内行使多种分散的权力和职责。这项新的立法《特拉华河流域协议》（*the Delaware River Basin Compact*）于 1961 年 10 月 27 日生效。这标志着自美国诞生以来，联邦政府和州政府第一次作为平等的合作伙伴加入一个河流流域规划、发展和管理机构中。协议基于联邦法律和流域各州的法律而制定。5 个独立的政府机构拥有各自的主权权力，能够在平等的基础上成功合作管理一个共同的资源，这一事件不仅引起了这个国家的其他河流管理者的注意，也引起了全世界的注意。

联邦政府在 3 个部分指定了野生和风景河流，总长度为 290 km，同时建立了两个国家公园单位（1965 年的特拉华沃特加普国家游憩区和 1978 年的上特拉华州立风景游憩河流），使得水质和旅游业得到了显著的恢复和改善。

特拉华河流域委员会在 2020 年指出："这条河已经走过了漫长的道路。75 年前，这里被污染并被垃圾堵塞。河流的部分区域是死亡地带，无法支持鱼类或其他水生生物生存。河水如此污浊，以至于当船只经过或停靠的任何时候，其油漆都会变成棕色。人们仅仅因为河水的气味就感到恶心。"

快进到今天，特拉华河正在恢复生机，欣欣向荣。特拉华河的水质已经显著改善，鱼类和野生动物已经大量回归，特拉华河的主干道仍然是美国东部最长的自由流动的河流，拥有该国所有分水岭中得到最广泛保护的国家野生和风景河流。

2.2　美国国家公园管理局

美国国家公园管理局（USNPS）是美国内政部的一个联邦机构，内政部是美国总统下属的一个内阁级部门。在美国内政部内，USNPS 是内政部长下属的 10 个局之一，拥有最多的预算和工作人员。虽然所有这些局都有独立的工作人员，但它们都为美国内政部政治任命的高级领导工作。部分局之间的职责有些重叠。例如，美国鱼类和野生动物管理局（FWS）执行濒危物种法案，该法案适用于美国国家公园管理局中包含这些物种的任何单位。USNPS 和 FWS 经常合作致力于恢复这些濒危物种。美国垦务局（USBR）经营着美国的一些大型水电大坝，USNPS 管理着这些水库创造的游憩活动和周围的土地。USNPS 和 USBR 在水位控制方面密切合作，管理着进入水库的通道。

美国国家公园体系涵盖了美国各主要地区、领土和岛屿属地的最高级自然、历史和游憩区，具体由 400 多个公园“单位”组成，有超过 25 个不同的名称，包括国家公园、国家遗迹、国家海岸、国家游憩区和国家历史遗址等。这些地区虽然性质不同，但由于其相互关联的目的和资源而结合成一个国家公园体系，总面积为 3400 万公顷，作为单一国家遗产的累积表现。国会认识到这种增长和复杂性，并声明所有“单位”，无论其名称如何，都应被视为 1970 年《美国国家公园管理局一般权力法》中“系统”的一部分，无论是单独或是集体，都被共同纳入一个为美国全体人民的利益和福祉而保护和管理的国家公园体系，将获得更高的民族尊严和对其卓越环境质量的认可。USNPS 对美国国家公园体系的所有“单位”拥有直接管辖权。

USNPS 雇用了大约 1.6 万名永久全职员工，平均每年雇用 8000 名夏季员工。大多数员工在园区内工作，少部分在 7 个区域办事处和华盛顿特区的总部工作。从历史上看，国家公园内的员工资格和专业标准是非结构化的。在某些情况下，主要的保护项目是由不合格的个人监督的。1979 年，USNPS 发起了“自然资源挑战”（Natural Resource Challenge）项目，这是一项旨在实现自然资源管理专业化的多年期的运营、人员配备和资金倡议业务。USNPS 每年获得 8000 多万美元的常规资金，雇用了许多新的“自然资源专家”。对于拥有大量水资源的国家公园，水文学家、湖沼学家、水文地质学家、冰川学家、水生生态学家和其他专业人士被雇用来制订淡水保护计划。这些专业人士通常拥有包括博士学位在内的高级学位，但是不仅仅作为学术科学家，而是作为经理，将最好的科学理论应用于解决复杂问题。然后，这些公园工作人员通过一个名为“合作生态系统研究单位”的项目与学院和大学建立了工作关系，该计划可以帮助科学家更容易发挥其在公园资源方面的研究作用：

> 合作生态系统研究单位（CESU）网络是一个由联邦机构、部落、学术机构、州和地方政府、非政府保护组织和其他合作伙伴组成的国家联盟，共同支持知情的公共信托资源管理。CESU 网络包括超过 490 个非联邦伙伴和 19 个联邦机构，其中有 17 个 CESU，代表了包括所有 50 个州、哥伦比亚特区和美国岛屿地区的生物地理区域。CESU 网络是一个支持研究、技术援助、教育和能力建设的平台，能够响应长期和当代的科学和资源管理的重点事项。

截至目前，共有 17 个合作生态系统研究单位，汇集了科学家、资源管理者、学生和其他保护专业人员，利用生物、物理、社会、文化和工程学科（从人类学到动物学）的专业知识，开展合作和跨学科的应用项目，在多种尺度和生态系统背景下解决自然和文化遗产资源问题。每个 CESU 都是由众多联邦和非联邦机构合作伙伴共同参与的合作项目。CESU 以主办大学为基地，专注于该国特定的生物地理区域。

2.3　美国国家公园管理政策

USNPS 受法律、法规和政策的指导。《美国国家公园管理局管理政策》(NPS Management Policies)旨在与国家公园日常管理中遇到的广泛问题相关联，并不回答每个问题，而是为公园管理者提供指导。如其开篇陈述(2006)：“只有把这些特殊的地方完好无损地传给当代人和后代人，他们的享受才能得到保证。这是国家公园管理局所有员工面临的挑战。这是一个被热切接受的挑战，但员工必须拥有成功完成工作所需的工具。这些页面中包含的管理策略代表了可用的最重要的工具之一。通过明智而一贯的应用，这些政策将为管理工作奠定坚实的基础，这将继续赢得美国人民的信任和信心。”

《美国国家公园管理局管理政策》第四章《自然资源管理》描述了包括淡水在内的所有自然资源的一般管理概念：“对自然资源进行管理，以保护基本的物理和生物过程，以及个体物种、特征和动植物群落。这不会试图单独保护个别物种(受威胁或濒危物种除外)或个别自然过程；相反，它将努力保持自然演变的公园生态系统的所有组成部分和过程，包括自然的丰富性、多样性以及这些生态系统原生动植物物种的遗传和生态完整性。正如自然系统的所有组成部分都被认为是重要的一样，自然变化也被认为是自然系统运作的一个组成部分。通过在自然条件下保存这些组件和过程，该服务将防止资源退化，从而避免任何后续的资源恢复需求。在管理公园以保护自然进化的生态系统时，根据 1998 年国家公园综合管理法的要求，该局将在决策中使用科学验证和受过科学训练的资源专家的分析。”

2.4　美国国家公园规划

《美国国家公园管理局管理政策》要求每个公园完成一系列规划，这些规划提供信息、指导使用、设定优先次序以及提议或限制公园的发展。

国家公园的基础设施有可能是在 NPS 的规划要求制定之前建造的。NPS 通常会犯这样的错误，即把开发放在主要公园资源的中心，或者在某些情况下放在主要公园资源的顶部。例如 NPS 在红杉国家公园的巨大红杉森林内建造了多种设施，如公园员工住房、出租小屋和游客服务设施。对这一开发的影响的研究揭示了开发对树木的直接影响以及对新树繁殖的限制。从 1997 年到 2005 年，NPS 从巨大的红杉森林中移除了超过 280 栋建筑和 24 英亩的沥青。如今游客有了更好的体验，同时将对树木的影响降至最低。现在，NPS 倾向于在公园边界之外进行开发，如确有必要在公园内进行开发，开发方式和位置应尽量减少对公园资源的影响，其关键是制定良好的规划。

在某些情况下，公园规划确定了私有的、不兼容的设施、住宅、商业和其他可能对公园资源（包括淡水）或游客体验产生重大影响的活动。如果这些设施不能被修改或缩小规模，那么，NPS 将试图根据评估确定的公平市场价值购买它们。每年需要大约 2.5 亿美元来完成这些类型设施的采购。虽然美国确实有强制征收的“征用权”和强制出售这些土地的合法权利，但由于公众和政界的强烈反对，国家很少行使这一权力。

2.5 美国国家公园管理局的联邦专项基金

USNPS 的主要资助者是美国纳税人，每年约 35 亿美元（2020 财年）。每个纳税人提供大约十分之一美分（00.001 美元）的年度联邦税收来支持 NPS 的工作。

2021 财年，NPS 的预算拨款总额为 4,146,195,000 美元，涵盖了从公园运营到建设、土地征用、项目资金和一些拨款的广泛职责。拨款部分包括公园基地运营、中央办公室运营、合作伙伴关系、项目资金（不包括建筑和交通/道路）、美国公园警察以及自然和文化项目的各种中央资金，称为“国家公园服务运营”或 ONPS。2021 财年，ONPS 的预算为 2,688,287,000 美元。其中，1,390,384,000 美元分配给 417 名公园管理者并由其分配，用于支付基地运作的薪金和服务费用。如果公园也有指定的野生和风景河流，就没有额外的资助。

对于被指定为“国家公园”的 63 个地区，美国每年拨款总额为 477,960,000 美元，平均每平方公里 2,262 美元。所有 63 个国家公园的运营预算中值为每年 770.9 万美元，但重要的是，一些主要公园，如黄石公园、大峡谷和约塞米蒂公园的年度拨款超过 2,000 万美元，每个公园都有酬金、商业服务收入和慈善事业的补充。

在 NPS 的预算中，有各种中央控制的项目资金，根据内部竞争分配给各个公园。这些项目资金是集中控制的，因为它们满足公园的非经常性需求，并且可以被集中管理，以确保最高优先级的项目得到资金。

对于 2021 财年，这些项目资金包括（非完整列表）：

建筑物：$223,000,000

百年挑战基金：$15,000,000

文化项目：$35,000,000

历史保护基金：$144,000,000

自然资源项目：$16,000,000

联邦土地收购：$68,000,000

国家拨款：$135,000,000

美国国家公园没有从各州或其他机构获得任何额外的资助。在一些特定的公园案例中，如约塞米蒂国家公园的赫奇赫奇大坝，公园从下游用水者那里收取资金。

案例研究：赫奇赫奇大坝与约塞米蒂国家公园

约塞米蒂国家公园的赫奇赫奇山谷于1923—1934年间因一座大坝的修建而被淹没，该大坝是为旧金山市提供饮用水。有争议的是，这项建设得到了国会法案的特别授权，并且不顾包括著名的约翰·缪尔在内的许多环保主义者的反对。1913年批准修建大坝的法案要求旧金山市每年赔偿3万美元，这对于国家公园受到的影响来说是一笔非常小的金额。这个费用在2000年被重新协商，现在是每年超过100万美元，但仍然是很低的。

2.6 美国国家公园管理局服务费用的获得和收入

除了年度拨款之外，USNPS项目的资金来源还包括向进入公园、露营或使用特殊设施（如船只下水坡道）的游客收取的费用。还有从特殊活动中收取的费用，如婚礼、家庭聚会和商业拍摄。国家公园收取相关费用的根据是国会于2005年通过的名为《联邦土地娱乐促进法案》（FLREA）的法案。目前，117个国家公园收取入场费。一些公园不收门票，原因是公园有多个入口，公园边界与其他私有或国有土地混杂在一起，或者游客太少，不值得收取门票。USNPS还对一些活动收费，例如野外露营过夜和河上划船旅行（例如通过科罗拉多河漂流穿越大峡谷）。USNPS和其他联邦土地机构一起出售特别通行证（由国会授权），如年度通行证（80美元）、终身老年通行证（80美元）。USNPS还会免除费用，并为现役军人、学生、有组织的教育活动和残疾人提供免费服务。USNPS每年还提供几天免费日期来庆祝某些节日。

2021年，USNPS收取了大约266,015,000美元的费用收入。其中，15%～18%用于支付入口站工作人员薪资和运营花费以及收费程序的安全处理和审计。这些费用被存入美国财政部的一个账户，并一直存在那里，直到被国家公园管理局花掉为止（被称为“无年费”）。每个收费的国家公园可以保留80%的费用用于公园内部，剩下的20%被集中起来，通过竞争分配给那些不收取任何费用的公园。

2.7 美国国家公园管理局特许收入

一个多世纪以来，私人旅馆、导游、服装店、食品服务和纪念品销售一直是国家公园运营的一部分。美国国会于1965年和1996年通过了管理国家公园管理局“特许经营”的法律，为这些商业经营提供法律框架。该法令授权私营部门在向USNPS支付占总收入4%至15%的特许费的同时，在公园内经营专门的游客服务，如住宿、食品和纪念品销售。

USNPS每年从大约500个特许权获得者那里收取大约1.25亿美元的特许权使用费，这些特许权获得者的总收入超过10亿美元。像门票费一样，这笔资金保留在美国财政部，由USNPS使用，但有一些限制，如资金不能用于基本的公园运营。这些资金像门票一样按80/20的比例分配，收费公园保留80%，20%用于整个管理机构。该笔资金用于提高游客设施的质量，通常用于修复现有的酒店和特许设施，或收购公园基础设施中过去的私人权益。

2.8 对美国国家公园管理局的慈善捐助

1967年，美国国会成立了国家公园基金会（NPF），作为国家公园管理局的慈善合作伙伴，负责筹集私人资金支持管理局的工作。自成立以来，NPF已经为USNPS筹集了超过10亿美元的私人资助。2009—2016年，国家公园基金会专门为美国国家公园百年纪念活动从个人、基金会和企业捐助者那里筹集了超过4亿美元。这些资金随后以竞争性拨款的形式返还给USNPS，用于游径改善、青年项目、解释性展览和基础设施改善等项目。

虽然NPF是国家合作伙伴，但许多单独的公园都有自己的慈善合作伙伴，通常被称为“伙伴关系团体”，是根据USNPS广泛的法规特许并通过正式协议建立的。伙伴关系团体被授权为特定公园的利益征集和收取资金（有时是土地或设备）。一个很好的例子是美国约塞米蒂保护协会，是支持美国约塞米蒂国家公园的一个“伙伴关系团体”。USNPS总计有214个伙伴关系团体，每年向美国国家公园管理局提供3.49亿美元的直接拨款或实物服务。截至2016年，这214个团体中，大多数每年筹集的资金不到100万美元，而14个团体被认为非常成功，每年的收入超过600万美元。

3 国家公园内的淡水资源类型

国家公园内的淡水资源属于特定类别，需要采用不同的方法对其进行保护、利用和管理。在某些情况下，可能有必要在通用分类目录中增设附加的类别。在USNPS内，淡水资源没有

“等级之分”，因为它们对生态系统功能都是重要且不可缺失的。这一点多年来在政策上一直存在争论，但美国的法院、政策、法律和法规一直支持 USNPS，努力为所有类型的淡水资源提供平等的保护。

3.1　河流

河流通常是国家公园内最大、最重要，并且有时候会受到破坏的淡水资源。世世代代以来，河流被当作人类用水的来源，被用于筑坝进行水力发电、农业供水和/或防洪。河流被用于捕鱼、运输，并且最令人担忧的是河流被用于倾倒人类生活区和/或工厂中产生的废物和污水。尽管如此，河流是高度动态的系统，通过防止持续滥用河水资源可以使其从过去的影响中恢复。在国家公园内，河流对生态系统功能至关重要，它为野生动物提供水源、水生栖息地、重要的河岸地带以及对生态系统具有重要干扰作用的动态洪水通道。河流通常是游客眺望、观赏瀑布、游泳和垂钓的好去处。美国通常根据河流当前的属性和未来期望的状态对河流进行分类。

3.2　溪流

溪流是为河流提供水源的较小支流，对国家公园的生态恢复能力也至关重要。它们是野生动物的重要水源，是水生物种的家园，也是雨雪在更广阔流域的集散地。由于溪流具有较小的规模，它们更容易受到人类活动的影响。用于蓄水和改变溪流流向以促进农业发展的小型分流坝，会对溪流的生物多样性造成严重影响，在最糟糕的情况下，还会导致溪流完全脱水。在评估大量溪流（如秦岭国家公园内的溪流）时，制定一套分类系统可能会有所帮助。美国溪流分类系统（USSCS）旨在将美国本土的 260 万条溪流划分为多层次的溪流类型。美国溪流分类系统的基础是将溪流分为 5 个层次：①水文；②规模；③坡度；④温度；⑤山谷封闭度。

3.3　湖泊与池塘

大大小小的湖泊都是国家公园的重要组成部分，因为湖泊中生活着水生生物，能够提供优美的湖景和游憩活动，在一整年里都发挥着蓄水并将水资源分配到地面或支流的作用。与河流和溪流隔绝的湖泊可能是独特水生生物的家园。在国家公园中，湖泊通常是游客的游览目的地，因此，必须保护湖岸线免受过度的人为影响。可以通过适当的路径设计、场地硬化、木质栈道和伸入湖中的桥墩来做到这一点。应避免使用防腐木，以防止防腐剂毒素渗入湖中。根据国家公园的资源和公共使用目标，湖上游憩活动应遵守具体规定，如“禁止机动船只，只能使用手动推进的船只”，如果允许使用机动船，则应规定船只的最大尺寸和速度。应严格禁止并强制执行将非本地物种引入公园湖泊的规定。历史证明，引入非本地鱼类会对本地鱼类和其他水生物种造成破坏性影响。

3.4 湿地

湿地是生态系统的海绵，能收集并容纳季节性降雨和雪水。凭借其独特的土壤和持久的湿度，湿地往往是稀有和特有动植物的家园，它们完全依赖于湿地的自然功能。由于土壤肥沃、地势平坦，湿地通常会被转为农业用地。在国家公园内，可以通过重新种植本地湿地物种来恢复被用于农业的湿地。湿地和湖泊一样，通常是游客的游览目的地，但也特别容易受到人类活动的影响。如果允许游客使用，那么高架木质栈道是必不可少的，目的是尽量减少人类活动对土壤、植被和水流的影响。湿地可能是蚊虫等叮咬性昆虫的栖息地，因此，经常会面临喷洒杀虫剂的压力。国家公园在处理这一问题时，首先要尽可能避免使用杀虫剂，必要时可采用其他方法控制蚊虫。作为国家公园不可分割的一部分，让公众认识到蚊虫等叮咬性昆虫的存在是公园体验的一部分也是重要的教育内容。

《拉姆萨尔湿地公约》(以下简称《公约》)是目前世界上最大的保护区制度，涵盖 1374 个地点（略高于世界保护区的 1%），在其国际重要湿地登记册上有 120×10^4 km^2（超过世界 1880×10^4 km^2 公园面积的 6%）（截至 2004 年 8 月 27 日）。虽然《公约》常常被误认为只是一项候鸟迁徙条约，但事实上，《公约》的 140 个成员国政府承诺：

①将具有国际重要性的湿地确定为拉姆萨尔湿地并加以保护；②保护并合理利用其领土上的所有湿地；③与邻国合作，以可持续的方式管理湿地。

3.5 泉水

泉水和渗流水是在地下水贯穿不透水的岩石地表后涌出形成的水流。数千年来，泉水一直是人类和野生动物的清洁饮用水源。本地野生动物非常了解特定泉水的存在，并经常依赖泉水取水。在沙漠环境或旱季，生命依赖于这些泉水。人类使用的引水管道、附近的钻井都可能对泉水造成影响，要么将水抽走，要么刺穿不透水的地质层，导致地下水消失。在国家公园内，通常的做法是不向公众透露泉水的位置，以尽量减少对依赖泉水的野生动物的潜在影响和干扰。

3.6　短时性或季节性淡水资源

季节性湿地或春季水池是在雨季时期由于地势较低且其底部为岩石或黏土的区域收集和储蓄水资源而形成的，在那之后的干旱季节水分蒸发，区域变得干燥。这些淡水资源虽然是短暂的，但却是多种独特物种的家园，如水生昆虫、虾、蝾螈和其他两栖动物。这些区域也是候鸟迁徙的重要中转站。季节性湿地和春季水池往往被开发为农业用地而消失，因此保留下来的（或可以恢复的）区域是国家公园的重要组成部分。

3.7　人工蓄水池

由于过去的活动，在国家公园内经常会发现因修建大坝而形成的湖泊、池塘和水库。它们不仅会随着蓄水池的填满而淹没上游地区，还会随着水流的波动和水温的显著变化而改变下游环境。这是因为大多数水库从湖底放水，而湖底的水往往比天然河水冷得多。这就形成了支持非本地物种的非自然水生生境。在可能的情况下，应考虑拆除和恢复国家公园内的河流和溪流蓄水设施。修复过去的蓄水设施同时提供了机遇和问题。新的机遇是可以利用原生植被来恢复裸露的河岸。在某些情况下，这些过去的蓄水设施在抛石的影响下硬化了，或者由于洪水泛滥和水库的反复填水和排水而发生“坍塌”。在主要情况中需要移除抛石，并将河岸重新塑造成自然安息角的状态。常见的修复技术包括使用土壤稳定织物，如黄麻垫和快速生长的无菌地被植物，如普通大麦。无菌地被植物将稳定土壤并提供一些有机材料来帮助恢复本地物种。正如 Elwha 案例研究中所讨论的那样，在需要恢复的大面积公园中，通常会建造一个本地植物苗圃来繁殖足够数量的本地植物。这项工作可以成为当地就业和商业的资源，容纳用于植物繁殖和重新种植的劳动力。

3.8　温泉与地热特征

国家公园通常拥有温泉等具有地热特征的场所。这些温泉因其治疗价值而吸引着游客和当地居民。它们也可能是独特和稀有物种的家园。例如，对 DNA（包括人类基因组）的理解和操控背后的科学原理就来自黄石国家公园的热水池。

4 国家公园内的水生物种保护

淡水河流、溪流、湖泊、湿地和蓄水池是无数水生物种的家园，其中有些物种可能从未被确认过。虽然这些鱼类、昆虫、两栖动物、水生植物以及微小和大型无脊椎动物往往不为人所知，但它们却是国家公园生态系统的重要组成部分，必须像保护更常见的哺乳动物和鸟类一样保护它们。

4.1 保护鱼类物种

在国家公园内发现的所有物种中，鱼类往往是禁止捕捉和食用的例外。世界上大多数国家公园都允许游客使用各种设备捕捉本地和非本地鱼类，有时甚至可以食用。在国家公园内，具体的法规规定了设备的类型、鱼饵的使用、捕鱼的季节、允许的捕获量、允许捕获的鱼种以及开放或关闭的地点。飞钓运动越来越受欢迎，这种运动只使用人工鱼饵，钓到鱼后放回水中。在国家公园，渔网、围网、围堰、炸药和化学品都是禁止用于捕捉鱼类的。

保护与修复鱼类栖息地十分重要。本地鱼类需要特定的栖息地才能成功产卵、繁殖以及开展日常生活。人类在河流、溪流、湖泊或沿岸地区的活动常常会干扰或破坏鱼类的栖息地。设计和执行不当的“洪水控制”活动会使自然蜿蜒的溪流变直，从而对鱼类栖息地造成严重影响。在国家公园内，这些活动应予以禁止，如果是过去实施的，则应予以恢复。

被“拉直”的溪流可以恢复到自然蜿蜒的状态，并重新填充木质碎屑，形成当地的鱼类栖息地。让奶牛直接进入溪流饮水也会破坏鱼类栖息地，因此应禁止奶牛进入或至少将其严格限制在国家公园内的特定区域。

4.2 其他淡水水生物种

保持国家公园淡水水体的自然功能通常也能确保水生物种的持续生存。对于受影响和退化的河流和溪流，恢复自然水流、消除污染和恢复木质碎屑也将恢复昆虫和其他无脊椎动物的水生生活。

4.2.1 非本地水生物种

世界各地都发生过有意或无意引入非本地水生物种的情况，国家公园也不例外。就国家公园管理而言，非本地物种可分为两类：良性物种和入侵物种。最令人担忧的是入侵物种，它们会改变栖息地、与本地物种竞争或食用本地物种。河流和湖泊中的非本地植物会通过粗放繁殖破坏栖息地。在国家公园内应制订管理计划，使用与公园资源相容的方法和手段控制并在可能情况下消灭外来淡水物种。

4.2.2 濒危、独特和特有的水生物种

水生环境通常孕育着不寻常、特有、稀有和濒危物种。在国家公园内应确定这些物种并制订具体的管理计划，以确保其继续生存。在某些情况下应限制或禁止进入这些物种生活的淡水区域。

4.3 国家公园内的河岸带管理

河岸带是环绕地表淡水资源岸线的植被带。河岸带通常汇集了高度适应高位地下水和偶发洪水的独特物种。河岸带具有重要的生态系统功能，如过滤邻近土地的沉积物，通过呼吸作用将地下水抽入大气中，通过相互缠绕的根系稳定河岸，为淡水提供木质碎屑以及为水生物种提供遮阴。在国家公园内，保持自然健康的河岸带对生态系统功能和淡水的质量和数量至关重要。

人类活动往往会导致植被被移除、践踏以及土壤裸露、侵蚀，因此不受控制的公众进入会对河岸地带造成影响。国家公园的首要责任是防止河岸带受到进一步破坏。要做到这一点，可以在敏感区域指定特定的入口、硬化场地、铺设木板路和围栏。此外，还可以有效地设置说明性标志，说明该地区的脆弱性，并要求公众不要进入。河岸地带是可以恢复的，而且在大多数情况下，本地植被会对恢复工作做出迅速而良好的反应。在国家公园内，受影响不严重的河岸地带在消除影响活动后会进行植被自我更新。在受影响较严重的地区，可能需要重新种植植被。许多国家公园都建立了自己的本地植物苗圃，用于繁殖河岸恢复所需的特定植物。

案例研究：默塞德河

默塞德河发源于美国约塞米蒂国家公园内的塞拉山脉，后流经非常受欢迎，游览和开发密集的约塞米蒂山谷。在过去的100多年中，河流及其在山谷中的河岸区受到如游客使用、工程建设、河流改道和洪水期间河岸侵蚀的严重影响。经过广泛的研究和规划，修复工作于2018

年开始。修复的目标是：

- 恢复水文功能和与洪泛区（包括草甸和湿地栖息地）的连通性；
- 通过缩小拓宽的河道来恢复河岸洪水频率；
- 修复被侵蚀的河岸，恢复河岸植物群落，防止进一步人为和侵蚀引起的拓宽；
- 在流量高峰期改善桥梁的水文条件；
- 通过增加河道中大木材的数量来增加河道的复杂性；
- 恢复和保护支持河岸和草甸群落的生态过程，包括自然高地下水位和地表径流；
- 消除自然水文的障碍，包括沟渠、护堤和废弃的路基，以保护和维护本地植物群落；
- 恢复和维持本地河岸和草甸植物群落的功能、结构、多样性和生产力，以保护物种多样性、本土植物资源和野生动物栖息地；
- 保护和提高风景突出价值（ORV）；
- 减轻对考古资源的影响。

5　淡水生态系统服务

国家公园及其淡水资源提供了重要的生态系统服务，如果要建造替代系统，成本将异常昂贵。例如，当水通过自然植被过滤，注入溪流、河流和湖泊时，水就得到了净化。国家公园可以储存水，并将其缓慢地释放到低地，使其在相对可预测的时间内用于提供有益的服务。此外，欣赏自然景色，尤其是包括淡水水体在内的自然景色，有益于人类健康，这一点已得到公认。美国国家公园管理局就国家公园在公众健康方面发挥的作用制订了一项科学计划。

6　国家公园内淡水保护的基本原则

美国国家公园管理局的管理政策规定：

……必须保护地表淡水和地下水，将其作为公园水生和陆地生态系统的组成部分。点源和非点源对地表水和地下水的污染会损害水生和陆地生态系统的自然功能，并降低公园水资源供游客使用和欣赏的效用。该服务将确定公园地表和地下水资源的质量，并尽可能避免公园内外发生的人类活动对公园水域的污染。

6.1　国家公园内的道路的影响及最佳实践

设计和施工不当的未铺砌道路，会导致大量沉积物从路面冲刷到淡水资源中。在溪流和河流中，沉积物会充满水体及淹没的木质碎片和岩石之间的重要空隙，使水生生物窒息。在未铺砌的道路上使用防尘剂也会将污染物输送到附近的淡水资源中。铺砌的道路可以加快不透水表面的流速，并将车辆和沥青等铺砌材料中的有毒化学物质输送到溪流中。

对于国家公园道路的最佳实践，应完全清除位置不当且经常遭受冲刷、洪水和侵蚀的道路，并将路基恢复到自然轮廓并重新种植植被。有些道路可以改为步行道，造成的影响要小得多。应避免使用防尘剂。其他道路可以通过改道远离溪流来改善，这样就有了一个广泛的原生植被“缓冲区”来过滤沉积物。新道路应纳入国家公园道路设计标准，这些标准涉及布局、表面、适当的排水以及根据需要纳入沉沙池。

案例研究：美国红木国家公园及州立公园内的道路拆除和修复

当美国红木国家公园于 1978 年建立时，有超过 1000 km 的道路，大部分是为了伐木而建造的。从那时起，USNPS 一直致力于道路改善工程，并在适当的情况下进行拆除和修复。

自 1978 年以来，红木国家公园已经重新处理和稳定，并最终拆除了超过 402 km 的伐木道路，但仍有大约 160 km 的风险道路。德尔诺特海岸红木州立公园也拆除了大约 112 km 的伐木道路，但还剩下超过 402 km 的道路。然而，拆除旧的伐木道路是一项代价昂贵的工作。根据景观，对旧伐木道路进行全面重建轮廓、拆除和恢复的成本可能从每 1.61 km 8 美元到 40 万美元不等。

6.2　国家公园内的采矿的影响及最佳实践

现有或废弃的矿山可能对淡水资源造成重大影响，包括沉淀、酸性排水、地下水污染、矿物开采产生的渗滤液和石油产品泄漏以及采矿设备的处置。①

---

① 1976 年，尽管有一些现有的矿山需要回收，美国《公园采矿法》关闭了美国国家公园系统的采矿的所有单元，禁止新的采矿。

对于国家公园内的采矿，确实没有任何采矿活动符合国家公园的保护目的和价值观，因此，所有采矿活动都应该停止，并恢复这些地区的原貌。从最佳管理实践出发，应关闭和恢复矿山，计划拆除任何剩余的结构和设备，妥善处理受污染的土壤或其他有毒材料，恢复自然轮廓，用表土恢复裸露的底土，并种植原生植被。对现场进行监测，包括在适当情况下监测水井，这对于确定现场是否已恢复至关重要。

6.3　国家公园内的农业、放牧的影响与最佳实践

根据国际自然保护联盟的保护区类别，农业、放牧等活动在某些情况下可能会发生，对维持当地文化、经济和生计可能至关重要。然而，这些活动也会通过杀虫剂的使用、侵蚀、外来物种的引入、栖息地的破坏、使自然溪流脱水的引水措施、牲畜与溪流接触产生的粪便大肠菌群以及牲畜饮水造成的河岸侵蚀，影响淡水和地下水资源。与当地居民和公园的冲突可能是由当地捕食者掠夺牲畜或当地食草动物吃掉当地作物造成的。

对于国家公园内农业、放牧等活动的最佳实践，国际自然保护联盟在“其他有效区域保护措施”的标题下就这类活动的最佳做法提供了一些指导。其中包括减少或消除杀虫剂和化学肥料的使用、设置缓冲区、养殖本地传粉昆虫、使用本地物种作为覆盖作物等。对于牲畜放牧，最佳做法包括限制放牧者的数量，指定并硬化他们进入溪流和湖泊取水的通道，设置围栏将牲畜挡在泉水和湿地等敏感区域之外。

6.4　国家公园内的水坝、蓄水设施和溪流改道

一般来说，国家公园应禁止修建水坝、蓄水设施和改道，因为它们会造成重大影响。其中包括引发洪水、栖息地淹没、破坏斜坡稳定、形成非本地物种的栖息地、鱼类迁徙中断、溪流温度变化以及建造和维护大坝、蓄水和改道的相关基础设施。但在某些情况下，在建立一个新的国家公园的时候，会存在已有的水坝、改道和蓄水设施。纳入考虑的第一个选择是拆除和恢复。但如果这在财务、政治或环境上不可行，仍可采取缓解措施来降低影响。美国的水坝可能由私人、城市、公用事业、州和联邦政府所有。大坝退役的第一步是确定谁拥有大坝，以及是否可以收购大坝进行拆除。大坝拆除需要公众的积极参与，并对拆除的上游和下游影响进行分析。将受人为控制的筑坝河流改为自由流动的河流可能会产生多种影响，有时甚至是不可预测的影响。例如，大多数大坝后面都有大量的泥沙，当大坝被拆除时，泥沙将向下游流动，形成新的栖息地和河岸带，但也可能导致洪水泛滥和河床窒息。因此，需要仔

细研究和制定规划。当考虑成本/效益时，大坝有使用寿命，在其时间表的某个时刻拆除需要大量投资。这是考虑下一个生命周期（通常是 100 年）拆除与修复成本/效益的最佳时机。大坝拆除带来的生态系统效益（如鱼类和野生动物资源）的经济效益不如大坝运营的经济效益发达。但在国家公园内拆除大坝应该基于保护效益，而不仅仅是经济效益。

案例研究：拆除美国奥林匹克国家公园内埃尔瓦河上的格林峡谷大坝和埃尔瓦大坝

美国奥林匹克国家公园内埃尔瓦河上的格林峡谷和埃尔瓦大坝的拆除，是解释完成一个重大修复项目所需的政治、资金、科学、技术和程序的一个很好范例。这两座私人拥有和运营的水电站大坝阻断了约 113 km 的河流，并阻止了 100 多年来溯河产卵鲑鱼和钢头鱼的上游迁徙。

劳尔·埃尔瓦·克拉拉姆部落是一个美国当地居民自治的部落，其生计数千年来一直依赖于埃尔瓦河的鲑鱼资源，他们对拆除大坝的参与和支持至关重要。美国《埃尔瓦河生态系统和渔业恢复法案》于 1992 年 1 月 3 日由美利坚合众国第 102 届国会签署。在接下来的 10 年里，从 1992 年到 2002 年，美国国家公园管理局进行了必要的环境研究、技术评估和社区会议讨论，并开始为实际拆除大坝之前需要完成的项目积累必要的资金。

这些项目包括：为当地社区和工业造纸厂建造一个新的饮用水取水口，一个新饮用水过滤厂，征收洪水税以保护下游家庭，为受地下水位上升影响的家庭建造一个废水处理厂，以及一个鱼类孵化场，以在大坝拆除后预计发生的洪水期间维持鲑鱼的生存。这些项目耗资超过 1.5 亿美元。一旦完工并投入使用，就授予了实际拆除大坝的合同，这是前所未有的。清除工作于 2011 年开始，2016 年完成。计划对新暴露的河床进行重新种植，并在美国国家公园管理局的苗圃中种植了数千株植物。开始对沉积物运输、鱼类迁徙、河口海岸变化、河岸带再生、水质以及对野生动物的影响进行研究。美国国家公园管理局总共花费了 3.5 亿美元来完成该项目并修复河流。如今，河床正在恢复，野生动物已经回到该地区，鲑鱼正在向上游流域迁徙。

6.5　国家公园内大坝、蓄水设施和改道的最佳实践

第一个也是最复杂的选择是大坝退役和拆除。大坝拆除是一个复杂的过程，远远超出了物理结构的实际拆除。如果大坝已经建成几十年，当其被拆除时，其后面很可能会有泥沙向下游移动。这可能会造成大量沉积物，影响鱼类产卵和其他水生动物栖息地。此外，如果大坝是为了防洪而建造的，那么下游的开发项目将需要搬迁或采用新的防洪形式（如征税）。在

有自然年承载泥沙量的溪流上拆除的水坝可能使其不再适用于饮用水供应，需要水过滤装置。对于未拆除的大坝和改道，可以对运作进行改良，以减少影响。这些措施包括：修改放水时间和水量，以确保鱼类和其他水生物种的流入；防止河床脱水；安装鱼梯或在大坝屏障上方运输鱼类；河流和水库河岸加固；控制非本地鱼类和其他水生生物。

美国威斯康星州河流联盟（the River Alliance of Wisconsin）和保护组织“无限鳟鱼”（Trout Unlimited）编制的《大坝拆除：恢复河流的公民指南》中列出了有助于确定退役和拆除的大坝及蓄水设施的问题清单：

- 是否有针对大坝闸门开口的警报系统？
- 大坝上游和结构附近是否有足够的警告标志？
- 大坝结构是否存在可见裂缝？
- 是否有结构碎片分离或脱落？
- 是否存在通过大坝结构的渗水（例如，通过混凝土、泥土）？
- 大坝或护堤的泥土部分是否有动物洞穴？
- 大坝或护堤上是否生长着树木或灌木？
- 水位是否有大的和/或突然的非自然变化？
- 大坝上方和下方的水质是否发生变化？
- 大坝上方和下方的水温是否发生变化？
- 蓄水中是否存在过量的植被和/或藻类？
- 大坝上方是否有明显的沉积物堆积？
- 鱼类或贻贝是否滞留在大坝上方或下方？
- 水坝上方或下方是否淹没了水禽或滨鸟的巢穴？
- 鱼卵或两栖动物卵是否暴露在大坝上方或下方？
- 鱼类产卵床（如砾石坝）是否暴露在大坝上方或下方？

6.6 国家公园内农药的使用及使用杀虫剂的最佳实践

一般来说，国家公园应禁止农业或家庭使用化学农药，因为它们可能对自然环境造成重大破坏。进入淡水的农药会对水生环境产生重大影响。在可能的情况下，应使用综合虫害管理（IPM）技术。这是一种决策过程，它协调了害虫生物学、环境和现有技术的知识，以成本低效益高的方式防止不可接受的害虫破坏，保证对人员、资源和环境造成的风险最小。在国家公园内，一些昆虫、真菌和寄生虫是本地的，是自然环境不可分割的一部分，不应使用杀虫剂进行处理（NPS 管理政策，2006）。

在某些情况下，在国家公园内使用杀虫剂是合适的。这些情况包括出于公共卫生或控制非本土入侵物种的目的而使用杀虫剂。具体管理哪种化学品、如何使用以及用于何种目的，对于保护公园的自然环境至关重要。例如，在使用除草剂控制入侵植物的过程中，可以用手处理个别植物，以确保除草剂有效，不会扩散到水中或非目标物种上。

美国《联邦杀虫剂、杀菌剂和灭鼠剂法》定义的农药是指以任何方式用于破坏、击退或控制病毒、微生物、植物或动物害虫生长的物质或混合物。除上一段所述外，公园内所有农药的潜在使用者都必须提交农药使用申请，并将根据具体情况进行审查，同时应考虑环境影响、成本和人员配备以及其他相关因素。将化学、生物或生物工程农药纳入管理战略的决定将基于指定的 IPM 专家的决定，这是必要的，而其他可用的选择要么不可接受，要么不可行。（NPS 管理政策，2006）

6.7 国家公园内现有不和谐开发项目及最佳实践

国家公园内过去的开发往往会损害指定的拟受保护的资源，尤其是淡水资源。例如，为了穿过湿地或浅根植被区域而修建的步道可能会导致土壤被压实或受到其他干扰，影响当地植被，如在约塞米蒂国家公园著名的巨型红杉马里波萨林建设小径和道路。这两者都影响了这些标志性树木吸收水分的能力。在可能的情况下，应拆除、重新安置或重新设计开发项目，使其更符合保护目的。在上述例子中，USNPS 拆除了道路，并将小径提升为木质栈道，以允许水体自然流向树木。

7 清单：淡水资源的本底调查和评估

大多数资源管理者使用某种形式的分类系统来显示淡水资源特征，如常年性或间歇性河流、泉水、湿地等。在对水资源进行了充分调查后，就需要一个全面的水质和水量监测系统来确定是否存在需要采取行动的预期外变化。并不是任何地表淡水资源都需要监测，但足够的地表淡水资源监测数据可以提供一个具有代表性和敏感性的数据集。

国家公园的管理者们越来越认识到可信的科学信息的价值和必要性，认识到这是做出国家公园管理决策、与合作伙伴和公众协同保护自然资源的基础。公共土地的管理在技术和政治上都变得越来越复杂。管理者需要可靠的数据和信息，了解他们管理的关键资源状况，以此作为保护规划的基础，确定当前的管理做法是否具有预期效果，并向利益相关者和公众通报区域或全球范围内的压力源可能导致的自然资源变化状况。

7.1 地表水量监测和河道内流量保护

地表淡水对国家公园内生态系统的正常运作至关重要。因此，在季节变化和全球变暖造成的影响下尽可能保持河道内的自然流量至关重要。需要开发一个可靠的测量系统，以季节和年为周期定期收集流量数据，这将有助于管理人员了解水量的波动，并为制定保护战略提供基准数据。

7.2 地表水质监测

基准水质监测系统对于良好的管理至关重要。该系统应包括结构化的数据收集、分析和存储过程。长期数据集合对于制定保护行动规划是必不可少的。水质采样可以由受过培训的工作人员使用便宜的仪器进行操作，更详细的实验室分析可以以较低的频率进行，但在此过程中，要有足够的质量控制，保证时间周期间采样的样本之间可以进行同比比较。USNPS 建立了一个清单和监测系统，目标和衡量标准如下：

监测目标：

- 根据美国《水资源清洁法》(*The Clean Water Act*)，确定公园网络中被列为受损或高受损风险的选定河流和溪流的生态条件现状和发展趋势；
- 将周、月、季度、年度周期内的水温数据和变化情况与长期超标的州标准进行同比比较；
- 每年将水生生物完整性指数与国家长期超标标准进行同比比较。

指标和评估方法：

- 溶解氧、pH、电导率、温度（水资源核心参数）；
- 连续水温；
- 连续空气温度；
- 底栖大型无脊椎动物丰度和物种组成；

- 浊度；
- 快速栖息地评估（溪流和河岸栖息地特征的关键）；
- 溪流栖息地的物理特征；
- 入侵物种的存在与否。

加拿大普卡斯夸国家公园开发了一个强大的淡水监测系统，具体如下：

为了评估水生生态系统的生态状况，每年（春季、夏季和秋季）从公园的九条溪流和河流中采集三次水样。这项措施覆盖了超过公园总面积 50%的流域范围。每个样本包括在现场（每条溪流）收集的水温、溶解氧、pH 和电导率，以及从国家环境测试实验室（加拿大环境与气候变化部）和水化学实验室（加拿大自然资源部大湖林业中心）分析的样本中获得的营养素和金属。根据这些数据，对每条溪流的酸化、富营养化和金属负荷进行评估，结果表示为每条溪流和公园的单一水质指数（WQI），数值在 0～100 浮动，WQI 大于或等于 80 代表河流状况良好。

7.3　资源管理战略

美国国家公园管理局制定了一项强有力的资源管理战略，以展示在改善国家公园内自然资源状况方面的投资。利用监测系统收集的数据，根据一套标准对每种淡水资源进行评估，并确定资源是在减少、改善还是处于稳定状态。资金可以用于改善特定资源状况的特定项目。管理人员对状况的改善情况负责。（图 1–2）

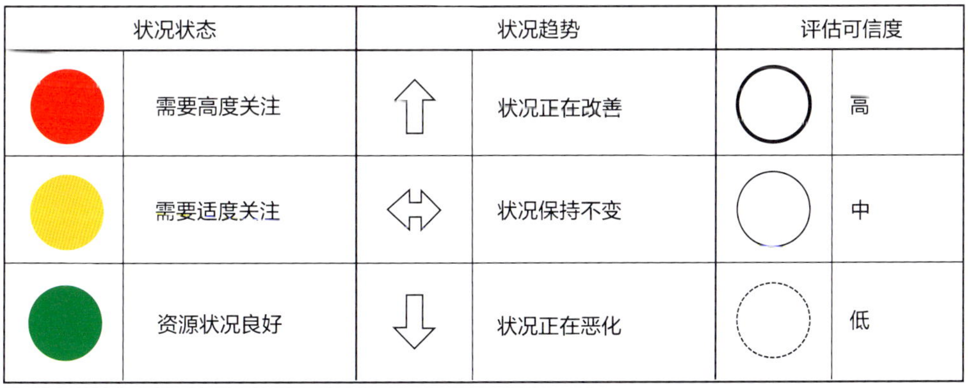

状况状态		状况趋势		评估可信度	
红色圆点	需要高度关注	⇧	状况正在改善	粗线圆圈	高
黄色圆点	需要适度关注	⇔	状况保持不变	细线圆圈	中
绿色圆点	资源状况良好	⇩	状况正在恶化	虚线圆圈	低

图 1–2　资源状况评价

7.4 地下水利用与保护

钻入含水层获取并利用地下水会对国家公园生态资源产生重大影响。例如，地下蓄水层是泉水的主要来源，当地下水位贯穿不透水的岩石层并流到地表时会形成泉水。这些泉水经常对于各种野生动物的生存至关重要。在某些情况下，特定的稀有物种栖息在这些泉水中或得到这些泉水的支持。从这些含水层抽取的地下水过多会导致泉水干涸。地下水对于根深蒂固的树木和植物也是必不可少的。过度抽取地下水会降低地下水位，杀死这些重要的植物物种。废弃的水井应加以密封，防止地下水受到污染。

7.5 国家公园水权的法律保护

水通常被归类为一种商品，根据一系列法律法规进行的年水量分配被称为“水权”。例如，在美国西部，水权的法律原则是“使用优先，权利优先”。这一原则在实践中反映为决定用水者利用水资源的优先次序，即水权等级。这些“权利”可以由他人购买，并可以与土地所有权一起转让。在干旱年份，拥有最高级（最古老）水权的人可以使用他们的全部水权，即使这意味着下游用水户获得的水更少，甚至没有。这种做法，特别是在气候变化的背景下，在所有用水者之间造成了严重冲突。就国家公园而言，必须对水权进行量化和保护，否则国家公园可能会失去大量（或全部）河道内流量。

7.6 支持国家公园水资源研究

管理者往往没有足够的水资源信息来做出基于科学的决策。因此，每个国家公园自身都应该有关于水质和水量的监测系统，同时也应该支持有足够能力的大学进行相关研究。通过支持研究，随着时间的推移将建立一套新的信息体系，包括确定新的威胁。对水研究的支持可以简单到为科学家进入水体开展工作提供后勤支持。在这个气候变化迅速的时期，强有力的研究/科学计划尤为重要。在美国国家公园，任何科学研究都需要许可证，并要求收集到的任何数据和结果与美国国家公园管理局共享。

8　为在气候变化背景下保护国家公园淡水资源做好准备

由于持续使用化石燃料能源，地球迅速变暖，这是对所有国家公园生态完整性的最大威胁之一。从极端高温事件到海平面上升、干旱和洪水，气候变化已经开始影响世界各地的生态系统。2025—2035 年是缓解气候变化过程的关键时期，气候变化过度将破坏地球上的大部分自然和社会经济系统，亟须采取行动，显著减少碳等温室气体的排放、生物多样性丧失和气候变化的其他关键驱动因素。国家公园和其他公园系统，从大型城市公园到大型国家公园、海洋保护区、森林保护区和荒野地区，都可以发挥重要作用。淡水资源将是国家公园中受气候变化影响最明显的资源之一，这些影响包括但不限于：更加漫长的极端干旱、更频繁的风暴和由此引发的洪水、由这些干旱或洪水导致的河岸植被变化、年度降雨/降雪的季节性变化、季节性融雪的速度变化、湖泊和池塘等淡水水体的温度升高，季节性湿地、水塘和泉水的消失，以及水生生物群的变化，包括非本土物种的传播。虽然西方科学正在记录这些变化，但当地的乡土生态知识也很有价值，因为它吸收了当地人世世代代观察到的变化。

在世界各地，国家公园管理者正将应对气候变化的行动集中在 4 个特定领域：科学研究、缓解、适应和教育。

8.1　科学研究

进行必要的科学研究和气候脆弱性评估，以支持 USNPS 的适应、缓解和沟通工作。在应对气候变化挑战时，与科研机构和大学合作，以满足管理的具体需求。学习并应用现有的最先进的气候变化科学研究成果。

国家公园经常位于生态系统的“极端”区域，如高山、深谷、茂密的森林和沙漠，因而也通常位于附近缺乏科学气候监测站的地区。但最近的研究表明，国家公园内的气温上升速度快于周围地区。

因此，建立一个对气候变化敏感的具体监测协议，能够为国家公园管理者提供一个预警系统，使之可以在此基础上采取具体的缓解行动。例如，在美国约书亚树国家公园，对气候变化的监测表明，标志性的约书亚树（短叶丝兰）正受到越来越干燥和炎热的气候的威胁，以及来自非本土草地的野火的威胁。公园可以通过采取具体行动达到至少拯救一些树木的目的，例如，清除和控制公园内基于海拔和湿度要素而可以成为气候变化下约书亚树的避难所区域内的易燃草。气候变化监测站可以是远程和自动化的，设置在具体位置，必要时可以重复设置，以监测特定国家公园内的各种生态系统。

8.2　缓解

国家公园本身被认为是应对气候变化的自然解决方案：封存碳，保护生物多样性，为未来的疾病提供潜在的药物，并提供清洁的水和清洁的空气等基本的生态系统服务。

IPCC 最新报告表明，基于自然的解决方案，如减少对森林和其他生态系统的破坏、恢复森林和生态系统以及改善农业用地管理，是到 2030 年减少碳排放的五大最有效战略之一。因此，需要减少美国国家公园的碳足迹；推广节能做法，例如替代交通；加强碳固存作为众多生态系统服务之一；将气候变化的缓解措施纳入国家公园所有业务实践、规划和文化。

有效的管理对国家公园的气候缓解效果至关重要。这意味着国家公园必须有足够的可持续的公共、政治和财政支持才能实现其保护目标。被指定但缺乏最低财政资金支持的国家公园通常被称为“纸上公园”，那里没有管理，资源也没有在非法活动的影响下受到保护，如木材采伐、采矿、农业、引水、垃圾倾倒和野生动物偷猎。

实现国家公园内气候变化缓解措施的第二个也是必不可少的组成部分是监测和尽量减少其自身的运营和游客用水及碳足迹。国家公园应向公众展示最高标准的节水和节能技术，这可以通过使用污水再利用、无水厕所、雨水收集池、本地种植以及避免使用草坪、低流量水龙头和排水管等高需水量植被来证明。这包括公园内的废水处理，使用最佳可用技术清洁返回溪流或环境的水。公园运营还应尽量避免使用清洁剂、杀虫剂或溶剂等化学品，这些化学品将在通过水处理设施后进入淡水系统。

8.3　适应措施

在气候变化背景下培养管理自然和文化资源及基础设施的适应能力。清查有风险的资源并进行脆弱性评估。确定行动的优先次序，实施行动并监测结果。探索场景、相关风险和可能的管理选项。将气候变化影响纳入设施管理。

每个国家公园都应该制定一项气候适应战略，概述具体行动，即使受到全球气候变化的影响，也能保持生态完整性。对于淡水资源，适应战略的例子可以包括：

- 增加资源量：在一个或多个国家公园内拥有多种淡水资源，从而确保（即使受到气候变化影响）这些资源中至少有一部分能持续存在。在某些情况下，那些持续存在的部分可用于恢复其他受影响（而退化）的部分。
- 减少其他威胁：当气候威胁到水资源时，减少或消除其他促成威胁的因素至关重要。例如，如果来自季节性水源的水被用于行政用途，而气候变化表明该水源水量正在减少，那么应该找到用于行政用途的水的替代品，从而减少行政使用对水量的消耗。
- 增强连通性：当水源受到干旱威胁时，一些物种，如蝾螈，会在水源之间迁徙。增强连通性以保障物种迁徙是一项重要的适应战略。例如，在美国加利福尼亚州的东湾公园，某些汽车道路在蝾螈季节性迁徙期间被关闭。
- 避难所保护：对于依赖水的物种来说，保护特定的避难所空间是重要且有效的适应策略。气候变化建模与地理信息系统分析相结合，将有助于确定作为物种避难所的特定区域。这些避难所区域应该得到更高程度的保护，以确保重要物种的持久生存。
- 生态恢复：国家公园内的淡水资源经常受到各种活动的影响和干扰，如筑坝、采矿、植被清除或行政开发。不幸的是，这些干扰可能发生在对淡水生态系统功能至关重要的关键环境中。通过恢复这些区域，包括相邻河岸带的生态功能，能够在一定程度上恢复淡水生态系统的生态韧性。

适应变化的规划需要一个反馈机制，用于不断评估针对国家公园保护目标的想法和行动。

8.4 沟通与交流

应向公众提供有关气候变化及其影响的有效沟通。还要对公园工作人员和管理人员进行气候变化科学和应对变化决策工具方面的培训，使其可以以身作则。

与游客和当地公众谈论气候变化是至关重要的，但可能既复杂又有争议。尽管人类导致的全球气温上升背后的科学是可靠的，并得到了绝大多数科学家的同意，但行动仍受制于政治。国家公园在谈论气候变化方面的作用是避免面对争议，同时向公众展示可归因于气候变化的具体变化（以及公园正在采取的适应行动）。这需要对公园工作人员进行具体培训，让他们学会如何在不指责任何特定个人或行业的情况下谈论气候变化。教育公众了解气候变化对国家公园的影响具有很高的价值，因为这会使向公众科普全球变暖更加具体和可行。

作为游客可以在他们熟悉和喜爱的地方见证和体验气候变化的影响，公园在传播气候变化科学知识方面具有非凡而独特的潜力。游客对国家公园这些特殊地方的专注和热爱精神使个人能够找到自己与气候变化的相关性，并让其他人参与进来，找到自己与环境变化的联系。

9 与淡水有关的国家公园行政项目的开发和运营

国家公园内通常有一些人为资源开发利用，如用于行政使用，维护运营，公用事业（水、下水道、电力）和旅游业。一些国家公园的边界内也有当地居民、村庄和社区，所有这些都可能对淡水生态系统产生影响，包括过度取水/浪费有限的水量、现有或新开发项目对径流和沉积物的影响，以及在当地使用有毒化学品，如在花园和草坪上使用杀虫剂。

9.1 国家公园内或附近项目开发的最佳实践

一般来说，需要一份完整规划明确说明国家公园内项目的位置、规模、环境、建筑工程和能源使用的需求，才能启动该国家公园内项目的开发。在适当的情况下，旅游和行政项目的开发应在公园边界外或附近社区内，这种方法利用了门户社区内可用的其他服务，允许（国家公园内项目）与城市供水和污水处理系统集成使用，并提高了社区的经济发展潜力。任何开发都必须有实现保护的主要目标所必需的最低限度，并限制在允许的最大限度内。项目开发不应紧邻淡水资源，应在预测划定的洪泛区之外，并且，在规划时需要考虑预期的气候变化影响，例如更频繁的洪水。

9.2 基于淡水生态系统保护的生态设计和运营

任何现有或拟议的开发项目都应进行设计或改造，以符合主要保护目标，包括引入“生态设计”，最大限度地减少用水，并通过自然过滤净化后重新利用污水。这方面的典型应用包括低流量或零用水厕所、不需要灌溉或很少灌溉的景观美化，以及公共（和员工）卫生间的低流量水龙头。水龙头应该是弹簧式的，除非用户握住把手，否则水龙头就会自动关闭。室外软管围兜必须标明水是否可饮用（可安全饮用）。可供公众使用的水资源必须定期进行安全测试（表 1–1）。

表 1–1　NPS 公共供水系统大肠杆菌样本要求

服务人口数	每月最少样本数	服务人口数	每月最少样本数
0 ~ 1000	1	8501 ~ 12900	10
1001 ~ 2500	2	12901 ~ 17200	15
2501 ~ 3300	3	17201 ~ 21500	20
3301 ~ 4100	4	21501 ~ 25000	25
4101 ~ 4900	5	25001 ~ 33000	30
4901 ~ 5800	6	33001 ~ 41000	40
5801 ~ 6700	7	41001 ~ 50000	50
6701 ~ 7600	8	50001 ~ 59000	60
7601 ~ 8500	9		

9.3　国家公园废水处理和处置

访客和工作人员都需要使用洗手间，因此需要以不影响淡水资源的方式对人类排泄物进行适当的收集、处理和处置。人类排泄物携带粪便大肠杆菌和其他病原体，如可传播给他人的病毒。

在一些使用率低的地区，如果设计良好、通风良好、清洁干净，“坑式厕所”是可以接受的。一旦填满，坑的顶部就会被泥土覆盖，厕所也会重新安置在一个新的坑上。

与坑式厕所相比，一个显著的改进是拱顶式厕所，它将人类排泄物收集在定期泵出的水箱中，并在处理设施中处理排泄物。美国林业局开发的“甜香厕所”等几种设计已在数千个公园地点成功使用。这个厕所的重要设计是一个大通风口，每次开门时都会从拱顶吸入空气，从而将新鲜空气带入厕所，但这同样需要定期泵送和清洁。第三种也是最现代、最昂贵的选择，即通过管道将厕所连接到处理设施。人类排泄物的处理减少了其中的危险元素，并允许将处理后的排泄物填埋。重要的是，污水处理的出水质量要足够高，才能排入淡水系统。废水处理设施最好位于国家公园的外部或边缘，或公众无法进入的区域。

9.4 门户或公园社区内部用水

在某些情况下，被指定为国家公园的地区，之前已经沿着河流和溪流发展了小型社区，强行驱逐这些居民的做法在美国和其他国家的早期很常见，但现在已不再是一种可以被接受的做法。世界各地国家公园的新模式已经学会将这些社区纳入公园，并让当地居民承担管理责任。政府对这些社区原本较为原始的基础设施的投资和优化提升（如建设污水处理设施）可以大大减少其对淡水资源的影响，同时改善居民的生活。在将他们的存在作为公园体验和价值的一部分的同时，国家公园的范围划定也需要在一定程度上限制这些社区的发展，这可以通过规划和分区来实现，在社区周围设定一个明确的边界，限制其扩张，并限制其对公园淡水资源的利用。

9.5 国家公园内的洪水和防洪

河流和溪流的周期性洪水是自然系统的一部分，河流和溪流及其相关河岸带是受此自然现象干扰的区域，通常会在洪水后迅速恢复。洪水将土壤沉积在新的地区，并为新的植被生长奠定基础。洪水为鱼类创造了新的栖息地，并将木质沉积物碎片转移到新的地点，为无脊椎动物提供了水生栖息地。因此，重要的是，在国家公园内，行政和公共道路开发项目应远离洪水区，或以受洪水影响最小为目标进行设计。

9.5.1 洪水和公共安全

虽然洪水是自然发生的，但在洪水发生期间和之后都会影响公共安全。如上所述，设施避开泄洪道是确保公共安全的第一步。适当的警告标志、定期的天气更新，在严重情况下可能需要封闭区域和发出警报，以防止洪水造成人员伤亡。维护具有稳定坚固河岸区域的自然河道是防止洪水影响下游社区的最佳投资方式。

9.5.2 气候变化与洪水

气候变化增加了世界某些地区发生更频繁、更具破坏性的洪水的可能性。对于国家公园，管理者必须根据国家公园未来状况的模型重新评估洪水的历史和风险。这可能需要将公共或行政设施拆除或改建到新的区域或提升到新的水平，以避免未来的洪水造成的破坏。公众参与和沟通对未来洪水治理至关重要。

10　国家公园中的淡水娱乐活动

进入国家公园后，与淡水湖泊和河流互动成为访客重要的体验之一。无论是精心挑选的能让访客静静俯瞰水域的长椅或观景点，还是能让访客参与的水上活动，如游泳、洗浴、潜水和划船等，都会为访客提供难忘的体验。然而，在国家公园中进行这些活动都需要管理者进行关注和调节，以保护水质和水生资源。尽管淡水娱乐活动很重要，但资源保护始终是首要任务。

10.1　游泳、洗浴

为游泳指定特定区域是管理工作中必不可少的措施，旨在确保访客在安全且对资源影响最小的地方进入水中。建造码头、木栈道和船坞等岸线设施，既能方便访客进入水域，又能最大限度地减少其对环境的影响。需要定期检测游泳区域的水质，以排查病菌和其他影响健康的因素。同时，访客在使用肥皂和防晒霜时应选择不含对水生生物有害化学物质的品牌。

10.2　划船

在国家公园中，划船是常见的活动，常发生在淡水河流和湖泊上。在部分水域，可以只允许使用“人力划动”的船只，不得使用发动机，以确保划船活动的安静，并防止石油产品进入淡水环境；在适合的水域，可以允许船只使用发动机，但需限制其最大马力，以限制一些噪声大、速度快、更适合在大型水库上使用的船只进入。在河流和湖泊沿岸布置的船只露营地非常受欢迎，访客可以划船数小时到达，享受宁静与独处的感觉。此外，在国家公园中，租船也是一种常见的服务方式，由私营经营者提供船只、燃料和个人救生衣等服务。

对于喜欢刺激的访客来说，沿着河流进行急流漂流也是一项备受欢迎的活动。这类活动可以作为一日游或多日游行程的一部分进行设计。当然，为确保访客在体验过程中的安全，有一个熟练的导游是至关重要的。

11 国家公园淡水保护的最低临界资金

除非在可持续的基础上有足够的业务资金，否则很难有效地管理国家公园的淡水资源。如果没有为公园工作人员提供有效管理的资金支持，国家公园内的水资源就容易受到非法开发、占用、污染、倾倒、筑坝和采矿的威胁。根据 USNPS 和其他机构的相关研究，对于一个国家公园的基本运作,在最低限度的关键资金上有一些趋同。一个共同的主题是,70%～80%的基本运营资金由政府提供，另外 20%～30%来自收入、费用和慈善捐赠等。对于依赖更高比例收入、费用和慈善捐赠等的国家公园体系来说，这些资金来源常常是特定项目，具有间歇性和波动性，因此困难重重。虽然政府资金也可能受到波动的影响，但这种波动是可以避免或者至少是可以减少的。

即使是最小的国家公园，也需要 18～30 名员工来进行基本的运营、维护、访客服务和资源管理。根据所审查的各种国家公园系统，人事费用占基本运营支出的 80%～90%不等。

以 USNPS 和其他机构为有效管理的范本，并结合上述范围，对于占地面积在 1 万～10 万公顷之间、年访客量在 5000～20 万人次之间的一个已建立的国家公园，基本预算将为 480.8 万～520.9 万美元，其中政府每年提供 400.7 万美元，其余部分来自小费、收入和慈善捐赠。这些具体数据在应用时应根据中国经济进行调整。

12 通过竞争性拨款激励淡水资源保护

秦岭国家公园面临一系列独特的挑战，这与几个世纪以来人类活动导致中国中央水塔淡水资源的质量和数量受到影响有关。水坝、污染、引水、农业、放牧、人类排泄物、垃圾和采矿持续影响着秦岭国家公园内的淡水资源。为了改善淡水资源，也为了公园的生态完整性和依赖这些生态系统服务的人们，这些活动和开发中的许多都可以被取消、恢复或显著改善。

美国国家公园系统采用的一种成功方法是从中央政府账户中分配特定竞争性项目的资金

池。例如，美国国家公园管理局有一个专门用于恢复旧矿区的基金。各个国家公园必须编写提案和进行预算申请，为特定的矿山恢复工作争取资金。提案概述了当前情况、持续的影响、如何完成恢复工作以及对资源（包括淡水）的改善预期。该提案仅与其他矿山恢复项目竞争，可以在多个项目之间比较成本和效益，然后将资金分配给最优秀的项目。中央办公室每年发布此类项目的招标，从而使新项目每年都能获得资金支持。

这种方法也被用于拆除美国奥林匹克国家公园埃尔瓦河上的两座水坝。最初的建设计划没有足够的资金支持一次性完成整个项目，因此奥林匹克国家公园不得不每年申请一部分资金，持续 17 年，直到积累足够数量的资金完成整个项目。

参考文献

[1]QUENTA-HERRERA E, et al. Mountain freshwater ecosystems and protected areas in the tropical Andes: insights and gaps for climate change adaptation[J]. Environmental Conservation,2022,49:17−26.

[2]PITTOCK J, et al. Managing freshwater, river, wetland and estuarine protected areas[M]//WORBOYS G L, LOCKWOOD M, KOTHARI A, et al. Protected Area Governance and Management. Canberra: ANU Press, 2015:569−608.

[3]HANNAH L, et al. Designing freshwater protected areas (FPAs) for indiscriminate fisheries[J]. Science of the Total Environment,2018,630:156−167.

[4]ACREMAN M, et al. Protected areas and freshwater biodiversity: a novel systematic review distils eight lessons for effective conservation[J]. Conservation Letters,2020,13(1):e12684.

[5] FINLAYSON C M, ARTHINGTON A H, PITTOCK J. Freshwater Ecosystems in Protected Areas, Conservation and Management[M]. Routledge,2018.

专题报告 2
新西兰国家公园淡水生态系统保护与修复研究①

1 新西兰保护区建立的背景

新西兰是世界上最早建立国家公园的国家之一，今天新西兰超过三分之一的土地得到了全面保护。在新西兰的国家公园里有一些世界上最美丽的风景和一些最稀有的物种。新西兰国家公园的故事也是学习和发现更好地保护这些特殊地方的方法的故事。

5000 年前起源于中国的波利尼西亚人，在 13 世纪的某个时候，通过独木舟航行来到了奥特亚罗瓦（新西兰）。毛利人对这片土地产生了重大影响，引进了新物种，并猎杀现有物种直至灭绝。欧洲人直到 17 世纪才来到新西兰，直到 19 世纪才大量定居，利用技术排干湿地和清除森林，重新创造了其家乡的农业景观，及其带来的植物和动物。欧洲人的数量和技术对新西兰的环境产生了更大的影响。大幅减少了森林的数量，并通过土地开发工程和物种引进改变了生态系统。

在人类到来之前，新西兰 80%的土地被森林覆盖。最初的森林减少过程是由雷击和火山爆发引起的火灾自然形成的。毛利人点燃森林大火来猎杀恐鸟，并清理土地用于种植农作物。放射性碳年代测定显示，在毛利人到达新西兰的头 200 年里，新西兰多达 40%的森林被烧毁。欧洲人烧毁了大片森林，为农田让路，并为建筑提供木材。仅在 10 年间（19 世纪 80 年代），新西兰就有 14%的森林被消耗。目前只有 20%的国土仍然被原始森林覆盖。

自从人类来到新西兰，至少有 45 种本土鸟类已经灭绝。就恐鸟（moa）而言，这些鸟因毛利人的猎食而灭绝。当欧洲人来到新西兰时，他们带来了像白鼬和负鼠这样的哺乳动物，这些动物很快带来了鼠疫，通常通过吃它们的蛋的方式捕食不会飞的本地鸟类。建立国家公园

① 新西兰林肯大学，Michael Abbott，2024 年 12 月。

的需求产生于早期殖民时期，并随着森林破坏和鸟类灭绝的速度加快而变得更加迫切。

2　新西兰的国家公园与保护地体系

1887 年，汤加里罗国家公园成为新西兰第一个国家公园，也是世界上第五个国家公园。1993 年，汤加里罗国家公园（786 km^2）成为 28 处联合国教科文组织“自然和文化混合”世界遗产之一。目前新西兰有 13 个国家公园：南岛 9 个，北岛 3 个，斯图尔特岛 1 个。新西兰的国家公园涵盖了从海岸线到火山高原的广泛的自然景观，不仅拥有非凡的自然美景和重要的生态价值，还具有历史意义。其中水资源是新西兰国家公园的重点保护对象之一。

旺格努伊河对新西兰北岛而言具有重大的历史意义，是该国最具文化意义的水体之一。旺格努伊部落的毛利人与这条河有着密切的精神联系，一直认为这条河是其重要的祖先。2017 年，新西兰政府正式承认了人与河流之间的这种关系，立法保障河流是一个不可分割的、有生命的整体，从山到海，具有法人相应的权利、责任和义务。当时旺格努伊河被赋予了与人相同的法律权利。这是继尤瑞瓦拉国家公园（Te Urewera National Park）之后，第二个获得这一地位的自然实体，也是唯一获得这种权利的河流。旺格努伊国家公园（Whanganui National Park）建于 1986 年，当时作为新西兰第一个国家公园成立 100 周年庆祝活动的一部分，旺格努伊河是 742 km^2 旺格努伊国家公园的中心。

峡湾国家公园（Fiordland National Park）也是一种由水的力量，包括冰川作用、暴雨、瀑布等形成的壮丽景观。峡湾国家公园环绕在新西兰南岛的西南角，占地 12600 km^2，是新西兰最大的国家公园。该公园建于 1952 年，是新西兰西南地区世界遗产的一部分。

总体而言，新西兰保护地的主要类型有：

- 国家公园（National Parks）：其建立是为了保存和保护一个地区的自然和文化遗产，同时为娱乐和旅游提供条件。新西兰的国家公园包括标志性区域，如汤加里罗、旺格努伊河、峡湾、尼尔森湖、普纳凯基和奥拉基/库克山。
- 保护公园（Conservation Parks）：主要包含自然系统，其管理确保长期保护和维持生物多样性。它们的自然保护标准与国家公园相同，但就公共用途而言，主要是为了娱乐，包括徒步旅行、露营和狩猎，而不是商业旅游。
- 禁猎区、野生动物避难所和野生动物管理保护区（Sanctuaries, Wildlife Refuges,

and Wildlife Management Reserves)：野生动物和栖息地保护区域包括禁猎区、野生动物避难所和野生动物管理保护区。这些区域通常包含稀有或受到严重威胁的物种或栖息地，公众进入通常受到控制。

● 历史、科学、自然和生态保护区（Historic, Scientific, Nature and Ecological Reserves）：保护区和特别保护区包括历史、科学、自然和生态保护区以及生态区。这些地区一般尽可能保持和保护自然状态的地区、本土动植物、生态群丛和自然环境。

● 海洋保护区（Marine Reserve）。

虽然新西兰自然保护的重点通常是努力保护风景优美和具有生态意义的陆地景观，但其海洋保护区也非常重要。新西兰的海洋保护区覆盖了该国主要岛屿的大片海岸。这些地方是充满活力的海洋环境，是许多重要物种的家园。海洋保护区并不总是偏远和难以接近的，而是公众可以参观和享受的地方。游客有机会花时间感受海洋世界，如果幸运的话，还能看到海豚和鲸鱼等野生动物。在许多情况下，海洋保护区的管理与陆地国家公园和其他保护公园相结合。

新西兰的各类保护地总共覆盖了新西兰 33%以上的土地面积。上述各种类型的公园和保护区都有具体的管理目标和法律规定。此外，每个地理区域都有自己的总体保护管理战略，规定了保护管理目标、政策和方法，以保护该地区的自然和文化价值，以及所有其他土地的总体目标。

3 新西兰保护地的立法

3.1 新西兰《自然保护法》

用于管理新西兰保护区的关键立法是 1987 年的新西兰《自然保护法》(*Conservation Act*)。该法案为建立、管理和保护各种类型的保护区提供了法律依据。同时依据该法设立了新西兰保护部（DOC），这是负责管理和保护新西兰自然和历史遗产的政府机构。新西兰的 13 个国家公园都由保护部管理，以确保对这些地区的持久保护。同时新西兰《自然保护法》承认政府和毛利人之间的伙伴关系，规定毛利人的利益和参与方式，包括国家公园的管理，以及与当地毛利部落的协商和合作。新西兰《自然保护法》授权保护部部长指定各种类型的保护区。

这些指定为这些地区提供了法律保护，并概述了它们的管理目标。

3.2　新西兰《国家公园法》

新西兰《国家公园法》（*National Park Act*，1980）由当时的政府批准，在修改之前一直有效。它规定了新西兰国家公园的选择、设立目的和管理，为在新西兰建立国家公园提供了法律框架。该法案将国家公园定义为具有独特风景、生态系统、自然特征和科学重要性的地方，强调保存和保护国家公园内的自然和文化特征，包括生态系统、野生动物、地质构造和重要历史遗迹的保护。该法案宣布国家公园将永久保存，并对公众免费开放。

该法案要求为每个国家公园制订国家公园管理计划（NPMP）。这些计划概述了在考虑娱乐、旅游和其他活动的同时，实现保护目标所必需的目标、政策和行动。在新西兰，保护是每个国家公园的首要重点，同时承认国家公园也是公众娱乐和享受的地方。园区允许这些活动，只要它们不违背保护自然和历史价值的原则。

4　新西兰保护部的组织与运行

4.1　组织架构

新西兰保护部（DOC）的最高官员是总干事，负责该机构的全面领导和管理。副总干事负责管理以下每个组织小组。领导团队还得到首席科学顾问的支持。保护部内部各部门侧重于不同职能，具体包括：

- 生物多样性、遗产和游客小组：负责生物多样性系统和水生生物、陆地生物多样性、遗产和游客、监测和评价。
- 国家计划和管理服务小组：负责战略伙伴关系和基金、运营支持、监管服务、规划和服务、国家方案和协调。
- 组织支持小组：负责商业服务、财务、人事、健康、安全和安保及信息。
- 公共事务小组：负责战略沟通和参与、保障、治理和政府服务等。

保护部内部的业务按区域划分，每个区域有一名区域主任，负责管理该特定地理区域内的保护。支持这项工作的可以是监督特定地区或地区的保护活动的地区办事处。

新西兰在地方还设立有保护委员会。保护委员会是独立机构，负责反映新西兰特定地理区域内的公众对自然保护的各种意见。保护委员会还负责管理和监督保护部在各自地区的运作。新西兰共有 15 个自然保护委员会。每个保护委员会负责制定各自地区的保护管理战略。保护管理战略概述了保护问题，并指导一个地区内公共保护土地和水域的管理。其目的是为自然和历史资源以及旅游和游憩的综合管理制定目标。

4.2 主要成果

新西兰保护部制定了国家公园和其他保护地的保护愿景，即保护国家的自然资源和遗产，并使之欣欣向荣，这也是保护部对新西兰长期福祉和繁荣的重要贡献。该部门发挥领导作用，激励和动员其他人共同努力，实现比单独行动更大的保护目标，因此需要多方合作，实现愿景。在此过程中需要建立共鸣、信任和理解，以便传统和非传统受众都能参与这一共同愿景的实现。

4.2.1 主要成果 1：生物多样性

在其保护工作中，保护部努力确保新西兰的所有生态系统都得到强有力的保护，包括从海洋环境到高山地区的各种独特景观的生物多样性。保护部保护的大部分物种是本地植物、鸟类和无脊椎动物。保护部实施物种恢复计划，在将濒危物种放回野外之前进行饲养，以增加它们的数量。

4.2.2 主要成果 2：游憩

在新西兰的保护区内有 100 条步道，长约 1000 km。最受欢迎的是新西兰的九大步道，每年有成千上万人去体验。新西兰保护区内还有大量驿站，归政府所有，可供公众使用。保护部管理着新西兰各地的游客中心——游客到达保护区的第一站。保护部在此向公众提供有关当地情况的信息，包括天气、路线和驿站。

保护部的大部分业务工作是维护和更新现有设施。升级也是常见的，以确保旧设施符合现行标准。保护部还与一些团体合作，设计新的娱乐机会，包括修建新的步道、驿站和露营地，通常与对特定位置的步道、驿站或露营地的开发感兴趣的团体进行协商。但新建要遵循严格的准则，以确保它们符合安全标准。

4.2.3　主要成果 3：遗产

保护部在新西兰的保护区内保护着 12000 多处考古和历史遗址。这些考古和历史遗址因其历史意义而具有文化价值并得到保护，以确保它们能够传承给后代。保护部向公众宣传他们管理的历史遗产遗址，包括向人们提供关于这些遗址的信息，解释它们为什么很重要，为什么应该访问，并试图让人们参与保护，还包括让当地社区和团体了解和珍惜他们的遗产，也意味着给予他们所需的工具和知识来保护他们的遗产。游客对遗产地的体验对保护部很重要。应确保游客对这些地方有难忘的体验，这样他们就能感受到它们的历史和文化意义。

4.2.4　主要成果 4：公众参与

保护部与毛利部落合作，确保他们在管理保护区方面的利益得到满足。这意味着确保政策、战略和规划能够反映毛利人的世界观和他们作为当地人的身份。企业和公司通过制定自己的环境绩效标准，并通过环保伙伴关系发挥重要作用。反过来，合作伙伴可以参加由世界保护管理领导者领导的高级项目。

保护部还实施了几项教育计划，旨在提供有关保护区的信息，鼓励人们了解生态学和重要的动植物物种。其中有为儿童设计的，目的是从小激发他们对环境保护的兴趣。保护部与社区合作很重要，因为他们代表社区管理这些共同构成新西兰公共保护地的地方。保护部还试图通过保护项目来吸引年轻人，教育和激发其对环境保护的兴趣。

4.3　保护部的巡护员

保护部的巡护员处于新西兰自然保护的最前线，负责承担维护新西兰国家公园的日常任务。像帮助保护新西兰本土鸟类免于被诱捕，就是他们所做的一些最重要的事情之一。他们还负责维护道路和驿站等娱乐设施。根据所发展的技能类型，他们有一系列培训选择。

4.4　保护志愿者

1000 名志愿者协助保护部在新西兰保护区内开展日常活动。没有志愿者的帮助，新西兰的国家公园就不会存在。志愿者们参与诸如诱捕害虫和清除杂草等保护任务。许多热情积极的环保志愿者证明了保护区对许多新西兰人的重要性。他们热衷于确保国家动植物的生存，并受到文化价值观的驱动。

4.5 环保慈善机构

新西兰有许多环保慈善机构，在保护该国的动植物和生态系统方面发挥着至关重要的作用。它们一般有一个单一的保护聚焦，比如某个特定的局部区域或某个特定的物种。作为非营利组织，他们通常依靠志愿服务和捐赠，并受到环保精神的推动。

4.6 保护部的资金获得与支出

保护部每年获得 5.9 亿新西兰元（3.5 亿美元）资金。5.35 亿新西兰元由政府通过税收提供，5500 万美元来自其他来源，包括娱乐和旅游费用（1500 万美元）、捐赠和赞助（2500 万美元）、零售销售（200 万美元）。

保护部有 2500 名全职员工。上述近 50%的资金用于支付员工工资和相关成本，另外 50%用于其他运营目的。

具体而言，保护部的资金用于开展以下活动（表 2–1）：

表 2–1 保护部的资金支出方向与比例

活动	金额	百分率/%
生物多样性保护	NZ$326 m	55
娱乐和游客服务	NZ$185 m	31
社区参与和伙伴关系	NZ$40 m	7
历史遗产保护	NZ$9 m	2
其他	NZ$30 m	5
总数	NZ$590 m	100

- 保护和恢复本地植物、动物和生态系统的生物多样性；
- 为国家公园和自然保护区提供设施和服务，以及为游客提供娱乐信息和游客服务；
- 社区参与和伙伴关系，以支持与当地社区、毛利部落和其他利益攸关方的合作；
- 保护文化和历史遗址及文物；
- 遵守和执行，以确保遵守保护法律和法规；
- 研究和监测，以更好地了解和管理新西兰的自然和文化资源；

● 管理和运营，以支持 DOC 的日常运营。

保护部管理着 8×10^4 km^2 的公共保护土地，几乎所有这些土地都符合 IUCN 的 Ia 类（严格自然保护区）、Ib 类（荒野地区）和Ⅱ类（国家公园）的要求。

生物多样性保护工作的运营支持水平为每 0.01 km^2 40 新西兰元，所有部门活动的运营支持水平为每 0.01 km^2 74 新西兰元。

鉴于有限的资金水平，保护部寻求并获得了大量的社区非财政和志愿者的支持来开展这项工作，这对于实现新西兰的生物多样性愿景和政府可用资金水平至关重要。

4.7　保护部的国家公园总体政策

新西兰保护部制定了国家公园的总体政策（General Policy for National Parks）。这是根据《国家公园法》为管理新西兰国家公园而制定的指导文件。其目的是确保国家公园的多重目的和相互竞争的功能之间达到适当的平衡。具体通过保护管理战略和国家公园管理规划为国家公园管理提供指导。

新西兰保护部制定了国家公园的总体政策，包含一系列与主题相关的政策。就淡水物种、栖息地和生态系统而言，国家公园总体政策中的具体要求包括：

①国家公园管理规划将确定国家公园内的本地淡水渔业、休闲淡水渔业和淡水鱼栖息地。

②应对国家公园内的淡水物种、生境和生态系统进行管理，以尽可能保护所有本地淡水渔业和生境，并保护娱乐性淡水鱼生境，包括：维护和恢复土著淡水渔业的自然地理范围；维持鱼道，并在可行的情况下恢复鱼道，除非这会导致非本地物种进入只有本地物种存在的淡水渔业区域，或会对本地淡水渔业的保护构成威胁；与其他管理机构合作，预防、根除、遏制或排除有害物种，以及防止未经批准转移淡水鱼或水生生物；保护或恢复水体（包括湿地）、河岸地区、地下水、地热和河口生态系统至自然状态。

4.8　国家公园管理规划

新西兰的每个国家公园都有自己的管理规划（National Park Management Plan），由当地的保护委员会、当地的毛利部落和保护部共同制定，但必须符合新西兰《国家公园法》和国家公园总体政策的要求。国家公园管理规划一般为期 10 年，为各个公园规定具体的管理目标。国家公园管理规划采用基于地点的方法来制定政策，并力求取得成果。在游客较少的公园中，可以根据生物地理参数来设定，如涵盖整个集水区或山系。在游客较多的公园，可以根据目的地区域、游客数量和游客从事的活动来设定。有时会混合使用这两种方法，根据生态价值设定国家公园较偏远地区的管理区域，而游客入口区周围则根据使用者活动决定管理区域。

5 保护新西兰的河流

——2011 年新西兰保护部报告

5.1 新西兰的河流系统

新西兰拥有超过 70 个（北岛 30 个，南岛 40 个）主要河流系统，以及众多其他小溪和水道。新西兰的河流和小溪总长度超过 42.5 万公里，其中有一半是小型源头溪流。

这些河流为新西兰的电力供应做出了重要贡献，并提供了社区用水和灌溉农业所需的水资源。它们因娱乐价值、生命力，以及单纯因它们自身而备受珍视。新西兰的河流具有一些独特的特点：短而陡，许多携带大量沉积物。由于新西兰的纬度、气候和多山地形，该国的河流在流量上出现明显波动，且洪水规模相对于其集水区而言非常庞大。

新西兰的淡水生物多样性具有独特性，超过 90%的淡水鱼类物种仅存在于新西兰。此外，新西兰相当比例的河流周边栖息着许多在国际上较为独特的非鱼类生物种类。

5.2 保护价值

对偏远地区的保护最初是出于保护水源和土壤的需要，而不是为了公众使用或保护生物多样性。但保护减轻了下游农田和城市中密集土地利用所导致的水质恶化的影响，不仅提供了清洁的用水资源，也通过减少对下游地区水质的不利影响来造福公众。

尽管国家公园和公共保护土地内的河流被认为受到了保护，但实际上其水质通常未受到同等程度的保护。尤其是这些河流的中下游地段往往缺乏足够的保护。可以说，新西兰尚未成功建立一个全面的、涵盖各个方面的河流保护系统。这也是新西兰的淡水生物多样性继续下降的原因之一。新西兰保护部认为，这是因为更多的注意力被放在了河流的使用和开发上，而非对它们的保护上。

每条河流都扮演着一条生态走廊的角色，从其发源地高山或丘陵地带一直延伸至海洋，跨越各种法定土地范围。然而，河流的不同部分受到各种在其上游或沿河流允许的活动的影响。河流系统向海岸输送的水的质量和数量直接影响了沿海水质和沉积过程。将河流视为排水系统来管理的做法非常普遍，这已经导致了低地河流栖息地的大规模破坏。这一做法至今仍在持续。

6　淡水栖息地的重要性

淡水生态系统在新西兰生物多样性、经济活动、休闲娱乐、文化价值以及人民福祉方面发挥着关键作用。各种本土植物和动物都深度依赖淡水资源。其中一些物种仅存在于新西兰，且通常高度适应它们的栖息地。

毛利文化与水源密切相关。awa（河流）是 whakapapa（家谱）的重要组成部分，同时淡水也滋养着传说中的 taniwha 并保护着 wāhi tapu（神圣区域）。此外，awa 还提供了重要资源，包括 mahinga kai（采集）、harakeke（亚麻），以及一些具有文化重要性的物种的栖息地（例如 tuna，即鳗鱼）。

新西兰的淡水生态系统正面临多重挑战，其中包括土地开发加剧、森林砍伐、排水、水流减少、污染、泥沙沉积、养分堆积以及入侵物种的蔓延。这些压力对该国的淡水生物造成了严重的影响，使它们更容易遭受栖息地丧失和退化、入侵物种的竞争和捕食、过度捕捞以及杂交等多重威胁。

7　新西兰河流系统的治理

河流的治理因其自身的动态特性、长度、集水区的规模以及价值观的多样性、参与管理的机构的众多（土地、水资源和渔业管理等）而变得相当复杂。

在新西兰，没有政府机构明确承担保护和维护一个整体实体河流的责任。地方议会、地方政府、保护部（DOC）以及土地信息管理局（LINZ）各自承担管理河床、河面上的商业活动以及周围土地区域的不同责任。LINZ 管理大片河床，但这些地区并不得到保护性管理。DOC 负责管理大多数本土淡水物种，包括白鲤鱼。渔业部（MFish）管理具有商业价值的本土物种（如鳝鱼）。渔猎理事会管理体育渔业和狩猎。环境部部长和环境部（MfE）可以制定国家政策和国家环境标准，这些政策和标准会对河流产生影响。而地方政府必须根据这些政策和标准妥善考虑，采取各种措施，确保遵循相关规定、不与之相抵触。（表 2–2）

这一众多机构参与的保护和发展活动，类似于秦岭国家公园地区面临的情况，需要更强的协调和共同监管。随着研究水平和研究质量不断提升，有效的治理需要及时应用最新研究成果。在新西兰，保护部设有首席科学顾问，其职责是确保治理职能人员能够快速获取最新的大学和其他机构的研究成果。在秦岭国家公园，可以考虑设置包括科学咨询小组在内的相关机构，并思考这些机构如何与现行治理方式相结合可能会非常有益。

除了保护本土物种的责任外，DOC 还积极管理公共保护土地内的淡水区域，包括河流、小溪、湖泊和湿地，并倡导保护公共保护土地之外的重要淡水生态系统。根据 1987 年颁布的《自然保护法》的第六条规定，特别是第六条（a）、（b）和（d）的规定，上述提到的职责都属于 DOC 的广泛职责的一部分。此外，DOC 还有一个明确的职责："在切实可行的情况下保护所有本地淡水渔业，并保护娱乐性淡水渔业和淡水鱼生境。"［第六条（a）、（b）条］

表 2–2　新西兰不同政府机构及其职能和相关法规

职位或部门	主要职责	相关法规
环境部部长	在《资源管理法案》（RMA）下监督淡水管理	《环境法案》，1986 年
	建议颁布有关淡水的国家政策声明	《资源管理法案》，1991 年
	建议制定有关淡水的国家环境标准	
	建议批准对水务基础设施的管理机构的要求	
	建议使用水资源保护令	
	召集有关淡水的国家重要事项	
	监督环境部	
环境部	为部长提供有关淡水管理的政策建议	《环境法案》，1986 年
	传播有关淡水管理的信息	《资源管理法案》，1991 年
	参与协作工作，改进淡水管理	
环境保护局	处理被"召集"的有国家重要性的淡水管理事项	《资源管理法案》，1991 年

续表

职位或部门	主要职责	相关法规
保护部部长	在 RMA 下监督沿海管理，包括沿海环境内的淡水	《自然保护法案》，1987 年
	建议颁布新西兰沿海政策声明	《资源管理法案》，1991 年
	召集沿海环境内的国家重要事项	
	监督自然保护部和渔猎理事会	
自然保护部	管理公共保护土地	《自然保护法案》，1987 年
	管理野生动物	《淡水渔业法规》，1983 年
	进行淡水渔业研究	《资源管理法案》，1991 年
	倡导保护水生生物和淡水渔业，包括参与 RMA 程序	
	推广保护的好处，准备和传播保护资料	
	控制对本地淡水物种和栖息地造成损害的引入物种	
渔业部部长	管理淡水渔业，不包括体育渔业和白鲤	《渔业法》，1996 年
本地团体	对淡水水体进行 kaitiakitanga（监护）	
	特定水体的共同治理和协同管理	
	和解协定	
渔猎理事会	管理淡水体育渔业和游禽（主要是水鸟）	《自然保护法案 》，1987 年（第 5A 部分）
	倡导保护体育渔业和游禽的利益，包括参与 RMA 程序	《野生动物法案》，1953 年（第 2 部分）
	对钓鱼者和猎水鸟者的行为给予许可	《资源管理法案》，1991 年
	实施体育渔业的孵化和繁育计划	
	进行研究、信息和教育活动	
地区理事会	控制影响淡水水体的排放	《本地政府法案》，2002 年
	控制淡水的取用、蓄水和分流	《资源管理法案》，1991 年
	分配淡水资源	
	控制土地利用对淡水质量、数量、生态系统和自然灾害的影响	
	控制向淡水体床部引入植物	
	保持本地淡水生物多样性	
地方政府	控制土地利用对淡水水体的影响	《本地政府法案》，2002 年
	控制淡水水体表面的活动	

续表

职位	主要职责	相关法规
地方政府	提供水务和污水处理服务	
	可能控制排水	
监护人	就水力、湖泊管理向部长提出建议	《自然保护法案》，1987 年

8 《水源保护法令》的使用

《水源保护法令》（WCO）是承认和提供河流内在价值保护的主要法定工具。它正式承认了水体的卓越景观和内在特质。《水源保护法令》用于实现以下目标：

- 尽量保持水体的自然状态；
- 保护水体所具有的各种价值，如作为陆生或水生生物的栖息地，支持渔业，提供野生、风景或其他自然特征，具有科学和生态价值，以及满足娱乐、历史、宗教或文化需求；
- 保护《毛利习惯法》（*Tikanga Māori*）中认为具有卓越重要性的水体特征。

在历史上，WCO 主要用于保护受威胁的河流，新西兰仅有少数河流受到 WCO 的保护。新西兰保护部建议更具战略性地使用 WCO，对一系列有代表性的河流进行保护，同时实施新西兰生物多样性战略。

为对河流进行更加强有力的保护，新西兰保护部建议采取以下措施：

- 需要政府承诺保护那些仍然保持自然状态或接近自然状态的河流系统和河段，或那些具有卓越的野生、风景和其他宜人特征的河流。新西兰的许多河流已经被大大改变，特别是在低地流域。保护这些仍然具有自然特征的河流，可以防止这些高价值的河流进一步受到损害。这些价值一旦丧失，将几乎无法恢复，这对后代是很大的损失。
- 建立一套有代表性的受保护的河流系统，包括具有卓越的生态、景观、风景、娱乐、宜人和文化特征及价值的河流。保护各种不同淡水生态系统、栖息地和生物多样性的代表性完整区域至关重要。尽管某些山地河流和溪流被包括在新西兰的国家公园和公共保护地内，但几乎没有中段和下游河流受到保护。许多具有重要意义的水域没有得到正式的保护。

●需要一份涵盖新西兰河流保护范围的清单，提供基准信息，跟踪各种淡水生态系统和栖息地全面保护的进展，并确定需要额外保护的区域。

●建立具有明确责任的政府机构，负责保护河流，包括推动制定《水源保护法令》(WCO)。

●确保水资源管理能充分反映被保护土地和其中的河流的保护状态。

●国家公园范围内的河流和水体应当具备国家公园的地位。由于其巨大的面积和高度的保护性质，国家公园在河流保护方面至关重要。在大多数情况下，国家公园状态保护了公园边界内所有水体的底部，但只在一些情况下覆盖水体本身。国家公园对水体的保护没有拓展到河流水体本身，也未辐射到国家公园边界之外。因此，即使是部分位于国家公园内的河流，也未得到全面的保护。

●政府拥有具有保育价值的河床，应按这些价值进行管理。河床为鸟类、鱼类和植物提供了重要的栖息地。目前，对这些河床没有具体的管理目标，而且公众也没有权利参与决定如何使用或管理这些河床。

9　淡水生态系统保护原则

水以不同的状态存在，可以通过水循环来描述：在大气中，以雪和冰的形式存在；在地面和地下以液态水的形式存在，其中一些是地热能。它确立了水只是部分可再生资源。当代和后代新西兰人都有权享受共同的淡水资源及其带来的环境、社会、文化和经济利益。

新西兰的淡水资源正接近危机边缘。经济动因主导了淡水的管理，对淡水的其他价值产生了不利影响，并认为淡水管理需要采取长期综合性的方法，以保护和保存淡水资源，使其众多用途和价值都得以实现。为此制定了以下原则来指导其工作。这些原则阐明了从山地到开放海域，淡水与土地之间的相互关系，并说明淡水对所有生命都至关重要。

9.1　治理方法

●淡水是一种宝贵且对所有人的生活都至关重要的共同资源，应该受到尊重和管理，以造福所有人和自然生态系统。

●淡水环境应该以综合、长期、整个流域的方式进行管理，我们应该认识到各个组成部分和各种价值观之间复杂的相互关系。

●对于水资源的分配决策必须考虑整个流域、地区和生态系统的背景，包括各种环境、流动模式、地形和景观。

●应该制定明确的国家政策，以解决不同的价值和用途之间的矛盾关系。

●应该允许公众和本地社区参与决策过程，并应考虑保护、管理和理解传统知识以及科学理论的原则。

●淡水的数量和质量应该受到定期监测，以确保水资源的状况被及时了解。新的信息和研究成果应该被审查，并及时用于调整水资源管理。

●当信息不足或存在潜在不可逆转的影响时，应该采用预防原则，即谨慎行事，以防止可能的损害。

●饮用水（供人类和动物饮用）应当被视为最高优先级，比其他消耗性用途的水更重要。

●任何分配水资源的决策都应该基于环境的可持续性、公平和公正性，而不应该仅仅出于追求最大经济利益，而且不应该允许水资源的再销售或交易。

9.2　保护

●淡水资源管理应该考虑多方面的价值和目标，特别是关于水体内部价值的保护，包括水体之间的连通性、河岸边缘的保护，以及对本土生物多样性、自然特征、内在价值、娱乐和美感价值、荒野价值、历史和 wāhi tapu（具有宗教或文化意义的地点）价值以及生态系统服务的保护。

●优先考虑新西兰独特的本土植物和动物。

●应该让本土水生物种以自然丰富度存在。

●应该认识到河流、湖泊及其出口为自然海岸提供沉积物的作用。

●淡水管理应包括恢复受损的水体和它们的边缘的措施。

●淡水管理应包括防止新害虫的出现，并提供对现有害虫的控制、减少和消除措施。

●淡水管理应提供与淡水水体相邻的开放空间以及对河口、湖泊和水道的访问通道，以造福公众的娱乐和享受。

9.3　可持续

●淡水管理应确保水资源的利用以及其中的土著物种在生态上是可持续的，并以一种能够维护其潜在价值以供未来世代使用的方式进行管理。

●水对于游泳和食物采集都应该是安全的。

●淡水管理必须解决资源开采使用和排放的累积效应。

●应该在源头减少或消除水污染物，而不是在造成环境损害之后进行清理和修复，因此，产生弥散源污染的土地使用必须得到与点源排放同样严格的监管。

●评估淡水环境的状况和结果应该基于具体的水体或水道的特征和价值来进行，而不是采用一种通用的标准或方法。

●淡水管理制度应该承认自然过程（包括洪水、干旱和气候变化）所带来的变化。

9.4　具体管理

●水资源的使用授权许可应该是有限期的，可以定期审查，并设定包含使用时间、数量等具体条件。

●新西兰需要建立一个国家级的水质和水量监测网络，该网络覆盖流动水体、湖泊和湿地，能够提供跨区域兼容的数据。

●收集的数据应该用于研究和建模，以建立降水和河流流量之间的联系，从而更好地理解和预测水流和河流行为。

●需要投入资源来提升管理能力，并在区域尺度提供合适的水文技能，在国家尺度提供水文建模技能。

10　《国家淡水管理政策声明》

在新西兰，《国家淡水管理政策声明》（*The National Policy Statement for Freshwater Management*，NPS-FM）是一项旨在保护和提高所有淡水资源质量的中央政府指令。它规定了淡水管理的国家目标和政策，强调可持续管理、保护生态系统健康和恢复受损水体。NPS-FM 指示所有地区委员会制定与这些目标相一致的淡水管理规划，促进水质和水量管理，并促进社区参与决策。

NPS-FM 是应对新西兰淡水生态挑战和确保其淡水生态系统长期健康的重要工具。要求采用一致的方法监测淡水质量。这意味着，无论土地使用权属如何（国家公园或集体农田等），都可以很容易地通过比较水质指标获得对河流情况的全面了解。NPS-FM 中的具体措施，包括使用的技术方法，均是围绕以下两个维度组织。

一是需要限制资源使用的属性：

●浮游植物（营养状态）；

●固着生物（营养状态）；

●总氮（营养状态）；

●总磷（营养状态）；

●氨（毒性）；

●硝酸盐（毒性）；

●溶解氧；

●悬浮细泥沙；

●大肠杆菌；

●蓝藻（浮游植物）。

二是需要行动计划的属性：

●沉水植物（本地物种）；

●沉水植物（入侵物种）；

●鱼类（河流）；

●大型无脊椎动物；

●沉积的细沉积物；

●溶解氧；

●湖底溶解氧；

●中低温溶解氧；

●溶解活性磷；

●生态系统新陈代谢；

●大肠杆菌。

11　监测和评估淡水生态系统质量

通用的监测和评估协议允许进行稳健的纵向研究，通过重复测量同一变量来评估变化或趋势。DOC 建立了生物多样性清单和监测工具箱，以确保标准化的可重复措施。

11.1　监测淡水环境及淡水鱼类的方法

监测淡水环境的具体方法包括：

●淡水生态系统中的大型无脊椎动物监测；

●溪流生态系统中的固着生物监测；

●淡水生态系统中的定量周边生物监测；

●溪流栖息地评估现场表；

●湖泊淹没植物指示器。

监测淡水鱼类的具体方法包括：

●聚光灯法：固定距离和多次采样法。这些方法令观测者聚焦于标准长度的溪流（100～400 m），以观察夜间活动的鱼类。

●电捕鱼法：固定距离和多次采样法。这些方法使用背包电铸机，通过评估可涉水淡水系统的生物社群组成来估计类群丰富度和相对丰度。如果收集到足够数量的鱼类，也可以获得种群结构的其他衡量指标（例如大小/年龄/等级/代表性等）。

11.2　监测整个流域的淡水质量

流域监测对于有效的流域管理至关重要。这是因为源头区仅代表流域复杂水文网络的一小部分，河流系统的任何一点变化都可能产生深远的影响，影响水质、生物多样性和人类社区。

全面的监测可以较早地发现污染源和生态系统压力源，这些压力源可以在系统的任何一点产生。如果任由（下游）河流系统被进一步污染，在上游源头区设置国家公园保护水质的努力可能会失去应有的价值。在几乎所有情况下，从源头解决问题都是最具成本效益和对环境无害的方法。它还可以使管理者全面了解即将被规划的河流，从而进行有效的综合土地利用规划。

12 河流分类系统

管理者近来在理解和构建河流系统模型方面做出了相当大的努力。这是由于人们越来越意识到可用水资源的有限，以及农业系统集约化累积影响导致的水质恶化。河流系统建模的大部分工作来自地区政府，它试图确定用水和水污染的关键来源和驱动因素。这项旨在检查整个流域的工作也延伸到了河流系统的源头区及其源头所属的山脉。在新西兰，这些水源地通常是公共保护区。对于秦岭国家公园来说，考虑整个流域的模型可能很重要，包括拟建国家公园边界之外的下游水道。地方政府对于目前的水质状况进行建模并将这些措施应用于国家公园区域也可能很有用，这样就可以更容易地理解关键问题。

12.1 河流环境分类系统（REC）

河流环境分类系统（REC）是一个强大的资源管理工具，它可以组织和绘制新西兰河流物理特征的信息，包括流域气候、地形、地质和土地覆盖（表 2−3）。新西兰整个河流网络（超过 42.5×10^4 km 的河流）的单个河段数据都被绘制入地图。这些地图和数据可用于一系列水资源管理目的，包括环境评估、政策制定以及环境监测和报告。

REC 为解释环境信息提供了一个背景——生态系统在规划和决策中的作用。它提供了一个全国一致的河流环境分类标准，可以在地方和国家的不同规模和详细程度上应用。这使得它适合任何资源管理机构使用。

REC 将河流或河流的一部分分为六个等级进行分组和分类。每个 REC 等级河段的位置都在地图中被标注出来，由此可以识别新西兰任何河段的等级。REC 的分级标准是在一系列空间尺度上物理和生物特征的变化。水文、水力学、水质和生物群落等对于水管理很重要的特征在同一等级内相似，在各等级之间则有显著不同。REC 等级结构的每个等级都基于一组过程（例如水文过程）的差异，这些过程被认为是形成河流典型空间尺度上物理和生物特征模式的原因，直接影响河流的物理和生物特征，从而区分河流环境价值和经济资源的变化，以及资源利用的影响。认识到过程变化的空间尺度，对于确定开展管理活动（如监测）的尺度很重要。

表 2–3　河流环境分类系统

<table>
<tr><td rowspan="6">气候</td><td>温暖—极度潮湿</td><td rowspan="6">WX WW WD CX CW CD</td><td rowspan="6">103 ~ 105 km^2</td><td rowspan="6">高程类别的流域降雨量、湖泊受影响指数</td></tr>
<tr><td>温暖—潮湿</td></tr>
<tr><td>温暖—干燥</td></tr>
<tr><td>凉爽—极度潮湿</td></tr>
<tr><td>凉爽—潮湿</td></tr>
<tr><td>凉爽—干燥</td></tr>
<tr><td rowspan="8">水源（地）</td><td>冰川—山地</td><td rowspan="8">GM M H L Lk Sp R W</td><td rowspan="8">102 ~ 103 km^2</td><td rowspan="8">年平均降水量、年平均潜在蒸散量和年平均温度</td></tr>
<tr><td>山地</td></tr>
<tr><td>丘陵</td></tr>
<tr><td>低海拔区域</td></tr>
<tr><td>湖泊</td></tr>
<tr><td>泉水</td></tr>
<tr><td>人为管控</td></tr>
<tr><td>湿地</td></tr>
<tr><td rowspan="7">地质岩性</td><td>冲积土</td><td rowspan="7">Al HS SS VB VA P Ml</td><td rowspan="7">10 ~ 102 km^2</td><td rowspan="7">各地质类别在断面汇水中的比例</td></tr>
<tr><td>硬质—沉积</td></tr>
<tr><td>软质—沉积</td></tr>
<tr><td>火山岩—基岩</td></tr>
<tr><td>火山岩—酸性岩</td></tr>
<tr><td>深成岩</td></tr>
<tr><td>混杂岩性</td></tr>
<tr><td rowspan="8">土地覆盖</td><td>荒地</td><td rowspan="8">B IF P T S EF W U</td><td rowspan="8">10 km^2</td><td rowspan="8">流域内各土地覆盖类别的比例</td></tr>
<tr><td>本土森林</td></tr>
<tr><td>田园</td></tr>
<tr><td>草丛</td></tr>
<tr><td>灌木</td></tr>
<tr><td>外来种群森林</td></tr>
<tr><td>湿地</td></tr>
<tr><td>城市</td></tr>
</table>

续表

流域网络位置	低阶	LO MO HO	1 km^2	流域网络中的河流等级
	中阶			
	高阶			
山谷地貌	高梯度	HG MG LG	1 km^2	基于欧几里得长度的剖面谷坡度
	中梯度			
	低梯度			

2007 年，Horizons 地区委员会将 REC 框架应用于其所在地区的河流，包括旺加尼河，其中一部分河流是旺加尼国家公园的一部分。这项工作是根据河流生态系统类型对整个地区进行水管理子区分类。

12.2 新西兰淡水生态系统地理数据库

其他制图和建模工作包括开发新西兰淡水生态系统地理数据库。这汇集了环境、生物数据集以及包括 REC 在内的分类模型。它还致力于通过使用基于专家意见的方法来估计人类对生物完整性的影响，该方法围绕着确定 3 种广泛环境类型中的因素来构建：①人类变化的主要驱动因素；②该驱动因素对生态完整性的可能影响；③将这些影响结合起来以得出整体状况评分。该数据库正在使用建模来预测潜在的生态热点区，例如北岛中部和怀卡托部分地区的溯河产卵鱼类群落分布区。

该数据库还允许对包括受保护程度在内的其他因素进行建模。然而，当考虑规划单位的生态价值时，它表明其与相对保护水平缺乏代表性。

12.3 河流价值评估系统（RiVAS）

河流价值评估系统（RiVAS）是一个基于多标准分析的工具，可以根据任何指定的价值对任何一组河流进行优先排序。这是新西兰开发的一种工具，用于帮助委员会根据特定用途或价值对其所在地区河流的相对重要性进行排名。该方法使用最佳，可用数据和专家小组知识，根据每个值的一组标准属性和指标对河流进行评估。阈值允许将该信息转换为每个指标 1～3 的数字分数，然后可以将它们相加，以获得每条河流的总分。RiVAS 已用于分析和比较一系列娱乐活动的价值，包括河流游泳场地和自然特征。

12.4　自然特性评估

考虑到河流的自然特征，可能需要一种整体的方法，以便能够确定全方位的价值观和相关知识。自然特征可以被认为是人类改造程度相对较低的那些品质，因此由自然模式中出现的自然元素组成，并以自然过程为基础。然而，确定修改的水平可以根据人们的感知而有所变化。在新西兰，环境法被认为是一种“文化建构”，“因观察者而异”。

在评估马尔伯勒野生河流的自然特征时，考虑了以下 8 个自然特征属性（表 2–4）：

表 2–4　自然特征属性

河流属性组	主要属性
河道	①河道形态
	②流态的被改变（干扰）程度
	③水质
	④外来水生动植物
	⑤建筑物和其他人类改造
岸边带	⑥植被覆盖
	⑦建筑物和其他人类改造
更宽尺度的景观格局	⑧景观格局特征的改造

然后使用专家小组知识，评估每条河流的 8 个属性，并给出 1～5 之间的数字分数，再对每条河流进行比较排名，最后在河流和区域尺度上提出政策和管理建议。

13　新西兰的湿地

湿地就像地球的肾脏，可以净化流入其中的水；可以截留沉积物和土壤，过滤出其中的营养物质，并去除污染物；可以减少洪水，保护沿海土地免受风暴潮的影响；可以维持地下水位；还可以促进氮循环，将氮元素送回大气。

过去，这些湿地经常被排干，并认为“得到了更好的利用”。但现在人们知道，它们是必不可少的，也是世界上生产力最高的环境之一。在新西兰，湿地比任何其他栖息地都更有利于支持的生物多样性。

13.1 人类活动的威胁

在新西兰，人类活动对剩余的湿地构成了威胁，包括：

砂石开采会导致水位变化，破坏现有植被，并为杂草生长提供基础；

湖泊和河流岸带、潟湖和河口的土地开垦，以及农场沼泽的排水，减少了湿地面积；

农田沉积物和营养物质过量汇入径流造成的污染；

动植物害虫入侵；

湿地和周围流域的畜牧放养会破坏植被，降低土壤的稳定性，并造成污染；

过于肆意的娱乐活动，包括滥用喷气式滑雪机、皮划艇、电动船，以及狩猎、钓鱼，会扰乱动植物生活，并可能破坏部分湿地的物理环境；

采伐靠近湿地的森林可能会破坏湿地植被并造成土地侵蚀；

周围流域植被的丧失会使多余的沉积物直接流入湿地；

种植松林从地下水系统中抽水，导致湿地供水枯竭，管理不善的耕作方式导致沉积物和化肥流失；

用于城市或农村发展的湿地排水。

13.2 绿色水道（Arawai Kâriki）案例研究

Arawai Kāriki 计划正在指导新西兰 5 个重要湿地的生态恢复工作。Arawai Kāriki 被翻译为“绿色水道”（下文沿用此称呼），是 DOC 的旗舰性湿地保护和科学计划。它于 2007 年启动，在国家重要地点的淡水研究和恢复方面发挥着重要作用。

绿色水道涵盖了从北部到南部的各种湿地、湖泊、河口和河流生态系统，涵盖了新西兰 5 个最杰出的湿地生态系统。新西兰的湿地曾经覆盖 24000 km^2，但其中 90%以上已经被排干或清除。剩余的湿地及与其连接的湖泊和河流正受到土地利用变化、气候变化和有害动植物群的威胁。

DOC 正在与科学家、iwi（毛利文化组织）、其他合作伙伴和社区合作，了解并恢复这些重要自然环境的健康。研究、合作和公众参与是绿色水道计划的内在要素。

14　两个关键挑战与机遇

新西兰国家公园管理由保护部（DOC）领导，采用全国统一的方法管理保护区及其特有物种和栖息地。然而随着国家公园系统的发展，人们逐步认识到，完全统一的管理系统也会限制保护的效果、质量，并充分认识到特定地方的标准的作用。特别是现有的两个重大挑战（也可以视为创新机遇）正在影响国家公园管理。

第一个挑战涉及气候变化带来的日益严重的影响，以及人类世的出现，这直接影响了栖息地和物种的还原能力。在新西兰，DOC 正致力于通过以下方式保护新西兰本土物种、生态系统、户外娱乐和遗产地免受气候变化的影响：

①制订以保护为重点的气候变化适应行动计划；

②到 2025 年将碳排放量减少 21%，以支持全球限制气候变化的努力；

③强化与淡水生物多样性相关的科学，以及应对气候变化和管理保护淡水的方法；

④使包括小径、露营地、桥梁和木栈道在内的 DOC 资产适应气候变化。

第二个挑战是社会和文化因素在保护区管理中的相关性和重要性越来越大，因为需要考虑当地居民以及社区的期望。在 21 世纪，应该采取哪些系统，以支持和加强国家公园和保护区过去、现在，特别是未来的价值？这些挑战需要对过去、现在和未来的景观系统形式进行调查。

就秦岭国家公园而言，就需要考虑在水道及与国家公园接壤地带的景观的保护措施，该运用哪些有效办法，以使得国家公园内部的保护措施与外部的其他措施之间的对比不至于过于强烈。

14.1　气候变化

新西兰正在通过一项计划，以同时应对与气候和生物多样性相关的紧急情况。应对和减轻气候变化影响的工作分为 3 个主要领域：适应、缓解和固存。

14.1.1　适应

DOC 的“2020—2025 年气候变化适应行动计划”给出了其应对气候变化的措施，从管理游客资产到降低陆地、河流和海上本土生物多样性的风险，包括：

- 对本土物种能承受的影响进行脆弱性评估，包括目前关于气候变化对本地青蛙产生的影响；
- 与 NIWA（美国国家水和大气研究所）合作，更新并提供关键地理空间气候预测数据；
- 对访客基础设施进行气候变化脆弱性评估。

14.1.2 缓解

支持政府碳中和的计划，该计划要求根据 1.5 ℃的全球变暖情景相应地减少 DOC 的碳排放，包括：

- 将 DOC 的乘用车车队改为电动车队；
- 减少车队的总规模；
- 开发和使用内部碳仪表板来协助运营决策；
- 向在偏远地区使用可再生电力转变；
- 优化工作安排，以明确一些车辆和直升机使用的减排选项。

14.1.3 固存

DOC 正在制定各种方案，最大限度地提高碳储量，并增加本地生态系统内的自然封存，以实现未来的碳目标。利用本地生态系统进行碳固存可以建立和提升长期碳汇的优势，同时也支撑了国家关键的生物多样性目标。目前的重点是研究解决本土森林和非森林生态系统中碳储存方面的差距，包括：

- 了解碳储存变化的驱动因素的研究，包括通过害虫动物控制和其他干预措施提高成熟和再生森林碳储存的潜力；
- 最大限度地提高一系列生态系统类型的碳固存和生物多样性成果的恢复实践。

14.2 退缩的冰川

新西兰位于广阔的太平洋中央。沿着南岛延伸的南阿尔卑斯山，通过捕捉信风从海洋中吸入的水，在维持岛上的生命方面发挥着重要作用。山脉、冰川和雪原就像大自然的水塔，引导雨水的下落。这些山脉在冬季收集积雪，然后在夏季融化，为河流、溪流和湖泊提供淡水，野生动植物都依赖于此得以生长。这片山脉形成了一个不断变化的生态系统组合，从西海岸郁郁葱葱的雨林到东部的旱地。

塔斯曼海的潮湿空气被强烈的西风带到新西兰西海岸。当潮湿的空气与南阿尔卑斯山相遇时，向上升起并冷却。云层中的水蒸气凝结成大雨，形成了一片郁郁葱葱的海岸雨林。这些森林地区的年降雨量是世界上最高的，一些地区的年降雨量超过 10 米。

在海拔较高的地方，雨会结冰，并以雪的形式沿着南阿尔卑斯山脉落下。在寒冷的冬季，积成厚厚的积雪。在炎热的夏季，雪融化了，淡水涌入溪流和河流。这些为麦肯齐盆地的大湖提供了水源，并用于水力发电。一旦越过山脉，空气就会下降并变暖，湿气就会蒸发。这在南阿尔卑斯山东侧产生了“雨影”效应，使麦肯齐县成为该国最干旱的地区之一。

然而，在 1977 年至 2017 年的 40 年间，沿着这些山脉，30%的冰川总量已经消失，所有冰川都在萎缩，冰川体积也在变小。目前的模型表明，新西兰的所有冰川最快可能在未来 80 年内消失。这些变化将对奥拉基库克山国家公园、阿斯皮林山国家公园、韦斯特兰大普提尼国家公园和亚瑟关国家公园等产生巨大影响。它还将影响更广泛的 Te Wahipounamu 联合国教科文组织世界遗产。还将对整个河流系统产生相当大的影响，影响当地的生物多样性、河流流量、水力发电和农业。在保护区内外采取行动减少和消除碳污染，对于保护脆弱的生态系统和相关水道至关重要。

15　保护新西兰最稀有的淡水鱼类

加拉昔鱼（Galaxiid）是新西兰稀有的本地鱼类，正如新西兰许多物种都是非迁徙性的，这些种群和物种都被限制在特定的水道中。又如濒危的中奥塔哥圆头加拉西亚斯鸟在 Taari 河上游和 Manuherikia 河的少数支流被发现。就像新西兰的本土鸟类一样，它们也受到外来物种和栖息地改变的威胁。Spec Creek 这个保护区是由当地农民创建的，从社区角度为这些稀有鱼类和鸟类提供了一个安全的家园。

保守的农业做法，如限制牲畜进入水道、限制在河岸边种植，都是当地农民为加拉昔鱼提供更好的栖息地的方式。生长在水道上的本地植被，如莎草和亚麻，有助于保持较低的水温，减少藻类水华，还有助于去除多余的营养物质，减少到达水道的沉积物的含量。这避免了沉积物堵塞河流鹅卵石之间的空间，使加拉昔鱼更容易繁殖和觅食。清洁的水支撑着银河目物种和其他鱼类所依赖的复杂的溪流昆虫生态系统。此外，屏障的使用和电动捕鱼有助于阻止鳟鱼进入这些小型源头溪流，从而为加拉昔鱼增加数量提供了更好的机会。

金枪鱼和鳗鱼也是本地的主要鱼类。长鳍鳗鱼只在新西兰被发现，被列为濒危物种，数量正在减少。它们受到人类活动的严重影响，如污染、建造水坝、栖息地附近植被丧失和过度捕捞。对此可采取的保护措施包括：

- 拆除障碍物，并提供通过涵洞、水坝和堰等结构的鱼类通道；
- 通过将水道与农场动物隔离来保护河岸植被；
- 沿着溪流边缘种植本地植物，为鳗鱼和其他鱼类提供阴凉的栖息地；
- 在农场和公共场所创建和加强湿地；
- 鼓励保护，阻止过度捕捞。

伊南加鱼（Inanga，Galaxias maculatus）是一种常见的本地银鱼。其他银鱼还包括带状的南乳鱼（kokopu）、kōaro 和短颌南乳鱼。所有这些物种都属于迁徙的加拉昔类鱼。目前尚不确定伊南加鱼面临的威胁程度，也不确定栖息地的丧失或过度捕捞是不是它们目前数量下降的主要原因。保护鳗鱼的方法也适用于保护伊南加鱼，确定严格的捕鱼季和可接受的捕鱼方法。这包括捕鱼的任何结构的大小和位置，以及渔网的大小和设计。

16　关于建立野生河流公园的建议

联邦山地俱乐部提议在西海岸建立一个占地 5000 km^2 的野生河流公园。拟建的野生河流公园将包括 16 个重要的河流系统、3330 km 的水道、75 个命名的冰川、122 个命名的山峰、112 km 的森林海岸、重要的湿地，以及新西兰西南部联合国教科文组织世界遗产区的一部分、517 km 的成形路线和 84 间 DOC 小屋、18 条标志性的白水漂流道、3 个被峡谷爱好者公认的国家级峡谷。

保护和娱乐团体一直在积极倡导建立该公园，但到目前为止，政府层面还没有采取行动，目前还没有正式的提案。所涉及的场地目前由保护部作为公共保护用地进行管理，其中一些河流也位于西部泰普提尼国家公园（Westland Tai Poutini）内。娱乐活动的管理及其条件和要求的制定，是按照目前正在实施的《西海岸保护管理战略》和《西部泰普提尼国家公园管理规划》来处理的。

就河流、湖泊和潟湖上的非动力水上航行器的使用而言，《西海岸保护管理战略》规定了每天的最大活动次数和每次活动的人数。另外还证实了那些依据需求而为付费访客使用河流提供预订服务的系统将被运用。

17　案例研究：保护野生河流

——莫科胡努伊河与格里芬溪

2008 年，新西兰政府拥有的能源公司 Meridian Energy 提出了建设 80 m 高的水电大坝的计划，该大坝将淹没莫科胡努伊河（the Mokohinui）的一段以及一片长达 14 km 的森林水域。

国家的保护和游憩团体积极倡导保护这条河流，准备将相关提案提交至环境法庭。他们与国家自然保护部门合作，提出上诉，以撤销已批准兴建大坝的资源使用许可，理由如下：

- 大坝对包括蓝鸭（whio）和大斑凯奇鸟（roroa）在内的 11 种濒危鸟类有影响，受到影响的还包括南岛最后几个大型长尾蝙蝠群和国内最出色的北红树树木；
- 河流荒野特征丧失；
- 丧失了包括划独木舟和漂流在内的宜居性和娱乐价值。

Meridian Energy 在此案进入法庭审理之前决定撤回他们的申请。经过努力，将该河流纳入附近的卡胡兰吉国家公园的提案于 2019 年获得批准，该河流将由此获得永久性的保护。

格里芬溪（Griffin Creek）位于新西兰西海岸的公共保护土地范围中，被认为是新西兰最长、最多样化和最美丽的高流量的较小的河流峡谷之一。然而一家电力公司已经获得了国家自然保护部门的许可，计划兴建一座“山涧水电”。该方案将把水输送到峡谷旁，供应位于底部的发电设施。

该提案已获批准，并附加了严格的取水和土地干扰水平条件。然而，自然保护和户外游憩团体认为该电力公司已经违反了这些条件。因为关系重大，自然保护和户外游憩团体认为不应当只修改当前的审批标准，使隐患一直存在，而应要求电力公司提交新的申请。

18 社会–生态系统

最近的研究试图应用 Ignacio Palomo 的“将社会生态学方法纳入人类世时期保护区”的模型，以了解保护区体系如何应用于新西兰的国家公园。在这项工作中，我们观察到，对国家公园和保护区的不同理解可能导致特定的管理方法受到强调。特别是，我们发现将国家公园视为独立系统可以确保在公园边界内进行强有力的保护，但也会减少其在强化景观和区域尺度上的生物多样性方面的价值。

然而这项研究发现，对保护区的普遍管理方法是将它们作为独立的单位（岛屿）或作为一组类似管理的单位（网络）来管理。研究总结建议，在寻求国家公园和保护区管理创新时，景观和社会生态学方法都具有价值，并与中国的国家公园试点项目及其生态文明方向相吻合。

社会生态学方法具有重新构建对保护的理解的能力。作为一种模型，它在结果方面更具实验性和不可预测性。在 2014 年，根据与当地毛利部落图霍伊（Tuhoe）的协议，尤瑞瓦拉（Te Urewera）的国家公园认定被撤销。但由于特定法律的通过，尤瑞瓦拉法仍然保持其特征，并被赋予自主权力，既不受政府也不受当地部落所有权的限制。由此产生的管理规划是独一无二且有针对性的，因为它仅基于有益于尤瑞瓦拉及其健康的活动。近期，旺格努伊河成为世界上第一条被赋予法律地位的河流。与尤瑞瓦拉相似，旺格努伊河的权益决定了可以在那里进行哪些活动。

与其选择特定方法作为特定国家公园的单一策略，不如在国家公园的治理和管理战略中引入多种理解更为可取。例如，可以使用景观方法紧密管理特定地点，而水流、水质和保护河流的整体“生命力”等方面更适合景观和社会生态系统方法。

在新西兰，上述情况正在发生。国家公园、国家标准和框架以及基于流域的跨机构管理方法之间相互重叠的部分得到采纳。在以下对毛利人来说很重要的概念中，这些改变得到了充分体现。以下这些概念对确保整个河流的活力——从源头流向海洋具有适用性。

18.1 从山丘到海洋

“Ki Uta ki Tai”是毛利语中的一个短语，意为“从山丘到海洋”，经常被用来表达在资源管理、保护和可持续性决策时考虑整个生态系统的思想。它强调了以整体方式管理陆地和海洋环境的必要性，考虑它们之间的相互作用以及人类活动对整个系统的影响。

在环境管理方面，“Ki Uta ki Tai”强调管理整个流域或集水区的重要性。这是因为在河流或溪流的上游采取的行动可能会影响下游的水质和生态系统，从而影响陆地和水生环境。这一概念还适用于海洋环境，因为诸如农业、土地开发和环境保护等陆地活动直接影响着沿海和海洋生态系统的健康。

18.2 水作为生命的宝藏

Te Mana O te Wai 是新西兰毛利文化和环境管理的基本概念。其核心原则是理解水具有比人们对其使用或开采所拥有的任何权利都更重要的权利。它要求人们将水视为一种有生命的宝藏并加以呵护，而不是将其视为一种商品，一直使用到枯竭或一直使用到无法存在为止。

在管理淡水资源时，Te Mana O te Wai 的原则确保首先保护水的健康和福祉，然后才考虑其他用途。它建立了三项义务的层次结构，第一项义务必须在第二项义务之前得到满足，而第二项义务又必须在第三项义务之前得到满足。

- 第一优先级是首先确保水的健康和福祉。
- 第二优先级是满足人们的健康需求，例如饮用水。
- 第三优先级是为人们和社区提供社会、经济和文化福祉的能力。

这一层次结构的基础是首先保护国家淡水资源的健康和福祉，以便更好地保护人们和环境的长期健康和福祉。

19 国家公园内外的水游憩

新西兰的湖泊、河流和溪流是广受欢迎的户外游憩场所，包括国家公园之内和之外的地点。这引发了一系列与管理相关的挑战，包括：①活动的适宜性，尤其是机动船只或其他便于进出的交通工具的使用；②希望在同一地点进行不同活动的用户之间的冲突。保护管理策略和国家公园管理规划是预防适宜性和冲突问题的关键工具。不过，游憩活动的吸引力可能随时间而变，与游憩相关的装备的进步也可以带来新的活动，这可能会引发意想不到的问题和紧张局势，例如最近的皮划艇和微型喷射船等新装备。

新西兰国家公园和公共保护区域中受欢迎的游憩活动包括：

- 划独木舟和皮划艇；
- 游泳；
- 驾驶喷射艇；
- 划船；
- 钓鱼（在河流、湖泊中的船只上都可以钓鱼）；
- 峡谷探险；
- 充气船划行；
- 白水漂流；
- 观鸟（特别是在湿地地区）；
- 泡温泉；
- 摄影；
- 沿河岸小径漫步。

大多数娱乐活动都有一部分内容与旅游产业相对应，以产生商业收益。国家公园管理规划为商业活动制定了严格的规程，包括每日、每周和每年游客数量的最大限制，游客团体的规模，活动的时长以及可以进行这些活动的具体地点，等等。

旅游经营者需申请特许权来从事他们的经营活动，并必须满足环境保护、避免或减轻对该地区其他人的影响以及确保游客健康与安全等方面的具体标准。

采用再生旅游原则，确保活动对环境和当地社区产生直接利益已越来越多地成为许多申请考虑的标准之一。

申请流程确定了经营的适宜性以及对环境和其他使用者的影响的可接受性。该流程还规定了每位付费游客应支付的费用、从事旅游活动的许可时长（通常在 10~30 年之间），以及其他监测和报告要求。

20　游客体验的再生设计

旅游经常被认为会对我们的生存环境和自然界产生负面影响。过度拥挤、践踏脆弱的景观以及垃圾和废物的堆放都是众所周知的影响。再生旅游（Regenerative tourism）是一个新的概念，它超越了可持续旅游的传统原则，旨在对目的地和社区产生积极影响。它旨在恢复和振兴环境和当地文化，同时为旅行者提供独特而有意义的体验。再生旅游根植于这样一个理念，即旅游可以直接产生积极的环境效益。通过积极引导游客进行协作和参与式的保护、恢复和学习大自然的经历，使生态和经济效益得以增长。

参考文献

[1]DEPARTMENT OF CONSERVATION. National Park Management Plans[R/OL]. [2024-06-20]. https://www.doc.govt.nz/about-us/our-policies-and-plans/statutory-plans/statutory-planpublications/national-park-management/.

[2] NZ CONSERVATION AUTHORITY. General Policy for National Parks [S]. [2024-06-20]. https://www.doc.govt.nz/globalassets/documents/about-doc/role/policies-and-plans/generalpolicy-for-national-parks.pdf.

[3] NGĀI TŪHOE. Te Kawa o Te Urewera [R]. [2024-06-20]. https://www.ngaituhoe.iwi.nz/te-kawa-o-te-urewera.

[4] NZ CONSERVATION AUTHORITY. Protecting Wild Rivers Report [R]. 2020 [2024-06-20]. https://www.doc.govt.nz/globalassets/documents/getting-involved/nz-conservation-authorityand-boards/nz-conservation-authority/protecting-new-zealands-rivers.pdf.

[5]DEPARTMENT OF CONSERVATION. Introduction to monitoring freshwater fish[Z]. [2024-06-20]. https://www.doc.govt.nz/globalassets/documents/science-and-technical/inventorymonitoring/im-toolbox-freshwater-fish/im-toolbox-freshwater-fish-introduction-to-monitoringfreshwater-fish.pdf.

[6]MINISTRY FOR THE ENVIRONMENT. New Zealand river environment classification user guide[S]. 2010 [2024-06-20]. https://environment.govt.nz/assets/publications/acts-regs-and-policy-statements/rec-userguide-2010.pdf.

[7]NATIONAL INSTITUTE OF WATER AND ATMOSPHERIC RESEARCH. Multiscale River Environment Classification for Water Resources Management[R]. 2018-06[2024-06-20]. https://riversgroup.org.nz/wp-content/uploads/2018/06/4.1_NI-River environmentclassification.pdf.

[8]DEPARTMENT OF CONSERVATION. Paparoa National Park Management Plan[R]. [2024-06-20]. https://www.doc.govt.nz/globalassets/documents/about-doc/role/policies-and-plans/nationalpark-management-plans/paparoa/paparoa-national-park-management-plan.pdf.

[9]FEDERATED MOUNTAIN CLUBS. Wild Rivers park proposal[EB/OL]. [2024-06-20]. https://fmc.org.nz/a-wild-rivers-park-for-new-zealand/.

[10] DEPARTMENT OF CONSERVATION. Statutory Planning Processes [R]. [2024-06-20]. https://www.doc.govt.nz/globalassets/documents/about-doc/role/policies-and-plans/docsstatutory-planning-processes-

inside.pdf.

[11] DEPARTMENT OF CONSERVATION. Annual Report 2021-22 [R]. 2022 [2024-06-20]. https://www.doc.govt.nz/globalassets/documents/about-doc/annual-reports/annual-report-2022/annual-report-2022.pdf.

[12] DEPARTMENT OF CONSERVATION. Galaxiids – Otago's unique freshwater fish [EB/OL]. [2024-06-20]. https://www.doc.govt.nz/globalassets/documents/conservation/native-animals/fish/otagogalaxiids/nevis-galaxias-facts.pdf.

[13]DEPARTMENT OF CONSERVATION. Conservation, ecology and management of migratory galaxiids and the whitebait fishery [R]. [2024-06-20]. https://www.doc.govt.nz/globalassets/documents/conservation/land-andfreshwater/freshwater/conservation-ecology-and-management-of-migratory-galaxiids.pdf.

[14]NATIONAL INSTITUTE OF WATER AND ATMOSPHERIC RESEARCH. Riparian buffer design guide: design to meet water quality objectives[S]. 2023-03[2024-06-20]. https://niwa.co.nz/sites/niwa.co.nz/files/NIWA%20Riparian%20Guidelines_March%202023.pdf.

[15] NATIONAL INSTITUTE OF WATER AND ATMOSPHERIC RESEARCH. Constructed Wetland Practitioner Guide [Z]. [2024-06-20]. https://niwa.co.nz/sites/niwa.co.nz/files/wetland%20practitioner%20Guide-web.pdf.

[16]NATIONAL INSTITUTE OF WATER AND ATMOSPHERIC RESEARCH. Guidance on the nursery cultivation and restoration of native submerged plants in lakes, ponds and rivers [Z]. [2024-06-20]. https://niwa.co.nz/sites/niwa.co.nz/files/Native%20aquatic%20plant%20cultivation.pdf.

[17]NATIONAL INSTITUTE OF WATER AND ATMOSPHERIC RESEARCH. New Zealand Fish Passage Guidelines for structures up to 4 metres[S]. 2014-12[2024-06-20]. https://niwa.co.nz/sites/niwa.co.nz/files/Final%20NZ%20Fish%20Passage%20Guidelines%20with%20Cover%20Page%2014-12.pdf.

[18]LANDCARE RESEARCH. Wetland Restoration: A Handbook for New Zealand Freshwater Systems[M]. [2024-06-20]. https://www.landcareresearch.co.nz/publications/wetland-restoration.

[19] LANDCARE RESEARCH. Te reo o te repo: The voice of the wetland [R]. [2024-06-20]. https://www.landcareresearch.co.nz/publications/te-reo-o-te-repo.

[20]MINISTRY FOR THE ENVIRONMENT. National Policy Statement for Freshwater Management 2020 [S]. 2020 [2024-06-20]. https://environment.govt.nz/assets/publications/National-Policy-Statement-for-Freshwater-Management-2020.pdf.

[21]DEPARTMENT OF CONSERVATION. Climate change adaptation action plan[R]. [2024-06-20]. https://www.doc.govt.nz/globalassets/documents/our-work/climate-change/climate-changeadaptation-action-plan.pdf.

[22]TE MANA O TE TAIAO. Aotearoa New Zealand Biodiversity Strategy 2020[R]. 2020[2024-06-20]. https://www.doc.govt.nz/globalassets/documents/conservation/biodiversity/anzbs-2020.pdf.

专题报告 3
秦岭关键淡水生态系统低等水生生物时空分布①

1　基本概况

秦岭国家公园位于中国中部，是横跨多个地理带和生态系统的重要自然保护区，地理和气候环境的多样性使其成为众多生物物种的栖息地。公园内的淡水生态系统包括多种河流、湖泊、湿地等水体类型，涵盖了高山溪流等丰富水域。由于秦岭独特的地理位置和气候条件，公园内的淡水无脊椎动物群体呈现出显著的物种多样性。常见的无脊椎动物包括水生昆虫、甲壳类、软体动物（如淡水螺和贝类）、环节动物（如水蚯蚓和水生昆虫幼虫）等。水生昆虫种类丰富。随着水体环境的变化，这些无脊椎动物的分布和群落结构也呈现出不同的空间格局。研究表明，秦岭地区的淡水无脊椎动物群落受水质、气候变化和人为干扰等因素的影响显著，生态适应性强的物种能够在恶劣的水质环境和复杂的生态系统中存活。

秦岭国家公园的淡水无脊椎生物在水体生态系统中扮演着重要角色，尤其在物质循环和能量流动方面具有不可替代的功能。许多无脊椎动物是水生食物链的基础，直接或间接地影响着水体中各种生物的生长与繁殖。例如，水生昆虫、甲壳类和软体动物等底栖无脊椎生物以有机物、浮游生物等为食，促进水体的有机物分解和营养物质的再循环。特别是淡水螺和某些底栖甲壳类，它们在清除水中有机沉积物和有害物质方面发挥了重要作用，有助于水质净化和生态环境的改善。同时，作为食物链中的重要组成部分，淡水无脊椎动物为鱼类、鸟类等上级消费者提供了丰富的营养来源，从而对水生生态系统的稳定性和功能性有着深远的

① 西安理工大学，潘保柱、郑羽晨、李晓雪、赵耿楠、侯易明、冯治远，2024 年 12 月。

影响。鉴于秦岭地区淡水无脊椎生物的地方性特征和生态适应性，这些物种不仅是生态学研究的重要对象，而且在保护生态环境、维护水体健康方面发挥着重要作用。随着气候变化和人类活动的加剧，如何保护这些无脊椎物种的多样性以及它们在生态系统中的功能性，已经成为秦岭生态保护工作中的重要议题。

2 调查河段及采样方法

2.1 评价河段设置

2023 年 3—5 月及 10—11 月，我们对秦岭国家公园典型河流的各类水生生物进行了调查，采样点共计 51 个（表 3-1），涵盖了秦岭国家公园较广范围的河流水系。

表 3-1 调查样区及采样点

南麓河流	点位个数/个	已完成点位数/个	北麓河流	点位个数/个	已完成点位数/个
褒河	4	4	清姜河	3	3
湑水河	4	4	清水河	3	3
西水河	3	3	石头河	3	3
池河	3	3	黑河	4	4
月河	3	3	沣河	4	4
旬河	3	3	潏河	3	3
乾佑河	3	3	灞河	4	4
金钱河	3	3	沈河	2	2

2.2 浮游植物调查方法

浮游植物样本采集与分析参照《河流水生生物调查指南》与《淡水浮游生物研究方法》。为减少采样的误差，我们在每个断面采集了平行样品。我们在每个样点采集水面以下 0.5 m 处水样 1 L，加入 1%鲁哥氏溶液固定染色，静置 24～48 h 后，用虹吸原理（输液管）吸出上层液体对样品进行浓缩，然后将余下的 30～45 mL 的沉淀物转入聚乙烯小瓶中，随后用少许上清液冲洗沉淀器并加至其中，定容至 50 mL 保存后送实验室进行分析。对于定性和藻类样品均在显微镜下进行观察鉴定，鉴定时需注意：①对于有些经固定易变形或细胞构造易受破坏的种类，如裸藻、金藻等，应进行活体观察。②对于在显微镜下不易识别的关键结构，可用染色剂染色来显示。③固定样品观察时，为避免鲁哥氏溶液固定导致的藻体变色，可在镜检时向水样中加入一滴硫代硫酸钠溶液进行褪色；对于硅藻，若需鉴定到种，则需对水样进行酸处理，去除硅藻壳体内含物之后再制片镜检。采用显微镜计数法进行定量分析。将浓缩后的定量样品溶液摇匀，用经校正的定量吸管吸取 0.1 mL 注入容量为 0.1 mL 的计数框，盖上盖玻片置于显微镜下镜检计数。每个水样计数两次，将两次计数的结果取平均值，若该平均值与两次计数结果的差距不大于该均值的 10%，则该均值为最终计数结果；否则，计数第三次，将三次计数结果取平均值，同样用上面的方法校验。

2.3　浮游动物调查方法

浮游动物样本采集与分析参照《河流水生生物调查指南》与《淡水浮游生物研究方法》。为减少采样的误差，在每个断面采集平行样品。采用 25 号浮游生物网（孔径 64 μm），将底部阀门关闭，用采水器采集水下 0.5 m 处（若水深小于 0.5 m 时在水深 1/2 处采集）水样共 20 L，倒入浮游生物网后，打开底部阀门，将液体水样收集于聚乙烯小瓶中，滴加浓度为 3%～5% 的甲醛溶液固定保存后送实验室进行分析。

2.4　底栖动物调查方法

大型底栖无脊椎动物（以下简称底栖动物）是指生活史全部或至少一个时期栖息于内陆淡水（包括流水与静水）水体底部表面或基质中且个体不能通过 425 μm 网筛的底栖无脊椎动物，它们具有相对稳定的生活环境，移动能力差。淡水中常见的底栖动物主要包括水生的扁形动物、线形动物、环节动物、软体动物、节肢动物等。底栖动物是水生食物链的重要中间环节，在生态系统物质循环和能量流动中具有重要作用，具有生命周期长、区域性强、迁移能力弱等特点，容易受各种外部环境条件（如水质变化、污染排放、生境破坏等）的影响，进而表现出不同的物种组成和丰度水平，被称为“水下哨兵”。底栖动物按生活习性可分为固着底栖动物、攀爬底栖动物、滑行底栖动物、穴居底栖动物和游泳底栖动物等。它们在水体中分布不均匀，在设置点位采样时应遵循不同生物的生存规律，有针对性地选择，对影响底栖动物的影响因素进行综合考量。

2.4.1 定量采样布设

①不同生境的样方：同一个采样点采集不同的生境样方。对待单一生境采用梅花布点、一字布点或采用S布点，根据样点具体情况选择，每个样点设置10个样方；复合生境采样需考虑生境、水深、流速等要素进行布点采集。

②不同深度的样方：为尽可能覆盖水体不同垂直层次的底栖动物群落，不同水深通常选择河道两岸及河道中间分别进行采样。

③不同流速的样方：根据实际情况采集主流（可涉水河流）、浅滩、回水湾等不同流速的样方。

④避开排污口附近、局部经过人为改变的区域、支流河口、短时间内因河水淹没的区域。

2.4.2 底栖动物样品采集、处理

底栖动物采样采用混合生境法，使用手持 D 型网采集。采集人手握 D 型网，迎水站立，将D型网口调整到与水流方向大致呈45°角时插到底质表面，用力扰动底质，采用“弓”字步向前移动。对于底泥中的底栖动物，一般挖取至30 cm 深度，根据底栖动物穴居特点可适当加大采样深度。每个样方采集完成，提起手抄网，转移采集的样品。若为静水区域，无须迎水。

将采集到的样品和底泥在425 μm的筛网中清洗，再将清洗后残余物中的生物样本置于白色解剖盘中分拣底栖动物标本，把分拣出的底栖动物标本放入样品瓶中，并用75%浓度的乙醇固定，带回实验室进行镜检种类鉴定、计数和称湿重。

3 调查结果

3.1 秦岭关键淡水生态系统浮游植物群落特征

3.1.1 浮游植物物种组成

秦岭南北麓代表性河流中共鉴定出浮游植物203种，其中硅藻门108种，占53.20%；蓝藻门22种，占10.84%；绿藻门53种，占26.11%；金藻门2种，占0.99%；隐藻门5种，占2.46%；甲藻门4种，占1.97%；裸藻门8种，占3.94%；黄藻门1种，占0.49%。春季共鉴

定出浮游植物167种，其中硅藻门95种，占56.89%；蓝藻门17种，占10.18%；绿藻门38种，占22.75%；金藻门2种，占1.20%；隐藻门5种，占2.99%；甲藻门3种，占1.80%；裸藻门6种，占3.59%；黄藻门1种，占0.60%。秋季共鉴定出浮游植物151种，其中硅藻门86种，占56.95%；蓝藻门11种，占7.28%；绿藻门37种，占24.50%；金藻门1种，占0.66%；隐藻门5种，占3.31%；甲藻门4种，占2.65%；裸藻门6种，占3.97%；黄藻门1种，占0.66%。详见图3-1、图3-2。

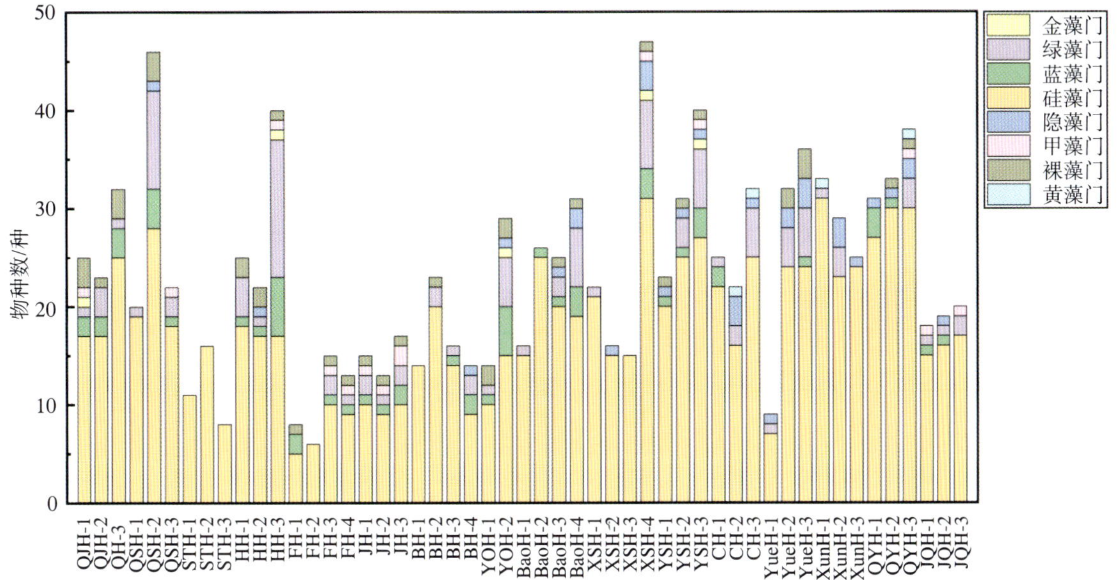

图3-1　秦岭南北麓代表性河流春季浮游植物物种组成

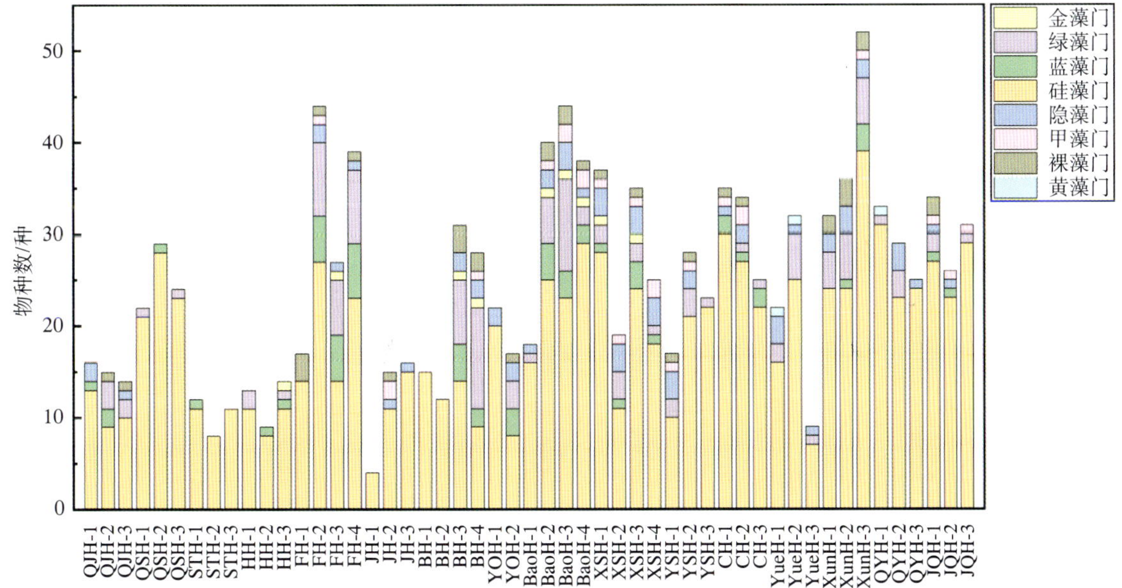

图3-2　秦岭南北麓代表性河流秋季浮游植物物种组成

清姜河春季共鉴定出浮游植物 43 种，其中硅藻门 29 种，占 67.44%；蓝藻门 5 种，占 11.63%；绿藻门 4 种，占 9.30%；金藻门 1 种，占 2.33%；甲藻门 1 种，占 2.33%；裸藻门 3 种，占 6.98%。秋季共鉴定出浮游植物 25 种，其中硅藻门 18 种，占 72.00%；蓝藻门 3 种，占 12.00%；绿藻门 1 种，占 4.00%；隐藻门 2 种，占 8.00%；裸藻门 1 种，占 4.00%。

清水河春季共鉴定出浮游植物 55 种，其中硅藻门 34 种，占 61.82%；蓝藻门 5 种，占 9.09%；绿藻门 11 种，占 20.00%；隐藻门 1 种，占 1.82%；甲藻门 1 种，占 1.82%；裸藻门 3 种，占 5.45%。秋季共鉴定出浮游植物 35 种，其中硅藻门 33 种，占 94.29%；蓝藻门 1 种，占 2.86%；绿藻门 1 种，占 2.86%。

石头河春季共鉴定出浮游植物 21 种，其中硅藻门 21 种，占 100.00%。秋季共鉴定出浮游植物 16 种，其中硅藻门 15 种，占 93.75%；蓝藻门 1 种，占 6.25%。

黑河春季共鉴定出浮游植物 56 种，其中硅藻门 27 种，占 48.21%；蓝藻门 6 种，占 10.71%；绿藻门 17 种，占 30.36%；金藻门 1 种，占 1.79%；隐藻门 1 种，占 1.79%；甲藻门 1 种，占 1.79%；裸藻门 3 种，占 5.36%。秋季共鉴定出浮游植物 20 种，其中硅藻门 16 种，占 80.00%；蓝藻门 1 种，占 5.00%；绿藻门 2 种，占 10.00%；金藻门 1 种，占 5.00%。

沣河春季共鉴定出浮游植物 23 种，其中硅藻门 17 种，占 73.91%；蓝藻门 2 种，占 8.70%；绿藻门 2 种，占 8.70%；甲藻门 1 种，占 4.35%；裸藻门 1 种，占 4.35%。秋季共鉴定出浮游植物 69 种，其中硅藻门 36 种，占 52.17%；蓝藻门 8 种，占 11.59%；绿藻门 18 种，占 26.09%；金藻门 1 种，占 1.45%；隐藻门 2 种，占 2.90%；甲藻门 1 种，占 1.45%；裸藻门 3 种，占 4.35%。

潏河春季共鉴定出浮游植物 31 种，其中硅藻门 19 种，占 61.29%；蓝藻门 3 种，占 9.68%；绿藻门 5 种，占 16.13%；甲藻门 2 种，占 6.45%；裸藻门 2 种，占 6.45%。秋季共鉴定出浮游植物 26 种，其中硅藻门 21 种，占 80.77%；隐藻门 2 种，占 7.69%；甲藻门 2 种，占 7.69%，裸藻门 1 种，占 3.85%。

灞河春季共鉴定出浮游植物 31 种，其中硅藻门 24 种，占 77.42%；蓝藻门 2 种，占 6.45%；绿藻门 3 种，占 9.68%；隐藻门 1 种，占 3.23%；裸藻门 1 种，占 3.23%。秋季共鉴定出浮游植物 50 种，其中硅藻门 24 种，占 48.00%；蓝藻门 5 种，占 10.00%；绿藻门 13 种，占 26.00%；金藻门 1 种，占 2.00%；隐藻门 2 种，占 4.00%；甲藻门 1 种，占 2.00%；裸藻门 4 种，占 8.00%。

沈河春季共鉴定出浮游植物 37 种，其中硅藻门 22 种，占 59.46%；蓝藻门 5 种，占 13.51%；绿藻门 5 种，占 13.51%；金藻门 1 种，占 2.70%；隐藻门 1 种，占 2.70%；裸藻门 3 种，占 8.11%。秋季共鉴定出浮游植物 33 种，其中硅藻门 23 种，占 69.70%；蓝藻门 3 种，占 9.09%；

绿藻门3种，占9.09%；隐藻门3种，占9.09%；裸藻门1种，占3.03%。

褒河春季共鉴定出浮游植物54种，其中硅藻门39种，占72.22%；蓝藻门4种，占7.42%；绿藻门7种，占12.96%；隐藻门2种，占3.70%；裸藻门2种，占3.70%。秋季共鉴定出浮游植物65种，其中硅藻门41种，占63.08%；蓝藻门4种，占6.15%；绿藻门13种，占20.00%；金藻门1种，占1.54%；隐藻门3种，占4.62%；甲藻门2种，占3.08%；裸藻门1种，占1.54%。

湑水河春季共鉴定出浮游植物53种，其中硅藻门37种，占69.81%；蓝藻门3种，占5.66%；绿藻门7种，占13.21%；金藻门1种，占1.89%；隐藻门3种，占5.66%；甲藻门1种，占1.89%；裸藻门1种，占1.89%。秋季共鉴定出浮游植物55种，其中硅藻门39种，占70.91%；蓝藻门3种，占5.45%；绿藻门6种，占10.91%；金藻门1种，占1.82%；隐藻门3种，占5.45%；甲藻门2种，占3.64%；裸藻门1种，占1.82%。

西水河春季共鉴定出浮游植物55种，其中硅藻门37种，占67.27%；蓝藻门4种，占7.27%；绿藻门8种，占14.55%；金藻门1种，占1.82%；隐藻门2种，占3.64%；甲藻门1种，占1.82%；裸藻门2种，占3.64%。秋季共鉴定出浮游植物37种，其中硅藻门27种，占72.97%；绿藻门4种，占10.81%；隐藻门3种，占8.11%；甲藻门1种，占2.70%；裸藻门2种，占5.41%。

池河春季共鉴定出浮游植物48种，其中硅藻门37种，占77.08%；蓝藻门2种，占4.17%；绿藻门5种，占10.42%；隐藻门3种，占6.25%；黄藻门1种，占2.08%。秋季共鉴定出浮游植物55种，其中硅藻门43种，占78.18%；蓝藻门4种，占7.27%；绿藻门2种，占3.64%；隐藻门2种，占3.64%；甲藻门2种，占3.64%；裸藻门2种，占3.64%。

月河春季共鉴定出浮游植物45种，其中硅藻门29种，占64.44%；蓝藻门1种，占2.22%；绿藻门8种，占17.78%；隐藻门3种，占6.67%；裸藻门4种，占8.89%。秋季共鉴定出浮游植物41种，其中硅藻门31种，占75.61%；绿藻门6种，占14.63%；隐藻门3种，占7.32%；黄藻门1种，占2.44%。

旬河春季共鉴定出浮游植物48种，其中硅藻门41种，占85.42%；绿藻门3种，占6.25%；隐藻门3种，占6.25%；黄藻门1种，占2.08%。秋季共鉴定出浮游植物64种，其中硅藻门44种，占68.75%；蓝藻门3种，占4.69%；绿藻门9种，占14.06%；隐藻门3种，占4.69%。甲藻门1种，占1.56%；裸藻门4种，占6.25%。

乾佑河春季共鉴定出浮游植物52种，其中硅藻门40种，占76.92%；蓝藻门3种，占5.77%；绿藻门3种，占5.77%；隐藻门2种，占3.85%；甲藻门1种，占1.92%；裸藻门2种，占3.85%；黄藻门1种，占1.92%。秋季共鉴定出浮游植物48种，其中硅藻门41种，占

85.42%；绿藻门3种，占6.25%；隐藻门3种，占6.25%；黄藻门1种，占2.08%。

金钱河春季共鉴定出浮游植物32种，其中硅藻门25种，占78.13%；蓝藻门2种，占6.25%；绿藻门3种，占9.38%；隐藻门1种，占3.13%；甲藻门1种，占3.13%。秋季共鉴定出浮游植物43种，其中硅藻门34种，占79.07%；蓝藻门2种，占4.65%；绿藻门3种，占6.98%；隐藻门1种，占2.33%；甲藻门1种，占2.33%；裸藻门2种，占4.65%。

3.1.2 浮游植物优势类群

秦岭南北麓16条河流春秋两季常见浮游植物优势种有梅尼小环藻、普通等片藻、尖针杆藻、简单舟形藻、系带舟形藻、偏肿桥弯藻、谷皮菱形藻、短线脆杆藻、细小桥弯藻、两栖菱形藻、短小曲壳藻、线性曲壳藻、双头舟形藻、卵形隐藻。其中，秦岭北麓8条河流春季常见浮游植物优势种为梅尼小环藻、普通等片藻、尖针杆藻、简单舟形藻、系带舟形藻、偏肿桥弯藻和谷皮菱形藻；秋季常见浮游植物优势种为梅尼小环藻、尖针杆藻、谷皮菱形藻。（表3–2）秦岭南麓8条河流春季常见浮游植物优势种为梅尼小环藻、短线脆杆藻、偏肿桥弯藻、细小桥弯藻、谷皮菱形藻、两栖菱形藻、短小曲壳藻和线性曲壳藻；秋季常见浮游植物优势种为梅尼小环藻、普通等片藻、短线脆杆藻、尖针杆藻、双头舟形藻、偏肿桥弯藻、细小桥弯藻、谷皮菱形藻、两栖菱形藻、线性曲壳藻和卵形隐藻。（表3–3）

表3–2 秦岭北麓浮游植物优势种及优势度

优势种	优势度	
	春季	秋季
梅尼小环藻 *Cyclotella meneghiniana*	0.09	0.35
普通等片藻 *Diatoma vulgare*	0.02	
尖针杆藻 *Synedra acus*	0.03	0.07
简单舟形藻 *Navicula simples*	0.09	
系带舟形藻 *Navicula cincta*	0.03	
偏肿桥弯藻 *Cymbella ventricosa*	0.07	
谷皮菱形藻 *Nitzschia palea*	0.04	0.02

表 3–3　秦岭南麓浮游植物优势种及优势度

优势种	优势度	
	春季	秋季
梅尼小环藻 *Cyclotella meneghiniana*	0.05	0.28
短线脆杆藻 *Fragilaria brevistriata*	0.03	0.02
尖针杆藻 *Synedra acus*		0.02
偏肿桥弯藻 *Cymbella ventricosa*	0.08	0.02
细小桥弯藻 *Cymbella pusilla*	0.04	0.03
谷皮菱形藻 *Nitzschia palea*	0.08	0.03
两栖菱形藻 *Nitzschia amphibia*	0.04	0.03
短小曲壳藻 *Achnanthes exigua*	0.04	
线性曲壳藻 *Achnanthes linearis*	0.13	0.05
普通等片藻 *Diatoma vulgare*		0.03
双头舟形藻 *Navicula dicephala*		0.03
卵形隐藻 *Cryptomons ovata*		0.02

3.1.3　浮游植物密度

秦岭南北麓代表性河流浮游植物密度区间 $5.00\times10^4\sim1981.00\times10^4$ cells/L，平均密度为 140.97×10^4 cells/L。其中，密度最高的是灞河 BH-3 断面，密度为 1981.00×10^4 cells/L；密度最低的是潏河 JH-1 断面，密度为 5.00×10^4 cells/L。春季浮游植物密度区间为 $5.33\times10^4\sim635.00\times10^4$ cells/L，平均密度为 119.73×10^4 cells/L。其中，密度最高的是清姜河 QJH-3 断面，密度为 635.00×10^4 cells/L；密度最低的是月河 YueH-1 断面，密度为 5.33×10^4 cells/L。秋季浮游植物密度区间为 $5.00\times10^4\sim1981.00\times10^4$ cells/L，平均密度为 162.20×10^4 cells/L。其中，密度最高的是灞河 BH-3 断面，密度为 1981.00×10^4 cells/L；密度最低的是潏河 JH-1 断面，密度为 5.00×10^4 cells/L。秦岭南北麓 16 条河流浮游植物密度见图 3–3、图 3–4。

清姜河春季浮游植物密度区间为 $132.50\times10^4\sim635.00\times10^4$ cells/L，平均密度为 369.17×10^4 cells/L。其中，密度最高的是 QJH-3 断面，密度为 635.00×10^4 cells/L；密度最低的是 QJH-1 断面，密度为 132.50×10^4 cells/L。秋季浮游植物密度区间为 $21.00\times10^4\sim303.00\times10^4$ cells/L，平均密度为 194.89×10^4 cells/L。其中，密度最高的是 QJH-3 断面，密度为 303.00×105 cells/L；密度最低的是 QJH-1 断面，密度为 21.00×10^4 cells/L。

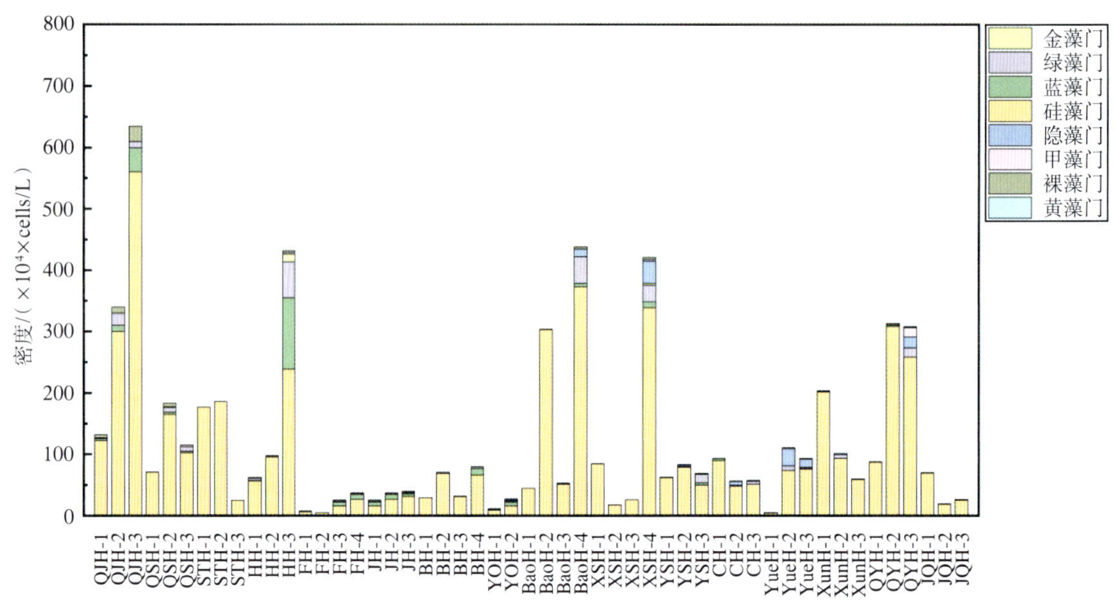

图 3-3 秦岭南北麓代表性河流春季浮游植物密度

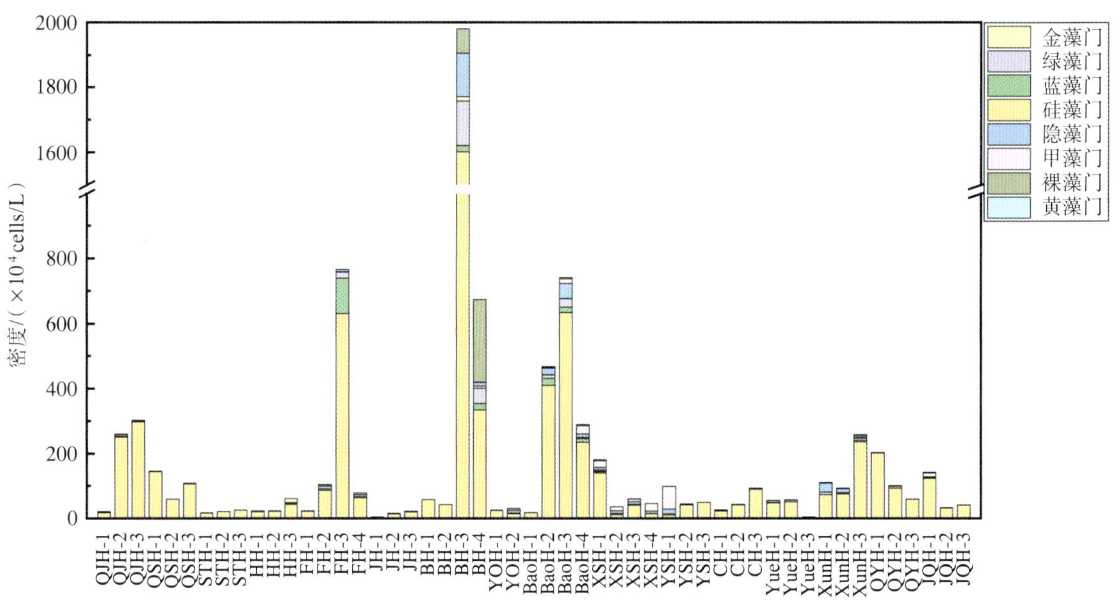

图 3-4 秦岭南北麓代表性河流秋季浮游植物密度

清水河春季浮游植物密度区间为 $71.50\times10^4\sim184.00\times10^4$ cells/L，平均密度为 123.50×10^4 cells/L。其中，密度最高的是 QSH-2 断面，密度为 184.00×10^4 cells/L；密度最低的是 QSH-1 断面，密度为 71.50×10^4cells/L。秋季浮游植物密度区间为 $60.00\times10^4\sim147.00\times10^4$ cells/L，平均密度为 105.47×10^4 cells/L。其中，密度最高的是 QSH-1 断面，密度为 147.00×10^4 cells/L；密度最低的是 QSH-2 断面，密度为 60.00×10^4 cells/L。

石头河春季浮游植物密度区间为25.33×10^4～186.33×10^4 cells/L，平均密度为129.67×10^4 cells/L。其中，密度最高的是STH-2断面，密度为186.33×10^4 cells/L；密度最低的是STH-3断面，密度为25.33×10^4 cells/L。秋季浮游植物密度区间为17.33×10^4～26.00×10^4 cells/L，平均密度为21.44×10^4 cells/L。其中，密度最高的是STH-3断面，密度为26.00×10^4 cells/L；密度最低的是STH-1断面，密度为17.33×10^4 cells/L。

黑河春季浮游植物密度区间为62.50×10^4～432.00×10^4 cells/L，平均密度为197.5×10^4 cells/L。其中，密度最高的是HH-3断面，密度为432.00×10^4 cells/L；密度最低的是HH-1断面，密度为62.50×10^4 cells/L。秋季浮游植物密度区间为23.33×10^4～61.67×10^4 cells/L，平均密度为36.22×10^4 cells/L。其中，密度最高的是HH-3断面，密度为61.67×10^4 cells/L；密度最低的是HH-1断面，密度为23.33×10^4 cells/L。

沣河春季浮游植物密度区间为5.50×104～37.50×104 cells/L，平均密度为19.13×104 cells/L。其中，密度最高的是FH-4断面，密度为37.50×10^4 cells/L；密度最低的是FH-2断面，密度为5.50×10^4 cells/L。秋季浮游植物密度区间为23.33×10^4～766.00×10^4 cells/L，平均密度为243.08×10^4 cells/L。其中，密度最高的是FH-3断面，密度为766.00×10^4 cells/L；密度最低的是FH-1断面，密度为23.33×10^4 cells/L。

潏河春季浮游植物密度区间为25.50×10^4～40.00×10^4 cells/L，平均密度为34.33×10^4 cells/L。其中，密度最高的是JH-3断面，密度为40.00×10^4 cells/L；密度最低的是JH-1断面，密度为25.50×10^4 cells/L。潏河秋季浮游植物密度区间为5.00×10^4～23.00×10^4 cells/L，平均密度为14.67×10^4 cells/L。其中，密度最高的是JH-3断面，密度为23.00×10^4 cells/L；密度最低的是JH-1断面，密度为5.00×10^4 cells/L。

灞河春季浮游植物密度区间为29.50×10^4～80.00×10^4 cells/L，平均密度为53.13×10^4 cells/L。其中，密度最高的是BH-4断面，密度为80.00×10^4 cells/L；密度最低的是BH-1断面，密度为29.50×10^4 cells/L。秋季浮游植物密度区间为43.00×10^4～1981.00×10^4 cells/L，平均密度为689.25×10^4 cells/L。其中，密度最高的是BH-3断面，密度为1981.00×10^4 cells/L；密度最低的是BH-2断面，密度为43.00×10^4 cells/L。

沋河春季浮游植物密度区间为11.50×10^4～27.67×10^4 cells/L，平均密度为19.58×10^4 cells/L。其中，密度最高的是YOH-2断面，密度为27.67×10^4 cells/L；密度最低的是YOH-1断面，密度为11.50×10^4 cells/L。秋季浮游植物密度区间为25.67×10^4～31.00×10^4 cells/L，平均密度为28.33×10^4 cells/L。其中，密度最高的是YOH-2断面，密度为31.00×10^4 cells/L；密度最低的是YOH-1断面，密度为25.67×10^4 cells/L。

褒河春季浮游植物密度区间为45.00×10^4～438.67×10^4 cells/L，平均密度为210.25×10^4 cells/L。

其中，密度最高的是 BaoH-4 断面，密度为 438.67×10^4 cells/L；密度最低的是 BaoH-1 断面，密度为 45.00×10^4 cells/L。秋季浮游植物密度区间为 18.33×10^4～742.00×10^4 cells/L，平均密度为 379.58×10^4 cells/L。其中，密度最高的是 BaoH-3 断面，密度为 742.00×10^4 cells/L；密度最低的是 BaoH-1 断面，密度为 18.33×10^4 cells/L。

湑水河春季浮游植物密度区间为 18.00×10^4～421.25×10^4 cells/L，平均密度为 137.46×10^4 cells/L。其中，密度最高的是 XSH-4 断面，密度为 421.25×10^4 cells/L；密度最低的是 XSH-2 断面，密度为 18.00×10^4 cells/L。秋季浮游植物密度区间为 36.00×10^4～182.00×10^4 cells/L，平均密度为 81.33×10^4 cells/L。其中，密度最高的是 XSH-1 断面，密度为 182.00×10^4 cells/L；密度最低的是 XSH-2 断面，密度为 86.00×10^4 cells/L。

酉水河春季浮游植物密度区间为 63.33×10^4～83.33×10^4 cells/L，平均密度为 71.89×10^4 cells/L。其中，密度最高的是 YSH-2 断面，密度为 83.33×10^4 cells/L；密度最低的是 YSH-1 断面，密度为 63.33×10^4 cells/L。秋季浮游植物密度区间为 45.33×10^4～99.33×10^4 cells/L，平均密度为 64.78×10^4 cells/L。其中，密度最高的是 YSH-1 断面，密度为 99.33×10^4 cells/L；密度最低的是 YSH-2 断面，密度为 45.33×10^4 cells/L。

池河春季浮游植物密度区间为 56.67×10^4～93.33×10^4 cells/L，平均密度为 69.22×10^4 cells/L。其中，密度最高的是 CH-1 断面，密度为 93.33×10^4 cells/L；密度最低的是 CH-2 断面，密度为 56.67×10^4 cells/L。秋季浮游植物密度区间为 26.33×10^4～93.33×10^4 cells/L，平均密度为 54.55×10^4 cells/L。其中，密度最高的是 CH-3 断面，密度为 93.33×10^4 cells/L；密度最低的是 CH-1 断面，密度为 26.33×10^4 cells/L。

月河春季浮游植物密度区间为 5.33×10^4～111.00×10^4 cells/L，平均密度为 70.00×10^4 cells/L。其中，密度最高的是 YueH-2 断面，密度为 111.00×10^4 cells/L；密度最低的是 YueH-1 断面，密度为 5.33×10^4 cells/L。秋季浮游植物密度区间为 5.33×10^4～57.67×10^4 cells/L，平均密度为 39.89×10^4 cells/L。其中，密度最高的是 YueH-2 断面，密度为 57.67×10^4 cells/L；密度最低的是 YueH-3 断面，密度为 5.33×10^4 cells/L。

旬河春季浮游植物密度区间为 60.00×10^4～204.00×10^4 cells/L，平均密度为 121.78×10^4 cells/L。其中，密度最高的是 XunH-1 断面，密度为 204.00×10^4 cells/L；密度最低的是 XunH-3 断面，密度为 60.00×10^4 cells/L。秋季浮游植物密度区间为 93.67×10^4～259.33×10^4 cells/L，平均密度为 154.67×10^4 cells/L。其中，密度最高的是 XunH-3 断面，密度为 259.33×10^4 cells/L；密度最低的是 XunH-2 断面，密度为 93.67×10^4 cells/L。

乾佑河春季浮游植物密度区间为 88.33×10^4～313.00×10^4 cells/L，平均密度为 236.53×10^4 cells/L。其中，密度最高的是 QYH-2 断面，密度为 313.00×10^4 cells/L；密度最低的是 QYH-1 断面，

密度为 88.33×10⁴ cells/L。秋季浮游植物密度区间为 60.00×10⁴～204.00×10⁴ cells/L，平均密度为 121.78×10⁴ cells/L。其中，密度最高的是 QYH-1 断面，密度为 204.00×10⁴ cells/L；密度最低的是 QYH-3 断面，密度为 60.00×10⁴ cells/L。

金钱河春季浮游植物密度区间为 19.67×10⁴～70.67×10⁴ cells/L，平均密度为 38.89×10⁴ cells/L。其中，密度最高的是 JQH-1 断面，密度为 70.67×10⁴ cells/L；密度最低的是 JQH-2 断面，密度为 19.67×10⁴ cells/L。秋季浮游植物密度区间为 33.00×10⁴～143.33×10⁴ cells/L，平均密度为 72.56×10⁴ cells/L。其中，密度最高的是 JQH-1 断面，密度为 143.33×10⁴ cells/L；密度最低的是 JQH-2 断面，密度为 33.00×104 cells/L。

3.1.4　浮游植物生物量

秦岭南北麓代表性河流浮游植物生物量区间为 0.08～44.77 mg/L，平均生物量为 3.41 mg/L。其中，生物量最高的是 BH-4 断面，生物量为 44.77 mg/L；生物量最低的是 YueH-3 断面，生物量为 0.08 mg/L。春季浮游植物生物量区间为 0.13～23.83 mg/L，平均生物量为 2.82 mg/L。其中，生物量最高的是 QJH-3 断面，生物量为 23.83 mg/L；生物量最低的是 FH-2 断面，生物量为 0.13 mg/L。秋季浮游植物生物量区间为 0.08～44.77 mg/L，平均生物量为 4.00mg/L。其中，生物量最高的是 BH-4 断面，生物量为 44.77 mg/L；生物量最低的是 YueH-3 断面，生物量为 0.08 mg/L。秦岭南北麓 16 条河流浮游植物生物量见图 3-5、图 3-6。

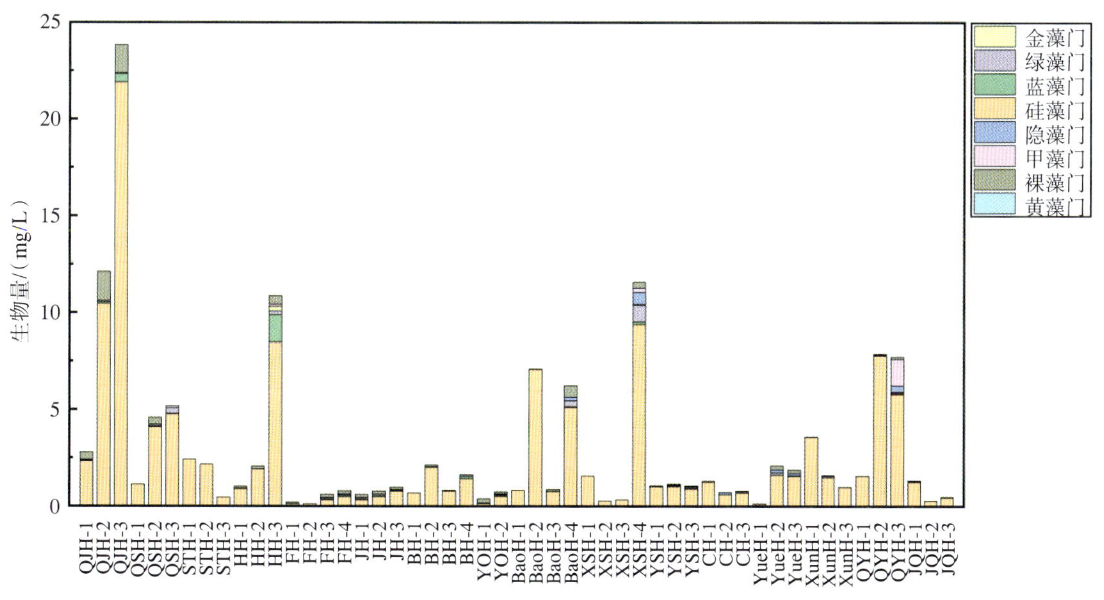

图 3-5　秦岭南北麓代表性河流春季浮游植物生物量

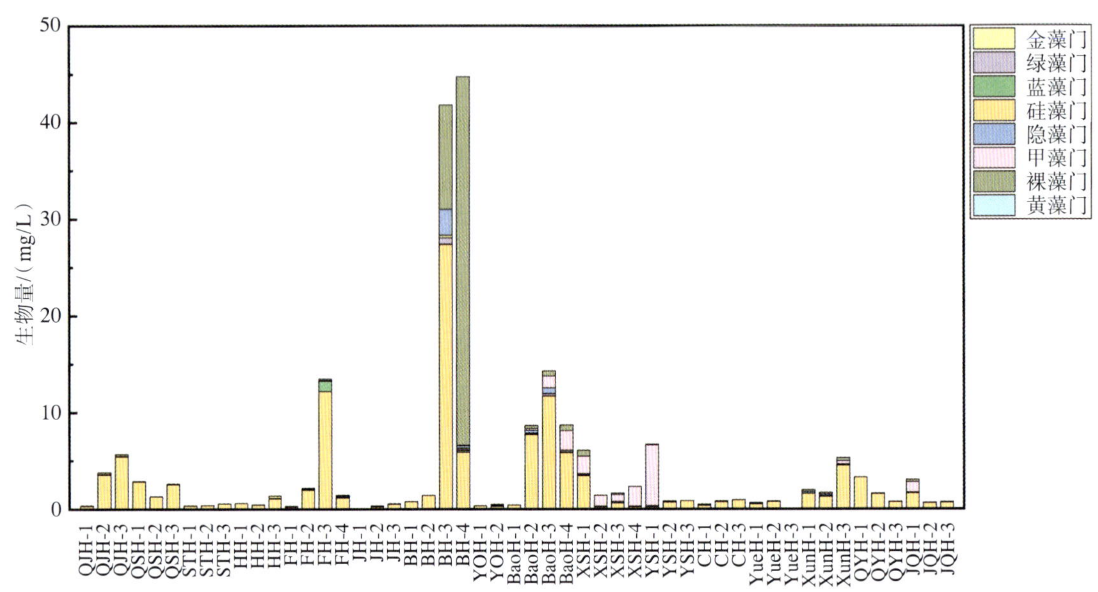

图 3-6　秦岭南北麓代表性河流秋季浮游植物生物量

清姜河春季浮游植物生物量区间为 2.79～23.83 mg/L，平均生物量为 8.10 mg/L。其中，生物量最高的是 QJH-3 断面，生物量为 23.83 mg/L；生物量最低的是 QJH-1 断面，生物量为 2.79 mg/L。秋季浮游植物生物量区间为 0.38～5.68 mg/L，平均生物量为 3.29 mg/L。其中，生物量最高的是 QJH-3 断面，生物量为 5.68 mg/L；生物量最低的是 QJH-1 断面，生物量为 0.38 mg/L。

清水河春季浮游植物生物量区间为 1.13～5.18 mg/L，平均生物量为 3.63 mg/L。其中，生物量最高的是 QSH-3 断面，生物量为 5.18 mg/L；生物量最低的是 QSH-1 断面，生物量为 1.13 mg/L。秋季浮游植物生物量区间为 1.32～2.89 mg/L，平均生物量为 2.28 mg/L。其中，生物量最高的是 QSH-1 断面，生物量为 2.89 mg/L；生物量最低的是 QSH-2 断面，生物量为 1.32 mg/L。

石头河春季浮游植物生物量区间为 0.47～2.42 mg/L，平均生物量为 1.69 mg/L。其中，生物量最高的是 STH-1 断面，生物量为 2.42 mg/L；生物量最低的是 STH-3 断面，生物量为 0.47 mg/L。秋季浮游植物生物量区间为 0.37～0.59 mg/L，平均生物量为 0.46 mg/L。其中，生物量最高的是 STH-3 断面，生物量为 0.59 mg/L；生物量最低的是 STH-1 断面，生物量为 0.37 mg/L。

黑河春季浮游植物生物量区间为 1.03～10.89 mg/L，平均生物量为 4.67 mg/L。其中，生物量最高的是 HH-3 断面，生物量为 10.89 mg/L；生物量最低的是 HH-1 断面，生物量为 1.03 mg/L。秋季浮游植物生物量区间为 0.48～1.39 mg/L，平均生物量为 0.84 mg/L。其中，生物量最高的是 HH-3 断面，生物量为 1.39 mg/L；生物量最低的是 HH-2 断面，生物量为 0.48 mg/L。

沣河春季浮游植物生物量区间为 0.13～0.81 mg/L，平均生物量为 0.44 mg/L。其中，生物量最高的是 FH-4 断面，生物量为 0.81 mg/L；生物量最低的是 FH-2 断面，生物量为 0.13 mg/L。秋季浮游植物生物量区间为 0.34～13.48 mg/L，平均生物量为 4.37 mg/L。其中，生物量最高的是 FH-3 断面，生物量为 13.48 mg/L；生物量最低的是 FH-1 断面，生物量为 0.34 mg/L。

潏河春季浮游植物生物量区间为 0.61～0.98 mg/L，平均生物量为 0.79 mg/L。其中，生物量最高的是 JH-3 断面，生物量为 0.98 mg/L；生物量最低的是 JH-1 断面，生物量为 0.61 mg/L。秋季浮游植物生物量区间为 0.09～0.59 mg/L，平均生物量为 0.35 mg/L。其中，生物量最高的是 JH-3 断面，生物量为 0.59 mg/L；生物量最低的是 JH-1 断面，生物量为 0.0900 mg/L。

灞河春季浮游植物生物量区间为 0.69～2.13 mg/L，平均生物量为 1.32 mg/L。其中，生物量最高的是 BH-2 断面，生物量为 2.13 mg/L；生物量最低的是 BH-1 断面，生物量为 0.69 mg/L。秋季浮游植物生物量区间为 0.80～44.77 mg/L，平均生物量为 22.21 mg/L。其中，生物量最高的是 BH-4 断面，生物量为 44.77 mg/L；生物量最低的是 BH-1 断面，生物量为 0.80 mg/L。

沈河春季浮游植物生物量区间为 0.40～0.76 mg/L，平均生物量为 0.58 mg/L。其中，生物量最高的是 YOH-2 断面，生物量为 0.76 mg/L；生物量最低的是 YOH-1 断面，生物量为 0.40 mg/L。秋季浮游植物生物量区间为 0.37～0.52 mg/L，平均生物量为 0.44 mg/L。其中，生物量最高的是 YOH-2 断面，生物量为 0.52 mg/L；生物量最低的是 YOH-1 断面，生物量为 0.37 mg/L。

褒河春季浮游植物生物量区间为 0.83～7.10 mg/L，平均生物量为 3.77 mg/L。其中，生物量最高的是 BaoII-2 断面，生物量为 7.10 mg/L；生物量最低的是 BaoH-1 断面，生物量为 0.83 mg/L。秋季浮游植物生物量区间为 0.43～14.32 mg/L，平均生物量为 8.09 mg/L。其中，生物量最高的是 BaoH-3 断面，生物量为 14.32 mg/L；生物量最低的是 BaoH-1 断面，生物量为 0.43 mg/L。

湑水河春季浮游植物生物量区间为 0.29～11.59 mg/L，平均生物量为 3.45 mg/L。其中，生物量最高的是 XSH-4 断面，生物量为 11.59 mg/L，生物量最低的是 XSH-2 断面，生物量为 0.29 mg/L。秋季浮游植物生物量区间为 1.42～6.06 mg/L，平均生物量为 2.87 mg/L。其中，生物量最高的是 XSH-1 断面，生物量为 6.06 mg/L，生物量最低的是 XSH-2 断面，生物量为 1.42 mg/L。

西水河春季浮游植物生物量区间为 1.06～1.16 mg/L，平均生物量为 1.10 mg/L。其中，生物量最高的是 YSH-2 断面，生物量为 1.16 mg/L；生物量最低的是 YSH-3 断面，生物量为 1.06 mg/L。秋季浮游植物生物量区间为 0.85～6.72 mg/L，平均生物量为 2.81 mg/L。其中，生物量最高的是 YSH-1 断面，生物量为 6.72 mg/L；生物量最低的是 YSH-2 断面，生物量为 0.85 mg/L。

池河春季浮游植物生物量区间为 0.73～1.31 mg/L，平均生物量为 0.94 mg/L。其中，生物量最高的是 CH-1 断面，生物量为 1.31 mg/L；生物量最低的是 CH-2 断面，生物量为 0.73 mg/L。秋季浮游植物生物量区间为 0.50～0.98 mg/L，平均生物量为 0.78 mg/L。其中，生物量最高的是 CH-3 断面，生物量为 0.98 mg/L；生物量最低的是 CH-1 断面，生物量为 0.50 mg/L。

月河春季浮游植物生物量区间为 0.14～2.10 mg/L，平均生物量为 1.37 mg/L。其中，生物量最高的是 YueH-2 断面，生物量为 2.10 mg/L；生物量最低的是 YueH-1 断面，生物量为 0.14 mg/L。秋季浮游植物生物量区间为 0.08～0.83 mg/L，平均生物量为 0.53 mg/L。其中，生物量最高的是 YueH-2 断面，生物量为 0.83 mg/L；生物量最低的是 YueH-3 断面，生物量为 0.0760 mg/L。

旬河春季浮游植物生物量区间为 1.00～3.61 mg/L，平均生物量为 2.07 mg/L。其中，生物量最高的是 XunH-1 断面，生物量为 3.6 mg/L；生物量最低的是 XunH-3 断面，生物量为 1.00 mg/L。秋季浮游植物生物量区间为 1.70～5.29 mg/L，平均生物量为 2.99 mg/L。其中，生物量最高的是 XunH-3 断面，生物量为 5.29 mg/L；生物量最低的是 XunH-2 断面，生物量为 1.70 mg/L。

乾佑河春季浮游植物生物量区间为 1.57～7.87 mg/L，平均生物量为 5.72 mg/L。其中，生物量最高的是 QYH-2 断面，生物量为 7.87 mg/L；生物量最低的是 QYH-1 断面，生物量为 1.57 mg/L。秋季浮游植物生物量区间为 0.76～3.30 mg/L，平均生物量为 1.90 mg/L。其中，生物量最高的是 QYH-1 断面，生物量为 0.76 mg/L；生物量最低的是 QYH-3 断面，生物量 3.30 mg/L。

金钱河春季浮游植物生物量区间为 0.30～1.32 mg/L，平均生物量为 0.70 mg/L。其中，生物量最高的是 JQH-1 断面，生物量为 1.32 mg/L；生物量最低的是 JQH-2 断面，生物量为 0.30 mg/L。秋季浮游植物生物量区间为 0.67～3.04 mg/L，平均生物量为 1.49 mg/L。其中，生物量最高的是 JQH-1 断面，生物量为 3.04 mg/L；生物量最低的是 JQH-2 断面，生物量为 0.67 mg/L。

3.1.5 浮游植物多样性指数

秦岭南北麓代表性河流春季浮游植物 Shannon−Wiener 多样性指数在 1.89～4.69，其平均值为 3.41；Pielou 均匀度指数在 0.55～0.95，其平均值为 0.78；Margalef 丰富度指数在 0.46～3.12，其平均值为 1.62。秋季浮游植物 Shannon−Wiener 多样性指数在 1.44～4.92，其平均值为 3.42；Pielou 均匀度指数在 0.37～0.96，其平均值为 0.77；Margalef 丰富度指数在 0.28～3.45，其平均值为 1.72。秦岭南北麓 16 条河流浮游植物多样性指数见图 3−7 至图 3−9。

清姜河春季浮游植物 Shannon−Wiener 多样性指数在 3.43～4.52，其平均值为 4.05；Pielou 均匀度指数在 0.74～0.93，其平均值为 0.86；Margalef 丰富度指数在 1.46～1.98，其平均值为 1.71。秋季浮游植物 Shannon−Wiener 多样性指数在 1.45～3.29，其平均值为 2.18；Pielou 均匀度指数在 0.38～0.82，其平均值为 0.56；Margalef 丰富度指数在 0.87～1.22，其平均值为 1.01。

清水河春季浮游植物 Shannon−Wiener 多样性指数在 3.29～4.40，其平均值为 3.91；Pielou 均匀度指数在 0.76～0.90，其平均值为 0.82；Margalef 丰富度指数在 1.41～3.12，其平均值为 2.01。秋季浮游植物 Shannon−Wiener 多样性指数在 3.56～4.05，其平均值为 3.74；Pielou

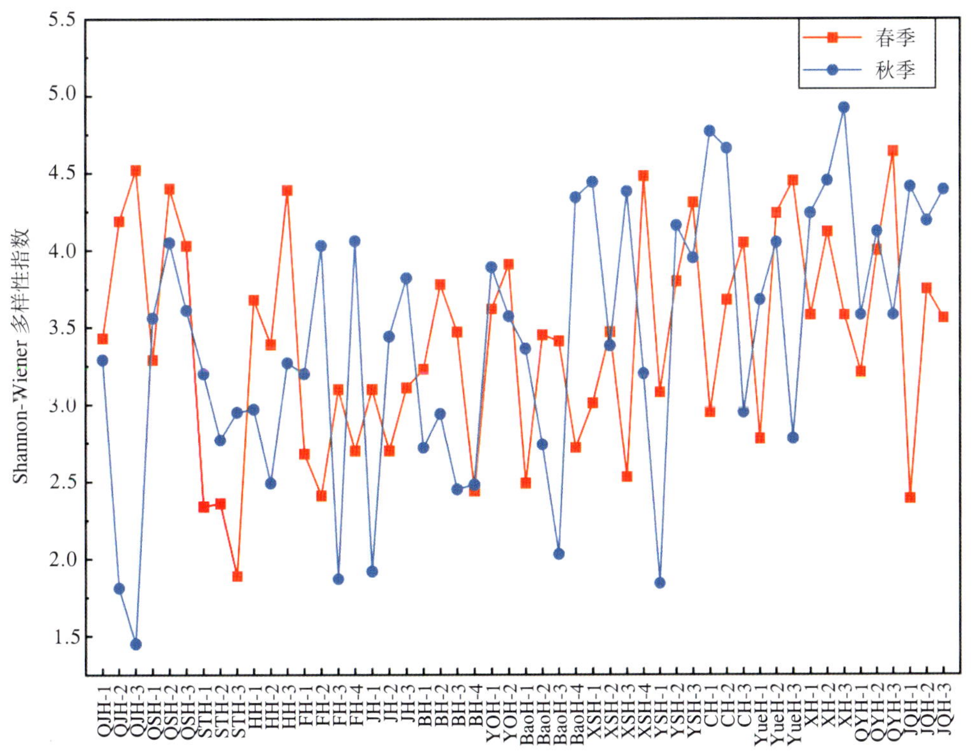

图 3−7 秦岭南北麓代表性河流浮游植物 Shannon−Wiener 多样性指数

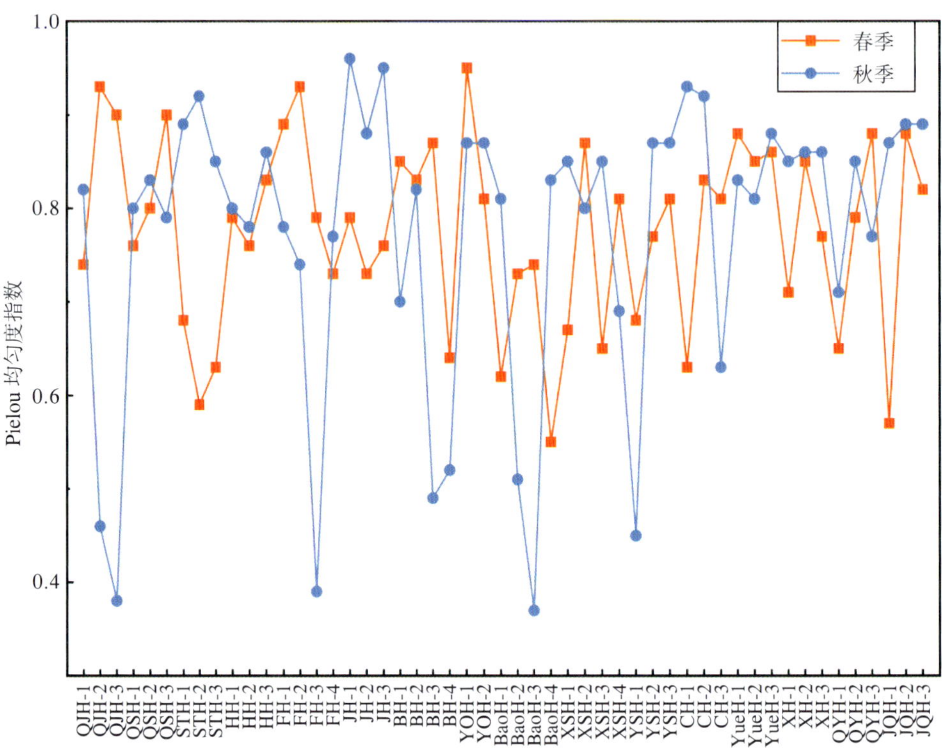

图 3-8　秦岭南北麓代表性河流浮游植物 Pielou 均匀度指数

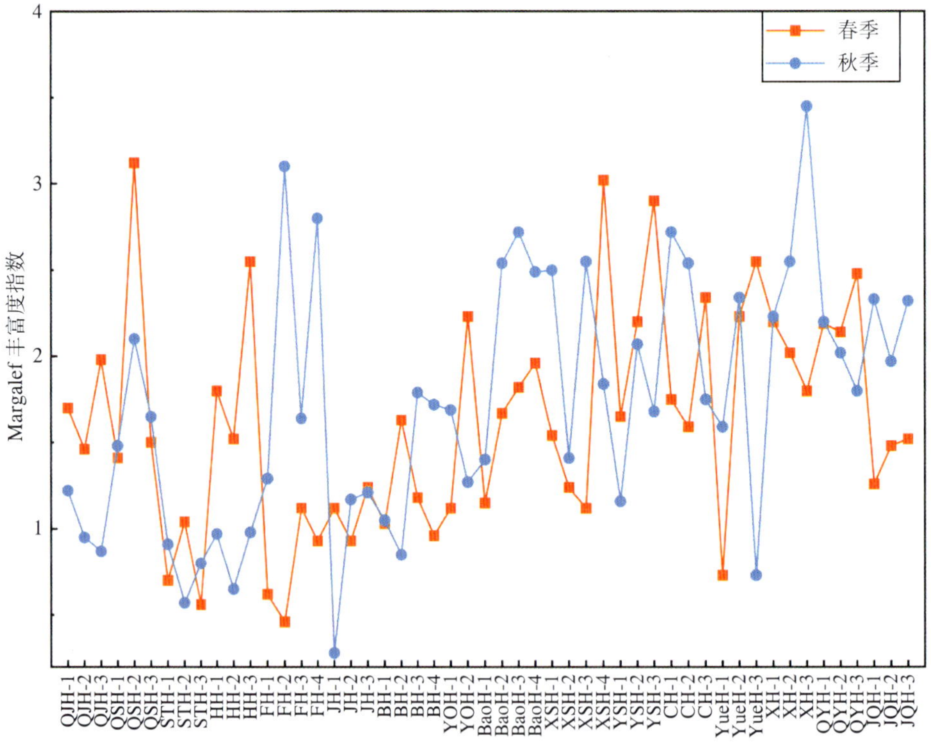

图 3-9　秦岭南北麓代表性河流浮游植物 Margalef 丰富度指数

均匀度指数在 0.79～0.83，其平均值为 0.81；Margalef 丰富度指数在 1.48～2.10，其平均值为 1.75。

石头河春季浮游植物 Shannon－Wiener 多样性指数在 1.89～2.36，其平均值为 2.20；Pielou 均匀度指数在 0.59～0.68，其平均值为 0.63；Margalef 丰富度指数在 0.56～1.04，其平均值为 0.77。秋季浮游植物 Shannon－Wiener 多样性指数在 2.77～3.20，其平均值为 2.97；Pielou 均匀度指数在 0.85～0.92，其平均值为 0.89；Margalef 丰富度指数在 0.57～0.91，其平均值为 0.76。

黑河春季浮游植物 Shannon－Wiener 多样性指数在 3.39～4.39，其平均值为 3.82；Pielou 均匀度指数在 0.76～0.83，其平均值为 0.79；Margalef 丰富度指数在 1.52～2.55，其平均值为 1.96。秋季浮游植物 Shannon－Wiener 多样性指数在 2.49～3.27，其平均值为 2.91；Pielou 均匀度指数在 0.78～0.86，其平均值为 0.81；Margalef 丰富度指数在 0.65～0.98，其平均值为 0.86。

沣河春季浮游植物 Shannon－Wiener 多样性指数在 2.41～3.10，其平均值为 2.72；Pielou 均匀度指数在 0.73～0.93，其平均值为 0.84；Margalef 丰富度指数在 0.46～1.12，其平均值为 0.78。秋季浮游植物 Shannon－Wiener 多样性指数在 1.87～4.06，其平均值为 3.29；Pielou 均匀度指数在 0.39～0.78，其平均值为 0.67；Margalef 丰富度指数在 1.29～3.10，其平均值为 2.21。

潏河春季浮游植物 Shannon－Wiener 多样性指数在 2.70～3.11，其平均值为 2.97；Pielou 均匀度指数在 0.73～0.79，其平均值为 0.76；Margalef 丰富度指数在 0.93～1.24，其平均值为 1.10。秋季浮游植物 Shannon－Wiener 多样性指数在 1.92～3.82，其平均值为 3.06；Pielou 均匀度指数在 0.88～0.96，其平均值为 0.93；Margalef 丰富度指数在 0.28～1.21，其平均值为 0.89。

灞河春季浮游植物 Shannon－Wiener 多样性指数在 2.44～3.78，其平均值为 3.23；Pielou 均匀度指数在 0.60～0.87，其平均值为 0.80；Margalef 丰富度指数在 0.96～1.63，其平均值为 1.20。秋季浮游植物 Shannon－Wiener 多样性指数在 2.45～2.94，其平均值为 2.65；Pielou 均匀度指数在 0.49～0.82，其平均值为 0.63；Margalef 丰富度指数在 0.85～1.79，其平均值为 1.35。

沈河春季浮游植物 Shannon－Wiener 多样性指数在 3.62～3.91，其平均值为 3.77；Pielou 均匀度指数在 0.81～0.95，其平均值为 0.88；Margalef 丰富度指数在 1.12～2.23，其平均值为 1.68。秋季浮游植物 Shannon－Wiener 多样性指数在 3.57～3.89，其平均值为 3.73；Pielou 均匀度指数为 0.87，其平均值也为 0.87；Margalef 丰富度指数在 1.27～1.69，其平均值为 1.48。

褒河春季浮游植物 Shannon－Wiener 多样性指数在 2.49～3.45，其平均值为 3.02；Pielou 均匀度指数在 0.55～0.74，其平均值为 0.66；Margalef 丰富度指数在 1.15～1.96，其平均值为 1.65。秋季浮游植物 Shannon－Wiener 多样性指数在 2.03～4.34，其平均值为 3.12；Pielou 均匀度指数在 0.37～0.83，其平均值为 0.63；Margalef 丰富度指数在 1.40～2.72，其平均值为 2.29。

湑水河春季浮游植物 Shannon－Wiener 多样性指数在 2.53～4.48，其平均值为 3.37；Pielou 均匀度指数在 0.65～0.87，其平均值为 0.75；Margalef 丰富度指数在 1.12～3.02，其平均值为 1.73。秋季浮游植物 Shannon－Wiener 多样性指数在 3.20～4.44，其平均值为 3.85；Pielou 均匀度指数在 0.69～0.85，其平均值为 0.80；Margalef 丰富度指数在 1.41～2.55，其平均值为 2.07。

西水河春季浮游植物 Shannon－Wiener 多样性指数在 3.08～4.31，其平均值为 3.73；Pielou 均匀度指数在 0.68～0.81，其平均值为 0.75；Margalef 丰富度指数在 1.65～2.90，其平均值为 2.25。秋季浮游植物 Shannon－Wiener 多样性指数在 1.84～4.16，其平均值为 3.32；Pielou 均匀度指数在 0.45～0.87，其平均值为 0.73；Margalef 丰富度指数在 1.16～2.07，其平均值为 1.64。

池河春季浮游植物 Shannon－Wiener 多样性指数在 2.95～4.05，其平均值为 3.56；Pielou 均匀度指数在 0.63～0.83，其平均值为 0.76；Margalef 丰富度指数在 1.59～2.34，其平均值为 1.89。秋季浮游植物 Shannon－Wiener 多样性指数在 2.95～4.77，其平均值为 4.13；Pielou 均匀度指数在 0.63～0.93，其平均值为 0.83；Margalef 丰富度指数在 1.75～2.72，其平均值为 2.34。

月河春季浮游植物 Shannon－Wiener 多样性指数在 2.78～4.45，其平均值为 3.82；Pielou 均匀度指数在 0.85～0.88，其平均值为 0.86；Margalef 丰富度指数在 0.73～2.55，其平均值为 1.84。秋季浮游植物 Shannon－Wiener 多样性指数在 2.78～4.05，其平均值为 3.50；Pielou 均匀度指数在 0.81～0.88，其平均值为 0.84；Margalef 丰富度指数在 0.73～2.34，其平均值为 1.55。

旬河春季浮游植物 Shannon－Wiener 多样性指数在 3.58～4.12，其平均值为 3.76；Pielou 均匀度指数在 0.71～0.85，其平均值为 0.78；Margalef 丰富度指数在 1.80～2.20，其平均值为 2.01。秋季浮游植物 Shannon－Wiener 多样性指数在 4.24～4.92，其平均值为 4.54；Pielou 均匀度指数在 0.85～0.86，其平均值为 0.86；Margalef 丰富度指数在 2.23～3.45，其平均值为 2.74。

乾佑河春季浮游植物 Shannon－Wiener 多样性指数在 3.21～4.64，其平均值为 3.95；Pielou 均匀度指数在 0.65～0.88，其平均值为 0.77；Margalef 丰富度指数在 2.14～2.48，其平均值为 2.27。秋季浮游植物 Shannon－Wiener 多样性指数在 3.58～4.12，其平均值为 3.76；Pielou 均匀度指数在 0.71～0.85，其平均值为 0.78；Margalef 丰富度指数在 1.80～2.20，其平均值为 2.01。

金钱河春季浮游植物 Shannon－Wiener 多样性指数在 2.39～3.75，其平均值为 3.24；Pielou 均匀度指数在 0.57～0.88，其平均值为 0.76；Margalef 丰富度指数在 1.26～1.52，其平均值为 1.42。秋季浮游植物 Shannon－Wiener 多样性指数在 4.19～4.41，其平均值为 4.33；Pielou 均

匀度指数在0.87～0.89,其平均值为0.88;Margalef丰富度指数在1.97～2.33,其平均值为2.21。

3.2　秦岭关键淡水生态系统浮游动物群落特征

3.2.1　浮游动物物种组成

秦岭南北麓代表性河流共鉴定出浮游动物347种，其中原生动物127种，占36.60%；轮虫157种，占45.24%；枝角类33种，占9.51%；桡足类30种，占8.65%。春季共鉴定出浮游动物279种，其中原生动物103种，占36.92%；轮虫132种，占47.31%；枝角类20种，占7.17%；桡足类24种，占8.60%。秋季共鉴定出浮游动物331种，其中原生动物125种，占37.76%；轮虫147种，占44.41%；枝角类30种，占9.06%；桡足类29种，占8.76%。具体结果见图3-10、图3-11。

清姜河春季共鉴定出浮游动物16种，其中原生动物9种，占56.25%；未见轮虫；枝角类5种，占31.25%；桡足类2种，占12.5%。秋季共鉴定出浮游动物5种，其中原生动物3种，占20.00%；轮虫2种，占66.67%；未见枝角类、桡足类。

清水河春季共鉴定出浮游动物7种，其中原生动物4种，占57.14%；轮虫3种，占42.86%；未见枝角类、桡足类。秋季共鉴定出浮游动物5种，其中原生动物3种，占60.00%；轮虫2种，占40.00%；未见枝角类、桡足类。

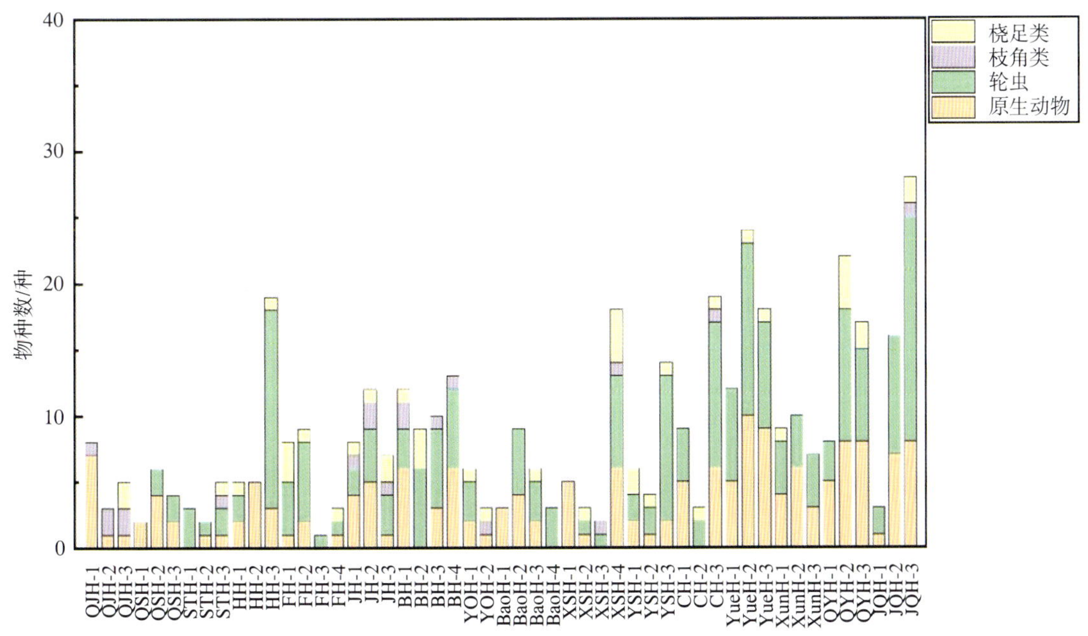

图3-10　秦岭南北麓代表性河流春季浮游动物物种组成

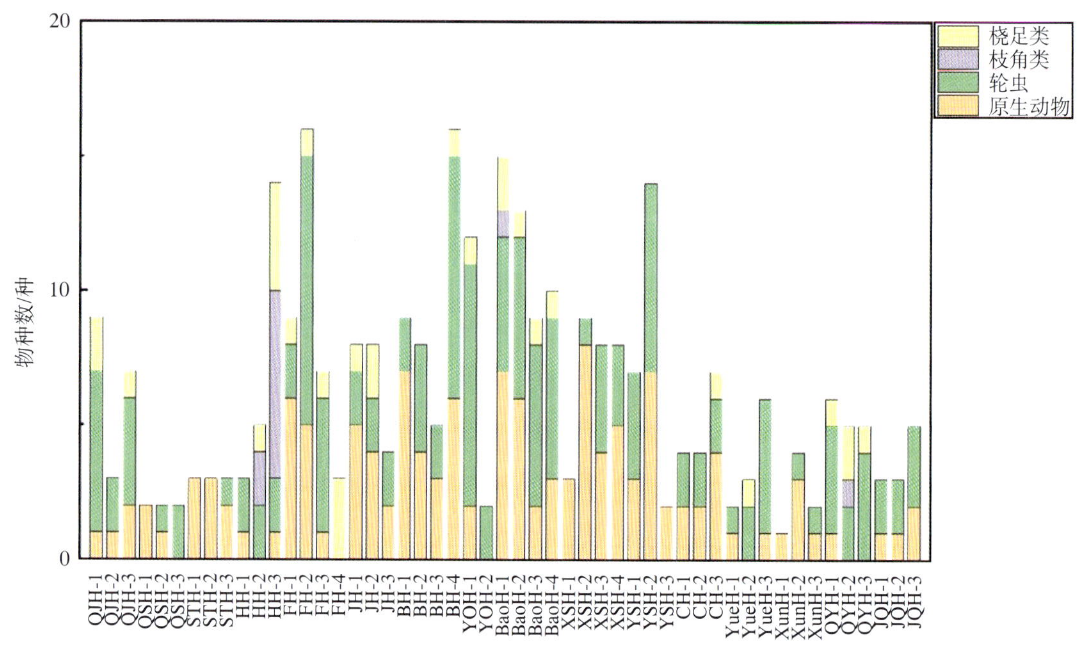

图 3-11 秦岭南北麓代表性河流秋季浮游动物物种组成

石头河春季共鉴定出浮游动物 6 种，其中原生动物 1 种，占 16.67%；轮虫 3 种，占 50.00%；枝角类 1 种，占 16.67%；桡足类 1 种，占 16.67%。秋季共鉴定出浮游动物 4 种，其中原生动物 3 种，占 75.00%；轮虫 1 种，占 25.00%；未见枝角类、桡足类。

黑河春季共鉴定出浮游动物 26 种，其中原生动物 7 种，占 27.00%；轮虫 17 种，占 65%；未见枝角类；桡足类 2 种，占 8.00%。秋季共鉴定出浮游动物 18 种，其中原生动物 1 种，占 6.00%；轮虫 5 种，占 28.00%；枝角类 8 种，占 44.00%；桡足类 4 种，占 22.00%。

沣河春季共鉴定出浮游动物 19 种，其中原生动物 4 种，占 21.00%；轮虫 10 种，占 53.00%；未见枝角类；桡足类 5 种，占 26.00%。秋季共鉴定出浮游动物 25 种，其中原生动物 8 种，占 32.00%；轮虫 14 种，占 56.00%；未见枝角类；桡足类 3 种，占 12.00%。

涝河春季共鉴定出浮游动物 14 种，其中原生动物 6 种，占 43.00%；轮虫 4 种，占 29.00%；枝角类 2 种，占 14.00%；桡足类 2 种，占 14.00%。秋季共鉴定出浮游动物 10 种，其中原生动物 5 种，占 50.00%；轮虫 3 种，占 30.00%；未见枝角类；桡足类 2 种，占 20.00%。

灞河春季共鉴定出浮游动物 36 种，其中原生动物 12 种，占 33.00%；轮虫 17 种，占 47.00%；枝角类 4 种，占 11.00%；桡足类 3 种，占 8.00%。秋季共鉴定出浮游动物 29 种，其中原生动物 13 种，占 45.00%；轮虫 15 种，占 52.00%；未见枝角类；桡足类 1 种，占 3.00%。

沈河春季共鉴定出浮游动物 8 种，其中原生动物 2 种，占 25.00%；轮虫 3 种，占 37.50%；枝角类 1 种，占 12.50%；桡足类 2 种，占 25.00%。秋季共鉴定出浮游动物 12 种，其中原生动物2种，占16.67%；轮虫9种，占75.00%；未见枝角类；桡足类1种，占8.33%。

褒河春季共鉴定出浮游动物16种，其中原生动物6种，占37.50%；轮虫9种，占56.25%；未见枝角类；桡足类1种，占6.25%。秋季共鉴定出浮游动物21种，其中原生动物7种，占33.33%；轮虫11种，占52.38%；枝角类1种，占4.76%；桡足类2种，占9.53%。

湑水河春季共鉴定出浮游动物23种，其中原生动物9种，占39.13%；轮虫8种，占34.78%；枝角类2种，占8.70%；桡足类4种，占17.39%。秋季共鉴定出浮游动物19种，其中原生动物12种，占63.16%；轮虫7种，占36.84%；未见枝角类、桡足类。

酉水河春季共鉴定出浮游动物18种，其中原生动物3种，占16.67%；轮虫13种，占72.2%；未见枝角类；桡足类2种，占11.11%。秋季共鉴定出浮游动物18种，其中原生动物7种，占38.89%；轮虫11种，占61.11%；未见枝角类、桡足类。

池河春季共鉴定出浮游动物22种，其中原生动物7种，占31.82%；轮虫12种，占54.55%；枝角类1种，占4.55%；桡足类2种，占9.09%。秋季共鉴定出浮游动物12种，其中原生动物5种，占41.67%；轮虫6种，占50%；未见枝角类；桡足类1种，占8.33%。

月河春季共鉴定出浮游动物28种，其中原生动物13种，占46.00%；轮虫14种，占50.00%；未见枝角类；桡足类1种，占4.00%。秋季共鉴定出浮游动物10种，其中原生动物2种，占20.00%；轮虫7种，占70.00%；未见枝角类；桡足类1种，占10.00%。

旬河春季共鉴定出浮游动物18种，其中原生动物7种，占38.89%；轮虫10种，占55.56%；未见枝角类；桡足类1种，占5.56%。秋季共鉴定出浮游动物6种，其中原生动物4种，占66.67%；轮虫2种，占33.33%；未见枝角类、桡足类。

乾佑河春季共鉴定出浮游动物33种，其中原生动物13种，占39.39%；轮虫15种，占45.45%；未见枝角类；桡足类5种，占15.15%。秋季共鉴定出浮游动物13种，其中原生动物1种，占7.69%；轮虫9种，占69.23%；枝角类1种，占7.69%；桡足类2种，占15.39%。

金钱河春季共鉴定出浮游动物30种，其中原生动物8种，占26.67%；轮虫19种，占63.33%；枝角类1种，占3.33%；桡足类2种，占6.67%。秋季共鉴定出浮游动物7种，其中原生动物2种，占28.57%；轮虫5种，占71.43%；未见枝角类、桡足类。

3.2.2　浮游动物优势类群

秦岭南北麓16条河流春秋两季常见浮游动物优势种有针棘匣壳虫、旋匣壳虫、累枝虫、螺形龟甲轮虫和无节幼体。其中，秦岭北麓8条河流春季常见浮游动物优势种为针棘匣壳虫、旋匣壳虫和无节幼体，秋季常见浮游动物优势种为针棘匣壳虫；秦岭南麓8条河流春季常见浮游动物优势种为累枝虫，秋季常见浮游动物优势种为螺形龟甲轮虫和无节幼体。（表3−4、表3−5）

表 3-4　秦岭北麓浮游动物优势种及优势度

优势种	优势度	
	春季	秋季
针棘匣壳虫 *Centropyxis aculeata*	0.052	0.057
旋匣壳虫 *Centropyxis aerophila*	0.078	
无节幼体 Copepod nauplii	0.109	

表 3-5　秦岭南麓浮游动物优势种及优势度

优势种	优势度	
	春季	秋季
累枝虫 *Epistylis sp.* 1	0.024	
螺形龟甲轮虫 *Keratella cochlearis*		0.035
无节幼体 Copepod nauplii		0.080

3.2.3　浮游动物密度

秦岭南北麓代表性河流浮游动物密度区间为 1.33～534.28 ind./L，平均密度为 33.16 ind./L。其中，密度最高的是 HH-3 断面，密度为 534.28 ind./L；密度最低的是 QSH-2 断面，密度为 1.33 ind./L。春季浮游动物密度区间为 1.47～534.28 ind./L，平均密度为 29.75 ind./L。其中，密度最高的是 HH-3 断面，密度为 534.28 ind./L；密度最低的是 CH-2 断面，密度为 1.47 ind./L。秋季浮游动物密度区间为 1.33～261.00 ind./L，平均密度为 36.58 ind./L。其中，密度最高的是 YueH-1 断面，密度为 261.00 ind./L；密度最低的是 QSH-2 断面，密度为 1.33 ind./L。秦岭南北麓代表性河流浮游动物密度见图 3-12、图 3-13。

清姜河春季浮游动物密度区间为 1.80～20.50 ind./L，平均密度为 8.63 ind./L。其中，密度最高的是 QJH-1 断面，密度为 20.50 ind./L；密度最低的是 QJH-2 断面，密度为 1.80 ind./L。秋季浮游动物密度区间为 28.0～142.00 ind./L，平均密度为 72.3 ind./L。其中，密度最高的是 QJH-2 断面，密度为 142.00 ind./L；密度最低的是 QJH-3 断面，密度为 28.50 ind./L。

清水河春季浮游动物密度区间为 1.50～17.50 ind./L，平均密度为 11.17 ind./L。其中，密度最高的是 QSH-3 断面，密度为 17.50 ind./L；密度最低的是 QSH-1 断面，密度为 1.50 ind./L。秋季浮游动物密度区间为 1.33～1.67 ind./L，平均密度为 1.44 ind./L。其中，密度最高的是 QSH-3 断面，密度为 1.67 ind./L；密度最低的是 QSH-1 断面，密度为 1.33 ind./L。

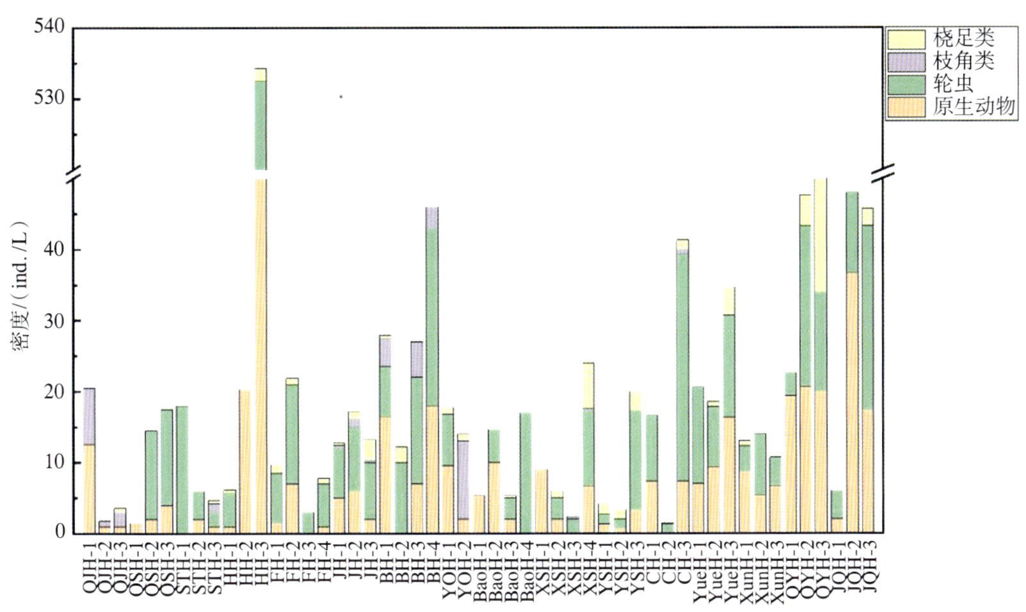

图 3-12　秦岭南北麓代表性河流春季浮游动物密度

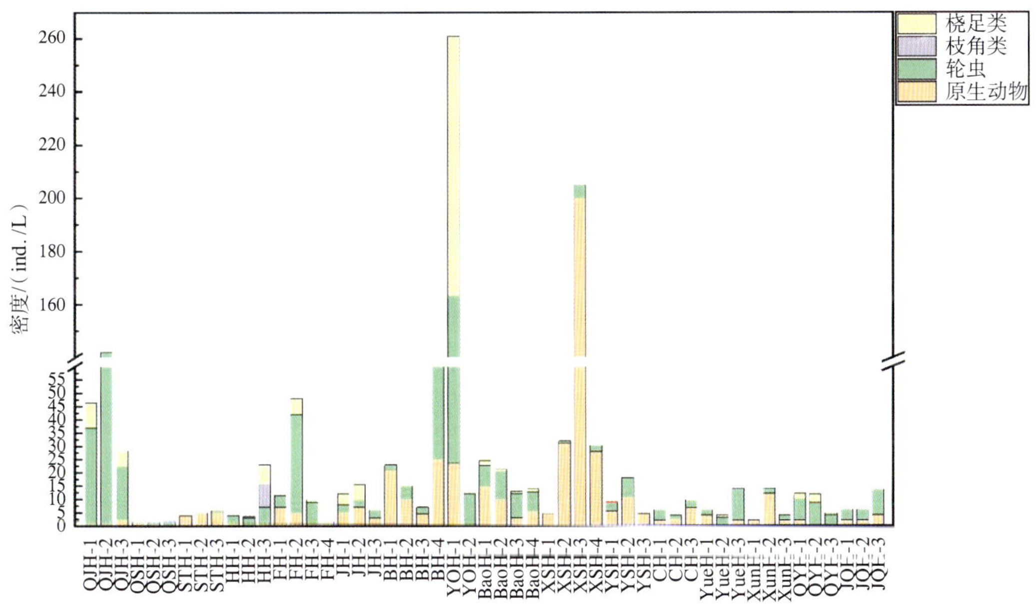

图 3-13　秦岭南北麓代表性河流秋季浮游动物密度

石头河春季浮游动物密度区间为 4.70～18.00 ind./L，平均密度为 9.57 ind./L。其中，密度最高的是 STH-3 断面，密度为 18.00 ind./L；密度最低的是 STH-1 断面，密度为 4.70 ind./L。秋季浮游动物密度区间为 4.00～6.00 ind./L，平均密度为 5.00 ind./L。其中，密度最高的是 STH-3 断面，密度为 6.00 ind./L；密度最低的是 STH-1 断面，密度为 4.00 ind./L。

黑河春季浮游动物密度区间为 6.17～534.28 ind./L，平均密度为 186.93 ind./L。其中，密度最高的是 HH-3 断面，密度为 534.28 ind./L；密度最低的是 HH-1 断面，密度为 6.17 ind./L。秋季浮游动物密度区间为 3.8～22.93 ind./L，平均密度为 10.24 ind./L。其中，密度最高的是 HH-3 断面，密度为 22.93 ind./L；密度最低的是 HH-2 断面，密度为 3.80 ind./L。

沣河春季浮游动物密度区间为 3.00～21.90 ind./L，平均密度为 10.60 ind./L。其中，密度最高的是 FH-2 断面，密度为 21.9 ind./L；密度最低的是 FH-3 断面，密度为 3 ind./L。秋季浮游动物密度区间为 1.6～48 ind./L，平均密度为 17.79 ind./L。其中，密度最高的是 FH-2 断面，密度为 48.00 ind./L；密度最低的是 FH-4 断面，密度为 0.50 ind./L。

潏河春季浮游动物密度区间为 12.80～17.20 ind./L，平均密度为 14.40 ind./L。其中，密度最高的是 JH-2 断面，密度为 17.20 ind./L；密度最低的是 JH-1 断面，密度为 12.80 ind./L。秋季浮游动物密度区间为 6.00～15.40 ind./L，平均密度为 13.70 ind./L。其中，密度最高的是 JH-2 断面，密度为 15.40 ind./L；密度最低的是 JH-3 断面，密度为 6.00 ind./L。

灞河春季浮游动物密度区间为 12.20～46.00 ind./L，平均密度为 28.28 ind./L。其中，密度最高的是 BH-4 断面，密度为 46.00 ind./L；密度最低的是 BH-2 断面，密度为 12.20 ind./L。秋季浮游动物密度区间为 7.00～82.50 ind./L，平均密度为 31.88 ind./L。其中，密度最高的是 BH-4 断面，密度为 82.50 ind./L；密度最低的是 BH-3 断面，密度为 7.00 ind./L。

沈河春季浮游动物密度区间为 14.00～17.80 ind./L，平均密度为 15.90 ind./L。其中，密度最高的是 YOH-1 断面，密度为 17.80 ind./L；密度最低的是 YOH-2 断面，密度为 14.00 ind./L。秋季浮游动物密度区间为 12.00～261.00 ind./L，平均密度为 136.50 ind./L。其中，密度最高的是 YOH-1 断面，密度为 261.00 ind./L；密度最低的是 YOH-2 断面，密度为 12.00 ind./L。

褒河春季浮游动物密度区间为 5.33～17.00 ind./L，平均密度为 10.58 ind./L。其中，密度最高的是 BaoH-4 断面，密度为 17.00 ind./L；密度最低的是 BaoH-1 断面，密度为 5.33 ind./L。秋季浮游动物密度区间为 12.67～24.00 ind./L，平均密度为 17.42 ind./L。其中，密度最高的是 BaoH-1 断面，密度为 24.00 ind./L；密度最低的是 BaoH-3 断面，密度为 12.67 ind./L。

湑水河春季浮游动物密度区间为 2.40～24.00 ind./L，平均密度为 10.35 ind./L。其中，密度最高的是 XSH-4 断面，密度为 24.00 ind./L；密度最低的是 XSH-3 断面，密度为 2.40 ind./L。秋季浮游动物密度区间为 6.80～204.00 ind./L，平均密度为 273.3 ind./L。其中，密度最高的是 XSH-3 断面，密度为 204.00 ind./L；密度最低的是 XSH-1 断面，密度为 6.80 ind./L。

酉水河春季浮游动物密度区间为 3.33～20.00 ind./L，平均密度为 9.16 ind./L。其中，密度最高的是 YSH-3 断面，密度为 20.00 ind./L；密度最低的是 YSH-2 断面，密度为 3.33 ind./L。秋季浮游动物密度区间为 4.67～22.67 ind./L，平均密度为 14.03 ind./L。其中，密度最高的是 YSH-2 断面，密度为 22.67 ind./L；密度最低的是 YSH-3 断面，密度为 4.67 ind./L。

池河春季浮游动物密度区间为 1.47～41.33 ind./L，平均密度为 19.82 ind./L。其中，密度最高的是 CH-3 断面，密度为 41.33 ind./L；密度最低的是 CH-2 断面，密度为 1.47 ind./L。秋季浮游动物密度区间为 1.60～41.50 ind./L，平均密度为 20.03 ind./L。其中，密度最高的是 CH-3 断面，密度为 41.50 ind./L；密度最低的是 CH-2 断面，密度为 1.60 ind./L。

月河春季浮游动物密度区间 18.53～34.67 ind./L，平均密度为 24.60 ind./L。其中，密度最高的是 YueH-2 断面，密度为 34.67 ind./L；密度最低的是 YueH-3 断面，密度为 18.53 ind./L。秋季浮游动物密度区间为 19.20～34.10ind./L，平均密度为 24.77 ind./L。其中，密度最高的是 YueH-3 断面，密度为 34.1 ind./L；密度最低的是 YueH-2 断面，密度为 19.20 ind./L。

旬河春季浮游动物密度区间为 10.67～14.00 ind./L，平均密度为 12.56 ind./L。其中，密度最高的是 XunH-2 断面，密度为 14.00 ind./L；密度最低的是 XunH-3 断面，密度为 10.67 ind./L。秋季浮游动物密度区间为 10.67～14.50 ind./L，平均密度为 13.02 ind./L。其中，密度最高的是 XunH-2 断面，密度为 14.50 ind./L；密度最低的是 XunH-3 断面，密度为 10.67 ind./L。

乾佑河春季浮游动物密度区间为 22.67～140.40 ind./L，平均密度为 70.22 ind./L。其中，密度最高的是 QYH-3 断面，密度为 140.40 ind./L；密度最低的是 QYH-1 断面，密度为 22.67 ind./L。秋季浮游动物密度区间为 2.50～7.67 ind./L，平均密度为 5.83 ind./L。其中，密度最高的是 QYH-2 断面，密度为 7.67 ind./L；密度最低的是 QYH-1 断面，密度为 2.50 ind./L。

金钱河春季浮游动物密度区间为 6.00～48.00 ind./L，平均密度为 33.24 ind./L。其中，密度最高的是 JQH-2 断面，密度为 48.00 ind./L；密度最低的是 JQH-1 断面，密度为 6.00 ind./L。秋季浮游动物密度区间为 5.33～14.67 ind./L，平均密度为 5.44 ind./L。其中，密度最高的是 JQH-3 断面，密度为 14.67 ind./L；密度最低的是 JQH-1 断面和 JQH-2 断面，密度为 5.33 ind./L。

3.2.4 浮游动物生物量

秦岭南北麓代表性河流浮游动物生物量区间为 0.0001～1.0806 mg/L，平均生物量为 0.0575 mg/L。其中，生物量最高的是 QYH-3 断面，生物量为 1.0806 mg/L；生物量最低的是 QSH-1 断面和 XunH-1 断面，生物量为 0.0001 mg/L。春季浮游动物生物量区间为 0.0001～1.0806 mg/L，平均生物量为 0.0655 mg/L。其中，生物量最高的是 QYH-3 断面，生物量为 1.0806 mg/L；生物量最低的是 QSH-1 断面，生物量为 0.0001 mg/L。秋季浮游动物生物量区间为 0.0001～0.4617 mg/L，平均生物量为 0.0495mg/L。其中，生物量最高的是 YOH-1 断面，生物量为 0.4617 mg/L；生物量最低的是 QSH-1 断面和 XunH-1 断面，生物量为 0.0001 mg/L。秦岭南北麓 16 条河流浮游动物生物量见图 3-14、图 3-15。

清姜河春季浮游动物生物量区间为 0.0017～0.0461 mg/L，平均生物量为 0.0214 mg/L。

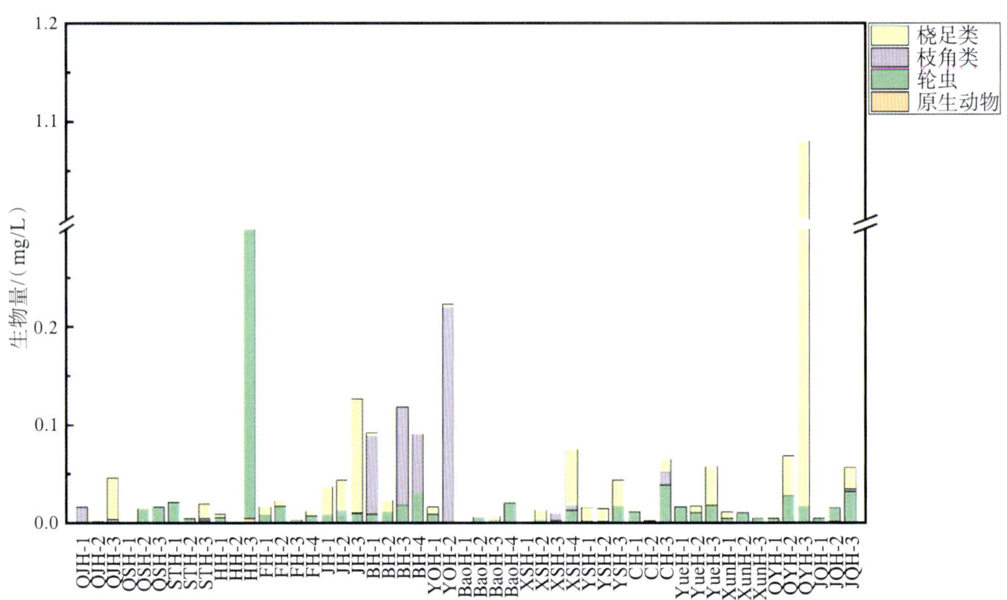

图 3-14　秦岭南北麓代表性河流春季浮游动物生物量

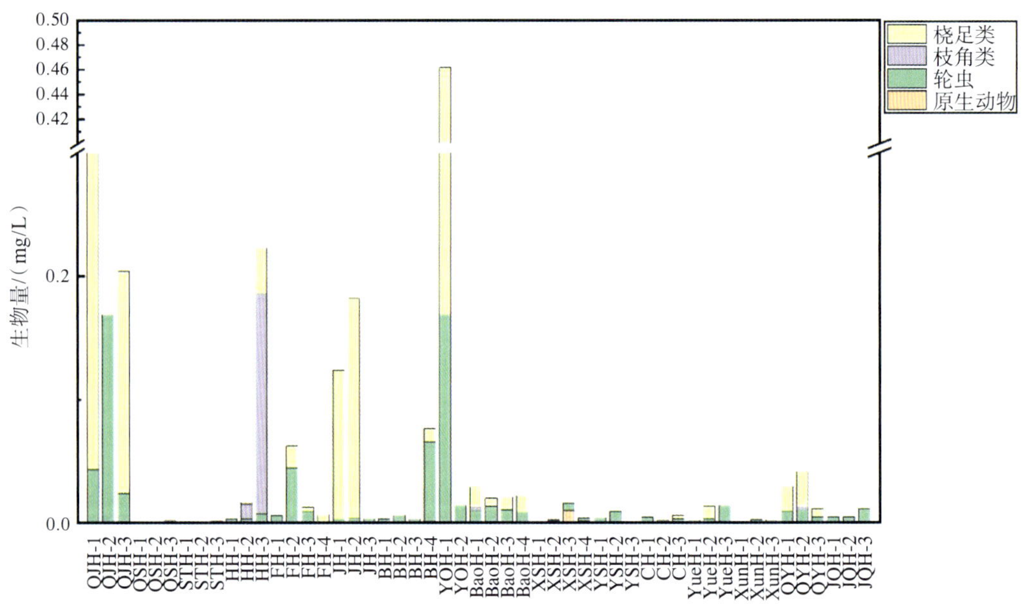

图 3-15　秦岭南北麓代表性河流秋季浮游动物生物量

其中，生物量最高的是 QJH-3 断面，生物量为 0.0461 mg/L；生物量最低的是 QJH-2 断面，生物量为 0.0017 mg/L。秋季浮游动物生物量区间为 0.1693～0.3413 mg/L，平均生物量为 0.2382 mg/L。其中，生物量最高的是 QJH-1 断面，生物量为 0.3413 mg/L；生物量最低的是 QJH-2 断面，生物量为 0.1693 mg/L。

清水河春季浮游动物生物量区间为 0.0001～0.0164 mg/L，平均生物量为 0.0105 mg/L。其中，生物量最高的是 QSH-3 断面，生物量为 0.0164 mg/L；生物量最低的是 QSH-1 断面，生物量为 0.0001 mg/L。秋季浮游动物生物量区间为 0.0001～0.0020 mg/L，平均生物量为 0.0010 mg/L。其中，生物量最高的是 QSH-3 断面，生物量为 0.0020 mg/L；生物量最低的是 QSH-1 断面，生物量为 0.0001 mg/L。

石头河春季浮游动物生物量区间为 0.0049～0.0216 mg/L，平均生物量为 0.0155 mg/L。其中，生物量最高的是 STH-1 断面，生物量为 0.0216 mg/L；生物量最低的是 STH-2 断面，生物量为 0.0049 mg/L。秋季浮游动物生物量区间为 0.0002～0.0015 mg/L，平均生物量为 0.0006 mg/L。其中，生物量最高的是 STH-3 断面，生物量为 0.0015 mg/L；生物量最低的是 STH-1 断面，生物量为 0.0002 mg/L。

黑河春季浮游动物生物量区间为 0.0010～0.5359 mg/L，平均生物量为 0.1820 mg/L。其中，生物量最高的是 HH-3 断面，生物量为 0.5359 mg/L；生物量最低的是 HH-2 断面，生物量为 0.0010 mg/L。秋季浮游动物生物量区间为 0.0037～0.2229 mg/L，平均生物量为 0.0812 mg/L。其中，生物量最高的是 HH-3 断面，生物量为 0.2229 mg/L；生物量最低的是 HH-1 断面，生物量为 0.0037 mg/L。

沣河春季浮游动物生物量区间为 0.0036～0.0235 mg/L，平均生物量为 0.0142 mg/L。其中，生物量最高的是 FH-2 断面，生物量为 0.0235 mg/L；生物量最低的是 FH-3 断面，生物量为 0.0036 mg/L。秋季浮游动物生物量区间为 0.0061～0.0627 mg/L，平均生物量为 0.0222 mg/L。其中，生物量最高的是 FH-2 断面，生物量为 0.0627 mg/L；生物量最低的是 FH-1 断面，生物量为 0.0061 mg/L。

潏河春季浮游动物生物量区间为 0.0375～0.1265 mg/L，平均生物量为 0.0692 mg/L。其中，生物量最高的是 JH-3 断面，生物量为 0.1265 mg/L；生物量最低的是 JH-1 断面，生物量为 0.0375 mg/L。秋季浮游动物生物量区间为 0.0038～0.1239 mg/L，平均生物量为 0.1032 mg/L。其中，生物量最高的是 JH-2 断面，生物量为 0.1239 mg/L；生物量最低的是 JH-3 断面，生物量为 0.0038 mg/L。

灞河春季浮游动物生物量区间为 0.0234～0.1184 mg/L，平均生物量为 0.0812 mg/L。其中，生物量最高的是 BH-3 断面，生物量为 0.1184 mg/L；生物量最低的是 BH-2 断面，生物量为 0.0234 mg/L。秋季浮游动物生物量区间为 0.0032～0.0766 mg/L，平均生物量为 0.0224 mg/L。其中，生物量最高的是 BH-4 断面，生物量为 0.0766 mg/L；生物量最低的是 BH-3 断面，生物量为 0.0032 mg/L。

沋河春季浮游动物生物量区间为 0.0162～0.2231 mg/L，平均生物量为 0.1197 mg/L。其中，生物量最高的是 YOH-2 断面，生物量为 0.2231 mg/L；生物量最低的是 YOH-1 断面，生物量为 0.0162 mg/L。秋季浮游动物生物量区间为 0.0144～0.4617 mg/L，平均生物量为 0.2380 mg/L。其中，生物量最高的是 YOH-1 断面，生物量为 0.4617 mg/L；生物量最低的是 YOH-2 断面，生物量为 0.0144 mg/L。

褒河春季浮游动物生物量区间 0.0003～0.0204 mg/L，平均生物量为 0.0085 mg/L。其中，生物量最高的是 BaoH-4 断面，生物量为 0.0204 mg/L；生物量最低的是 BaoH-1 断面，生物量为 0.0003 mg/L。秋季浮游动物生物量区间为 0.0200～0.0291 mg/L，平均生物量为 0.0231 mg/L。其中，生物量最高的是 BaoH-1 断面，生物量为 0.0291 mg/L；生物量最低的是 BaoH-2 断面，生物量为 0.0200 mg/L。

湑水河春季浮游动物生物量区间为 0.0005～0.0753 mg/L，平均生物量为 0.0250 mg/L。其中，生物量最高的是 XSH-4 断面，生物量为 0.0753 mg/L；生物量最低的是 XSH-1 断面，生物量为 0.0005 mg/L。秋季浮游动物生物量区间为 0.0002～0.0160 mg/L，平均生物量为 0.0058 mg/L。其中，生物量最高的是 XSH-3 断面，生物量为 0.0160 mg/L；生物量最低的是 XSH-1 断面，生物量为 0.0002 mg/L。

西水河春季浮游动物生物量区间为 0.0150～0.0436 mg/L，平均生物量为 0.0248 mg/L。其中，生物量最高的是 YSH-3 断面，生物量为 0.0436 mg/L；生物量最低的是 YSH-2 断面，生物量为 0.0150 mg/L。秋季浮游动物生物量区间为 0.0002～0.0093 mg/L，平均生物量为 0.0047 mg/L。其中，生物量最高的是 YSH-2 断面，生物量为 0.0093 mg/L；生物量最低的是 YSH-3 断面，生物量为 0.0002 mg/L。

池河春季浮游动物生物量区间为 0.0025～0.0654 mg/L，平均生物量为 0.0265 mg/L。其中，生物量最高的是 CH-3 断面，生物量为 0.0654 mg/L；生物量最低的是 CH-2 断面，生物量为 0.0025 mg/L。秋季浮游动物生物量区间为 0.0019～0.0063 mg/L，平均生物量为 0.0044 mg/L。其中，生物量最高的是 CH-3 断面，生物量为 0.0063 mg/L；生物量最低的是 CH-2 断面，生物量为 0.0019 mg/L。

月河春季浮游动物生物量区间为 0.0167～0.0580 mg/L，平均生物量为 0.0307 mg/L。其中，生物量最高的是 YueH-3 断面，生物量为 0.0580 mg/L；生物量最低的是 YueH-1 断面，生物量为 0.0167 mg/L。秋季浮游动物生物量区间为 0.0026～0.0145 mg/L，平均生物量为 0.0102 mg/L。其中，生物量最高的是 YueH-3 断面，生物量为 0.0145 mg/L；生物量最低的是 YueH-1 断面，生物量为 0.0026 mg/L。

旬河春季浮游动物生物量区间为 0.0051～0.0115 mg/L，平均生物量为 0.0091 mg/L。其中，生物量最高的是 XunH-1 断面，生物量为 0.0115 mg/L；生物量最低的是 XunH-3 断面，生物量为 0.0051 mg/L。秋季浮游动物生物量区间为 0.0001～0.0030 mg/L，平均生物量为

0.0019 mg/L。其中，生物量最高的是 XunH-2 断面，生物量为 0.0030 mg/L；生物量最低的是 XunH-1 断面，生物量为 0.0001 mg/L。

乾佑河春季浮游动物生物量区间为 0.0050～1.0806 mg/L，平均生物量为 0.3846 mg/L。其中，生物量最高的是 QYH-3 断面，生物量为 1.0806 mg/L；生物量最低的是 QYH-1 断面，生物量为 0.0050 mg/L。秋季浮游动物生物量区间为 0.0115～0.0416 mg/L，平均生物量为 0.0276 mg/L。其中，生物量最高的是 QYH-2 断面，生物量为 0.0416 mg/L；生物量最低的是 QYH-3 断面，生物量为 0.0115 mg/L。

金钱河春季浮游动物生物量区间为 0.0049～0.0566 mg/L，平均生物量为 0.0256 mg/L。其中，生物量最高的是 JQH-3 断面，生物量为 0.0566 mg/L；生物量最低的是 JQH-1 断面，生物量为 0.0049 mg/L。秋季浮游动物生物量区间为 0.0049～0.0116 mg/L，平均生物量为 0.0071 mg/L。其中，生物量最高的是 JQH-3 断面，生物量为 0.0116 mg/L；生物量最低的是 JQH-1 断面，生物量为 0.0049 mg/L。

3.2.5　浮游动物多样性指数

秦岭南北麓代表性河流春季浮游动物 Shannon–Wiener 多样性指数在 0.45～3.48，其平均值为 1.82；Pielou 均匀度指数在 0.28～0.97，其平均值为 0.68；Margalef 丰富度指数在 0.39～7.88，其平均值为 2.77。秋季浮游动物 Shannon–Wiener 多样性指数在 0.00～3.14，其平均值为 1.55；Pielou 均匀度指数在 0.00～1.00，其平均值为 0.69；Margalef 丰富度指数在 0.00～4.50，其平均值为 2.08。秦岭南北麓 16 条河流浮游动物多样性指数见图 3–16 至图 3–18。

清姜河春季浮游动物 Shannon–Wiener 多样性指数在 1.00～1.75，其平均值为 1.41；Pielou 均匀度指数在 0.84～0.91，其平均值为 0.89；Margalef 丰富度指数在 1.61～2.36，其平均值为 2.04。秋季浮游动物 Shannon–Wiener 多样性指数在 0.07～1.73，其平均值为 1.10；Pielou 均匀度指数在 0.06～0.89，其平均值为 0.55；Margalef 丰富度指数在 0.28～1.45，其平均值为 0.99。

清水河春季浮游动物 Shannon–Wiener 多样性指数在 0.64～0.83，其平均值为 0.73；Pielou 均匀度指数在 0.41～0.92，其平均值为 0.64；Margalef 丰富度指数在 0.73～1.71，其平均值为 1.24。秋季浮游动物 Shannon–Wiener 多样性指数在 0.67～0.69，其平均值为 0.69；Pielou 均匀度指数在 0.97～1.00，其平均值为 0.99；Margalef 丰富度指数在 1.36～2.41，其平均值为 2.06。

石头河春季浮游动物 Shannon–Wiener 多样性指数在 0.64～1.52，其平均值为 1.07；Pielou 均匀度指数在 0.92～0.97，其平均值为 0.94；Margalef 丰富度指数在 0.39～1.79，其平均值

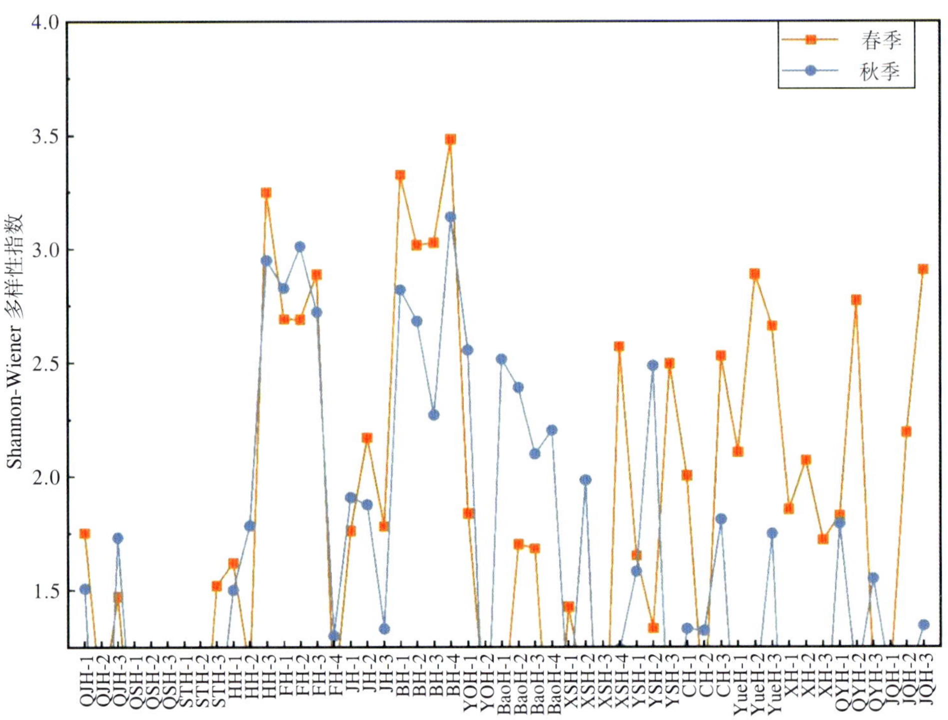

图 3-16　秦岭南北麓代表性河流浮游动物 Shannon-Wiener 多样性指数

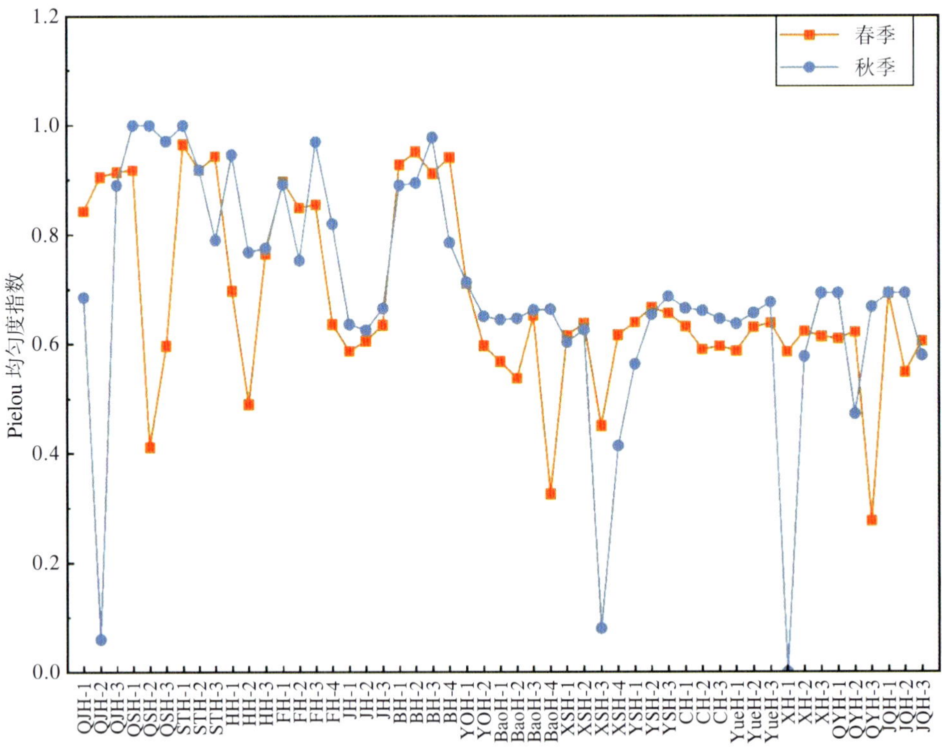

图 3-17　秦岭南北麓代表性河流浮游动物 Pielou 均匀度指数

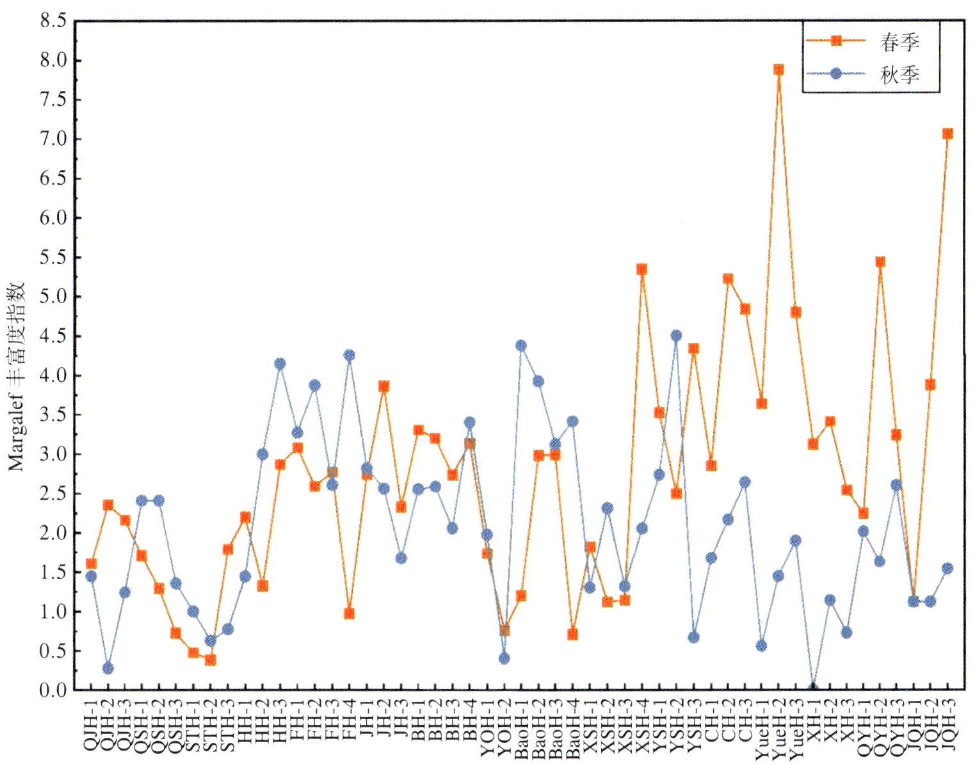

图 3-18　秦岭南北麓代表性河流浮游动物 Margalef 丰富度指数

为 0.89。秋季浮游动物 Shannon-Wiener 多样性指数在 0.67～0.87，其平均值为 0.73；Pielou 均匀度指数在 0.79～1.00，其平均值为 0.90；Margalef 丰富度指数在 0.63～1.00，其平均值为 0.80。

黑河春季浮游动物 Shannon-Wiener 多样性指数在 1.14～3.25，其平均值为 2.00；Pielou 均匀度指数在 0.49～0.77，其平均值为 0.65；Margalef 丰富度指数在 1.33～2.87，其平均值为 2.13。秋季浮游动物 Shannon-Wiener 多样性指数在 1.5～2.95，其平均值为 2.08；Pielou 均匀度指数在 0.77～0.95，其平均值为 0.83；Margalef 丰富度指数在 1.44～4.15，其平均值为 2.86。

沣河春季浮游动物 Shannon-Wiener 多样性指数在 1.01～2.89，其平均值为 2.32；Pielou 均匀度指数在 0.64～0.90，其平均值为 0.81；Margalef 丰富度指数在 0.97～3.08，其平均值为 2.35。秋季浮游动物 Shannon-Wiener 多样性指数在 1.30～3.01，其平均值为 2.47；Pielou 均匀度指数在 0.75～0.97，其平均值为 0.86；Margalef 丰富度指数在 2.61～4.26，其平均值为 3.50。

涝河春季浮游动物 Shannon-Wiener 多样性指数在 1.76～2.17，其平均值为 1.90；Pielou

均匀度指数在 0.59～0.63，其平均值为 0.61；Margalef 丰富度指数在 2.33～3.87，其平均值为 2.98。秋季浮游动物 Shannon-Wiener 多样性指数在 1.33～1.91，其平均值为 1.70；Pielou 均匀度指数在 0.63～0.66，其平均值为 0.64；Margalef 丰富度指数在 1.67～2.56，其平均值为 2.35。

灞河春季浮游动物 Shannon-Wiener 多样性指数在 3.02～3.48，其平均值为 3.21；Pielou 均匀度指数在 0.91～0.95，其平均值为 0.93；Margalef 丰富度指数在 2.73～3.30，其平均值为 3.09。秋季浮游动物 Shannon-Wiener 多样性指数在 2.27～3.14，其平均值为 2.73；Pielou 均匀度指数在 0.79～0.98，其平均值为 0.83；Margalef 丰富度指数在 2.06～3.40，其平均值为 2.65。

尤河春季浮游动物 Shannon-Wiener 多样性指数在 0.95～1.84，其平均值为 1.39；Pielou 均匀度指数在 0.60～0.71，其平均值为 0.65；Margalef 丰富度指数在 0.76～1.74，其平均值为 1.25。秋季浮游动物 Shannon-Wiener 多样性指数在 0.65～2.56，其平均值为 1.60；Pielou 均匀度指数在 0.65～0.71，其平均值为 0.68；Margalef 丰富度指数在 0.40～1.98，其平均值为 1.19。

褒河春季浮游动物 Shannon-Wiener 多样性指数在 0.52～1.70，其平均值为 1.20；Pielou 均匀度指数在 0.33～0.65，其平均值为 0.52；Margalef 丰富度指数在 0.71～2.99，其平均值为 1.97。秋季浮游动物 Shannon-Wiener 多样性指数在 2.10～2.52，其平均值为 2.30；Pielou 均匀度指数在 0.64～0.66，其平均值为 0.65；Margalef 丰富度指数在 3.12～4.37，其平均值为 3.71。

湑水河春季浮游动物 Shannon-Wiener 多样性指数在 0.45～2.57，其平均值为 1.36；Pielou 均匀度指数在 0.45～0.64，其平均值为 0.58；Margalef 丰富度指数在 1.12～5.35，其平均值为 2.36。秋季浮游动物 Shannon-Wiener 多样性指数在 0.24～1.98，其平均值为 1.10；Pielou 均匀度指数在 0.08～0.63，其平均值为 0.43；Margalef 丰富度指数在 1.30～2.31，其平均值为 1.74。

西水河春季浮游动物 Shannon-Wiener 多样性指数在 1.33～2.50，其平均值为 1.83；Pielou 均匀度指数在 0.64～0.67，其平均值为 0.65；Margalef 丰富度指数在 2.49～4.34，其平均值为 3.45。秋季浮游动物 Shannon-Wiener 多样性指数在 0.69～2.49，其平均值为 1.58；Pielou 均匀度指数在 0.56～0.69，其平均值为 0.63；Margalef 丰富度指数在 0.66～4.50，其平均值为 2.63。

池河春季浮游动物 Shannon-Wiener 多样性指数在 0.93～2.53，其平均值为 1.82；Pielou 均匀度指数在 0.59～0.63，其平均值为 0.61；Margalef 丰富度指数在 2.84～5.22，其平均值为4.30。秋季浮游动物Shannon–Wiener多样性指数在1.32～1.81，其平均值为1.49；Pielou均匀度指数在0.65～0.66，其平均值为0.66；Margalef丰富度指数在1.67～2.64，其平均值为2.16。

月河春季浮游动物Shannon–Wiener多样性指数在2.11～2.89，其平均值为2.55；Pielou均匀度指数在0.59～0.64，其平均值为0.62；Margalef丰富度指数在3.64～7.88，其平均值为5.44。秋季浮游动物Shannon–Wiener多样性指数在0.64～1.75，其平均值为1.10；Pielou均匀度指数在0.64～0.68，其平均值为0.66；Margalef丰富度指数在0.56～1.89，其平均值为1.30。

旬河春季浮游动物Shannon–Wiener多样性指数在1.72～2.68，其平均值为2.08；Pielou均匀度指数在0.59～0.64，其平均值为0.62；Margalef丰富度指数在2.53～4.74，其平均值为3.45。秋季浮游动物Shannon–Wiener多样性指数在0～1.15，其平均值为0.64；Pielou均匀度指数在0～0.69，其平均值为0.49；Margalef丰富度指数在0～1.14，其平均值为0.64。

乾佑河春季浮游动物Shannon–Wiener多样性指数在1.13～2.77，其平均值为1.91；Pielou均匀度指数在0.28～0.62，其平均值为0.50；Margalef丰富度指数在2.24～5.44，其平均值为3.64。秋季浮游动物Shannon–Wiener多样性指数在1.10～1.79，其平均值为1.48；Pielou均匀度指数在0.47～0.69，其平均值为0.61；Margalef丰富度指数在1.62～2.60，其平均值为2.08。

金钱河春季浮游动物Shannon–Wiener多样性指数在1.10～2.91，其平均值为2.07；Pielou均匀度指数在0.55～0.69，其平均值为0.62；Margalef丰富度指数在1.12～7.06，其平均值为4.02。秋季浮游动物Shannon–Wiener多样性指数在1.10～1.34，其平均值为1.18；Pielou均匀度指数在0.58～0.69，其平均值为0.65；Margalef丰富度指数在1.12～1.54，其平均值为1.26。

3.3　秦岭关键淡水生态系统底栖动物群落特征

3.3.1　底栖动物物种组成

秦岭南北麓代表性河流共鉴定出底栖动物338种，其中环节动物门11种，占3.25%；软体动物门12种，占3.55%；节肢动物门312种，占92.31%；线形动物门2种，占0.59%；扁形动物门1种，占0.30%。春季共鉴定出底栖动物234种，其中环节动物门6种，占2.56%；

软体动物门 8 种，占 3.42%；节肢动物门 218 种，占 93.16%；线形动物门 1 种，占 0.43%；扁形动物门 1 种，占 0.43%。秋季共鉴定出底栖动物 224 种，其中环节动物门 10 种，占 4.46%；软体动物门 6 种，占 2.68%；节肢动物门 205 种，占 91.52%；线形动物门 2 种，占 0.89%；扁形动物门 1 种，占 0.45%。具体结果见图 3-19、图 3-20。

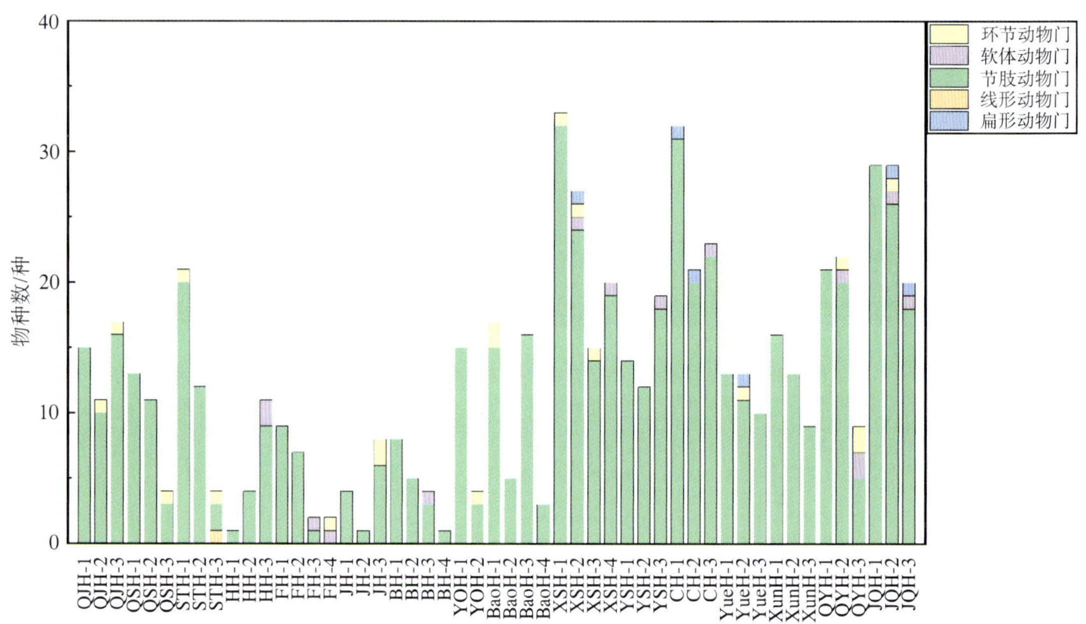

图 3-19　秦岭南北麓代表性河流春季底栖动物物种组成

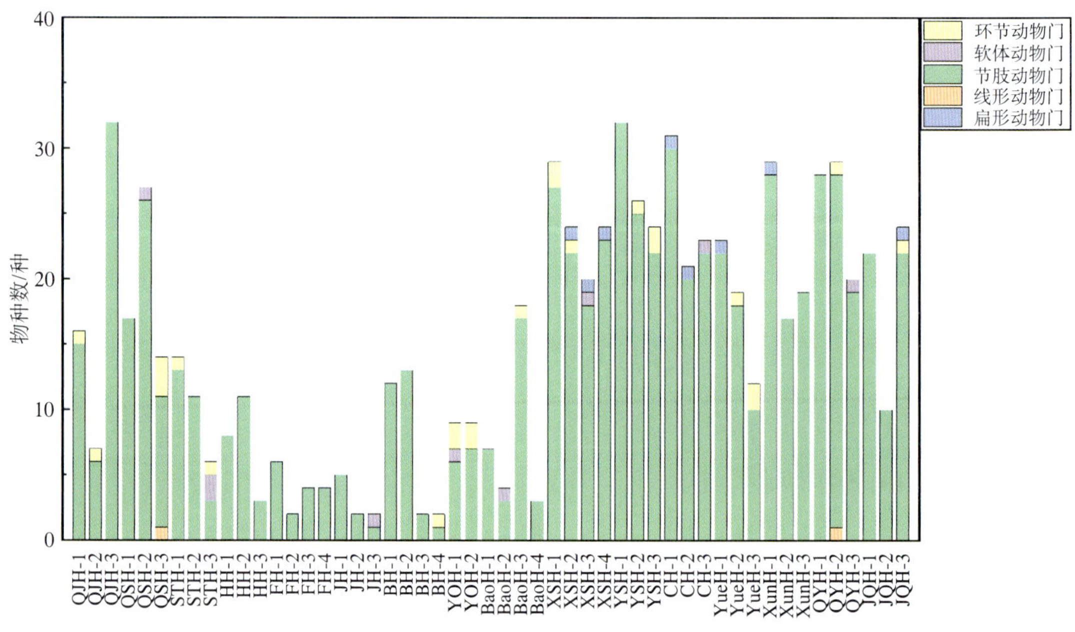

图 3-20　秦岭南北麓代表性河流秋季底栖动物物种组成

清姜河春季共鉴定出底栖动物34种，其中环节动物门1种，占2.94%；节肢动物门33种，占97.06%。秋季共鉴定出底栖动物37种，其中环节动物1种，占2.70%；节肢动物门36种，占97.3%。

清水河春季共鉴定出底栖动物26种，其中环节动物门1种，占3.85%；节肢动物门25种，占96.15%。秋季共鉴定出底栖动物37种，其中环节动物门3种，占8.11%；软体动物门1种，占2.70%；节肢动物门32种，占86.49%；线形动物门1种，占2.70%。

石头河春季共鉴定出底栖动物32种，其中环节动物门2种，占6.25%；节肢动物门29种，占90.62%；线形动物门1种，占3.13%。秋季共鉴定出底栖动物29种，其中环节动物门2种，占6.90%；软体动物门2种，占6.90%；节肢动物门25种，占86.20%。

黑河春季共鉴定出底栖动物14种，其中软体动物门2种，占14.29%；节肢动物门12种，占85.71%。秋季共鉴定出底栖动物17种，其中节肢动物门17种，占100%。

沣河春季共鉴定出底栖动物19种，其中环节动物门1种，占5.26%；软体动物门2种，占10.53%；节肢动物门16种，占84.21%。秋季共鉴定出底栖动物14种，其中节肢动物门14种，占100.00%。

潏河春季共鉴定出底栖动物12种，其中环节动物门2种，占16.67%；节肢动物门10种，占83.33%。秋季共鉴定出底栖动物9种，其中软体动物门1种，占11.11%；节肢动物门8种，占88.89%。

灞河春季共鉴定出底栖动物15种，其中环节动物门1种，占6.67%；节肢动物门14种，占93.33%。秋季共鉴定出底栖动物27种，其中环节动物门1种，占3.70%；节肢动物门26种，占96.30%。

沈河春季共鉴定出底栖动物19种，其中环节动物门1种，占5.26%；节肢动物门18种，占94.74%。秋季共鉴定出底栖动物14种，其中环节动物门2种，占14.29%；软体动物门1种，占7.14%；节肢动物门11种，占78.57%。

褒河春季共鉴定出底栖动物31种，其中环节动物门2种，占6.45%；节肢动物门29种，占93.55%。秋季共鉴定出底栖动物24种，其中环节动物门1种，占4.17%；软体动物门1种，占4.17%；节肢动物门22种，占91.66%。

湑水河春季共鉴定出底栖动物66种，其中环节动物门2种，占3.03%；软体动物门2种，占3.03%；节肢动物门61种，占92.42%；扁形动物门1种，占1.52%。秋季共鉴定出底栖动物57种，其中环节动物门3种，占5.26%；软体动物门1种，占1.75%；节肢动物门52种，占91.24%；扁形动物门1种，占1.75%。

酉水河春季共鉴定出底栖动物30种，其中软体动物门1种，占3.33%；节肢动物门29

种，占 96.67%。秋季共鉴定出底栖动物 56 种，其中环节动物门 3 种，占 5.36%；节肢动物门 53 种，占 94.64%。

池河春季共鉴定出底栖动物 51 种，其中软体动物门 1 种，占 1.96%；节肢动物门 49 种，占 96.08%；扁形动物门 1 种，占 1.96%。秋季共鉴定出底栖动物 51 种，其中软体动物门 1 种，占 1.96%；节肢动物门 49 种，占 96.08%；扁形动物门 1 种，占 1.96%。

月河春季共鉴定出底栖动物 31 种，其中环节动物门 1 种，占 3.23%；节肢动物门 29 种，占 93.54%；扁形动物门 1 种，占 3.23%。秋季共鉴定出底栖动物 43 种，其中环节动物门 3 种，占 6.98%；节肢动物门 39 种，占 90.70%；扁形动物门 1 种，占 2.32%。

旬河春季共鉴定出底栖动物 24 种，其中节肢动物门 24 种，占 100.00%。秋季共鉴定出底栖动物 44 种，其中节肢动物门 43 种，占 97.73%；扁形动物门 1 种，占 2.27%。

乾佑河春季共鉴定出底栖动物 41 种，其中环节动物门 2 种，占 4.88%；软体动物门 2 种，占 4.88%；节肢动物门 37 种，占 90.24%。秋季共鉴定出底栖动物 53 种，其中环节动物门 1 种，占 1.89%；软体动物门 1 种，占 1.89%；节肢动物门 50 种，占 94.33%；线形动物门 1 种，占 1.89%。

金钱河春季共鉴定出底栖动物 49 种，其中环节动物门 1 种，占 2.04%；软体动物门 2 种，占 4.08%；节肢动物门 45 种，占 91.84%；扁形动物门 1 种，占 2.04%。秋季共鉴定出底栖动物 43 种，其中环节动物门 1 种，占 2.33%；节肢动物门 41 种，占 95.34%；扁形动物门 1 种，占 2.33%。

3.3.2 底栖动物优势类群

秦岭南北麓代表性河流春、秋两季常见底栖动物优势种有 31 种。其中秦岭北麓 8 条河流春季常见底栖动物优势种有霍甫水丝蚓、四节蜉属一种；秦岭南麓 8 条河流春季常见底栖动物优势种为仙女虫属一种、大脐圆扁螺、苍白摇蚊、偏真开氏摇蚊、黄色羽摇蚊、散趋流摇蚊、斑点流粗腹摇蚊、沼大蚊属一种、黑大蚊属一种、倍叉石蝇属一种、溪泥甲科一属种、小蜉属一种、带肋蜉属一种、弯握蜉属一种、锯形蜉属一种、四节蜉属一种、高翔蜉属一种、扁蜉属一种、似动蜉属一种、细蜉属一种、鱼蛉属一种、角石蛾科一属种、原石蛾属一种、纹石蛾属一种、三角涡虫；秦岭北麓 8 条河流秋季常见底栖动物优势种有四节蜉属一种、扁蜉属一种、纹石蛾属一种；秦岭南麓 8 条河流秋季常见底栖动物优势种为蜉蝣属一种、四节蜉属一种、带肋蜉属种 1、高翔蜉属一种、扁蜉属一种、角石蛾科一属种、纹石蛾属一种、水螨。（表 3−6、表 3−7）

表 3-6　秦岭北麓底栖动物优势种及优势度

优势种	优势度	
	春季	秋季
霍甫水丝蚓 *Limnodrilus hoffmeisteri*	0.04	
四节蜉属一种 *Baetis* sp.	0.11	0.09
扁蜉属一种 *Heptagenia* sp.		0.02
纹石蛾属一种 *Hydropsyche* sp.		0.03

表 3-7　秦岭南麓底栖动物优势种及优势度

优势种	优势度	
	春季	秋季
仙女虫属一种 *Nais* sp.	0.13	
大脐圆扁螺 *Hippeutis umbilicalis*	0.02	
苍白摇蚊 *Chironomus pallidivittatus*	0.05	
偏真开氏摇蚊 *Eukiefferiella devonica*	0.02	
黄色羽摇蚊 *Chironomus fiaviplumus*	0.07	
散趋流摇蚊 *Rheocricotopus effuses*	0.02	
斑点流粗腹摇蚊 *Rheopelopia maculipennis*	0.03	
沼大蚊属一种 *Helius* sp.	0.03	
黑大蚊属一种 *Hexatoma* sp.	0.02	
倍叉石蝇属一种 *Amphinemura* sp.	0.07	
溪泥甲科一属种 *Elmidae gen* sp.	0.05	
蜉蝣属一种 *Ephemera* sp.		0.06
四节蜉属一种 *Baetis* sp.	0.82	0.58
小蜉属一种 *Ephemerella* sp.	0.04	
带肋蜉属种 1*Cincticostella* sp.	0.13	0.06
弯握蜉属一种 *Drunella* sp.	0.04	
锯形蜉属一种 *Serratella* sp.	0.04	
高翔蜉属一种 *Epeorus* sp.	0.07	0.02
扁蜉属一种 *Heptagenia* sp.	0.12	0.07

续表

优势种	优势度	
	春季	秋季
似动蜉属一种 *Cinygmina* sp.	0.07	
细蜉属一种 *Caenis* sp.	0.05	
鱼蛉属一种 *Corydalus* sp.	0.02	
角石蛾属一种 *Stenopsyche* sp.	0.03	0.05
原石蛾属 *Rhyacophia* sp. 1	0.03	
纹石蛾属一种 *Hydropsyche* sp.	0.55	0.25
水螨 *Hydracarina*		0.05
三角涡虫 *Dugesia japonica*	0.06	

3.3.3 底栖动物密度

秦岭南北麓代表性河流底栖动物密度区间为 1.67～797.00 ind./m^2，平均密度为 162.32 ind./m^2。其中，密度最高的是 XSH-2 断面，密度为 797.00 ind./m^2；密度最低的是 HH-1 断面，密度为 1.67 ind./m^2。春季底栖动物密度区间为 1.67～797.00 ind./m^2，平均密度为 150.48 ind./m^2。其中，密度最高的是 XSH-2 断面，密度为 797.00 ind./m^2；密度最低的是 HH-1 断面，密度为 1.67 ind./m^2。秋季底栖动物密度区间为 6.67～629.99 ind./m^2，平均密度为 174.16 ind./m^2。其中，密度最高的是 QSH-1 断面，密度为 629.99 ind./m^2；密度最低的是 JH-3 断面、BH-3 断面和 BH-4 断面，密度均为 6.67 ind./m^2。秦岭南北麓代表性河流底栖动物密度见图 3−21、图 3−22。

清姜河春季底栖动物密度区间为 40.00～151.67 ind./m^2，平均密度为 81.67 ind./m^2。其中，密度最高的是 QJH-3 断面，密度为 151.67 ind./m^2；密度最低的是 QJH-2 断面，密度为 40.00 ind./m^2。秋季底栖动物密度区间为 65.00～253.33 ind./m^2，平均密度为 190.00 ind./m^2。其中，密度最高的是 QJH-3 断面，密度为 253.33 ind./m^2；密度最低的是 QJH-2 断面，密度为 65.00 ind./m^2。

清水河春季底栖动物密度区间为 33.33～138.33 ind./m^2，平均密度为 116.67 ind./m^2。其中，密度最高的是 QSH-1 断面，密度为 138.33 ind./m^2；密度最低的是 QSH-2 断面，密度为 33.33 ind./m^2。秋季底栖动物密度区间为 135.55～629.99 ind./m^2，平均密度为 364.44 ind./m^2。其中，密度最高的是 QSH-1 断面，密度为 629.99 ind./m^2；密度最低的是 QSH-3 断面，密度为 135.55 ind./m^2。

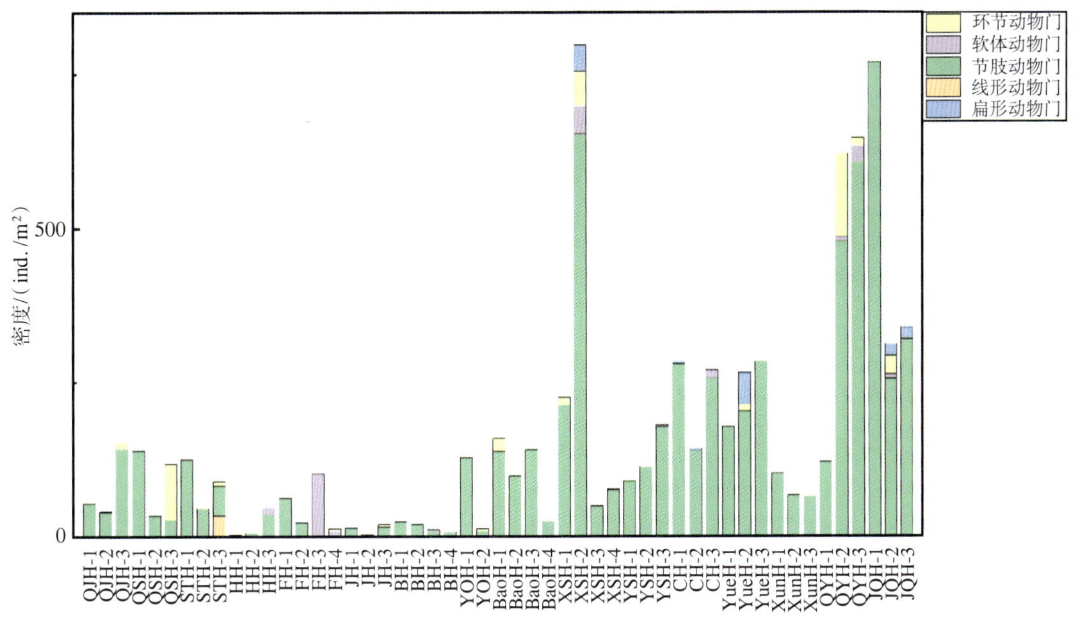

图 3-21　秦岭南北麓代表性河流春季底栖动物密度

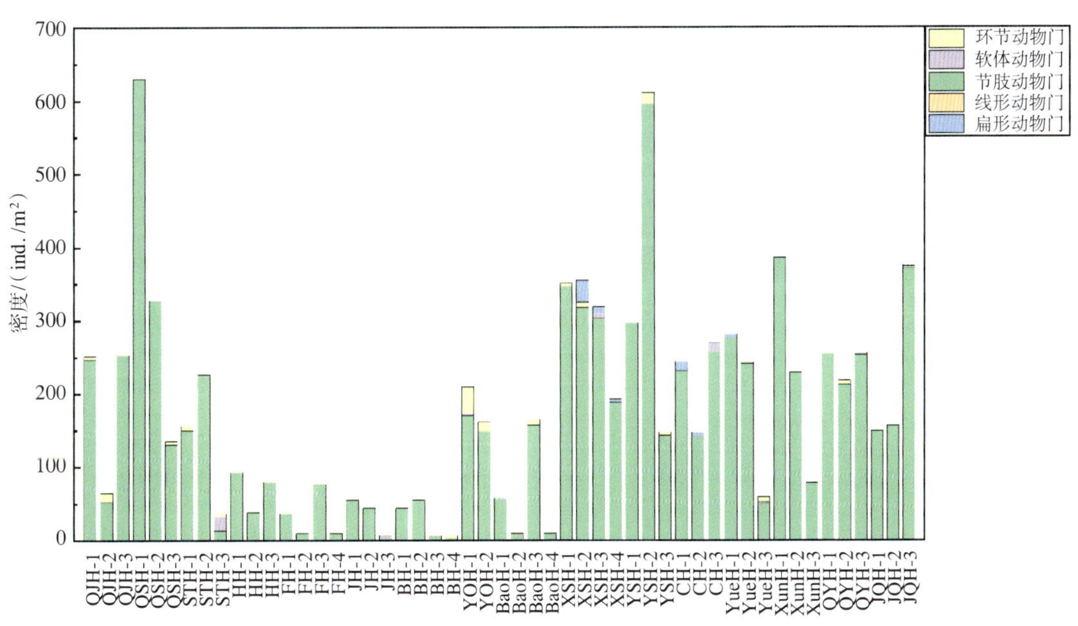

图 3-22　秦岭南北麓代表性河流秋季底栖动物密度

石头河春季底栖动物密度区间为 45.00～125.00 ind./m^2，平均密度为 86.11 ind./m^2。其中，密度最高的是 STH-1 断面，密度为 125.00 ind./m^2；密度最低的是 STH-2 断面，密度为 45.00 ind./m^2。秋季底栖动物密度区间为 36.67～226.67 ind./m^2，平均密度为 140.00 ind./m^2。其中，密度最高的是 STH-2 断面，密度为 226.67 ind./m^2；密度最低的是 STH-3 断面，密度为 36.67 ind./m^2。

黑河春季底栖动物密度区间为 1.67～46.67 ind./m^2，平均密度为 17.96 ind./m^2。其中，密度最高的是 HH-3 断面，密度为 46.67 ind./m^2；密度最低的是 HH-1 断面，密度为 1.67 ind./m^2。秋季底栖动物密度区间为 38.33～93.33 ind./m^2，平均密度为 70.55 ind./m^2。其中，密度最高的是 HH-1 断面，密度为 93.33 ind./m^2；密度最低的是 HH-2 断面，密度为 38.33 ind./m^2。

沣河春季底栖动物密度区间为 11.67～101.11 ind./m^2，平均密度为 49.03 ind./m^2。其中，密度最高的是 FH-3 断面，密度为 101.11 ind./m^2；密度最低的是 FH-4 断面，密度为 11.67 ind./m^2。秋季底栖动物密度区间为 10.00～76.67 ind./m^2，平均密度为 33.33 ind./m^2。其中，密度最高的是 FH-3 断面，密度为 76.67 ind./m^2；密度最低的是 FH-2 和 FH-4 断面，密度均为 10.00 ind./m^2。

潏河春季底栖动物密度区间为 1.67～18.89 ind./m^2，平均密度为 11.30 ind./m^2。其中，密度最高的是 JH-3 断面，密度为 18.89 ind./m^2；密度最低的是 JH-2 断面，密度为 1.67 ind./m^2。秋季底栖动物密度区间为 6.67～55.55 ind./m^2，平均密度为 35.55 ind./m^2。其中，密度最高的是 JH-1 断面，密度为 55.55 ind./m^2；密度最低的是 JH-3 断面，密度为 6.67 ind./m^2。

灞河春季底栖动物密度区间为 6.67～23.11 ind./m^2，平均密度为 14.69 ind./m^2。其中，密度最高的是 BH-1 断面，密度为 23.11 ind./m^2；密度最低的是 BH-4 断面，密度为 6.67 ind./m^2。秋季底栖动物密度区间为 6.67～55.56 ind./m^2，平均密度为 28.33 ind./m^2。其中，密度最高的是 BH-2 断面，密度为 55.56 ind./m^2；密度最低的是 BH-3 和 BH-4 断面，密度均为 6.67 ind./m^2。

沋河春季底栖动物密度区间为 11.67～126.67 ind./m^2，平均密度为 69.17 ind./m^2。其中，密度最高的是 YOH-1 断面，密度为 126.67 ind./m^2；密度最低的是 YOH-2 断面，密度为 11.67 ind./m^2。秋季底栖动物密度区间为 161.67～210.00 ind./m^2，平均密度为 185.83 ind./m^2。其中，密度最高的是 YOH-1 断面，密度为 210.00 ind./m^2；密度最低的是 YOH-2 断面，密度为 161.67 ind./m^2。

褒河春季底栖动物密度区间为 24.00～158.00 ind./m^2，平均密度为 104.75 ind./m^2。其中，密度最高的是 BaH-1 断面，密度为 158.00 ind./m^2；密度最低的是 BaH-4 断面，密度为 24.00 ind./m^2。秋季底栖动物密度区间为 10.00～165.00 ind./m^2，平均密度为 60.50 ind./m^2。其中，密度最高的是 BaH-3 断面，密度为 165.00 ind./m^2；密度最低的是 BaH-2 和 BaH-4 断面，密度均为 10.00 ind./m^2。

湑水河春季底栖动物密度区间为 49.00～797.00 ind./m^2，平均密度为 286.75 ind./m^2。其中，密度最高的是 XSH-2 断面，密度为 797.00 ind./m^2；密度最低的是 XSH-3 断面，密度为 49.00 ind./m^2。秋季底栖动物密度区间为 193.00～355.00 ind./m^2，平均密度为 304.50 ind./m^2。其中，密度最高的是 XSH-2 断面，密度为 355.00 ind./m^2；密度最低的是 XSH-4 断面，密度为 193.00 ind./m^2。

西水河春季底栖动物密度区间为 89.00～180.00 ind./m^2，平均密度为 127.00 ind./m^2。其中，密度最高的是 YSH-3 断面，密度为 180.00 ind./m^2；密度最低的是 YSH-1 断面，密度为 89.00 ind./m^2。秋季底栖动物密度区间为 147.00～611.00 ind./m^2，平均密度为 351.67 ind./m^2。其中，密度最高的是 YSH-2 断面，密度为 611.00 ind./m^2；密度最低的是 YSH-3 断面，密度为 147.00 ind./m^2。

池河春季底栖动物密度区间为 142.00～284.00 ind./m^2，平均密度为 231.67 ind./m^2。其中，密度最高的是 CH-1 断面，密度为 284.00 ind./m^2；密度最低的是 CH-2 断面，密度为 142.00 ind./m^2。秋季底栖动物密度区间为 147.00～270.00 ind./m^2，平均密度为 220.33 ind./m^2。其中，密度最高的是 CH-3 断面，密度为 270.00 ind./m^2；密度最低的是 CH-2 断面，密度为 147.00 ind./m^2。

月河春季底栖动物密度区间为 177.00～283.00 ind./m^2，平均密度为 241.67 ind./m^2。其中，密度最高的是 YueH-3 断面，密度为 283.00 ind./m^2；密度最低的是 YueH-1 断面，密度为 177.00 ind./m^2。秋季底栖动物密度区间为 59.00～281.00 ind./m^2，平均密度为 194.33 ind./m^2。其中，密度最高的是 YueH-1 断面，密度为 281.00 ind./m^2；密度最低的是 YueH-3 断面，密度为 59.00 ind./m^2。

旬河春季底栖动物密度区间为 64.00～101.00 ind./m^2，平均密度为 77.00 ind./m^2。其中，密度最高的是 XunH-1 断面，密度为 101.00 ind./m^2；密度最低的是 XunH-3 断面，密度为 64.00 ind./m^2。秋季底栖动物密度区间为 78.00～386.00 ind./m^2，平均密度为 231.00 ind./m^2。其中，密度最高的是 XunH-1 断面，密度为 386.00 ind./m^2；密度最低的是 XunH-3 断面，密度为 78.00 ind./m^2。

乾佑河春季底栖动物密度区间为 120.00～646.00 ind./m^2，平均密度为 462.00 ind./m^2。其中，密度最高的是 QYH-3 断面，密度为 646.00 ind./m^2；密度最低的是 QYH-1 断面，密度为 120.00 ind./m^2。秋季底栖动物密度区间为 218.00～256.00 ind./m^2，平均密度为 243.00 ind./m^2。其中，密度最高的是 QYH-3 断面，密度为 256.00 ind./m^2；密度最低的是 QYH-2 断面，密度为 218.00 ind./m^2。

金钱河春季底栖动物密度区间为 311.00～769.00 ind./m^2，平均密度为 472.67 ind./m^2。其中，密度最高的是 JQH-1 断面，密度为 769.00 ind./m^2；密度最低的是 JQH-2 断面，密度为 311.00 ind./m^2。秋季底栖动物密度区间为 149.00～376.00 ind./m^2，平均密度为 227.00 ind./m^2。其中，密度最高的是 JQH-3 断面，密度为 376.00 ind./m^2；密度最低的是 JQH-1 断面，密度为 149.00 ind./m^2。

3.3.4 底栖动物生物量

秦岭南北麓代表性河流底栖动物生物量区间为 0.0002～70.0522 g/m²，平均生物量为 2.8250 g/m²。其中，生物量最高的是 XunH-2 断面，生物量为 70.0522 g/m²，生物量最低的是 BH-3 断面，生物量为 0.0002 g/m²。春季底栖动物生物量区间为 0.0003～70.0522 g/m²，平均生物量为 4.4226 g/m²。其中，生物量最高的是 XunH-2 断面，生物量为 70.0522 g/m²，生物量最低的是 BH-4 断面，生物量为 0.0003 g/m²。秋季底栖动物生物量区间为 0.0002～7.4400 g/m²，平均生物量为 1.2274 g/m²。其中，生物量最高的是 CH-2 断面，生物量为 7.4400 g/m²，生物量最低的是 BH-3 断面，生物量为 0.0002 g/m²。秦岭南北麓代表性河流底栖动物生物量见图 3−23、图 3−24。

清姜河春季底栖动物生物量区间为 0.9199～3.3336 g/m²，平均生物量为 2.1399 g/m²。其中，生物量最高的是 QJH-3 断面，生物量为 3.3336 g/m²，生物量最低的是 QJH-2 断面，生物量为 0.9199 g/m²。秋季底栖动物生物量区间为 0.0361～0.1856 g/m²，平均生物量为 0.1344 g/m²。其中，生物量最高的是 QJH-3 断面，生物量为 0.1856 g/m²，生物量最低的是 QJH-2 断面，生物量为 0.0361 g/m²。

清水河春季底栖动物生物量区间为 0.5165～2.8398 g/m²，平均生物量为 1.8713 g/m²。其中，生物量最高的是 QSH-2 断面，生物量为 2.8398 g/m²，生物量最低的是 QSH-3 断面，生物量为 0.5165 g/m²。秋季底栖动物生物量区间为 0.1543～0.5123 g/m²，平均生物量为 0.3695 g/m²。

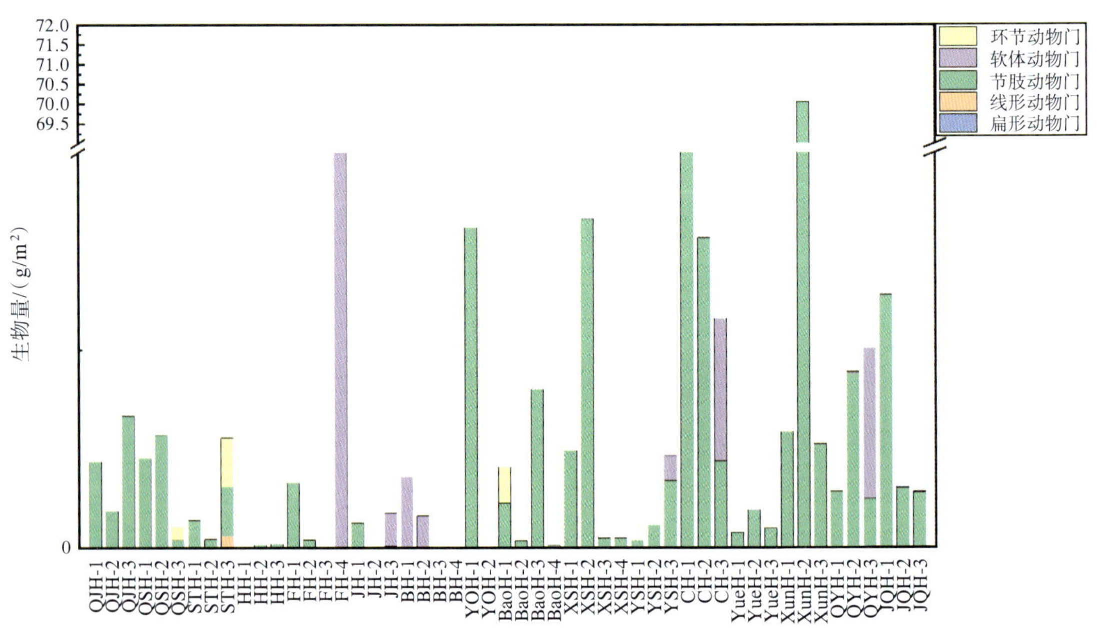

图 3-23 秦岭南北麓代表性河流春季底栖动物生物量

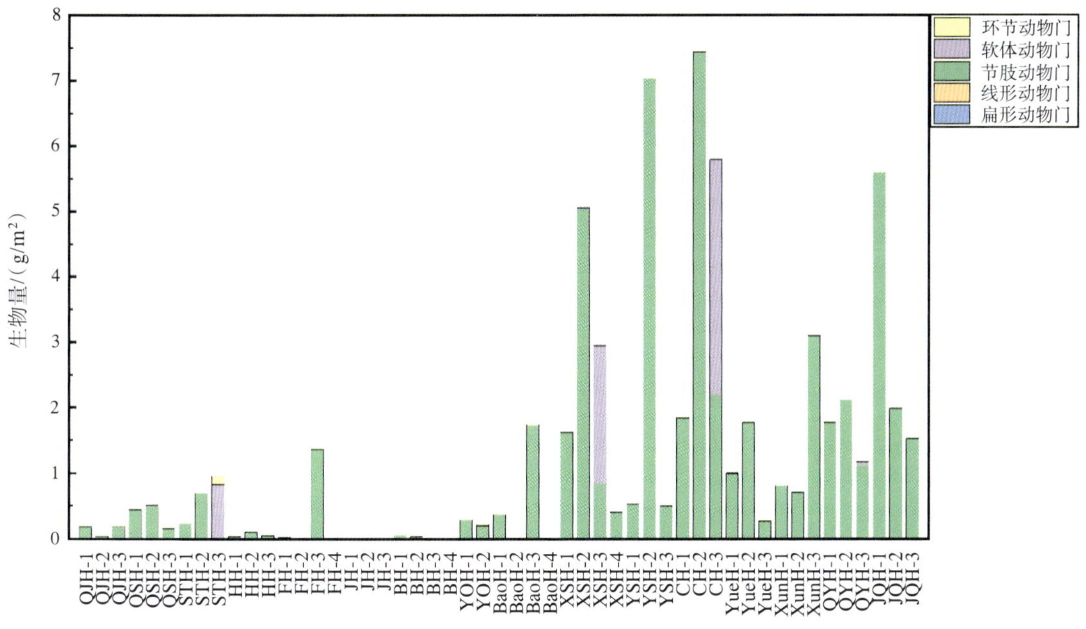

图 3-24　秦岭南北麓代表性河流秋季底栖动物生物量

其中，生物量最高的是 QSH-2 断面，生物量为 0.5123 g/m²，生物量最低的是 QSH-3 断面，生物量为 0.1543 g/m²。

石头河春季底栖动物生物量区间为 0.2122～2.7638 g/m²，平均生物量为 1.2201 g/m²。其中，生物量最高的是 STH-3 断面，生物量为 2.7638 g/m²，生物量最低的是 STH-2 断面，生物量为 0.2122 g/m²。秋季底栖动物生物量区间为 0.2276～0.9537 g/m²，平均生物量为 0.6256g/m²。其中，生物量最高的是 STH-3 断面，生物量为 0.9537 g/m²，生物量最低的是 STH-1 断面，生物量为 0.2276 g/m²。

黑河春季底栖动物生物量区间为 0.0125～0.0882 g/m²，平均生物量为 0.0560 g/m²。其中，生物量最高的是 HH-3 断面，生物量为 0.0882 g/m²，生物量最低的是 HH-1 断面，生物量为 0.0125 g/m²。秋季底栖动物生物量区间为 0.0325～0.0983 g/m²，平均生物量为 0.0592 g/m²。其中，生物量最高的是 HH-2 断面，生物量为 0.0983 g/m2，生物量最低的是 HH-1 断面，生物量为 0.0325 g/m²。

沣河春季底栖动物生物量区间为 0.0164～43.3556 g/m²，平均生物量为 11.2955 g/m²。其中，生物量最高的是 FH-4 断面，生物量为 43.3556 g/m²，生物量最低的是 FH-3 断面，生物量为 0.0164 g/m²。秋季底栖动物生物量区间为 0.0003～1.3605 g/m²，平均生物量为 0.3437 g/m²。其中，生物量最高的是 FH-3 断面，生物量为 1.3605 g/m²，生物量最低的是 FH-4 断面，生物量为 0.0003 g/m²。

滈河春季底栖动物生物量区间为0.0082～0.8618 g/m^2，平均生物量为0.4965 g/m^2。其中，生物量最高的是 JH-3 断面，生物量为 0.8618 g/m^2，生物量最低的是 JH-2 断面，生物量为 0.0082 g/m^2。秋季底栖动物生物量区间为0.0005～0.0022 g/m^2，平均生物量为0.0011 g/m^2。其中，生物量最高的是JH-1断面，生物量为0.0022 g/m^2，生物量最低的是JH-3断面，生物量为0.0005 g/m^2。

灞河春季底栖动物生物量区间为0.0003～1.7799 g/m^2，平均生物量为1.0097 g/m^2。其中，生物量最高的是 BH-1 断面，生物量为 1.7799 g/m^2，生物量最低的是 BH-4 断面，生物量为 0.0003 g/m^2。秋季底栖动物生物量区间为0.0002～0.0520 g/m^2，平均生物量为0.0233 g/m^2。其中，生物量最高的是BH-1断面，生物量为0.0520 g/m^2，生物量最低的是BH-3断面，生物量为0.0002 g/m^2。

沈河春季底栖动物生物量区间为0.0015～8.0989 g/m^2，平均生物量为4.0502 g/m^2。其中，生物量最高的是YOH-1断面，生物量为8.0989 g/m^2，生物量最低的是YOH-2断面，生物量为0.0015 g/m^2。秋季底栖动物生物量区间为0.2122～0.2816 g/m^2，平均生物量为0.2469 g/m^2。其中，生物量最高的是 YOH-1 断面，生物量为 0.2816 g/m^2，生物量最低的是 YOH-2 断面，生物量为0.2122 g/m^2。

褒河春季底栖动物生物量区间为0.0446～4.0010 g/m^2，平均生物量为1.5590 g/m^2。其中，生物量最高的是BaoH-3断面，生物量为4.0010 g/m^2，生物量最低的是BaoH-4断面，生物量为0.0446 g/m^2。秋季底栖动物生物量区间为0.0086～1.7343 g/m^2，平均生物量为0.5298 g/m^2。其中，生物量最高的是 BaoH-1 断面，生物量为 1.7343 g/m^2，生物量最低的是 BaoH-4 断面，生物量为0.0086 g/m^2。

湑水河春季底栖动物生物量区间为0.2353～8.3275 g/m^2，平均生物量为2.8122 g/m^2。其中，生物量最高的是XSH-2断面，生物量为8.3275 g/m^2，生物量最低的是XSH-3断面，生物量为0.2353 g/m^2。秋季底栖动物生物量区间为0.4016～5.0569 g/m^2，平均生物量为2.5075 g/m^2。其中，生物量最高的是XSH-2断面，生物量为5.0569 g/m^2，生物量最低的是XSH-4断面，生物量为0.4016 g/m^2。

酉水河春季底栖动物生物量区间为0.1770～2.3191 g/m^2，平均生物量为1.0186 g/m^2。其中，生物量最高的是YSH-3断面，生物量为2.3191 g/m^2，生物量最低的是YSH-1断面，生物量为0.1770 g/m^2。秋季底栖动物生物量区间为0.4946～7.0340 g/m^2，平均生物量为2.6829 g/m^2。其中，生物量最高的是YSH-2断面，生物量为7.0340 g/m^2，生物量最低的是YSH-3断面，生物量为0.4946 g/m^2。

池河春季底栖动物生物量区间为5.7875～19.1241 g/m^2，平均生物量为10.9172 g/m^2。其中，生物量最高的是 CH-1 断面，生物量为 19.2141 g/m^2，生物量最低的是 CH-3 断面，生物量为 5.7875 g/m^2。秋季底栖动物生物量区间为 1.8390～7.4400 g/m^2，平均生物量为 5.7898 g/m^2。其中，生物量最高的是 CH-2 断面，生物量为 7.4400 g/m^2，生物量最低的是 CH-1 断面，生物量为 1.8390 g/m^2。

月河春季底栖动物生物量区间为 0.3732～0.9490 g/m^2，平均生物量为 0.5989 g/m^2。其中，生物量最高的是 YueH-2 断面，生物量为 0.9490 g/m^2，生物量最低的是 YueH-1 断面，生物量为 0.3732 g/m^2。秋季底栖动物生物量区间为 0.2686～1.7674 g/m^2，平均生物量为 1.0120 g/m^2。其中，生物量最高的是 YueH-2 断面，生物量为 1.7674 g/m^2，生物量最低的是 YueH-3 断面，生物量为 0.2686 g/m^2。

旬河春季底栖动物生物量区间为 2.6134～70.0522 g/m^2，平均生物量为 25.1930 g/m^2。其中，生物量最高的是 XunH-2 断面，生物量为 70.0522 g/m^2，生物量最低的是 XunH-3 断面，生物量为 2.6134 g/m^2。秋季底栖动物生物量区间为 0.7038～3.0959 g/m^2，平均生物量为 1.5354 g/m^2。其中，生物量最高的是 XunH-3 断面，生物量为 3.0959 g/m^2，生物量最低的是 XunH-2 断面，生物量为 0.7038 g/m^2。

乾佑河春季底栖动物生物量区间为 1.4057～5.0403 g/m^2，平均生物量为 3.6291 g/m^2。其中，生物量最高的是 QYH-3 断面，生物量为 5.0403 g/m^2，生物量最低的是 QYH-1 断面，生物量为 1.4057 g/m^2。秋季底栖动物生物量区间为 1.1656～2.1201 g/m^2，平均生物量为 1.6843 g/m^2。其中，生物量最高的是 QYH-2 断面，生物量为 2.1201 g/m^2，生物量最低的是 QYH-3 断面，生物量为 1.1656 g/m^2。

金钱河春季底栖动物生物量区间为 1.4073～6.3889 g/m^2，平均生物量为 3.1087 g/m^2。其中，生物量最高的是 JQH-1 断面，生物量为 6.3889 g/m^2，生物量最低的是 JQH-3 断面，生物量为 1.4073 g/m^2。秋季底栖动物生物量区间为 1.5205～5.5954 g/m^2，平均生物量为 3.0351 g/m^2。其中，生物量最高的是 JQH-1 断面，生物量为 5.5954 g/m^2，生物量最低的是 JQH-3 断面，生物量为 1.5205 g/m^2。

3.3.5　底栖动物多样性指数

秦岭南北麓代表性河流春季底栖动物 Shannon－Wiener 多样性指数在 0.00～3.13，其平均值为 1.83；Pielou 均匀度指数在 0.00～0.98，其平均值为 0.76；Margalef 丰富度指数在 0.00～4.10，其平均值为 1.72。秋季 Shannon－Wiener 多样性指数在 0.46～2.78，其平均值为 1.89；Pielou 均匀度指数在 0.42～1.00，其平均值为 0.80；Margalef 丰富度指数在 0.18～3.88，其平均值为 1.92。秦岭南北麓代表性河流底栖动物多样性指数见图 3－25 至图 3－27。

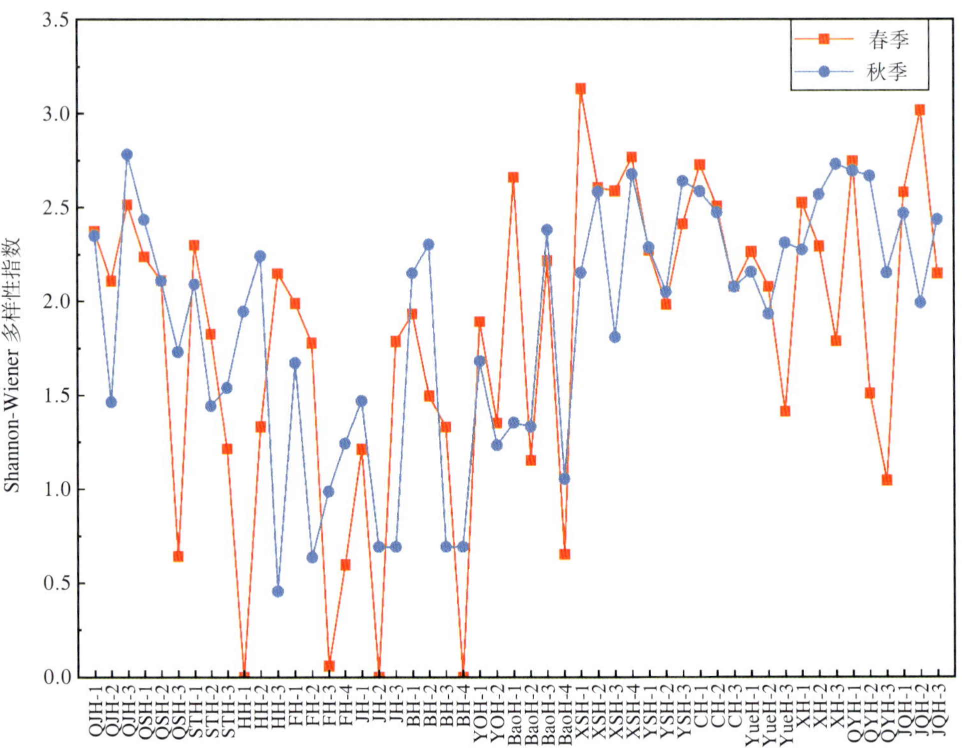

图 3-25　秦岭南北麓代表性河流底栖动物 Shannon-Wiener 多样性指数

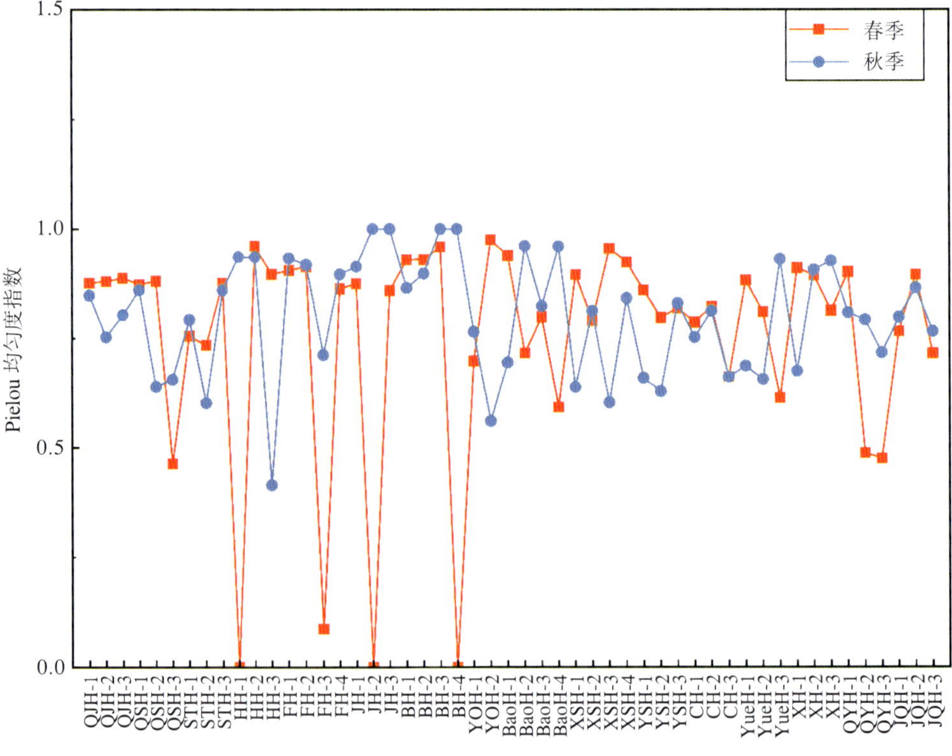

图 3-26　秦岭南北麓代表性河流底栖动物 Pielou 均匀度指数

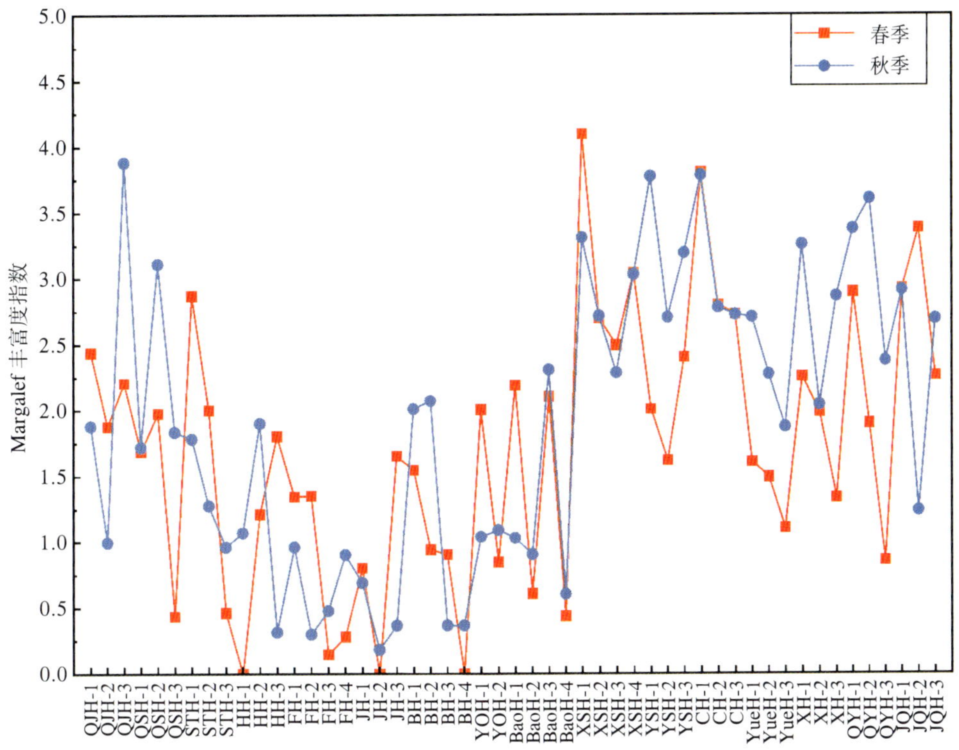

图 3-27　秦岭南北麓代表性河流底栖动物 Margalef 丰富度指数

清姜河春季底栖动物 Shannon−Wiener 多样性指数在 2.11～2.52，其平均值为 2.33；Pielou 均匀度指数在 0.88～0.89，其平均值为 0.88；Margalef 丰富度指数在 1.88～2.44，其平均值为 2.18。秋季底栖动物 Shannon−Wiener 多样性指数在 1.46～2.78，其平均值为 2.20；Pielou 均匀度指数在 0.78～0.85，其平均值为 0.80；Margalef 丰富度指数在 1.00～3.88，其平均值为 2.25。

清水河春季底栖动物 Shannon−Wiener 多样性指数在 0.64～2.24，其平均值为 1.66；Pielou 均匀度指数在 0.46～0.88，其平均值为 0.74；Margalef 丰富度指数在 0.44～1.98，其平均值为 1.37。秋季底栖动物 Shannon−Wiener 多样性指数在 1.73～2.44，其平均值为 2.09；Pielou 均匀度指数在 0.64～0.86，其平均值为 0.72；Margalef 丰富度指数在 1.72～3.11，其平均值为 2.22。

石头河春季底栖动物 Shannon−Wiener 多样性指数在 1.22～2.30，其平均值为 1.78；Pielou 均匀度指数在 0.73～0.88，其平均值为 0.79；Margalef 丰富度指数在 0.46～2.87，其平均值为 1.78。秋季底栖动物 Shannon−Wiener 多样性指数在 1.44～2.09，其平均值为 1.69；Pielou 均匀度指数在 0.60～0.86，其平均值为 0.75；Margalef 丰富度指数在 0.96～1.78，其平均值为 1.34。

黑河春季底栖动物 Shannon-Wiener 多样性指数在 0.00～2.15，其平均值为 1.16；Pielou 均匀度指数在 0.00～0.96，其平均值为 0.62；Margalef 丰富度指数在 0.00～1.80，其平均值为 1.01。秋季底栖动物 Shannon-Wiener 多样性指数在 0.46～2.24，其平均值为 1.55；Pielou 均匀度指数在 0.42～0.94，其平均值为 0.76；Margalef 丰富度指数在 0.32～1.90，其平均值为 1.10。

沣河春季底栖动物 Shannon-Wiener 多样性指数在 0.06～1.99，其平均值为 1.11；Pielou 均匀度指数在 0.09～0.91，其平均值为 0.62；Margalef 丰富度指数在 0.15～1.35，其平均值为 0.78。秋季底栖动物 Shannon-Wiener 多样性指数在 0.64～1.67，其平均值为 1.13；Pielou 均匀度指数在 0.71～0.93，其平均值为 0.87；Margalef 丰富度指数在 0.30～0.96，其平均值为 0.66。

潏河春季底栖动物 Shannon-Wiener 多样性指数在 0.00～1.79，其平均值为 1.00；Pielou 均匀度指数在 0.00～0.88，其平均值为 0.58；Margalef 丰富度指数在 0.00～1.65，其平均值为 0.82。秋季底栖动物 Shannon-Wiener 多样性指数在 0.69～1.47，其平均值为 0.95；Pielou 均匀度指数在 0.91～1.00，其平均值为 0.97；Margalef 丰富度指数在 0.18～0.69，其平均值为 0.41。

灞河春季底栖动物 Shannon-Wiener 多样性指数在 0.00～1.93，其平均值为 1.19；Pielou 均匀度指数在 0.00～0.96，其平均值为 0.70；Margalef 丰富度指数在 0.00～1.55，其平均值为 0.85。秋季底栖动物 Shannon-Wiener 多样性指数在 0.69～2.30，其平均值为 1.46；Pielou 均匀度指数在 0.87～1.00，其平均值为 0.94；Margalef 丰富度指数在 0.37～2.07，其平均值为 1.20。

沈河春季底栖动物 Shannon-Wiener 多样性指数在 1.35～1.89，其平均值为 1.62；Pielou 均匀度指数在 0.70～0.98，其平均值为 0.84；Margalef 丰富度指数在 0.85～2.00，其平均值为 1.43。秋季底栖动物 Shannon-Wiener 多样性指数在 1.23～1.68，其平均值为 1.46；Pielou 均匀度指数在 0.56～0.77，其平均值为 0.66；Margalef 丰富度指数在 1.04～1.09，其平均值为 1.06。

褒河春季底栖动物 Shannon-Wiener 多样性指数在 0.65～2.66，其平均值为 1.67；Pielou 均匀度指数在 0.59～0.94，其平均值为 0.76；Margalef 丰富度指数在 0.44～2.19，其平均值为 1.33。秋季底栖动物 Shannon-Wiener 多样性指数在 1.05～2.38，其平均值为 1.53；Pielou 均匀度指数在 0.70～0.96，其平均值为 0.86；Margalef 丰富度指数在 0.60～2.31，其平均值为 1.21。

湑水河春季底栖动物Shannon-Wiener多样性指数在2.59～3.13，其平均值为2.77；Pielou均匀度指数在0.79～0.96，其平均值为0.89；Margalef丰富度指数在2.49～4.10，其平均值为3.08。秋季底栖动物Shannon-Wiener多样性指数在1.81～2.68，其平均值为2.31；Pielou均匀度指数在0.60～0.84，其平均值为0.72；Margalef丰富度指数在2.28～3.31，其平均值为2.84。

酉水河春季底栖动物Shannon-Wiener多样性指数在1.98～2.41，其平均值为2.22；Pielou均匀度指数在0.80～0.86，其平均值为0.83；Margalef丰富度指数在1.62～2.40，其平均值为2.01。秋季底栖动物Shannon-Wiener多样性指数在2.05～2.64，其平均值为2.33；Pielou均匀度指数在0.63～0.83，其平均值为0.71；Margalef丰富度指数在2.70～3.77，其平均值为3.22。

池河春季底栖动物Shannon-Wiener多样性指数在2.08～2.73，其平均值为2.44；Pielou均匀度指数在0.66～0.82，其平均值为0.76；Margalef丰富度指数在2.73～3.80，其平均值为3.11。秋季底栖动物Shannon-Wiener多样性指数在2.08～2.59，其平均值为2.38；Pielou均匀度指数在0.66～0.81，其平均值为0.74；Margalef丰富度指数在2.72～3.78，其平均值为3.09。

月河春季底栖动物Shannon-Wiener多样性指数在1.41～2.27，其平均值为1.92；Pielou均匀度指数在0.61～0.88，其平均值为0.77；Margalef丰富度指数在1.11～1.61，其平均值为1.40。秋季底栖动物Shannon-Wiener多样性指数在1.93～2.31，其平均值为2.13；Pielou均匀度指数在0.66～0.93，其平均值为0.76；Margalef丰富度指数在1.87～2.70，其平均值为1.87。

旬河春季底栖动物Shannon-Wiener多样性指数在1.79～2.53，其平均值为2.20；Pielou均匀度指数在0.81～0.91，其平均值为0.87；Margalef丰富度指数在1.33～2.25，其平均值为1.86。秋季底栖动物Shannon-Wiener多样性指数在2.28～2.73，其平均值为2.53；Pielou均匀度指数在0.68～0.93，其平均值为0.84；Margalef丰富度指数在2.04～3.26，其平均值为2.72。

乾佑河春季底栖动物Shannon-Wiener多样性指数在1.05～2.75，其平均值为1.77；Pielou均匀度指数在0.48～0.90，其平均值为0.62；Margalef丰富度指数在0.86～2.90，其平均值为1.88。秋季底栖动物Shannon-Wiener多样性指数在2.15～2.70，其平均值为2.51；Pielou均匀度指数在0.72～0.81，其平均值为0.77；Margalef丰富度指数在2.38～3.60，其平均值为3.12。

金钱河春季底栖动物Shannon-Wiener多样性指数在2.15～3.02，其平均值为2.58；Pielou

均匀度指数在 0.72～0.90，其平均值为 0.79；Margalef 丰富度指数在 2.26～3.38，其平均值为 2.85。秋季底栖动物 Shannon−Wiener 多样性指数在 1.99～2.47，其平均值为 2.30；Pielou 均匀度指数在 0.77～0.87，其平均值为 0.81；Margalef 丰富度指数在 1.24～2.91，其平均值为 2.28。

参考文献

[1] 陈耀东，马欣堂，杜玉芬. 中国水生植物 [M]. 郑州：河南科学技术出版社，2005.
[2] 陈灵芝. 中国的生物多样性 [M]. 北京：科学出版社，1993.
[3] 褚新洛. 中国动物志 [M]. 北京：科学出版社，1999.
[4] 李博. 生态学 [M]. 北京：高等教育出版社，2000.
[5] 梁象秋. 中国动物志 [M]. 北京：科学出版社，2004.
[6] 牛翠娟，娄安如，孙儒泳. 基础生态学 [M]. 北京：高等教育出版社，2015.
[7] 齐钟彦. 中国动物图谱 [M]. 北京：科学出版社，1983.
[8] 王俊才，王新华. 中国北方摇蚊幼虫 [M]. 北京：中国言实出版社，2011.
[9] 吴征镒. 中国植被 [M]. 北京：科学出版社，1980.
[10] 张恩楼. 中国湖泊摇蚊幼虫 [M]. 北京：科学出版社，2019.
[11] 赵文. 水生生物学 [M]. 北京：中国农业出版社，2015.
[12] 章宗涉. 淡水浮游生物研究方法 [M]. 北京：科学出版社，1991.
[13] 陈大庆. 河流水生生物调查指南 [M]. 北京：科学出版社，2014.

专题报告4

秦岭国家公园重点保护水生动物健康及底栖动物生物完整性评价①

生态系统多样性是指生态系统内部不同生境类型和生态系统之间的差异，包括各种生境（如森林、草原、湿地、河流、湖泊等）以及它们之间的相互作用和转换。秦岭地区是中国重要的生态屏障之一，水系发达，涵养了汉江、渭河、嘉陵江及伊洛河等众多河流，拥有丰富的生态系统类型，包括森林、草原、湿地、河流和山地生态系统等。这些生态系统在秦岭地区形成了复杂的生态网络，为各种生物提供了栖息地和食物来源。秦岭地区生态系统的多样性反映了该区域不同地形、土壤、气候和水文等因素的综合作用，为各类生物的生存和繁衍提供了多样化的环境条件。

物种多样性是指生态系统内不同物种的数量和丰富度。秦岭地区的水生生物物种多样性丰富，包括两栖爬行类、浮游植物、底栖动物和鱼类等多个类群。浮游植物和底栖动物的种类繁多，反映了水体生态系统的健康状况和生物多样性。在鱼类方面，秦岭地区栖息着多种珍稀、濒危和特有鱼类，如秦岭细鳞鲑、川陕哲罗鲑、多鳞白甲鱼等。这些鱼类在秦岭地区生态系统中发挥着重要的生态功能，同时也是生物多样性保护的重点对象。

基因多样性是生物种群内部基因的多样性程度。在秦岭地区，淡水生物种群的基因多样性对于适应环境变化、遗传进化和种群遗传健康都具有重要意义。地形、水文、气候等因素，导致秦岭不同地区的淡水生物种群之间可能存在基因流动的障碍，从而形成了一定程度的基因分化和遗传结构差异。

物种多样性是生物多样性中最直观、最容易被观测和管理的层面之一，是生物多样性的基本单位，保护物种多样性对于维护生态系统的功能和稳定性具有重要作用。不同物种之间的相互作用和生态位分工，维持着生态系统的循环和平衡。秦岭地区作为中国的重要山脉之一，拥有丰富的物种多样性和生态系统多样性。其地形复杂，气候多样，为各种生物提供了

① 陕西省动物研究所，王开锋、靳铁治、苟妮娜；西安理工大学，潘保柱、冯治远，2024年12月。

适宜的生存环境。保护秦岭地区的物种多样性对维护其生态系统的稳定和完整至关重要。此外，秦岭地区拥有许多珍稀濒危鱼类，在生态系统中扮演着重要的角色，对于维持当地生态平衡具有不可替代的伞护物种作用。因此，保护这些珍稀或濒危鱼类对于保护整个生态系统至关重要。

秦岭国家公园的水生生物主要包括鱼类、两栖类、浮游植物、浮游动物、底栖动物及依水而生的鸟类。浮游植物、浮游动物、底栖动物，上一专题已经论述，现将鱼类、两栖类和依水而生的鸟类论述如下。

1 鱼类种类及分布特征

1.1 鱼类种类

秦岭国家公园共有鱼类 6 目 12 科 48 种（表 4−1）。其中，鲤科为优势科，共有 27 种，占秦岭鱼类总种数的 56.25%；其余分别为条鳅科 5 种，花鳅科、鲿科各 3 种，爬鳅科、鲑科各 2 种，钝头鮠科、鲱科、鲇科、大颌鳉科、合鳃鱼科和虾虎鱼科各 1 种。

表 4−1 秦岭国家公园的鱼类种类

目	科	种	拉丁文名
鲤形目	鲤科	中华细鲫	*Aphyocypris chinensis*（Günther）
		马口鱼	*Opsariichthys bidens*（Günther）
		宽鳍鱲	*Zacco platypus*（Temminck *et* Schlegel）
		瓦氏雅罗鱼	*Leuciscus waleckii*（Dybowski）
		拉氏大吻鳄	*Rhynchocypris lagowskii*（Dybowski）
		𩽾	*Hemiculter leucisculus*（Basilewsky）
		兴凯鱊	*Acheilognathus chankaensis*（Dybowski）
		大鳍鱊	*Acheilognathus macroptrus*（Bleeker）
		高体鳑鲏	*Rhodeus ocellatus*（Kner）
		中华鳑鲏	*Rhodeus sinensis* （Günther）

续表

目	科	种	拉丁文名
鲤形目	鲤科	棒花鱼	*Abbottina rivularis*（Basilewsky）
		似鳍	*Belligobio nummifer*（Boulenger）
		嘉陵颌须鮈	*Gnathopogon herzensteini*（Günther）
		短须颌须鮈	*Gnathopogon imberbis*（Sauvage *et* Dabry）
		棒花鮈	*Gobio rivuloides*（Nichols）
		唇鳍	*Hemibarbus labeo*（Pallas）
		清徐胡鮈	*Huigobio chinssuensis*（Nichols）
		乐山小鳔鮈	*Microphysogobio kiatingensis*（Wu）
		似鮈	*Pseudogobio vaillanti*（Sauvage）
		麦穗鱼	*Pseudorasbora parva*（Temminck *et* Schlegel）
		黑鳍鳈	*Sarcocheilichthys nigripinnis*（Günther）
		银鮈	*Squalidus argentatus*（Sauvage *et* Dabry）
		点纹银鮈	*Squalidus wolterstorffi*（Regan）
		鲫	*Carassius auratus*（Linnaeus）
		鲤	*Cyprinus carpio*（Linnaeus）
		多鳞白甲鱼	*Onychostoma macrolepis*（Bleeker）
		渭河裸重唇鱼	*Gymnodiptychus pachycheilus weiheensis*（Wang）
	条鳅科	红尾副鳅	*Homatula variegatus*（Dabry de Thiersant）
		勃氏高原鳅	*Triplophysa bleekeri*（Sauvage *et* Dabry）
		岷县高原鳅	*Triplophysa minxianensis*（Wang *et* Zhu）
		粗壮高原鳅	*Triplophysa robusta*（Kessler）
		赛丽高原鳅	*Triplophysa sellaefer*（Nichols）
	花鳅科	北方花鳅	*Cobitis granoei*（Rendahl）
		中华花鳅	*Cobitis sinensis*（Sauvage）
		泥鳅	*Misgurnus anguillicaudatus*（Cantor）
	爬鳅科	犁头鳅	*Lepturichthys fimbriata*（Günther）
		峨嵋后平鳅	*Metahomaloptera omeiensis*（Chang）
鲇形目	钝头鮠科	拟缘鉠	*Liobagrus marginatoides*（Wu）
	鮡科	中华纹胸鮡	*Glyptothorax sinense*（Regan）

续表

目	科	种	拉丁文名
鲇形目	鲇科	鲇	*Silurus asotus*（Linnaeus）
	鲿科	黄颡鱼	*Pelteobagrus fulvidraco*（Richardson）
		盎堂拟鲿	*Pseudobagrus ondon*（Shaw）
		切尾拟鲿	*Pseudobagrus truncates*（Regan）
鲑形目	鲑科	秦岭细鳞鲑	*Brachymytax lenok tsinlingensis*（Li）
		川陕哲罗鲑	*Hucho bleekeri*（Kimura）
颌针鱼目	大颌鳉科	青鳉	*Oryzias latipes*（Temminckl）
合鳃鱼目	合鳃鱼科	黄鳝	*Monopterus albus*（Zuiew）
鲈形目	虾虎鱼科	子陵吻虾虎鱼	*Rhinogobius giurinus*（Rutter）

1.2 鱼类在主要河流的分布

2023 年春季，利用环境 DNA 技术与传统调查相结合的方式调查了秦岭国家公园主要河流的鱼类，结果为：

湑水河，检测到鱼类种类 19 种，隶属于 3 目 5 科 17 属。其中，鲤形目鱼类占据绝对优势，共 14 种，占总种数的 73.68%；鲇形目鱼类共 4 种，占总种数的 21.05%；鲈形目鱼类共 1 种，占总种数的 5.26%。

子午河，检测到鱼类种类 21 种，隶属于 3 目 6 科 18 属。其中，鲤形目鱼类占据绝对优势，共 16 种，占总种数的 76.19%；鲇形目鱼类共 4 种，占总种数的 19.04%；鲈形目鱼类共 1 种，占总种数的 4.76%。

月河，检测到鱼类种类 23 种，隶属于 4 目 7 科 21 属。其中，鲤形目鱼类占据绝对优势，共 18 种，占总种数的 78.26%；鲇形目鱼类共 3 种，占总种数的 13.04%；鲈形目鱼类共 1 种，占总种数的 4.35%；鲑形目鱼类共 1 种，占总种数的 4.35%。

清姜河，检测到鱼类种类 16 种，隶属于 3 目 5 科 14 属。其中，鲤形目鱼类占据绝对优势，共 12 种，占总种数的 75.00%；鲇形目鱼类共 3 种，占总种数的 18.75%；鲈形目鱼类共 1 种，占总种数的 6.25%。

石头河，检测到鱼类种类 17 种，隶属于 3 目 6 科 15 属。其中，鲤形目鱼类占据绝对优势，共 13 种，占总种数的 76.47%；鲇形目鱼类共 3 种，占总种数的 17.65%；鲈形目鱼类共 1 种，占总种数的 5.88%。

沣河，检测到鱼类种类 19 种，隶属于 3 目 6 科 16 属。其中，鲤形目鱼类占据绝对优势，共 15 种，占总种数的 78.95%；鲇形目鱼类共 3 种，占总种数的 15.79%；鲈形目鱼类共 1 种，占总种数的 5.26%。

1.3　主要河流中鱼类种类的变化

秦岭国家公园涉及的主要河流的鱼类种类的变化有以下特点：

在秦岭国家公园涉及的主要河流的上源河段，鱼类种类虽然比较少，但一般所有种类都得以保存。比如在黑河上游，湑水河上源河段，褒河的太白河的上源河段及中游支流上南河、金水河的中上游，子午河支流蒲河上游，汶水河的上源河段，鱼类种类最近 30 年基本没有变化（表 4–2）。这也得益于上述这些河段均设立有保护区。

在河流的上源河段之下，鱼类种类的减少比较明显。比如黑河鱼类由 20 世纪 90 年代的 34 种减少到目前的 19 种，湑水河—太白河段鱼类由 13 种减少到 7 种。这主要是由于对这些河段的开发力度或人为影响较大，比如在湑水河—太白河段修建了观音峡水电站和黑匣子水电站，椒溪河则主要受佛坪县城的影响较大。

表 4–2　秦岭主要河流鱼类的种类变化

流域	河段	20 世纪 90 年代的种数/种	目前种数/种	目前种数占 20 世纪 90 年代的种数的百分比/%
黑河	陕西周至国家级自然保护区（黑河上游）	5	5	100.00
	全流域	34	19	55.88
湑水河	上源河段（老县城保护区）	5	5	100.00
	太白河段	13	7	53.85
褒河	太白河的上源河段及支流（桑园保护区）	4	4	100.00
	中游支流上南河（摩天岭保护区）	6	6	100.00
西水河	中上游河段	18	16	88.89
金水河	中上游河段	15	15	100.00
子午河	椒溪河	11	6	54.55
	蒲河上游（天华山保护区）	6	6	100.00
	汶水河的上源河段及支流（皇冠山保护区）	6	6	100.00

1.4　秦岭国家公园重点保护鱼类及其分布

1.4.1　国家一级重点保护野生动物

川陕哲罗鲑（*Hucho bleekeri*）：川陕哲罗鲑分布于四川省岷江、青衣江上游，四川省和青海省大渡河中上游，以及位于陕西省秦岭山脉南麓汉江上游的湑水河和褒河上游河段太白河。目前在褒河上游太白河支流苏家沟区域有一定数量。

1.4.2　国家二级重点保护野生动物

秦岭细鳞鲑（*Brachymytax lenok tsinlingensis*）：秦岭地区的秦岭细鳞鲑主要分布于秦岭北坡的渭河上游及其支流，该水域的周至黑河上游是秦岭细鳞鲑模式标本的产地。秦岭细鳞鲑在陕西省分布于秦岭南北麓的汉水北侧支流湑水河（太白县）、子午河（佛坪）及褒河上游太白河（太白县）和渭河支流，如千河（陇县）、石头河（太白县）、汤峪河（眉县）、黑河（周至县）、田峪河（周至县）、甘峪河（鄠邑区）、石砭峪（长安区）、西涧峪、桥峪（华州区）等。

多鳞白甲鱼（*Onychostoma macrolepis*）：在陕西省分布于嘉陵江水系、汉水水系、黄河水系渭河的支流。国内还见于长江中上游、淮河上游、黄河支流及海河上游的滹沱河。

1.4.3　陕西省重点保护野生动物

岷县高原鳅（*Triplophysa minxianensis*）：秦岭地区特有。分布于黄河水系的洮河和渭河。在秦岭国家公园分布于秦岭北坡的黑河、甘峪河、库峪河、石头河等。

唇䱻（*Hemibarbus labeo*）：在中国、朝鲜、日本都有分布。在秦岭国家公园分布于嘉陵江、金水河、西水河、椒溪河、黑河、蝈川河等。

2　两栖动物种类及分布

2.1　两栖动物种类

秦岭国家公园共发现两栖动物 2 目 8 科 20 种（表 4–3）。其中，小鲵科物种数量最多，共 4 种；角蟾科、蛙科、叉舌蛙科各 3 种；蟾蜍科、雨蛙科和姬蛙科各 2 种；隐鳃鲵科 1 种。

表 4–3　秦岭国家公园的两栖动物种类

目	科	学名	拉丁文名
有尾目	小鲵科	山溪鲵	*Batrachuperus pinchonii*（David）
		西藏山溪鲵	*Batrachuperus tibetanus*（Schmidt）
		太白山溪鲵	*Batrachuperus taibaiensis*（Song）
		秦巴北鲵	*Ranodon tsinpaensis*（Liu）
	隐鳃鲵科	大鲵	*Andrias davidianus*（Blanchard）
无尾目	角蟾科	小角蟾	*Megophrys minor*（Stejneger）
		宝兴齿蟾	*Oreolalax popei*（Liu）
		宁陕齿突蟾	*Scutiger ningshanensis* （Fang）
	蟾蜍科	中华蟾蜍	*Bufo gargarizans*（Cantor）
		华西蟾蜍	*Bufo andrewsi*（Schmidt）
	雨蛙科	无斑雨蛙	*Hyla arborea immaculate*（Boettge）
		秦岭雨蛙	*Hyla tsinlingensis*（Liu *et* Hu）
	蛙科	黑斑侧褶蛙	*Pelophylax nigromaculata*（Hallowell）
		中国林蛙	*Rana chensinensis*（David）
		崇安湍蛙	*Amolops chunganensis*（Pope）
	叉舌蛙科	棘腹蛙	*Quasipaa boulengeri*（Günther）
		川村陆蛙	*Fejervarya kawamurai* （Djong，Matsui，Karamoto，Nishioka *et* Sumida）
		隆肛蛙	*Feirana quadranus*（Liu，Hu *et* Yang）
	姬蛙科	合征姬蛙	*Microhyla mixtura*（Liu）
		饰纹姬蛙	*Microhyla ornate*（Dumeril）

2.2 秦岭国家公园重点保护两栖动物及其分布

2.2.1 国家二级重点保护野生动物

大鲵（*Andrias davidianus*）：大鲵为我国特有野生动物。在国内分布于长江、黄河及珠江中下游的支流。在陕西省分布于秦岭、大巴山、米仓山山区；在秦岭的南北坡均有分布，但以南坡为主，北坡相对较少。在秦岭国家公园分布于嘉陵江流域的肖家河、正河，汉江北侧的支流褒河、湑水河、金水河、子午河、旬河等，以及秦岭以北的黑河、峪河等。

山溪鲵（*Batrachuperus pinchonii*）：山溪鲵为我国特有野生动物。在陕西省目前已知分布于留坝、宁陕、南郑等县/区境内。在秦岭国家公园分布于褒河流域和子午河流域。国内还见于四川、云南，贵州可能有分布。

西藏山溪鲵（*Batrachuperus tibetanus*）：西藏山溪鲵分布于我国青海（循化、班玛、化隆）、甘肃（文县、武都、天水、徽县、礼县、西和、成县、两当、康县、武山、和政、卓尼、渭源、临夏）、四川（南平、平武、青川、茂县、南江、泸定、康定、雅江、九龙、木里、德格、甘孜、炉霍、道孚、红原、阿坝、马尔康、小金、理县、汶川、黑水）、西藏（江达）。在陕西省目前已知分布于留坝、宁陕、周至、陇县。在秦岭国家公园分布于黑河、库峪、子午河上游汶水河、褒河上游等处。

秦巴北鲵（*Ranodon tsinpaensis*）：秦巴北鲵为中国特有种，分布于陕西（周至、宁陕）、四川（万源）、河南（内乡）、重庆（城口）。在秦岭国家公园分布于黑河上游、子午河上游蒲河、汶水河等。

宁陕齿突蟾（*Scutiger ningshanensis*）：宁陕齿突蟾为中国特有种，分布于陕西、河南。在秦岭国家公园仅分布于宁陕县平河梁，属于池河、旬河、子午河分水岭。

2.2.2 陕西省重点保护野生动物

秦岭雨蛙（*Hyla tsinlingensis*）：秦岭雨蛙为中国特有种，分布于陕西（南部）、甘肃（南部）、重庆（城口、巫山）、安徽（岳西、霍山）。在陕西省分布于周至、太白、宁陕、洋县、佛坪等。在秦岭国家公园分布于黑河流域、西水河、金水河、子午河、旬河的上游区域。

隆肛蛙（*Feirana quadranus*）：隆肛蛙为中国特有种，分布于甘肃（文县、武山、两当、徽县、天水）、陕西（陇县、太白、留坝、宁强、佛坪、洋县、宁陕、镇巴、平利、柞水、山阳、商南、华阴）、河南（伏牛山、桐柏山）、湖北（丹江口、神农架、宜昌、巴东、利川）、湖南（桑植）、四川（平武、青川、茂县、安县、南江、万源）、重庆（城口、巫溪、巫山、奉节、秀山）。在秦岭国家公园水域广泛分布。

中国林蛙（*Rana chensinensis*）：中国林蛙栖息在阴湿的山坡树丛中，离水体较远，9 月底至次年 3 月营水栖生活。在严寒的冬季，它们都成群地聚集在河水深处的大石块下冬眠。中国林蛙分布于中国和蒙古。在中国分布于黑龙江、吉林、辽宁、内蒙古、河北、山西、陕西、甘肃、青海、新疆、山东、江苏、四川、西藏。在秦岭国家公园，中国林蛙的分布较隆肛蛙更广泛，主要分布于甘峪河、辋川河、黑河、涧峪、石头河、金水河、酉水河、子午河、月河等流域。

小角蟾（*Megophrys minor*）：小角蟾为中国特有种，分布于陕西、甘肃、湖北、四川、重庆。小角蟾较为罕见，目前在陕西省仅发现于洋县、平利，在秦岭国家公园分布于酉水河流域。

宝兴齿蟾（*Oreolalax popei*）：宝兴齿蟾为中国特有种，分布于陕西、甘肃、四川。在陕西省仅发现于洋县，在秦岭国家公园分布于酉水河流域。

3　秦岭国家公园主要依水而生的鸟类

秦岭国家公园依水而生的鸟类（包括传统意义上的水鸟，以下简称“涉水鸟类”）共计 30 种，隶属于 7 目 11 科（表 4–4）。其中，黑鹳为国家一级重点保护野生动物，其余 29 种为有重要生态、科学、社会价值的陆生野生动物，短嘴豆雁和绿鹭还是陕西省重点保护野生动物。按流域或区域分，湑水河（包括陕西太白牛尾河省级自然保护区、陕西太白湑水河珍稀水生生物国家级自然保护区和陕西老县城国家级自然保护区）分布 16 种，酉水河（包括陕西长青国家级自然保护区大部）20 种，金水河上游（陕西佛坪国家级自然保护区）22 种，椒溪河（包括陕西观音山国家级自然保护区）10 种，蒲河（包括陕西天华山国家级自然保护区）9 种，汶水河（包括陕西皇冠山省级自然保护区）10 种，陕西平河梁国家级自然保护区（包括长安河、旬阳坝河、新矿河，它们分别是子午河、旬河、池河的上游）11 种，黑河中上游（包括陕西周至国家级自然保护区、陕西黑河珍稀水生野生动物国家级自然保护区，陕西黑河湿地省级自然保护区的山区部分）15 种，陕西华州区大鲵珍稀水生野生动物省级自然保护区（包括涧峪、桥峪、石堤峪、沟峪等）10 种。

表 4-4　秦岭国家公园主要依水而生的鸟类及其分布

目科种	保护级别	分布								
		甲	乙	丙	丁	戊	己	庚	辛	壬
Ⅰ. 雁形目 Anseriformes										
1. 鸭科 Anatidae										
（1）短嘴豆雁 *Anser serrirostris*	SZ, SY	√		√						
（2）赤麻鸭 *Tadorna ferruginea*	SY	√								
（3）绿翅鸭 *Anas crecca*	SY	√		√						
Ⅱ. 鹤形目 Gruiformes										
2. 秧鸡科 Rallidae										
（4）普通秧鸡 *Rallus indicus*	SY	1	√	√						
（5）白胸苦恶鸟 *Amaurornis phoenicurus*	SY	2	√	√					√	
（6）董鸡 *Gallicrex cinerea*	SY	3	√							
Ⅲ. 鸻形目 Charadriiformes										
3. 反嘴鹬科 Recurvirostridae										
（7）反嘴鹬 *Recurvirostra avosetta*	SY	4	√	√						
4. 鸻科 Charadriidae										
（8）灰头麦鸡 *Vanellus cinereus*	SY	√								
（9）长嘴剑鸻 *Charadrius placidus*	SY	5	√	√						
（10）金眶鸻 *Charadrius dubius*	SY	6	√	√						
5. 鹬科 Scolopacidae										
（11）扇尾沙锥 *Gallinago gallinago*	SY	7	√	√						
（12）青脚鹬 *Tringa nebularia*	SY	8	9	√						
（13）白腰草鹬 *Tringa ochropus*	SY	10	11	12	13	14	15	16	√	
（14）矶鹬 *Actitis hypoleucos*	SY	17	√	√						
Ⅳ. 鹳形目 Ciconiformes										
6. 鹳科 Ciconiidae										
（15）黑鹳 *Ciconia nigra*	I	18	19	20	21	22	23	24	√	
Ⅴ. 鹈形目 Pelecaniformes										
7. 鹭科 Ardeidae										

续表

目科种	保护级别	分布								
		甲	乙	丙	丁	戊	己	庚	辛	壬
(16) 夜鹭 *Nycticorax nycticorax*	SY	25	26	√					√	
(17) 绿鹭 *Butorides striata*	SZ, SY	27	28	29	30	31	32	√		
(18) 池鹭 *Ardeola bacchus*	SY	√	√	√					√	
(19) 牛背鹭 *Bubulcus ibis*	SY	√								
(20) 苍鹭 *Ardea cinerea*	SY	33	√						√	√
(21) 白鹭 *Egretta garzetta*	SY	√	√	√	√	√	√	√	√	
Ⅵ. 佛法僧目 Coraciiformes										
8. 翠鸟科 Alcedinidae										
(22) 蓝翡翠 *Halcyon pileata*	SY	√	√	√	√		√	√		√
(23) 普通翠鸟 *Alcedo atthis*	SY	√	√	√	√	√	√	√	√	√
(24) 冠鱼狗 *Megaceryle lugubris*	SY	√	√	√	√	√	√	√	√	√
Ⅶ. 雀形目 Passeriformes										
9. 河乌科 Cinclidae										
(25) 褐河乌 *Cinclus pallasii*	SY	√	√	√	√	√	√	√	√	√
10. 鹟科 Muscicapidae										
(26) 红尾水鸲 *Phoenicurus fuliginosus*	SY	√	√	√	√	√	√	√	√	√
(27) 白顶溪鸲 *Phoenicurus leucocephalus*	SY	√	√	√	√	√	√	√	√	√
(28) 小燕尾 *Enicurus scouleri*	SY	√	√	√	√	√	√	√	√	√
(29) 白额燕尾 *Enicurus leschenaulti*	SY	√	√	√	√	√	√	√	√	√
11. 鹡鸰科 Motacillidae										
(30) 白鹡鸰 *Motacilla alba*	SY	√	√	√	√	√	√	√	√	√

注：“保护级别”栏：I——国家一级重点保护野生动物，SY——有重要生态、科学、社会价值的陆生野生动物，SZ——陕西省重点保护野生动物；“分布”栏：甲——湑水河（包括陕西太白牛尾河省级自然保护区、陕西太白湑水河珍稀水生生物国家级自然保护区和陕西老县城国家级自然保护区），乙——西水河（包括陕西长青国家级自然保护区大部），丙——金水河上游（陕西佛坪国家级自然保护区），丁——椒溪河（包括陕西观音山国家级自然保护区），戊——蒲河（包括陕西天华山国家级自然保护区），己——汶水河（包括陕西皇冠山省级自然保护区），庚——陕西平河梁国家级自然保护区（包括长安河、旬阳坝河、新矿河），辛——黑河中上游（包括陕西周至国家级自然保护区、陕西黑河珍稀水生野生动物国家级自然保护区、陕西黑河湿地省级自然保护区的山区部分），壬——陕西华州区大鲵珍稀水生野生动物省级自然保护区（包括涧峪、桥峪、石堤峪、沟峪等）；√——有分布。

从表4 4、图4−1看出，金水河上游（陕西佛坪国家级自然保护区）涉水鸟类最多，达22种，占涉水鸟类总数的73.33%；蒲河（包括陕西天华山国家级自然保护区）涉水鸟类最少，为9种，占涉水鸟类总数的30.00%。还有由于秦岭国家公园属于山涧溪流型湿地，普通意义上的水鸟种类较少，但普通翠鸟（*Alcedo atthis*）、冠鱼狗（*Megaceryle lugubris*）、褐河乌（*Cinclus pallasii*）、红尾水鸲（*Phoenicurus fuliginosus*）、白顶溪鸲（*Phoenicurus leucocephalus*）、小燕尾（*Enicurus scouleri*）、白额燕尾（*Enicurus leschenaulti*）、白鹡鸰（*Motacilla alba*）等8种鸟类在各支流均有分布。

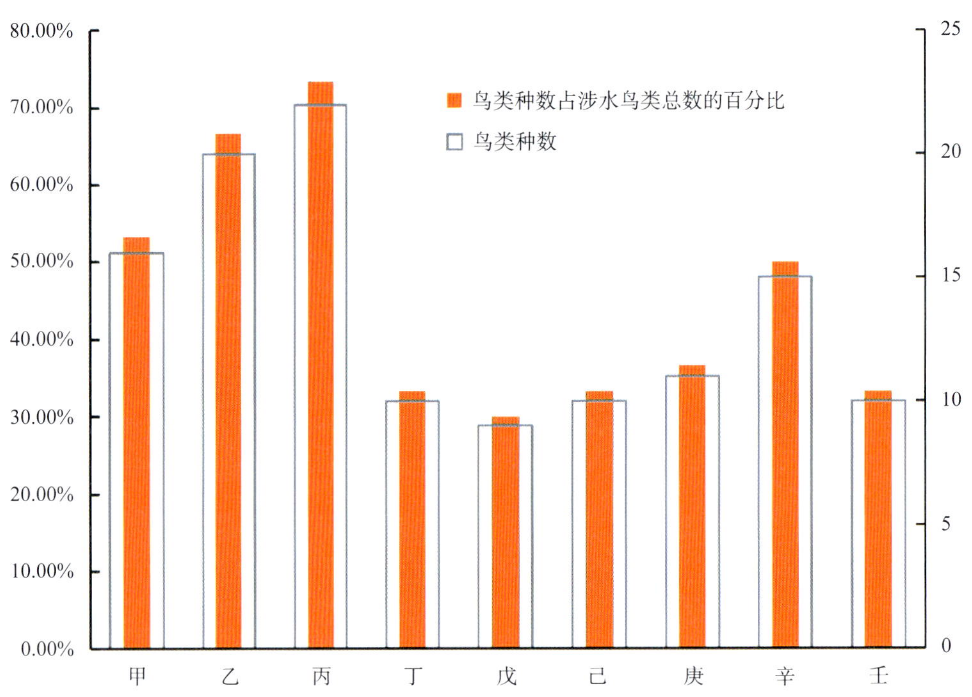

图4-1 各流域或区域涉水鸟类数量及其占涉水鸟类总数的百分比
（横坐标顺序含义见表4-4注）

4　秦岭国家公园河流健康状况

4.1　珍稀水生生物种群特征

川陕哲罗鲑（国一），数量很少。在 20 世纪七八十年代也是仅仅采集了 1～2 号标本。2014—2016 年长江水产研究所曾在太白县黄柏塬镇进行过人工养殖实验，但最后还是因开口饵料的问题没有成功。不过，在引种时得到了一定数量的种源。2022 年 8 月陕西省水产研究与技术推广总站在湑水河拍摄到该物种影像，2024 年在太白河监测到 1 尾体重 231 g、体长 27 cm 的个体。这些都说明其种群在近年有所恢复，但其在野外见到的机会仍然不大。

秦岭细鳞鲑（国二），种群数量较多，在秦岭北坡，以黑河珍稀水生野生动物国家级自然保护区最多，在一定河段基本能见到。在秦岭南坡分布，以在湑水河珍稀水生生物国家级自然保护区内最多，在大涧沟和湑水河红岩河河段基本能见到。由于保护的加强，秦岭细鳞鲑数量有稳定上升态势。

多鳞白甲鱼（国二），数量明显较秦岭细鳞鲑多。种群数量相对稳定。

渭河裸重唇鱼（国二），陕西省内的渭河（宝鸡）、黑河（周至）有过记载。国内还见于渭河上游。目前在黑河多次调查均未见到。

唇䱻（省重点），分布范围较广，种群数据较多。

岷县高原鳅（省重点），分布于秦岭北坡山区的河流中。种群数量较多，较为常见。

大鲵（国二），2001 年 8 月，西安市在周至县就峪内建成了“西安珍稀水生动物保护繁育基地”，开始小范围内对野生大鲵资源的救护、保护工作，人工繁殖连续多年都取得了很好的效果。2010 年 1—3 月在沙梁子的鱼洞泉、龙骨峡、神龟玉溪 3 处的洞中游出大鲵苗种，仅鱼洞泉一处就出苗 1500 余尾。关于大鲵的现存量，在这次考察中，我们对黑河主河道及上游的清水河等主要支流做了初步调查，在此基础上进行了初步估算，并结合黑河流域历史上一次性钓捕 10 余尾的记录，初步确定，在拟定保护区范围内，大鲵估测现存总量有 5200 余尾，主要分布在沿黑河主河道 108 国道 38 km 以上至沙厚路长 27 km 范围内，估测数量在 68 尾/km^2，上游的大蟒河、板房子河、清水河、虎豹河等主要支流前段也有少量分布，估测数量在 25 尾/km^2。

西藏山溪鲵（国二），在黑河、库峪海拔较高河段分布数量较为稳定，特别是在库峪沿岸的干扰较黑河小，种群数量较多。

山溪鲵（国二），分布于秦岭和巴山，野外种群数量极少。

秦巴北鲵（国二），分布于宁陕、周至的海拔较高的溪流中，数量较少。

宁陕齿突蟾（国二），1985 年定名时发现于宁陕平河梁。平河梁，属于池河、旬河、子午河分水岭。目前野外很难见到，种群数量极少。

小角蟾（省重点），数量极少，在陕西省见于平利、洋县。分布于洋县的地点属于酉水河流域。

宝兴齿蟾（省重点），数量极少，目前在陕西省仅见于洋县，属于酉水河流域。

中国林蛙（省重点），在秦岭区域分布广泛，数量较多。

隆肛蛙（省重点），秦岭南、北均有分布，以南坡居多，数量较多。

秦岭雨蛙（省重点），数量较少。

黑鹳（国一），是秦岭国家公园唯一的国家一级重点保护鸟类。分布于黑河，很难见到。

绿鹭（省重点），数量较少，主要分布于秦岭国家公园的南坡区域。

短嘴豆雁（省重点），是体型较大的鸭类，在秦岭国家公园有分布，属于冬候鸟。2022 年发现时为 6～8 只。

4.2　水生生物的水域健康状况评述

水域水生生物，特别是包括鱼类等的珍稀保护野生动物是水域健康的重要指示生物，对水域的生态安全具有重要价值。

秦岭国家公园淡水生态系统生物多样性丰富，反映了其生态系统的健康状况较好。其中，底栖动物、浮游植物、浮游动物的多样性都处于较高水平。在鱼类方面，秦岭国家公园淡水生态系统中共有鱼类 6 目 12 科 48 种，其中有川陕哲罗鲑、秦岭细鳞鲑、多鳞白甲鱼等 3 种国家重点保护野生动物，唇䱻、岷县高原鳅 2 种陕西省重点保护野生动物。在两栖动物方面，秦岭国家公园淡水生态系统中共有两栖动物 2 目 8 科 20 种，其中有大鲵等 5 种国家重点保护野生动物，有秦岭雨蛙等 5 种陕西省重点保护野生动物。鸟类有国家一级重点保护野生动物黑鹳，陕西省重点保护野生动物绿鹭、短嘴豆雁。

4.2.1　珍稀保护鱼类

川陕哲罗鲑，分布于褒河上游太白河和湑水河太白段，说明太白河、湑水河是有重要意义的河流。

秦岭细鳞鲑，在陕西省分布于秦岭南北麓的汉水北侧支流湑水河（太白县）、子午河（佛坪县）及褒河上游太白河（太白县）和渭河支流，如千河（陇县）、石头河（太白县）、汤峪河（眉县）、黑河（周至县）、田峪河（周至县）、甘峪河（鄠邑区）、石砭峪（长安区）、西涧峪、桥峪（华州区）等，说明秦岭国家公园的湑水河、太白河以及石头河、汤峪河、黑河、田峪河、甘峪河、石砭峪河、西涧峪河、桥峪河是有重要意义的河流。

多鳞白甲鱼，在秦岭国家公园分布于嘉陵江水系、汉水水系、黄河水系渭河的支流，说明黑河、嘉陵江上游、褒河、酉水河、金水河、椒溪河、蒲河、汶水河等属于有重要意义的河流。

总之，从珍稀重点保护鱼类看，秦岭国家公园依次有重要意义的河流是褒河上游太白河、湑水河、黑河、酉水河、金水河、椒溪河、石头河等。

4.2.2　珍稀保护两栖动物

大鲵，主要分布于秦岭南坡河流和北坡的黑河、峪河等，说明秦岭南坡的国家公园的嘉陵江、褒河、酉水河、金水河、子午河、黑河、峪河属于有重要意义的河流。

秦巴北鲵，主要分布于周至的黑河和子午河上游蒲河、汶水河等，说明黑河、蒲河、汶水河属于有重要意义的河流。

西藏山溪鲵，在黑河、库峪海拔较高河段分布数量较为稳定，特别是在库峪沿岸干扰较黑河小，种群数量较多，还分布于子午河上游汶水河、褒河上游等处，说明库峪河、黑河、汶水河、褒河上游属于有重要意义的河流。

山溪鲵，分布于褒河流域和子午河流域，说明褒河、子午河属于有重要意义的河流。

宁陕齿突蟾，目前仅分布于宁陕的平河梁，说明附近的长安河、新矿河、旬阳坝河属于有重要意义的河流。

总之，从珍稀保护两栖动物看，秦岭国家公园依次有重要意义的河流是黑河、酉水河、金水河、褒河、子午河、峪河、库峪河。

4.2.3　珍稀保护鸟类

黑鹳，分布于黑河，说明黑河是属于有重要意义的河流。

另外，从涉水鸟类的分布数量看，金水河、酉水河、湑水河、黑河依次是具有重要意义的河流。

依据上述结果，与历史数据对比，近年来所调查秦岭区域水生生物资源量有所恢复，水质状况处于健康状态。

5　秦岭国家公园河流底栖动物生物完整性指数构建及评价

5.1　参照点的选取

参照点和受损点的选择是影响底栖动物生物完整性评价质量的关键因素。参照点是指河流与湖泊中未受人类活动影响或仅受到轻微影响的区域，受损点是受人类活动干扰较大的点。在秦岭国家公园河流点位中选择人为干扰强度低、物理形态自然且水质情况良好的 XiH-1（西河）、TBH-1（太白河）、CH-1（池河）、XH-1（旬河）四个点为春秋两季的参照点，其他点位为受损点。

5.2　候选指标及生物参数分布范围分析

通过分析选择，本次共选取 20 个 B-IBI 指标体系的候选生物学参数，这些指标可以综合反映底栖动物的群落丰富度、种类个体数量比例、生物耐污能力以及多样性指数，从而有效地检测和评价水环境质量。进行候选生物指数选择后，应进一步分析参照点指数分布范围，挑选出随人类干扰单向增大或减小的指数，并筛除以下两类指数：①对于随着干扰增强而值变小的指数，如果值过小，说明受干扰后指数可变范围过窄，则无法准确区分出水体的干扰程度，说明其不适于参与 B-IBI 指标体系构建；对于随着干扰增强而值变大的指数，如果值波动程度过大，也会导致该指数无法准确反映水体的受干扰程度，同样说明其不适于参与 B-IBI 指标体系构建。②若指数标准差过大，说明数值分散，指数不稳定，也不适于参与 B-IBI 指标体系构建。对各个指标在 4 个参照点的分布情况进行计算，结果发现春季 M12 参数值标准差过大，表示数据分散指数不稳定，不予考虑；M14 参数值过小，表示随着干扰增强，波动不明显，不予考虑；对剩余 18 个参数进行进一步分析。秋季 M12 参数值标准差过大，数据分散指数不稳定，不予考虑；M3 和 M7 参数值为 0，随着干扰增强，其值不变，不予考虑；对剩余 17 个参数进行进一步分析。（表 4−5 至表 4−7）

表 4-5　20 个候选参数

类群	备选参数编号	评估参数
多样性和丰富性	M1	总分类单元数
	M2	蜉蝣目、毛翅目、襀翅目分类单元数
	M3	蜉蝣目分类单元数
	M4	襀翅目分类单元数
	M5	毛翅目分类单元数
群落结构组成	M6	蜉蝣目、毛翅目和襀翅目个体数百分比
	M7	蜉蝣目个体数百分比
	M8	摇蚊类个体数百分比
耐污能力	M9	敏感类群分类单元数
	M10	耐污类群个体数百分比
	M11	Hilsenhoff 生物指数
	M12	底栖动物敏感类群评估指数（BMWP 指数）
	M13	科级耐污指数（FBI 指数）
功能摄食类群与生活性	M14	黏附者个体相对丰度
	M15	滤食者个体相对丰度
	M16	刮食者个体相对丰度
生物多样性指数	M17	Shannon-Wiener 多样性指数
	M18	Margalef 丰富度指数
	M19	Pielou 均匀度指数
	M20	Simpson 多样性指数

表 4-6　春季 20 个生物参数值在参照点的分布范围

指标代码	生物指数	平均数	标准差	最小值	最大值	25%分位数	中位数	75%分位数
M1	总分类单元数	25.25	7.14	15.00	31.00	23.25	27.50	29.50
M2	蜉蝣目、毛翅目、襀翅目分类单元数	3.75	6.18	0.00	13.00	0.75	1.00	4.00
M3	蜉蝣目分类单元数	1.75	3.50	0.00	7.00	0.00	0.00	1.75
M4	襀翅目分类单元数	1.25	1.26	0.00	3.00	0.75	1.00	1.50

续表

指标代码	生物指数	平均数	标准差	最小值	最大值	25%分位数	中位数	75%分位数
M5	毛翅目分类单元数	0.75	1.50	0.00	3.00	0.00	0.00	0.75
M6	蜉蝣目、毛翅目和襀翅目个体数百分比	0.13	0.25	0.00	0.51	0.01	0.01	0.14
M7	蜉蝣目个体数百分比	0.08	0.17	0.00	0.34	0.00	0.00	0.08
M8	摇蚊类个体数百分比	0.25	0.42	0.01	0.88	0.01	0.06	0.30
M9	敏感类群分类单元数	7.50	6.14	0.00	13.00	3.75	8.50	12.25
M10	耐污类群个体数百分比	0.06	0.06	0.01	0.14	0.02	0.04	0.08
M11	Hilsenhoff 生物指数	4.67	1.17	3.62	6.12	3.78	4.47	5.35
M12	BMWP 指数	112.58	30.82	89.27	157.98	98.03	101.53	116.08
M13	FBI 指数	4.81	0.89	4.09	5.98	4.13	4.60	5.28
M14	黏附者个体相对丰度	0.02	0.02	0.00	0.05	0.01	0.01	0.02
M15	滤食者个体相对丰度	0.33	0.26	0.11	0.70	0.19	0.25	0.39
M16	刮食者个体相对丰度	0.04	0.07	0.00	0.15	0.00	0.01	0.05
M17	Shannon-Wiener 多样性指数	2.60	0.32	2.28	3.04	2.44	2.54	2.70
M18	Margalef 丰富度指数	3.07	0.82	1.89	3.78	2.92	3.30	3.46
M19	Pielou 均匀度指数	0.82	0.13	0.68	0.93	0.73	0.84	0.93
M20	Simpson 多样性指数	10.06	5.48	4.99	17.40	6.46	8.94	12.54

表 4–7　秋季 20 个生物参数值在参照点的分布范围

指标代码	生物指数	平均数	标准差	最小值	最大值	25%分位数	中位数	75%分位数
M1	总分类单元数	23.75	5.32	18.00	30.00	20.25	23.50	27.00
M2	蜉蝣目、毛翅目、襀翅目分类单元数	3.50	3.32	1.00	8.00	1.00	2.50	5.00
M3	蜉蝣目分类单元数	0.00	0.00	0.00	0.00	0.00	0.00	0.00
M4	襀翅目分类单元数	0.75	0.96	0.00	2.00	0.00	0.50	1.25
M5	毛翅目分类单元数	2.75	2.36	1.00	6.00	1.00	2.00	3.75
M6	蜉蝣目、毛翅目和襀翅目个体数百分比	0.15	0.15	0.01	0.32	0.04	0.14	0.25
M7	蜉蝣目个体数百分比	0.00	0.00	0.00	0.00	0.00	0.00	0.00
M8	摇蚊类个体数百分比	0.04	0.04	0.00	0.09	0.00	0.02	0.06

续表

指标代码	生物指数	平均数	标准差	最小值	最大值	25%分位数	中位数	75%分位数
M9	敏感类群分类单元数	5.75	2.36	4.00	9.00	4.00	5.00	6.75
M10	耐污类群个体数百分比	0.20	0.09	0.10	0.29	0.13	0.20	0.26
M11	Hilsenhoff 生物指数	5.36	0.45	4.84	5.81	5.06	5.40	5.70
M12	BMWP 指数	110.74	78.96	44.05	209.99	48.84	94.47	156.37
M13	FBI 指数	5.51	0.12	5.40	5.68	5.43	5.48	5.56
M14	黏附者个体相对丰度	0.03	0.05	0.00	0.11	0.00	0.00	0.03
M15	滤食者个体相对丰度	0.24	0.28	0.01	0.58	0.01	0.19	0.42
M16	刮食者个体相对丰度	0.06	0.06	0.01	0.15	0.03	0.04	0.08
M17	Shannon-Wiener 多样性指数	2.35	0.34	2.02	2.79	2.11	2.29	2.53
M18	Margalef 丰富度指数	3.18	0.98	2.33	4.56	2.59	2.91	3.50
M19	Pielou 均匀度指数	0.74	0.05	0.70	0.81	0.70	0.73	0.76
M20	Simpson 多样性指数	6.94	3.05	4.84	11.40	5.08	5.76	7.63

5.3　判别能力分析

利用箱形图法分析上述筛选后的各指数值在参照点与受损点的分布情况，比较各指数在参照点和受损点的 25%～75%分位数即箱体 QI 重叠情况，并赋予不同的分值：QI=3，表示参照点和受损点箱体没有重叠；QI=2，代表参照点和受损点重叠，但各自中位数在对方箱体之外；QI=1，表示仅有一个中位数在对方箱体之外；QI=0，表示各自的中位数都在对方箱体内。本次分析选择 QI≥2 的参数进行进一步研究，对春季 18 个参数以及秋季 17 个参数进行箱形图分析，各指标值在参照点和受损点的分布结果显示，春季 M1、M4、M9、M11、M13、M17、M18 等 7 个参数及秋季 M1、M5、M9、M11、M16、M17、M18、M19 等 8 个参数满足 QI≥2，进入下一轮筛选。（图 4-2、图 4-3）

5.4　相关性分析

对余下的指标进行相关分析，对于符合正态分布的指标，计算 Pearson 相关系数；对于不符合正态分布的生物参数，计算 Spearman 相关系数。若两个备选参数相关系数绝对值大于

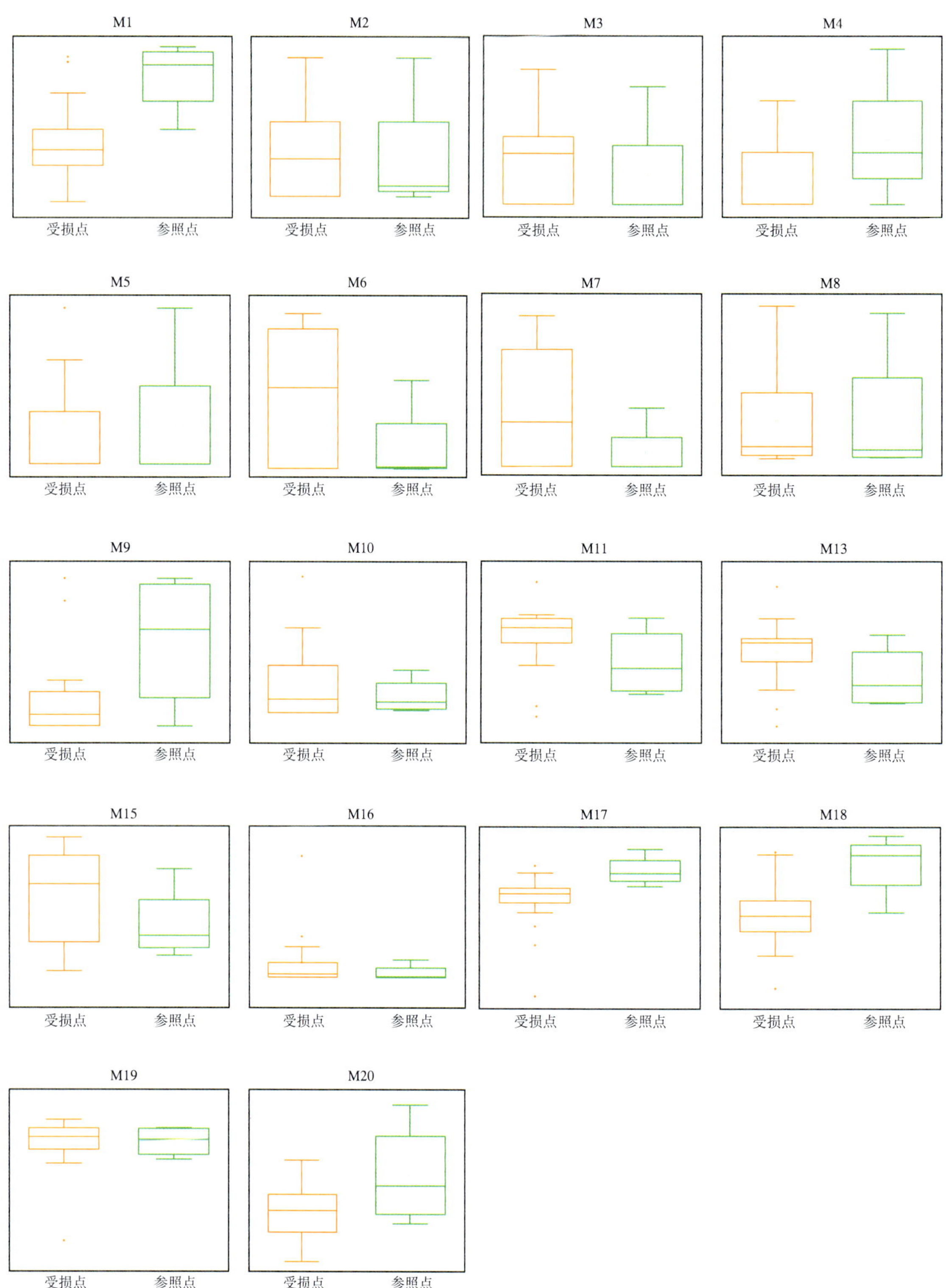

图 4-2　春季 18 个候选参数在参照点和受损点的箱形图

注：箱体表示 25%～75%分位数值分布范围，横线表示平均值，上下线条表示数据的最大值和最小值。

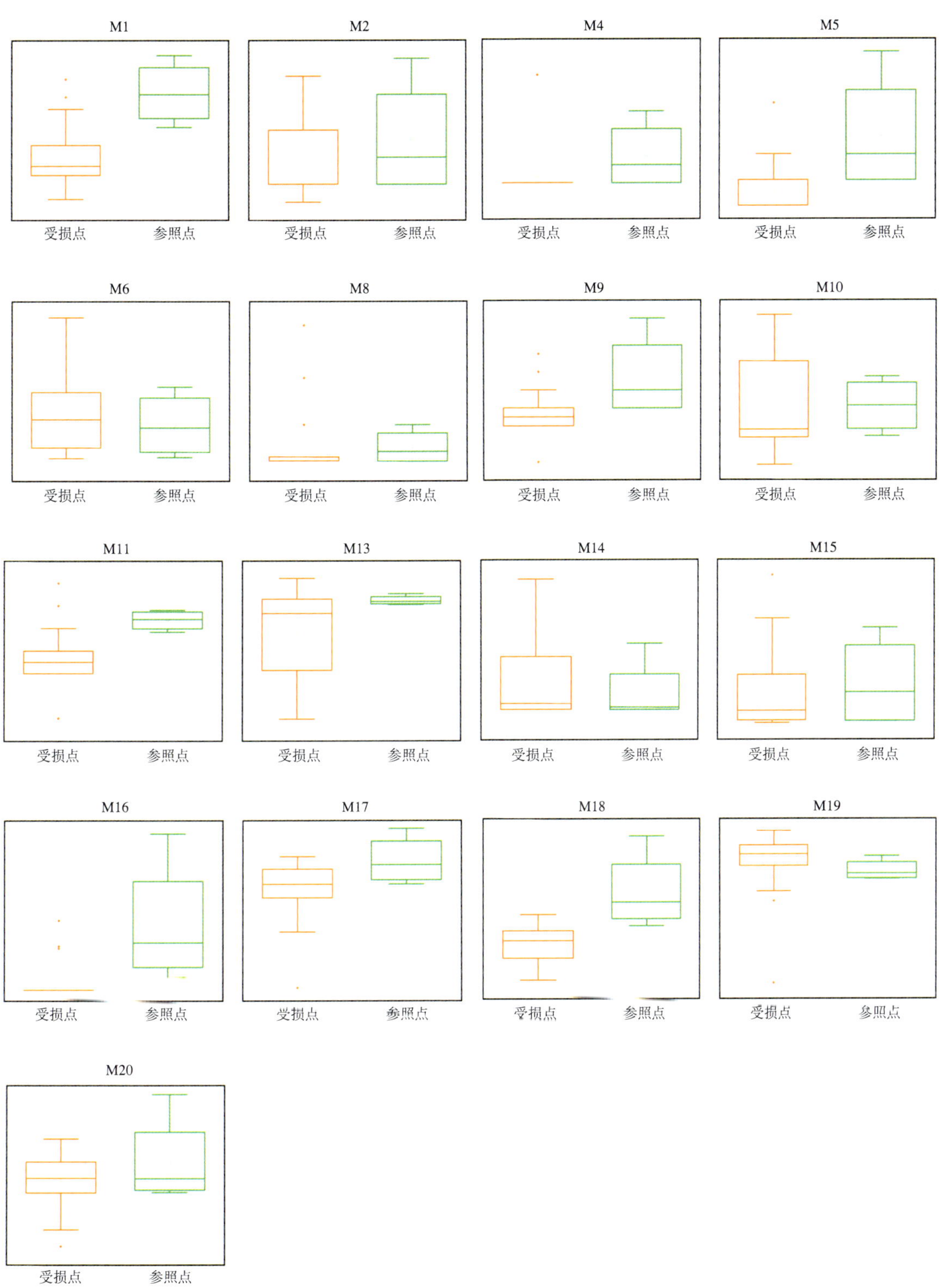

图 4-3　秋季 17 个候选参数在参照点和受损点的箱形图

注：箱体表示 25%～75%分位数值分布范围，横线表示平均值，上下线条表示数据的最大值和最小值。

0.75，则表明两个参数相关性较高，反映的信息大部分为重叠，选择其中一个即可。经过以上3步，可以确定出构成B-IBI指标体系的生物参数。经过正态分布检验，有部分参数不满足正态分布，对上一节中确定的春季7个参数及秋季8个参数进行Spearman相关性分析。春季最终保留M4、M11、M17这3个参数组成核心评价指标集，秋季最终保留M1、M5、M9、M11、M16、M17、M19这7个参数组成核心评价指标集。（表4−8、表4−9）

表4−8　春季7个候选参数间的相关性分析结果

相关性	M1	M4	M9	M11	M13	M17	M18
M1	1						
M4	0.368	1					
M9	0.747**	0.603**	1				
M11	−0.543**	−0.667**	−0.771**	1			
M13	−0.556**	−0.615**	−0.812**	0.886**	1		
M17	0.850**	0.195	0.470*	−0.314	−0.335	1	
M18	0.945**	0.375	0.816**	−0.526*	−0.526*	0.828**	1

注：*在0.05级别（双尾），相关性显著；
**在0.01级别（双尾），相关性显著。

表4−9　秋季8个候选参数间的相关性分析结果

相关性	M1	M5	M9	M11	M16	M17	M18	M19
M1	1							
M5	0.318	1						
M9	0.440*	0.718**	1					
M11	0.268	−0.037	−0.275	1				
M16	0.714**	0.318	0.352	0.372	1			
M17	0.555**	0.171	−0.117	0.636**	0.527*	1		
M18	0.888**	0.520*	0.474*	0.255	0.765**	0.514*	1	
M19	−0.468*	−0.371	−0.536*	0.325	−0.354	0.317	−0.456*	1

注：*在0.05级别（双尾），相关性显著；
**在0.01级别（双尾），相关性显著。

5.5　生物学指数分值计算

比值法为对于受到干扰而值降低的参数，以 95%分位数为最佳期望值，各参数的分值为参数实际值除以最佳期望值；对于受到干扰而值增大的参数，以 5%分位数为最佳期望值，计算方法：（最大值－实际值）/（最大值－最佳期望值）。并依次计算各采样点的指数分值（表 4－10、表 4－11）。

表 4－10　比值法计算春季 3 个参数分值的公式

指标代码	分值计算公式
M4	M4/2.00
M11	（7.31－M11）/（7.31－3.22）
M17	M17/2.69

表 4－11　比值法计算秋季 7 个参数分值的公式

指标代码	分值计算公式
M1	M1/26.00
M5	M5/3.95
M9	M9/6.95
M11	（6.19－M11）/（6.19－3.12）
M16	M16/0.07
M17	M17/2.44
M19	M19/0.94

5.6　底栖动物生物完整性指数评价

5.6.1　指标体系的评价结果

将各指标的分值用比值法计算后，再对分值进行加和，得到 B-IBI 的指数值，对其进行健康评价，评价标准如表 4－12、表 4－13 所示。

表 4–12 春季健康状况评价标准

健康状况	健康	亚健康	一般	较差	极差
B-IBI 值	≥2.12	1.59～2.12	1.06～1.59	0.53～1.06	0～0.53

表 4–13 秋季健康状况评价标准

健康状况	健康	亚健康	一般	较差	极差
B-IBI 值	≥4.41	3.31～4.41	2.21～3.31	1.10～2.21	0～1.10

5.6.2 河流健康评价结果

根据评价标准对调查区域水体健康进行初步评价，评价结果如表 4–14 所示。将两季 B-IBI 赋分均值作为秦岭国家公园河流底栖动物生物完整性指数最终得分，春季最终得分为 87.88 分，秋季最终得分为 85.15 分。

表 4–14 春季及秋季各点位 B-IBI 评价结果

			春季			秋季		
河流名称	点位	性质	B-IBI 值	B-IBI 赋分	评价结果	B-IBI 值	B-IBI 赋分	评价结果
清姜河	QJH-1	受损点	2.56	120.64	健康	2.89	69.87	一般
	QJH-2	受损点	1.78	83.86	亚健康	2.13	51.34	较差
清水河	QSH-1	受损点	1.61	75.83	亚健康	3.39	81.94	亚健康
	QSH-2	受损点	1.29	60.62	一般	3.46	83.46	亚健康
西河	XiH-1	参照点	3.17	149.61	健康	4.52	100	健康
	XiH-3	受损点	1.73	81.84	亚健康	3.17	76.62	一般
红岩河	HYH-2	受损点	1.6	75.36	亚健康	3.7	89.28	亚健康
	HYH-3	受损点	2.24	105.68	健康	3.64	87.83	亚健康
太白河	TBH-1	参照点	1.72	81.11	亚健康	7.05	100	健康
	TBH-2	受损点	1.77	83.72	亚健康	3.64	87.83	亚健康
	TBH-3	受损点	1.58	74.55	一般	4.38	100	亚健康
石头河	STH-1	受损点	1.41	66.5	一般	4.15	100	亚健康
	STH-2	受损点	2.16	101.67	健康	3.69	89.08	亚健康

续表

			春季			秋季		
河流名称	点位	性质	B-IBI 值	B-IBI 赋分	评价结果	B-IBI 值	B-IBI 赋分	评价结果
黑河	HH-1	受损点	0.87	41	较差	2.66	64.14	一般
	HH-2	受损点	1.26	59.5	一般	3.00	72.52	一般
沣河	FH-1	受损点	1.72	81.24	亚健康	3.39	81.95	亚健康
灞河	BH-1	受损点	1.52	71.49	一般	2.8	67.73	一般
沇河	YOH-1	受损点	1.55	73.14	一般	2.85	68.85	一般
湑水河	XSH-1	受损点	2.31	108.74	健康	4.09	98.81	亚健康
池河	CH-1	参照点	2.31	108.97	健康	6.02	100	健康
旬河	XH-1	参照点	2.25	106.08	健康	4.09	98.68	亚健康
乾佑河	QYH-1	受损点	2.59	122.2	健康	3.93	94.92	亚健康

计算得出北洛河各评价河段指标层指数赋分最高值出现在评价河段 C，得分为 86.83，最低值出现在评价河段 D，得分为 65.88 分（图 4–4）。

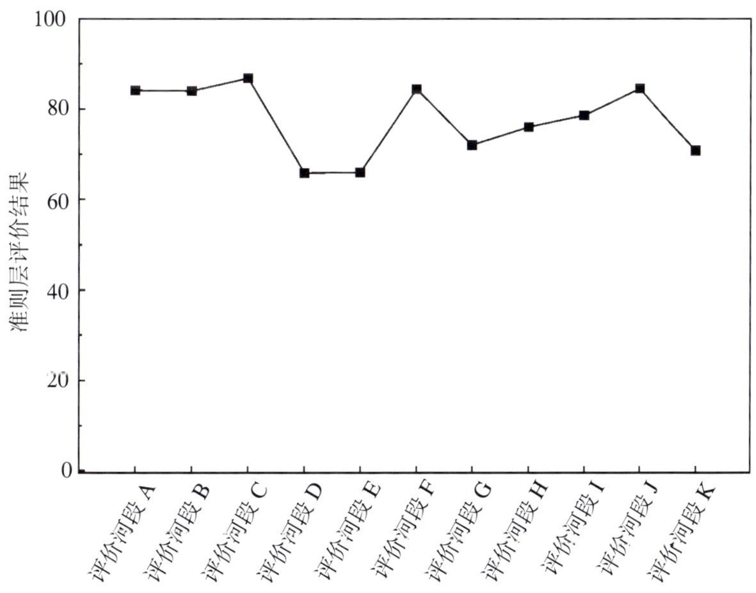

图 4–4　北洛河评价河段指标层指数赋分结果

按照如下公式对各河段生物准则层评价结果计算，各河段权重取该段河长占总河长比例。

$$RHI=\sum_{i=1}^{n}[YMB_{iw}\times RHI_i]$$

式中：*RHI*——评价河段准则层综合赋分；

YMB_{iw}——第 i 评价河段的权重；

RHI_i——第 i 评价河段准则层综合赋分。

计算得北洛河生物准则层评价得分为 77.72 分。（表 4–15）

表 4–15　北洛河各评价河段权重

河段	评价河段 A	评价河段 B	评价河段 C	评价河段 D	评价河段 E	评价河段 F	评价河段 G	评价河段 H	评价河段 I	评价河段 J	评价河段 K	合计
权重	0.07	0.11	0.11	0.13	0.13	0.11	0.05	0.08	0.03	0.08	0.11	1.00
得分	5.89	9.24	9.55	8.56	8.58	9.29	3.60	6.09	2.36	6.76	7.80	77.72

6　生境保护修复关键问题

6.1　珍稀濒危物种保护问题

川陕哲罗鲑：数量稀少，养殖实验受阻。

秦岭细鳞鲑：数量较多，但仍存在生存挑战。

多鳞白甲鱼、西藏山溪鲵：数量相对稳定。

建议策略

加强保护和研究：加大对稀有物种的保护力度，尤其是川陕哲罗鲑，将太白河的保护纳入秦岭国家公园的范围，是非常及时和有重要意义的，可通过加强监测来保护其栖息地。

促进人工养殖：针对繁殖受阻的物种川陕哲罗鲑，投入更多资源和技术，解决饵料等关键问题，推动人工养殖的成功。

持续监测：对物种种群数量和分布进行持续监测，及时发现问题并采取相应措施。

6.2　珍稀水生生物保护挑战

①生境退化或丧失：拦河坝、采矿、居民活动等导致生境丧失或退化。

建议策略

生态修复项目：修复被破坏的河流生态系统，包括拆除不必要的拦河坝、治理污染源等。

科学规划：制定科学的河流管理规划，平衡开发和保护的关系，最大限度地保护生物多样性。

②外来物种入侵：外来物种如虹鳟对本地珍稀物种造成威胁。

建议策略

严格管控：加强对虹鳟等外来物种的检测和管控，防止其进入自然河道。

加强监测：建立监测体系，及时发现入侵的外来物种，采取应对措施。

③气候变化与自然灾害：气候变化导致的暴雨等自然灾害对珍稀鱼类生存构成威胁。

建议策略

适应性管理：制定应对气候变化的管理策略，加强对生态系统的监测和调查，提高生物群体对环境变化的适应能力。

7　水生生物多样性保护

7.1　进一步加大法律法规的执行和宣传力度，同时各部门紧密合作，形成鱼类物种多样性保护的强大合力

为更加有效地保护秦岭生态保护区的生态环境，在已有国家和地方各项生态环境保护法律法规的基础上，陕西省政府制定了《陕西省秦岭生态环境保护条例》《陕西秦岭国家级生态功能保护区规划》等具有针对性的法规和规划。首先，作为各级政府行政机关，应进一步加大法律法规和规划的执行与落实力度，从而为区域内鱼类的生存、繁衍创造良好的物质条件，并进一步强化宣传力度，普及和提高普通民众保护生物多样性的意识，从而使保护鱼类物种多样性成为个人自觉的行动；其次，渔政和环保部门以及其他有关部门在强化各自的行政保护职能、减少和杜绝非法滥捕、加强水生生态环境保护的同时，应通力合作，建成信息联动系统，加强对各种与渔业有关的行为的监督和规范，将常规防范和应急处理融为一体，建立一整套的日常管理及危机预警和处理机制。最后，有关的决策部门和科研单位应通过设立濒危鱼类自然保护区，重视科研资金的投入，重点研究解决濒危鱼类的人工繁殖以及基因库建设等，加强野生鱼类物种多样性保护方面的基础研究，为政府行政提供科学而有力的决策支持。

7.2 水工程设施的兴建应履行严格的论证和审批程序

水工程设施建设应经科学论证，涉渔水利水电工程环境影响评价工作特别须经渔业行政主管部门的环境评估，履行严格的审批程序。同时要在建设工作中，加强野生鱼类物种多样性保护措施的资金落实，加强保护行为实施过程中的监督管理。建设竣工后，要对可能引起的重大后果进行长期动态的生态监测，评估和及时弥补可能对野生鱼类物种多样性造成的危害。

7.3 探索和发展环境友好型、资源节约型的渔业发展新体制

在渔业资源丰富、鱼类物种多样性高的地区，省级地方渔政主管部门应积极研究和制定有效的保护措施，如建立野生鱼类繁育季节休渔制度，禁绝原始落后的捕捞作业方式等。与此同时，还应积极引导渔业经营部门和个人改变以往那种杀鸡取卵式的发展经营模式，稳妥发展大水面渔业，在水库适当发展特种网箱养殖。同时，应积极探索休闲渔业、生态渔业等渔业发展新模式。这样既有效保护了鱼类自然资源，恢复和提高了鱼类物种多样性，又保证了人民物质生活水平的提高，达到保护和利用渔业资源的和谐统一。

参考文献

[1] 彭建兵，申艳军，金钊，等. 秦岭生态地质环境系统研究关键思考 [J]. 生态学报，2023，43（11）：4344-4358.

[2] 王锦，孙幼政，黄珊珊，等. 基于 MSPA 和 MCR 模型的秦岭北麓西安段生态网络构建研究 [J]. 环境科学与管理，2025，50（2）：145-149，154.

[3] 张喜亭，肖路，王文杰. 大兴安岭落叶松林物种多样性和空间结构对生物量、土壤养分的影响 [J]. 生态学报，2025，45（9）：4276-4283.

[4] 王开锋，等. 陕西周至黑河湿地省级自然保护区综合科学考察报告 [M]. 北京：科学出版社，2024.

[5] 边坤，张建禄，苟妮娜，等. 秦岭黑河流域鱼类群落结构及其历史变化 [J]. 中国水产科学，2022，29（8）：1210-1222.

[6] 王丹，程庆武，杨镇宇，等. 三峡库区鲌属鱼类线粒体 COⅠ基因遗传多样性的初步分析 [J]. 水生生物学报，2015，39（5）：1054-1058.

[7] 马骞，林琳，柳淑芳，等. 半滑舌鳎生长相关基因的微卫星及其在种群遗传结构分析中的应用 [J]. 渔业科学进展，2012，33（4）：18-25.

[8] 陈隽，王海军，张亮，等. 从保护生物地理学看长江的生物多样性保护 [J]. 水生生物学报，2025，49（1）：55-62.

[9] 周小愿，韩亚慧，高宏伟. 秦岭生态保护区鱼类多样性研究 [J]. 生态科学，2011，30（6）：624-629.

[10] 李保国，何鹏举，杨平厚，等. 陕西周至国家级自然保护区生物多样性 [M]. 西安：陕西科学技术出版社，2007.

[11] 王开锋，方树森，魏武科，等. 黑河鱼类资源调查及保护建议 [J]. 西北大学学报（自然科学版），2001，31（S）：103-107.

[12] 蒋志刚，李登武，李春旺，等. 陕西老县城自然保护区的生物多样性 [M]. 北京：清华大学出版社，2006：46-84.

[13] 杨德国，危起伟，李绪兴，等. 秦岭湑水河太白段珍稀水生动物分布现状及保护对策 [J]. 中国水产科学，1999，6（3）：123-125.

[14] 王开锋，温战强，冯祈君，等. 陕西太白牛尾河自然保护区综合科学考察报告 [M]. 北京：科学出版社，2014.

[15] 温战强，杨玉柱. 陕西桑园自然保护区科学考察报告 [M]. 西安：陕西科学技术出版社，2007.

[16] 郭文艺，党坤良，赵彦斌，等. 陕西摩天岭自然保护区综合科学考察与研究 [M]. 西安：陕西科学技术出版社，2007.

[17] 王开锋，张红星，杨兴中，等. 陕西长青自然保护区的鱼类资源及其多样性 [J]. 陕西师范大学学报（自然科学版），2003，31（S19）：5-9.

[18] 任毅，杨兴中，王学杰，等. 长青国家级自然保护区动植物资源 [M]. 西安：西北大学出版社，2002.

[19] 刘诗峰，张坚. 佛坪自然保护区生物多样性研究与保护 [M]. 西安：陕西科学技术出版社，2003.

[20] 党坤良，李登武，王开锋，等. 陕西观音山自然保护区综合科学考察与生物多样性研究 [M]. 北京：中国林业出版社，2006.

[21] 李战刚，党坤良，李登武. 陕西天华山自然保护区综合科学考察与研究 [M]. 西安：陕西科学技术出版社，2005.

[22] 高学斌，康永祥. 陕西皇冠山省级自然保护区综合科学考察 [M]. 西安：陕西科学技术出版社，2008.

[23] 李战刚，康克功，吴振海，等. 陕西平河梁省级自然保护区综合科学考察与生物多样性研究 [M]. 西安：陕西科学技术出版社，2008.

[24] 杜浩，李罗新，危起伟，等. 濒危物种川陕哲罗鲑在汉江上游太白河再发现 [J]. 动物学杂志，2014，49（3）：414.

[25] 李平. 秦岭细鳞鲑种质资源保护及其分子系统地理学研究 [D]. 上海：上海海洋大学，2022.

[26] 边坤，张建禄，苟妮娜，等. 应用鱼类生物完整性指数评价秦岭黑河流域健康状况 [J]. 水生态学杂志，2021，42（3）：23-29.

[27] 杨尹章，张得梅，肖军. 野生动物保护影响因素及应对策略 [J]. 安徽农学通报，2025，31（5）：53-56.

[28]《中国水产》编辑部. 川陕哲罗鲑保护工作研讨会召开 [J]. 中国水产，2022（6）：45.

[29] 申志新，简生龙. 三江源区水生生物状况及保护对策 [J]. 青海农林科技，2012（3）：37-40.

[30]《科学养鱼》编辑部. 长江水生生物资源保护取得新成效 [J]. 科学种养，2019（3）：63.

[31] 葛亚非. 浙江省珍稀水生动物生物多样性及其保护对策 [J]. 浙江海洋学院学报（自然科学版），2006（1）：78-85.

[32] 李妍芬，何瑜，张韬，等. 长沙水生生物多样性保护的思考 [J]. 农业开发与装备，2024（5）：115-117.

[33] 关弘弢，简生龙. 青海长江源区渔业生态保护现状及对策研究 [J]. 中国水产，2018（2）：46-48.

[34]《中国水产》编辑部. 长江珍稀濒危水生生物保护工作专题研讨会在湖北武汉召开 [J]. 中国水产，2020（2）：32.

[35]《甘肃畜牧兽医》编辑部. 农业农村部：加强长江濒危水生生物保护工作 [J]. 甘肃畜牧兽医，2020，50（1）：70.

[36] 姜伟. 守护长江水中生灵："十年禁渔" 背景下的长江鱼类物种多样性保护 [J]. 生命世界，2024（2）：1.

[37] 陈锋，黄道明，赵先富，等. 新时代长江鱼类多样性保护的思考 [J]. 人民长江，2019，50（2）：13-18.

[38] 高媛媛，陆旭. 南水北调立法对国家水网引调水工程建设的启示研究 [J]. 水利发展研究，2024，24（4）：73-77.

[39] 严鑫，成必新，杨绍荣. 鱼类栖息地保护与修复措施研究 [J]. 绿色科技，2020（18）：16-19，22.

[40] 樊菲，郑建丽，吴姗姗，等. 我国伏季休渔制度效果分析与优化探讨 [J]. 海洋开发与管理，2024，41（4）：152-160.

[41] 卜林刚，申延辉，李宇，等. 陕西省大水面生态渔业发展现状分析 [J]. 渔业致富指南，2024（12）：8-11.

专题报告 5

秦岭国家公园淡水生态系统健康评估与保护修复策略①

1　秦岭国家公园淡水生态系统评价方法

1.1　淡水生态系统评价理论方法综述

淡水生态系统是指那些以淡水为基础的生物群落及其环境，包括流动水体如河流和溪流，以及静止水体如湖泊、池塘和湿地。这类生态系统中的生物相对丰富，呈现多样性，包括了多种鱼类、无脊椎动物、植物和微生物等，它们与非生物环境因素如水质、水温和河流流速等相互作用，共同构成了复杂的生态网络。

淡水生态系统在维持水循环、净化水质、提供食物来源和生物多样性保护等方面发挥着关键作用。淡水生态系统的评价方法多种多样，但大致可以分为定性评价和定量评价两大类。定性评价主要依赖于专家的知识和经验，对生态系统的状况进行描述和分析。定量评价则通过收集和分析数据，利用数学模型或统计方法对生态系统的各个方面进行量化评估。评估方法主要包括生物多样性指数法、生态系统服务价值评估法、生态足迹法、生态健康评价法、景观生态学评价法等。DPSIR 模型，即“驱动力—压力—状态—影响—响应”模型，是一种广泛应用于环境评估和管理领域的概念框架。它主要用于组织和整合大量复杂的信息和数据，以揭示环境问题或可持续发展问题中的因果关系链。DPSIR 模型的核心在于其 5 个组成部分：驱动力、压力、状态、影响和响应，这五者之间相互作用，共同构成了一个动态的系统。

① 中国水利水电科学研究院，赵进勇、付意成、张剑，2024 年 12 月。

淡水生态系统的评价主要包括以下几个方面：

（1）评价目的

淡水生态系统评价的主要目的是了解生态系统的现状、功能、价值和变化趋势，为生态保护、管理和决策提供科学依据。具体来说，评价目的可能包括以下几个方面：

①评估淡水生态系统的健康状况和完整性；

②识别生态系统面临的主要威胁和压力；

③确定生态系统服务的价值和效益；

④指导生态保护和恢复项目的规划和实施；

⑤促进生态系统的可持续利用和管理。

（2）评价对象

淡水生态系统的评价对象通常包括河流、湖泊、水库、沼泽等自然水体及其周边区域。这些对象构成了淡水生态系统的主要组成部分，对维持生态平衡和人类福祉具有重要意义。

在具体评价中，可以将评价对象进一步细化为不同的生态类型、功能区域或关键物种等。例如，可以针对河流的不同河段或湖泊的不同区域进行评价，也可以针对某些具有特殊生态价值或受到特别关注的物种进行评价。

（3）评价要素

淡水生态系统的评价要素涵盖了生态系统的各个方面，主要包括以下几个方面：

①生物多样性：包括物种丰富度、群落结构、生态系统类型等；

②水质状况：包括水体理化指标、污染物浓度等；

③水文情势：包括水流速度、水位变化等；

④生态系统服务：包括供给服务（如水资源供应）、调节服务（如气候调节）、文化服务（如景观美学）等；

⑤人类活动影响：包括土地利用变化、水资源开发利用等。

（4）评价结果

评价结果通常通过定量和定性的方式展示。对于理化参数，结果多以具体数值呈现，通常与环境质量标准或基线条件对照；生物多样性可以通过多样性指数和群落结构图表示；水文条件可能用图表显示高程流量关系；生态健康指数可能通过等级分类框架（如优、良、中、差等级）来表述。除此之外，GIS 地图和遥感图像可以直观展示评价对象的空间分布和生态特征。评价结果亦可借助统计分析和模型预测来揭示淡水生态系统的变化趋势和潜在问题。

1.2　健康评价理论与方法综述

水生态系统健康评价自 20 世纪 80 年代以来，已经成为生态学领域重要的研究课题之一，以恢复生态系统健康为最终目的而进行生态系统健康评价，从而进一步实现人与自然的和谐发展。当前，国际上已经形成了许多兼顾科学性与可操作性的水生态评价体系，如《欧盟水框架指令》《美国快速生物评价方案》《英国河流无脊椎动物预测和分类计划》等，这些评价体系具有成熟的理论和大量的基础研究，目前在国际上应用广泛。深入剖析上述评价体系的技术流程、操作适配性和应用特点等，对建立起适用于我国水体环境的评价技术体系有着至关重要的作用。

1.2.1　欧盟

《欧盟水框架指令》（WFD）是欧盟对其成员国制定的有关水资源保护的一项基础性管理政策，为其所属成员国的水环境状况监测和评价建立了统一的衡量标准，并为领域内水环境管理提出了共同的方法、原则和目标。《欧盟水框架指令》环境评价指标主要包括物理化学要素、水文要素、生物要素三大要素。欧盟成员国依据指令内的目标，自行因地制宜地选择适合本国的评价方法以及管理措施。指令的核心目标是欧洲领域内的所有水体（包括河流、湖泊、过渡性水域、沿海水域和地下水）在 2015 年之前达到良好状态。地表水生态健康状况分级评价要素主要包括水文形态、化学与物理化学和生物要素。水文形态要素评价指标主要涵盖流域河床底部组成与结构特征、水文与水动力、河流的连续性特征、河岸带结构等；化学与物理化学要素评价指标主要包括营养特征、盐度特征、热状况、酸化状况、特定污染物特征等；生物要素评价指标主要包括浮生植物的种类和数量特征、底栖动物种类和数量特征、鱼类的数量、组成、年龄结构特征等。

水生态健康状况等级评价标准。WFD 中将地表水体的健康状况分为了 5 个等级，由高到低分别是极好、良好、中等、差以及极差。

关于水生态健康状况监测，WFD 中涵盖 3 种模式，分别是调查性监测、运行性监测和监督性监测。3 种监测模式因最终监测目标不同而各不相同：调查性监测主要根据水体的特定需求不同而展开监测，运行性监测主要针对不达标或者未来存在风险的水体进行监测，监督性监测即我国常见的常规性水域监测。在 WFD 评价水生态健康状况过程中，首先确立监测目标，而后依据目标制定监测方案，方案内要涵盖监测指标选取、监测点位确定、监测时间和频次等，依据所获得的环境信息进行水体健康状态等级划分，并进行水体风险评估，全过程要考虑人力、物力成本，力求经济高效，为环境管理决策提供有效数据支撑。

1.2.2 美国

20 世纪 80 年代中期，美国可利用水资源急剧减少，在这种情况下，在全国范围内开展大规模的水资源检测和评价工作刻不容缓，而开发一种经济、快速、高效的水生生物调查技术显得尤为重要。美国《基于风险的过程安全》（RBPs）综合了俄亥俄州环保局（EPA）、特拉华州自然资源及环境防治部（DNREC）、肯塔基州环保部（DEP）、佛罗里达州环保部（DEP）、马萨诸塞州环保部（DEP）和蒙大拿州环境质量部（DEQ）现有的实施方案，不以全面而严谨的综合方法为目标，方案中的每一部分都会在合适的情况下提供经济有效的信息。RBPs 在通过水生生物指标评价水体环境健康状况方面效果尤为显著，当确定损伤位点后就需要通过其他生态学数据（如水质、生境数据等）来判断污染来源并采取高效的管理措施。RBPs 整体调查内容主要包括两个方面，分别是生物评价和生境评价（包含水质方面评价）。

（1）生物评价

主要基于生物完整性指数的结果进行评价，生物评价对象有底栖鱼类、着生藻类。IBI 指数的评价指标和参数主要分为 4 个维度，分别是食性/习性参数、耐受性参数、物种组成参数、丰富度参数。IBI 指数具有开放性，在调查过程中，可根据水域情况在 4 个维度内进行参数的选用；将候选生物参数通过箱线图法进行判别能力的分析，而后进行相关性分析，筛选生物评价参数；将经过筛选后的生物参数进行量纲的统一，计算 IBI 分值，并依据 IBI 分值进行健康状况的等级划分。

（2）生境评价

RBPs 以无干扰点位或干扰极小点位为参照点，建立流域生境的评估标准。通过评价点位与参照点位的偏离程度，确定评价点位的生境健康状况。RBPs 中生境参数（栖息地指标）共 10 项，通过评价赋分来判断各项参数的偏离程度。10 项参数最高分均为 20 分，河岸植被带宽度、河岸植被保护、河岸稳定性此 3 项指标按照差（0～2 分）、一般（3～5 分）、较好（6～8 分）、好（9～10 分）对左右两岸分别打分，将左右两岸的得分相加；河道蜿蜒程度、河流形态改造、河道水流情况、河床稳定性、流速与水深参数、河床泥砂组成、河床表层生境此 7 项指按照差（0～5 分）、一般（6～10 分）、较好（11～15 分）、好（16～20 分）进行打分。除上述 10 项主要生境参数外，RBPs 中还设置了 8 项辅助生境参数（如河岸带植被组成、粗木质残体等），辅助主要生境参数完整说明评级点位生境健康状态。

1.2.3　英国和澳大利亚

英国的河流无脊椎动物预测与分类系统（RIVPACS）和澳大利亚的河流健康评价模型（AUSRIVAS）是预测模型的两个典型代表。英国淡水生态研究所（IFE）在 1984 年提出并创建了河流无脊椎动物 RIVPACS 对境内的水生态环境健康状况进行评价，10 年后，澳大利亚为适应本国水体状况将 RIVPACS 系统进行改进，而后形成 AUSRIVAS 系统。预测模型的原理是将研究区域内的理想状态下无干扰样点的生物组成与实际评价样点的生物组成进行比较，从而对该研究区域的生态健康状况进行评价。底栖生物由于具有可整合短期环境变化效应、耐受性范围广、可以为累计效应提供有效信息等优点。

1.3　DPSIR

DPSIR 模型涵盖经济、社会、人口与环境四大要素，是评价环境系统所处状态的评价指标体系概念模型，它从系统分析的角度看待人类和环境系统之间的相互作用。该模型中，驱动力是指环境变化的潜在原因；压力是通过驱动力作用之后直接施加在环境系统之上的促使环境发生变化的各种因素，是环境的直接压力因子；状态是在这种压力下自然环境所呈现出来的物理、化学和生物状态；影响是自然系统所处的状态对人类健康、生态环境和社会经济的影响；响应是人类为了预防、减轻或者消除不好的影响而采取的相关措施。该模型的表现形式及整体结构描述如图 5−1、图 5−2 所示。

淡水生态系统生态风险是在驱动力、压力、状态、影响和响应共同作用下产生的。其表达式为：

$$ADER=f(D, P, S, I, R) \tag{5-1}$$

式中，*ADER* 为淡水生态系统恶化生态风险，*D* 为驱动力，*P* 为压力，*S* 为状态，*I* 为影响，*R* 为响应。

结合 DPSIR 概念模型原理与淡水生态系统恶化影响因子可知，驱动力和压力是导致淡水生态系统恶化的成因，驱动力和压力越大，淡水生态系统恶化风险越大，从而对生态系统及其组分造成损失的可能越大。

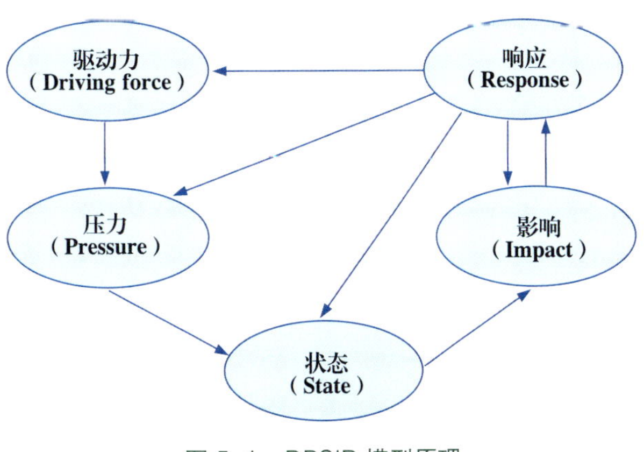

图 5−1　DPSIR 模型原理

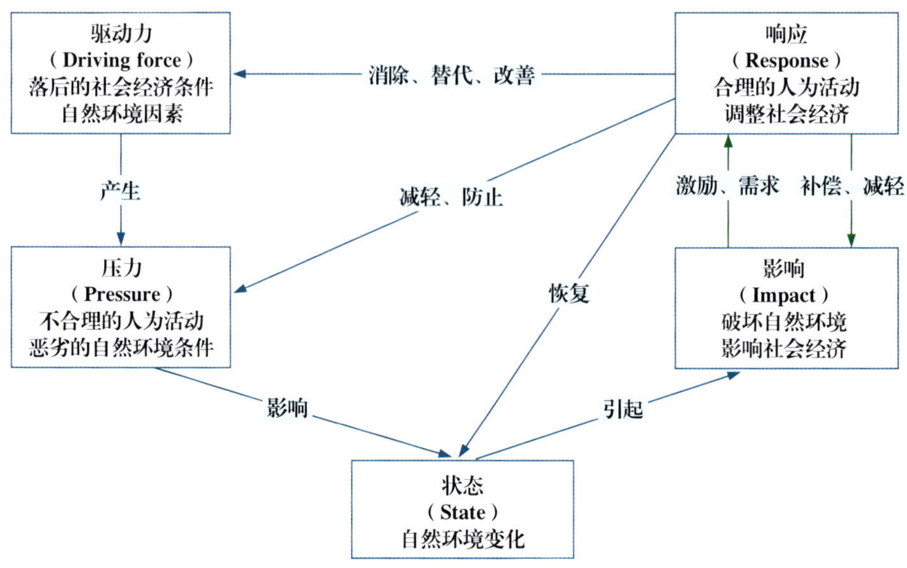

图 5-2　淡水生态系统生态风险概念模型

驱动力是指引发淡水生态系统生态风险的潜在原因。结合淡水生态系统恶化影响因子的作用机理可知，社会经济因素并不是直接作用于土地从而导致淡水生态系统恶化的发生与发展，而是作为一种驱动引发不合理的人为活动。因此，社会经济因子是淡水生态系统生态风险驱动力因素。秦岭地区农业人口的增长加剧了土地的开垦需求，导致草地破坏，进而增加了淡水生态系统恶化的风险。再者，如果不对产业结构进行调整，一直以第一产业为主，导致农业生产活动较多，对土地的压力较大，亦会增加淡水生态系统恶化的风险。另一方面，自然环境因素也是驱动力的一部分。

压力是指由驱动力引发的恶劣的自然环境条件和不合理的人为活动。自然环境因素会引发恶劣的自然环境条件，而人口、经济的驱动会引起不合理的人为活动。

状态是指在上述各种压力下自然环境的现实表现（变化），是驱动力和压力共同作用的结果。在淡水生态系统恶化地区，淡水生态系统恶化程度是淡水生态系统恶化的最直接表征。此外，生态系统自身的结构、功能和价值也可反映生态系统的状态。在驱动力和压力的影响下，自然环境状态越差，其淡水生态系统恶化风险越高。

影响是指生态系统所处的状态对自然环境和社会经济的影响。在淡水生态系统恶化的过程中，景观单元亦会发生复杂的变化，景观类型受到淡水生态系统恶化的干扰越大，对其干扰的抵抗能力及恢复能力越差，相应的生态风险也就越大。总之，影响越大，相应的淡水生态系统恶化生态风险越大。

响应是人类为了预防、减轻或者消除不好的影响而采取的相关措施。

1.3.1 评价指标体系构建

（1）指标体系构建原则

构建指标体系一是要考虑淡水生态系统内部因素，二是从影响淡水生态安全的人为活动、社会经济等各方面对其安全性进行评价。淡水生态系统是具有复杂结构的整体，是各种要素共同作用的结果。一定的淡水生态系统与该区域自然、经济、环境及人口的分布相适应。某一类要素的变化可能会导致淡水生态安全水平的改变，使区域淡水生态安全向不好的方向发展。因此，指标的选取不但要遵循普遍适用的原则，还应符合研究区域的实际情况，具有代表性。具体包括以下原则：

①综合性原则：淡水生态系统是一个各要素相互作用，不断进行物质能量交换的复杂系统，因此，要从社会、经济和自然等多方面综合选取指标，以全面反映出秦岭国家公园淡水生态安全状况。

②动态性原则：淡水生态系统处于长期的动态变化过程中，任意要素的变化都会导致淡水生态系统发生变化，淡水生态安全评价和预测都是建立在淡水生态系统动态变化的基础上。因此，选取的指标要能够反映时空变化的规律，并具有动态性，能够在一定时间内反映出淡水生态安全的动态趋势。

③可操作性原则：淡水生态系统安全评价指标的构建要求对整个系统状态进行完整描述，所需的指标数量过大，部分指标难以量化，数据获取和测算的难度增大。因此，在全面选取指标的过程中，要考虑到指标的可获取性以及量化的可操作性。

④普遍性与区域性原则：在选取评价指标时，要充分考虑研究区域自身的社会经济和自然环境特点，因地制宜地选取体现区域差异性的指标体系。在此基础上，指标的选取还要扩大覆盖范围，使其达到普遍适用的目的，在不同的研究区域具有普遍可比性。

（2）指标体系确立

目标层是淡水生态系统安全评价的结果，用于评价淡水生态系统安全状况和安全等级。准则层包括驱动力、压力、状态、影响、响应等 5 个要素。驱动力子系统的指标选取主要考虑人类活动对该区域生态安全的作用，包括社会发展驱动力和经济发展驱动力；压力子系统的指标选取考虑人口增长对目标区域的压力，生态环境脆弱和资源方面的问题对生态安全造成压力；状态子系统的指标是在驱动力和压力的共同作用下，能够反映当前生态环境变化和社会发展的现状；影响子系统的指标选取包括生态环境和社会两个方面；响应子系统的指标选取人类对生态安全变化采取的一系列措施，包括社会经济响应、生态恢复和污染控制等。指标的选取遵循可操作性、科学性、系统性的原则。评价指标体系见表 5-1。

表 5-1 秦岭国家公园淡水生态系统生态安全评价指标体系

目标层	准则层	指标层	趋向性
淡水生态系统安全评价	驱动力	人口自然增长率	正
		人均 GDP	正
	压力	人口密度	负
		单位耕地农药负荷	负
		单位 GDP 污水排放量	负
	状态	土地经济密度	正
		建成区绿地率	正
	影响	农村家庭可支配收入	负
		农林牧副渔增加值	正
	响应	污水集中处理率	正
		第三产业产值比重	正

（3）指标标准化

淡水生态系统安全评价是整体性、系统性的评价，涉及指标较多，各指标的量纲不尽相同，需要通过数学方法对各指标进行无量纲化处理，达到统一、可比的目的。利用极差法进行标准化处理。

正向指标状态值越大，表示淡水生态系统越安全，如公式 5-2 所示：

$$S_{ij}=\frac{X_{ij}-X_{\min}}{X_{\max}-X_{\min}} \tag{5-2}$$

负向指标状态值越小，表示淡水生态系统越安全，如公式 5-3 所示：

$$S_{ij}=\frac{X_{\max}-X_{ij}}{X_{\max}-X_{\min}} \tag{5-3}$$

式中，S_{ij} 为标准化后的数值，X_{ij} 为某项指标标准化处理前的实际值。

1.3.2 指标权重确定

为确保指标权重的客观及合理性，采用综合权重确定各指标权重。

（1）层次分析法

层次分析法（Analytic Hierarchy Process）是将评价对象视为一个系统，然后相应地划分为不同的层次，形成一个多层性分析的结构模型，以此解决复杂的多目标决策问题。在分析过程中，通过对同一层次中各个要素逐一比较，形成判断矩阵，计算特征向量，最终得出每层的优先权重，最后加权得出最终权重。具体如下：

①构建层次结构模型：构建了以淡水生态系统安全评价为决策目标，以驱动力、压力、状态、影响、响应作为中间层，以各项指标作为指标层的递阶式层次结构。

②构造判断矩阵：对指标层的所有因素，通过两两对比判断其重要程度，由结果构建矩阵，即为判断矩阵。

③指标重要性排序：指标重要性排序包括层次单排序和层次总排序。层次单排序是指计算每个指标层指标相对于准则层的重要性；层次总排序是指计算某一层次的所有因素相对于目标层重要性的权重。具体步骤如下：

A. 对判断矩阵的每一列进行归一化处理：

$$\overline{C_{ij}}=\frac{C_{ij}}{\sum_{k=1}^{n}C_{ij}} \tag{5-4}$$

B. 归一化处理后，将判断矩阵按行相加：

$$\overline{W_i}=\sum_{i=1}^{n}\overline{C_{ij}} \tag{5-5}$$

C. 求得判断矩阵特征向量：

$$W_i=\frac{\overline{W_i}}{\sum_{j=1}^{n}\overline{W_i}} \tag{5-6}$$

最终得到判断矩阵特征向量 $W=[W_1,\ W_2,\ldots,\ W_n]^{\mathrm{T}}$。

④一致性检验：一致性检验用来判别矩阵是否合理。检验通过，则可进行下一步决策，得到各指标权重；反之，则需要重新调整直至通过为止。

（2）变异系数法

变异系数法（Coefficient of variation method）又称离散系数法，是一种客观的赋值方法，通过直接利用各项指标的数据，计算得到指标的权重。步骤如下：

①计算平均数和标准差：

$$\overline{X_j}=\frac{1}{n}\sum_{i=1}^{n}S_{ij} \tag{5-7}$$

$$\sigma_j=\sqrt{\frac{1}{n-1}\sum_{i=1}^{n}(S_{ij}-\overline{X})^2} \tag{5-8}$$

②计算变异系数：

$$V_j=\frac{\sigma_j}{\overline{X_j}} \tag{5-9}$$

③求得权重：

$$W_j=\frac{V_j}{\sum_{i=1}^{m}V_j} \tag{5-10}$$

（3）综合权重确定

综合权重是指将主观赋权层次分析法与客观赋权变异系数法确定的权重相结合。层次分析法是一种主观赋权的方法，在赋权过程带有一定的主观立场，而变异系数法通过指标测算得到，是一种客观的赋权方法。单一的赋权方法都有一定缺点，本研究将两种方法相结合得到综合权重，如公式 5-11。

$$W=\frac{W_i+W_j}{2} \tag{5-11}$$

1.3.3 构建评价模型

TOPSIS 法又称双基点法，是多目标多属性决策方法的一种。其基本原理是：首先，针对归一化后的决策矩阵确定其最优解和最劣解；其次，通过比较各个方案的最优解和最劣解，计算被评价对象与最优解和最劣解的距离；最后，计算贴近度 C 来表示评价对象与理想解的接近程度，越贴近表示淡水生态系统安全程度越高。鉴于此，本文利用 TOPSIS 模型分析淡水生态系统安全与理想状态的差距，测算秦岭国家公园淡水生态系统安全综合值。过程如下：

①构建标准化矩阵：

$$X_{ij}=|Y_{ij}|_{m\times n} \tag{5-12}$$

②构建加权标准化矩阵：

$$Z=|Z_{ij}|=|W_j\times X_{ij}|_{m\times n} \tag{5-13}$$

③确定正理想解和负理想解：

正理想解：$Z^{+}=[maxZ_{ij}]$，（$i=1，2，3，\ldots，m$）（5-14）

负理想解：$Z^{-}=[minZ_{ij}]$，（$i=1，2，3，\ldots，m$）（5-15）

④计算各评价对象的欧式距离：

$$D_i^{+}=\sqrt{\sum_{j=1}^{n}(Z_{ij}-Z^{+})^2} \tag{5-16}$$

$$D_i^{-}=\sqrt{\sum_{j=1}^{n}(Z_{ij}-Z^{-})^2} \tag{5-17}$$

⑤计算贴近度，即淡水生态系统安全指数，表示评价对象与理想的接近程度：

$$C=\frac{D_i^{-}}{D_i^{+}+D_i^{-}} \tag{5-18}$$

式中：贴近度 $C\in[0，1]$，C 值越大越证明淡水生态系统安全程度越高，当 C 为 1 时，说明土地系统处于最佳状态，反之，当 C 为 0 时，说明淡水生态系统系统处于最劣状态。

1.3.4 评价等级划分

为确保评价结果的正确合理，就需要建立客观、科学的评价标准与安全等级。本研究通过参考相关研究，结合秦岭国家公园实际情况，以等间距的方法，将贴近度 C 划分为 5 个等级，见表 5−2。

表 5−2　淡水生态安全评价等级表

贴近度 C	安全程度	系统特征
$C<0.2$	不安全	淡水生态系统破坏严重，结构紊乱，系统受干扰后自我恢复与重建十分困难，淡水生态安全性差
$0.2\leqslant C<0.4$	较不安全	淡水生态系统破坏较大，系统受干扰后自我恢复与重建能力较弱，淡水生态安全面临较大风险
$0.4\leqslant C<0.6$	临界安全	淡水生态系统中度破坏，系统功能较完善，具有一定的自我恢复功能，淡水生态安全性一般
$0.6\leqslant C<0.8$	较安全	淡水生态系统轻微破坏，系统受干扰后自我恢复和重建能力较强，淡水生态安全性较强
$0.8\leqslant C$	安全	淡水生态系统基本未破坏，生态环境良好，结构合理，人水协调，系统受干扰后自我恢复和重建能力强，基本无生态问题

1.3.5　评价结果分析①

（1）指标权重的确定

通过前文所述的层次分析法和变异系数法，分别计算得出秦岭国家公园淡水生态系统安全评价的准则层的权重和各评价指标的权重，见表 5−3。

表 5−3　层次分析法变异系数法确定的指标权重

准则层	权重（层次分析法）	权重（变异系数法）	指标层	权重（层次分析法）	权重（变异系数法）
驱动力	0.2312	0.1153	人口自然增长率	0.2917	0.3652
			人均 GDP	0.7083	0.6348
压力	0.2015	0.1044	人口密度	0.2433	0.3634
			单位耕地农药负荷	0.408	0.3309
			单位 GDP 污水排放量	0.3487	0.3058
状态	0.1323	0.2877	土地经济密度	0.5227	0.5411
			建成区绿地率	0.4773	0.4588

① 研究数据来源于陕西省统计年鉴、西安市统计年鉴、陕西省土地利用变更数据和其他相关资料。

续表

准则层	权重（层次分析法）	权重（变异系数法）	指标层	权重（层次分析法）	权重（变异系数法）
影响	0.2016	0.2701	农村家庭可支配收入	0.5272	0.5093
			农林牧副渔增加值	0.4728	0.4906
响应	0.2334	0.2225	污水集中处理率	0.4402	0.4297
			第三产业产值比重	0.5598	0.5702

由表 5−3 可知，利用层次分析法和变异系数法分别确定的指标权重存在明显的差异。由此可见，单一的赋权方法难以客观合理地反映各评价指标对评价目标的影响。因此，采用综合权重的计算方法，结合两种方法得到综合权重，见表 5−4。

表 5−4　淡水生态系统生态安全评价指标综合权重

准则层	权重	指标层
驱动力	0.1732	人口自然增长率
		人均 GDP
压力	0.1529	人口密度
		单位耕地农药负荷
		单位 GDP 污水排放量
状态	0.2100	土地经济密度
		建成区绿地率
影响	0.2359	农村家庭可支配收入
		农林牧副渔增加值
响应	0.2280	污水集中处理率
		第三产业产值比重

秦岭淡水生态系统生态安全评价总体呈上升趋势，社会各界对改善秦岭淡水生态系统生态安全做出的响应以及淡水生态系统反映的状态对秦岭淡水生态系统生态安全的提高起到了主要促进作用。但就秦岭淡水生态系统生态安全的反馈来看，还未达到理想效果，仍需要加强秦岭淡水生态系统生态安全的保护工作。

（2）评价结果分析

由表 5−5 可知，2008—2018 年淡水生态安全综合值波动上升，由 2008 年的 0.2189 增加到了 2018 年的 0.6298。其中，淡水生态安全综合指数最高的是 2015 年，为 0.6428，相比淡水生态安全综合指数最低的 2008 年，高出了 0.4239。2008—2018 年状态和影响子系统安全指数也呈现波动上升的趋势，符合周至县实际状况。根据前文安全等级划分可知，2008—2018 年秦岭淡水生态安全程度稳步上升到较安全状态。其中，2008—2011 年淡水生态安全程度为较不安全，淡水生态系统破坏较为严重，风险较大；2012—2014 年，淡水生态安全程度上升到临界安全的状态，淡水生态系统功能趋于完善；随着“十二五”规划结束，2015—2018 年，淡水生态安全程度提高到较安全状态，生态安全系统转变为良好，结构较为合理，人地关系安全性较强，系统自我恢复和重建能力不断提高。

表 5-5　秦岭淡水生态系统生态安全评价指标综合权重

	驱动力	压力	状态	影响	响应	综合指数
2008 年	0.3484	0.4377	0.1405	0.0978	0.0255	0.2189
2009 年	0.3495	0.4135	0.1112	0.1476	0.2017	0.2735
2010 年	0.3758	0.5889	0.1281	0.2820	0.2189	0.2984
2011 年	0.7889	0.3048	0.1395	0.2998	0.3296	0.2660
2012 年	0.8694	0.2589	0.2027	0.4460	0.4420	0.4387
2013 年	0.6660	0.3435	0.3203	0.5417	0.4210	0.4589
2014 年	0.5804	0.4351	0.6465	0.5954	0.5350	0.5653
2015 年	0.5632	0.4657	0.7827	0.7888	0.5423	0.6428
2016 年	0.5583	0.5327	0.8276	0.7684	0.4661	0.6339
2017 年	0.5707	0.5977	0.8576	0.6737	0.4286	0.6270
2018 年	0.5994	0.6037	0.8638	0.6089	0.5815	0.6298

在各子系统中，驱动力子系统上升到安全状态后，2014 年又下降到临界安全的状态；压力子系统由 2008 年的临界安全下降到 2013 年的较不安全，2014 年回升到临界安全状态；状态子系统由 2008 年的不安全改善到 2018 年的安全，提升幅度最大；影响子系统由 2008 年的不安全提升到 2018 年的较安全，提升幅度次之；响应子系统 2008 年为不安全，2009—2010 年为较不安全，之后年份均为临界安全。

2008—2018 年，秦岭淡水生态系统的整体生态安全状况显著改善，从不安全逐步提升至较安全状态，表明生态保护与修复措施取得了积极成效，生态系统结构趋于合理，自我恢复能力增强。但各子系统的不同表现提示未来需继续强化针对性的治理与保护，以确保生态系统的长期稳定与可持续发展。

（3）评价结果分析

①驱动力系统生态安全分析。

2008—2018 年，驱动力子系统安全值波动式上升，贴近度 *C* 由 2008 年的 0.3484 提高到 2012 年的 0.8694，2010—2012 年大幅度上升，之后逐年下降至 2016 年的 0.5583，在 2018 年回升到 0.5994，安全值最高为 2012 年。

2008—2012 年，贴近度 *C* 小幅上升，在 2011 年大幅度上升，到 2012 年达到最大值。这一时期处于“十二五”规划开端，社会经济快速发展，城镇化、市场化进程加快，人均国民收入稳步增长，表现在人均 GDP 从 7327 元提高至 13795 元，城镇化率从 19.97%高到 28.89%，周至县的城市和经济综合发展水平对淡水生态系统安全的正向驱动力显著。

2012—2016 年，贴近度 *C* 呈现小幅度下降，表现在人口自然增长率由 2012 年的 0.551%上升到 2016 年的 0.645%，城市化发展速度放缓，由 2012 年的 28.89%小幅下降到 2016 年的 28.74%，社会经济发展的正向作用不显著。

2016—2018 年，贴近度 *C* 开始小幅上升，人均 GDP 稳定增长。周至县农业规模化发展和乡村从业人数增加促进驱动力子系统安全发展，表现在人均 GDP 由 22864 元增加到 24718 元，乡村从业人数增加到 33.36 万人，其指标的正向作用超过了人口增长率增加和城镇化率下降带来的负向作用。通过对驱动力子系统各指标阶段性分析，可以发现其贴近度 *C* 的上升和下降是由于城镇化的快速发展和其发展带来的负面效应。城镇化的发展给周至县淡水生态系统安全带来一定的压力，导致压力子系统的贴近度 *C* 在 2011 年和 2012 年处于低值。这期间，周至县社会经济发展水平在不断提高，表现在城市化率由 2008 年的 18.87%增加到 2018 年的 27.64%，人均 GDP 由 2008 年的 7327 元提高到 2018 年的 24718 元。这一时期，虽然淡水生态系统驱动力子系统安全值波动较大，但总体呈上升趋势。

②压力系统生态安全分析。

2008—2018 年，压力子系统安全指数呈现先上升后下降，最后稳步上升的趋势，由 2008 年的 0.4377 上升到 2010 年的 0.5889，然后下降到 2012 年的 0.2589，最后上升到 2018 年的 0.6037。

2008—2010 年，贴近度 *C* 小幅度上升，是由于 2008 年的金融危机使得周至县在这阶段仍处于城市发展的初期，城市化扩张缓慢，城市化发展给周至县淡水生态系统带来的压力较小。但产业结构的不完善，工业生产方式粗放，其生产消耗和排放给淡水生态系统带来了一定的压力。

2010—2012 年，贴近度 *C* 大幅度下降，是由于城市化进程的快速推进、人类物质文化水平的提高、人口密度的增加，生产生活对土地资源的需求越来越大，耕地面逐年减少，但粮食需求与日俱增，为提高粮食产量，农药、化肥、塑料薄膜的使用量增加，单位面积农药负荷由 2010 年的 4.77 kg/hm^2 增加到 2012 年的 4.95 kg/hm^2，单位面积农用塑料薄膜用量由 2010 年的 2.77 kg/hm^2 增加到 2012 年的 2.96 kg/hm^2。虽然工业总产值有所提高，但是单位产值污水排放量由 2010 年的 3.82 万元/hm^2 增加到 2012 年的 5.38 万元/hm^2。这一时期，各种生产和生活活动加大了淡水生态系统的负荷，使得周至县淡水生态系统压力子系统安全状况有所下降。

2012—2018 年，贴近值 C 稳定持续上升，淡水生态系统等级由较不安全提高到临界安全，表明周至县淡水生态系统的压力得到一定的缓解，农药、化肥和塑料薄膜的使用量得到一定的控制。表现在单位面积农药负荷由 2012 年的 4.95 kg/hm^2 增加到 2018 年的 5.01 kg/hm^2，单位面积农用塑料薄膜用量由 2012 年的 2.96 kg/hm^2 增加到 2018 年的 3.01 kg/hm^2，单位产值污水排放量由 2012 年的 5.38 万元/hm^2 减少到 2018 年的 2.84 万元/hm^2。这一时期，随着农业、工业结构的不断优化，农业、工业发展所带来的负面效应得到了有效的控制，降低了淡水生态系统的负荷，使得周至县淡水生态系统压力子系统有所好转。通过对压力子系统各指标的总体分析，淡水生态系统安全下降，主要是由于周至县工农业发展带来的反向作用。在农业方面，具体表现为人口密度的增加，引发粮食需求增大、促使农药、化肥和塑料薄膜的使用量增加以提高粮食产量，由此产生的面源污染加重了淡水生态系统压力系统的负担。在工业方面，片面追求产值的增加，单位产值污水排放量的增加，导致土地负荷不断增大，淡水生态系统安全遭到破坏。随着资源过度消耗的负面效应带来的淡水生态系统问题日益凸显，有关节约用地的政策相继出台，土地利用方式也得到了转变，污水排放、单位能耗、农药的使用等也得到了控制，一定程度上减缓了周至县淡水生态系统安全的压力，其负面效应逐渐减小，安全水平也得到了提升。

③状态系统生态安全分析。

在状态子系统方面，2008—2009 年周至县淡水生态系统安全状况稍有下降，之后逐年上升至 2018 年的 0.8638。淡水生态系统安全程度稳步上升到 2018 年的安全状态。

2008—2009 年，贴近度 C 小幅度下降，除了人均耕地面积，其他指标均有所提高，人均耕地面积由 2008 年的 0.0613 hm^2 减少到 2009 年 0.0601 hm^2，建设用地大量占用耕地以及不合理的土地利用方式，人均耕地占有量的减少给淡水生态系统安全带来一定的消极影响。

2009—2018 年，贴近度 C 稳定持续上升，根据指标反映，2008 年经济危机后，周至县社会经济开始缓慢发展，单位土地的经济效益不断提升，经济结构的完善及政府对环境绿化的重视，使得淡水生态系统状态系统向好发展。但是人均耕地面积依旧处于下降的趋势，由 2009 年的 0.0601 hm^2 减少到 2018 年 0.0551 hm^2，说明经济发展对耕地占用的问题仍不容小觑。

通过各指标的总体分析，2008—2018 年状态子系统贴近度 C 的持续稳定增长与土地经济密度、固定资产的投入密切相关。由于人类社会环保意识的增强，加大城市绿化工作，这对生态安全状态系统产生了促进作用。除此之外，在经济方面，固定资产的投资、土地经济密度的迅速提高、销售品零售总额的增加，也在一定程度上维护了淡水生态系统安全水平，对周至县状态子系统淡水生态系统安全等级的稳步上升起到了直接促进作用。但是城市扩张、经济的快速发展，导致人均耕地面积由 2008 年的 0.0613 hm^2 减少到 2018 年的 0.0551 hm^2，同时，周至县后备资源严重紧缺，这一问题仍需要我们继续关注，加强对耕地的保护。

④影响系统生态安全分析。

2008—2018 年，影响子系统贴近度 C 在 2008—2015 年波动上升，2016 年开始小幅度下降，其淡水生态系统安全等级为较安全状态。

2008—2015 年，贴近度 C 稳定上升，随着经济发展水平提高、科技的不断进步、农业机械化水平显著提高、产业结构调整及土地利用方式多样化、农林牧副渔增加值提升，以及社会各界对生态保护的意识不断加强，人均公园绿地面积增加，这些指标的正向作用使淡水生态系统影响子系统安全水平得到了改善。表现为农业机械化水平由 2008 年的 10.38 kW/hm^2 提高到 2015 年的 14.53 kW/hm^2，农林牧副渔增加值由 2008 年的 106510 万元提高到 2015 年的 317254 万元，农村居民可支配人均收入由 2008 年的 3537 元提高到 2015 年的 11148 元，人均公园绿地面积由 2008 年的 8.23 m^2 提高到 2015 年的 15 m^2。这一时期，淡水生态影响系统得到了有效的改善。

2015—2018 年，贴近度 C 有所下降，但其安全程度依旧保持在较安全状态。从指标反映来看，是由于人均公园绿地面积和农业机械化水平较之前有所下降。其中，人均公园绿地面积由 2015 年的 15 m^2 下降到 2018 年的 10.22 m^2，农业机械化水平也由 2015 年的 14.53 kW/hm^2 下降到 2018 年的 10.81 kW/hm^2。单位粮食产量有小幅提高，农林牧副渔增加值和农民人均可支配收入较之前变化并不显著，保持稳定状态。

通过总体分析影响子系统的各个指标，2008—2018 年贴近度 C 的上升，是由于淡水生态系统的自我恢复功能不断完善，发挥了一定作用。随着经济和科技水平的提高、产业结构的调整以及政府对农业的投入力度增大，农业机械化水平和农林牧副渔增加值不断提高，农民可支配收入得到提高，加之人均公园绿地面积的增加，使得淡水生态影响系统处于较安全状态，促使影响安全指数由 2008 年的 0.0978 增加到 2015 年的 0.7888。而贴近度 C 下降主要是由于农业机械化水平下降和人均公园绿地面积减少，阻碍了淡水生态安全的良好发展，但社会经济稳定，各指标的变化相对较小，使得 2015—2018 年的影响子系统贴近度虽有下降，但淡水生态系统安全等级依然保持在较安全状态。

⑤响应系统生态安全分析。

2008—2018 年，响应子系统的安全值波动上升，由 2008 年的 0.0255 上升到 2018 年的 0.5815，其淡水生态系统安全等级上升到临界安全状态。

2008—2012 年，响应子系统各项指标均对淡水生态系统安全起到促进作用，贴近度 *C* 稳定上升。表明这五年产业结构调整、实施污染总量的控制、加快低碳经济的发展以及加大环保投资力度等有效措施进一步改善了周至县的淡水生态系统安全状况。2012—2013 年，有效灌溉面积指数和环保投资占 GDP 比重均产生了负向作用，主要表现为有效灌溉面积指数由 2012 年的 103.44%降低到 2013 年的 97.49%，环保投资占 GDP 比重由 2012 年的 0.84%减少到 2013 年的 0.57%，耕地的抗旱能力减弱以及地方政府对改善淡水生态系统安全的响应减弱导致了生态安全水平的降低。

2013—2015 年，响应子系统各项指标均为正向作用，其贴近度 *C* 小幅度上升。

2015—2017 年，贴近度 *C* 小幅下降，其安全程度依旧保持在临界安全状态。由于人口密度的增加、生活垃圾的无害化处理率的降低，以及造林面积的减少带来安全程度的降低，其负面作用超过了其他指标的正向作用。

2017—2018 年，贴近度 *C* 呈现上升趋势，从各指标的反映来看，周至县因地制宜发展滴灌、喷灌等节水农业，不断完善农田水利设施，有效灌溉指数显著提高，由 2017 年的 111.92%上升到 2018 年的 123.67%。除此之外，环保投资占 GDP 的比重也从 2017 年的 0.65%上升到 2018 年的 1.19%，说明政府对维护生态安全做出了积极的响应，采取积极措施应对环境问题，促进了淡水生态系统响应系统向良好的方向发展。周至县淡水生态系统安全的响应指数表现出波动增长的趋势，由 2008 年的 0.0255 增长到 2018 年的 0.5815，表明这期间产业结构的调整、实施污染总量的控制、加快低碳经济的发展以及加大环保投资力度等有效措施进一步改善了周至县的淡水生态系统安全状况。表现为污水处理率由 2008 年的 68.5%提高到 2018 年的 81.2%，有效灌溉面积指数由 2008 年的 95.62%提高到 2018 年的 123.67%，环保投资占 GDP 比重由 2008 年的 0.24%提高到 2018 年的 1.19%。但是造林面积由 2008 年的 7 km^2 减少到 2018 年的 4.47 km^2，人类采取相关措施对改善生态环境起到了良好的作用，应该继续保持，不能有所松懈。

1.4　河流健康评价方法

河流是地球上水文循环的重要路径，河流系统是自然界最重要的生态系统之一，人类社会的生存和发展与河流息息相关。随着我国城市化和工业化进程的不断加速、水利工程的逐步修建与布局、用水量和排放量的持续增加，河流水质恶化，河流生态系统退化加剧。保护和恢复河流生态系统日益迫切，建立面向河流水生态系统健康的水治理体系日益重要。河湖健康评价是一种流域综合管理的技术手段，是开展河湖管理工作的重要抓手，不仅可以对河湖生态系统的现状及存在的问题进行诊断评价，还可对河湖生态修复的进程及时进行量化评估，是维护河流健康生命的有效举措。

黑河地处陕西省秦岭北麓，发源于秦岭山脉太白山，位于北纬 33°42'～34°13'，东经 107°43'～108°24'，黑河干流长约 125.8 km，流域面积 2258 km^2，多年平均径流量 8.17×10^8 m^3，主要有板房子河、虎豹河、大蟒河等支流，河流整体位于西安市周至县境内。该区域主要属暖温带半湿润半干旱大陆性季风气候区，年平均温度 13.2℃，区域内降水受季风影响，年内分配不均，不同季节径流量变化较大。

参照水利部河长办《河湖健康评价指南（试行）》，结合秦岭国家公园范围内黑河的水情和河流实际情况，从“盆”、水、生物、社会服务功能等 4 个准则层对该河流健康状态进行评价。

1.4.1 评价指标体系

参照《全国重要河湖健康评价（试点）工作大纲》《河湖健康评价指南（试行）》《河湖健康评估技术导则》关于河湖健康指标体系构建的技术要求，黑河健康评价指标体系包括目标层、准则层以及指标层。河流评价指标体系见表 5-6。

目标层为河流健康，是河流生态系统状况与社会服务功能状况的综合反映。结合黑河实际状况，从生物层面考虑水生生物的群落分布，水生生物的动态分布可以反映水域生态环境的变化，掌握水生生物的时空分布情况对河湖的管理与监测具有重要意义。因此，从水安全的角度出发，最终选用岸线自然指数、水质优劣程度、大型底栖无脊椎动物生物完整性指数、公众满意度等 4 类进行评价。

表 5-6 河流评价指标体系表

<table>
<tr><th>目标层</th><th colspan="2">准则层</th><th>权重</th><th>指标层</th><th>权重</th></tr>
<tr><td rowspan="8">河流健康</td><td colspan="2" rowspan="2">“盆”</td><td rowspan="2">0.2</td><td>河流纵向连通指数</td><td>0.1</td></tr>
<tr><td>岸线自然指数</td><td>0.1</td></tr>
<tr><td rowspan="2">水</td><td>水量</td><td rowspan="2">0.3</td><td>生态流量（水量）满足程度</td><td>0.15</td></tr>
<tr><td>水质</td><td>水质优劣程度</td><td>0.15</td></tr>
<tr><td colspan="2">生物</td><td>0.2</td><td>大型底栖无脊椎动物生物完整性指数</td><td>0.2</td></tr>
<tr><td colspan="2" rowspan="2">社会服务功能</td><td rowspan="2">0.3</td><td>防洪达标率</td><td>0.15</td></tr>
<tr><td>公众满意度</td><td>0.15</td></tr>
</table>

1.4.2 “盆”

（1）河流纵向连通指数

采用实地调查的方法对黑河沿线影响河流连通性的建筑物或设施进行了勘查。调查结果显示，黑河沿线没有影响河流连通性的建筑物或相关设施。

根据河流纵向连通指数赋分原则，具体详见表 5–7，黑河沿线没有影响河流连通性的建筑物或相关设施，即黑河河流纵向连通指数赋分为 100 分。

表 5–7　河流纵向连通指数赋分标准表

河流纵向连通指数（单位：个/100 km）	0	0.25	0.5	1	≥1.2
赋分	100	60	40	20	0

（2）岸线自然指数

岸线自然指数包括河岸稳定性和岸线植被覆盖度两个分指标。其中，河岸稳定性调查评价包括岸坡倾角、岸坡植被覆盖度、岸坡高度、岸坡基质（类别）和河岸冲刷状况 5 个参数，指标得分为 5 个参数得分的平均值；岸线植被覆盖度主要评价河岸带自然植被覆盖度。黑河岸线自然指数调查时间为 2024 年，共计 1 个监测点位。监测点位基于 3 个监测断面调查河岸稳定性和岸线植被覆盖度，以 3 个监测断面的平均值作为该监测点位的代表值。

①河岸稳定性。

河岸稳定性调查结果表明，黑河大部分河段，岸坡倾角在 20°左右，部分河段由于河道自然下切、河岸硬化等原因，岸坡倾角较大。大部分岸坡植被覆盖度在 80%～100%。

河岸稳定性指标评价赋分结果表明，监测点位河岸稳定性得分 84 分。

②岸线植被覆盖度。

岸线植被覆盖度调查结果表明，黑河大部分点位岸线植被覆盖度在 50%以上。总体上，黑河植被覆盖度高。

岸线植被覆盖度评价赋分结果表明，黑河得分 100 分。

③岸线自然指数。

综合河岸稳定性和岸线植被覆盖度两个分指标，计算黑河岸线自然指数得分。黑河岸线自然指数平均得分 92 分，见表 5–8。

表 5-8　监测点位岸线自然指数赋分表

监测点位	河岸稳定性赋分	岸线植被覆盖度赋分	岸线自然指数赋分
1	84	100	92

（3）“盆”准则层健康赋分

综合河流纵向连通指数、岸线自然指数 2 项指标，黑河“盆”准则层得分 96 分，见表 5-9。

表 5-9　黑河“盆”准则层健康赋分

<table>
<tr><th rowspan="3">评价河段</th><th colspan="3">指标得分</th><th rowspan="2">“盆”准则层健康赋分</th></tr>
<tr><th rowspan="2">河流纵向连通指数（0.5）</th><th colspan="2">岸线自然指数（0.5）</th></tr>
<tr><th>河岸稳定性（0.5）</th><th>岸线植被覆盖度（0.5）</th><td rowspan="2">96</td></tr>
<tr><td>黑河</td><td>100</td><td>84</td><td>100</td></tr>
</table>

1.4.3　水量

（1）生态水量满足程度

采用日均流量计算生态流量满足程度不适用黑河现状实际情况，因此本次评价指标采用生态水量。黑河生态水量满足程度赋分为 100 分。

（2）河流断流程度

河流断流程度指标采用评价基准年天数内断流天数的比例进行评估，其赋分标准见表 5-10，最终赋分采用线性插值方法得到。

表 5-10　河流断流程度赋分标准表

断流比例	赋分
≥50%	0
40%	20
30%	40
20%	60
10%	80
0	100

根据实测数据，2024 年黑河无断流。根据上表河流断流程度赋分标准，黑河断流程度赋分为 100 分。

（3）水量准则层健康赋分

综合生态水量满足程度、河流断流程度 2 项指标，黑河水量准则层得分 100 分。黑河水量准则层健康赋分见表 5-11。

表 5-11　黑河水量准则层健康赋分

评价河段	指标得分		水量准则层健康赋分
	生态水量满足程度（0.5）	河流断流程度（0.5）	
黑河	100	100	100

1.4.4　水质

（1）水质优劣程度

①水质状况。

黑河水质优劣程度评判时选用 pH 值、溶解氧、高锰酸盐指数、氨氮、总磷在内的 21 项评价指标。主要污染物均为高锰酸盐指数、五日生化需氧量、化学需氧量和氨氮。

②水质赋分。

评价时采用监测结果的平均值，以各监测断面的代表性河长作为权重，计算各个断面监测结果的加权平均值。

评价时段内最差水质项目的水质类别代表该河流（湖泊）的水质类别，将该项目实测浓度值依据 GB 3838—2002《地表水环境质量标准》水质类别标准值和对照评分阈值进行线性内插得到评分值，赋分采用线性插值，对照评分见表 5-12。当有多个水质项目浓度均为最差水质类别时，分别进行评分计算，基于 GB 3838—2002 中的要求，水质赋分为最差的水质指标得分值。

表 5-12　水质优劣程度评价赋分标准表

水质类别	Ⅰ、Ⅱ	Ⅲ	Ⅳ、Ⅴ	劣Ⅴ
赋分	[90,100]	[60,90)	[40,60)	[0,40)

黑河水质优劣得分为 85。

（2）水质准则层健康赋分

综合水质优劣程度 1 项指标，黑河水质准则层得分 85 分（表 5-13）。

表 5–13　黑河水质准则层健康赋分

评价河段	指标得分（水质优劣程度）	水质准则层健康赋分
黑河	85	85

1.4.5　生物

本部分主要介绍大型底栖无脊椎动物生物完整性指数。

（1）参照点的选取

在秦岭国家公园河流点位中选择 XiH-1（西河）、TBH-1（太白河）、CH-1（池河）、XH-1（旬河）4 个点为春秋两季的参照点，其他点位为受损点。

（2）候选参数及生物参数分布范围分析

本次共选取 20 个 B-IBI 指标体系的候选生物学参数（表 5–14）。对各个指标在 4 个参照点的分布情况进行计算，发现春季及秋季 M12 参数值标准差过大，表示数据分散指数不稳定，不予考虑；春季 M14 及秋季 M3 和 M7 参数值过小，表示随着干扰增强波动不明显，不予考虑。

表 5–14　20 个候选参数

类群	备选参数编号	评估参数
多样性和丰富性	M1	总分类单元数
	M2	蜉蝣目、毛翅目、襀翅目分类单元数
	M3	蜉蝣目分类单元数
	M4	襀翅目分类单元数
	M5	毛翅目分类单元数
群落结构组成	M6	蜉蝣目、毛翅目和襀翅目个体数百分比
	M7	蜉蝣目个体数百分比
	M8	摇蚊类个体数百分比
耐污能力	M9	敏感类群分类单元数
	M10	耐污类群个体数百分比
	M11	Hilsenhoff 生物指数
	M12	底栖动物敏感类群评估指数（BMWP 指数）
	M13	科级耐污指数（FBI 指数）

续表

类群	备选参数编号	评估参数
功能摄食类群与生活性	M14	黏附者个体相对丰度
	M15	滤食者个体相对丰度
	M16	刮食者个体相对丰度
生物多样性指数	M17	Shannon-Wiener 多样性指数
	M18	Margalef 丰富度指数
	M19	Pielou 均匀度指数
	M20	Simpson 多样性指数

（3）判别能力分析

利用箱形图法分析上述筛选后的各指数值在参照点与受损点的分布情况，比较各指数在参照点和受损点的 25%～75%分位数即箱体 QI 重叠情况，各指标值在参照点和受损点的分布结果显示，春季 M1、M4、M9、M11、M13、M17、M18 等 7 个参数及秋季 M1、M5、M9、M11、M16、M17、M18、M19 等 8 个参数满足 QI≥2，进入下一轮筛选。

（4）相关性分析

对（3）中确定的春季 7 个参数及秋季 8 个参数进行 Spearman 相关性分析（表 5-15、表 5-16）。最终保留春季 M4、M11、M17 和秋季 M1、M5、M9、M11、M16、M17、M19 作为核心评价参数。

表 5-15　春季 7 个候选参数间的相关性分析结果

	M1	M4	M9	M11	M13	M17	M18
M1	1						
M4	0.368						
M9	0.747**	0.603**	1				
M11	−0.543**	−0.667**	−0.771**	1			
M13	−0.556**	−0.615**	−0.812**	0.886**	1		
M17	0.850**	0.195	0.470*	−0.314	−0.335	1	
M18	0.945**	0.375	0.816**	−0.526*	−0.526*	0.828**	1

注：*在 0.05 级别（双尾），相关性显著。
**在 0.01 级别（双尾），相关性显著。

表 5–16　秋季 8 个候选参数间的相关性分析结果

	M1	M5	M9	M11	M16	M17	M18	M19
M1	1							
M5	0.318	1						
M9	0.440*	0.718**	1					
M11	0.268	−0.037	−0.275	1				
M16	0.714**	0.318	0.352	0.372	1			
M17	0.555**	0.171	−0.117	0.636**	0.527*	1		
M18	0.888**	0.520*	0.474*	0.255	0.765**	0.514*	1	
M19	−0.468*	−0.371	−0.536*	0.325	−0.354	0.317	−0.456*	1

注：*在 0.05 级别（双尾），相关性显著。
**在 0.01 级别（双尾），相关性显著。

（5）生物学指数分值计算

采用比值法对各参数进行计算（表 5–17、表 5–18）。

表 5–17　比值法计算春季 3 个参数分值的公式

参数编号	分值计算公式
M4	M4/2.00
M11	（7.31−M11）/（7.31−3.22）
M17	M17/2.69

表 5–18　比值法计算秋季 7 个参数分值的公式

参数编号	分值计算公式
M1	M1/26.00
M5	M5/3.95
M9	M9/6.95
M11	（6.19−M11）/（6.19−3.12）
M16	M16/0.07
M17	M17/2.44
M19	M19/0.94

（6）底栖动物生物完整性指数评价

将各指标的分值用比值法计算后，再对分值进行加和，得到 B-IBI 的指数值，对其进行健康评价，评价标准见表 5–19、表 5–20：

表 5–19　春季健康状况评价标准

健康状况	健康	亚健康	一般	较差	极差
B-IBI 值	≥2.12	1.59～2.12	1.06～1.59	0.53～1.06	0～0.53

表 5–20　秋季健康状况评价标准

健康状况	健康	亚健康	一般	较差	极差
B-IBI 值	≥4.41	3.31～4.41	2.21～3.31	1.10～2.21	0～1.10

根据评价标准对调查区域水体的健康状况进行初步评价，评价结果如下：将两季 B-IBI 赋分均值作为秦岭国家公园河流底栖动物生物完整性指数最终得分，春季最终得分为 87.88 分，秋季最终得分为 85.15 分。

1.4.6　社会服务功能

（1）防洪达标率

防洪达标率计算成果：评价堤防及沿河口建筑物防洪达标情况，其中，1 级、2 级堤防欠高 0.5 m 以内，按达标统计。河流堤防防洪达标率、堤防交叉建筑物防洪达标率按照公式计算。有堤防交叉建筑物的，须考虑堤防交叉建筑物防洪标准达标比例，按照公式计算。河流防洪达标率赋分标准见表 5–21，最终赋分采用线性插值方法得到。

表 5–21　防洪达标率赋分标准表

防洪达标率/%	≥95	90	85	70	≤50
指标	100	75	50	25	0

$$\begin{cases} RDAI=\dfrac{RDA}{RD}\times 100\% \\ SLI=\dfrac{SL}{SSL}\times 100\% \\ FDRI=(RDAI+SLI)\times\dfrac{1}{2}\times 100 \end{cases}$$

式中，*RDAI* 为河流堤防防洪达标率（%）；*RDA* 为河流达到防洪标准的堤防长度（m）；*RD* 为河流堤防总长度（m）；*SLI* 为河流堤防交叉建筑物防洪达标率；*SL* 为河流堤防交叉建筑物达标个数；*SSL* 为河流堤防交叉建筑物总个数；*FDRI* 为河流防洪达标率（%）。

黑河防洪达标率赋分为 100 分。

（2）公众满意度

在水生态调查期间对社会公众、河湖管理者发放调查问卷，调查内容主要包括：水量状况（水量大小、断流情况）、水质状况（感官、盐度、垃圾漂浮物、是否有异味）、河岸带状况（树草配置、垃圾堆放）、景观状况（景观优美度、娱乐休闲活动）、鱼类状况（鱼类数量、鱼类个体大小）5 个层面，共计收取调查问卷 40 份。黑河公众满意度详细情况如下：

对公众的生活影响较小，沿河岸没有居民。公众满意度得分为 84 分，5 个方面公众满意度由大至小分别为水量状况、景观状况、水质状况、河岸带状况、鱼类状况。公众对水量状况、景观状况满意度高，认为河流水量大小合理，不存在断流情况；沿河景观优美，适合娱乐休闲活动。公众对水质状况满意度较高，认为水质较清澈，不存在垃圾漂浮物，在水质改善方面存在进一步改善空间。公众对河岸带状况、鱼类状况满意度一般，认为河岸树草配置合理性一般，存在少量垃圾堆放情况；河流中鱼类的数量一般，鱼类个体大小一般；在岸边树草配置、鱼类保护方面存在一定的改善空间。

（3）社会服务功能准则层健康赋分

综合防洪达标率、公众满意度 2 项指标，黑河社会服务功能准则层得分 92 分（表 5–22）。

表 5–22　黑河社会服务功能准则层健康赋分

评价河段	指标得分		社会服务功能准则层得分
	防洪达标率（0.5）	公众满意度（0.5）	
黑河	100	84	92

1.4.7　黑河健康评价结果

黑河健康得分为 91.85 分（表 5–23），为健康状态。

表 5–23　黑河健康准则层得分

目标层	准则层（权重）		准则层得分	河流健康得分
河流健康	“盆”（0.2）		19.20	91.85
	“水”（0.3）	水量（0.15）	15.00	
		水质（0.15）	12.75	
	生物（0.2）		17.30	
	社会服务功能（0.3）		27.60	

1.5　关键区域健康评价

选取黑河流域作为秦岭国家公园范围内关键区域进行健康评价。采用鱼类生物完整性指数评价秦岭黑河流域健康状况。

本研究以鱼类为研究对象，采用 IBI 评价水域生态系统健康，初步构建秦岭黑河流域基于鱼类生物完整性（F-IBI）的评价标准和体系，通过资料收集和野外调查，进一步分析不同时期秦岭黑河流域鱼类生物完整性的特点及变化情况，从而对黑河流域淡水水生生态系统健康评价。

生物完整性等级划分可根据研究中的实际情况进行适当修改。本研究在 Karr 等研究基础上，结合秦岭黑河流域的生态系统类型和鱼类种群组成特点，将黑河 F-IBI 分为 6 个等级：极好、好、一般、差、极差、没有鱼。采用 Moyle&Randall 提出的 IBI 统计方法来消除由指标数量不同所带来的 IBI 总分差异。

1.5.1　秦岭黑河流域鱼类组成及类型特点

秦岭黑河流域 20 世纪 80 年代共记录鱼类 34 种，其中鲑形目 1 科 1 种、鲤形目 2 科 29 种、鲇形目 2 科 2 种、合鳃鱼目 1 科 1 种、鲈形目 1 科 1 种。按耐受性划分，其中高耐污鱼类 7 种，占鱼类种数的 20.59%；低耐污鱼类 12 种，占鱼类种数的 35.29%。按营养结构划分，其中浮游生物食性鱼类 6 种、肉食性鱼类 7 种、杂食性鱼类 21 种，分别占鱼类种数的 17.65%、20.59%、61.76%。

20 世纪 90 年代共记录鱼类 18 种，其中鲑形目 1 科 1 种、鲤形目 2 科 14 种、鲇形目 1 科 1 种、合鳃鱼目 1 科 1 种、鲈形目 1 科 1 种。按耐受性划分，高耐污鱼类 3 种，占鱼类种数的 16.67%，低耐污鱼类 5 种，占鱼类种数的 27.78%。按营养结构划分，浮游生物食性鱼类 2 种、肉食性鱼类 6 种、杂食性鱼类 10 种，分别占鱼类种数的 11.11%、33.33%、55.56%。

2018 年共调查到鱼类 17 种，鲑形目 1 科 1 种、鲤形目 2 科 14 种、鲇形目 2 科 2 种。按耐受性分高耐污鱼类 6 种，占鱼类种数的 35.29%；低耐污鱼类 5 种，占 29.41%。按营养结构划分，浮游生物食性鱼类 2 种、肉食性鱼类 4 种、杂食性鱼类 11 种，分别占鱼类种数的 11.76%、23.53%、64.71%。

1.5.2　秦岭黑河流域 F-IBI 指标选定及赋值

黑河流域 F-IBI 体系有 8 个指标：鱼类总种类数、鲑科鱼类占总种类数百分比、鲤科鱼类占总种类数百分比、高耐污鱼类占总种类数百分比、低耐污鱼类占总种类数百分比、浮游生物食性鱼类占总种类数百分比、肉食性鱼类占总种类数百分比、杂食性鱼类占总种类数百分比。这 8 项指标综合考虑了研究区域中鱼类主要种群组成、环境耐受性及营养食性等特点。

1.5.3 秦岭黑河流域健康状况评价

20 世纪 80 年代秦岭黑河流域 F-IBI 总得分为 57 分，等级为“极好”；90 年代秦岭黑河流域 F-IBI 总得分为 18 分，等级为“极差”；2018 年秦岭黑河流域 F-IBI 总得分为 30 分，等级为“差”。从评分结果来看，20 世纪 80 年代秦岭黑河鱼类生态状况优良，90 年代鱼类生态状况极差，但在 21 世纪初鱼类生态状况有了一定好转。

2 秦岭国家公园淡水生态系统保护与修复技术策略

2.1 淡水生态系统保护与修复的目标

秦岭国家公园淡水生态系统保护与修复的目的在于全面维护和恢复这一宝贵生态系统的健康与稳定，保障秦岭地区淡水资源的清洁与安全，守护其独特的生物多样性，为众多水生生物提供安全的栖息地；增强生态系统的服务功能，提升水质净化、防洪抗旱等能力。秦岭国家公园淡水生态系统保护与修复的目标主要有以下几个方面。

2.1.1 水质改善

秦岭地区作为南水北调水源地，其水质的改善是保护和修复淡水生态系统的首要目标之一。之前由于农业、工业和城市化的发展，水体不可避免地受到了农药、化肥、工业废水和城市污水等的影响。为了提升秦岭国家公园及其周边区域流经人口聚集村落的河流的水质，针对生活污废水处理率低、无序排放、农村固废垃圾及农业面源污染等问题，实施一系列治理和修复措施。为了保护生态系统的健康，必须采取措施净化水质。针对此问题，可以采取建设湿地、植被带和生态滤池等生态工程手段，促进水质自净能力，降低污染物的浓度，提高水体的透明度和氧化还原能力。这些举措旨在提高相关区域的水质，为当地居民和生态系统提供更健康、更清洁的水资源。

2.1.2　防洪安全提升

秦岭地区常年降雨量较大，山区地势复杂，易发生洪涝灾害。因此，保障防洪安全是淡水生态系统保护与修复的重要目标之一。为此，可采取多种措施，包括恢复和保护水源涵养功能、加强山地植被的恢复和保护、构建山洪灾害综合治理工程等。通过这些措施，可以有效减少洪涝灾害对秦岭地区淡水生态系统的破坏，提升防洪安全水平。为确保流经人口聚集区的河流具备更高的防洪安全等级，也可采用拓宽河道、生态护岸、阶梯–深潭设计等手段，有效增强河道的过流能力并削减水能强度。这些措施将共同提升防洪安全等级，切实保护沿河区域的防洪安全，实现水流的平稳与安宁。

2.1.3　生物多样性保护

秦岭地区拥有丰富的生物多样性资源，但受到人类活动的威胁，部分物种面临着生存困境。因此，保护和恢复生物多样性是淡水生态系统保护与修复的又一重要目标。保护和恢复淡水生态系统中的生物多样性，包括鱼类、水生植物、底栖生物等，以维护生态系统的完整性和稳定性。特别是针对川陕哲罗鲑、秦岭细鳞鲑等特种鱼类，开展专项保护与修复工作，确保这些珍稀物种得到有效保护。为此，应当建立健全自然保护区网络，加强重点保护物种的保护力度，推动生态补偿机制的落实，并保护和恢复重要生境类型，如湿地、溪流和湖泊等。通过这些措施，可以有效保护秦岭地区的生物多样性，维护生态系统的稳定性和完整性。

2.1.4　河流连通性改善

河流的连通性对于生物迁徙和种群交流至关重要。秦岭地区的河流系统受到了人类活动的干扰，如修建水坝、堤坝等人工障碍物，严重影响了河流的连通性，阻碍了水生生物的迁徙和种群交流。为改善河流的连通性，首先需要对已有的人工障碍物进行评估，有针对性地拆除或改建部分障碍物，恢复河流的自然流动状态。其次，要加强对河流连通性的监测和评估，了解水生生物迁徙的路径和方式，为采取相应的保护措施提供科学依据。同时，可以采取一些技术手段，如设置鱼类通行设施，帮助鱼类顺利通过水坝等人工障碍物，促进河流生态系统的恢复和稳定。为改善秦岭地区河流的连通性，对仍阻碍河流连通的废旧拦河坝、堰等设施也应该进行评估并拆除。

2.2　总体框架及实施策略

2.2.1　总体框架

构建秦岭国家公园淡水生态系统保护与修复的总体框架，旨在通过科学合理规划和管理，结合先进技术手段，实现水质改善、防洪安全提升、生物多样性保护以及河流连通性改善等目标。这一框架包括以下几个关键组成部分：综合管理体系建立、科学研究与监测评估、法律法规与政策支持、生态修复技术研发与应用、社区参与与公众教育（图 5–3）。

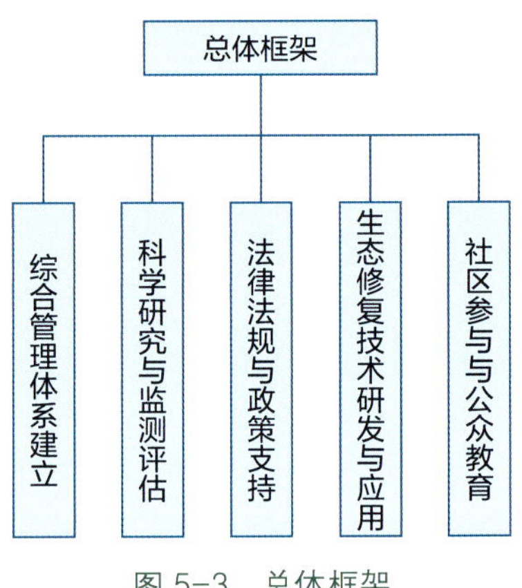

图 5–3　总体框架

（1）综合管理体系建立

保护与修复秦岭国家公园淡水生态系统，需建立一个全面的管理体系，这个体系应当覆盖从政策制定、执行到监督反馈的全过程，确保各项措施得到有效实施。首先，政府部门需加强领导，明确与秦岭国家公园淡水生态系统的保护与修复相关的各部门的职责分工，形成上下贯通、协同工作的管理架构。其次，需要建立包括林业、农业、环保、水务等多个相关部门的协作机制，确保各项措施的协调统一和资源的有效配置。最后，加大公众参与力度，通过公众教育、志愿者活动等方式，提升社会各界对淡水生态系统保护重要性的认识，形成政府引导与公众参与相结合的保护修复新模式。

（2）科学研究与监测评估

对秦岭国家公园内淡水生态系统进行长期、连续的科学研究和监测，是确保生态系统健康的关键。应建立一个包含物理、化学、生物多样性指标的综合监测网络，利用现代化技术手段，如遥感技术、自动监测站等，实时收集数据，评估生态系统健康状况。此外，定期开展生态系统服务功能评估，分析保护与修复措施的效果，为未来的管理决策提供科学依据。同时，鼓励和支持跨学科的科研项目，深入研究淡水生态系统的结构与功能、物种间的相互作用以及人类活动对生态系统的影响，不断提高生态保护与修复的科学性和有效性。

在未来长期监测水生态恢复效果的过程中，需建立系统化的监测体系，明确具体的指标、工具和频率规划。监测指标包括水质（如 pH 值、溶解氧、总氮和总磷）、生物多样性（物种丰富度和多样性指数）以及生态服务功能（如水体自净能力）。使用自动水质监测仪和便携式测试设备进行实时水质监测，结合生物监测方法，如水生生物调查和环境 DNA 技术，定期收集数据。水质监测应每月进行一次，生物多样性监测则每季度进行一次，最后年度评估综合生态服务功能。通过建立数据管理平台，整合监测结果，及时调整生态恢复措施，确保水生态系统的健康和可持续发展。

（3）法律法规与政策支持

完善的法律法规和政策支持是淡水生态系统保护与修复成功的保障。需要从法律层面明确水资源保护、污染防治、生物多样性保护的责任与义务，设置严格的环境质量标准和生态保护红线。推动生态补偿机制的实施，确保那些为生态保护做出贡献的个人或单位能得到合理补偿。同时，推行绿色发展政策，鼓励和支持低碳、环保的产业发展，减少对自然环境的负面影响。通过政策引导和经济激励，促进社会各界共同参与到淡水生态系统的保护与修复中来。

（4）生态修复技术研发与应用

针对秦岭国家公园淡水生态系统受损的不同程度和类型，选择和开发适宜的生态修复技术是实现生态系统恢复的关键。这包括自然恢复和人工干预两种方式。自然恢复侧重于通过保护和模拟自然过程来恢复生态系统，如保护生物多样性、恢复自然水文过程等。人工干预则包括生态工程技术，如建立人工湿地、河岸植被恢复、土壤侵蚀控制等。同时，需要加大科研投入，开发适应当地生态特点的新技术、新方法，提高修复工作的针对性和有效性。

（5）社会参与与公众教育

提升公众对淡水生态系统保护重要性的认识和参与度，是实现生态保护目标的重要途径。通过开展形式多样的环保教育活动，如学校教育、社区讲座、媒体宣传等，提高公众的环保意识。鼓励公众参与到生态保护志愿活动中来，如参与树木种植、河流清理、野生动物监测等。同时，利用社交媒体和网络平台，建立公众参与的信息反馈机制，收集公众对生态保护工作的意见和建议，实现政府与公众之间的有效沟通。

2.2.2　实施策略

为实现秦岭国家公园淡水生态系统的保护与修复，融合物理、生物和化学技术，制定综合治理与生态修复策略，实施湿地恢复、河道生态修复与生态护岸等项目。这些项目通过利用自然的水质净化和生态修复机制，比如植物吸收和微生物降解，有效减少污染物排放，恢复水体的自净功能，进而实现保护和恢复生物多样性的目标。

①在水质改善策略方面。在生态工程方面，通过建设生态工程手段，增强水体自净能力，可以结合沉水植物如水葫芦和苦草等进行水质净化，这些植物能够吸收氮、磷等营养物质，缓解水体富营养化，降低污染物的浓度。在污水处理与回用方面，需要加强农村污水处理设施

建设和管理，推广污水处理后的再利用，减少污染物排放。可采用膜生物反应器（MBR）技术，利用高效分离膜将活性污泥与处理后的清水分开，保证出水水质稳定达标。结合厌氧氨氧化（ANAMMOX）等新兴技术，可以减少能耗并有效去除氮污染。污水处理后的再利用可通过多级过滤系统和消毒技术（如紫外线或臭氧消毒）来确保水质达到农业灌溉或景观用水的安全标准。

②在防洪安全与生态建设方面，更新和完善防洪预警系统，可以引入基于物联网的传感器网络，这些传感器能够实时监测降雨量、水位和土壤湿度，并将数据传输到中央数据平台，通过AI算法进行预测和分析，快速提供预警信息；强化河流监测与管理，可采用无人机进行高空巡查和水文监测，利用高分辨率影像快速识别河流潜在风险区域；采用生态工程技术创建蓄洪区，可采用透水性堤坝和分级泄洪池，以控制和延缓洪水流速，并在蓄洪区内种植吸水性较强的湿地植物如芦苇和香蒲等来增强湿地吸水能力，从而自然缓解洪水影响。同时，实施山水林田湖草一体化综合治理，可结合应用雨水管理设施如雨水花园和下沉绿地，促进雨水的自然渗透和入渗，提高水土保持和降雨入渗能力，有效减少下游洪水风险。山洪灾害综合治理包括加强山洪灾害监测预警系统建设，实施山洪灾害综合治理工程，提高防洪排涝能力，具体可以部署高精度雷达和雨量传感器，结合卫星遥感技术，创建山洪灾害监测网络，以提供实时预警信息和辅助决策。河道管理与生态修复包括采取拓宽河道、生态护岸以及阶梯–深潭等措施，结合河岸带植被恢复，通过引种本土植物如柳树和水柳，稳固土壤，减少侵蚀，提高河道的自然防洪能力，从而增强河流生态系统的防洪功能。

③生物多样性的保护和恢复要求建立和恢复生态廊道和生态网络，通过种植本土耐旱和抗病虫害的树种（如柳树、榆树）形成绿色走廊，连接分散的生境斑块。引入植被覆盖率较高的草本植物和灌木层，增加廊道的生态多样性和物种栖息条件。构建湿地缓冲区和河岸植被带，有助于减少外部污染物进入生境，保护廊道生态系统的健康。增强生境斑块间的连通性，为物种迁移和基因交流创造条件，可以设置生态桥和动物通道，如在公路和铁路上方架设植被覆盖的动物桥，确保地面和空中动物的安全迁移。此外，应用基因分析技术来监测物种的遗传多样性和基因流动情况，以评估生态网络的有效性，并根据结果进行调整。特别是对于特有和濒危物种，开展专项保护和恢复项目，确保这些珍稀物种的有效保护和种群恢复。例如，建立繁育中心来管理和养护物种，同时在适宜的自然栖息地进行软释放，逐步适应自然环境。应用卫星跟踪和无线电项圈技术监控这些物种的活动范围和行为，确保及时干预以保护其生存。特别是在恢复栖息地时，应设计多样化的小生境，包括湿地水坑和小型林间空地，为不同需求的物种提供适应的生存空间。

④改善生态流量和河流连通性的策略包括通过水库调度和河流管理确保重要河段和时段

的生态流量，支持水生生态系统的健康运行。可以结合水文模型（如 HEC-RAS 和 MIKE HYDRO River）对流量进行精准调控，确保在枯水期和生态敏感期保持足够的水流量支持生态系统的需求。利用实时数据采集技术（如水位监测传感器和流量计）反馈当前水文状态，辅助进行调度决策。对现有的水坝、堰等障碍物进行环境影响评估，可采用生物指示种监测和环境 DNA（eDNA）分析技术，确定这些结构对当地鱼类和水生生态系统的影响。如果评估结果显示障碍物显著阻碍生态连通性，那么可应用生态工程技术进行局部改造，如削减坝体或调整堰高，增设鱼道或水下隧道。鱼道设计方面，推荐使用自然模仿型鱼道，如仿溪流式和梯级鱼道，以模拟天然水流环境，帮助鱼类顺利通过。必要时进行拆除或改造，设置鱼道等生态通道，可采用分段拆除和水下爆破技术，以尽量减少对周边生态系统的扰动。改造时，需确保在施工期间采取保护措施，如安装临时防护网和缓冲屏障，保护水生生物免受施工影响。恢复河流的生态连通性还可包括建设辅助设施，如在河道两侧构建水生植物带，提供栖息和产卵场所，促进河流生态系统的自然恢复与维持，恢复河流的生态连通性。

⑤科技创新与社会参与也是关键策略，引入先进的生态修复和污染治理技术，可采用无人机和遥感技术进行大面积的水质和生态监测，实现对河流污染源的早期探测和实时数据收集。使用人工智能和机器学习算法分析水质变化趋势，以提供高效的决策支持。污染治理技术可包括引入新型生物反应器，如结合微生物修复和纳米技术的多功能反应器，以实现重金属和有机污染物的高效去除，从而提高保护与修复效率。同时，增强公众环保意识，鼓励社区参与河流保护活动，通过环境教育提升公众对淡水生态系统重要性的认识。还可开发基于 AR/VR 技术的虚拟体验项目，让公众通过互动了解河流生态系统的运行及其脆弱性，增强人们对保护淡水生态的重要性的直观认识。此外，开发社交媒体平台的环保打卡功能，鼓励人们参加社区河流清洁和保护活动，并分享参与体验，提升社区参与度。此外，制定和完善相关法律法规，引入定期更新机制，根据最新的科技进展和生态研究成果进行法规修订，并建立跨部门协调机制，负责跨部门的沟通与协调，确保农业、工业、环保等不同部门协同工作，定期组织多方会议，分享数据、技术和成功案例，促进协同保护与修复行动的落实，为淡水生态系统保护提供坚强的政策和法规支撑。

2.3　技术体系

2.3.1　总体体系介绍

在确定了秦岭国家公园淡水生态系统修复的目标、任务和优先排序以后，需要选择适宜的技术和措施。在选择这些措施时，工程措施与非工程措施应相互补充、相得益彰。需注意各类措施的应用条件，坚持因地制宜的原则，充分论证方案的技术可行性和经济合理性。采取的各类工程措施要相互配套，具有技术整合性。通过优化比选，秦岭国家公园淡水生态系统保护与修复技术体系包括水文、水质、地貌植被、连通性等四大类。

2.3.2 绿色小水电建设

对秦岭国家公园范围内保留的或未彻底拆除的小水电进行生态改造，解决河流纵向连通性受阻问题，保证引水式电站脱水河段下泄环境流量。小水电绿色改造的手段之一是对引水式电站进行闸坝生态改建。引水式电站改建工程需保留拦河闸坝大部分，以继续发挥挡水和泄洪功能。只需改造部分坝段，改建的溢流坝段可以按鱼坡设计，将鱼坡结构整体嵌入堰坝中。

改建的坝段坝顶高程、鱼道宽度，需要根据水位—流量关系曲线和环境流量、鱼类游泳能力确定。对于上游运行水位相对较稳定的枢纽，鱼道上的设计水位可采用与主要过鱼季节相对应的闸坝正常运行水位；下游设计水位取主要过鱼季节的多年平均低水位。对于运行水位变化较大的枢纽，鱼道上游设计最高水位取正常蓄水位或工程限制运行水位，不低于工程死水位。也可在溢流坝段设置控制闸门，以满足汛期调节流量，防止水流冲毁及检修需要。小型堰坝不设控制闸门，允许自然溢流。

改建的坝段坝体采用仿生态式鱼道—鱼坡结构代替。鱼坡形态与鱼类原栖息地生境相仿，水流条件根据鱼类游泳能力、水深确定。鱼类游泳能力一般以感应流速、喜爱流速和极限流速等表示。鱼类的极限流速可参考相关调查资料选取，也可根据体长近似估算。鱼坡结构一般下游底坡为 1：100～1：20，水深不小于 0.3 m，提升高度不大于 6 m，最大流速不大于 2.0 m/s。为满足底栖生物上溯，改造后的鱼坡出口底部也设置一定坡度与上游河床或岸坡平顺衔接。鱼坡坡面可采用大砾石嵌入式缓坡、松散填石缓坡和砾石槛阶梯式缓坡等结构。采用砾石等表面粗糙的自然材料，沿鱼坡斜面连续铺设。在砾石群间隔布置大砾石或砾石槛，起消能和形成水池的作用。改建坝段纵剖面如图 5-4 所示，鱼坡平面布置如图 5-5 所示。

对于引水式电站，当溢流坝泄水时，对下游鱼类的诱导作用极好，能把鱼类诱集至溢流坝下及两侧；当溢流坝停止泄水时，下游来鱼易被厂房尾水吸引而游向厂房。因此，需在尾水区设导鱼栅等装置，并在鱼坡进口设诱鱼系统。诱鱼系统可采用喷洒水管网，向进口外一定范围内水域洒水。下游鱼类在水流和水声引诱下可顺利进入鱼坡。

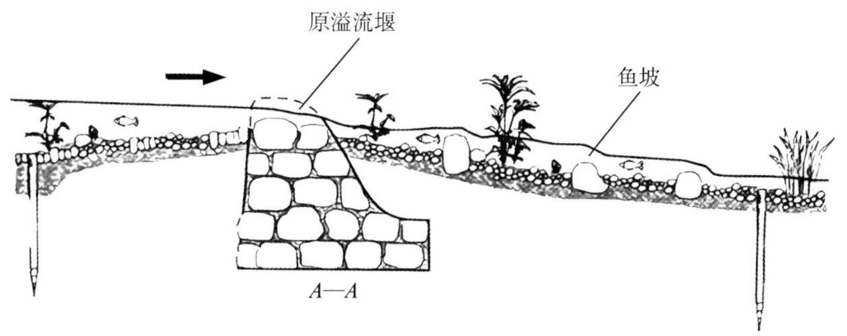

图 5-4 改建坝段纵剖面

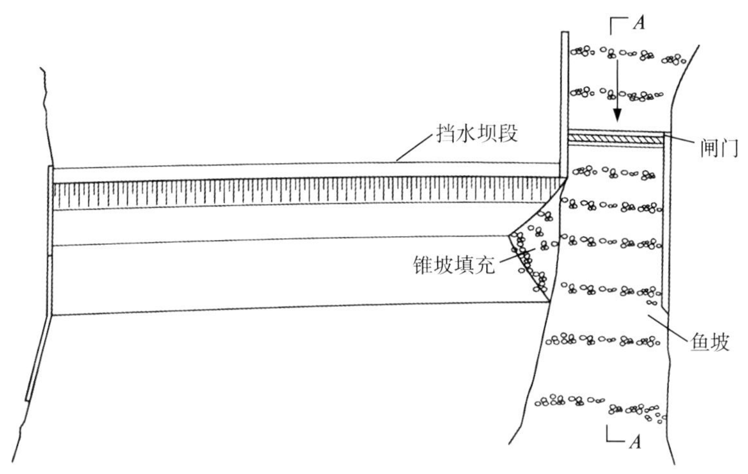

图 5-5 鱼坡平面布置

2.3.3 生态护岸技术

在河湖水系生态横向连通工程技术中，生态护岸技术是指拆除硬质不透水护底和岸坡防护结构，采取自然化措施或多孔透水的近自然生态工程技术进行岸坡侵蚀防护的技术。

生态护岸技术的设计主要需满足规模最小化、外形缓坡化、内外透水化、表面粗糙化、材质自然化及成本经济化等要求。最终目标是在满足人类需求的前提下，使工程结构对河流的生态系统冲击最小，亦即对水流的流量、流速、冲淤平衡、环境外观等影响最小，同时大量创造动物栖息及植物生长所需要的多样性生活空间。生态护岸技术种类多样，可根据当地的具体情况在设计时进行调整，如土体生态工程技术、生态砖/鱼巢砖等构件、石笼席、天然材料垫、土工织物扁袋、混凝土预制块、土工格室、间插枝条的抛石护岸、椰壳纤维捆、木框墙、三维土工网垫、消浪植生型生态护坡构件等。其中，土体生态工程技术大多利用自然材料，在自然力的作用下达到生态恢复和保护的目的，主要有木桩、梢料层、梢料捆、梢料排、椰壳纤维柴笼以及它们的不同组合形式等。

（1）土工材料复合生态护岸

常规生态护岸方式主要有植物护坡、综合式护坡及透水直墙式护坡，这些护坡方式在符合工程稳定性要求与生态保护两方面往往不可兼得。目前应用比较广泛的生态护坡方式主要为生态袋坡面防护结合格宾石笼护脚。该种护坡方式主要依靠坡面生长出的植被覆盖层提高河道水流对水体岸坡的抗冲刷作用，同时能保持一定的边坡表面生长环境，满足生态需要。但是，实际铺设的生态袋表面植被往往成活率低，难以保证植被覆盖层的整体性和防护作用；草皮根系都生长于坡面表层，边坡的整体抗滑性能完全依靠生态袋自身的重力作用；受多层生态袋表面孔隙限制，岸坡土体与水体连通性中断，会对岸坡栖息地的连通造成一定程度的影响。

为了减少多层生态袋表面织物的阻隔作用，同时在岸坡营造多物种多层次的复合型植被，充分利用复合植被根系在岸坡土体中的多层次固结作用，提出了一种新的生态护坡技术，以生态复合式织物扁袋代替生态袋，采用现场制作和铺设的方式。对防护坡面进行简单修整后，坡面防护底层铺设天然植物纤维或合成材料织物，填土后翻卷形成扁袋，进行分层铺设。填充物一般为草种、腐殖土及碎石的混合物。每层扁袋可错层铺设，形成一定的坡面倾角，层间放置活枝条，顶端插入活木桩固定。扁袋下设护脚，护脚可采用石笼或抛石结构，并将反滤层固定在基础上。

坡面防护坡度要缓于护脚倾角，单层扁袋厚度一般在 30～50 cm，可水平铺设，也可呈 10°～15°仰角铺设。底层扁袋内先铺设一定的堆石压重，必要时可用长 50 cm 左右的楔形木桩对扁袋加以固定。

扁袋织物为天然材料或合成纤维材料制成，可采用单层或双层。植物纤维一般采用椰壳纤维、黄麻、木棉、芦苇、稻草等天然植物纤维制成。铺设扁袋的同时应洒水，以保证草种成活所需水分，并减少岸坡沉降，以满足稳定要求。

回包后的织物表面在上层扁袋铺设前平铺一层活枝条，枝条应插入坡面土体中 10～20 cm，且长度的 75%应被扁袋覆盖。枝条规格一般为直径 10～25 mm、间距 5～10 cm。顶层扁袋铺设后应与原岸坡平顺连接，并采用活木桩固定。复合植被覆盖层由活木桩、活枝条及扁袋中的草种组成，远期可形成乔灌草或灌草结合的生物群落，其多层根系不仅具有岸坡土体加筋及锚固作用，还能为岸坡生态环境提供有利条件。植物品种多选择本地适生物种，枝条及木桩应选择成活率高的灌木或低矮乔木树种，并至少有一种树种生长速度比较快。

护脚可采用抛石、格宾石笼等型式。

抛石护脚主要用于缓坡型生态护岸，抛石部位位于扁袋外侧，抛石的自然边坡一般为 1∶1.5～1∶2.0，厚度 0.5 m 以上，抛石粒径的大小可根据流速、边坡进行相应的估算。

陡坡型护岸可在扁袋下部通长布设格宾石笼护脚，格宾材料选择镀高尔凡、镀锌、PVC、PE、不锈钢等。护脚深 0.6～1.0 m，宽度根据扁袋宽度确定。将反滤层固定在格宾石笼基础上，可采用砂石垫层或土工布。

该技术与常规的生态型护坡方式相比主要有以下特点及优势：

①坡面形成的活枝条使得结构表面的抗水流冲刷性能优于传统的生态袋结构。

②随年限增加，远期强度呈上升趋势。初期护岸强度主要依靠活木桩及扁袋外层织物纤维进行固土固坡，后期待活木桩、活枝条、草种成活后，形成乔灌草结合的复合式植被覆盖层，护岸强度将大部分依靠复合植物根系的固土作用。

③形成的复合植被覆盖层可营造出多样性的原生态栖息地环境。最大的优势是生态复合式植被形成的多层次植被根系可以有效固结边坡，且随着时间的增加，强度呈增长趋势。

④在满足透水性及生态性的要求下，可保持较好的结构稳定性。

⑤对于原坡面的适应性较好，可根据实际坡面结构现场调节扁袋的尺寸，形成统一的外边坡。

⑥生物栖息地连通性较好，更适于生物群落的生存和发育。

⑦景观性较好，可形成自然型外观。

土工材料复合生态护岸如图 5-6 所示。

（2）生态混凝土护坡

生态混凝土是以水泥、不连续级配碎石、掺合料等为原料，制备出满足一定孔隙率和强度要求的无砂大孔混凝土。这种混凝土在外形上呈米花糖状，有许多连续孔隙。用 $FeSO_4$ 进行降 pH 值处理后，将种子和营养土填入混凝土孔隙中，植物在混凝土孔隙内发芽和生长，然后通过混凝土孔隙扎根于基土。该种混凝土除起到良好的护坡作用外，还由于其自身的多孔

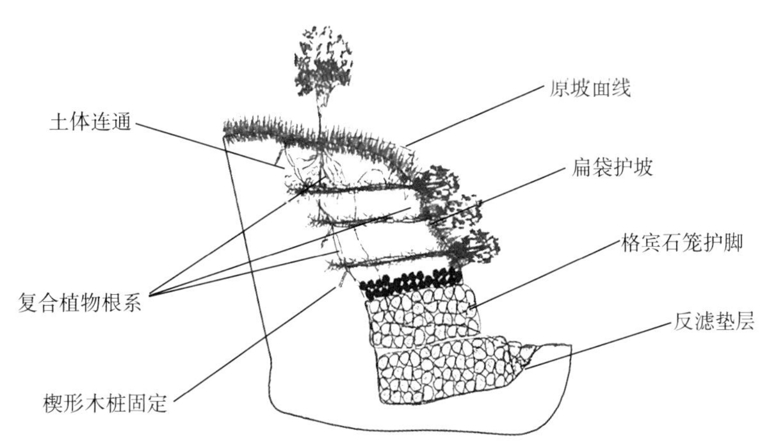

图 5-6　土工材料复合生态护岸

性和良好的透气透水性，能使植物和水中生物在其中生长，起到加强生物栖息地和改善景观的多重作用。这类结构养护成本较高，适用于年降雨量大、气候湿润地区河岸淘刷侵蚀严重的河段。

2.3.4 河道内栖息地加强结构

通过在河道内增加砾石、翼形导流设施（侧堰）、堆石堰和鱼巢等结构，改善河道内局部地貌特征，增加水流特性的多样性，可为不同生物群落提供适宜的栖息地环境。

（1）小型堰

通过创造回水效应来改善栖息地的多样性，这种回水效应有助于形成向上游缓慢流动的深水区域。水流向下游快速流动，能够冲刷出流速快、含氧量丰富且底部为粗粒径河床的深潭。从深潭冲刷出的材料在下游处沉积，形成浅滩。小型堰可采用许多不同类型的设计，选用木料和石料等自然材料进行建造，以达到较好的美学效果；也可应用板桩或混凝土桩。

（2）导流装置

能够提供相对廉价和有效的方法来减少渠道化的影响。导流装置是建在渠道内用来改变流态的装置，尤其在低水位的时候，可利用导流装置使水流离开岸坡以防止冲刷。不过，在高水位时，导流装置通常被淹没。导流装置不仅提供了有用的栖息地功能，还能够帮助河流修复到更加自然的状态。导流装置通过收缩渠道形成急流区域，并在导流装置背侧形成缓流区域，从而增加了水流特征的多样性。最终，靠近导流装置端部的急流将冲刷形成深潭，这将帮助形成对渠道修复有利的深潭浅滩序列。导流装置后面的缓流区将形成沉积地区。布置导流装置时，应将其设在适当位置，以加强河流的自然趋势，并应和自然浅滩区域保持一定距离，其高度应保证回水不会淹没潜在的浅滩区域。导流装置最终可能会为植被所覆盖，并形成渠道河岸的永久性部分。

（3）翼形装置

在河床上建造并被完全淹没的装置，其目的是促进河床的合理性冲刷。通过在水流中增加次级环流来实现此目的。翼形装置可选用木板结构，在水流中以一定角度进行建造，这使得河床底流以一定方向流动，但较快的表面流会漫过翼形装置，向不同的方向流动。

2.3.5 改善地貌多样性技术——生态河床构建

河床的生态化，主要是指深槽与浅滩形态序列构建、河床生态化以及栖息地结构加强 3 个部分。针对水量偏少或易发生断流的河流，采用人工机械挖掘方式塑造河床深槽浅滩犬牙交错分布的形态格局；在条件允许的情况下，亦可利用生态丁坝和潜坝进行河床深槽浅滩形态构建。河床生态化主要是指河床组成材料的生态化，手段包括：采用透水性能较好的材料构筑河床，以木桩、块石或混凝土块体等提高河床孔隙率，等等。生物栖息结构加强，主要是指运用树墩、砾石等改善河床地貌，旨在提高河道生境异质性。

2.3.6　生物群落多样性的技术

生物水生态环境修复包括水域岸线修复、河道内栖息地修复等。河漫滩和河岸植被相互作用是自然河岸系统稳定性的主要来源，也是河流栖息地修复的重要基础。河流自然功能修复是堤岸功能保护的主要目的，其基本条件是不妨碍水流的长期自然发生过程。沉陷区水域岸线一般分为堤防和护岸两种防护型式。堤防沉陷后，河道行洪能力受到堤顶高程下降的影响有所降低，不同程度的裂缝出现在堤防内部，降低了堤防的安全度，影响了其行洪安全。堤防修复一般采用工程措施，从堤防尺寸和防渗两个方面进行。河道堤防工程较少，多以护岸防护为主。水系岸坡防护工程修复主要可以采用两种方式：一是降低水流冲刷来提高河岸方案结构，减小水流流速来加强堤岸的防护；二是对河岸栖息地进行相应的恢复。自然型岸坡防护主要在天然植物等防护材料的基础上对其护岸的结构进行防护加固，且可以为水生动植物建立较好的栖息地环境，也可以改善河流的自然景观。

2.4　典型区域修复方案指引

根据黑河及涓水河不同河段的具体特征，并结合所在山区水系的生态修复需求的不同，采取不同的生态修复方案。

2.4.1　生态防洪典型技术应用

生态防洪是指通过保护和恢复山地生态系统，增强山区河流自然调蓄和滞洪能力，减轻洪灾对人类生命财产和生态环境造成的影响的一系列措施和方法。这一概念强调了基于生态学原理的洪水管理策略，旨在维护生态系统健康的同时有效减少洪水对社会和生态系统的破坏性影响。在山区河流修复的实践中，阶梯–深潭被广泛用作一种重要的修复结构，用以促进河流生态系统的恢复和改善。阶梯–深潭是一种人工构造的河流底部沉积结构，通常由一系列阶梯状的深潭组成，以模拟天然河流的水文动力过程和生物栖息地特征。

根据黑河支流太平河太平村段河道状况及防洪标准需求，在此处采用阶梯–深潭的生态防洪技术。阶梯–深潭结构是比降大于3%的山区河流中广泛发育的微地貌形态，为典型的高效消能结构，是山区河流自我调整的结果。以人工阶梯–深潭系统为代表的模仿自然的措施常用于河流修复中，能够起到防治山地灾害、有效提升和保持河流生态功能及廊道连通性的作用。与传统的岩土工程相比，阶梯–深潭系统就地取材、因地制宜，施工难度低，广泛适用于交通不便的山区小流域。研究阶梯–深潭结构在山区河流中稳定沟道的机制，对山区河流消能减灾和稳定河床具有重要意义。阶梯–深潭结构的阶梯由卵石或巨石组成，深潭中颗粒较细，阶梯和深潭在河段中交替排列，纵断面呈现连续的台阶状。阶梯–深潭结构的关键几何参数包括阶梯高度和阶梯长度，阶梯高度主要与阶梯石块粒径有关，阶梯长度则取决于河段坡降、阶梯高差和冲刷深度。

在阶梯–深潭中，水流通过一系列坡度较陡的坎坷阶梯后进入深潭区域。阶梯的阻挡和改变、水流能量的转化并减弱导致的底部沉积物的聚集和悬移质的沉淀，有利于水体中的悬浮颗粒物质和营养物质的沉降与河道地貌的塑造，促进生物栖息地的形成。阶梯–深潭还能够提供河流中多样的水流形态与生境，能够维持多样的底栖动植物群落，有利于生物多样性的提高，对于一些具有溯游生活史的迁游性鱼类也是非常重要的栖息和觅食场所。此外，阶梯–深潭的构造也有助于改善河道的水生态环境，提高水体的氧合水平，并有利于修复河流的生态功能和服务。总之，阶梯–深潭作为一种重要的山区河流修复结构，通过模拟天然河流的水文与生物相互作用，能够改善水体质量，促进水生生物栖息地的形成，对河流生态系统的恢复与改善具有重要的生态学意义和应用价值。（图 5–7）

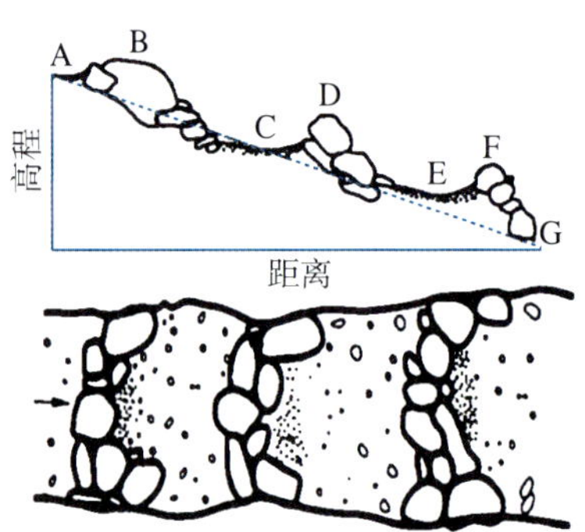

图 5–7　典型阶梯–深潭结构示意图

2.4.2　生态化边坡治理

黑河老县城村段，由于多年受到水流冲刷，且河道边坡长期缺乏管理，岸坡损坏严重，是适宜应用生态化边坡治理技术的区域。

河道水流对河岸冲刷一般有两种作用：一种是水流直接作用于岸坡坡面；另一种是弯道、绕流产生的螺旋流、漩涡等水流冲刷坡脚，使上部岸坡坍塌。因此，山区河流河岸防护应“因势利导、因地制宜”。山区河流生态护岸是指通过生态学原理和岸坡工程手段，改善及保护河流岸缘自然生态系统的工程措施（图 5–8、图 5–9）。生态护岸旨在恢复和加强河岸地区的生物多样性，维护水域生态功能，增加岸线生态系统的稳定性，减少水土流失，并改善水质。生态护岸技术的应用带来了诸多益处，在秦岭山区河流修复中具有重要意义。它有助于减少土壤侵蚀和水土流失，稳定河岸，改善水质，并为生物提供适宜的栖息环境，促进生物多样性。此外，生态护岸技术还能减缓河岸的河床侵蚀速度，保护河道的稳定性和自然功能。在综合考虑生态系统保护和人类社会需求的前提下，生态护岸技术为山区河流修复提供了一种可持续且有效的生态工程解决方案。

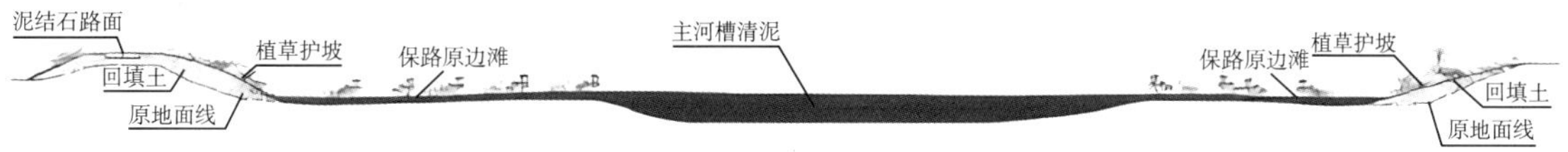

图 5-8　生态护岸示意图

图 5-9　山区河流生态护岸实践

2.4.3　山区河流水系连通

山区河流修复中的水系连通是指通过恢复或增强河流系统中水体的连接性和连通性，以促进水域生物的迁徙、改善栖息环境、维护水域生态系统的健康状态和稳定性的一系列工程措施。水系连通的重要性在于加强了水生生物的迁徙和栖息地选择，维护了水域生态系统的完整性和功能，促进了生物多样性的维护和提高。

黑河八一村段，是山区河流水系连通应用的典型区域，应用的山区河流修复中的水系连通技术包括水文修复和生态通道建设等相关措施。水系连通技术及相关应用是山区河流生态修复的重要手段，通过促进水域生物的迁徙、改善栖息地条件、恢复自然水文条件和净化水质，有助于提高八一村河流生态系统的健康状况，维护水域生物多样性，促进整个生态系统的稳定和可持续发展。同时，水系连通技术的实施还可改善水文条件，促进氮、磷等污染物的沉降和流出，提高水体的自净能力，改善水质环境，从而对山区河流生态系统的恢复和保护产生积极影响。

2.4.4　河道内栖息地加强

河道内栖息地加强技术的应用以湑水河岩丰村段为例。河道内栖息地加强技术主要通过模拟自然河流的物理结构和水文条件，改善和增加水生生物的栖息地，从而提升河流生态系统的整体健康和生物多样性。在湑水河岩丰村段的具体应用中，通过调整河床的物理结构，如增加河床底质的多样性（包括大小不一的石块、沙砾等），创建适合不同水生生物栖息和繁殖的微生境。这一措施旨在为鱼类和底栖生物提供更多的避障和产卵场所。替代传统的硬质护岸，采用生态护岸技术如植物护岸、生态袋护岸等，不仅能有效保护岸线，减少水土流失，还能为河岸带生物提供栖息地，提高生物多样性。通过局部调整河道的水流速度和流向，模拟自然河流的流速变化，为特定区段创造更适宜的生态条件。例如，通过设置水流绕流或缓流区域，为某些特定的水生动植物提供适宜的生长环境；在河道内设置生态节点，如人工湿地、深水潭、水生植物区等，增加生物栖息地的复杂性和连续性，促进生物多样性的恢复和提升。

这一系列具体技术的应用，旨在通过综合性的生态修复措施，恢复和增强滑水河岩丰村段的生态功能和生物多样性。这不仅有助于提升当地居民的生活质量，还对维护区域生态平衡、促进生态文明建设具有重要意义。

2.4.5　生物群落多样性的技术

滑水河观音峡村段面临生物多样性下降的挑战，采用生物群落多样性增强技术显得尤为关键。该技术旨在通过一系列综合措施，提升河流生态系统的复杂性和生物群落的丰富度，进而增强生态系统的稳定性和抵御外部干扰的能力。在观音峡村段的应用中，具体技术内容涵盖本土物种的恢复与引入，生物栖息地的构建和改善，通过人工构建多样化的生物栖息地以及生态连通性的提升等。

在实际方案和技术应用中，应当优先考虑恢复和引入本土物种，包括水生植物、鱼类和底栖生物等，以保持生态系统的原生性和适应性。通过种植本土的水生植物为水生动物提供更多的食物和栖息地，同时利用这些植物的自净作用改善水质。之后便是构建多样化的生物栖息地，这些栖息地不仅为不同的物种提供了生存空间，还通过模拟自然生态过程，增强了生物群落之间的相互作用和依赖。同时改善河流及其周边地区的生态连通性，包括恢复河岸植被带、建设生态廊道等，以促进物种间的自然迁移和基因流动。这样可以增强生物群落的稳定性，减少生物多样性丧失的风险。

通过上述技术等的综合应用，滑水河观音峡村段的生态修复项目不仅成功提高了生物群落的多样性，还增强了河流生态系统的整体健康和韧性。这种以生物多样性为核心的生态修复方法，为其他类似河流生态修复提供了宝贵的实践经验和技术参考，是实现河流生态系统持续健康发展的重要策略之一。

2.4.6　电站上下游适度干扰式鱼类栖息地修复措施

研究区域位于保护区，栖息地需要重点保护，因此需要采取适度干扰的栖息地修复措施。结合已有文献，以及研究区域水文、水动力和地貌存在的单一化和生态系统退化的现象，本研究制定了近自然的适度干扰式河流栖息地修复措施，包括生态丁坝及砾石群构建、基质近自然修复，使河流地貌在纵、横、深三维方向都能恢复高度空间多样性特征，提高河流栖息地的适宜性和多样性，从而提高鱼类生物的多样性（图 5−10）。

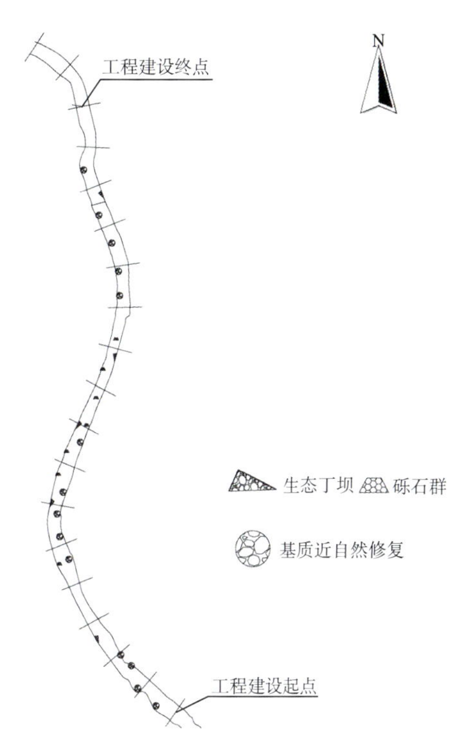

图 5−10　研究河段适度干扰式栖息地修复方案平面布置图

（1）生态丁坝

生态丁坝结构为非淹没透水生态丁坝，砌筑材料以就地取材为前提，以当地常见的圆木、块石、卵石为主（图 5−11）。生态丁坝的尺寸参考已有文献，生态丁坝顶端到岸边的距离为平均河宽的 20%～30%，其上游面与河岸夹角一般在 30°左右，要确保水流以适宜的流速流向主槽；其下游面与河岸夹角约 60°，因此结合当地情况，生态丁坝长边为 12 m，短边为 9 m，上游面与河岸夹角设置为 30°，外框为圆木绑

图 5−11　生态丁坝现场图

扎形成的三角形框格，放置于河床，端部插入河岸固定，高度根据现场水深合理确定，高于常水位 0.3 m。框格内填卵砾石，堆积高度与框格齐平。

（2）砾石群

当地处于山区，取料较为困难，因此石块选用当地常见的 0.5 m 以上的单体大块砾石，在浅滩、宽阔河段建砾石群。砾石单元的最小尺寸为 0.5 m，单组砾石群摆放的跨距设置 1.60 倍砾石长度，顺流设置 2.10 倍砾石长度。砾石群采用连续“V”形布置鱼类栖息地修复的效果更好，因此采用连续“V”形布置。砾石放置应保证一定的埋设深度，不小于 0.1 m。

（3）基质近自然修复

根据现场调研结果，电站库区及坝址处以基岩为主，导致原有的库区沉积物输移至下游河道，使得库区段基岩裸露，而下游的基质则呈现出更为细化的状态，并散布有大块建筑碎石和块石。泥沙过细、颗粒的不良配合以及石块的尖锐性质，均会对鱼类栖息地构成不利影响。因此，为了改善鱼类栖息环境，需要对下游河段的基质进行重构，以复原或提高生物多样性和栖息地复杂度，优化其生态条件。选取坝址下游河道边滩、浅滩部位，对表面堆积的尖角砾石进行清理后，布设圆滑卵石堆积体，进行产卵栖息地恢复，利用汛期洪水使其扩散并推移至下游，结合水流分选作用产生可用的鱼类产卵栖息地。卵石堆积于河流陡坡段，共分 5 个河段；单个圆滑卵石堆积体直径为 2～3 m，堆放高度为 0.5～0.6 m。卵石可在流域内下游入河口、缓冲平坦河段滩地选取，经筛分后进行集中堆放。

2.5 适度干扰式鱼类栖息地修复措施效果评估

2.5.1 评估方法

（1）评估指标

系统化的学科知识构成了物种保护理论创新的根基，而科学的栖息地质量评估方法则是水生态恢复工作的关键引领。基于这种理解，本节借助深入的基础理论研究和地方栖息地修复实践的经验，提出了一套栖息地质量综合评估方法。这一框架在促进河流生态修复和全面管理进程中扮演着至关重要的角色。通过分析研究河段的主要问题，并专注于该河段中的关键鱼种，介绍了一个栖息地质量的评估方法。此方法目的在于为水生态修复提供坚固的科学基础和决策支持，促进水生态环境的持续优化与可持续发展。

①指标选取的目的。构建栖息地修复效果评价指标体系，需要精心选取合适的度量指标，以确保能够全面、准确地反映河流栖息地的状态，并深入分析影响栖息地质量的关键因素。这

一体系的建立将为河流的可持续发展提供重要的科学依据。具体来说，评价指标的选取应满足以下 3 个目标：

第一，指标体系应完整反映河流的结构和功能修复前后的变化，准确描述河流栖息地质量的变化情况，以深入了解河流栖息地的健康变化。

第二，指标体系应能够揭示河流栖息地质量改善或者衰退的原因，以找到栖息地质量下降的根本原因，为制定和调整栖息地修复策略提供依据。

第三，指标体系应适用于长期监测，以便定期为河流管理决策、科学研究及公众需求提供关于河流栖息地质量现状、变化及趋势的详细报告。这将有助于及时了解修复措施的效果，根据实际情况进行优化调整，推动河流生态系统的持续恢复和改善。

②评价指标体系的原则。构建河流栖息地修复效果评价指标体系是评价工作的关键，指标挑选对确保评价结果的合理性和科学性至关重要。河流栖息地的质量直接影响水生态系统的稳定性和健康，因此，在构建指标体系时，应坚持以下原则以保证其科学性和实用性。

科学性与目的性原则：河流栖息地评价的目标在于揭示不同栖息地之间的特性和质量差异，以提供河流修复与保护的科学依据。指标体系需要围绕评价目标设计，具备科学性、明确性和目的性，对环境的变化和胁迫要高度敏感，以确保评价结果准确反映河流栖息地的真实状态。

综合分析与主导因素结合原则：河流栖息地的形成、发展、结构和功能由多种因素共同产生作用和影响。在构建指标体系过程中，应将综合分析与明确主导因素相结合，不仅全面考虑各种影响因素，还要识别并选取能够反映河流栖息地基本特性的关键指标。

实用性原则：考虑到河流栖息地评价通常覆盖广泛区域且内容丰富多样，需要收集大量数据，因此，指标体系应侧重于信息的实用性、易理解性和操作性，以保证评价工作既高效又准确。

动态性原则：鉴于河流栖息地呈现出明显的空间和时间动态性，不同尺度下的特征和影响因素会有所不同，在挑选评价指标时，应充分考虑到河流栖息地的动态变化，确保指标体系在不同空间尺度上的广泛适用性，并有效整合微观与宏观视角，全面展现河流栖息地的多样性。

③指标选取。栖息地适宜度指数（Habitat Suitability Index，HSI）是评估生物对其栖息地偏好及栖息地因素之间关系的经典定量方法，最初由美国鱼类及野生动物服务局在其栖息地评估程序（HEP）中提出，后广泛应用于多个领域。通过构建栖息地适宜度曲线，HSI 方法能够定量描述物理栖息地的特征与物种在特定条件下的生存质量。在鱼类栖息地质量评估中，HSI 模型尤其重要，作为一种流行的评估工具，它有助于判断栖息地的质量。然而，传统 HSI

模型在处理栖息地的生态因素时，经常会忽略不同因素之间的相互作用和相关性，这一做法简化了栖息地的复杂性，不能充分反映自然水体的实际状况。而自然河流的形态、流速和水深具有显著的多样性，正是这些差异化条件为水生生物提供了必要的栖息地条件。流速、水深和地貌单元的多样性不仅有助于改善栖息地的结构，为鱼类提供休息、觅食和避难的场所，也为鱼卵的着床和孵化创造了适宜的环境。适宜的河床底质有利于改善鱼类的产卵和生存环境。

因此，进行栖息地评估必须深入理解自然河流水文地貌的多样性特征，并综合考量栖息地因素间的相互影响，以更精确地评价栖息地的质量，并为水生态修复提供更科学、全面的决策支持。根据现场调研结果，这与山区自然河流的复杂多样性条件相背离，不利于满足水生生物，尤其是鱼类的生态需求，可能导致河流生态系统的生物多样性和生态功能的下降。鉴于这些挑战，基于研究区域的实际情况，提出了包括生态丁坝、砾石群建设及基质近自然修复在内的针对性秦岭细鳞鲑栖息地修复策略，旨在应对秦岭细鳞鲑栖息地面临的挑战。结合研究区域栖息地的现实背景和栖息地评价的相关理论，为了更加准确地描述栖息地健康状况和各种栖息地修复措施对于栖息地多样性和栖息地适宜性方面的修复效果，构建考虑栖息地多样性和栖息地适宜性的栖息地综合评估体系。

A. 栖息地多样性。

a. 地貌多样性。河流地貌的多样性决定了生物栖息地的多样性。大量观测资料表明，生物多样性与河湖地貌空间多样性呈正相关关系。地貌单元作为水流和泥沙输移过程的直观展现，是刻画河流形态的关键要素，也是河流地貌多样性的直观展现。地貌单元与生物体水平相对应，其结构能够反映出生物个体的尺寸、形态、构成和生物学特性。河流地貌单元的多样性决定了栖息地的多样性，从而为生态过程提供了必要的物质基础。多样性的地貌单元为鱼类提供了更完整的栖息空间，更有利于鱼类栖息生存。地貌单元的多样性不仅是自然界地貌特征丰富性的体现，更是衡量栖息地质量优劣的重要指标。通过深入分析地貌单元的多样性，能够更准确地了解栖息地生态环境的复杂性和稳定性，从而评估其对水生生物多样性的支持能力。此外，地貌单元的多样性还与水体的流动状态、水质状况以及生物群落结构等密切相关，会对栖息地的整体质量产生深远影响，因此选择地貌单元作为衡量地貌多样性的指标。

b. 水动力多样性。水动力多样性为水生生物提供了多样性的水域环境，如缓流、急流和涡流等，为各种生物提供了适宜的栖息地。这种多样性有助于满足不同生物的生活习性和需求，从而促进了生物多样性的增加。流速代表了流体运动的快慢，水深代表了水体表面到水底的垂直距离。流速和水深的多样性对水体水动力特征的多样性具有很大影响，因此流速和水深是水动力多样性的衡量指标。水动力多样性有助于维持生态系统的平衡。不同流速的水流能够带来不同的营养物质和氧气含量，为水生生物提供丰富的食物来源和生存条件。这种多样性不仅有助于生物的生长发育，还能够增强生态系统的稳定性和抗干扰能力。

B. 栖息地适宜性。

a. 地貌适宜性。适宜的河床底质对鱼类繁衍产卵至关重要。如卵石、砾石等，能为鱼类受精卵提供优良的散布和孵化场所。这些底质通常具有较大的孔隙度，有助于受精卵的沉积和附着，同时也能减少受精卵被推移质运动所带来的机械伤害。同时，它还能为鱼类构建一个良好的生态环境，包括庇护所和丰富的食物来源，这对提高鱼类的繁殖成功率和幼鱼的存活率至关重要。在河流生态保护工作中，重视并维护河床的适宜底质非常重要，因为它直接关系到鱼类的繁衍，进而影响到整个河流生态系统的稳定和多样性。通过保护和恢复适宜的河床底质，可以为鱼类创造一个更为理想的生存和繁衍环境，从而促进河流生态的健康和可持续性。因此，本研究将河床底质的优劣作为栖息地地貌适宜性的评估指标。

b. 水动力适宜性。栖息地适宜度指数是用来评估特定物种在其栖息地中能够生存和繁衍的适宜程度的一个工具。提供了一种量化的方法来评估栖息地对于特定物种的支持能力，这包括食物的可获得性、避难所的可用性、繁殖地的条件，以及其他生存关键资源的可用性。参考已有文献和研究，本文基于保护秦岭细鳞鲑的流速和水深适宜度函数曲线，建立目标鱼类的水动力栖息地适宜性模型。

（2）计算方法

①香农多样性指数（Shannon’s Diversity Index，SHDI）。香农多样性指数是一种基于信息理论的测量指数，在生态学中应用很广泛，可以用来反映景观多样性的程度。该指数值越大，景观多样性程度越好，景观内的生物越稳定。

$$H = \sum_{i=1}^{m}(p_i)\times\log_2 p_i$$

式中，H 为香农多样性指数；m 为不同类型区的数量；p_i为各类型i所占研究区的比例。

②指标标准化。为消除不同指标量纲和数值差距过大的情况，保证每个特征对结果的影响相同，需要对数据进行标准化处理。本研究标准化方法采取 Z-Score 方法，Z-Score 标准化的值域在−1 和 1 之间。为了解不同措施方案在不同指标的修复效果，本研究对 Z-Score 标准化进行调整，将修复前的方案的标准化值定为 1。

计算 Z-Score:

$$Z_i = \frac{X_i - \mu}{\sigma}$$

$$Z_i' = Z_i + |Z_0| + 1 \quad (Z_0 < 0)$$

$$Z_i' = Z_i - |Z_0| + 1 \quad (Z_0 > 0)$$

式中，X_i是原始数据；μ是数据组的均值；σ是标准差；Z_0是该数据组中无措施方案。

③栖息地多样性。

A. 地貌多样性。

$$Hu = -\sum_{i=1}^{m}(p_{ui}) \times \log_2 p_{ui}$$

式中，Hu为地貌多样性指数；m 为不同类型地貌单元的数量；p_{ui}为各类型地貌单元所占研究区的比例。

B. 水动力多样性。

本文从序列的角度将水深和流速划分为不同的区间，研究不同方案下水深和流速的多样化情况，从而分析河流水动力的多样性。

$$H_h = -\sum_{i=1}^{m}(p_{hi}) \times \log_2 p_{hi}$$

$$H_v = -\sum_{i=1}^{m}(p_{vi}) \times \log_2 p_{vi}$$

式中，H_h为水深香农多样性指数；m 为不同类型区的数量；p_{hi}为各类型水深区间所占研究区的比例。H_v为流速香农多样性指数；m 为不同类型区的数量；p_{vi}为各类型流速区间所占研究区的比例。本次研究基于上述分析，将水深香农多样性指数H_h、流速香农多样性指数H_v相乘并开方，从而将H_w定义为栖息地水动力多样性指数。

$$H_w = \sqrt{H_h \times H_v}$$

C. 栖息地多样性指数。

$$H_m = \frac{H_u' + H_w'}{2}$$

式中，H_m为栖息地多样性指数；H_u'和H_w'为标准化后的地貌和水动力多样性指数。

④栖息地适宜性。

A. 地貌适宜性。

$$USHI = \frac{Q_i}{Q_a}$$

式中，$USHI$为地貌适宜性指数；Q_i 为目标鱼类产卵的适宜河床底质粒径所占比例；Q_a 为研究区域总水面面积。

B. 水动力适宜性。

$$GHSI = \sqrt{DHSI \cdot VHSI}$$

$$WHSI = \frac{W_i}{W_a}$$

式中，*GHSI*为秦岭细鳞鲑水动力适宜度；*DHSI*为水深适宜度；*VHSI*为流速适宜度；*WHSI*为栖息地水动力适宜性指数；W_i为大于 0.6 的面积；W_a为总水面面积。

C. 栖息地适宜性指数。

$$SHSI=\frac{UHSI'+WHSI'}{2}$$

式中，*SHSI*为栖息地多样性指数；*UHSI'*和*WHSI'*为标准化后的地貌和水动力适宜性指数。

⑤栖息地综合质量指数。

$$HQI_i=\frac{H'_{ui}+H'_{wi}+UHSI'_i+WHSI'_i}{4}$$

式中，HQI_i代表 *i* 方案的综合栖息地质量指数；H'_{ui}代表标准化后的 *i* 方案的地貌多样性指数；H'_{wi}代表标准化后的 *i* 方案水动力多样性指数；$UHSI'_i$代表标准化后的 *i* 方案地貌适宜性指数；$WHSI'_i$代表标准化后的 *i* 方案水动力适宜性指数。

（3）评估步骤

鱼类栖息地修复效果评估包括 3 个主要步骤：数据收集&模型前处理、模型模拟&数据输出、数据处理&修复效果评估（图 5-12）。

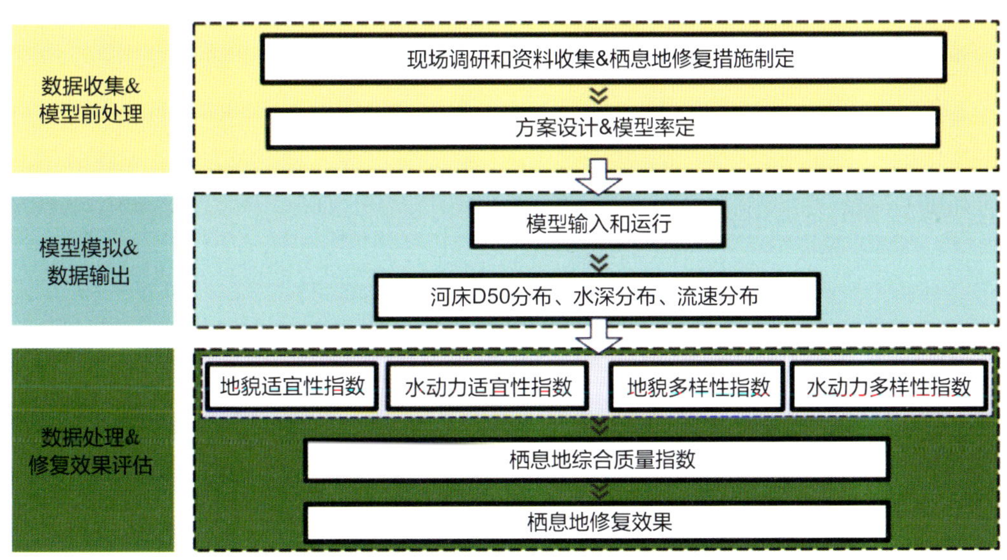

图 5-12　鱼类栖息地修复效果评估步骤

数据收集&模型前处理：对现场的栖息地现状进行调研，现场调查检测研究区域的水动力和地貌状况，搜集研究区域的水文资料、地形地貌状况、水环境状况、水生生物状况、水电退出概况等，结合研究区域的保护区的背景情况，制定适度干扰式栖息地修复措施及模拟方案设计，对栖息地进行模型的率定保证模型的准确性。

模型模拟&数据输出：基于现场的调查监测数据，对模型进行数据输入和参数设定，并输出各个方案的水深、流速分布情况和河床底质沙粒中值粒径（D50）分布情况。

数据处理&修复效果评估：对模型输出的水深、流速分布情况和河床底质 D50 分布情况进行分析和处理，对指标进行标准化处理和计算分析，得出各个方案栖息地的水动力多样性指数、地貌多样性指数、水动力适宜性指数和地貌适宜性指数，并计算得出各个方案的栖息地多样性指数、栖息地适宜性指数和栖息地综合质量指数（HQI），通过对比不同方案的栖息地多样性指数、栖息地适宜性指数和栖息地综合质量指数，确定不同修复措施在栖息地适宜性和多样性以及栖息地综合修复中的效果。

2.5.2 栖息地多样性修复效果评估

（1）地貌多样性修复效果评估

基于 Fryirs 和 Brierley 地貌单元分类体系（图 5−13）对研究区域的地貌单元进行调查，共识别出 7 种地貌单元，分别是串联跌水、深潭、浅滩、急滩、滑流、缓流区、沙洲和点滩。结合现场调研的水深、流速数据，发现研究区域的串联跌水的水深范围为 0～0.35 m，流速范围为＞ 0.6 m/s；深潭的水深范围为＞ 0.6 m，流速范围为 0～0.3 m/s；浅滩的水深范围为 0～0.35 m，流速范围为 0.3～0.6 m/s；急滩的水深范围为 0.35～1 m，流速范围为＞ 0.6 m/s；滑流的水深范围为 0.35～0.9 m，流速范围为 0.3～0.6 m/s；缓流区的水深范围为 0～0.6 m，流速范围为 0～0.3 m/s。（表 5−24）基于水深流速的划定范围，对不同方案的地貌单元分布进行识别（图 5−14）。

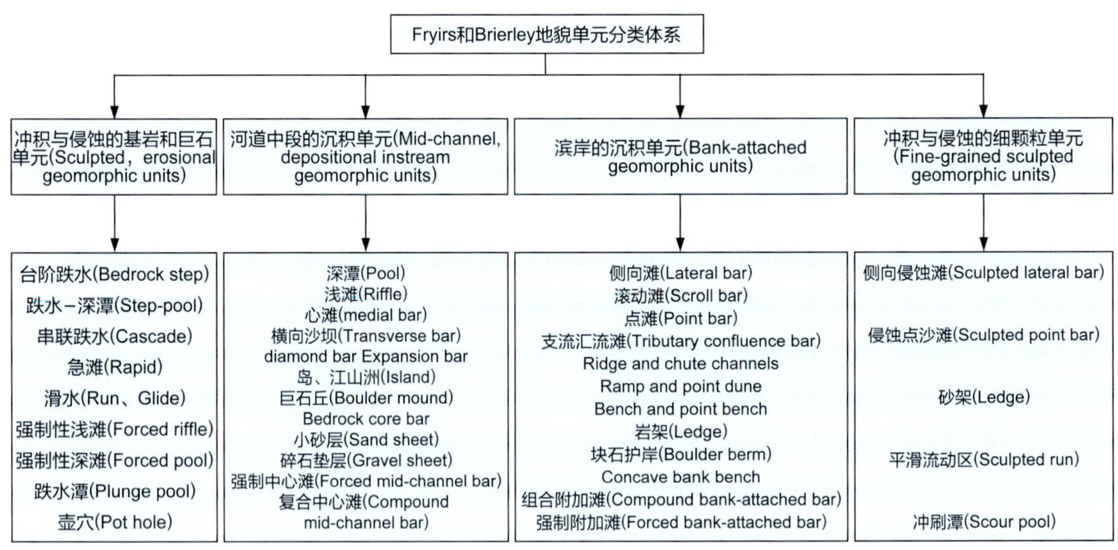

图 5−13　Fryirs 和 Brierley 地貌单元分类体系

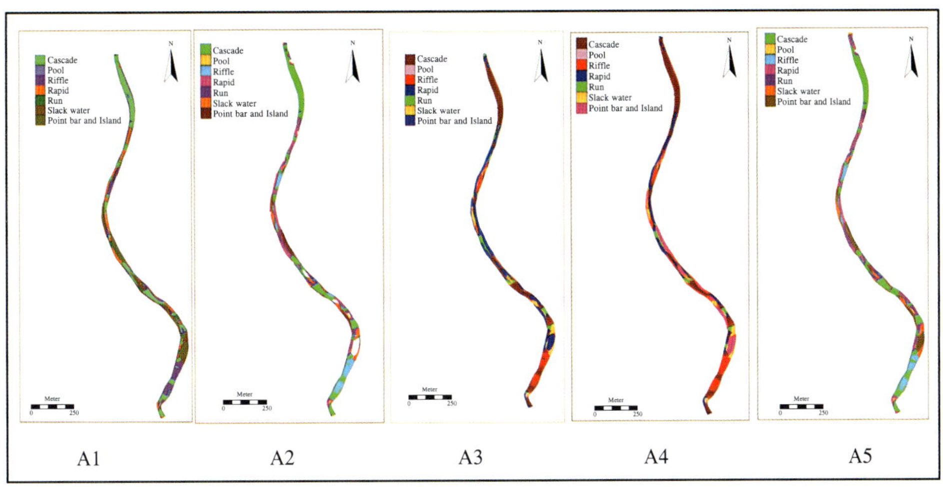

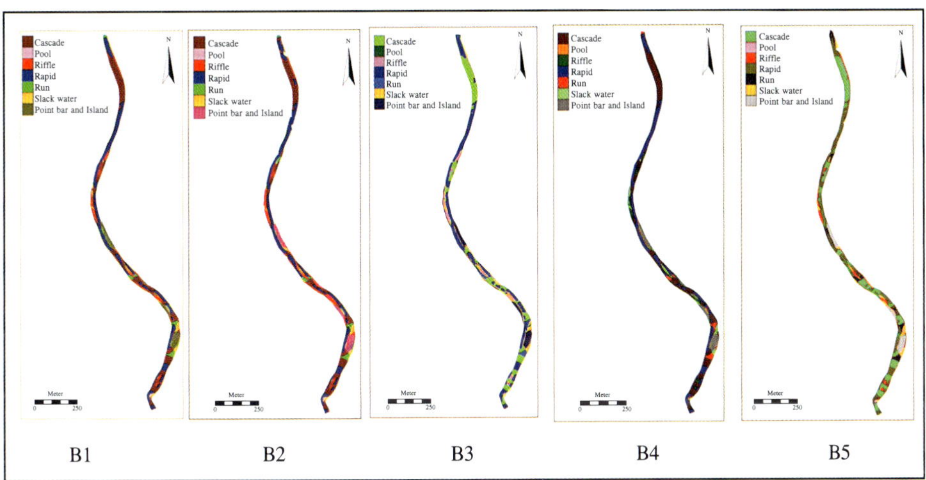

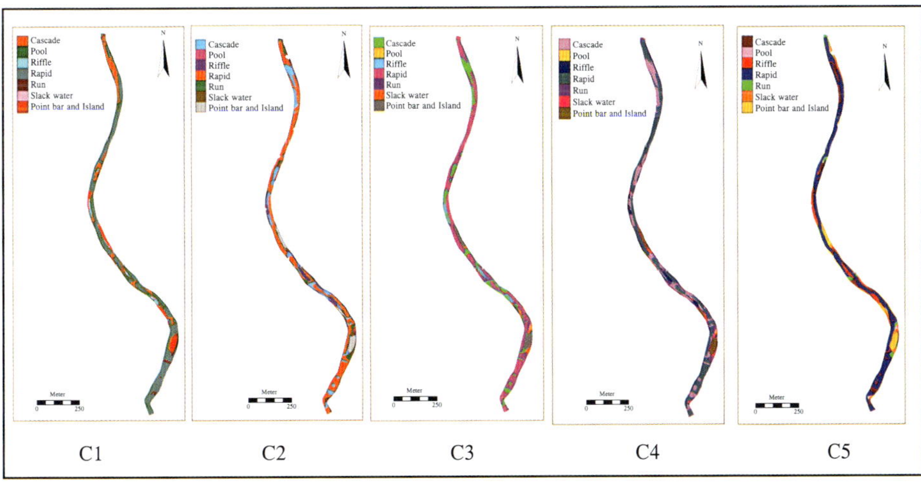

图 5-14　不同方案的地貌单元分布

表 5-24　不同地貌单元的水深、流速范围

地貌单元	水深/m	流速/（m/s）
串联跌水（Cascade）	0～0.35	＞0.6
深潭（Pool）	＞0.6	0～0.3
浅滩（Riffle）	0～0.35	0.3～0.6
急滩（Rapid）	0.35～1	＞0.6
滑流（Run）	0.35～0.9	0.3～0.6
缓流区（Slack water）	0～0.6	0～0.3
沙洲和点滩（Point bar and Island）	0	0

①地貌单元面积变化分析。

通过图 5-15 可知，在高流量条件下，串联跌水的面积有着明显的下降趋势。同时，深潭的面积在 3 种流量条件下的面积变化不大。浅滩的面积随着流量的增大逐步减小。此外，急滩的面积在高流量条件下出现了急剧的增加，且各个时期不同方案下的面积均存在一定的波动范围。滑流的面积在不同水量时期虽然存在一定的波动，但整体差异相对较小。然而，缓流区、沙洲和点滩的面积在高流量相较于低流量条件则呈现出明显的降低趋势。综合来看，研究区域在不同流量条件下的大部分地貌单元面积变化表现出剧烈的波动性，其中急滩的变化最为显著，深潭和滑流在不同水量时期则保持相对的稳定状态。为研究不同地貌单元之间的相关性和内在联系，对不同时期的单元面积通过统计软件，对 15 种方案的包括串联跌水、深潭、浅滩、急滩、滑流、缓流区、沙洲和点滩在内的 7 种地貌单元进行相关性分析，结果如表 5-25 所列。发现串联跌水与沙洲和点滩、深潭与急滩、浅滩与缓流区、浅滩与沙洲和点滩存在着很明显的正相关趋势，相关系数分别为 0.637、0.710、0.650、0.742、0.921、0.921、0.924，说明这些地貌单元组在不同时期存在相同的增长或减少趋势。串联跌水与深潭、串联跌水与急滩、深潭与浅滩、深潭与沙洲和点滩、浅滩与急滩、急滩与缓流区、急滩与沙洲和点滩存在明显的负相关关系，相关系数分别为−0.743、−0.758、−0.639、−0.701、−0.930、−0.652 和−0.736，说明这些地貌单元在不同时期存在着相反的增长或减少趋势。

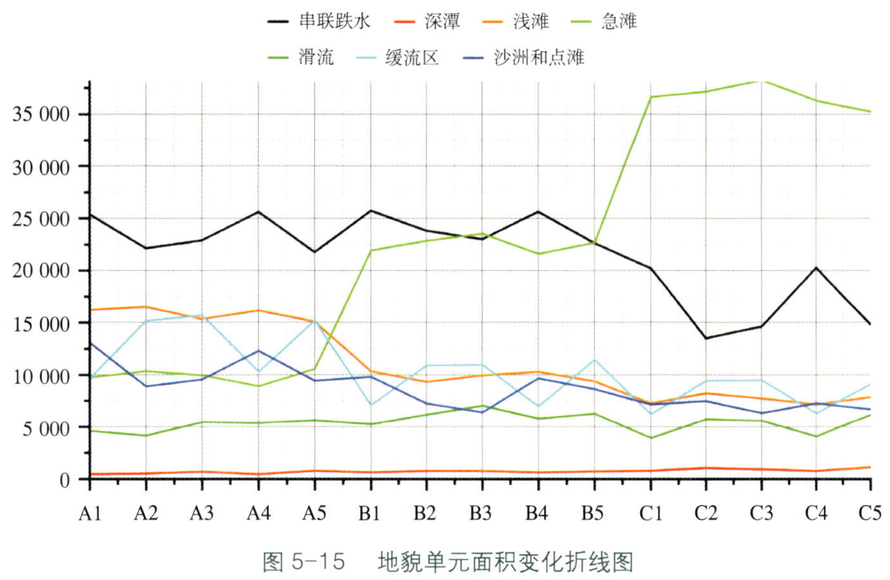

图 5-15 地貌单元面积变化折线图

表 5-25 不同地貌单元相关性汇总

	串联跌水	深潭	浅滩	急滩	滑流	缓流区	沙洲和点滩
串联跌水	1.000						
深潭	−0.743***	1.000					
浅滩	0.561**	−0.639**	1.000				
急滩	−0.758***	0.710***	−0.930***	1.000			
滑流	0.330	−0.166	−0.043	−0.242	1.000		
缓流区	0.110	−0.146	0.650**	−0.652**	0.277	1.000	
沙洲和点滩	0.637**	−0.701***	0.742**	−0.736***	−0.084	0.124	1.000

注： ***、**、*分别代表在1%、5%、10%的水平上的显著性。

②地貌单元多样性分析。

通过SMS的材料选取指令将不同单元的面积大小提取并进行汇总，分析出不同时期各个地貌单元的面积占比，通过香农多样性指数对地貌单元的多样性进行分析总结，对比不同方案下的地貌单元多样性改善效果（表5-26），可以得出，在低流量状态下，A2（生态丁坝措施）、A3（砾石群措施）、A4（基质近自然修复措施）和A5（同时采用砾石群、生态丁坝和基质近自然修复措施）方案地貌单元多样性都优于A1，其中同时采用砾石群、生态丁坝和基质近自然修复措施方案地貌单元多样性指数最高，为2.5259；砾石群措施方案的地貌单元多样性指数次之，为2.5038。在中流量条件下，B2、B3、B4、B5方案的地貌多样性指数均好于B1（无措施方案），综合措施（B5）的修复效果最好，修复后的多样性指数为2.4690，砾石群措施和生态丁坝修复效果相近且略低于综合措施，多样性指数分别为 2.4449 和 2.4410。

在高流量条件下，C2～C4 方案的地貌多样性指数都优于不采取任何修复措施的 C1 方案，其中地貌单元多样性指数最高的为 C5（同时采用砾石群、生态丁坝和基质近自然修复措施），其次是 C2（生态丁坝措施），多样性指数分别为 2.3178 和 2.2966。综合来看，在地貌单元多样性指数改善方面，采取砾石群、生态丁坝和基质近自然修复的综合措施（A5、B5、C5）的修复效果最佳，单独采用砾石群和生态丁坝措施修复（A3、A2、B3、B2、C3、C2）效果次之，且两者修复效果相差不大，单独采用基质近自然修复的修复效果相对其他修复措施并不明显。

表 5-26　地貌单元多样性指数汇总

方案		串联跌水	深潭	浅滩	急滩	滑流	缓流区	点滩	*H*u
低流量	A1	0.3210	0.0060	0.2050	0.1230	0.0581	0.1215	0.1654	2.4486
	A2	0.2848	0.0070	0.2125	0.1331	0.0533	0.1950	0.1144	2.4710
	A3	0.2878	0.0088	0.1928	0.1250	0.0683	0.1972	0.1200	2.5038
	A4	0.3237	0.0060	0.2044	0.1125	0.0680	0.1300	0.1554	2.4577
	A5	0.2774	0.0102	0.1924	0.1345	0.0717	0.1936	0.1202	2.5259
中流量	B1	0.3187	0.0079	0.1282	0.2712	0.0650	0.0874	0.1216	2.4046
	B2	0.2937	0.0096	0.1152	0.2817	0.0761	0.1343	0.0896	2.4410
	B3	0.2816	0.0097	0.1219	0.2882	0.0860	0.1341	0.0786	2.4449
	B4	0.3182	0.0078	0.1279	0.2680	0.0718	0.0864	0.1199	2.4140
	B5	0.2769	0.0090	0.1148	0.2773	0.0765	0.1399	0.1056	2.4690
高流量	C1	0.2459	0.0098	0.0884	0.4455	0.0475	0.0756	0.0872	2.1899
	C2	0.1634	0.0129	0.0999	0.4498	0.0693	0.1141	0.0907	2.2966
	C3	0.1764	0.0113	0.0935	0.4611	0.0672	0.1142	0.0764	2.2519
	C4	0.2470	0.0097	0.0872	0.4416	0.0493	0.0767	0.0886	2.1984
	C5	0.1832	0.0140	0.0971	0.4350	0.0759	0.1119	0.0828	2.3178

（2）水动力多样性修复效果评估

依据现场测得的河床高程及各测量断面的基质粒径分布，应用 SMS 软件中的 SRH-2D 模块，对研究区域的水动力特性和河床底质的冲刷过程进行了模拟。在模拟中，河流的入口和出口边界条件被设置为恒定流量。河道区域的曼宁系数被设定为 0.03，而河漫滩区域的曼宁系数则为 0.045，根据定义的不同情景方案，相应调整流量数据与其他边界条件，从而准确模拟出该区域在多种情景下的水深、流速大小分布。

①水深多样性。

通过 SMSD 的 SRH-2D 模块模拟不同情景下的水深分布情况，将 SRH-2D 模块在 15 种情景方案中的有水区域的水深数据导出至 MATLAB 中，进而对水深数据进行多样性分析，根据水深香农多样性指数计算方法，结合各个方案的水深分布情况对水深进行区间划分，求出每个水深区间的占比，并求其香农多样性指数（表 5−27）。根据不同方案的水深大小分布情况，将水深分为 0～0.3 m、＞ 0.3～0.6 m、＞ 0.6～1 m 以及＞ 1 m 4 个区间，从而得出研究区域在不同流量和不同措施方案下的水深多样性。

通过表 5−27 可以看出，15 种情景方案中水深分布多样性最高的是高流量条件下的综合修复措施方案（C5），多样性指数为 1.5893。在低流量条件下，综合修复措施（A5）修复效果最好，水深多样性指数为 1.2553。在单个修复措施中，砾石群措施方案（A3）效果最好，该方案的水深多样性指数为 1.2152；生态丁坝措施方案（A2）仅次于砾石群措施方案（A3），多样性指数为 1.1955；基质近自然修复方案（A4）修复效果最差，多样性指数为 1.1816。在中流量条件下，综合措施方案（B5）的修复效果依然优于其他方案，生态丁坝措施方案和砾石群修复方案修复效果较为接近，水深多样性指数分别为 1.4822 和 1.4847。在高流量条件下，生态丁坝措施方案（C2）略低于砾石群措施方案（C3），水深多样性指数为 1.5314，单措施方案（C2、C3、C4）修复效果都低于综合修复方案（C5）。综合来看，生态丁坝和砾石群措施在构建多样化水深方面的效果较为接近。在 3 种流量时期，综合修复措施的修复效果要明显好于单个修复措施；单个措施方案中，砾石群措施的修复效果要好于生态丁坝和基质近自然修复措施方案。

表 5−27　水深多样性指数汇总

情景方案		0～0.3 m	＞ 0.3～0.6 m	＞ 0.6～1 m	＞ 1 m	H_h
低流量	A1	0.6550	0.2958	0.0388	0.0104	1.1701
	A2	0.6465	0.2988	0.0441	0.0106	1.1955
	A3	0.6249	0.3221	0.0413	0.0117	1.2152
	A4	0.6447	0.3059	0.0393	0.0101	1.1816
	A5	0.6047	0.3349	0.0485	0.0119	1.2553
中流量	B1	0.4494	0.4535	0.0845	0.0126	1.4165
	B2	0.4343	0.4369	0.1170	0.0118	1.4822
	B3	0.4293	0.4416	0.1167	0.0124	1.4847
	B4	0.4445	0.4523	0.0911	0.0121	1.4298
	B5	0.4217	0.4411	0.1222	0.0149	1.5074

续表

情景方案		0～0.3 m	＞0.3～0.6 m	＞0.6～1 m	＞1 m	H_h
高流量	C1	0.3123	0.5324	0.1354	0.0199	1.5116
	C2	0.3006	0.5302	0.1484	0.0208	1.5314
	C3	0.2942	0.5332	0.1519	0.0208	1.5321
	C4	0.3139	0.5289	0.1376	0.0196	1.5160
	C5	0.2853	0.5106	0.1788	0.0252	1.5893

②流速多样性。

通过 SMS 软件中的 SRH-2D 模块进行水动力模拟，对研究区域的流速分布情况进行模拟还原，A1～C5 方案的流速分布如表 5-28 所列。

通过 SRH-2D 模型，本研究模拟了 15 种不同情景下的流速分布情况，并将数据导出至 MATLAB，进行后续分析。基于各个方案的流速大小分布，将流速大小分为 0～0.3 m/s、＞0.3～0.6 m/s、＞0.6～1 m/s、＞1 m/s 四个区间，以代表各种水动力状况。在此基础上，对流速的大小分布进行了多样性分析。通过计算每个区间的占比、香农多样性指数，进一步量化了各种情景下的水动力特征。

分析结果显示，在低流量条件下，A2～A5 四种修复方案的多样性指数均优于无措施状态（A1）。综合修复措施（A5）方案对于流速分布的多样性修复效果最佳，修复后的多样性指数为 1.8417；砾石群（A3）措施水深多样性修复方面同样表现出较好的效果，修复多样性指数为 1.8383；基质近自然修复措施的修复效果最差，多样性指数为 1.8067。

在中流量条件下，B2～B5 的多样性指数均优于无措施方案（B1）。修复效果最好的两个方案分别为综合修复措施（B5）和砾石群措施（B3），多样性指数分别为 1.8862 和 1.8743。修复效果最差的依然是基质近自然修复方案（B4），多样性指数与无措施方案（B1）相差不大。

在高流量条件下，C2～C5 方案的多样性指数同样高于无措施方案（C1）。修复效果较好的两个方案分别为综合修复措施（C5）和砾石群措施（C3），流速多样性指数分别为 1.8906 和 1.8857；基质近自然修复的修复效果最差，多样性指数为 1.8662，但仍明显高于无措施方案（C1）。

综上所述，基质近自然修复措施在流速多样性修复方面效果较差，而生态丁坝措施和砾石群措施对于流速多样性分布有明显的改善效果。可以看出，基质近自然修复对于河道内流速的分布影响不明显。生态丁坝和砾石群措施在构建局部河段的流速多样性方面效果明显。

表 5−28　流速多样性指数汇总

情景方案		0～0.3 m	＞0.3～0.6 m	＞0.6～1 m	＞1 m	H_v
低流量	A1	0.1851	0.3155	0.4152	0.0842	1.8027
	A2	0.2034	0.3071	0.4007	0.0887	1.8291
	A3	0.2101	0.308	0.392	0.0899	1.8383
	A4	0.1801	0.3043	0.4248	0.0908	1.8067
	A5	0.1904	0.2153	0.4572	0.137	1.8417
中流量	B1	0.1378	0.2214	0.4487	0.1921	1.8516
	B2	0.158	0.2113	0.4404	0.1902	1.8709
	B3	0.1799	0.1966	0.4418	0.1817	1.8743
	B4	0.1636	0.2249	0.447	0.1645	1.8590
	B5	0.1715	0.2186	0.4286	0.1812	1.8862
高流量	C1	0.1176	0.1662	0.4018	0.3143	1.8468
	C2	0.1321	0.1667	0.3783	0.3229	1.8738
	C3	0.1446	0.1655	0.3845	0.3055	1.8857
	C4	0.1387	0.1551	0.3936	0.3126	1.8662
	C5	0.1582	0.1521	0.3707	0.319	1.8906

（3）栖息地多样性综合修复效果评估

对栖息地多样性指标进行标准化处理并计算栖息地多样性指数（表 5−29、图 5−16）。从表 5−29 可以看出，在 3 种流量条件下，各种修复方案的栖息地多样性都要好于无措施状态（A1、B1、C1），说明生态丁坝、砾石群和基质近自然修复措施都对栖息地多样性的改善有正向作用。

表 5−29　栖息地多样性指数大小及标准化处理汇总

情景方案		H_u	H'_u	H_w	H'_w	H_m
低流量	A1	2.449	1.000	1.452	1.000	1.000
	A2	2.471	1.771	1.479	2.085	1.928
	A3	2.504	2.897	1.495	2.738	2.818
	A4	2.458	1.314	1.461	1.357	1.336
	A5	2.526	3.659	1.521	3.800	3.730

续表

情景方案		H_u	H_u'	H_w	H_w'	H_m
中流量	B1	2.405	1.000	1.620	1.000	1.000
	B2	2.441	2.577	1.665	2.816	2.697
	B3	2.445	2.747	1.668	2.938	2.843
	B4	2.414	1.406	1.630	1.404	1.405
	B5	2.469	3.795	1.686	3.663	3.729
高流量	C1	2.190	1.000	1.671	1.000	1.000
	C2	2.297	3.086	1.694	2.095	2.591
	C3	2.252	2.213	1.700	2.380	2.297
	C4	2.198	1.166	1.682	1.523	1.345
	C5	2.318	3.501	1.733	3.952	3.727

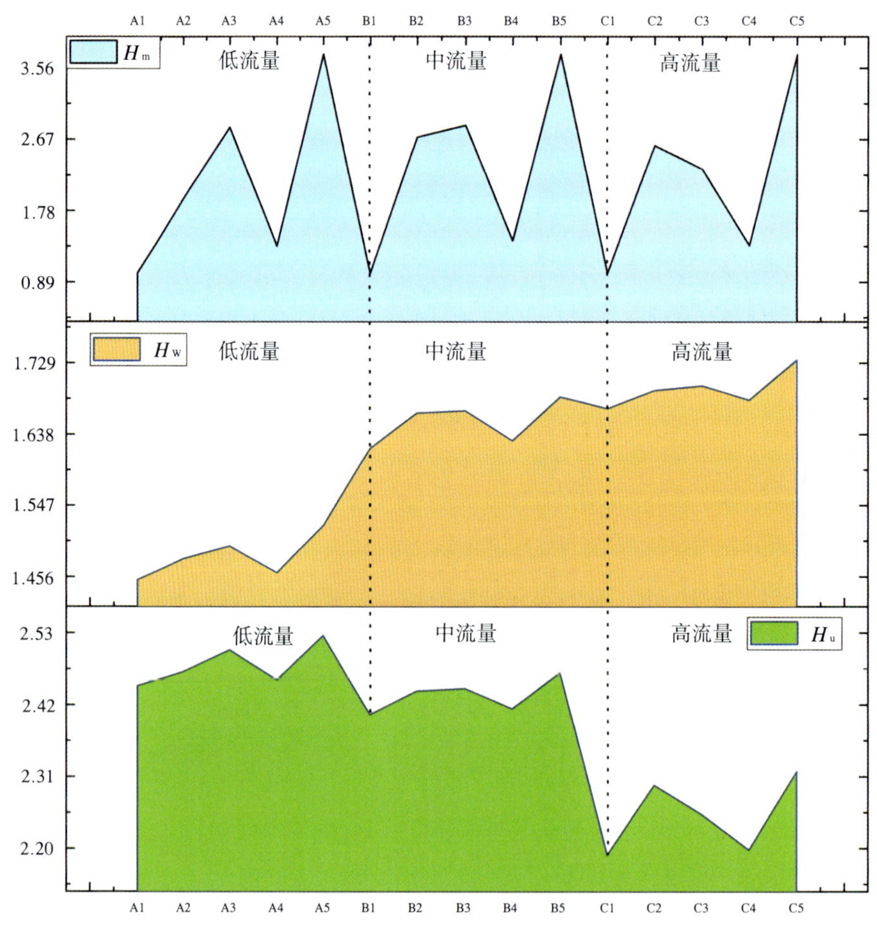

图 5-16　各方案栖息地多样性指标折线图

在低流量条件下，综合修复措施方案的栖息地多样性修复效果最好，将栖息地多样性指数由无措施状态时的 1.0 提升到了 3.728。在单措施方案中（A2、A3、A4），砾石群修复措施在栖息地地貌多样性和水动力多样性方面的改善效果都要好于生态丁坝措施和基质近自然修复措施，标准化后的地貌多样性指数和水动力多样性指数分别为 2.897 和 2.738，栖息地多样性指数为 2.818；生态丁坝措施方案（A2）的修复效果仅次于砾石群措施（A3）方案，栖息地多样性指数为 1.928。

在中流量条件下，栖息地多样性改善效果要明显好于低流量的修复方案，修复效果最好的方案和低流量的相同，同样为综合修复措施方案（B5）。综合修复措施方案的地貌多样性修复效果略好于水动力多样性，标准化后的地貌多样性指数为 3.795，水动力多样性指数为 3.663，栖息地多样性指数为 3.729。砾石群修复措施方案在地貌多样性方面的修复效果优于生态丁坝措施方案和基质近自然修复方案，但在水动力多样性方面修复效果略低于生态丁坝措施方案，仍高于基质近自然修复方案，标准化后的地貌多样性指数和水动力多样性指数分别为 2.747 和 2.938，栖息地多样性指数为 2.843。

在高流量条件下，综合修复措施方案（C5）栖息地多样性修复效果依然好于任何一个单措施方案，该方案的水动力多样性的改善效果要优于地貌多样性的改善效果，标准化后的水动力多样性指数和地貌多样性指数分别为 3.952 和 3.501，栖息地多样性指数为 3.727。在高流量条件下，生态丁坝对于地貌多样性的修复效果要明显好于砾石群措施，栖息地多样性的整体修复效果也要优于砾石群措施，栖息地多样性指数为 2.591。砾石群措施方案（C3）对栖息地多样性的修复效果虽低于生态丁坝措施方案（C2），但仍明显优于基质近自然修复措施方案（C4），多样性指数为 2.297。

综合来看，在栖息地多样性修复方面，3 种修复措施都展现了正向修复效果：基质近自然修复措施的修复效果不明显，生态丁坝措施和砾石群措施的修复效果较好；在中低流量条件下，砾石群措施的修复效果要好于生态丁坝措施；在高流量条件下，生态丁坝的多样性修复效果要优于砾石群措施。另外，综合措施的栖息地多样性指数在任何流量条件下都要好于单措施方案，修复效果明显，说明栖息地多样性的修复需要多个措施综合搭配才有更好的效果。

2.5.3　栖息地适宜性修复效果评估

（1）地貌适宜性修复效果分析

①河床底质分布。

通过 SMS 的 SRH-2D 模块，考虑沉积物输移，输入现场测量的河床底质级配，沉积物比重采取默认值 2.65，选取 Parker 沉积物迁移方程，分别设置不同流量模拟不同方案下的河床底质 D50 分布。高流量条件下各方案的河床底质粒径明显大于中流量和低流量各方案，更有利于鱼类产卵和繁殖，各方案整体的 D50 分布在 2～30 之间，高流量、中流量和低流量的基质近自然修复措施和综合措施（A4、A5、B4、B5、C4、C5）河床底质整体较好，细颗粒底质占比明显较小，粒径明显大于其他方案。

②河床底质适宜性分析。

以产黏性卵的鱼类为例，且适宜在卵石进行产卵和附着，参考《河流泥沙颗粒分析规程》（SL42—2010），分为漂石（粒径＞250 mm）、卵石（粒径＞16～250 mm）、砾石（粒径＞2～16 mm）、沙粒（粒径＞0.062～2 mm），因此本研究选择河床底质 D50＞16 mm 作为秦岭细鳞鲑适宜的底质类型。D50＞16 mm 意味着该区域的河床底质 50%以上质量的底质组成为粒径大于 16 mm 的河床底质，因此将 D50＞16 mm 的区域作为河床底质适宜区域。

通过 SRH-2D 对研究区域的河床底质进行模拟，并导出至 MATLAB 进行处理分析（表 5–30），可以看出，在低流量条件下，无措施方案的底质状况最差，适宜秦岭细鳞鲑产卵的河床底质区域面积最小；基质近自然修复措施（A4）和综合修复措施（A5）修复效果明显高于其他方案；生态丁坝措施方案（A2）修复效果略好于砾石群措施方案（A3）。

在中流量条件下，各个方案秦岭细鳞鲑产卵底质面积从大到小分别为综合修复措施（B5）、基质近自然修复措施（B4）、砾石群措施（B3）和生态丁坝措施（B2）。综合修复措施对于底质改善的修复效果最佳。在单个修复措施中，基质近自然修复措施的修复效果相较于生态丁坝和砾石群措施较好。

在高流量条件下，各措施方案秦岭细鳞鲑产卵适宜底质区域面积和所占比例明显高于低流量条件和中流量条件。底质改善效果最好的依然是基质近自然修复方案（C4）和综合修复措施方案（C5）。

综上所述，基质近自然修复对于秦岭细鳞鲑产卵的底质改善具有良好的效果，修复效果明显高于生态丁坝措施和砾石群措施。综合修复措施在不同时期的修复效果最佳，说明生态丁坝、砾石群和基质近自然修复措施相结合的修复效果相较于单个修复措施更好。

表 5–30　底质 D50 大小分布汇总

情景方案		D50＞16 mm		D50＜16 mm	
		面积/m²	占比/%	面积/m²	占比/%
低流量	A1	22767	37.70	37627	62.30
	A2	23948	38.69	37949	61.31

续表

情景方案		D50＞16 mm		D50＜16 mm	
		面积/m²	占比/%	面积/m²	占比/%
低流量	A3	23898	39.61	36433	60.39
	A4	24840	41.04	35680	58.96
	A5	24890	41.75	34722	58.25
中流量	B1	23282	37.19	39318	62.81
	B2	24419	39.39	37582	60.61
	B3	24567	39.62	37442	60.38
	B4	26421	42.16	36254	57.84
	B5	26800	43.54	34760	56.46
高流量	C1	25608	39.96	38472	60.04
	C2	26361	41.81	36023	58.19
	C3	27025	42.86	36687	57.14
	C4	29274	45.69	34796	54.31
	C5	29535	47.47	32678	52.53

（2）栖息地适宜性综合修复效果评估

对栖息地的适宜性指标进行标准化处理并计算栖息地适宜性指数,绘制折线图(图 5–17)。本研究将 D50＞16 mm 区域面积的占比作为地貌适宜性指数*UHSI*，将秦岭细鳞鲑水动力适宜性指数（GHSI）大于 0.6（高适宜度栖息地）区域所占比例定义为水动力适宜性指数*WHSI*，*UHSI*′为标准化后的地貌适宜性指数，*WHSI*′为标准化后的水动力适宜性指数，*SHSI*为栖息地适宜性指数。

通过表 5–31 可以看出，在 15 种情景方案中，栖息地适宜性指数最高的是中流量条件下的综合修复措施方案（B5），说明综合修复措施在中流量条件下的修复效果更加明显。

表 5–31　栖息地适宜性指标大小及标准化处理汇总

情景方案		*UHSI*	*UHSI*′	*WHSI*	*WHSI*′	*SHSI*
低流量	A1	0.377	1.000	0.298	1.000	1.000
	A2	0.387	1.667	0.333	2.868	2.268
	A3	0.396	2.287	0.334	2.926	2.607
	A4	0.410	3.251	0.310	1.601	2.426

续表

情景方案		UHSI	UHSI′	WHSI	WHSI′	SHSI
低流量	A5	0.418	3.729	0.350	3.783	3.756
中流量	B1	0.372	1.000	0.523	1.000	1.000
	B2	0.394	1.986	0.555	2.469	2.228
	B3	0.396	2.089	0.544	1.979	2.034
	B4	0.422	3.228	0.530	1.345	2.287
	B5	0.435	3.846	0.584	3.853	3.850
高流量	C1	0.400	1.000	0.639	1.000	1.000
	C2	0.418	1.686	0.677	3.052	2.369
	C3	0.429	2.076	0.670	2.681	2.379
	C4	0.457	3.126	0.644	1.229	2.178
	C5	0.475	3.786	0.685	3.505	3.646

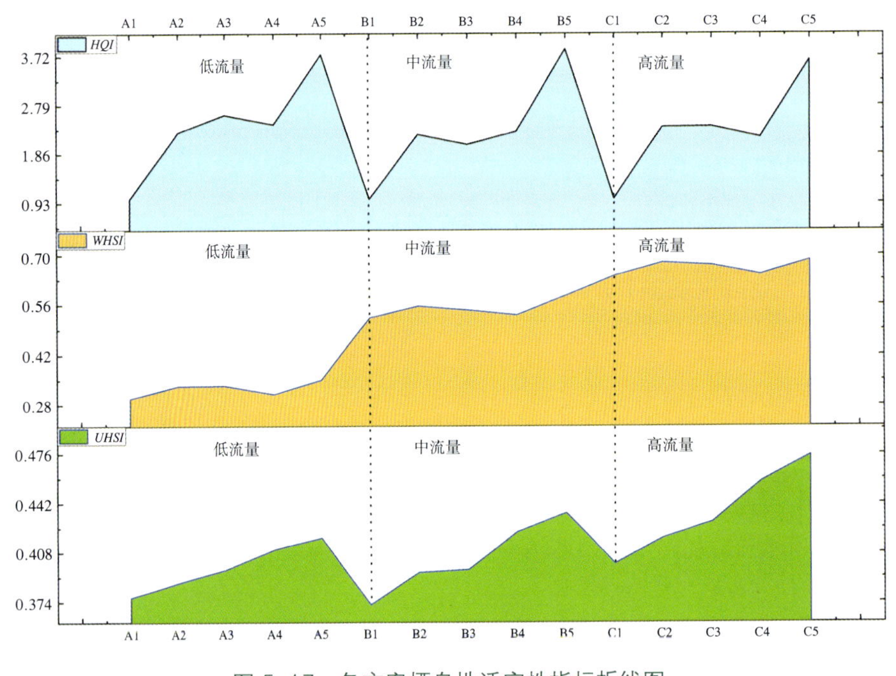

图 5-17　各方案栖息地适宜性指标折线图

在低流量条件下，综合修复措施方案明显好于单措施方案。在单措施方案中，生态丁坝措施方案的修复效果要低于砾石群措施方案和基质近自然修复措施方案，砾石群措施方案在水动力适宜性方面的修复效果较为明显，基质近自然修复措施方案在底质适宜性的改善方面效果明显高于生态丁坝和砾石群措施方案。

在中流量条件下，基质近自然修复措施方案的适宜性修复效果要明显高于其他两个单措施方案，但仍明显低于综合措施方案；在河床底质适宜性的改善方面，基质近自然修复措施方案明显高于砾石群和生态丁坝措施方案，在水动力适宜性方面明显低于砾石群和生态丁坝措施方案。3 种单措施方案栖息地适宜性改善效果从大到小分别是基质近自然修复措施方案（B4）、生态丁坝措施方案（B2）、砾石群措施方案（B3），栖息地适宜性指数分别为 2.287、2.228 和 2.034。

在高流量条件下，综合修复方案对于栖息地适宜性的修复依然效果最好，但在单措施方案中，栖息地适宜性修复效果与中低流量不同，修复效果从大到小分别为砾石群措施方案、生态丁坝措施方案、基质近自然修复措施方案。单措施方案河床底质改善效果从大到小依次是基质近自然修复措施方案、砾石群措施方案、生态丁坝措施方案；单措施方案水动力适宜性改善效果从大到小依次是生态丁坝措施方案、砾石群措施方案、基质近自然修复措施方案。

综上所述，综合修复措施要明显好于任何一个单措施方案。单措施方案中，在高流量和低流量条件下，砾石群对于栖息地适宜性的改善效果较为明显；在中流量条件下，基质近自然修复措施和生态丁坝措施对于栖息地适宜性的改善效果较为明显。

2.5.4　栖息地修复效果综合评估

将地貌多样性指数、水动力多样性指数、地貌适宜性指数、水动力适宜性指数汇总，并基于栖息地综合质量指数 HQI（Habitat Quality Index）计算方法，计算出各个情景方案的 HQI（表 5−32）。

通过表 5−32 和图 5−18 可以看出，在单措施方案中，在低流量条件下修复效果由大到小分别为砾石群、生态丁坝和基质近自然修复措施，且 3 种单措施方案都是正向修复效果；综合修复措施方案的修复效果要好于任何一个单措施方案。在中流量条件下，综合修复措施方案依然优于单措施方案；单措施方案中，修复效果从大到小依次是生态丁坝措施方案、砾石群措施方案、基质近自然修复措施方案，栖息地综合质量指数为 2.462、2.438 和 1.846，均有明显的正向改善作用。在高流量条件下，单措施方案中修复效果由高到低分别为生态丁坝、砾石群和基质近自然修复，且 3 种措施方案对应的修复方案，栖息地综合质量指数明显都大于无措施方案，单措施方案的栖息地综合质量指数分别为 2.481、2.338 和 1.762；综合修复措施方案的综合质量指数最高，为 3.789。

总的来说，单措施方案中，生态丁坝和砾石群措施方案的修复效果明显好于基质近自然修复措施方案，且在低流量条件下，砾石群措施方案的修复效果更好；在中流量和高流量条件下，生态丁坝对于栖息地综合质量指数的改善最为明显。在中流量条件下，本研究制定的适度干扰式修复措施修复效果最佳。综合修复措施方案在 3 种流量下，栖息地综合质量指数（HQI）都明显高于单措施方案，因此秦岭细鳞鲑栖息地的改善采取生态丁坝、砾石群和基质近自然修复措施相结合的综合措施效果更佳。

表 5-32　栖息地综合修复效果汇总

情景方案		H_u'	H_w'	$UHSI'$	$WHSI'$	HQI
低流量	A1	1.000	1.000	1.000	1.000	1.000
	A2	1.771	2.085	1.667	2.868	2.098
	A3	2.897	2.738	2.287	2.926	2.712
	A4	1.314	1.357	3.251	1.601	1.881
	A5	3.659	3.800	3.729	3.783	3.743
中流量	B1	1.000	1.000	1.000	1.000	1.000
	B2	2.577	2.816	1.986	2.469	2.462
	B3	2.747	2.938	2.089	1.979	2.438
	B4	1.406	1.404	3.228	1.345	1.846
	B5	3.795	3.663	3.846	3.853	3.789
高流量	C1	1.000	1.000	1.000	1.000	1.000
	C2	3.089	2.095	1.686	3.052	2.481
	C3	2.215	2.380	2.076	2.681	2.338
	C4	1.168	1.523	3.126	1.229	1.762
	C5	3.505	3.952	3.786	3.505	3.687

生态丁坝和砾石群的构建造成丁坝和砾石群的上游部分区域水位上涨、流速变慢，形成了缓流区，而上游水位的增高及河道横截面积变窄，导致下游流速变大，从而提升了该河段水动力的多样性和地貌单元的多样性。秦岭细鳞鲑适宜的流速较大，通过砾石群和生态丁坝的构建使得下游的流速变大，细颗粒物随之被冲刷掉，增加了底质的粒径大小，提升了栖息地的水动力适宜性和地貌适宜性。而基质近自然修复措施未对水流状态造成较大影响，由于补充的卵石的阻力，少量减弱了部分激流区域的流速，但底质冲刷稳定后，河流水动力条件变化不大，因此对于局部的水动力多样性的改善相较于生态丁坝和砾石群不明显。但由于水坝拆除后大量细颗粒物随着水流冲刷至下游形成淤积，不利于秦岭细鳞鲑的产卵，基质近自然修复措施通过重建河床底质，补充适合秦岭细鳞鲑产卵的大块卵石，明显提升了 D50＞16 mm 的区域面积，从而明显提高了适宜秦岭细鳞鲑产卵的底质区域面积，提升了栖息地的地貌

适宜性。

生态丁坝和砾石群措施方案相对于基质近自然修复措施在栖息地多样性和栖息地水动力适宜性改善方面效果明显，但基质近自然修复措施方案在河床底质改善方面的效果更加显著。而 3 种措施相结合的综合修复措施方案的修复效果要好于任何一个单措施方案，因此要全面地进行栖息地修复，需要采用生态丁坝、砾石群和基质近自然修复相结合的适度干扰式修复措施方案来对研究河段的栖息地进行修复。

综上所述，对于栖息地河床底质较差的河流，应采取基质近自然修复措施方案对河床底质进行重构；对于栖息地多样性条件较为单一的河流，在中低流量条件下应采取砾石群措施方案改善栖息地多样性，在高流量条件下应采取生态丁坝措施方案来改善局部栖息地多样性较差的情况。对于目标鱼类的水动力条件适宜性较差的河段，可以根据目标鱼类的水动力需求取砾石群或生态丁坝措施营造适宜的水动力条件。

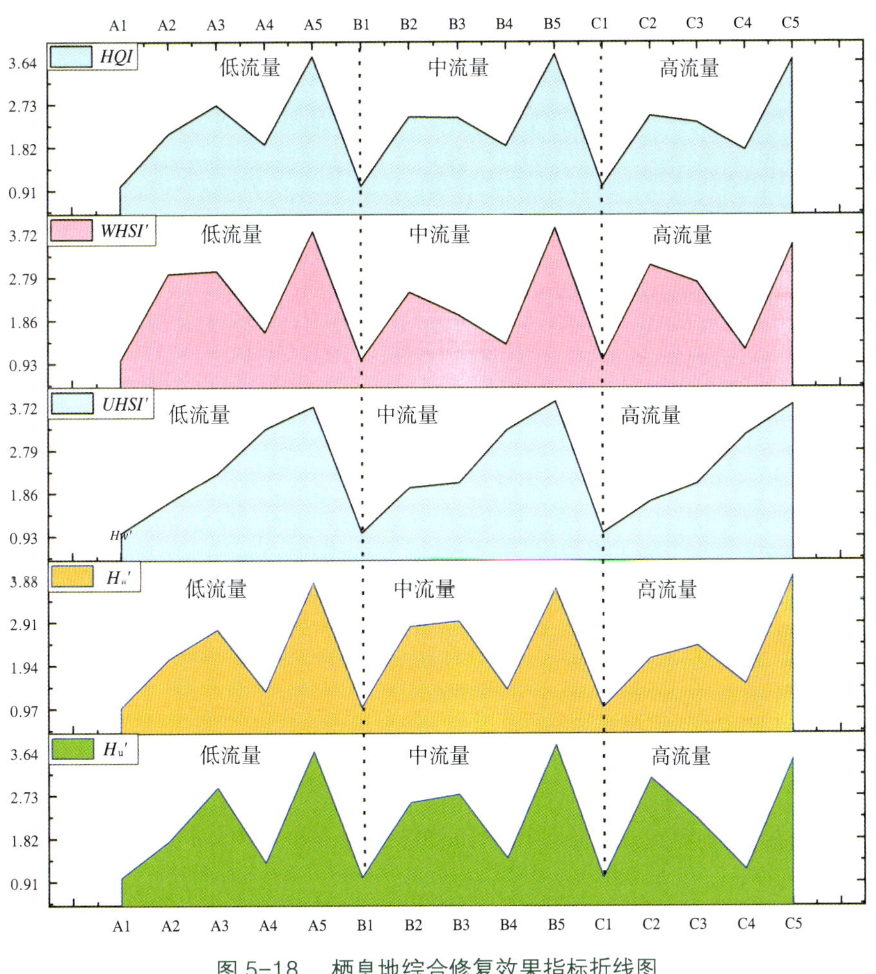

图 5-18　栖息地综合修复效果指标折线图

参考文献

[1] 董哲仁. 河流生态修复 [M]. 北京：中国水利水电出版社，2013.

[2] 董哲仁. 生态水利工程学 [M]. 北京：中国水利水电出版社，2019.

[3] 董哲仁，张晶，张明. 生态水工学概论 [M]. 北京：中国水利水电出版社，2020.

[4] 赵进勇，于子铖，张晶，等. 国内外河湖生态保护与修复技术标准进展综述 [J]. 中国水利，2022（6）：32-37.

[5] 沈韫芬，蔡庆华. 淡水生态系统中的复杂性问题 [J]. 中国科学院研究生院学报，2003，20（2）：131-138.

[6] 念宇. 淡水生态系统退化机制与恢复研究 [D]. 上海：东华大学，2010.

[7] 蔡庆华，唐涛，邓红兵. 淡水生态系统服务及其评价指标体系的探讨 [J]. 应用生态学报，2003，14（1）：135-138.

[8] 朱爱民. 淡水生态系统监测评价指标体系初步研究 [J]. 人民长江，2020，51（2）：32-37.

[9] 陈宏文，张萌，刘足根，等. 赣江流域淡水生态系统完整性与健康状态的鱼类 F-IBI 值评价 [J]. 长江流域资源与环境，2011，20（9）：1098-1107.

[10] 王汨，徐宗学，殷旭旺. 银川市典农河流域鱼类多样性研究及水生态系统健康评价 [J]. 人民黄河，2024，46（6）：85-89，102.

[11] 李真. 东江大型底栖动物群落结构及水生态系统健康评价 [D]. 广州：华南农业大学，2011.

[12]LAURA MAXIM, SPANGENBERG JOACHIM, O'CONNOR, M. An analysis of risks for biodiversity under the DPSIR framework[J]. Ecological Economics, 2009(69)：12-23.

[13]GEIST J. Editorial: Green or red: Challenges for fish and freshwater biodiversity conservation related to hydropower[J]. Aquatic Conservation: Marine and Freshwater Ecosystems,2021：31.

[14] 张力薇，张思金，黎佛林，等. 基于 DPSIR 模型的鄱阳湖湿地生态系统健康评价研究 [J]. 江西水利科技，2024，50（3）：176-182.

[15] 宋为威，鞠茂森. 基于层次分析法–熵权法的河湖健康评估 [J]. 江苏水利，2024（1）：39-42.

[16] 任以胜，韩涵，陆林. 基于熵权 TOPSIS 的流域生态补偿政策绩效评价 [J]. 安徽师范大学学报（自然科学版），2024，47（3）：230-236.

[17] 王朋冲，周继明，邓治容，等. 河流健康评价研究 [J]. 水土保持应用技术，2024（5）：21-22.

[18] 鲍艳磊，田冰，张瑜，等. 雄安新区河流健康评价 [J]. 生态学报，2021，41（15）：5988-5997.

[19] 陈文斌. 关中地区河流健康评价指标体系构建与应用：以石川河为例 [D]. 杨凌：西北农林科技大学，2023.

[20] 陈照方，陈凯，杨司嘉. 水生植物对淡水生态系统的修复效果 [J]. 分子植物育种，2019，17（13）：4501-4506.

[21] 宋福强，李卓卿，肖俞，等. 西藏朋曲河流域淡水生态系统服务价值评估 [J]. 西南大学学报（自然科学版），2018，40（9）：142-149.

[22] 林静玉. 淡水生态系统服务流新框架及其在社会–生态系统中的应用 [D]. 厦门：厦门大学，2021.

[23] 江文，李慧. 全球半数国家淡水生态系统出现退化 [J]. 水利水电快报，2024，45（10）：1.

[24] 李超，顾晓伟. 小水电改造现状分析及前景展望 [J]. 人民黄河，2022，44（S2）：205-206，208.

[25] 廖承彬. 小水电管理和绿色发展实践 [M]. 北京：中国水利水电出版社，2021.

[26] 王宏涛. 水生态修复技术实训 [M]. 北京：中国水利水电出版社，2023.

[27] 陈振聪. 生态护岸技术应用现状与应用分析 [J]. 珠江水运，2022（21）：9-11.

[28] 丁洋，赵进勇，张晶，等. 河湖水系生态连通工程技术体系构建 [J]. 中国农村水利水电，2022（4）：120-126.

[29] 南军虎，陈垚，刘一安. 丁坝群对疏浚整治河道生物栖息地修复效果研究 [J]. 水生态学杂志，2025，46（2）：33-43.

[30] 李轩. 小水电退出区域鱼类栖息地修复技术体系研究 [D]. 保定：河北农业大学，2022.

[31] 张晶，于子铖，董哲仁，等. 河流地貌单元研究综述 [J]. 水生态学杂志，2021，42（5）：10-18.

[32] 徐伟，赵进勇，王琦，等. 基于生态丁坝群构建技术的汉江上游典型河段栖息地质量改善研究 [J]. 水利水电技术（中英文），2021，52（12）：35-46.

[33] 张新华，邓晴，文萌，等. 弯曲河道对改善水生生物栖息地研究进展 [J]. 西南民族大学学报（自然科学版），2019，45（6）：637-645.

[34] 彭文启，韩祯，王世岩，等. 小水电河流生态复苏若干问题探讨 [J]. 中国水利，2022（7）：40-44.

[35] 赵进勇，张晶，董延军，等. 河湖水系连通生态模型、规划方法和工程实践 [M]. 北京：中国水利水电出版社，2021.

[36] 丁洋，赵进勇，彭文启，等. 野生大鲵栖息活动适宜水动力条件实验及适宜性曲线构建 [J]. 水利学报，2024，55（12）：1508-1518.

[37] 陈垚. 基于丁坝群布置的疏浚整治河道内生物栖息地修复研究 [D]. 兰州：兰州理工大学，2024.

[38]王宏涛.蜿蜒型河流空间异质性和物种多样性相关关系研究[D].北京：中国水利水电科学研究院，2017.

[39] 于子铖，赵进勇，彭文启，等. 小水电河流水文地貌–生态响应关系研究 [J]. 水利水电技术（中英文），2023，54（6）：137-146.

[40] 林育青，马君秀，陈求稳. 拆坝对河流生态系统的影响及评估方法综述 [J]. 水利水电科技进展，2017，37（5）：9-15，21.

[41] 邱承皓，程鑫，方超. 水电设施拆除区域的鱼类栖息地修复措施研究 [J]. 中国资源综合利用，2024，42（12）：225-230.

[42] 王强，袁兴中，刘红，等. 引水式小水电对西南山地河流鱼类的影响 [J]. 水力发电学报，2013，32（2）：133-138，158.

[43] 易雨君，程曦，周静. 栖息地适宜度评价方法研究进展 [J]. 生态环境学报，2013，22（5）：887-893.

[44] 程香菊，王龙威，林梓宜，等. 北江丁坝群对鲫鱼栖息地适宜度的影响 [J]. 人民长江，2024，55（11）：10-17，80.

[45] 李轩，张晶，艾祖军，等. 赤水河河源段栖息地现状评价及修复对策探讨 [J]. 水生态学杂志，2023，44（2）：34-43.

[46] 王子遥. 黄河某水电站下游鱼类栖息地水动力学特征及生态流量研究 [D]. 西安：西安理工大学，2024.

[47] 李美萍，段斌，王海胜，等. 大渡河上游某河段鱼类栖息地适宜性评价 [J]. 河海大学学报（自然科学版），2024，52（5）：30-36.

[48] 杨富亿，文波龙，李晓宇，等. 吉林莫莫格国家级自然保护区河流湿地的鱼类栖息地修复效果评价 [J]. 湿地科学，2024，22（1）：1-15.

[49] 严鑫，成必新，杨绍荣. 鱼类栖息地保护与修复措施研究 [J]. 绿色科技，2020，（18）：16-19，22.

[50] 王文统. 小水电退出区域适度干扰式栖息地修复措施评估研究 [D]. 北京：中国水利水电科学研究院，2024.

专题报告 6

秦岭国家公园淡水生态系统保护修复中的人居空间绿色发展策略及农村人居空间管理指南与行动计划①

1　秦岭国家公园流域人居环境现状及空间特征

1.1　秦岭国家公园人居环境概况

秦岭国家公园内不同区域自然环境差异较大，地形起伏变化较大，人地系统较为独特，人口分布、社会经济要素也呈现出不同格局与特征。了解秦岭国家公园人居环境概况，有助于明晰当前人居空间发展问题，明确生态敏感区、生物多样性丰富区、人居空间聚集区的基本差异，从而在确保生态系统的稳定性和完整性的同时，为产业准入与结构优化、社区营建方式制定更加精准的管控措施。

1.1.1　行政区划概况

秦岭国家公园涉及陕西省 6 市 20 个县（区），分别是西安市的蓝田县、长安区、鄠邑区、周至县，宝鸡市的眉县、太白县、渭滨区、陈仓区、凤县，渭南市的华州区、临渭区，汉中市的略阳县、勉县、留坝县、城固县、洋县、佛坪县，安康市的宁陕县，商洛市的镇安县、柞水县，共包含 101 个乡镇街道，415 个行政村。（表 6-1）

① 西安建筑科技大学，周庆华、吴锋、张伟、武昭凡、雷会霞、申研、薛颖、牛俊蜻、田沁雪、张鑫、谢永尊、李晨、邓泓祥；北京林业大学，王新杰，2024 年 12 月。

表 6–1 秦岭国家公园涉及县（区）、乡镇街道表

涉及市	涉及县（区）	纳入国家公园面积/km^2	涉及乡镇、街道
西安市	周至县	1733.16	厚畛子镇、板房子镇、王家河镇、陈河镇、骆峪镇、竹峪镇
	蓝田县	923.98	汤峪镇、焦岱镇、小寨镇、玉川镇、玉山镇、葛牌镇、蓝桥镇、蓝关镇、辋川镇、九间房镇、灞源镇、厚镇、普化镇
	长安区	560.57	东大街道、滦镇街道、五台街道、太乙宫街道、王莽街道、引镇街道、杨庄街道
	鄠邑区	498.07	蒋村镇、石井镇、草堂镇
宝鸡市	太白县	2168.41	咀头镇、桃川镇、鹦鸽镇、靖口镇、太白河镇、黄柏塬镇、王家堎镇
	凤县	610.26	平木镇、留凤关镇、河口镇、黄牛浦镇、唐藏镇、辛家山（林业局）、马头滩（林业局）
	眉县	284.03	汤峪镇、营头镇、横渠镇
	陈仓区	183.52	坪头镇、磻溪镇、天王镇、钓渭镇
	渭滨区	264.41	八鱼镇、高家镇、神农镇、马营镇
渭南市	临渭区	90.76	阳郭镇、桥南镇
	华州区	501.23	高塘镇、大明镇、瓜坡镇、杏林镇、莲花寺镇、柳枝镇、金堆镇
汉中市	略阳县	293.08	五龙洞镇、两河口镇、仙台坝镇、观音寺镇
	勉县	503.7	张家河镇、茶店镇、长沟河镇、同沟寺镇、新街子镇
	留坝县	1037.14	城关镇、火烧店镇、留侯镇、玉皇庙镇、江口镇、武关驿镇、马道镇、青桥驿镇
	城固县	219.67	小河镇、双溪镇
	洋县	452.29	华阳镇、茅坪镇、关帝镇、溢水镇
	佛坪县	514.8	岳坝镇、长角坝镇
安康市	宁陕县	1477.57	广货街镇、皇冠镇、江口镇、新场镇、四亩地镇、城关镇、太山庙镇
商洛市	柞水县	193.89	营盘镇、丰北河镇、曹坪镇
	镇安县	114.17	杨泗镇、柴坪镇、木王镇

资料来源：《秦岭国家公园科考报告》。

从空间规模上来看，太白县、周至县、宁陕县、留坝县纳入秦岭国家公园内的面积超过 1000 km^2，蓝田县纳入秦岭国家公园内的面积接近 1000 km^2，这 5 个县在秦岭国家公园总面积中占比最大；临渭区纳入秦岭国家公园内的面积近 100 km^2，是占秦岭国家公园面积比例最

小的县（区）；其余各县（区）纳入秦岭国家公园内的面积在 100～1000 km²。太白县纳入秦岭国家公园内的面积达 2168.41 km²，是秦岭国家公园总面积中占比最大的县，在所有县市区中占比最高；其次为周至县，有约 59%的县域面积纳入到秦岭国家公园中；此外，华州区、佛坪县、留坝县、鄠邑区、渭滨区、蓝田县、宁陕县有超过 40%的县（区）面积纳入到秦岭国家公园中；柞水县、陈仓区、临渭区、镇安县纳入到秦岭国家公园的面积不足 10%。（图 6-1）

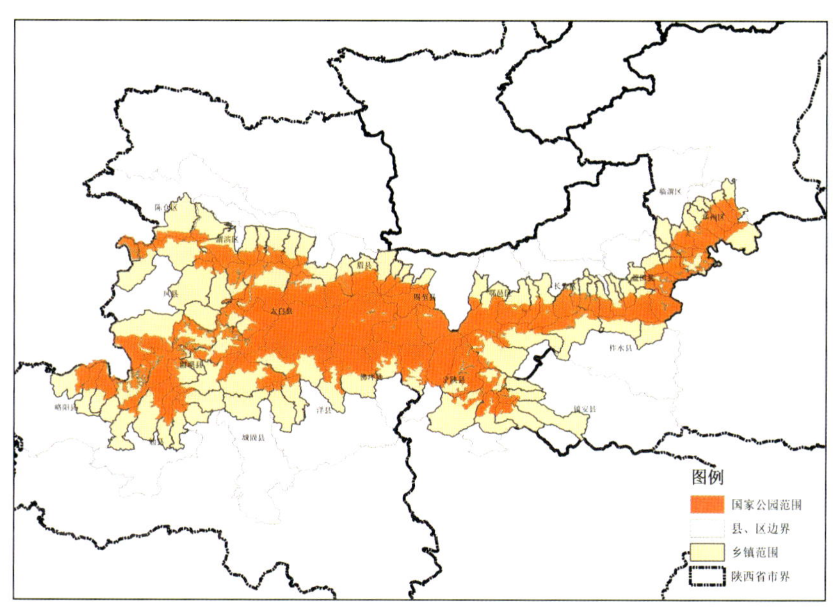

图 6-1　秦岭国家公园行政区划图

根据位于国家公园的内外位置不同，可将秦岭国家公园范围内和外临近公园边界的乡镇分为腹地型（边界范围内的乡镇）和边缘型（跨越边界，与公园有密切关系的乡镇）两类。外围的临近乡镇由于与国家公园存在多方面的紧密关系，因此一并纳入研究范围。经初步统计，腹地型乡镇 18 个，面积较大的乡镇包括太白县咀头镇和黄柏塬镇，周至县厚畛子镇、板房子镇和王家河镇，宁陕县新场镇和皇冠镇，其中太白县县城位于较大天窗处。边缘型乡镇 84 个，其中佛坪县县城与宁陕县县城距国家公园边界较近。

1.1.2　村镇建设概况

筛选位于秦岭国家公园范围内及其周边的乡村振兴示范镇、传统村落、全国生态文化村与美丽宜居示范村，有助于发现公园内较有发展潜力与发展优势的镇村，通过了解重点村镇的发展现状与产业优势，助力研究案例的选取与管控措施的提出。（表 6-2）

表 6-2　镇村建设情况统计表

乡村振兴示范镇（8 个）	传统村落（19 个）	全国生态文化村（2 个）	2022 年陕西省美丽宜居示范村（15 个）
①西安市： 长安区太乙宫街道、引镇街道， 蓝田县汤峪镇； ②宝鸡市： 眉县汤峪镇，太白县桃川镇、黄柏塬镇； ③汉中市： 留坝县江口镇、留侯镇	①西安市： 周至县厚畛子镇老县城村， 蓝田县葛牌镇石船沟村； ②商洛市（邻近）： 柞水县营盘镇朱家湾村； ③汉中市（邻近）： 留坝县城关镇城关村、火烧店镇中西沟村、望星台村 留坝县江口镇磨坪村、梭椤村、河西村， 留坝县留侯镇庙台子村、营盘村、闸口石村， 留坝县马道镇龙潭坝村， 留坝县武关驿镇上南河村、河口村， 留坝县玉皇庙镇玉皇庙村、下西河村、两河口村， 留坝县紫柏街道小留坝村	①宝鸡市： 太白县黄柏塬镇黄柏塬村； ②商洛市（邻近）： 柞水县营盘镇朱家湾村	①西安市： 长安区五台街道西尧村， 长安区太乙宫街道沙场村； ②宝鸡市： 眉县汤峪镇汤峪村（邻近）， 眉县营头镇营头村（邻近）， 太白县桃川镇灵丹庙村， 太白县黄柏塬镇二郎坝村， 渭滨区神农镇太平庄村（邻近）， 凤县黄牛铺镇东河桥村（邻近）； ③汉中市（邻近）： 留坝县火烧店镇望星台村， 留坝县留侯镇桃园铺村， 留坝县江口镇磨坪村、江口村， 留坝县玉皇庙镇两河口村， 略阳县五龙洞镇五龙洞村； ④商洛市（邻近）： 柞水县营盘镇秦丰村

乡村振兴示范镇。自 2021 年陕西省住建厅与省财政厅联合印发《关于推进乡村振兴示范镇建设的实施方案》，部署推进全省 100 个乡村振兴示范镇建设工作。秦岭国家公园范围内涵盖 8 个，包括：西安市长安区太乙街道、引镇街道，蓝田县汤峪镇；宝鸡市眉县汤峪镇，太白县桃川镇、黄柏塬镇；汉中市留坝县江口镇、留侯镇。

传统村落。秦岭国家公园范围内的传统村落大多位于秦岭南麓，以汉中市留坝县居多。这些传统村落多与国家公园边界接壤。

全国生态文化村。秦岭国家公园范围内的全国生态文化村仅有宝鸡市太白县黄柏塬镇黄柏塬村和商洛市柞水县营盘镇朱家湾村（临近公园边界）。

2022 年陕西省美丽宜居示范村。秦岭国家公园范围内的美丽宜居示范村多数位于宝鸡和汉中两市。其中，太白县桃川镇灵丹庙村和黄柏塬镇二郎坝村位于秦岭国家公园的范围内，其余美丽宜居示范村多靠近国家公园边界。

通过叠置分析，可以看出秦岭国家公园范围内存在 3 个人居空间发展核，分别是：①由秦岭腹地的太白县黄柏塬镇与周至县厚畛子镇共同形成的发展核，这两个镇的全镇范围都在秦岭国家公园内。因镇内有黄柏塬原生态风景区、黑河国家森林公园，并且太白山国家级自然保护区横跨两镇，生态资源优越，所以该发展核极具生态旅游潜力。②由位于秦岭北麓西安市长安区的五台街道、太乙宫街道组成的人居空间发展核，位于秦岭北麓七十二峪之一的太峪沟口附近。此处有终南山国家森林公园、翠华山国家地质森林公园，生态资源丰富，自然风光优美。③由汉中市留坝县的火烧店镇、江口镇组成的秦岭南麓人居空间发展核。此处大力发展乡村休闲旅游，吸引了八方游客前来观光，人居活动最为活跃。（图 6-2）

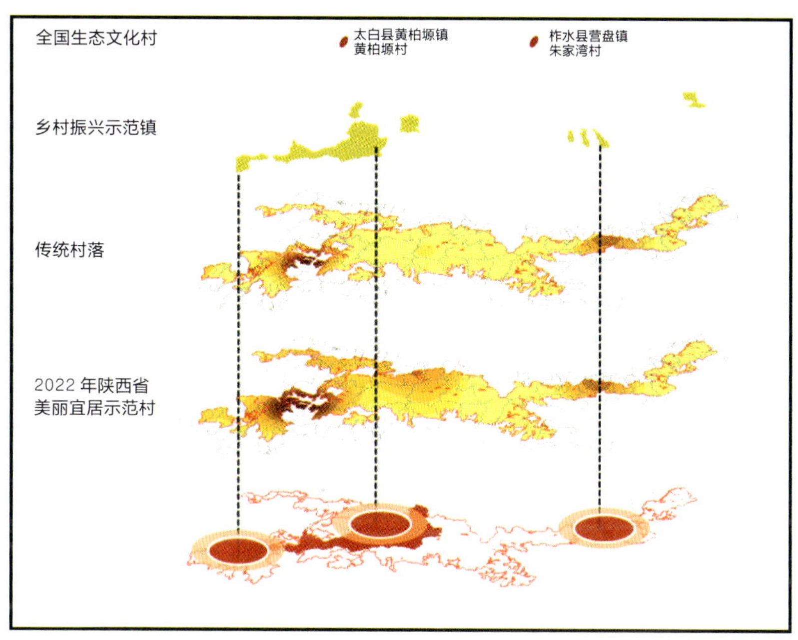

图 6-2　村镇叠置图

1.1.3　产业发展概况

（1）整体概况

据《秦岭国家公园科考报告》显示：截至 2020 年，秦岭国家公园内，三次产业增加值合计 944.18 亿元，其中第一产业增加值 155.87 亿元，占比 16.51%；第二产业增加值 202.26 亿元，占比 21.42%；第三产业增加值 586.05 亿元，占比 62.07%。秦岭国家公园内经济发展不均衡的情况较为突出，从空间分布上来看，区县国民生产总值在整体趋势上呈现出北高南低、平原盆地高山地丘陵低的分布特征。（图 6-3）

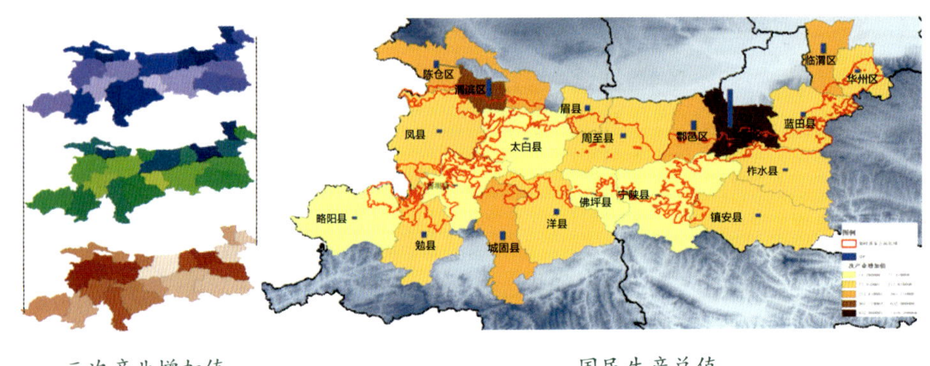

图 6-3　秦岭国家公园范围县域经济现状图

（2）旅游资源

《秦岭国家公园科考报告》将陕西秦岭国家公园划分为 5 大旅游资源区。从旅游点的核密度分布来看，秦岭国家公园范围内的旅游资源主要分布于北麓沿线，集中于各峪口与森林公园附近。位于秦岭腹地的旅游点主要以黄柏塬镇与厚畛子镇为代表。秦岭南麓的旅游点集中于留坝、佛坪、宁陕三县。（图 6-4）

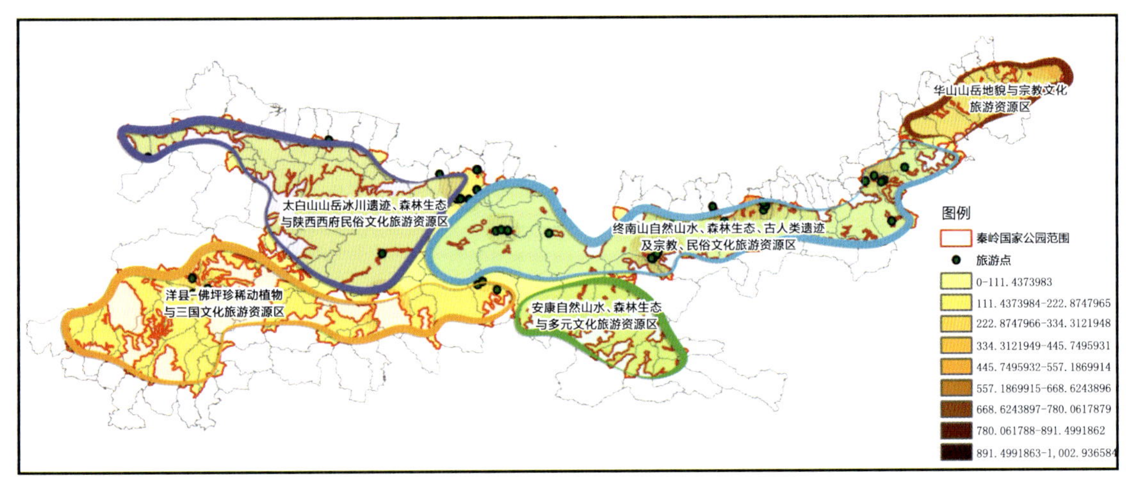

图 6-4　秦岭国家公园旅游资源区

（3）矿产资源

秦岭的矿产资源包括金属矿产与非金属矿产（燃料矿产）。金属矿产主要包括铁、铜、铅、锌、钼、金等。其分布区域主要位于东西两侧，从行政区划上看，集中于宝鸡市的凤县和汉中市的略阳县附近。非金属矿产包括硫铁矿、磷、蛭石、石灰岩、大理岩、黏土、页岩、白云岩、石膏等。其分布区域主要位于秦岭南麓，从行政区划上看，集中于汉中市的略阳县、勉县、留坝县、城固县和洋县。

通过叠置分析，可以发现秦岭国家公园范围内人类活动影响较大的区域主要集中于秦岭南麓，以及秦岭北麓几条重要峪口附近。涉及相关流域包括辋川河、沣河、黑河、沮水、褒河流域。从行政区划来看，包括西安市周至县、长安区和蓝田县，汉中市略阳县、勉县、留坝县、城固县和洋县。因此，在秦岭国家公园进行产业发展时，扶持和规范当地居民从事环境友好型经营活动，践行公民生态环境行为规范，支持和传承传统文化及人地和谐的生态产业模式需要引起重视。

1.1.4 淡水生态保护体系概况

（1）自然保护地体系

秦岭国家公园共涉及62处自然保护地，总面积5770 km²，其中纳入秦岭国家公园范围的面积为5509 km²，占国家公园总面积的44%。目前陕西秦岭已构建出以国家公园为主体，自然保护区为基础，各类自然公园为补充的自然保护地体系（图6-5）。

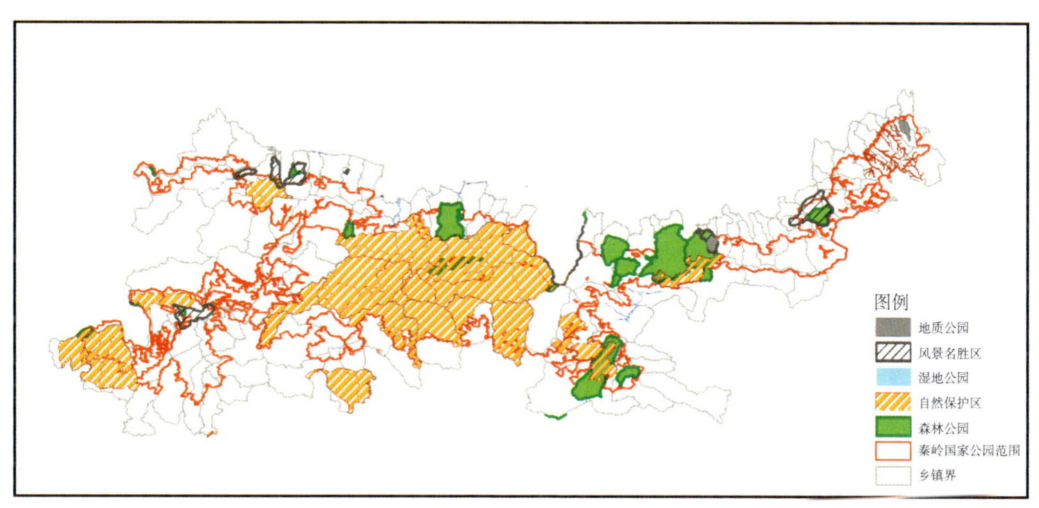

图6-5 秦岭国家公园自然保护地体系

（2）水产种质资源保护区

秦岭国家公园内及其周边的水产种质资源保护区共有8个（表6-3）。从地理分布来看，北麓与南麓均有分布，西部较东部分布多。从所属水系和流域来看，保护区主要分布在渭河干流延伸到秦岭腹地的几条重要支流上，包括黑河、辋川河、库峪河、甘峪河，以及汉江流域的几条重要干流上，包括褒河、湑水河。从行政区划来看，涉及区县包括秦岭北麓的蓝田县、长安区、鄠邑区、周至县、太白县和眉县，秦岭南麓的凤县、留坝县和城固县。（图6-6）

表 6–3　秦岭国家公园及其周边水产种质资源保护区概况

区县名称	水产种质资源保护区名称	主要保护对象
周至县	黑河多鳞铲颌鱼国家级水产种质资源保护区	主要保护对象为多鳞铲颌鱼，其他保护动物有裸重唇鱼、山溪鲵、秦巴北鲵、秦岭细鳞鲑、大鲵、水獭等
凤县	嘉陵江源特有鱼类国家级水产种质资源保护区	主要保护对象为唇鱼骨，其他保护对象有多鳞铲颌鱼、鲇鱼、山溪鲵、中国林蛙等
蓝田县	辋川河特有鱼类国家级水产种质资源保护区	主要保护对象为鲇鱼，其他保护对象有多鳞铲颌鱼、唇鱼骨、鲤鱼、鲫鱼、黄颡鱼、盎堂拟鲿、山溪鲵、大鲵、中国林蛙等
长安区	库峪河特有鱼类国家级水产种质资源保护区	主要保护对象为岷县高原鳅、多鳞铲颌鱼、山溪鲵、中国林蛙等
汉中市	褒河特有鱼类国家级水产种质资源保护区	主要保护对象为鲇鱼、长吻鮠、黄颡鱼、大眼鳜、鲤鱼、乌鳢，其他保护物种包括鲫、黄鳝、鳖、大鲵、山溪鲵、蒲草等
城固县	湑水河国家级水产种质资源保护区	主要保护对象为大眼鳜、黄颡鱼、鲤鱼、鲇鱼，其他保护物种包括山溪鲵、大鲵、水獭、鲫鱼、黄鳝等
鄠邑区	甘峪河秦岭细鳞鲑国家级水产种质资源保护区	主要保护对象为秦岭细鳞鲑，其他保护对象包括岷县高原鳅、多鳞铲颌鱼、山溪鲵、大鲵、水獭、中国林蛙等
眉县	渭河眉县段国家级水产种质资源保护区	主要保护对象为鲇鱼、多鳞白甲鱼、鲤鱼、黄颡鱼，其他保护物种包括乌鳢和中华鳖

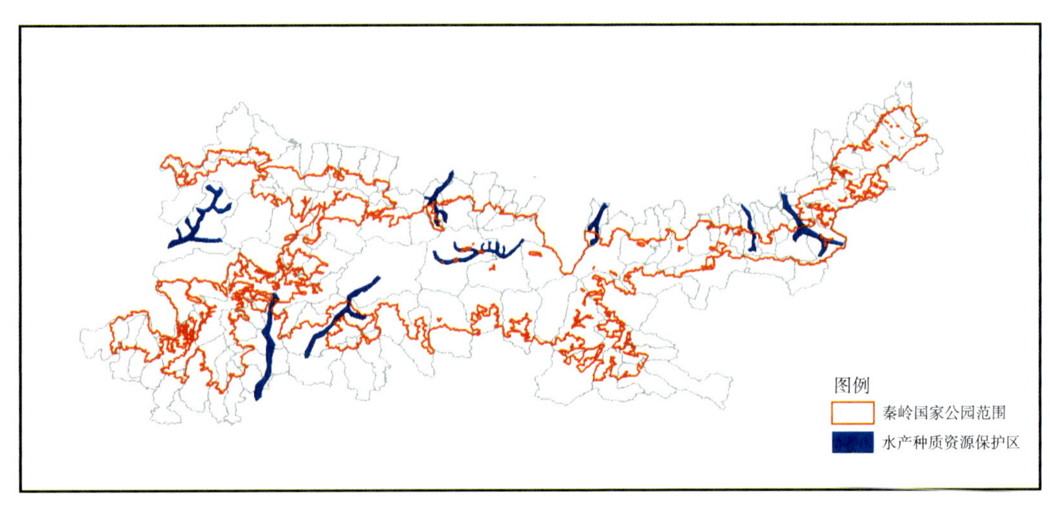

图 6-6　秦岭国家公园及其周边水产种质资源保护区分布图

1.1.5　秦岭移民搬迁概况

政策影响下的搬迁及建设。因易地扶贫搬迁、避灾搬迁、生态搬迁和统筹的重大工程、城镇化、农村综合改革等，秦岭国家公园范围内的西安市、商洛市、宝鸡市、汉中市、渭南市、安康市均有所影响。2016—2020年，西安市共搬迁5.04万人，汉中市14.67万人，宝鸡市2.81万人，商洛市20.3万人，渭南市1.06万人，安康市33.52万人，以陕南三市搬迁人数占比最高。安置点布局以进城入镇为主，优先在市、区县、镇（街道）规划内，建设集中安置点，城镇安置率不低于65%。这些搬迁措施调整了城乡人口分布，优化了城乡结构，更重要的是减少了贫困地区的人口密集度，带来了新的人居空间的建设和改善。

企业主导的搬迁及建设。由于区域市政、景区开发、游憩建设等原因，各种企业也越来越多地入驻流域之中，不同开发建设、土地占用也逐渐开始。不过由于流域中乡村聚落末端的区位条件，各种企业入驻非常有限，即使入驻，也往往是以占用林地的形式，尽可能地避开聚落本身，以降低企业运行成本。

农户自发性搬迁及建设。村民作为流域中的主人，长期居住于此，自发组织的搬迁也时有发生。但是因为宅基地、耕作用地等相对较少，且较为零散，特别是对居于主沟的村民而言，更是少之又少，所以村民发生搬迁主要是向城区、镇区转移。

1.1.6　现状问题

（1）各类搬迁基本完成，人居空间的整合应提高社区发展可持续性

生态移民及脱贫搬迁已基本完成，目前大多数农户主要生活在流域的主要河流所在区域，部分支毛沟内的农户，基本上都因为坡度、地形或地质灾害等原因，废弃了房屋，或者仅有一两户残障生活群体以及不愿意搬迁的农户。政府机构也开始越来越多地将搬迁和产业发展、社区营建进行了关联与挂钩。政策方向从先前的避灾避险转向生态环境保护，转向搬迁承接地的持续发展与宜居易居的关注，以及搬迁后居民的职业技能培训，从而达到更加高效的、合理的搬迁。为此，向镇区迁移、向县城迁移已经成了政策倾斜的主要方向。未来在整合乡村人居空间时，应通过参与式规划确保居民参与，采用生态友好设计，建立多功能社区中心，改善基础设施，支持可持续农业，促进经济多元化，提供教育与培训，并实施支持政策，以实现居民福祉提升与社区可持续发展的双重目标。

（2）农村面源污染日益加重，精细化防治措施有待进一步健全

伴随着旅游业的发展，景区周边人为活动增加，居民的经营活动对自然环境带来一定影响。部分居民将生活用水直接排入河道的情况时有发生，这些人类活动已经成为影响淡水生态环境的重要因素。秦岭国家公园针对农村面源污染防治仍存在以下问题：一方面，防治措施不够精细化，缺乏针对不同地区、不同污染源的差异化防治措施；另一方面，防治力量薄弱，缺乏专业的技术和管理人才，防治工作难以有效开展。

（3）居民生计水平低下，产业发展应加强绿色转型升级

秦岭国家公园拥有良好的自然条件和生态环境，同时分布着一些传统利用的耕地、园地、经济林等，其产品在生态农产品市场上有着巨大的品质优势。但秦岭国家公园所涉及社区却面临生计水平低下的挑战，公园的建设正成为推动绿色产业发展转型的关键。通过优化产业准入标准，可以促进周边社区利用其得天独厚的自然条件和优良生态环境，发展生态农产品加工产业，从而提升生态农产品的市场竞争力。同时，随着旅游业开发强度的增加，有限的可开发空间要求建立严格的规范体系和保障制度，确保旅游业的可持续发展。这不仅能够保护秦岭的自然遗产，还能通过开发生态旅游产品，激发当地社区和居民的参与热情，引导旅游业向积极方向转型，最终实现提升居民收入水平的目标。

1.2　秦岭国家公园与多尺度流域人居体系

流域作为单元不仅能够保障完整的水文生态功能，更是“水文—生态—社会—经济—城乡”的耦合单元。不同尺度等级的流域单元，因水文的尺度效应而具有各自的完整性与差异性，比行政边界更适合成为“自然生态—社会经济—资源管理—空间规划”的综合研究单元。通过多尺度流域人居体系的研究，可以更好地揭示秦岭国家公园内人居空间发展的内在规律和趋势，为政府决策提供有力支持，为后续人居空间分型分类分级的界定提供划分基础。

1.2.1　秦岭国家公园流域分级

秦岭国家公园内的河流以秦岭主脊为界，分属长江流域的汉江、嘉陵江水系，黄河流域的渭河、南洛河水系。通过 GIS 水文分析对秦岭国家公园内流域体系进行级别细化与界定，构建“一级支流—二级支流—三级支流—四级支流”四级流域体系，并基于此进行现状空间特征的归纳（表 6–4）。秦岭国家公园多尺度流域体系由 4 条一级支流、9 条二级支流以及众多三级支流和四级支流构成。所涉及宏观流域包括汉江流域、嘉陵江流域、渭河流域和南洛河流域。中观流域的面积南北差异较大，秦岭北麓单个中观流域的面积在 500～2500 km^2，南麓中观流域面积能达 3000 km^2 以上。微观流域层面需要经过手动调整矫正，单个微观流域的面积的平均值则是在 50～500 km^2。（图 6–7 至图 6–9）

表 6–4　秦岭国家公园主要河流水系

一级支流	二级支流	三级支流	四级支流
渭河	黑河		大蟒河
			王家河

续表

<table>
<tr><th>一级支流</th><th>二级支流</th><th>三级支流</th><th>四级支流</th></tr>
<tr><td rowspan="10">渭河</td><td rowspan="4">灞河</td><td>浐河</td><td>库峪河</td></tr>
<tr><td></td><td>蓝桥河</td></tr>
<tr><td></td><td>辋峪河</td></tr>
<tr><td></td><td>流峪河</td></tr>
<tr><td></td><td>石头河</td><td></td></tr>
<tr><td>涝河</td><td></td><td></td></tr>
<tr><td></td><td></td><td>太平峪河</td></tr>
<tr><td></td><td></td><td>高冠峪河</td></tr>
<tr><td>沣河</td><td></td><td></td></tr>
<tr><td></td><td></td><td>石砭峪河</td></tr>
<tr><td rowspan="13">汉江</td><td rowspan="2">沮水</td><td></td><td>冷峪河</td></tr>
<tr><td></td><td>八庙河</td></tr>
<tr><td rowspan="2">褒河</td><td></td><td>红崖河</td></tr>
<tr><td></td><td>太白河</td></tr>
<tr><td rowspan="3">子午河</td><td>金鸡河</td><td></td></tr>
<tr><td>西河</td><td></td></tr>
<tr><td>椒溪河</td><td></td></tr>
<tr><td></td><td rowspan="2">白河</td><td>张家坝河</td></tr>
<tr><td></td><td>肖家河</td></tr>
<tr><td></td><td></td><td></td></tr>
<tr><td>湑水河</td><td></td><td></td></tr>
<tr><td></td><td>西水河</td><td>西河</td></tr>
<tr><td></td><td>金水河</td><td>乾佑河</td></tr>
<tr><td>嘉陵江</td><td>旬河</td><td></td><td></td></tr>
<tr><td>南洛河</td><td></td><td>小峪河</td><td></td></tr>
</table>

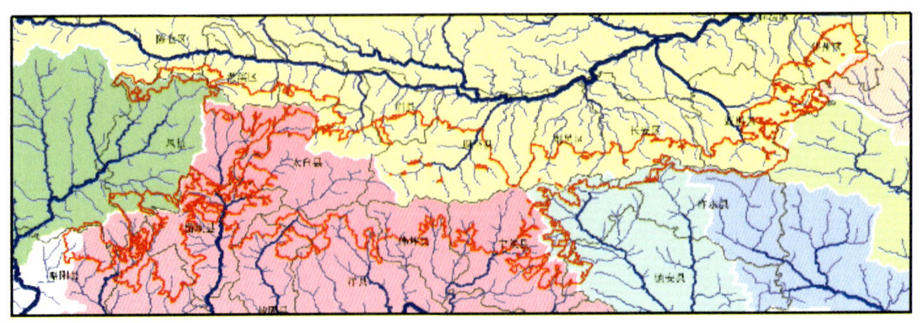

图 6-7　秦岭国家公园宏观流域图

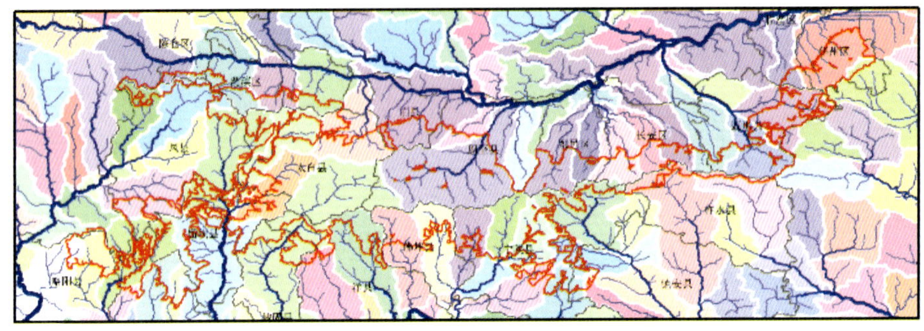

图 6-8　秦岭国家公园中观流域图

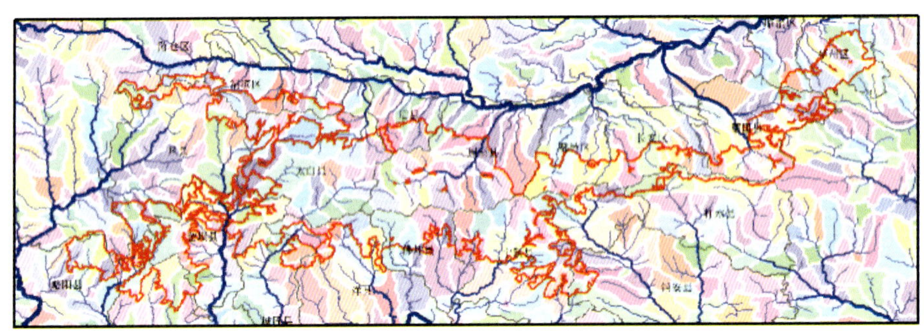

图 6-9　秦岭国家公园微观流域图

1.2.2　流域人居空间发展构型

随着社会的稳步发展、各种政策的推行，流域内的聚落正经历着新的变革，聚落整体构型也变得越来越清晰，主沟密度在逐渐增加，次沟、支毛沟聚落建设的参与度越来越少。通过研究聚落流域构型特征，可以对未来聚落的发展态势判断提供支撑，从而在国家公园建设总体要求下，根据其在公园内外的位置等因素，对村庄的搬迁、存续和观察过渡提供依据。研究认为秦岭国家公园内流域乡村聚落越来越多地呈现出以下两种“主、次、梢”发展构型（图 6-10）：

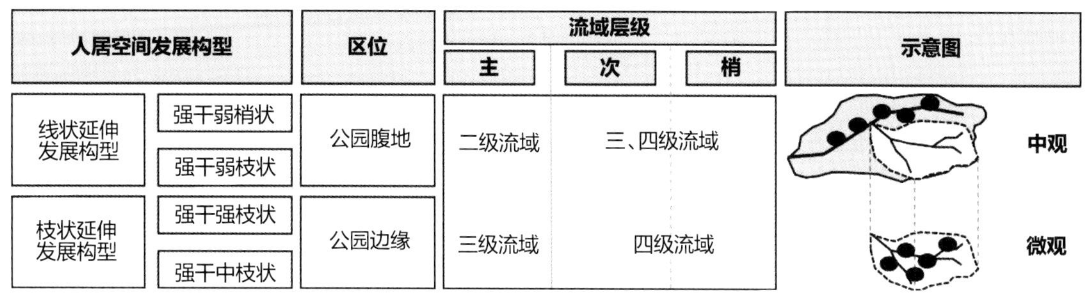

图 6-10　人居空间发展构型与流域层级耦合关系

（1）线状延伸发展构型——强干弱梢状、强干弱枝状

该类空间发展构型可以划分为两种模式：一种是由支毛沟直接衔接主沟而成，各种支毛沟由于衔接坡度、腹地纵深，所提供的可建设用地有限，聚落基本呈现出沿主沟展开的“一”字构型；另一种是支沟虽具有一定规模及纵深，但由于地形坡度或者两侧可提供建设用地局促、交通不便，依然不适宜聚居，聚落仍主要是沿主沟展开。

该空间发展构型中，除部分人居点分布在中观流域的干流即作为主沟的二级流域外，其余则分布在与其相接的次、梢沟，即三、四级流域上。这构成了秦岭国家公园内主要的基本构型，具有典型代表性的乡镇分别是周至县厚畛子镇和太白县黄柏塬镇。这也表明腹地型乡镇聚落布局主要集中于三、四级流域之中，它作为长期存在于秦岭国家公园腹地的乡村聚落，是研究的重要对象，应综合考虑环境保护、经济发展、社会稳定等因素，以确定未来人居空间的留存情况。

（2）枝状延伸发展构型——强干强枝状、强干中枝状

该空间发展构型内，有一条或多条支沟可以提供较好的居住条件，与主沟相辅相成，其他支毛沟依然是偶尔有两三户人家的小型聚落。不过由于次沟的规模、所处主沟区段及自身建设用地可提供规模等原因，该空间发展构型可以进一步划分为两种模式。其中，强干强枝状主要指次沟位于主沟下游区域，目自形成一套体系；强干中枝状，则主要指次沟位于中游段或者上游段，有一定的聚居规模。

此类型空间发展构型中，人居点一般分布在微观流域的干流上，即将二级流域作为主沟，与其相接的次、梢沟是由四级流域构成，一般位于秦岭国家公园边缘，同时也是河流出山的峪口地段，这样的地理位置使得这些地方成为旅游产业发展的活跃区域。这些地区拥有丰富的自然景观和人文资源，吸引了大量的游客前来参观和游玩，后期可作为秦岭国家公园的入口型社区。在发展这些入口型社区时，须注重保护生态环境和自然资源，也需要考虑到当地居民的生活和生产需求，确保他们的权益得到保障。（表 6-5）

表 6–5　流域人居空间发展构型

发展构型	流域形态图	结构示意图
线状延伸发展构型	厚畛子镇湑水河流域	强干弱梢状
	黄柏塬镇湑水河	强干弱枝状
枝状延伸发展构型	长安区沣河流域沣峪村	强干中枝状
	长安区太峪流域太乙村	强干强枝状

1.2.3　流域人居空间聚集形式

由于地形地势的限制以及所在秦岭山脉的区位条件，秦岭国家公园内的每个聚落都拥有其独特的形态。它们或平排而立，或三两错落，依山傍水，因地制宜。将流域中的聚落按聚落人居空间的聚集程度与分布区位分为集中段、过渡段、门户段，可作为后期态势判断的又一因素。根据调研所获取的资料，对不同区段的聚落进行布局的空间特征类型研究，可得到以下几种类型：

（1）行列式线状聚集型

这种形式也是一种常见的聚落聚集方式。由于用地有限，聚落内部的房屋布局紧凑，几乎是户户相邻，房屋的长度和宽度各不相同，根据周边耕地的多少来决定。除保留必要的后院通道外，这种聚落形式几乎没有间隔。同时，该类型的聚落也有较多的公共服务设施布置。

（2）散点式线状聚集型

该形式是由相对较近的点状聚集聚落组合而成的，因为受到山体与河流的挤压，这种形态在流域中最为常见。与其他聚落形式相比，该类型聚落的空间边界较为模糊。它可以按照一个聚落进行界定，也可以按照几个点状聚落单独计算，处于一种非常模糊的状态。

（3）面状聚集型

面状空间聚集形式通常出现在户数相对较多、规模较大的聚落中。这种聚落主要分布在较为宽敞的川道地区，有时也会在平坝上出现。它依托于偶然出现的地理条件而形成，数量相对较少。这种聚落通常布置有较大规模的公共服务设施，如小学等。未来随着移民搬迁和较大尺度的地形改造的减少，这种面状空间聚集形式的数量会逐渐趋于稳定。

（4）点状聚集型

点状聚集型是流域中常见的聚落聚集方式。因为地形地势的限制、耕地规模的制约，聚落两三户一组、三五户一群，前后略有错落，高高低低依地形而建。其特点是独立于流域之中，静静布置于路边，以不规则的围合与行列方式为主。（表 6–6）

表 6–6　聚落人居空间集聚形式图示

聚落类型	行列式线状聚集型	散点式线状聚集型	面状聚集型	点状聚集型
集中段（以厚畛子村为例）	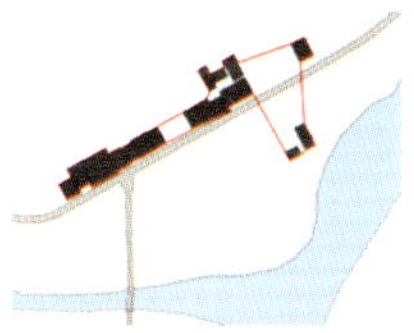	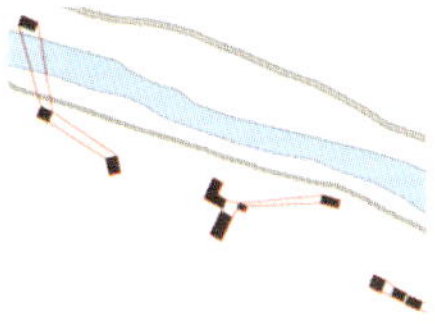	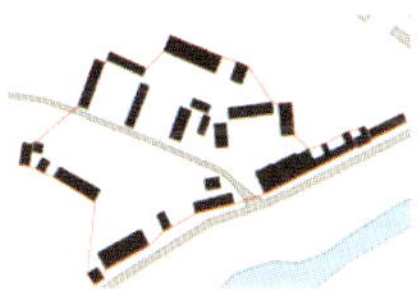	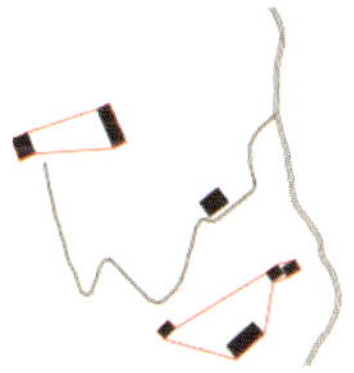
过渡段（以二合村、大蟒河村为例）		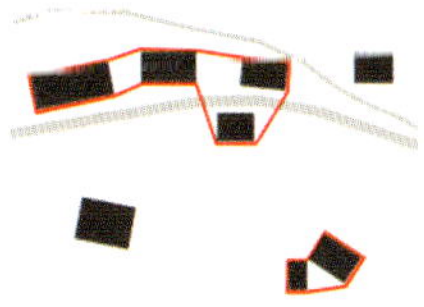		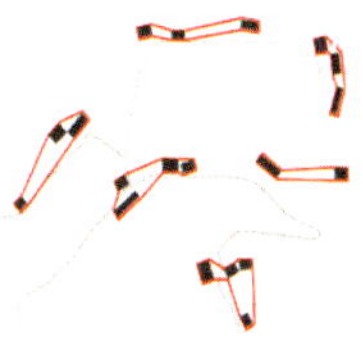
门户段（以太乙村为例）	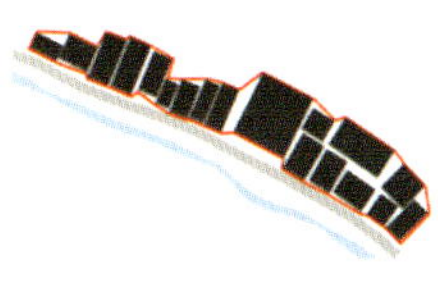		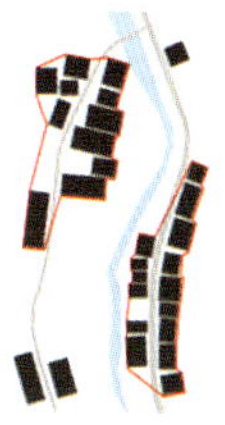	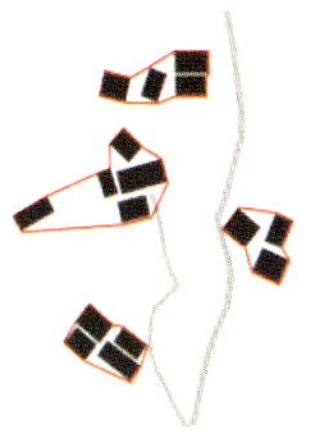

1.2.4 研究总结

（1）不同尺度流域承载着不同人居空间的发展构型

流域作为秦岭山地最重要的自然基础单元，有着较强的整体性，但也同样存在层次性、差异性。流域是由不同等级支流形成的，较高层级的流域和较低层级的流域存在着嵌套关系，故流域也相应地划分为“宏—中—微”三种尺度。宏观流域是指由一级支流作为干流的流域。中观流域是以二级支流作为干流的流域。微观流域则是以三级或者四级流域作为干流的流域。深入秦岭国家公园腹地的人居空间一般位于中观流域的主干上，即位于二级支流的干流上，少量聚落分布在与二级支流相接的三级或四级支流中，呈现出明显的线状延伸发展构型。例如位于黑河源头流域的厚畛子镇和湑水河上游的黄柏塬镇。靠近秦岭国家公园边界的人居空间，大部分位于流域出山的峪口处，此处的地势较为缓和。因此，在三、四级的支流中，即小流域内也存在较多居民，人居空间呈现出枝状延伸发展构型。例如位于太乙峪的太乙村。

（2）不同人居空间发展构型承载着不同的聚落聚集形式

秦岭里广为存在的流域，既是人口大量流失与乡村聚落空废率最高的地方，又是人们最向往、很多村民开始逐渐返回的地方，聚落呈现出差异化非常明晰的聚集与衰落趋势。呈线状延伸发展构型的人居空间中，由于地形地貌限制，人居空间被分割成更为细长、零碎的小组团，可建设空间十分有限。此种构型的聚落基本呈现行列式线状聚集、散点式线状聚集及点状聚集几种形式。面状聚集形式一般只存在于镇区附近，并且房屋与房屋之间存在一定间隔，聚落布局较为松散，呈不规则面状。在聚集聚落之间的过渡区段，农宅基本沿主要道路与河流呈点状分布，这是后续在提出管控策略时，可考虑进行居民点整合的重点对象。呈枝状延伸发展构型的人居空间中，在主干河流两侧，聚落呈现面状聚集形式居多，且房屋与房屋间隔较小，分布紧密，并且房屋距河流的距离也较近。与主干河流相接的次、梢沟中，也存在聚落的聚集，一般呈现行列式线状聚集、散点式线状聚集及点状聚集几种形式。

1.3 相关现状建设管控政策梳理

梳理秦岭国家公园建设管控的相关法规和政策，有助于明确社区在秦岭国家公园管理中的角色和职责，发现法规体系中的不足和空白，可以了解政策实施的效果、管理机制的运作情况和存在的问题；寻找在人居空间营建过程中保护与发展的平衡点，并通过合理规划和科学管理，实现生态保护与经济发展的和谐共生；为完善人居空间管控体系提供参考和依据，为进一步规范秦岭国家公园的管理行为，优化管理机制，提高管理效率提供有力支持。

1.3.1 现状建设管控政策

国家公园的范围是依托国家级自然保护区，根据生态的整体性和关联性划定，往往跨越不同的地市级甚至省级行政单元。由于历史原因，国家公园内部仍有部分原有居民以及行政村或行政乡镇。国家公园的管理要妥善处理好生态功能区和行政管理区的关系，按照保护国家公园核心生态功能的目的理顺管理体制，统筹推进生态保护修复、社区发展等相关工作。自 2017 年我国提出建立国家公园体制以来，发布了多个针对国家公园体系不同方面的建设管控措施，现将相关政策中与社区营建和建设管控相关的内容整理如下：

社区营建。在《建立国家公园体制总体方案》《国家公园总体规划技术规范》《国家公园管理暂行办法》与《国家公园法（草案）》中都提出建立社区共管机制，引导当地政府在国家公园周边合理规划建设入口社区和特色小镇。

建设管控。《西安市秦岭生态环境保护规划》对村庄规划建设进行了更细致的管控。例如，重点保护区村庄内被认定为 D 级危房的原有居民住房，在符合相关规定的前提下，由镇人民政府（街道办事处）批准后，可进行原址翻建，但层数应控制在 2 层以下（含 2 层），屋顶檐口至地面高度控制在 6.6 m 以内，坡屋顶应从檐口起坡，坡顶不超过 2.5 m。重点保护区内的原有居民自建住宅层数应控制在 2 层以下（含 2 层），一般保护区和建设控制地带内村民自建住宅层数应控制在 3 层以下（含 3 层）。重点保护区和一般保护区内村庄公益性服务设施建设原则上应控制在 3 层以下（含 3 层）。秦岭生态环境保护区域内村庄的各类建设，原则上应严格执行以上管控要求；确因功能要求突破以上标准要求的，应由区县政府组织专家进行高度审查，以不破坏秦岭视线通廊为前提，最高不超过 15 m。

1.3.2 政策总结

（1）政策实施的效果

农村人居环境全面提升。通过农村生活垃圾分类减量与资源化处理利用，建设一批区域农村有机废弃物综合处置利用设施。加强入户道路建设，构建通村入户的基础网络，稳步解决村内道路泥泞，村民出行不便、出行不安全等问题。这些不仅消除了对自然景观和生态环境的破坏，还为野生动植物提供了更广阔的栖息地，促进了生物多样性的恢复。这些措施的实施，不仅提升了秦岭作为生态屏障的功能，也为当地居民提供了更加宜居的环境，同时为旅游业的可持续发展奠定了基础。

农家乐整治，推动其转型发展。通过专项整治，农家乐不仅在经营上更加规范，确保了服务质量和游客体验，而且在环境保护上也实现了无污染运营，减少了对当地自然资源的破坏。此外，品牌化的推进提升了农家乐的市场竞争力，促进了当地经济的可持续发展，同时为游客提供了更加独特和高质量的乡村体验。这些变化不仅保护了秦岭的生态环境，也为当地居民带来了经济和环境的双重收益。

植被保护和水源保护更强化。流域源头的严格管控和红线意识的强化，有效遏制了非法开发活动，确保了水资源的纯净。植被保护措施的实施，增强了生态系统的自我修复能力，提高了区域的生态承载力。矿区整治和退出工程的扎实推进，不仅减少了对环境的破坏，还为生态恢复创造了条件，为秦岭的长期生态安全奠定了坚实基础。这些措施共同作用，使得秦岭地区的生态环境得到了明显改善，为实现绿色发展和生态文明建设目标迈出了重要步伐。

（2）政策执行的挑战

管理体制问题。通过调研访谈得知，秦岭国家公园内存在责任主体不清、多部门领导、经费短缺等问题，导致机构职责“偏题”、资源利用有问题、管理滞后、自然保护政策与当地政府经济发展政策不协调。故未来如何协调多个部门，发挥部门之间的合力，需要重点关注。

分区管控问题。目前发布的相关方案、技术规范与暂行办法，主要强调国家公园实行分区管控，划分为核心保护区和一般控制区，实施差别化保护管理方式。在保护的前提下，在国家公园控制区内划定适当区域开展生态教育、自然体验、生态旅游等活动。但由于对“适当区域”的界定并不明晰，诸多地方政府面临着想要发展却无从下手的局面，造成国家公园内具有发展潜力的社区发展无门，当地居民的生计水平低下。

均衡发展问题。秦岭国家公园的均衡发展问题涉及生态保护与当地社区经济发展的平衡，如何增强技术与人工的合理搭配，提高秦岭国家公园地区农业信息化水平，把农业种养、农业环境与农业生产者、销售者、消费者等各个子系统作为一个有机整体，并有机协调各要素之间的密切关系。同时，给予生态保护更多资金支持，加强对当地社区的反哺，保证留在秦岭中的人基本的生产生活，须在秦岭国家公园保护与发展过程中着重考虑。

2 秦岭国家公园人居空间分类与管控体系建构

为了找到生态平衡与人类活动和谐共存的路径，结合秦岭国家公园的人居特征，基于小流域展开的人居空间分类方法，并针对不同类型人居空间的现状和潜在挑战，制定原则性的管控措施和发展方向，是展开进一步深化研究的重要基础，是优化土地利用、保护生态环境、提升居民生活质量，并促进地方经济绿色转型等各项措施精准化实施的科学保障。同时，为各类村镇搬迁、保留、观察过渡的政策制定提供依据。

2.1 目标原则

发挥自然生态优势，合理开展保护利用。保护淡水生态系统健康和生物多样性，保护自然资源、维护生态平衡，利用好丰富的生态资源，推进生态产业化，实现长期的生态环境稳定和居民福祉的增长，为后代留下有活力且生态稳定的流域人居空间。

推进聚落有序调整，实现空间精明收缩。通过优化聚落布局，减少对水生态环境的干扰，实现人与自然和谐共生，为可持续发展奠定坚实基础。在减少生态敏感区域人类活动的同时，为需要搬迁的村民提供必要的生活保障和政策支持，确保搬迁过程的平稳过渡与空间的精明收缩。

优化资源合理配置，建构适宜引导方式。对秦岭国家公园内现有各项资源进行合理规划和利用，推动产业升级转型，提高产出效率，促进经济、社会和环境的可持续发展。通过合理的引导方式、协调管理机制，为乡村人居聚落提供更加宜居的发展环境。

2.2 分型分类分级界定

在秦岭国家公园生态系统治理框架下，根据流域区位与生态敏感性的不同将人居空间分为腹地型和边缘型两大原型。在此基础上，人居空间进一步划分为搬迁撤并、协同过渡、协同共生、完善发展四类，形成梯度响应机制；人水空间沿河流构建“亲水—近水—望水”三级功能梯度，量化活动强度并明确管控阈值。该框架通过自然与治理边界的精准转译，为全域生态修复与人居协同发展提供决策依据。

2.2.1 流域人居空间分型

结合秦岭国家公园人居空间的现状分析，按照秦岭流域的自然特征，根据流域人居空间与国家公园边界的相对区位、人口密度等客观状态，将人居空间整体分为两个大类型，分别为腹地型和边缘型。

（1）腹地型小流域

腹地型小流域主要指位于国家公园核心区和一般控制区的，以三、四级流域为主的人居与生态空间。这些区域的人口密度相对较低，居住点分散，与周围的自然环境形成了一种共生的关系。由于地理位置的偏远性，这些区域的发展往往受限，居民往往依赖于与生态资源紧密相关的经济活动，如生态旅游和林下经济。

这类小流域以黄柏塬镇湑水河源头小流域和厚畛子镇黑河源头小流域为代表。流域高低悬殊，山区支流众多，多发源于断块剥蚀面，河道短而比降大。其建设空间呈现出较为紧凑的不规则面状聚集，其他聚落则沿着主要沟壑和道路呈线状和串珠状分布。在主沟两侧的支沟内聚落较少，且呈现出散点状分布。由于涉及的各个行政村组相距较远，基础设施及公共服务设施难以配套。

（2）边缘型小流域

边缘型小流域指处于国家公园边界区域，与国家公园关联较为紧密的，以三、四级流域为主的人居与生态空间。这些区域中的聚落往往靠近公园边界，人口密度和聚落聚集度相对较高，聚落形态可能呈现更为集中的面状分布。其发展条件相对较好，可以发展的产业类型更丰富，但同时也可能面临生态保护与经济发展之间的平衡挑战，可能对国家公园带来淡水保护等多方面影响。

这类以太乙宫街道太平峪小流域和杨庄街道库峪小流域为典型代表。聚落多位于地势较低且平缓的地方，形成面状聚集。其他聚落则沿山间河流与道路分布，形成线状或散点状的格局。这些区域的海拔从秦岭北麓峡谷入口区向内逐渐抬升，形成了独特的地形特征。在这样的地理环境下，产业类型主要以农业和零售批发为主，部分邻近景区的小流域还发展了服务业等第三产业。

2.2.2 聚落人居空间分类

秦岭地区地形复杂、人口众多、社会经济发展相对落后。在长期发展过程中对生态环境的约束性认识不足，导致局部地区人地矛盾突出。根据秦岭山脉地区的空间供需程度、地形条件、聚落分布形态以及所处区段等特征，对秦岭国家公园范围内和紧密关联地区聚落人居空间做出搬迁、观察过渡、存续的趋势判断，具体划分为以下四类（存续共生发展类可进一步细化为两种情况）：

（1）搬迁撤并类

该类型人居空间位于地形起伏较大、生态和水文功能均至关重要的山区和生态敏感区域，大部分位于腹地型小流域中。由于山区交通不便和土地利用限制，其聚落分布极为分散，呈散点式分布。居民的生活方式与自然环境紧密相连，经济发展依赖当地的自然资源，且具有规模不大、潜力不高等特征。这类聚落通常需要引导村民有序退出宅基地，疏导人口转移。已搬迁地区依旧需拆除建筑，以减少对敏感生态环境的影响，保护水生态及其动物栖息地，同时改善居民的生活质量。

（2）协同过渡类

该类型人居空间散布在起伏较大的山地之中，用地紧张导致居民点呈散点式或线状分布，如位于腹地型黑河流域王家沟中的聚落。但这些聚落已经经历了一定程度的开发建设，且它们的存在与周围自然山水较为融合，未对自然环境造成显著的影响。然而，鉴于这些区域的自然本底较为优越，未来的发展规划应侧重于生态恢复和保护，控制建设规模，且这些聚落未来的发展潜力和态势尚难判断。因此对于这些聚落的未来走向、是否搬迁应基于生态保护和居民福祉的双重考量，给予一定的过渡期进行观察，根据综合情况决定是否搬迁，确保在维护生态平衡的同时，也能提升居民的生活质量，实现人与自然和谐共生的可持续发展目标。

（3）协同共生类（共生发展 A 型）

该类型人居空间在腹地与边缘型小流域中均有分布，特别是在河流交汇处或地势较为平坦的区域，形成了点状聚集的聚落。这些地区往往具备了一定的城乡建设基础设施，由于其通常处于交通枢纽性区位，所以在生态敏感性上相对较低，为城乡空间的集约化布局提供了有利条件。例如，腹地型黑河源头小流域的厚畛子组团和边缘型太峪支沟中的聚落，都具备更新发展潜力。在这些区域的发展策略中，应允许在保护生态环境的前提下进行适度的更新和建设，并通过合理的规划和引导，实现与自然生态和谐共生的目标。

（4）完善发展类（共生发展 B 型）

该类型人居空间位于国家公园边界附近，属于边缘型小流域或国家公园一般控制区。通常坐落在河流的中下游地带，这里地形相对平坦，为人类活动提供了较为优越的发展条件。这些区域的聚落分布较为集中，形成了面状聚集的特点，也具有较好的现状基础，为城乡建设提供了较为有利的条件。因此，这一类型相较于共生发展 A 型可以有更多的发展机遇和可行性。在这样的地理环境下，适宜的聚落可以进行适度的集中建设，从而有利于优化土地使用，提高基础设施的效率，并减少对自然环境的干扰。同时，通过政策引导和激励措施，可以鼓励产业和居民点向这些区域迁移，从而探索出一种低影响、高效率的集中建设模式。农户的生活和耕作活动成为生态多样性和文化传统的重要组成部分。（图 6−11、图 6−12）

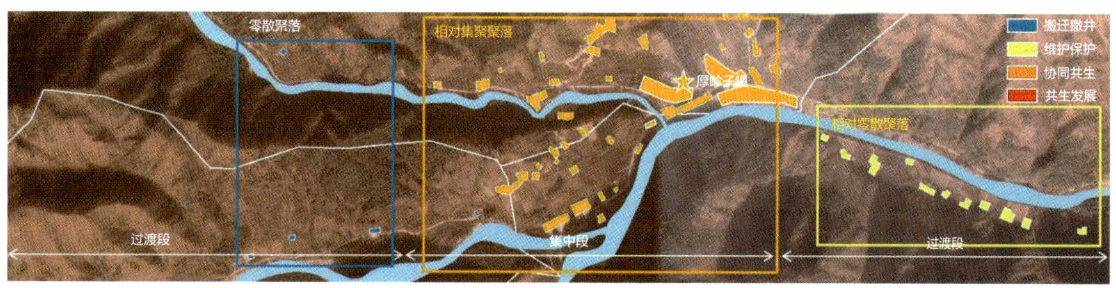

图 6−11　腹地型人居空间分类

图 6-12　边缘型人居空间分类

2.2.3　人水空间关系分级

水是人类生活生产的基础性资源，人类活动具有主观能动性和创造性，对水资源不断利用和改造。要实现秦岭国家公园淡水生态系统的保护，需要人水关系的协调发展。秦岭国家公园内居民沿水而居、逐水而行是其空间发展重要特征之一，在自然环境与人居需要的双重影响下，人们主动地塑造地形、开凿沟渠、引排防涝。为探究距河流不同远近位置人类活动对淡水系统产生的影响，研究利用 ArcGIS 的多环缓冲区工具，依据关联用地类型、强度，以及人居空间建设发展的诉求，沿河流向两侧扩展相应的缓冲距离。这些决定了缓冲区的宽度与管控模式，将河流周边的地段划分成“亲水—近水—望水”3 个空间层次（图 6-13）：

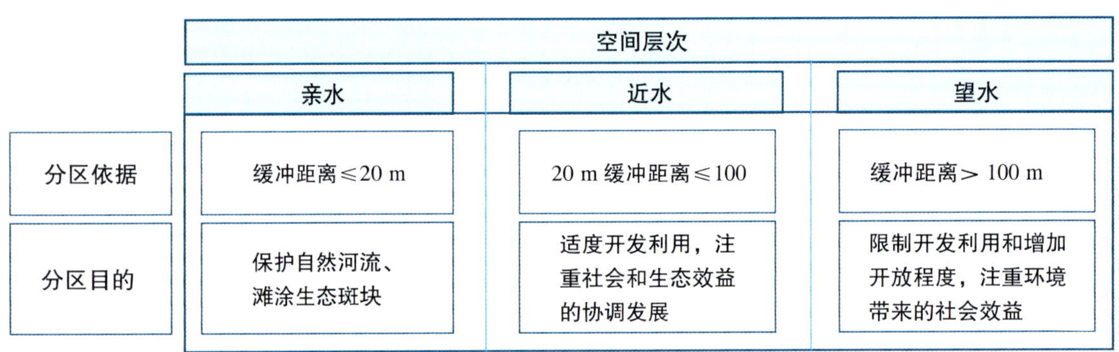

图 6-13　人水空间层次划分尺度

（1）亲水空间

亲水空间主要指宅院与水的距离在 20 m 的范围内。其中，边缘型的聚落布局较为紧凑，亲水空间的人工痕迹最重，一般会包含亲水小品、游憩设施，或是与河流距离较近的一排房子。腹地型的聚落，因农宅较少，亲水空间相对较宽敞，分布有单独存在或围绕在人居点周边的农田，人工痕迹较轻，生态斑块较大，基本为非建设用地，呈现原始自然的状态。

（2）近水空间

近水空间主要指宅院与水的距离在 20～100 m 的范围内。其中，边缘型的近水空间是人类活动最活跃的地段，它包含两到三排布局紧凑的农宅。此段也是流域中各类产业设施、基础设施、公共服务设施集中建设的地段，生态用地比例较低。腹地型的聚落近水空间包含着较为松散的建筑布局，存在有零散的产业设施、服务设施点，生态用地比例较大，呈现较原始自然状态。

（3）望水空间

望水空间主要指宅院与水的距离大于 100 m 的范围。根据河流缓冲区与卫星图的叠加显示，望水空间在边缘型和腹地型的人居空间分异不大，开发强度最弱。因为此段地势较陡，少有房屋存在，仅存零散的几户分布在山腰上，生态用地比例较大，几乎呈现最原始自然的状态。但须注意，这类空间中的一些宅院与该流域的支沟距离比较近。（图 6-14）

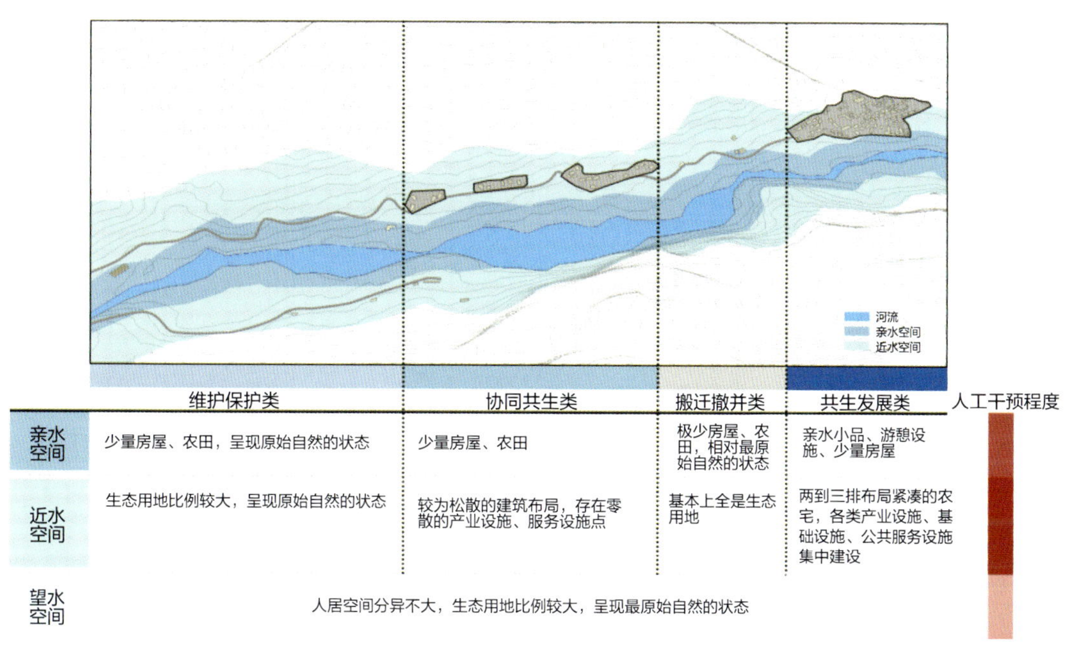

图 6-14 “亲水—近水—望水”空间人居分异特征

2.3 管控体系建构

2.3.1 管控体系

综合考虑秦岭国家公园人居空间的区位特征，梳理建设现状、产业特征以及建设发展中的生态问题、发展机遇等，了解不同类型人居空间的实际需求和突出矛盾，在宏观、中观、微观 3 个层面建立人居空间的管控体系。在宏观层面，根据流域区位、人口密度等因素确定边缘型与腹地型流域。在中观层面，通过流域地形条件、聚落形态、分布区位等，将流域内聚落人居空间分为不同类型，判定聚落是否需要进行整合搬迁，或是观察留存。在微观层面，根据聚落与水的远近关系，划分不同层级的人水空间等级，便于后续提出精细化管控措施。以解决秦岭国家公园内人居空间发展问题为导向，以实现城乡建设与淡水资源保护协调发展为目标，结合聚落与淡水的空间关系，分别从产业发展、聚落建设和生态保护不同方面提出指引。提出重构人水空间秩序，加强滨水地区人居空间形态管控，总体形成“近水低、远水高”的空间秩序，提升滨水界面的整体风貌，分别从亲水、近水、望水3个层级制定管控策略。从管控指引中提取并形成政策、措施，用以农村生活空间管理指南与培训计划的制订，有效统筹乡村振兴与生态保护协同发展，指导秦岭国家公园人居环境在国土空间规划、产业转型、生态产品供给等方面的创新性发展。（图 6-15）

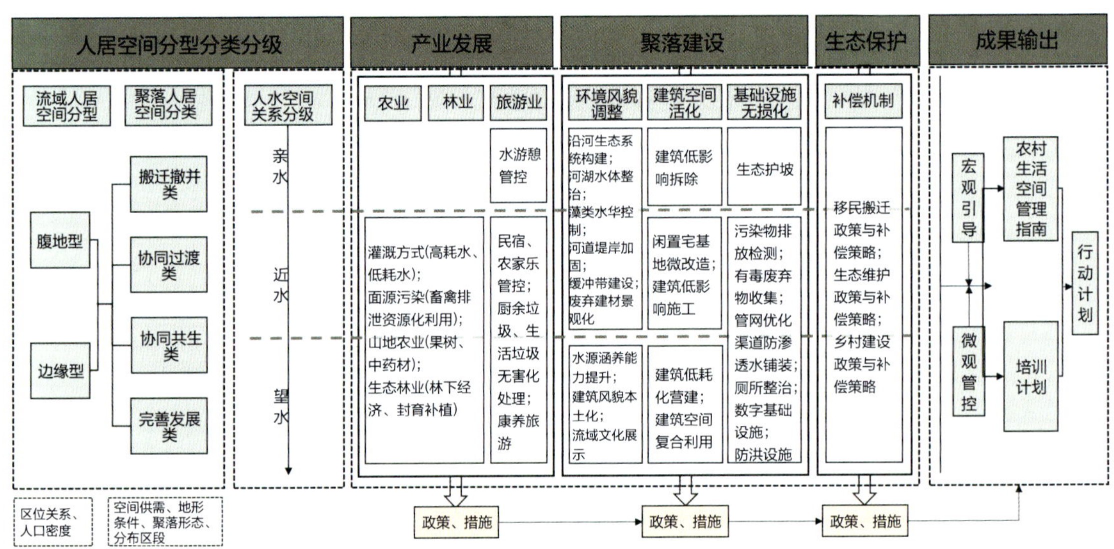

图 6-15　管控体系框架

2.3.2　管控引导

（1）宏观层面

在宏观层面，协调人居空间整体建设与环境的关系，保护生态安全格局，尊重并有效利用自然环境，筑牢生态可持续发展的基础，强调整体性引导策略的提出。针对腹地型人居空间，严禁不符合区域功能定位的各种开发建设行为，尽可能推动人口疏解，以减少人类活动对生态水文产生的影响、控制镇村规模与等级、人口减少和宅院调整为导向，充分考虑用地布局对生态水文过程的干扰。以绿色低影响产业布局为主，在环境承载力范围内进行生态型、绿色型产业发展。针对边缘型人居空间，可适当引导人口集聚，增强产业和人口集聚能力。乡村建设应注重对自然过程的充分尊重，加强对河流水质的监控与集中治理。以集约发展、优化提升为主，加快推进产业升级和布局优化，增强创新能力，减小环境压力，改善环境质量，避免对生态与水文过程产生明显影响。在发展的基础上，注重对战略性生态空间的重点保护，保持生态过程的连续性，加强环境整治类设施的布局。

（2）中观层面

在中观层面，针对不同聚落的具体情况，制定相应措施，结合人水耦合的空间关系提出不同层级的策略，强调实施性管控策略提出。针对搬迁撤并类人居空间，不进行产业布局，落实最为严格的生态保护政策，原有产业有序退出，向其他类型空间转移。引导聚落人口向用地条件平坦、交通便捷的集聚聚落转移，降低人口密度。宜按照有序退出、合理补偿的原则，开展以村组合并为主，村际搬迁为辅的搬迁撤并模式。已经实施移民搬迁的，应整合生态敏感区域及自然灾害频发区域城乡用地退耕还林还草，强化生态治理与修复。针对协同过渡类人居空间，应严格控制其发展边界，除必要的支撑性设施外，不再增加新的建设，更强调空置、低效宅院的合理利用，使人居空间以最小干预的方式有机融入所在环境。对于地势复杂、人口较少或交通不便的聚落宜适度拆迁并点，优化人居空间结构。针对协同共生类人居空间（共生发展 A 型），该聚落空间呈现出点状集聚特征，有一定的规模。寻求生态保护与社会发展的协调，推动绿色农业、生态旅游等产业，减少对水资源的过度开发，加强水资源管理，合理调配水资源，确保生态用水和生产生活用水的平衡。允许家庭作坊等小微企业借助一定的绿色技术或加工手段，创新生产方式，走可循环的产业发展模式，适当结合现有聚落产业发展现状布局农林畜产品的绿色加工点、家庭作坊等进行调整，非必要不再进行建设。针对完善发展类人居空间（共生发展 B 型），加强生态保护与产业发展的融合，推广循环农业、绿色农业等模式，减少化肥、农药等对水资源的污染。同时，加强产业间的协同发展，形成产业链互动，实现产业与生态环境的和谐共生。保持聚落与山水和谐共生的关系，考虑山地街巷形态，减少人居建设对生态环境的破坏，聚落与山体立面关系，实现人与自然协调化的空间界面形态。

（3）微观层面

在微观层面，通过划分不同层级的人水空间来提出具体的针对措施，这一层面强调实施性管控。针对亲水空间（距离水岸 20 m 以内），重点进行生态修复，保持绿色环境，仅开展适宜的生态观光旅游相关活动。聚落建设方面，以维护沿河生态系统为目标，推动生态堤岸与缓冲带建设，整治水体环境与控制水中藻类同时展开。现状建筑原则上进行搬迁，暂时无法搬离该区域的建筑或设施必须进行绿色化改造，以减轻对环境的影响。针对近水空间（距离水岸 20～100 m），允许诸如低耗水作物种植、山地农果业等低影响农业进入，同时发展林下经济，控制民宿、农家乐的排污。聚落建设中，推动环境风貌更新和建筑空间活化利用，推广使用绿色建材。这一区域在基础设施建设上需要朝着管网的低影响化升级改造方向前进，尤其是管渠防渗、厕所整治、数字检测等方面。针对望水空间（距离水岸 100 m 以上），产业发展依赖自然本底，应提高水源涵养能力，大力发展生态农林业，在完善发展类型中适当发展低建设量的康养旅游。在聚落建设中，应注意建筑风貌的本土化和流域文化的展示，建筑低耗化改造和复合利用也应有序推进。在微观层面，生态补偿政策尤为重要，应针对移民搬迁、生态维护、乡村建设三大板块建立生态补偿机制，通过协调地方财政来保障当地居民的生产生活。

3 流域生态保护导向下林业与相关产业绿色发展管控

林业产业是涉及国民经济一、二、三产业的复合型产业体，具有基础性、多样性、生态性的特点。因此在满足生态保护的前提下，如何发展林业产业，满足经济社会发展对天然绿色林产品的广泛需求，在增加林区农民收入的同时实现产业与生态环境的和谐共生，对于促进秦岭国家公园生态环境保护和恢复具有十分重要的意义。

3.1 林业与相关产业现状及问题

秦岭国家公园用地大多属于秦巴山集中连片的贫困地区和川陕革命老区，发展基础依然比较薄弱。其中的林业产业经过多年政策引导，产业规模不断壮大、富民成效不断凸显，但产业结构不完善、体量小、链条短、产品附加值不高等问题依然长期困扰着山区经济发展。

3.1.1 林业产业发展现状

秦岭横跨南北，海拔从数百米至 3000 m 以上，分布着从亚热带到温带种类繁多的植被类型，植物种类丰富多样，区系成分复杂，特色林果、木本粮油、木本调料、林源饲料、林源食品、林源食用菌、林源香料、林源日化、林源医药、林源农药等资源丰富，是发展林业产业的最佳区域之一。在长期的发展过程中，这里形成了很多地方特色林业产业。

（1）发展现状

截至 2020 年，秦岭国家公园内产业增加值合计 944.18 亿元，其中第一产业增加值 155.87 亿元，占比 16.51%；第二产业增加值 202.26 亿元，占比 21.42%；第三产业增加值 586.05 亿元，占比 62.07%。第一产业占比最少，第一产业内部林业产业所占比重仍较少。渭滨区、太白县和宁陕县林业经济相对发达，其林业产值占到农业总产值的10%以上。

国家公园内种植业在北麓和南麓差异较大。秦岭北麓地区的农作物主要为粮食、蔬菜、油料、瓜果、棉花等，其中粮食、蔬菜尤为重要，两者的播种面积占总播种面积的90%以上。秦岭南麓地区的农作物种类多样，主要有粮食、烟叶、油料、蔬菜、瓜果、药材、豆类和薯类等 8 种作物。其中汉中地区以粮食、油料和蔬菜 3 种农作物为主，油料作物种植与旅游观光一体化发展是汉中地区的特色产业；安康、商洛地区主要以粮食、蔬菜、油料、烟叶、药材 5 种作物为主，中药材规模化种植及产业化经营、市场化运作是安康地区、商洛地区特色产业。

在各类农作物中，周至、眉县猕猴桃，洋县槐树关红薯，留坝板栗、蜂蜜，太白县贝母，佛坪山茱萸，宁陕天麻、猪苓，洛南核桃，商洛香菇，柞水黑木耳等一批名优农产品，获得国家地理标志证明商标。

（2）主要产业类型

秦岭区域现有林业产业主要是第一产业，集中在种植业、养殖业，包含食、药、蜂、菌、禽、畜、苗、花、蚕等类型，主要包括：

①特色林果：八月炸、小八月炸、猫儿屎（鬼指头）、羊奶奶、猕猴桃、野葡萄、五味子、黄桃、李子、石榴、柑橘、枇杷、苹果、梨、樱桃、柚子等。

②木本粮油：核桃、板栗、翅果油树、元宝枫、黄连木、油茶、油用牡丹、松子、橡子等。

③木本调料：荆芥、茴香、紫苏、薄荷、白芷、甘草、花椒等。

④林源医药：大黄、二花、黄精、独活、魔芋、葛根、黄姜、玄参、独活、杜仲、厚朴、绞股蓝、拐枣、五味子、地黄、丹参、党参、苦参、黄芪、柴胡、黄精、黄芩、桔梗、连翘、金银花、山茱萸、木瓜、天麻、元胡、附子、淫羊藿、雷竹、黄连、云木香、红豆杉等。

⑤林源食品：柿子、香椿、蓝莓、菊芋、桑葚、银杏、茶等。

⑥林源食用菌：木耳、香菇、猪苓等。

⑦林源香料：鸢尾、花椒、五味子、菖蒲、野薄荷、玫瑰、香柠檬、丁香、菊花、啤酒花、紫丁香、酸枣、茵陈蒿、泽兰、青蒿、黄花蒿、甘草、合欢、刺槐、紫藤、黄精、玉竹、麦冬、天门冬、藜芦、贝母、重楼等。

⑧林源日化：油桐、漆树、无患子、皂角等。

⑨林源农药：苦参、藜芦、蛇床、黄卢木、黄连、三颗针、车前草等。

⑩其他：林蜂、林畜、林禽、林苗、林花、林蚕（桑蚕、柞蚕）、森林旅游等。

3.1.2 林业产业主要问题

由以上内容可以看出，区域内林业产业类型丰富，但发展不平衡、不稳定，经营管理比较粗放，产品附加值低。主要问题如下：

①产品规模小，形不成品牌效应。由于秦岭地区地形复杂，山高林立，林产种植区域分散，小农户产品规模小，很难形成规模效应。这就更需要通过完善规划布局、扶持规模经营主体和龙头企业，形成品牌效应和规模化产业，带动农户致富。

②经营粗放，生产力低。缺乏现代技术支撑，林业产业化、标准化生产水平还不高，经营管理比较粗放，处于初级种植阶段，生产力低。这就需要有效利用科研教学单位资源，建立林产品生产产、学、研、用联合攻关机制，积极推广新品种、新模式，采用立体种植、林药套种、长短周期套种、仿野生种植等实用技术，打造集约化、规模化的示范基地，将秦岭资源优势转化为产业优势。

③产业结构以种植业为主，多数地区还停留在种植出售阶段，产品附加值低。带动能力强的龙头企业较少,产业链条延伸还不长,特别是在林产品加工方面的潜力尚未充分发挥出来。

④群众传统生活、生产方式尚未根本转变，环境友好型产业理念还没有根本确立。对秦岭生态环境的重大意义认识还不够充分，群众传统生活方式和消费观念尚未根本转变，在节水节能、绿色消费、垃圾分类、绿色出行、低碳生产等方面，尚未形成自觉行为。应充分利用秦岭自然资源优势，以森林公园、湿地公园、国有林场、传统村落为载体，加强生态旅游示范基地建设，打造秦岭生态旅游品牌。

⑤政策宣传与社区居民认知不匹配。秦岭山区内的常住居民大多为留守居民，多数居民教育水平不高，对生态保护、旅游接待、管理等方面的知识掌握不足。尽管当地也有部分居民从事过或正在从事护林员等工作，参与现有保护区的建设，但参与层次较低，常处于被动接受的地位。因缺乏职业技能，务工收入有限，部分居民选择农家乐等经营活动，但因严格的生态保护规定，导致农家乐停止经营或客源量锐减，居民收入减少甚至入不敷出。

⑥经济发展相对滞后，基本公共服务不足。秦岭范围大多属于秦巴山集中连片的贫困地区和川陕革命老区，虽然已全部脱贫，但发展基础依然比较薄弱，人均国内生产总值、地方财政收入和城乡居民收入均低于全省平均水平，医疗、教育、文化、社保等基本公共服务仍有短板，城镇污水、垃圾处理能力不高，发展与保护矛盾突出。

3.1.3 相关产业现状问题

①现状产业导控政策不尽完善。秦岭国家公园目前产业引导最直接的依据是《陕西省秦岭生态环境保护条例》(以下简称《条例》)。《条例》将秦岭坡底线以上区域划分为核心保护区、重点保护区和一般保护区，并对各分区明确了管控要求。其中核心保护区和重点保护区位于海拔 1500 m 以上，人烟稀少，涉及产业较少。一般保护区是旅游业、林下经济以及农业、

畜禽养殖业的主要集聚地，也是产业发展最需要管控的区域。《条例》明确一般保护区实行产业准入，而目前所出台的一般保护区的准入政策相对空泛，对于较敏感的房地产开发、矿产资源开发等未做出明确规定和要求，导致一般保护区内产业发展无法可依。

②旅游业发展缺乏有效管控，部分景区高峰期超出环境容量。目前，秦岭国家公园及其周边仍分布有多个旅游景点、风景名胜区和自然公园。然而，秦岭范围内的现状旅游产业发展总体缺乏联动管控，主要以各类景区为主体开展，导致景区之间的联动不足。尤其是旅游旺季，由于缺乏联动管控，流域内经常出现旅游接待人次严重超出旅游环境承载能力的问题。需要注意的是，部分旅游产业的旅游服务设施建设缺乏管控，存在大规模开发别墅、酒店的行为，对敏感及高价值生态区的生态环境产生较大干扰。

3.2　管控引导原则及策略

秦岭国家公园生态系统以中度脆弱为主，生态脆弱性的空间差异明显。地形地貌是生态环境空间分异的主导因素。人类长期不合理的经济行为也是造成秦岭国家公园生态脆弱性风险增加的重要因素。因此需要分区域、分类型规范制约不合理的人类生活、生产活动，全面形成低碳、绿色生产生活方式，逐步形成生态健康、环境宜居、产业兴旺、百姓富足的大美秦岭、和谐秦岭。

3.2.1　目标原则

（1）坚持保护优先，适度利用

牢固树立保护第一的思想，像保护眼睛一样保护秦岭生态环境，像对待生命一样对待秦岭生态环境，依法依规对各类开发建设活动实行强制性、全过程监管，避免人类对秦岭生态环境的过度干预。

（2）坚持低碳生活，循环发展

全面推进资源节约集约和循环利用，鼓励发展亲近自然的绿色低碳循环经济，推进以生态产业化和产业生态化为主体的生态经济体系，走绿色、低碳、可持续的高质量发展之路。

（3）坚持科学规划，分区施策

遵循自然生态系统内在规律，坚持因地制宜，按照腹地型、边缘型进行分类，通过精准感知、科学规划，构建健康稳定的生态系统和绿色产业体系。

（4）坚持政府主导，共同参与

充分发挥政府、企业、民间组织、社区和个人等各方的积极性，严格落实企业主体责任和政府监管责任，提高社区生态保护意识。组织动员全社会当好生态卫士，构建政府主导、多元主体参与，尊重自然、顺应自然的环境友好型社会体系和产业体系。

3.2.2 管控策略

（1）产业管控

严格流域产业准入管控，以生态环境保护和低干扰为原则，加快清退环境负面影响产业，全面推进地区产业结构转型升级，淘汰高污染、高耗能、高排放、高干扰产业，鼓励发展绿色循环经济和环境友好型产业，推进以生态产业化和产业生态化为主体的生态经济体系建设，结合乡村产业振兴，禁止采矿、化工等有较大污染和资源依附性产业，鼓励发展中药、茶叶、林果业、林下经济等农林相关绿色产业，走绿色、可持续的高质量发展之路。

（2）生产管控

在开展任何新的生产活动之前，进行全面的环境影响评价，评估其对周围生态系统的潜在影响，采取一系列措施来最大限度地减少负面影响，保护环境和生态系统的健康。鼓励开展绿色、低干扰和环境协调型生产方式。加大对农林产业相关生产领域的环境影响管控，加大对中药渣、包装尾料等相关尾废物的综合利用和处理管控，加大对民宿、农家乐等旅游服务业的污水排放、油烟排放等废弃物管控。

（3）生活管控

生态保护和环境的健康发展离不开公众的参与，生活管控可以在个人和社会层面采取措施，以减少对生态的负面影响，促进可持续的生活方式。利用法律法规、科技创新、政策宣传等措施，构建能源节约、废物减量、水资源保护、低碳生活的新生活方式。加大对地区保留的农村人居点、旅居服务点的垃圾集中收集、污水集中处理的治理和管控，确保现状人居点的规模不扩大、不侵占生态空间。

（4）红线管控

分区域进行全面的生态系统评估，制定相应的政策法规，开展科学合理的土地规划和管理，划定清晰的开发边界和生态保护红线，建立健全的生态环境监测体系，制定严格的生态保护措施。加强地区村庄建设管控红线的边界管控和用途准入管控，加大对地区历史文化保护线、防洪排涝线等管控红线的严格落实和用途管控，确保地区人文历史资源的有效保护、地区防灾设施的有序建设以及村庄建设规模的合理规模。

3.3　林业与相关产业管控与引导措施

3.3.1　总体管控要求

国家公园以及周边地区具有高生态敏感性和高生态价值叠加的天然属性，其不以经济生产为主要职能，而是以生态保护为核心使命。因此，其产业发展总体以限制为主，局部片区可适度发展生态绿色产业。

生态绿色产业主要领域主要包括生态旅游业、绿色农业、生态林业，可少量配套商贸服务业、生态产品加工和必要的物流运输业。

旅游业、商贸服务业、生态产品加工、物流运输业等一般在国家公园门户服务区以及国家公园外围的集聚型人居聚落点布局；绿色农业一般在国家公园天窗区以及外围集聚型村落布局；生态林业一般在国家公园及外围的用材林、经济林和薪炭林等区域布局。

3.3.2　林业管控与引导体系

按照人与自然和谐共生、“山水林田湖草生命共同体”的理念，坚持绿色发展、循环发展、低碳发展，三者相互融合、有机统一。把生态文明建设融入经济、政治、文化和社会等各方面建设中，形成节约资源、保护环境的空间格局、产业结构、生产方式、生活方式，为子孙后代留下天蓝、地绿、水清的生产生活环境。因此，以秦岭国家公园内林业产业发展问题为导向，以实现产业发展与生态保护协调发展为目标，结合聚落分布区域，分别从产业发展、生产和生活方式改变、生态保护措施实施等方面提出指引，最终形成政策、措施，用以制定管理指南与培训计划，有效推动农村产业振兴与生态保护协同发展（表6–7）。

表6–7　自下而上的管控引导体系表

<table>
<tr><th rowspan="2">分区</th><th rowspan="2">分类</th><th colspan="4">林业产业管控与引导体系</th></tr>
<tr><th>林业产业类型</th><th>林业生产方式</th><th>林区生活方式</th><th>红线管控</th></tr>
<tr><td rowspan="3">腹地型</td><td>搬迁撤并类</td><td>林蜂、特色林果、木本粮油、林源医药</td><td>近自然生产</td><td>零碳生活</td><td>核心区红线</td></tr>
<tr><td>协同过渡类</td><td>林源日化、木本调料、林源香料、林源农药、森林旅游</td><td>近自然生产</td><td>低碳生活</td><td>生产红线</td></tr>
<tr><td>协同共生类</td><td rowspan="2">林源食品、林源食用菌、林畜、林禽、林苗、林花、林蚕</td><td>绿色生产</td><td>低碳生活</td><td>旅游红线</td></tr>
<tr><td>边缘型</td><td>完善发展类</td><td>有机生产</td><td>低碳生活</td><td>无红线</td></tr>
</table>

3.3.3 林业管控与引导措施

（1）腹地型搬迁撤并类

通过搬迁减少对敏感生态环境的影响，保护自然资源，同时改善居民的生活质量。核心区生态红线之外原居民保留的相关林业生产地，按照近自然生产方式，适度引导开展近自然仿野生林药、林油、林蜂、林果经营模式，生产安全、高品质的林产品。

（2）腹地型协同过渡类

自然本底优越，农户的存在已经成为自然山水间重要的有机组成部分，人与自然关系和谐。不扩大种植地空间和生活空间，核心区生态红线之外原居民保留的相关林业生产地，按照近自然生产方式，适度引导开展近自然仿野生林药、林油、林蜂、林果、木本调料、林源香料、林源农药经营模式，适度开展森林人家、森林旅游等活动。

（3）腹地型协同共生类

远离核心区生态红线，长期已经形成较大的生活空间，自然本底良好，通过合理的规划引导，形成绿色产业体系，实现与周边聚落的协同发展，达到人与自然和谐共生。应积极引导山区居民围绕森林生态旅游开展森林人家、森林村庄建设。以满足多层次市场需求为导向，科学利用森林生态环境、景观资源、食品药材和文化资源，建设秦岭红豆杉、金银花、山茱萸等产业发展基地，大力兴办保健养生、康复疗养、健康养老等森林康养服务。发展五味子、八月炸等秦岭特色野生林果示范园、现代林业产业示范园，形成规模化环境友好型产业，满足广大群众日益增长的采摘体验、新奇体验和休闲需要。

（4）边缘型完善发展类

处于秦岭国家公园边缘区域，远离核心区，人口相对稠密，生产经营活动频繁，核心是实现生态保护与经济发展之间的平衡。鼓励引导林业产业龙头企业牵头组建集种、养、加、服于一体，产学研用相结合的林业产业联盟。开发林业生物质能源、生物质材料、生物质产品、木本油料等，建设特色林产品加工生产线，提高质量安全标准。应高质量发展林产品加工业，最大限度提高林产品加工附加值。改善林产品储藏、保鲜、烘干、分级、包装能力和水平，提升产品质量。

3.3.4 相关产业管控与引导措施

（1）分流域产业管控与引导

①腹地型小流域产业管控与引导。

腹地型小流域在产业发展中，执行严格的产业准入要求和产业发展导向，仅准入生态产业（生态林业及少量旅游业），严格限制、禁止污染类加工产业和对环境干扰较大的工业，严格禁止矿产资源开采，控制口粮田耕地总量。

腹地型小流域要重点结合国家公园管控要求，秦岭核心保护区和一般保护区、生态保护红线等要求叠加开展腹地型小流域产业管控。

②边缘型小流域产业管控与引导。

边缘型小流域在产业发展中，可考虑结合人居点适度发展手工加工业、绿色农业以及旅游服务业，鼓励发展生态林业，禁止环境污染类产业。

边缘型小流域要重点结合林地分级保护要求、秦岭一般保护区产业准入要求叠加开展边缘型小流域产业管控。边缘型小流域产业准入类型相对复杂，建议对边缘型小流域区分河源型小流域、河谷型小流域等，结合边缘型小流域的生态价值和敏感度，对边缘型小流域的不同段落区分形成产业准入政策。

（2）分门类产业管控与引导

①绿色农业管控与引导。

秦岭国家公园地域广阔，地形复杂，目前及未来一段时间仍将保留部分农业。传统农业对秦岭小流域的环境影响主要集中在农业面源污染、农业灌溉用水等方面，应逐步引导国家公园及周边地区保留的部分传统农业向绿色农业转型。因此主要开展以下方面管控工作：

对于共生发展类、协同共生类人居点周边，在现有农业生产规模基础上不扩增；鼓励传统农业向有机绿色农业转型，限制化肥使用，治理农业面源污染，加强对畜禽养殖污染物的综合化利用，大力推行农村沼气池建设；原则上禁止农业灌溉用水直取秦岭小流域河流用水；原则上限制发展设施农业，禁止使用地膜等污染较大的农业设施，可结合秦岭特殊地形地貌，针对耕地破碎问题，在25°以下缓坡地，鼓励发展特色山地农业，包括中药材种植、食用菌养殖等，培育秦岭腹地特色农业品牌。

对于协同过渡类人居点周边，仅保留基本口粮田，以保障人居点百姓基本口粮种植为原则，限制新增农业空间，鼓励对现有零散农业空间逐步结合人居点缩小开展土地复垦、退耕、还林、还草。

对于搬迁撤并类人居点周边，现状尚未搬迁的人居点，保留既有农业空间；结合人居点搬迁动态，及时、适时开展农业空间的退耕复垦。

②旅游业管控与引导。

国家公园是最好的生态产品、最美的自然课堂、最有吸引力的生态体验胜地，应坚持全民公益性。在旅游业发展中应坚持全民公益、适度发展、环境地干扰三大原则。

对于共生发展类、协同共生类人居点有序限量发展自然教育基地、生态旅游服务基地等基础旅游服务职能，限制开发新的大型旅游景区；原则上严禁开发高尔夫、滑雪、滑草、大型游乐设施等商业服务设施；探索旅游服务基地特许经营制度，限制旅游服务规模。

对于协同过渡类人居点，限制旅游业发展，原则上不允许大规模建设旅游服务基地；结合既有宅基地，在不增加村庄建设空间的前提下，可少量点状发展局部民宿、旅游商品供给点，用地规模原则上不大于 300 m^2。加强对点状开发民宿的厨余垃圾、生活垃圾的及时转运及无害化处理。

对于搬迁撤并类人居点周边禁止发展旅游服务业。

3.4 林业与相关产业准入管制要求

3.4.1 允许类产业

防护林、天然林等自然资源保护工程，森林抚育、低质低效林改造工程；

国家储备林建设，特色经济林建设，汇碳林建设；

退耕还林还草恢复工程；

经济林、苗木花卉、木本油料、速生丰产林、林下经济、中药产业；

国家林区、林场基础设施建设；

林下养殖，茶叶、魔芋等对生态不产生破坏的特色产业种植。

3.4.2 限制类产业

在已禁垦的陡坡地内开垦种植农作物；

商品林采伐应严格控制采伐面积；

严格限制一般保护区内的露天采矿行为；

在边缘型流域内新建、扩建、改建矿产资源开发项目；

秦岭主梁以南边缘型流域内开山采石项目；

边缘型流域内新建尾矿库项目。

3.4.3 禁止类产业

禁止在腹地型流域内 25°坡以上开垦种植农作物；

禁止在封山育林、封山禁牧区内开垦、采石、采砂、取土、割漆等行为，禁止放养食草类动物；

禁止在腹地型流域内开山采石；

禁止在腹地型流域内开展国家明令淘汰的落后工艺生产；

原则上不再新建小水电站项目。

4 流域保护修复导向下的人居空间绿色营建管控

4.1 秦岭淡水流域人居空间的调研情况及问题汇总

秦岭国家公园涉及陕西省的西安、宝鸡、渭南、汉中、安康和商洛六个市，以及这些市下辖的 21 个县（区），共计 102 个乡镇和 415 个村庄。根据乡镇与国家公园范围的嵌套关系可以分为边缘型乡镇和腹地型乡镇。秦岭淡水流域人居空间在形式上可分为民居建筑和公共建筑两大类，在时间的维度上可以分为传统和现代两种人居类型（图 6–16）。

(a)宁陕县皇冠镇

(b)周至县厚畛子镇

(c)太白县黄柏塬镇

(d)洋县华阳镇

图 6–16 典型人居类型

4.1.1 民居建筑

民居建筑是流域保护修复导向下的人居空间绿色营建进程中的核心研究对象之一。随着营建在时间轴上呈现出空间布局、结构形式、建筑材料和建筑风貌上的不同。按照时间节点可以将流域内村落民居建筑分为三类：1980 年之前、1980 年至 1990 年和 1990 年之后（表 6–8）。

表 6–8 不同年代的村落民居建筑特征

类型	特征
1980 年之前	明清传统民居建筑以天井空间组织各功能用房；传统土木、砖木、石木结构；营建均使用本土传统建筑材料，如木材、石材等；坡屋顶为主
1980 年至 1990 年	村民新建的民居保留了院落空间；仍沿用传统土木、砖木结构；就地取材，仍选择板岩、毛石、生土等传统建筑材料；坡屋顶为主

续表

类型	特征
1990 年之后	功能用房集中布置；绝大多数民居选择砖混结构；放弃使用传统建筑材料，青睐烧结砖、瓷砖等现代材料的使用；平屋顶为主

秦岭传统民居院落空间类型较多，院落空间尺度差距较大，在居住建筑质量、空间功能等方面与现代人的生活需求有着较大差异。而新建民居院落建造，采用新材料、新工法等现代建筑体系，建筑层数逐渐增高，传统院落空间感丧失，因忽略了秦岭山地特殊气候地理条件下传统院落的气候适应性特征，降低了民居在极端气候条件下的适应性。

（1）基本特征

根据调研总结，秦岭山地传统民居不同区段的气候环境，由南至北、从东到西产生了不同类型的院落空间布局形式、建筑形式及生态特征。

①院落布局。

秦岭北麓民居院落布局以合院为主，平面形状接近正方形，有明确的中轴线，主次分明，秩序井然，而内院比较开阔，满足了中纬度地区对于太阳光的需求。整个院落布局表现出秦岭北麓封闭、内向、防御性强的特点。秦岭南麓民居平面呈窄长型，内部房间沿着院落一字排开，多为天井式民居，整体性较强，建筑深远的挑檐也遮蔽了阳光，充分解决低纬度地区降水量大、夏季防晒隔热的问题。

②建筑形式。

秦岭北麓传统民居建筑以单层单坡屋顶为主，建筑层高较高，通常在室内进行吊顶。院落内部主要房间由基座、屋身、屋顶构成一个完整的建筑单体。建筑单体一般为四柱三开间，中间为入户门，两侧开方窗。各建筑单体普遍出檐深远，屋檐由建筑两侧山墙与立柱共同支撑。院落内部房间布局中轴对称，主次分明，具有很强的秩序性。秦岭南麓传统民居建筑以双层双坡屋顶为主，建筑层高较矮，二层通常为夹层，层高更加低矮；主要使用房间一般位于正门两侧，其他房间顺窄长型内院一字排开，内院两侧房间出檐深远，形成“一线天”的天井式内院。结构形式主要分为五类：土木结构、砖石木混合结构、石木结构、砖混结构和框架结构（图 6–17）。

（a）秦岭北麓周至县厚畛子镇民居

（b）秦岭南麓青木川镇民居

图 6–17　秦岭北麓与秦岭南麓民居建筑对比

③生态特征。

秦岭地处中纬度季风区，横贯我国中部，以分水岭为界，北部属黄河水系，南部属长江水系。北坡陡峭，山高多峡，为暖温带半湿润季风气候，暖温带落叶阔叶林分布广泛。南坡缓长，丘陵遍布，为北亚热带季风性湿润气候，北亚热带落叶、常绿阔叶林混交分布。根据我国《民用建筑设计通则》中对我国进行的气候区划分，秦岭国家公园属于气候交接区，包含气候Ⅱ、Ⅲ、Ⅳ共三个气候区，不同区域建筑营建需满足不同的要求。

秦岭北麓传统民居位于寒冷地区，所以建筑主要考虑冬季防寒保暖问题，夏季兼顾防热。在建筑的选址上，其所选地方应避风且光照充足。在院落的布局上，采用四边围合的布局形式，大门开在院落一角，创造了一个内部相对安定与封闭的环境，防止寒风与沙尘的侵蚀，保证冬季室内热舒适性。在建筑的细部上，传统民居主要采用单坡屋顶便于雨水的收集，各单体的层高较高，在室内进行吊顶，形成空气间层，起到了冬季保温夏季隔热的功能。民居的墙体一般为厚重的夯土墙，其蓄热能力强，保温性能好的特点也在寒冷地区充分发挥。同时，建筑深远的出檐为居民提供一个休憩的空间，也在炎热的夏季阻挡了太阳直射墙面，降低了室内的温度。

秦岭南麓的传统民居大多位于夏热冬冷地区，建筑主要考虑夏季通风、隔热、遮阳的作用，冬季兼顾防寒。在建筑的选址上，该地区传统民居大多位于河滩或河谷型地带，主要考虑防止夏季太阳光的直射。在院落布局上同样可以看到这方面的考虑。该地区的院落大多呈窄长形一字排布，入户处房间一般为主屋，窄长形的院落布局形式可以充分避免某一方向上阳光对建筑的直射，使夏天室内保持较低的温度，同时由于入户大门位于整个院落的正中央，加上窄长形院落的导风作用，院落内部容易形成穿堂风，大大降低了整座院落的温度。在建筑细部上，厚重的夯土墙起到了保温隔热作用，堂屋或其他房间深远的挑檐也阻挡了阳光的直射，降低了夏天室内的温度。建筑的主体部分为上、下两层结构，一层为主要使用空间，二层为层高较矮的夹层，形成了热缓冲空间，有效阻隔了屋顶的热传递。

（2）现状问题

①室内热舒适性。

在温度感觉方面，冬季传统民居有9%的住户感觉室内舒适，现代民居有12%的住户感觉室内舒适；夏季传统民居有38%的住户感觉室内舒适，现代民居有13%的住户感觉室内舒适。在湿度感觉方面，传统民居有12%的住户感觉舒适，现代民居有15%的住户感觉舒适。综合来看，传统民居舒适体验一共占59%，现代民居舒适体验共占40%。总体而言，现代民居室内热舒适性不如传统民居，冬季传统民居与现代民居室内热舒适体验均不佳。调查的民居都分布在夏热冬冷地区或寒冷地区，冬季主要依靠厚实的墙体以及室内火炉来维持室内温度，资源消耗很大，大部分民居在冬季依旧感觉很冷，说明需要利用生态化设计手段提升室内温度。夏季传统民居的室内舒适度明显好于现代民居，说明秦岭山地传统民居的生态化设计手法需要加以提炼并应用于现代民居设计中（图 6-18）。

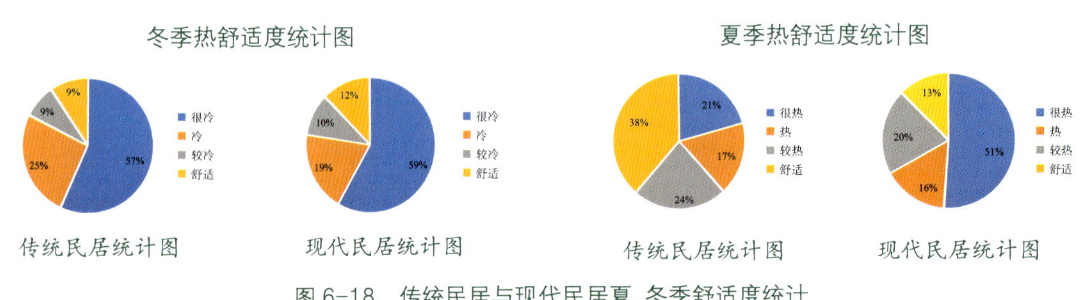

图 6-18 传统民居与现代民居夏、冬季舒适度统计

②通风方面。

在通风感觉方面，传统民居有 49%的住户感觉室内通风效果舒适，现代民居有 36%的住户感觉室内通风效果舒适；传统民居有 65%的住户感觉院落通风效果舒适，现代民居有 45%的住户感觉院落通风效果舒适。综合而言，现代民居通风效果不如传统民居（图 6-19）。

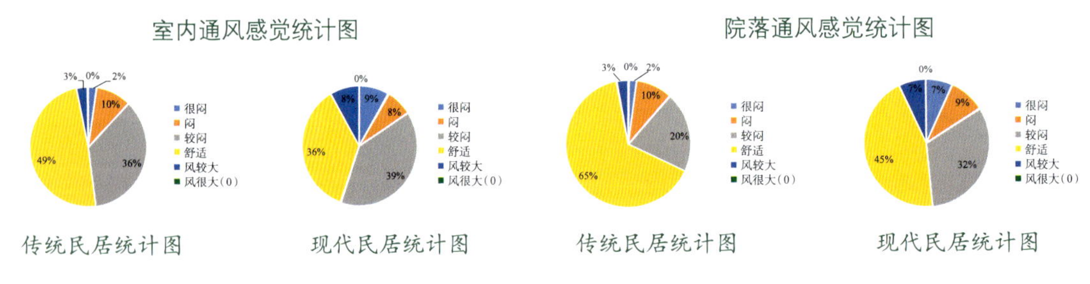

图 6-19 传统民居与现代民居通风感觉统计

③室内采光方面。

秦岭山地传统民居过去的主要使用功能为居住和休息。住户白天时间基本用于农作物的耕种，室内精细化活动不多，对室内采光要求不高，加上传统民居需要用厚重的墙体来维持室内热舒适性，不宜开大窗，因此，建筑的墙体形成了厚墙小窗的特点。随着时代的发展，虽然有些传统民居的住户已经脱离了农耕生活，但是这种开窗方式保留了下来。调查分析发现：在室内采光方面，传统民居有 70%的住户感觉室内很暗，只有 2%的住户感觉室内比较明亮；现代民居有 9%的住户感觉室内很暗，有 46%的住户感觉室内比较明亮。总体而言，现代民居的室内采光明显好于传统民居。为适应现代室内活动功能的需要，应该对传统民居的室内采光条件进行改善，在保持原有特色文化的基础上提升室内光环境（图 6-20）。

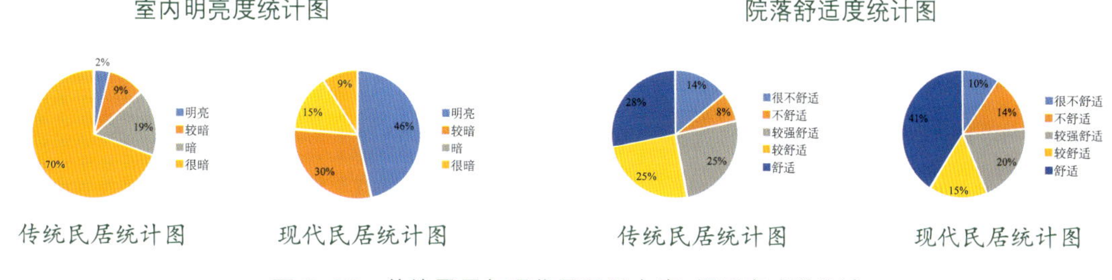

图 6-20　传统民居与现代民居明亮度、舒适度感觉统计

④建筑材料方面。

秦岭山地传统民居主要使用的建筑材料有土、木、石三种传统建筑材料。这三种材料具有易获取和成本低等优点。在使用这些材料时，一般将土作为墙体的主要材料，将木材作为建筑的骨架，将石质材料作为建筑其他部位保护支撑的材料。现代民居主要使用红砖、混凝土和铝合金等建筑材料，这些材料造价高、对环境污染较大，并且材料的保温蓄热性能较差，造成了现代民居室内物理环境比传统民居差。所以，在研究秦岭山地传统民居生态化设计策略时，应该加强对传统材料的利用，从而增加建筑的生态性能。

4.1.2　公共建筑

公共建筑作为人居公共空间的组成部分，是居民生活交往和娱乐休闲的主要场所，公共建筑的建设在文化、物质和现实层面均有重要意义。公共建筑也可用传统和现代两个时间维度进行区分，传统的公共建筑主要有寺院；现代的公共建筑主要有学校、诊所、乡政府办公楼及游客服务中心等（图 6-21）。

图 6-21　公共建筑现状

（1）建筑形式及生态特征

现代的公共建筑形式及风貌以借鉴当地民居建筑形式为主，结合建筑功能所需的空间需求进行了一定的调整，建筑主要是单层或二层单体建筑，主要使用红砖、混凝土和铝合金等建筑材料。绝大多数公共建筑未考虑绿色节能，采暖及制冷形式低效率，能源消耗较大。外墙围护结构、外门窗用材的保温和气密性较差。

（2）现状问题

①与实际需求不符，空间闲置较多。

经过上一轮的新农村建设，多数乡村地区丰富了乡村公共建筑的类型，图书室、幸福院等新功能普遍出现，但缺乏对乡村公共建筑功能需求和使用特点的客观评估，只是刻板地追求美丽乡村建设中的硬性指标，简单而机械地套用城市建设模式。一方面，其建筑规模与村庄实际需求不匹配，如按照国家或地方标准配置，多数功能用房常年处于闲置状态。若按村常住人口进行配置，每逢过年或庙会等特殊时间段内其规模难以承载村民活动需求；另一方面，空间形式与村民需求不匹配，新增建筑多孤立设置，空间联动不足，活动空间重复设置。而村民自发建设意愿高，如祠堂、宗教等建筑，却又往往存在非法用地的问题。

②空间组织不当，建筑功能单一。

公共建筑按照单一功能修建，呈独栋式布局，各个公共建筑之间联系不紧密，呈散点状。这种方式使得乡村公共空间过度分散、部分功能重复设置，导致乡村公共空间不能集中高效利用。同时出于对新兴功能的迫切需求，多数改造直接在原有公共建筑空间中置入新增功能，但原有空间并不适应新的发展需求，造成空间的使用不便、影响其使用效率。

4.2 人居空间绿色营建管控原则

在符合前述不同类型聚落人居环境搬迁、整理、适度更新建设等相关要求前提下，对于相应建筑整治提出下述原则。

4.2.1 强调以整体生态观指导村镇营建

村镇建设与不同地貌区的自然地理环境特点相结合，与地域文化相适应，体现生态保护原则、文化传承原则，将传统地域建筑中的绿色设计经验转化或应用于现代建筑设计之中，以“建筑节能、建筑节地、建筑节水、建筑节材”和“保护环境”为标准，结合施工管理、运营管理的整体思路与框架，构建“安全耐久、健康舒适、生活便利、资源节约、环境宜居”五大指标体系，促进资源的可持续利用，减少村镇发展对环境带来的负面影响，推动村镇可持续发展。

4.2.2 减少建筑全生命周期内对生态环境的破坏

要实现对建筑项目全过程的绿色管理，也就是要在建筑项目的全生命周期内都要严格贯彻绿色管理理念，在建筑的规划设计阶段要重视对建筑自然生态环境和能源资源条件的考察，重视对各要素的合理配置，合理利用自然条件和自然资源，最大限度地优化室内环境，实现环境与建筑的有效统一；在建筑施工阶段，要重视对建筑设计阶段所提出的各项节能技术的运用，加强对绿色建材的选用，做好施工阶段人财物的科学配置，减少建筑施工对生态环境的影响，降低建筑施工的成本；在建筑的使用运营阶段，要善于利用多种激励措施和科学的物业管理制度，保证建筑使用过程中节能减排和绿化环境的维护。

4.2.3　提供舒适健康的人居环境

整体环境的优化。包括自然环境和人工环境。保持村落整洁，提升村落的审美价值与风景优美度，减少生态资源耗损，使村落自然环境处在一个良性的动态平衡中。

空间环境的优化。根据现状调整村内空间布局，在建筑立面设计上，打造具有地域特色的建筑形态，在建筑空间形式上，参考村落原始建筑布局形式。

配套设施的完善。弥补现有公共服务设施与基础设施的不足，提高村民生活用水的质量；重点做好垃圾污水治理，实施农村“厕所革命”，适量布置公共厕所方便外来人员；增加村内生活垃圾桶数量；促进居民之间和谐交流，丰富居民精神生活。

乡村人文环境建设。合理的空间营建是促进邻里关系的重要手段，主要体现在空间的向心性与建筑的围合性。丰富乡村公共活动，开展具有当地文化特色的公共活动。开辟建设丰富多样的公共空间，可根据乡村居民需求增加小型游乐公园、广场等公共活动空间，为人们提供交流活动的场地，提高村民凝聚力，增加居民生活乐趣。

4.3　人居空间绿色营建管控策略

本研究从适应气候条件、结合地形地貌、使用本土材料、延续地域文化 4 个方面对国家公园内流域人居空间管控策略进行总结，强调建筑的地区性，发展出与自然和谐共生、绿色与文化协同一体化的建筑类型。

4.3.1　适应气候条件

我们通过对本土建筑进行研究，系统提炼传统生态营建智慧，在对其进行现代应用潜力评判之后，进而通过“本土—转译”的方式，形成现代策略与方法建构的基础。针对能源、资源、形态等方面提出相应的营建对策，并对建筑群体、基本单元与界面设计建立具体的设计策略与方法，进而形成适应性的营建模式，以最小的能耗创造适度舒适的人居空间气候环境，最大限度地实现人居空间的可持续发展。通过提炼秦岭地域建筑特色，形成区别于其他国家公园的秦岭国家公园民居特征（图 6–22）。

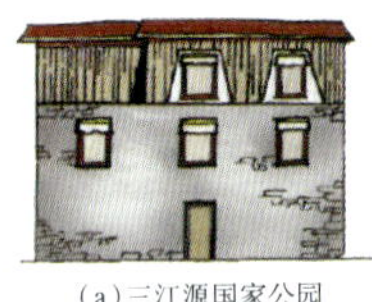

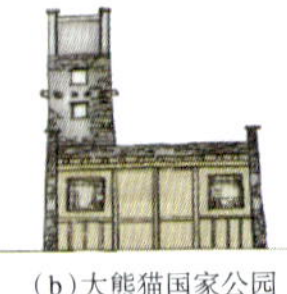
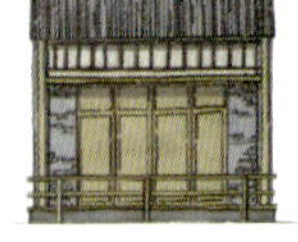

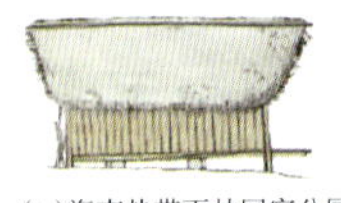

(a)三江源国家公园　(b)大熊猫国家公园　(c)东北虎豹国家公园　(d)武夷山国家公园　(e)海南热带雨林国家公园

图 6-22　我国五大国家公园内典型建筑形式

建筑空间形态、界面构造应对“气候要素”的人居空间营建策略：群体布局模式、朝向方位的选择、体形系数控制、空间组织与格局、生态界面对不同气候要素的阻隔、渗透与交换（包括屋顶、墙体、地面、门窗），见图 6-23。

图 6-23　秦岭国家公园内典型聚落

4.3.2　结合地形地貌

秦岭国家公园内人居空间建设选址应顺应秦岭山地的自然地形地貌，尊重秦岭山地自然环境规律，利用山地地形条件，创造具有地域特色的、层次丰富的院落空间。传统民居院落依山就势的层级抬高，也更利于夏季通风和冬季防风，实现人、建筑、自然的和谐统一。

4.3.3　使用本土材料

秦岭国家公园内人居空间建筑材料以土、木、石为原料，使建筑拥有较高的热阻及热惰性，有效减少了室内外热量传递，并且在对延迟和减弱室外温度变化对室内温度影响方面具有很好的作用。这些本土材料具有良好的保温隔热性能及热稳定特性。所以在新民居建造的过程中，应就地取材，利用本地资源发挥地方材料的优点，降低民居能耗，使秦岭山地传统民居的生态绿色优势在现代化进程中得到传承和发展（图 6-24）。

图 6-24　民居建筑中生土、木材、石材的运用

4.3.4 延续地域文化

在营造人居空间的过程中，应根据地域特征，从传统民居院落提取其固有的文化元素，运用到新建民居中，延续地域文化特色。古秦岭交通闭塞，山峦阻隔，成为北方周秦文化和南方荆楚文化的分界线。由于明清移民政策的影响，伴随多条秦巴古道的开辟，南北文化互通交融，秦岭逐渐成为受周边周秦文化、蜀汉文化、巴渝文化、荆楚文化等多元文化影响交融的地区。秦岭地区传统民居在多元文化的影响下，逐渐形成一种南北文化并蓄的建筑风格，并且在不同文化交融区，表现出不同的建筑特征。秦岭西段传统民居汉藏文化兼收，坡屋顶，厚夯土墙，抬梁式屋架结构，建筑外墙多采用藏区特有的砖红色；中西段的传统民居受巴蜀文化和周秦文化影响，建筑室内空间分上、下两层，中间用木板相隔，下居上储，民居下部多用砖土材料，上部多用木材，兼具南方干栏式建筑的轻盈和北方建筑的厚重，形成了鲜明的地域文化特色；而中东段传统民居受荆楚文化和中原文化影响，建筑构架将南方的穿斗式结构和北方的抬梁式结构相融合，传统民居在中原坡屋顶风格建筑的基础上增加风火墙。

4.4 人居空间绿色营建管控下的农村聚落分类引导

在建设秦岭国家公园的同时，基于区内社会经济发展情况、农户数量、生计结构、生计来源的系统梳理，需分类推动乡村聚落建设改造，合理控制聚落规模，避免建设规模过大。需控制好建筑与山地水体的关系，形成临水、近水、望水等不同的空间效果，以及起伏变化、层次分明的空间界面。各方面都需要进行综合完善措施与应对。其中，就人居空间绿色营建管控而言，结合原则与策略，针对淡水流域边缘型农村人居聚落和腹地型农村人居聚落不同的流域特征和发展方向，农村居住空间、农村公共空间、农村设施空间和农村产业空间的建设也应有不同的侧重与强调。

4.4.1 腹地型农村人居空间管理引导重点

搬迁撤并类：该类型聚落应有序引导村民逐步退出宅基地，合理疏导人口转移；针对亲水空间（距离水岸 20 m 以内）暂时无法搬离该区域的建筑必须进行绿色化改造，以减轻对环境的影响；原有的基础设施可进行可降解化改造，使其在不污染环境的情况下逐步退出原有功能；搬迁在水体空间附近的企业；搬迁后的原乡村聚落用地复垦为耕地或生态用地，提高耕地和生态空间保有量。

协同过渡类：着重整治盘活居民点低效建设用地，推进宅基地腾退及整合优化，合理利用零星腾退的闲置宅基地和集体建设用地在生活圈内部流转，优先用于公共服务设施建设；公共设施应利用现代科技使其实现可持续化，通过农业形态及功能的外延扩展增加农业的附加值，提升农业空间的内在效益。

协同共生类：应严格控制规模不再扩张，保护传承民居风貌特色，可对危房加以整修，着重进行居民点规模整治以盘活低效建设用地；在村落肌理、风貌相协调导向下对公共空间进行扩容与提质，为依托特色资源禀赋发展的第三产业留有余地。

4.4.2 边缘型农村人居空间管理引导重点

搬迁撤并类：该类型聚落引导方式与边缘型基本相同，且更需强化异地安置的政策保障。

协同过渡类：该类型聚落引导方式与边缘型基本相同，且更需要考虑居民点数量逐渐减少，乃至整合撤并的过渡方案。

协同共生类：该类型聚落引导方式与边缘型基本相同，但居民生活及特色产业发展需求只能通过挖潜方式补充缺少的公共服务设施或基础设施，完善相关产业配套设施建设。

完善发展类：加强农宅整治与新型农村社区化建设，促进村庄转型发展，建设用地规模保持不变或略有增长；通过原聚落中可以利用的建筑材料搬至新村进行重新组装，保留乡土记忆，合理利用自然资源，结合地形的处理、材料的选择和构造方式的运用，体现当地的环境特征；进行智慧化与数字化升级，有效协调产业空间和聚落生活空间的布局，实现集约化、高效化、低碳化的绿色目标。

5 《农村人居空间管理指南与行动计划》

5.1 范围

《农村人居空间管理指南与行动计划》（以下简称《指南》）给出了秦岭国家公园内农村生活空间建设与管理的基本原则以及淡水生态系统保护、乡村聚落空间建设引导、组织实施，以及以性别分析为基础的行动计划等方面的内容。

5.2　规范性引用文件

下列文件中相关内容的引用构成《指南》必不可少的条款。其中，注日期的引用文件，仅该日期对应的版本适用于《指南》；不注日期的引用文件，其最新版本适用于《指南》。

GB/T 51435—2021　《农村生活垃圾收运和处理技术标准》

GB/T 51347—2019　《农村生活污水处理工程技术标准》

GB/T 50445—2019　《村庄整治技术标准》

GB/T 38549—2020　《农村（村庄）河道管理与维护规范》

HJ 574　《农村生活污染控制技术规范》

JGJ/T 363—2014　《农村住房危险性鉴定标准》

5.3　术语和定义

5.3.1　国家公园（National Park）

由国家批准设立并主导管理，边界清晰，以保护具有国家代表性的大面积自然生态系统为主要目的，实现自然资源科学保护和合理利用的特定陆域或海洋区域。

5.3.2　淡水生态系统（Freshwater Ecosystem）

在淡水中由生物群落及其环境相互作用所构成的自然系统，主要由河流、湖泊等淡水空间和水、陆生物群落交错带组成，是与流域水文循环密切相关的动态系统。

5.3.3　乡村聚落（Rural Settlement）

乡村聚落是以农业活动和农业人口为主的聚居地，是涵盖了生产、生活及生态空间的具有一定区域范围的空间单元。

乡村聚落是指各种乡村居民点，既包括乡村中的单家独院，也包括由多户人家聚居在一起的村落和尚未形成城市建制的乡村集镇。

乡村聚落是指乡村地区人类各种形式的居住场所（村落），包括所有的村庄和拥有少量工业企业及商业服务设施，但未达到建制镇标准的乡村集镇。

5.3.4 农村人居空间（Rural Living Space）

农村人居空间是农村居民居住、就业、消费和休闲等日常活动叠置而成的空间聚合体，可分为居住空间、公共空间、设施空间、产业空间四部分。

5.4 管理思路

以秦岭国家公园流域分型分类特征为基础，从调研聚落标本中提取流域共性，依托不同的区位条件、发展环境、地质特征、聚落条件等，结合聚落性别构成的演变趋势，建构农村人居空间的实用性管理指南，包括农村居住空间、农村公共空间、农村设施空间和农村产业空间四大管理领域。以导则式、手册式管理指南帮助农村行政管理人员因区、因地、因水、因林实施不同的农村人居空间引导措施。

5.5 管理原则

5.5.1 生态优先，绿色低碳

坚持生态优先，绿色发展的理念，尊重自然山水格局，保护生态环境，节约集约用地，乡村聚落布局优化要有利于土地、自然和社会经济之间的协调关系，保护自然资源和生态环境，促进乡村经济可持续发展。采用生态低碳的技术和方法促进可持续发展，使乡村与自然环境和谐共生，人工与天工相得益彰。

5.5.2 模数引导，精准施策

根据当地自然地理条件、社会经济发展情况、资源禀赋状况、水文地质特点、内涝防治要求等，分类推动村庄建设改造，合理确定低影响开发控制目标与指标，对不同流域区段的乡村聚落提供模数化引导策略，因村施策、因地制宜提出布局优化路径。

5.5.3 以人为本，统筹兼顾

贯彻以人民为中心的发展思想，顺应村庄发展规律和演变趋势，尊重农民群众生产、生活习惯和乡风民俗，加强留乡农民的乡村聚落布局优化和用地保障工作。创造与人民美好生活需要、淡水生态系统保护要求相匹配的农村生活空间环境，不断提升人民群众的安全感、获得感和幸福感。

5.6　淡水生态系统保护与修复下人居活动要求

5.6.1　淡水生物保护

宜根据保护范围内淡水流域现状，建立跨区域、跨部门的秦岭国家公园淡水流域保护体制机制。

淡水生物的物种多样性易受到人类活动影响。应该以管控人的行为为抓手，以保护淡水生物多样性为目标，建立专门的物种库，并应完善管理与执法体系。

5.6.2　河湖堤岸和流域水体保护与修复

加强河湖水生态保护修复、降低面源污染负荷，合理处理河湖滨水生态空间与农村生活空间的关系，做好河湖生态缓冲带保护。

流域水体中严格限制截弯取直等破坏河流流向的建设行为。人类活动对地下水可能产生的危害应尽量避免。

5.6.3　淡水流域保护与修复

流域保护与恢复应按照乡村聚落水质现状、经济发展水平来确定。保护和修复的目标是实现经济、社会与环境的协调发展。

消除流域内点源污染，减少面源污染，减少污水直排，调控区域人口及经济发展方式，与生态空间的承载力逐步适应。

秦岭国家公园内河流按区段不同可分为尾沟段、中间沟段、沟口段，应按不同区段聚落生活空间的不同情况分类进行治理。

5.6.4　聚落空间分类与建设引导

聚落要控制好建筑与山地水体的关系，构建“临水透景、近水亲水、望水见景”三级空间体系，保持天际线韵律变化。针对突出问题提出发展策略，制定农村生活空间转型方案，统筹国家公园及其各类自然保护地的生态保护与民生改善，推进“园内园外”协同进步，指导各类型乡村聚落高质量发展，为国家公园建设中农户权益保护做好方案筛选，最终实现人与自然和谐共生。

5.7 居住空间建设与管理

居住空间是乡村聚落的主体部分，是乡村居民日常生活的核心场所，也是生活污水的产生源头，其空间建设与管理需考虑对淡水生态系统造成的不利影响。

5.7.1 宅基地

秦岭国家公园核心保护区内村庄不再审批新增宅基地。

严格落实“一户一宅”制度，规范农民建房程序，乡村聚落内宅基地建设标准应符合《陕西省农村宅基地管理办法》，优先使用存量建设用地，提高建设用地使用效率。

宅基地应选址在地质稳定、环境安全的地段，避开滑坡、地陷、崩塌、行洪区、蓄滞洪区等存在地质、自然灾害隐患的区域，并符合相关规划要求。

5.7.2 房屋建设

旧房危房、违章建筑、废弃猪牛栏、非法违规广告及招牌、乱搭乱建等应有效拆除，无新增违法用地及违法建筑，危房户安置合理，涉及公共安全的危房须进行有效处置。对农房建筑实行风貌管控，提取传统民居元素，有效整治乡村聚落建筑的外立面，形成鲜明的秦岭山区特色、保证临水界面的完整性、统一性。

亲水空间（距离水岸 20 m 以内）应拆除现状建筑等设施，暂时无法拆除的建筑或无法迁移的特殊设施应进行生态化改造，以减轻对河流环境的影响；近水空间（距离水岸 20～100 m）重点推进建筑生态化改造和环境风貌控制，推广使用绿色建材；望水空间（距离水岸 100 m 以上）应注意建筑风貌的本土化和流域文化的展示，建筑低耗化改造和复合利用也应有序推进。

房屋建筑设计应充分考虑当地地域特色和气候条件等因素，提取传统民居元素，与当地传统建筑风貌相结合。

房屋建设应采用科学合理的功能布局、兼顾周围环境，区分生活与生产功能，实行寝居分离、食寝分离、洁污分离，满足当地村民需求。

农房与河湖堤岸应满足当地河道管理条例中所要求的距离，避免侵占河道滩地。

房屋施工应采取有效的环境保护措施，对房屋建设过程中产生的建筑垃圾应分类堆放，避免建筑垃圾排入河道。

5.7.3 房前屋后

通过环境整治，要确保住户房前屋后干净整洁。院落的整治可结合产业融合的思路开展庭院经济或建设相关设施。

提倡农户庭院、屋顶和围墙实现立体绿化和美化。院落周边设置排水沟，帮助地面积水更快排出，实现水资源的有效循环。

划定畜禽养殖区域，必须人畜分离。农家庭院畜禽圈养应保持圈舍卫生，不得影响周边生活环境。

5.7.4 生活污水

应优先采用水冲式厕所，每户宜设置化粪池，化粪池宜在院落下风向，并确保与饮用水源的安全距离，同时考虑与乡村聚落内污水管网的衔接或预留接口。

合理开展河塘清淤整治，完成控污截污，房前屋后无污水溢流，无垃圾漂浮物，消灭黑臭水体。

5.7.5 腹地型农村居住空间管理引导

搬迁撤并类：搬迁型聚落应有序引导村民逐步退出宅基地，合理疏导人口转移。已经实施移民搬迁的，原有建筑物、构筑物应当限期拆除，恢复生态。

协同过渡类：因地制宜地整治盘活居民点低效建设用地，有序推进宅基地腾退及整合优化，利用腾退出来的宅基地，营造多样化的乡村生活空间与自然生态环境，推动乡村聚落布局合理化，未来根据发展态势对没有潜力存续的居民点进行整合撤并。

协同共生类（共生发展 A 型）：应严格控制规模，不新增建设用地，保护传承民居风貌特色，可对危房加以整修，着重进行居民点规模化整治以盘活低效建设用地。

5.7.6 边缘型农村居住空间管理引导

协同过渡类：因地制宜地整治盘活居民点低效建设用地，有序推进宅基地腾退及整合优化，利用腾退出来的宅基地，营造多样化的乡村生活空间与自然生态环境，推动乡村聚落布局合理化，未来根据发展态势对没有潜力存续的居民点进行整合撤并。

协同共生类（共生发展 A 型）：应严格控制规模，不新增建设用地。应对危房加以整修，着重进行居民点规模化整治以盘活低效建设用地。有效进行特许经营、绿色产业发展。

完善发展类（共生发展 B 型）：加强农宅整治与新型农村社区化建设，促进村庄转型发展，鼓励人口集聚和绿色产业、特许经营发展，建设用地规模保持不变或略有增长。

5.8 公共空间建设与管理

公共空间是居民日常生活交往的重要场所，涉及村民日常的政治、文化与生活诸多方面。公共空间的建设与管理需考虑透水铺装的采用，通过将雨水就地蓄留、就地消化旱涝的方式保护淡水生态系统。

5.8.1 道路

道路建设以满足功能需求为主，兼顾视觉上的美观性。道路线型顺应地形地貌、有效串联周边山林、农田、溪流等自然要素。

农村公路一般应当在原有道路基础上进行建设，着重提高路面等级，完善防护排水设施，增强晴雨通车能力，优先考虑危桥、险涵的改造。

修筑路基取土和弃土时，应符合环保要求。宜对取土坑、弃土堆加以处理，减少弃土侵占耕地，防止水土流失和淤塞河道。

5.8.2 街巷

街巷的建设首先要严格保持乡村聚落原始巷道的功能及风貌，传承发展传统特色空间形式，合理延续聚落传统的街巷空间及特色廊道。同时，强化私搭乱建整治，禁止乱堆乱放。

乡村聚落的街巷宜采用水稳性好、寿命长的路面型式。合理设置边沟系统，确保排水通畅。

5.8.3 公共场所

室外公共场所要有利于村民生活、休闲、交流的开展，可兼做集市集会、文体活动、农作物晾晒与停车等用途；室内公共活动场所，除必须独立设置之外的，可兼顾托幼、托老、集会、村史展示、文化娱乐等功能。

滨水构筑物与公共活动空间相结合，尺度与河塘相协调，不宜尺度失调、造型色彩夸张，探索乡村公共空间与生态景观的融合。

滨水空间的建设在符合当地河道管理与维护规范的基础上应尽量保留原有岸线，根据自然形成的岸线形状进行调整改造。

5.8.4 停车场地

宜充分利用乡村聚落的闲置空间，采用集中与分散相结合的方式布局停车场地。集中停车场宜充分考虑村民交通出行路线，结合村庄入口和主要道路，设置在交通便捷的地区。在不影响道路通行的情况下，可在道路单侧划定路边停车位。

有条件聚落可建设生态停车场。采用植草砖、透水砖等材料，形成透水停车位、透水路面等。

5.8.5　小游园

小游园宜设置在乡村聚落的宅间空地、道路旁边相对完整闲置地等方便村民使用的场所。宜与农村公共服务站、综合文化服务中心等邻近设置。

乡村聚落游园位置布局可以参考以下三种模式：沿村外缘状布局；依托山体地形块状布局；沿河岸或道路带状布局。

提升乡村绿地管护能力。选取有助于水体的保护和净化以及对亲水岸堤的稳固的滨水绿化植物，防止水土流失，保护生物多样性，促进自然循环。

5.8.6　腹地型农村公共空间管理引导

搬迁撤并类：对原聚落中可利用的建筑材料移至合并扩建村落中进行重复利用，减少建筑垃圾，保留乡土记忆。

协同过渡类：应合理利用零星腾退的闲置宅基地和集体建设用地在生活圈内部流转，用于公共空间、公共服务设施建设及产业发展需要。

协同共生类（共生发展A型）：在严格控制用地规模的基础上，盘活低效建设用地，合理调整、增加公共空间的建设，保护传承地方特色，对危房加以整修。

5.8.7　边缘型农村公共空间管理引导

搬迁撤并类：对原聚落中可利用的建筑材料移至合并扩建村落中进行重复利用，减少建筑垃圾，保留乡土记忆。

协同过渡类：应合理利用零星腾退的闲置宅基地和集体建设用地在生活圈内部流转，用于公共空间、公共服务设施建设及产业发展需要。

协同共生类（共生发展A型）：在严格控制用地规模的基础上，盘活低效建设用地，合理调整、增加公共空间的建设，保护传承地方特色，对危房加以整修。

完善发展类（共生发展B型）：合理利用自然资源，结合地形的处理、材料的选择和构造方式的运用，强化当地环境特征的体现，立足流域发展需求，统筹进行公共空间组织，在适度扩容的基础上，推进智慧化生态型公共空间体系建设。

5.9 设施空间建设与管理

设施空间包括公共设施空间与基础设施空间。其中，公共设施的建设布局应在满足不同类型聚落村民对公共服务的实际需求的前提下，建设时可利用存量建筑资源，考虑将相似功能的公共设施合并设置。基础设施空间中给排水、环卫、通信、供电、燃气等设施应进行无损化升级，尽可能降低其对水体空间的影响。设施设备应节省所占用的用地空间，向集成化、集约化发展。在设施的施工过程中应尽量减少对水环境的污染。

5.9.1 公共设施空间

行政管理：可与文体设施合并设置。此类设施宜选址在乡村聚落居中的位置，村委会前如设置了村民广场应考虑广场铺装的透水性。

教育设施：选址应避开地震危险地段、泥石流易发地段、滑坡体、悬崖边及崖底、风口、洪水沟口、输气管道和高压走廊等。出于安全考虑，应避免学生跨越公路干线、无立交设施的铁路、无安全通行防护设施的河流及水域。

文体设施：不搞大拆大建，采取盘活存量、调整置换等建设方式。可以依靠村委会，两者合并设置在同一栋楼中。同时要不断完善文体设施的配套设备。

医疗设施：推进乡村医疗卫生机构现代化、标准化建设。医疗废物处理处置设施选址宜邻近生活垃圾集中处置设施，远离河流、湖泊、池塘等水体空间。

养老设施：应满足卫生条件和独立性要求，宜合理布局在居住人口集中的地区，严禁选择在地震、地质塌裂、暗河、洪涝等自然灾害隐患的地段。养老院产生的污水应接入污水处理设施。

5.9.2 基础设施空间

供水设施：城镇周边村庄采用城镇配水管网延伸供水，非城镇周边村庄采用较集中的聚落应建立水源保护区。供水设施的取水点应布置在方便取水处。乡村聚落的给水工程应注意远近期结合，尽量减少地下水的使用，以免破坏地质环境。输水管的设置应尽量避开农田、居民点、植被茂密区。

排水设施：宜采用分流制处理农村生活用水，排水设施系统包括庭院内系统、庭院外系统以及处理设施排放系统。坑塘河道不得新增排污口，原有排污口应结合排水整治一并取消。

环卫设施：生活垃圾收集设施布局应符合上位国土空间规划，且与后续转运、处理相协调。环卫设施的位置应远离河湖堤岸 30 m 以上，同时严禁向河湖、池塘等水体倾倒任何垃圾。

通信设施：在山区、丘陵区中埋设管线应采取水土保持措施，防止水土流失。施工中须避免临时堆放的物料污染相邻地域的水土资源。

供电设施：架空配电线路设计应符合国家环境保护、水土保持和生态环境保护的有关法律法规的规定。选址避免接近河湖堤岸 20 m 范围内。

燃气设施：选址应远离居住区、学校等人流密集的聚落空间，还要远离河湖堤岸。河底穿越输配管道时，管道至河床的覆土厚度应根据水流冲刷条件及规划河床标高确定。

针对近水空间（距离水岸 20～100 m），基础设施建设应向管网的低影响化升级改造方向发展，尤其是管渠防渗、厕所整治、数字检测等方面。

5.9.3　腹地型农村设施空间管理引导

搬迁撤并类：原有的基础设施应进行可降解化改造，使其在不污染环境的情况下逐步退出原有功能。失去原有功能的建筑物和构筑物可改造为观测站等研究类设施。

协同过渡类：应提高存量土地、建筑、设施的利用率，利用零星腾退的闲置宅基地和集体建设用地在生活圈内部流转，适当用于公共服务设施建设，公共设施应利用现代科技使其实现可持续化。对侵占水空间的设施，应将其拆除。

协同共生类（共生发展 A 型）：可通过挖潜的方式结合居民生活及特色产业发展需求适当补充缺少的公共服务设施或基础设施，公共设施的建设应充分借鉴和延续传统方法与经验，并利用现代科技使其实现可持续化。公共设施的建设应与聚落整体风貌相协调。

5.9.4　边缘型农村设施空间管理引导

搬迁撤并类：除流域性必要基础服务设施保留外，推进可降解化改造，使其在不污染环境的情况下逐步退出原有功能。

协同过渡类：应提高存量土地、建筑、设施的利用率。利用零星腾退的闲置宅基地和集体建设用地在生活圈内部流转，适当用于公共服务设施建设，公共设施应利用现代科技使其实现可持续化。对侵占水空间的设施，应将其拆除。

协同共生类（共生发展 A 型）：可结合居民生活及特色产业发展需求适当补充缺少的公共服务设施或基础设施。公共设施的建设应充分借鉴和延续传统方法与经验，并利用现代科技使其实现可持续化。公共设施的建设应与聚落整体风貌相协调。

完善发展类（共生发展 B 型）：重点完善聚落的公服设施与基础设施，进行智慧化与数字化升级，闲置宅基地和集体建设用地可用于公共服务设施设建设。对侵占水空间的设施，应进行搬迁。

5.10 产业空间建设与管理

产业空间包括农业空间、休闲旅游服务业空间、生活性服务业空间和其他产业空间。开展农业面源污染专项整治编制，大力推进绿色种养循环，减少农药化肥使用，抓好农膜回收利用。发展旅游服务业不以破坏环境为代价，并合理设计旅游路线。加工制造业应避开生态敏感区。

5.10.1 农业空间

农业空间应在保证永久基本农田不变的基础上开展综合土地整治，推动土地标准化和农业集约化。

优化农作物空间布局，合理划定农业空间界线，用地空间应与河湖空间保持距离。

推进农业畜禽排泄资源化利用，严格控制化肥的使用，提升田园清洁化、生态化、景观化水平。

针对近水空间（距离水岸 20～100 m），允许诸如低耗水作物种植、山地农果业等低影响农业进入，同时发展林下经济，严格控制民宿、农家乐的排污。

针对望水空间（距离水岸 100 m 以上），应提高水源涵养能力，大力发展生态农林业。

5.10.2 休闲旅游服务业空间

应充分利用聚落的资源特色，突出以农村闲置土地盘活来保障用地需求。

休闲旅游服务业空间须配备完善的乡村旅游基础设施和服务体系。

将各个旅游节点串成线，并且旅游路线不得经过，水源保护区、生态保护区等生态敏感区。

针对亲水空间（距离水岸 20 m 以内），重点进行生态修复，保持绿色环境，仅开展适宜的生态观光等相关活动。

针对望水空间（距离水岸 100 m 以上），适当发展低建设量的康养休闲旅游。

5.10.3 生活性服务业空间

以农业基本公共服务为基础发展住宿和餐饮业、家政服务、商业等产业。

农家乐、餐饮、民宿等经营单位的污水应处理后达标排放，或经过预处理后纳入农村生活污水处理体系。

承载生活性服务业的建筑空间可以利用闲置建筑或对现状建筑进行低碳化改造，减少水资源的使用。

5.10.4　其他产业空间

以生态经济的理念为指导，适度发展农副产品工业、来料加工等乡村生态工业，防止高污染、高能耗、高排放企业向农村转移。

以农业提供基本材料进行加工的制造产业使用淡水资源后应做好中水回用与污染治理。

其他产业空间应选址在离乡村聚落和水体空间都较远的位置。

5.10.5　腹地型农村产业空间管理引导

协同过渡类：严格限制产业引入，适度保持优化既有农业及三产服务业外，积极促进林下经济发展，推进生态用地的恢复与转换。

协同共生类（共生发展 A 型）：在不触及秦岭国家公园核心保护区的前提下，通过挖潜的方式利用聚落内的特色资源禀赋发展第三产业，并完善相关产业配套设施建设。

5.10.6　边缘型农村产业空间管理引导

协同过渡类：严格限制产业引入，适度保持优化既有农业及三产服务业外，积极促进林下经济发展，推进生态用地的恢复与转换。

协同共生类（共生发展 A 型）：利用聚落内的特色资源禀赋发展第三产业，并完善相关产业配套设施建设，在保障生态优先的前提下，促进有限度的规模化经营。

完善发展类（共生发展 B 型）：协调产业空间和聚落生活空间的布局，利用好各类产业空间，实现各个产业的低碳化升级和各产业的联动，推动产业融合。引导乡村产业规模化、集约化、高效化经营。

参考文献

[1] 国家林业和草原局林草调查规划院. 秦岭国家公园综合科学考察报告 [R]. 西安：陕西省林业局，2023.

[2] 陕西省动物研究所. 秦岭鱼类志 [M]. 北京：科学出版社，1987.

[3] 吴锋. 秦岭南麓小流域乡村聚落空间集聚与优化：基于乾佑河柞水段小流域案例研究 [M]. 北京：中国建筑工业出版社，2022.

[4] 国家公园总体规划技术规范：LY/T 3188—2020 [S]. 北京：中华人民共和国国家林业和草原局，2020.

[5] 韩福利. 秦岭林区森林资源保护的意义和可持续经营利用 [J]. 陕西林业科技，2006（4）：69-72.

[6] 吴静. 秦岭生态旅游成本和效益研究 [D]. 北京：北京林业大学，2015.
[7] 李默. 城市边缘区乡村聚落景观设计研究 [D]. 哈尔滨：东北林业大学，2009.
[8] 余斌，卢燕，曾菊新，等. 乡村生活空间研究进展及展望 [J]. 地理科学，2017，37（3）：375-385.

专题报告 7
秦岭国家公园水源地生态补偿机制研究①

1　国内外水源地生态补偿研究进展

国际对于水生态补偿的研究相对较早，与生态补偿近似的概念是生态服务付费（pay for ecosystem services，PES），Simon 和 David（2005）定义为基于买卖双方共同原则的交易，其中，受益人从服务提供商处购买明确的生态系统服务，前提是供应商必须保护生态以确保资源提供，采用市场化的操作方式，以解决生态服务的外部性。国内学者关于生态补偿的研究和实践始于 20 世纪 90 年代初期，21 世纪以来，流域和水源地生态补偿逐渐成为热点。李浩等（2011）通过比较分析流域内生态调水与跨流域调水在生态补偿“利益主体关系、主导部门、核算标准”等方面的特征，提出了以区域水权为理论基础，以生态补偿客体、补偿标准、补偿形式以及补偿保障体系为主要内容的跨流域调水生态补偿机制框架。李建等（2019）对长江流域水库型水源地生态补偿的研究，重点分析了水价调节类、跨界断面水质考核类和混合类 3 种类型水源地的具体特点和适用条件，并构建了长江流域水库型水源地生态补偿总体框架。通过系统梳理现有文献，发现目前的研究脉络大致分为以下 5 条主线：

1.1　生态补偿主、客体的界定

生态补偿主、客体的界定是开展生态补偿工作的先决条件，有利于科学合理地制定生态补偿标准，并创新生态补偿方式。国内外现有研究多从破坏程度、受益情况、法律规定等角度，对水源地生态补偿的主体和客体进行了界定。尽管不同地区水源地的具体情况存在差异，

①西安交通大学，袁晓玲、黄涛、刘壤、刘水婷、王祎晨、高中一，2024 年 12 月。

但已大致形成如下共识：补偿的主体应包括生态环境的破坏方和获益方；补偿的客体则应涵盖生态保护建设者、利益受损群体以及减少破坏行为的相关方。张君等（2013）强调建立生态补偿机制应注重测算与分配生态补偿量，针对南水北调中线工程，将核心水源区湖北省十堰市作为补偿的客体，将受水区河南省、河北省、北京市、天津市作为补偿的主体。王爱敏等（2017）以利益相关者和特别牺牲为理论基础，针对水源地保护区的生态补偿主客体及其利益和行为进行了相关分析，其中，将中央政府和中下游的政府、用水单位、居民以及企业作为补偿主体，将为维护水源地保护区生态环境而利益受损的当地政府、土地利用者等作为补偿客体。Shang W.（2018）指出在用“保护者得到补偿”的原则来确定流域生态补偿主客体的过程中，强调保护者得到补偿的原则主要是指保护者为确保流域水环境安全，采取保护与治理措施，并放弃发展机会而受到一定损失，从而获得适当补偿。生态补偿的主客体涉及政府、企业和居民个人。徐琳瑜等（2020）在对秦巴山区进行水源保护生态补偿研究的过程中，指出了秦巴山区的利益相关者，如保护区范围内的土地利用者、企业、居民，水源保护区和受水区的地方政府职能部门等，并对其进行了主客体的划分。张玉环等（2022）按照“谁受益，谁补偿”的原则，以丹江口库区为研究对象，制定了相应的生态补偿标准，其中，将丹江口库区作为生态补偿的客体，北京、天津、河北、河南作为生态补偿的主体。文宏等（2024）透过博弈论的视角，强调中央政府和省级政府在流域治理和生态补偿中所承担的角色以及所采取的行为均有明显差异，并将“上游政府”当作补偿客体，“下游政府”当作补偿主体；在实践中“上游政府”选择“保护”或“不保护”，从而获得“下游政府”的“补偿”或“不补偿”。

1.2 生态补偿标准

生态补偿标准的确定是研究的核心与难点。针对此问题，国内外学者采用多种测算方法进行了相关的探索和研究，主要包括：生态系统服务功能价值法、生态保护总成本法、水质水量保护目标核算法、水资源价值法、支付意愿法和生态足迹法等；研究也逐渐从政策性等宏观研究转入了运用数学等工具进行定量化研究的阶段。耿涌等（2009）强调流域水资源作为一种公共物品，各相关区域共同承担环境保护责任是受其系统的整体性等特征所要求的，为此，引入水足迹理论和方法，以此厘清流域水足迹的内涵。在此基础上，通过反映流域各区域水生态服务的耗费情况，判断分析水生态系统的安全状态，然后，提出计量流域生态补偿标准的具体流程及测算模型。刘红光等（2019）认识到当前生态经济领域的研究热点在于以水污染为基础，建立水资源生态补偿标准模型，以长江经济带为研究对象，构建其省际水资源生态补偿模型，并对其相关问题进行了探讨。袁婉潼等（2022）指出，推进生态文明建设应重视生态补偿机制的健全，为此，从资源机会成本视角明晰了“补什么”“补给谁”“补多少”的问题，提出充分识别资源机会成本是健全生态补偿机制的方向。张玉环等（2022）以丹江口库区为研究对象，围绕水质水量双视角，构建生态补偿模型，制定生态补偿标准，测算生态补偿总额以及各受水区应分别承担的生态补偿额，推算出库区生态补偿额存在缺口。此外，机会成本能够衡量生态资源保护建设者的保护总成本，因此学者们也认为应在补偿标准的计算中予以重点考虑。

确定生态补偿量的目的是为生态补偿机制的建立提供科学依据，但是生态补偿量的计算结果往往过大，在实际支付过程中不可操作，因而失去了原本的意义。Moreno-Sanchez Retal（2012）采用意愿分析法对哥伦比亚 Andes 流域用水居民的调查中发现，用水户愿意支付更高的费用以改进流域生态保护措施，用水户类别差异会影响到补偿标准的大小，用水距离会影响到生态服务的购买等。吴娜等（2018）以渭河干流甘肃段为研究对象，以 ln VEST 模型和加权法为研究方法，从国家新一轮退耕还林政策导向视角和利益公平分配视角，分别探讨了 15°～25°和 25°以上坡耕地退耕还林的差异化补偿标准以及生态补偿净收益不同地区的差异化补偿标准。Lu 等（2020）从污染物总量控制或能值分析的视角出发，结合流域生态环境的实际状况，提出了区域间水污染补偿的具体标准。朱凯宁等（2021）强调在“建立市场化、多元化生态补偿”背景下，加强农户参与市场化生态补偿意愿的研究具有重要意义。为此，基于贵州省仁怀市农户问卷调查数据，运用二元 Logistic 回归研究农户参与市场化生态补偿意愿及其影响因素，发现家庭务农人数越多、家中有村干部、对坡耕地经济收益越不满意、认为水质下降对作物产量影响越严重、越认同参与生态补偿可获得荣誉感的农户，越愿意参与市场化生态补偿。

1.3　补偿资金分配

生态补偿标准的测算旨在确定保护水资源所需的补偿资金总量，而分担比例则回答了各方应如何分担这些补偿资金，这两者共同构成了生态补偿资金落实的关键内容。因此，应建立健全生态补偿的资金分配机制，实现大流域与小流域、生活保障与生产发展、政府企业与个人之间的公平均衡。通过合理分配补偿资金，维护水源地生态、经济、社会的协调发展，构建水源地生态保护的长效机制。

在南水北调中线水源区和受水区的生态补偿资金分担和分配方面，已有学者开展了相关研究。就水源区补偿资金的分配，研究考虑了单个补偿项目对总体效益的贡献比例等因素，并据此确定了相应的分配权重。而对于受水区补偿资金的分担，则主要依据各城市的经济发展水平相对均衡等因素，按照分水比例进行分摊。Branca G. 等（2011）通过总成本核算的方法对流域内的生态补偿资金进行分配。孔凡斌（2013）以江西鄱阳湖流域即“五河一湖”为研究对象，利用南昌、景德镇、九江等10个沿流域主要城市的人均GDP和人均工业废水排放量连续9年的面板数据。首先，构建污水排放的关系模型，计算出理论排放量与实际排放量之间的差异，据此判断各城市的超标排污权额度或未使用的排污权数量。接着，通过分析人均工业废水排放量与人均工业总产值之间的效益关系，确定排污权的价格。最后，根据各城市的排污权状况，算出相应的补偿或受偿金额。王军锋等（2017）以我国主要省市地区的流域生态补偿实践为研究对象，指出了水源地流域生态补偿的补偿资金的分配方式主要包括两种：因素分配法和根据环境治理成本进行资金补偿。部分学者以生态系统服务价值为基础确定支付比例，如於嘉闻等（2020）以中国“一带一路”沿线的重要门户——湄公河流域——为研究对象，在对湄公河流域1995—2015年的生态系统服务价值和生态盈余（或赤字）状况动态评估的基础上，结合流域各国的实际经济发展水平确定了下游各国支付生态补偿的金额。李亚菲（2022）以黄河全流域生态补偿为研究对象，指出应当依据省区内不同保护主体的贡献情况来确定不同省区所应当获得的生态补偿资金。李恒臣等（2023）基于价格协商型动态博弈理论，构建了水资源生态补偿模型，其中，以“在水源区和受水区产生的生态系统服务价值中”和“在非完全信息下有限期和完全信息下无限期两个协商博弈阶段中”为研究前提，通过将水质和水量均相同的水资源依次代入核算出生态补偿资金，同时，运用DEA方法，基于效率原则和公平原则将补偿资金在水源区内进行合理分配。

1.4 生态补偿方式

我国的生态补偿机制可以分为横向和纵向生态补偿两种类型。其中，横向生态补偿是指补偿者和受偿者之间不具有隶属关系，并能够综合运用法律、政策和市场等手段进行合作式补偿，属于经济学中的“科斯范式”，即利用环境产权交易模式；纵向生态补偿是指按照法定标准，上下级预算主体之间通过财政转移支付制度和专项基金等方式开展生态补偿，属于经济学中的“庇古范式”，用于解决公共产品外部性问题。“庇古范式”和“科斯范式”之间的一个重要分歧是：“庇古范式”重视政府在生态补偿中的作用，强调政府通过税收和补贴进行干预；“科斯范式”更倾向于用市场交易的方式解决，把政府的干预限制在界定产权方面上。Diswandi等（2017）认为在发展中国家实践的许多PES都是基于庇古的经济理论即允许政府通过监管、税收或补贴等手段进行干预。并以印度尼西亚为例，研究了一种混合“科斯范式”和“庇古范式”的PES方法，构建计量经济学模型评估了混合式PES计划对减轻贫困的影响，指出短期内该计划对减轻贫困无帮助，长期内有助于减轻贫困。

目前，我国水源地生态保护补偿主要由政府主导，缺乏市场化机制，未能充分发挥当地优势和综合效益实现自我补偿，补偿方式亦较为单一。不过，学者们正在积极探索多元化的生态补偿模式，主要包括以下 6 种：①资金补偿。直接提供资金支持生态保护。②政策补偿。出台优惠政策激励生态保护行为。③市场补偿。建立生态产品交易市场实现补偿。④产业补偿。培育生态产业带动当地经济发展。⑤智力补偿。提供技术支持提升生态保护能力。⑥实物补偿。提供必要物资设备支持生态保护。Guan X.（2016）强调流域生态补偿方式可分为资金补偿、政策补偿、项目补偿等，按照补偿资金的来源则可分为政府补偿和市场补偿。舒卫先等（2016）对水库型饮用水水源地的生态补偿方式进行了归类，主要包括以下 5 种：①横向财政转移支付。上级政府向下级政府提供财政转移支付。②纵向财政转移支付。政府向水源地社区提供财政转移支付。③基于市场的水权交易。通过水权交易机制进行生态补偿。④生态补偿专项资金。设立专项资金用于水源地生态保护。⑤提取旅游门票收入的保护专项基金。利用旅游收益建立生态保护基金。同时，流域各地区应在充分考虑流域实际和补偿政策实施目标的基础上，选择适宜的流域生态补偿方式。刘广明等（2019）以京津冀流域为研究对象，指出其补偿方式单一，仅有资金补偿，其他补偿方式较少，市场化补偿方式更是阙如，由此经过研究，提出要完善创新市场生态补偿方式和建立健全生态补偿市场。孙翔等（2021）指出目前流域生态补偿存在补偿方式不灵活的问题，主要分为资金补偿、政策补偿和项目补偿等，按照来源分为政府补偿和市场补偿，国外流域生态补偿方式则主要是市场补偿和政府补偿，其中市场补偿方式包括市场贸易、一对一补偿、生态标记和公共支付（此支付方式多是政府补偿），由此提出“活用补偿方式，拓宽资金渠道”的流域生态补偿优化策略。杨开忠等（2022）认为在实践中，如果流域水生态环境质量较差、补偿政策实施目标为提高流域生态环境质量和恢复流域内生态系统服务功能时，采取集中式决策方式是合适的；如果补偿政策实施目标为提高流域收益目标时，则应根据流域实际酌情采取不同生态补偿方式。王兰梅等（2022）在对“新安江模式”进行研究分析的过程中，指出其横向生态补偿方式仍以政府补偿为主，这不仅对各级政府的依赖性过大，还使得上游水环境治理投入所获得生态补偿资金较低，仍亟须更多的补偿资金，由此提出：应制定利好政策，充分发挥政府在市场化生态补偿方式构建中的引导作用，吸引社会资本参与。

1.5　生态补偿评估

关于生态补偿效果评价的研究，部分学者主要运用实地调查和对比分析方法，定性评价流域生态服务付费情况及生态补偿政策实施成效。但是，生态补偿定性评价受到人为主观因素影响较大，且评估面较窄，因此，生态补偿效果定量评估是现今主要研究趋势。生态补偿效果定量评价通常从政策实施后的直接或间接影响与成效进行分析，通过建立与生态补偿相关的各方面影响情况的指标体系，来评价生态补偿对生态环境保护的有效性。构建生态补偿效果评估指标体系是评估的关键与难点所在，目前学者们主要考虑实施生态补偿后对社会经济与生态环境的影响。在生态补偿效率方面，相关研究主要围绕标准、测度方法、工具选择等方面展开。于冰（2018）从补偿的成效性、公平性、影响性等不同视角分别对国内外生态补偿效果的相关研究进行总结和分析，并在此基础上对后补偿阶段进行研究，认为生态补偿效果评估是补偿机制的研究基础，而生态补偿评价需要与政策优化有机结合，实现生态补偿效益最大化。孟钰等（2019）构建了生态补偿效果综合评估指标体系，涵盖社会经济发展、污染排放与监测、污染处理水平三个层面；建立了基于层次分析法与熵权法的组合赋权模型，综合考虑主观与客观评价，核算生态补偿效果综合指数。彭玉婷（2020）以新安江流域为研究对象，构建了多层次综合效益评价指标体系，选取 2011—2018 年水源地黄山市生态、经济和社会发展数据，采用熵权法定量评价水源地生态补偿综合效益，并运用耦合协调度模型分析各效益的动态演进过程。林爱华和沈利生（2020）立足于长三角地区，利用 IPAT 系列模型作为构建模型变量的理论基础，应用合成控制法和断点回归相结合的方法检验了长三角地区生态补偿机制的实施效果以及效果的持续性，检验结果表明长三角地区生态补偿机制的实施是有效的。杜林远等（2022）强调开展流域生态补偿综合效益评估，能够研判生态补偿政策实施的有效性，进而有效改善生态补偿机制。为此，以湘江流域为研究对象，构建了多层次综合效益评价指标体系，采用熵权法定量评价水源地生态补偿综合效益，运用耦合协调度模型分析各效益的动态演进过程。

总体来看，针对流域或水源地的补偿机制构建、补偿标准测算、补偿分摊、补偿意愿等在理论研究和科学实践方面均取得了长足的发展。但是，受多种因素的制约，如何使生态补偿制度取得良好的效果仍是当前及以后一段时间内研究的重点。由于生态补偿标准与方式的复杂性，一些问题并不能在补偿前预料到，在我国许多流域或水源地，生态补偿政策的实施期限不长，政策体系不够完善，尚不能及时调查与统计生态补偿政策实施的直接效果。随着我国社会经济的进一步发展，广大居民对高品质健康饮水的需求将日益增长，基于生态保护与高质量发展的需要，研究水源地生态补偿会有更广阔的应用前景。

2　国内外水源地生态补偿实践案例

在全球水资源保护备受关注的背景下，生态补偿机制对水源地生态保护意义重大。本研究通过深入剖析美国黄石国家公园和新西兰峡湾国家公园，以及我国三江源国家公园和钱江源国家公园的水源地生态补偿实践，挖掘其对于秦岭国家公园水源地生态补偿的经验。国外国家公园在法律制度、资金筹集、社区参与和生态保护技术等方面各有特色，如美国黄石国家公园由联邦政府主导构建法规体系，联合社会力量并开展特许经营；新西兰峡湾国家公园注重毛利文化融入且资金来源多元。国内国家公园在国家政策支持下积极探索，三江源国家公园以国家财政投入为主，设立公益性岗位并实施多元协同补偿；钱江源国家公园建立横向补偿机制，开展生态价值核算与交易。通过对比分析，得出对秦岭国家公园水源地生态补偿机制建设的启示，包括多元融资精准投入、强化社区共建共享以及推动生态优先的产业融合，为秦岭国家公园水源地实现生态保护与经济社会协调发展提供科学依据与实践参考。

2.1　国外水源地生态补偿实践案例

本部分聚焦国外水源地生态补偿实践案例，以美国黄石国家公园和新西兰峡湾国家公园为研究对象，深入分析其水源地生态补偿。黄石国家公园凭借联邦政府主导构建的严密法规体系及持续的财政资金投入，联合社会力量，通过社会组织参与、志愿者协助及特许经营等方式，实现了生态保护与经济发展的协同。新西兰峡湾国家公园则形成多元资金来源格局，包括政府财政支持、游客收费及社会捐款等，并深度融入毛利文化，毛利部落参与管理且社区从生态旅游中获益，同时强化生态修复与保育，尤其注重湿地和河流生态系统。通过对这些案例的剖析，为秦岭国家公园水源地生态补偿机制的完善提供国际视野与有益借鉴，助力其探索适合自身的生态补偿路径，提升水源地生态保护水平与可持续发展能力。

2.1.1　美国黄石国家公园水源地生态补偿

（1）案例选择

美国黄石国家公园作为世界上第一个国家公园，拥有丰富的水资源和独特的生态系统，在水源地生态补偿方面拥有诸多可借鉴之处。其拥有广袤且多样的生态系统，众多河流发源于此，为周边广阔区域提供了关键的水资源，是研究水源地生态保护与补偿机制的理想样本。美国黄石国家公园历经长期的发展与管理实践，在应对水源地生态挑战以及协调各方利益相关者关系上积累了丰富经验，对秦岭国家公园构建科学合理的水源地生态补偿机制具有重要的参考价值。

（2）案例描述

美国黄石国家公园坐落于美国西部的怀俄明州、蒙大拿州和爱达荷州交界处，占地面积约 8983 km^2。公园内地质景观独特，地热资源丰富，拥有广袤的森林、广袤的草原以及错综复杂的水系。黄石河、麦迪逊河等重要河流均起源于公园内的山脉和高地，这些水源滋养着周边大片土地，为农业灌溉、城市供水以及工业用水提供了稳定可靠的水资源保障，同时也是维持区域生态平衡的关键要素。公园内丰富的生态环境孕育了众多野生动植物，形成了复杂而稳定的生态链，其生态系统的完整性和稳定性对于水源地的涵养功能至关重要。然而，随着周边地区经济的发展和人类活动的增加，例如，2022 年，尽管受到洪水事件的影响，但仍有 3290242 名游客涌入公园，旅游活动产生的污水和垃圾若处理不当，将对水源水质产生不良影响。这促使其在水生态补偿方面不断探索和实践，逐步建立起一套相对完善的机制来应对这些挑战，保障水源地的生态健康和水资源的可持续供应。

（3）主要做法

①法资双驱，政府主导护水源。

美国联邦政府为黄石国家公园水源地生态保护构建了严密的法规体系。1872 年颁布的《黄石国家公园保护法》为公园的水生态保护奠定了最初的法律基础。1916 年《国家公园管理局条例》宣布在美国内政部设立美国国家公园管理局，美国国家公园管理局与林务局共同管理美国森林服务事务，为黄石国家公园的水生态保护工作明确了管理主体和职责。1972 年《清洁水法》旨在“恢复和维持美国水域的化学、物理和生物完整性”，通过禁止污染物排放等措施，对黄石国家公园的水源地水质保护起到了重要作用。1973 年《濒危物种法》要求联邦机构保护处于濒危状态的物种及其栖息地，黄石国家公园内的许多水生生物和依赖水源生存的物种因此受到保护，间接维护了水生态系统的平衡和稳定。从法律层面筑牢水生态保护根基，为水生态补偿机制的运行提供坚实保障，明确各利益相关方在水生态补偿中的责任与权益，确保水源地生态系统依法得到严格保护。

美国联邦政府持续投入大量财政资金用于公园的生态保护和建设。每年都会安排专项资金用于水源地的水质监测、生态修复项目、基础设施建设（如污水处理设施、步道维护）等。2023 财年，美国国家公园管理局获得 34.75 亿美元的可自由支配拨款，比 2022 财年多出 2.103 亿美元。在水源地水质监测方面，建立了多个监测站点，实时掌握水质动态变化，为保护决策提供科学依据。2022 年的洪水事件对基础设施造成破坏，花费大量拨款用于污水处理厂修复和临时污水处理厂修建工程。2021 年，完成峡谷污水处理厂潟湖内衬更新，一共花费 300 万美元。所有 3 个池塘的衬垫都有 25 年的历史，并显示出严重的退化。污泥储存池含有大量污泥，这大大减少了池塘的可用储存量，并导致多次溢流。此外，将废水从猛犸温泉输送到蒙大拿州加德纳市污水处理厂的道路附近的下水道管道在 2022 年的洪水事件中被毁，计划于 2024 年底完工的临时猛犸污水处理厂，预计所需成本为 4300 万美元。通过持续的资金投入，有效保障了水资源的稳定供应和生态系统的健康。

②社协聚力，众志成城保生态。

政府积极搭建平台，促进与各类社会组织、企业以及公众的深度合作。众多环保公益组织凭借自身的专业知识和广泛的志愿者网络，深度参与到公园的水源地监测工作中，定期收集水质数据、观察水生态系统的变化，维护黄石国家公园的水环境不被破坏，并及时反馈给公园管理部门。为了保护和恢复本地渔业，鼓励志愿者协助管理黄石国家公园渔业。据估计，黄石国家公园有约 4265 km 的溪流和 150 个湖泊，表层水占黄石国家公园约 8983 km^2 总面积的 5%。鉴于黄石国家公园工作人员无法独立解决园内所有水生问题，公园特别设立了“志愿者飞钓计划”项目，并规划出公园内可钓鱼区。在此项目中，飞钓志愿者采用抓放已标记鱼的捕获技术，对公园内鱼类种群的生物信息进行收集。这些志愿者在实践中直面诸多渔业问题，所采集的生物数据经协同整合后，为深度剖析公园渔业状况提供了关键支撑，有力推动了渔业研究与管理决策的优化。同时，公园通过出售钓鱼许可证获得了相当可观的资金，这笔资金专项用于资助水生系统研究以及恢复项目。以切喉鳟鱼为例，每年因黄石国家公园的切喉鳟鱼所带动的体育渔业，能为当地经济贡献 3600 万美元的收入，这充分彰显了公园水生资源在经济与生态协同发展方面的重要价值，也进一步证明了“志愿者飞钓计划”举措在公园水生态补偿中的积极意义。

③特许赋能，生态旅游促双赢。

特许经营为生态旅游的发展注入了强大动力，2024 年，美国国家公园管理局管理的特许权合同约 500 项，这些项目的年收入超过 10 亿美元。公园管理部门通过严格的筛选机制，确定了一批具有丰富经验和先进环保理念的特许经营者，允许他们在公园划定的适宜区域内开展多样化的生态旅游活动。比如，组织游客参与“黄石水生态溯源徒步游”，游客们在专业导游的引领下，沿着公园内的水系脉络前行，途中欣赏独特的水文景观，了解黄石公园水源的形成、流动以及与周边生态环境的紧密联系，深刻领略水生态系统的神奇与脆弱，进而激发他们保护水资源的内在动力。在旅游设施建设上，特许经营者严格遵守生态保护要求。住宿采用节能环保材料并配备污水处理循环系统，生态停车场用透水铺装材料减少雨水径流侵蚀，餐饮服务以本地有机食材为主，并科学处理垃圾，避免垃圾对水生态环境的破坏。从收益分配模式来看，特许经营者会将部分经营所得上缴公园的水生态补偿专项基金。公园用这笔资金购置水质监测设备实时监测水质，对水源地水质进行实时、精准的监测，及时掌握水质动态变化情况，还开展水生态保护宣传教育活动，提升公众环保意识。

特许经营与生态旅游紧密结合的模式，黄石国家公园不仅为游客提供了高品质的生态旅游体验，还成功构建了一个稳定、可持续的水生态补偿机制，实现了生态环境保护与经济发展的良性互动。

2.1.2 新西兰峡湾国家公园水源地生态补偿

（1）案例选择

新西兰峡湾国家公园以其独特的峡湾地貌和原始生态闻名，也是以水的力量形成的壮丽景观，包括冰川作用、暴雨、瀑布等。峡湾国家公园环绕新西兰南岛的西南角，占地 12120 km^2，是新西兰最大的国家公园。其在水源地生态保护与社区参与生态补偿方面的创新举措，对于生态脆弱且社区发展与生态保护紧密交织的地区具有重要借鉴意义，为秦岭国家公园协调生态保护与社区关系提供了参考。

（2）案例描述

新西兰的保护管理系统是在参照美国“统一保护”管理体系的基础上，在新西兰生态系统较为脆弱、公众保护意识较强的国情下，形成的“双列统一管理体系”。峡湾国家公园位于新西兰南岛西南部，公园内的峡湾、河流和湖泊是重要的水源地，其水质优良。然而，公园的蓬勃发展也带来了一系列环境挑战。随着旅游业的日益兴旺，游客数量呈现出快速增长的趋势，游船在峡湾中穿梭，游客在岸边活动，产生的油污、污水以及垃圾等废弃物，如果处理不及时、不到位，就会对峡湾的水体造成污染，影响水质的清澈度和纯净度。与此同时，周边社区的农牧业生产活动也对水源地生态产生了一定压力，传统的农牧业模式使得氮、磷等农业面源污染物有可能进入水体，进而威胁到水生生态系统的平衡与稳定，这就迫切需要一套行之有效的生态补偿机制来协调保护与发展的关系，守护这片珍贵的水源地。

（3）主要做法

①资金多源，合力保障生态需求。

新西兰政府每年为环境保护提供大量财政支持，是峡湾国家公园水生态补偿机制的重要资金来源。2023 年 7 月至 2024 年 7 月间，新西兰保护部总预算为 6.442 亿纽币，其中大部分用于生物多样性保护和游客服务设施维护等与水生态补偿相关的工作。对游客收费也是峡湾国家公园生态补偿资金的关键来源。收费源于新西兰保护部面临着前所未有的财政压力。在收费形式上包括多种：一是门票收费，这是潜在的重要收入渠道，不同收费方案（如统一收费、国内外游客差别收费等）都旨在为公园水生态补偿筹集资金；二是设施使用收费，像停车场、小屋和露营地的使用收费，通过游客对基础设施的使用获取资金用于生态补偿；三是国际游客税的收取，其税额的提高能有效增加资金池，新西兰将国际游客税从每人 35 纽币提高至 100 纽币，并且这些资金明确用于包括水生态补偿在内的旅游和保护相关事务，通过这种方式将游客的部分消费转化为公园水生态保护的资金支持。此外，新西兰保护部与新西兰自然基金等合作，引入私人和慈善捐款，以资助公园的保护和管理工作。

②文化融入，毛利特色助保护。

毛利人从 1350 年开始就定居于此新西兰，在适应新西兰环境、谋求生存发展的漫长过程中，其独特的思维方式与信仰逐渐形成，并最终演变成毛利文化。他们将湖泊和山峰视为神圣的象征，不让他人攀登山峰、涉水或在结冰的湖面上行走。新西兰保护部将毛利文化元素深度融入公园的管理和生态补偿机制中，毛利部落被赋予参与公园生态监测和管理决策的权利，他们凭借对当地自然环境的深入了解和传统生态智慧，为公园的生态保护提供了独特的视角和方法。毛利人传统的生态管理理念注重生态系统的整体性和平衡性，他们通过传承文化习俗，如定期举行的土地祭祀仪式和传统的捕鱼禁忌等，有效地保护了自然资源和生态环境。同时，在生态旅游发展中，毛利文化成为重要的吸引点，毛利社区通过参与旅游项目的经营和文化展示，如举办毛利文化表演、传统手工艺制作等活动，从生态旅游收入中获得合理的经济收益分成，这不仅增强了毛利人对水源地保护的积极性和认同感，也促进了毛利文化的传承与发展，实现了生态保护与文化保护的良性互动。

③生态修护，强化举措促提升。

湿地作为地球上最具生态价值的生态系统之一，对于维持生物多样性、调节气候、净化水质等方面都有着至关重要的作用。峡湾国家公园的生态修复工作重点聚焦于湿地。首先，针对湿地的水文条件，运用现代化工程技术对河道进行彻底清理，移除淤积物和障碍物，恢复水系自然流畅性，并借助智能设备精准调控水位，模拟自然水位变化规律。在土壤修复方面，综合运用物理、化学与生物技术手段治理污染，提升土壤肥力。同时，依据本地生态特征筛选本土植物物种，精心构建多样化植被群落，为野生动植物营造适宜栖息繁衍的环境，显著增强了湿地生态系统的稳定性与生物多样性，从根本上改善了湿地生态功能和景观风貌，使其成为众多珍稀物种的家园和生态服务功能的重要载体。

河流生态修复也是关键一环。峡湾国家公园的水域可能会受到从东部流入峡湾国家公园的河流附近的土地使用和管理做法的不利影响。这些河流为金雀花、柳树等植物带来了侵扰来源。与源自峡湾国家公园的主要原始水域相比，它们也可能携带高细菌、营养物质和沉积物负荷。河流工程、牲畜进入河流和牧场的养分径流都会导致这些不利影响。因此，公园对河流堤岸实施生态化改造，用围栏围住河流和使用本地河岸种植可以减轻这种影响，既有效防止河岸侵蚀，又为水生生物创造丰富栖息空间。同时，《资源管理法》程序以及与地方当局和其他各方合作，倡导保护淡水生态系统、土著淡水鱼和其他土著水生生物及其栖息地，避免毗邻峡湾国家公园的土地用途变化对峡湾国家公园的水体产生的不利影响。特别是，倡导与南部地区委员会、农民团体和新西兰渔业和野生动物协会（南部地区）就影响峡湾国家公园的集水区的河流工程和土地管理做法采取联合方法。借助先进监测技术，对河流生态健康状况进行实时跟踪评估，及时发现并解决潜在问题，保障河流生态系统持续稳定良性发展，促进整个公园水生态系统的协同共进，增强生态系统的连通性和整体功能。

2.2 国内水源地生态补偿实践案例

本部分着重探讨国内水源地生态补偿实践案例，选取三江源国家公园和钱江源国家公园为典型代表，深入剖析其在生态补偿机制方面的构建与实践成果。三江源国家公园在国家财政大力支持下，积极实施一系列生态保护修复项目，通过设立生态管护公益性岗位推动当地牧民转型为生态守护者，同时开展多元协同生态补偿，有效整合各方资金。钱江源国家公园建立了上下游地区间的横向生态补偿机制，积极探索生态价值核算与交易，实现生态产品价值转化，并且鼓励社区居民广泛参与公园建设管理，形成社区共建共管的良好格局。对这些案例的详细分析，旨在总结符合我国国情的水源地生态补偿模式与实践路径，为秦岭国家公园等其他地区在生态保护与经济社会协调发展过程中提供具有推广价值的范例和思路，推动我国水源地生态保护事业不断发展进步。

2.2.1 三江源国家公园水源地生态补偿

（1）案例选择

三江源国家公园隶属青海省，地处青藏高原腹地，是长江、黄河和澜沧江三大流域的水源地，被誉为“中华水塔”。天然的自然环境带给三江源国家公园丰富的水资源蕴藏，是我国北方广大地区最为重要的生态功能区之一，其每年为 18 个省（自治区、直辖市）和 5 个周边国家提供超过 600×10^8 m^3 的优质淡水，水源涵养功能对整个中国的水资源供应和生态平衡具有不可替代的关键作用。2016 年 3 月，中共中央办公厅、国务院办公厅印发《三江源国家公园体制试点方案》，拉开了我国国家公园实践探索的序幕。三江源国家公园生态补偿机制的成功实践展示了在水源地生态补偿方面的可行性和有效性，在维护三江源水源涵养和生物多样性等主导服务功能中具有基础性地位。因此，三江源国家公园水源地生态补偿为秦岭国家公园水源地生态补偿机制的建立和实施提供了宝贵的经验和借鉴。

（2）案例描述

三江源国家公园的生态系统极为敏感和脆弱，面临着冰川退缩、湖泊和湿地萎缩等环境问题，导致源头产水量逐年减少。同时，原始粗放的牧业生态与资源环境保护之间的关系不断恶化，加剧了水源地生态环境的破坏。青海、西藏两省（区）人民政府编制了《三江源国家公园总体规划（2023—2030）》。三江源国家公园是中国面积最大的国家公园，2016 年以来，三江源国家公园管理局先后投入 86.61 亿元，实施了一批巡护道路、环境教育等基础设施建设项目以及黑土滩治理、沙漠化土地防治、退化草场改良、湿地保护、有害生物防治等生态保护修复项目。通过综合施策，三江源生态系统多样性、稳定性、持续性实现整体提升，野生动物种群明显增多。为了保护好水源地，青海注销了地处三江源地区的全部 48 宗矿业权和水电站，三江源国家公园内达 20 宗。如今，三江源国家公园生态明显得到改善。长江源、黄河源、澜沧江源多年平均流量分别为 218.58×10^8 m³、215.14×10^8 m³、136.23×10^8 m³，湿地总面积 3.17×10^4 km²，水源涵养能力稳定提升。

（3）主要做法

①财政扶持，国家助力保生态。

中央政府高度重视三江源地区的生态保护，设立了专门的生态补偿资金，通过财政转移支付方式，对三江源国家公园的生态保护和建设进行大规模投入。在三江源国家公园建设中，2017—2023 年，通过中央财政国家公园补助资金和中央预算内投资等渠道，累计投入 38.71 亿元，支持黑土滩治理、退化草原改良、荒漠化土地防治等生态保护修复项目和基础设施建设 100 余个，注销矿业权 50 余宗，建成三江源国家公园生态大数据中心，开展重点湖泊生态综合监测。资金主要用于以下几个方面：一是草原生态保护补助奖励，通过实施禁牧、休牧、草畜平衡等措施，减少草原载畜量，缓解草原退化压力，促进草原植被恢复，提高水源涵养能力；二是湿地保护与修复，开展湿地退化修复，恢复其涵养水源和调节气候的功能，包括建设湿地保护围栏、开展湿地补水工程、治理湿地污染等，维护湿地生态系统的完整性和功能稳定性；三是实施退牧还草工程，对生态退化严重的区域实施生态移民，将牧民搬迁至城镇或生态环境相对较好的地区，并给予相应的安置补偿，同时对搬迁后的土地进行生态修复和封育，减少人类活动对水源地生态系统的干扰；四是加强生态监测与科研能力建设，建立了多个生态监测站点，实时监测气象、水文、土壤、植被等生态指标，为生态保护决策提供科学依据，同时开展了一系列科研项目，探索适合三江源水源地的生态保护技术和模式，不断提升生态保护的科学性和有效性。

通过这些财政支持措施，三江源生态系统多样性、稳定性、持续性实现整体提升，湿地植被覆盖度稳定在66%左右，地表水资源量较多年平均偏多33.7%，水体与湿地生态系统面积净增加309 km^2，水源涵养量年均增幅6%以上，三江源年均向下游多输出58×10^8 m^3的优质水，生态系统水源涵养和流域水供给能力基本保持稳定，地表水水质稳中向好，长江、黄河、澜沧江出省水质稳定在Ⅱ类以上，其中Ⅰ类水质比例接近40%。

②公益护岗，民众参与助环保。

针对草原生态系统退化导致水土流失严重问题，果断实施退牧还草政策，通过围栏封禁、禁牧休牧轮牧等措施，让长期遭受过度放牧压力的草原得以休养生息，逐步恢复生机，减少水土流失，增强草原涵养水源的能力。因此，对因生态保护政策限制而减少收入的当地牧民给予除现金补贴外的补偿，补偿其在禁牧、限牧期间的经济损失，同时解决部分居民的就业和收入问题，确保他们的基本生活水平不受影响，并且提高当地居民参与生态保护的积极性。三江源国家公园在当地按照园区内牧民“户均一岗”设立了大量生态管护公益性岗位，使他们从传统的草原利用者转变为生态守护者。生态管护员负责对园区的湿地、河源水源地、林地、草地、野生动物进行日常巡护，开展法律法规和政策宣传，发现、报告并制止破坏生态行为。生态管护公益性岗位每年补助资金3.7亿元，目前，17200多名牧民成为生态管护员。通过实施“生态管护+基层党建+精准脱贫+维护稳定+民族团结+精神文明”六位一体的生态管护模式，一方面增加了当地居民的收入来源，使他们从生态保护中直接受益，增强了居民的水源地生态保护意识和责任感，形成了全民参与水源地生态保护的良好氛围；另一方面提高了草原植被覆盖度，增强了草原涵养水源的能力。

③协同补偿，多方合作促平衡。

积极拓展资金来源渠道，通过广泛宣传和政策引导，吸引社会各界力量参与，众多爱心企业纷纷慷慨解囊，捐赠资金助力生态保护事业。社会组织也积极行动，发动广大民众捐款捐物，点滴爱心汇聚成强大的资金流。在此基础上，三江源国家公园建立基金和彩票补偿方式来丰富水源地生态保护补偿样态。基金主要是为了筹集专门用于三江源国家公园水源地生态保护、修复、生态补偿以及相关科研监测等工作的资金。通过多种渠道筹集资金，以弥补财政资金的不足，并且使资金的使用更加灵活和有针对性，保障生态补偿机制能够长期稳定运行。比如，开放保护基金和水基金。同时，三江源国家公园彩票的发行可以为水源地生态补偿筹集大量的资金，这些资金能够为三江源国家公园水源地生态保护和修复工作提供有力的资金支持。另一方面，发行生态彩票有助于提高社会公众对三江源生态保护的关注度和参与度，增强公众的水生态保护意识，使水生态保护成为全社会共同关心和参与的事业。将来自各方的资金进行整合，统一调配使用，为生态保护者的合理补偿、各类生态修复项目的稳步推进以及生态监测和科研工作的持续开展提供了稳定且充足的资金保障，确保每一笔资金都精准地投入生态保护最需要的地方，为水生态补偿的长效实施奠定了坚实的经济基础。

2.2.2 钱江源国家公园水源地生态补偿

（1）案例选择

钱江源国家公园位于钱塘江源头，是浙江重要的生态屏障和水源地，其在水源地生态补偿机制创新、生态产业发展与生态保护深度融合等方面取得了显著的实践成果，为经济相对发达地区如何在保护生态环境的前提下实现可持续发展提供了成功范例。特别是在生态产品价值实现路径的探索方面，钱江源国家公园通过一系列创新性举措，将生态优势转化为经济优势，为秦岭国家公园在平衡生态保护与区域经济发展方面提供了宝贵的借鉴经验，尤其是在利用市场机制推动生态补偿、拓展生态补偿资金来源渠道等方面具有重要的启示作用。

（2）案例描述

钱江源国家公园位于浙江省开化县的钱塘江南源区域，总面积 252 km^2，是长三角唯一的国家公园体制试点区。其茂密的森林、清澈的溪流和优质的土壤孕育了丰富的水资源，为钱塘江下游地区的生产生活用水和生态用水提供了可靠保障。1997 年提出“生态立县”发展战略，2010 年成功创建“国家级生态县”，2013 年，提出打造“国家公园”，2015 年被国家发展改革委确定为全国 9 个、浙江唯一的国家公园体制试点县。钱江源国家公园体制试点建设就是从更高层次、更新起点延续“生态立县”发展战略。2018 年以来，浙江省争取中央资金 1.16 亿元，落实省级资金 6.46 亿元，省级财政支出力度居全国国家公园体制试点省份前列，统筹支持钱江源园区自然资源管理、生态环境保护等工作，推动园区内生物多样性保护，着力构建生态安全屏障，为国家公园生态保护提供了有利条件和良好环境。从 1997 年建设国家级生态示范区开始，开展了大规模的“治山、治水、治污”工程，关停整改污染企业 680 家。同时，严格实行环境准入制度，全县 95.7% 的区域被划入禁止准入区和限制准入区，工业结构性污染问题得到了彻底解决，出境水从 20 世纪 90 年代中后期的Ⅴ类水质提升到Ⅰ、Ⅱ类水质。县内 9 条河流、所有乡镇 22 个流域交接断面水质监测达标率均为 100%。这些治污限污防污的措施有力推进了钱江源国家公园体制试点，形成一套开化特色的生态产品价值实现的技术路线，奠定了自身绿色发展的根基。

（3）主要做法

①横向协作补偿，跨区协同护水源。

钱江源国家公园建立了上下游地区之间的横向生态补偿机制，2022 年，衢州全市域签订钱塘江（上游）流域横向生态保护补偿协议，将水质、水量、水效指标同步纳入横向生态补偿机制考评体系。流域内四个断面上下游政府按干流各 800 万元、支流各 500 万元的标准共同设立横向生态补偿资金 2900 万元。下游受益地区的政府和企业通过资金补偿、产业共建、技术支持等方式，对钱江源国家公园所在的上游地区进行补偿。资金补偿方面，下游地区根据与上游地区协商确定的补偿标准，每年向上游地区支付一定金额的生态补偿资金，用于水源地的污染治理、生态修复、环境基础设施建设等。例如，通过设立生态补偿专项资金，投入资金建设污水处理厂、垃圾处理站等环保设施，提高了水源地的污染治理能力，改善了水质状况。产业共建方面，下游地区与上游地区合作，共同发展生态产业，如在开化建设绿色农产品生产基地，下游地区企业提供技术和市场渠道，帮助上游地区发展有机农业，生产的绿色农产品优先供应下游市场，实现了上下游产业优势互补，促进了区域经济协同发展。技术支持方面，下游地区向上游地区派遣环保、农业、林业等领域的专家和技术人员，为上游地区提供生态保护和产业发展的技术指导，帮助上游地区提高生态保护水平和产业发展效益，增强了上游地区的生态保护能力和自我发展能力，有效缓解了上下游地区因生态保护成本和收益不均衡带来的矛盾。

②生态价值核算，市场运作促双赢。

钱江源国家公园开展了生态系统服务价值核算，量化了公园水源地的生态价值，包括水资源供给、水质净化、水土保持、气候调节、生物多样性保护等方面的价值，并在此基础上探索了基于生态价值的市场化交易机制。探索生态产品价值实现机制，开化县与中咨生态所和中国科学院生态中心共同成立生态产品价值实现机制研究中心，探索县域生态产品价值实现的路线，开展生态产品价值核算，开化县生态产品价值（GEP）增幅较大，物质产品价值、调节服务价值和文化服务价值也均有增长。早在 2018 年，钱江源国家公园范围内的集体林地也完成了地役权改革，占比 80.7%的集体林实现统一管理，并发放了 1200 万元的补偿。

在碳排放权交易方面，公园内的森林通过吸收二氧化碳等温室气体，具有显著的碳汇功能，通过与碳排放企业进行碳汇交易。开化县开展林业碳汇交易试点，积极推进碳交易市场建设，辖区内龙头企业巨化集团是全国首家参加国际碳交易的氟化工企业。同时，在全国首创集金融属性、公益属性、共享属性于一体的银行“个人碳账户”体系，2022 年已达到 239.2 万户。将森林的生态价值转化为经济收益，为公园的生态保护提供了资金支持。

在水资源使用权交易方面，建立取水许可和水资源费有偿使用制度，推进取水许可审批、计量监控管理、水资源费征收、计划核定执行、信息档案管理“五个更加规范”。建立占用水域补偿制度，对建设项目占用水域的，根据所在地水域保护规划的要求和被占用水域的面积、水量和功能，由建设单位或者个人兴建替代水域工程或者采取功能补救措施或向水行政主管部门缴纳占用水域补偿费。实行最严格水资源管理制度，成功创建国家级节水型城市。

此外，还探索了生态标签认证、生态产品价值实现等多种生态价值转化途径，拓宽了生态补偿资金来源渠道，提高了生态保护的经济效益和可持续性，实现了生态资源的有价使用和合理补偿。

③社区联动齐管护，居民聚力护生态。

钱江源国家公园鼓励公园周边社区居民参与公园的建设和管理，通过成立社区保护协会、发展生态农业合作社、开展生态旅游服务等方式，让居民从生态保护中获得实实在在的利益，增强了居民对水源地生态环境的保护意识和责任感。社区保护协会由居民自发组织成立，在公园管理部门的指导下，参与公园的日常巡护、环境监督、宣传教育等工作，及时发现和制止破坏生态环境的行为，并向公园管理部门反馈社区居民的意见和建议，促进了公园管理与社区发展的良性互动。如今在开化，村村都有护河队，已经有超过 500 名志愿者参与巡河、清理河道等志愿服务，形成了全民护河的浓厚氛围。发展生态农业合作社，引导居民采用绿色、生态的农业生产方式，减少农药、化肥使用量，种植有机农产品，并通过统一品牌、统一销售等方式，提高农产品附加值，增加居民收入。开展生态旅游服务，鼓励居民利用自家房屋开办农家乐、民宿等旅游经营项目，参与导游、餐饮服务、民俗表演等旅游活动，分享生态旅游发展带来的红利。同时，公园管理部门通过加强对社区居民的培训，提高居民的生态保护意识和旅游服务技能，规范旅游经营行为，保障生态旅游的可持续发展，形成了社区与公园协同发展的良好格局，实现了生态保护与社区经济发展的双赢。

2.3　国内外水源地生态补偿案例的对比及启示

通过对国内外国家公园水源地生态补偿机制的案例剖析，我们清晰地看到不同地区在应对生态保护与经济发展挑战时所采取的多样化策略和措施。这些案例各自具有独特的优势和特点，同时也面临着一些有待解决的问题和挑战。深入对比这些案例，有助于我们更全面、深入地理解生态补偿机制的运行模式和实践效果，从而为秦岭国家公园水源地生态补偿机制的构建与完善提供更具针对性和可操作性的启示与借鉴，使其能够在借鉴成功经验的基础上，避免潜在的问题，走出一条符合自身特点的生态保护与可持续发展之路。

2.3.1　案例对比

（1）资金筹集与投入

在国外案例中，如美国黄石国家公园的资金主要来源于联邦政府的财政拨款，同时积极联合社会力量，通过与社会组织、企业合作以及特许经营等方式拓宽资金渠道。例如，社会组织参与水源地监测，特许经营者将部分经营所得上缴生态补偿专项基金。新西兰峡湾国家公园的资金来源呈现多元化，政府财政支持是重要部分，同时通过向游客收费（包括门票、设施使用收费和国际游客税等）以及与新西兰自然基金等合作引入私人和慈善捐款，形成了较为稳定的资金筹集体系，在补偿中注重毛利文化因素，毛利部落通过参与公园生态保护和旅游经营获得经济收益分成，同时公园利用资金进行生态修复和保育工作，保护水源地生态环境。

国内三江源国家公园以国家财政支持为主，中央政府通过财政转移支付对公园的生态保护和建设进行大规模投入，同时积极拓展资金来源，如设立基金和彩票补偿方式，吸引社会各界捐赠资金，整合各方资金用于生态保护和补偿工作。钱江源国家公园建立了上下游地区之间的横向生态补偿机制，下游受益地区通过资金补偿、产业共建、技术支持等方式对上游地区进行补偿，同时通过生态价值核算与交易，探索将生态产品价值转化为经济收益，拓宽资金来源渠道。

（2）社区参与和利益共享

美国黄石国家公园社区参与主要体现在社会组织和志愿者的积极作用上。环保公益组织深度参与公园的水源地监测工作，志愿者协助公园进行渔业管理等工作，公园通过与社会组织、企业和公众的合作，搭建了较为广泛的社区参与平台，提高了公众对公园生态保护的关注度和参与度。新西兰峡湾国家公园毛利人作为当地居民，在公园的生态补偿机制中具有重要地位。毛利部落被赋予参与公园生态监测和管理决策的权利，通过传承文化习俗保护自然资源和生态环境，同时毛利社区通过参与旅游项目的经营和文化展示，从生态旅游收入中获得经济收益分成，实现了生态保护与文化保护、社区发展的有机结合，社区参与程度较高且具有文化特色。

国内三江源国家公园主要通过设立生态管护公益性岗位，使当地牧民从传统的草原利用者转变为生态守护者，负责对园区的湿地、河源水源地、林地、草地、野生动物进行日常巡护，开展法律法规和政策宣传，发现、报告并制止破坏生态行为，这种方式提高了当地居民的参与度和生态保护意识，同时也解决了部分居民的就业和收入问题，形成了全民参与水源地生态保护的良好氛围。钱江源国家公园鼓励公园周边社区居民参与公园的建设和管理，通过成立社区保护协会、发展生态农业合作社、开展生态旅游服务等方式，让居民从生态保护中获得实实在在的利益，增强了居民对水源地生态环境的保护意识和责任感，社区与公园形成了协同发展的良好格局。

（3）生态保护与修复措施

美国黄石国家公园注重利用先进的技术手段进行生态保护和修复。在水源地水质监测方面，建立多个监测站点，实时掌握水质动态变化，为保护决策提供科学依据。在应对洪水等自然灾害对基础设施的破坏时，投入大量资金进行修复和重建，如峡谷污水处理厂潟湖内衬更新、修建临时污水处理厂等工程，保障了水资源的稳定供应和生态系统的健康。新西兰峡湾国家公园在生态修复方面重点聚焦湿地和河流生态系统。通过运用现代化工程技术对湿地河道进行清理，调控水位，治理土壤污染，构建本土植物群落，增强湿地生态系统的稳定性和生物多样性。对河流堤岸实施生态化改造，采用围栏和本地植物种植减轻土地使用对河流的影响，同时借助先进监测技术，对河流生态健康状况进行实时跟踪评估，保障河流生态系统持续稳定良性发展，促进整个公园水生态系统的协同共进。

国内三江源国家公园针对生态系统脆弱的特点，实施了一系列生态保护和修复项目，如黑土滩治理、沙漠化土地防治、退化草场改良、湿地保护、有害生物防治等，通过大规模的生态修复工程提升了生态系统的稳定性和水源涵养能力。同时，加强生态监测与科研能力建设，建立多个生态监测站点，开展一系列科研项目，探索适合当地的生态保护技术和模式，不断提升生态保护的科学性和有效性。钱江源国家公园开展了大规模的“治山、治水、治污”工程，关停整改污染企业，严格实行环境准入制度，提升了出境水水质。在生态保护中注重森林资源的保护和利用，通过林业碳汇交易试点等方式，将森林的生态价值转化为经济收益，为公园的生态保护提供资金支持。同时，积极推进水资源使用权交易等制度建设，加强对水资源的管理和保护，实现了生态保护与经济发展的良性互动。

2.3.2　启示

从国外的黄石国家公园生态补偿、峡湾国家公园生态补偿，以及国内三江源国家公园生态补偿、钱江源国家公园生态补偿分析中，可以得出以下启示：

（1）多元融资，精准投入

融资渠道上，充分借鉴国外多元模式的成功之处。一方面强化政府财政主渠道作用，积极争取中央和地方各级政府在财政预算中稳定且充足的专项资金投入，重点保障水源地生态保护的关键项目与基础工程；另一方面，参考新西兰峡湾公园游客收费及社会资金引入策略，依据秦岭国家公园资源价值与游客承载能力，合理设计门票价格结构与设施使用收费标准。同时积极引导社会资本参与，通过政府购买服务、PPP 模式、设立生态补偿基金等方式，吸引企业、社会组织和个人投入资金，参与秦岭国家公园的生态保护和修复项目，形成政府主导、社会参与的资金投入格局。

精准投入方面，建立科学的生态项目评估机制，对秦岭地区生态系统的薄弱环节与关键区域进行精准定位，如针对受损严重的湿地生态、水土流失区域等，将资金精准投向生态修复工程、污染治理项目以及生态监测体系建设等方面，确保资金使用效益最大化，提升生态补偿的针对性与实效性，推动水源地生态环境稳步改善。

（2）社区共建，利益共享

社区参与和共建共享是秦岭国家公园水源地生态补偿长效机制的核心要素。借鉴国内外成功经验，搭建社区深度参与平台，参考美国黄石国家公园社会组织与志愿者广泛参与模式，鼓励秦岭当地居民成立各类生态保护自治组织，参与水源地日常巡护、生态监测数据收集、环保宣传教育等基础工作，提升居民生态保护的主体意识与责任感。学习新西兰峡湾国家公园毛利社区参与旅游经营的经验，结合秦岭民俗文化与自然资源优势，发展特色生态旅游产业，引导居民经营农家乐、民宿、传统手工艺作坊等项目，共享生态旅游红利。公园管理部门应为居民提供生态护林员、生态导游等就业岗位，并开展针对性技能培训，提升居民参与生态保护与经济发展的能力。建立社区与公园管理部门的常态化沟通协商机制，共同商讨生态保护规划与社区发展计划，促进社区与公园在生态、经济、文化等多领域协同共进，凝聚强大合力，实现生态保护与社区繁荣的良性互动，保障水源地生态补偿机制的可持续发展，守护好秦岭的绿水青山与生态福祉。

（3）生态优先，产业融合

秦岭国家公园需牢固树立生态优先的发展理念，明确产业发展边界，在水源地核心保护区严格限制各类开发活动，确保生态系统的原真性和完整性。在外围区域，要科学规划和发展生态旅游、特色农业等绿色产业，建立产业准入负面清单制度，坚决杜绝高污染、高耗能产业进入。同时，完善生态补偿挂钩机制，对符合生态保护要求的产业给予政策支持和经济补偿激励，如对采用生态种植技术的农户给予农资补贴，对开展生态旅游的企业给予税收优惠和生态建设资金扶持。通过生态与产业的深度融合，实现生态保护与经济发展的良性互动，提升水源地生态系统的综合服务功能和经济价值，将秦岭国家公园打造成为生态优美、产业兴旺、人与自然和谐共生的典范区域。

3 秦岭国家公园水源地生态补偿存在的问题

作为国家“中央水塔”，秦岭地区是南水北调中线工程的重要水源区。随着南水北调中线和引汉济渭等重大水资源配置工程的建设运行，秦岭水资源在陕西乃至全国社会经济发展中的地位愈加重要。其中，南水北调中线工程有 70%的水量来自位于秦岭南麓的陕南三市（汉中市、安康市、商洛市）。为确保中线调水工程顺利运转，陕西省采取了一系列卓有成效的保护措施：为强化秦岭地区生态环境管理，《陕西省秦岭生态环境保护条例》经修订后正式实施，将陕南三市主要区域纳入“核心保护区”及“重点保护区”范围，明确禁止资源开采活动；通过关停大批工矿企业、严格限制水域与山地养殖等举措加强生态管控；同时落实《陕南移民搬迁安置总体规划》，2011—2020 年累计完成 240 万人口搬迁安置。上述措施显著保障了南水北调中线工程的水质安全与水量稳定，但同时也导致陕南三市承受了经济结构转型压力、产业发展受限等直接损失，以及社会公共服务成本上升等间接损失。尽管中央及省级政府已通过生态补偿机制给予部分资金支持，但现有补偿力度与当地实际保护成本及发展受限代价之间仍存在显著差距，亟待进一步优化补偿政策以平衡生态保护与区域可持续发展需求。由于秦岭国家公园地域宽阔、职能机构权属复杂，关于生态补偿的调查研究难以覆盖所有水源地，所以本报告以陕南三市的南水北调中线水源地为研究对象，在总结生态补偿一般理论基础上，深入探讨了南水北调中线水源地生态补偿的独有特点，重点分析了陕西南水北调中线水源区生态补偿的具体问题，进而对秦岭国家公园水源地生态补偿过程中的问题进行一般性归纳总结。

3.1 立法进程迟滞 权责边界模糊

新修订的《中华人民共和国环境保护法》（以下简称《环境保护法》）仅对生态补偿提出框架性要求，而针对性的专项立法仍处于缺位状态。在此背景下，当前生态补偿实践主要依赖临时性政策推动，但此类政策往往具有短期性与应急性特征，导致生态补偿的利益相关方权责界定模糊、补偿机制缺乏稳定性。具体而言，这种不确定性主要体现在以下三方面：

①就补偿主体而言，目前主要依赖于中央政府的支持。第一，过度依赖中央政府作为生态补偿的唯一责任主体，将导致补偿资金的充足性与长效机制的稳定性难以实现。中央政府财政资金有限，无法完全满足复杂多样的生态补偿需求，如中央财政部门为南水北调水源地设立了水污染防治专项资金，2023 年陕西为 13.68 亿元，这依然很难满足生态补偿的现实需求。相比之下，地方政府、企业、公众等多方主体参与生态补偿，可以更好地动员各方资源，增强补偿的广度和深度。然而，目前秦岭国家公园水源地生态补偿仍过于依赖中央政府，难以从根本上解决补偿资金短缺的问题。第二，生态补偿责任过度集中于中央财政转移支付，导致国家财政可持续性面临结构性压力。生态补偿涉及面广、资金需求大，如果完全由中央政府承担，将会造成中央财政压力巨大，影响其他领域的投入。为此，应当建立多元化的生态

补偿机制，合理分担地方政府、企业和公众的责任，减轻中央政府的财政压力。第三，现行的生态补偿立法过于笼统，未能明确界定“受益方”的范围。新《环境保护法》虽然提出“受益方”补偿，但对“受益方”的概念界定过于模糊，导致“受益方”补偿难以落实。以天津市对口协作为例，自2014年中线一期工程通水以来，陕南地区累计向天津供水约90亿 m^3，近1200万市民受益，截至2023年，天津市已安排陕西省水源区对口协作资金25.2亿元，折合至受益人群，每人的生态补偿费仍比较低，这显然难以反映水源地保护的实际价值。因此，亟须完善相关立法，明确界定不同生态利益相关方的权责，为生态补偿提供法律依据。

②而对于被补偿对象，南水北调中线陕西水源区获得的补偿主要针对“环境保护工程”项目，主要用于保护地项目资金投入，但保护地的政府部门、单位及个人并未被明确列为现行生态补偿机制的“受益主体”。第一，补偿对象的界定存在问题。目前，秦岭国家公园水源地的生态补偿主要针对的是“环境保护工程”项目，即对上游防治水土流失、森林建设、污水处理等环境基础设施的投入。这种补偿模式，实质上是将补偿资金直接用于特定的环保项目建设，而忽视了保护地政府、单位和居民作为直接管理者和受益者应当获得的补偿。他们承担着更多的生态保护责任和成本，却没有被明确纳入补偿的对象范围。第二，补偿范围过于局限。以“环境保护工程”为补偿依归，使补偿的范围较为狭窄，主要集中在上游的环境基础设施建设上。这种“以工代补”的模式，确实有利于直接改善当地的生态环境质量，但忽视了保护地政府、单位和居民在日常管理和维护中承担的大量成本。他们需要大量投入人力、物力和财力来维护秦岭生态系统的完整性，但这些并没有得到应有的补偿。第三，这种“以项目为中心”的补偿方式，缺乏对保护地长期发展的考虑。例如，秦岭国家公园的管理单位和保护人员，需要持续进行巡查、执法、信息化建设等日常管理工作，这些工作虽然并没有形成明确的“环保工程”，但对于保护地的长期可持续发展同样十分重要。然而，这些工作的运转成本却没有被补偿机制所包括。

③至于对个人的补偿，尽管采取了一些类似的措施，但实际补偿与个人提供的生态服务之间的关系却不太密切。第一，秦岭国家公园水源地的生态补偿对象主要包括护林员和保洁员等基层工作人员，但这些人员的工资水平明显偏低，并远低于当地的平均工资水平。这种低工资水平不可能吸引优秀人才担任这些岗位，只能聘用留守老弱、身体活动受限的贫困人员。这些人员充其量仅能起到一定的信息传递作用，极难真正发挥出实际的生态管护职责。第二，这种针对个人的低水平补偿，与个人为生态环境所付出的实际服务并不成正比。秦岭国家公园作为重要的水源涵养区，广大居民和农民通过植树造林、保护野生动物、节约用水等方式，为维护生态环境做出了巨大贡献。然而，现有的生态补偿制度并没有充分考虑到这些个人的实际付出，补偿水平远远无法与之相匹配。这不仅影响到个人的积极性和主动性，也

不利于激发全社会共同参与生态保护的内生动力。

3.2　补偿标准偏低　资金供需失衡

目前对陕南三市南水北调中线水源地的生态补偿，补偿数额明显小于水源区生态保护的实际需要量以及水源区生态服务的价值量。具体而言：

①现有的生态补偿数额明显小于水源区生态保护的实际需求。根据专家测算，仅汉中市的生态补偿标准就应达数百亿元，其中包括机会成本损失、投入成本损失以及经济效益和环境改善效应等各项因素。然而，汉中市实际每年获得的生态补偿金额，仅相当于应补偿数额的 1/50。这说明现有的补偿数额严重低于水源区实际的生态保护需求。此外，南水北调中线工程总投资约 920 亿元，年均调水量 95 亿 m^3，按照中位数价格计算，南水累计水费收入在 400 亿元以上，按此进度中线工程投资回本仍需要 15 年以上。目前，南水北调中线工程的综合水价（含水资源费）为 0.13 元/m^3（含税）。其中，河南省南阳段、黄河南段、黄河北段分别为 0.18 元/m^3、0.34 元/m^3 和 0.58 元/m^3；河北省、天津市和北京市的各口门水资源费则分别为 0.97 元/m^3、2.16 元/m^3 和 2.33 元/m^3。显然，费用太少，严重偏离南水资源的价值属性，没有完全反映出水资源的保护成本。

②补偿资金缺口巨大，导致水源地生态设施建设和日常维护存在严重困难。以安康市为例，仅垃圾污水设施的年运行费就缺口达近亿元。这种资金不足的情况必然影响到水源地环境基础设施建设和维护，制约了生态系统的恢复和改善。严重的资金缺口也加剧了中央与地方政府之间的财政压力。作为全国性重要水源区，秦岭国家公园的生态保护任务严重超出了地方政府的承受能力。而中央政府虽然在逐步加大投入，但依然难以完全弥补巨大的资金缺口，从而导致双方压力倍增。由此可见，南水北调中线陕西水源区生态补偿的最大问题在于补偿数额偏少，资金缺口巨大，补偿整体严重不足。尽管中央政府和陕西省人民政府给予了一定程度的生态补偿，但相比陕南三市为保护水源所做出的巨大牺牲和付出，现有补偿数额显得远远不够，难以覆盖其直接和间接经济社会损失。这凸显了生态补偿机制有待进一步健全和完善，需要持续增加补偿资金投入，切实缓解水源区当地政府和群众的经济压力，确保中线调水工程的可持续运行。

3.3　支付方式单一　横向协作薄弱

2021 年中共中央办公厅、国务院办公厅印发了《关于建立健全生态产品价值实现机制的意见》(以下简称《意见》),该《意见》特别强调要“加快完善政府主导、企业和社会各界参与、市场化运作、可持续的生态产品价值实现路径,着力构建绿水青山转化为金山银山的政策制度体系,推动形成具有中国特色的生态文明建设新模式”。然而,陕南三市水源区生态补偿目前仍然主要依赖于重点生态功能区财政转移支付这种单一的补偿方式。具体而言:

①补偿方式的单一性是一个突出问题。目前,秦岭水源地生态补偿的主要资金来源是中央与地方财政转移支付,具体通过设立重点生态功能区转移支付等渠道实现。以 2018 年汉中市为例,中省财政转移支付就占到了 90%,其他如企业对口支援等补偿方式所占比例极低。这种单一的财政转移支付模式存在一些明显弊端:第一,缺乏市场化机制。生态补偿缺乏多元化的市场化运作方式,难以充分体现生态产品的实际价值,限制了社会各界特别是企业、公众等主体的广泛参与。第二,创新动力不足。过度依赖政府转移支付,不利于激发地方政府部门、企业以及居民等各方主体的生态保护积极性,束缚了他们的创新潜力。第三,可持续性堪忧。单一的财政转移支付容易受到中央预算变动的影响,缺乏长期稳定的补偿机制,难以确保生态补偿工作的可持续性。

②补偿过度依赖纵向转移支付也是一大问题。以汉中市为例,中省财政的纵向转移支付占比高达 90%以上,而横向的城市对口支援仅占不到 10%。这种重纵向轻横向的做法导致了以下问题:第一,分担机制不公平。下游城市作为直接受益者,理应承担一定的补偿责任,但在实践中其分担比重极低,转嫁了太多成本给上游保护地。第二,地方积极性不足。过度依赖中央财政转移支付,削弱了地方政府保护生态环境的内生动力,不利于形成长期有效的生态保护机制。第三,精准施策受限。中央财政转移支付的预算通常较为宏观,难以针对性地满足不同地区的个性化需求,影响了精准施策的可能性。可以看出,生态补偿的实施方式仍然呈现出较为明显的财政转移支付“单一化”趋势。

3.4 区域联动不足 对口支援有限

为明确“受益方”的补偿责任,2013 年,国家发展改革委和南水北调办公室联合印发了《丹江口库区及上游地区对口协作工作方案》(以下简称《方案》)。该《方案》主要规定了协作关系的内容及各方责任,包括发展生态经济、促进工业升级、人力资源培训、科技支持、经贸合作、生态环保合作等六个方面。把生态受益地区(支援方)的责任定位为:“会同受援方编制协作规划,并做好组织实施工作。制定政策措施,积极引导本市有关区(县)、部门、单位和企业围绕协作重点领域,推进各项对口协作关系有序开展。”该《方案》对于促进水源地与输入地之间开展生态补偿发挥了重要作用。但存在的明显不足是:

①当前生态补偿机制缺乏明确界定的生态保护受益主体，模糊了补偿的本质内涵。特别是未涉及建立起生态保护地区与受益地区之间的横向财政转移支付机制这一关键问题。详细而言：第一，缺乏明确的生态受益方责任。目前，秦岭国家公园水源地的生态补偿机制更多采用“对口支援”的方式，即由下游地区向上游地区提供资金或物资支持。这种方式表面上是在进行生态补偿，但实际上并没有明确界定生态受益方的补偿责任。下游地区之所以进行支援，更多是出于自身用水需求考虑，而非基于更广泛的生态补偿义务。这种模糊了补偿责任的做法，阻碍了生态补偿机制的建立和完善。第二，横向财政转移支付机制不健全。生态补偿的核心在于建立起生态保护地区和生态受益地区之间的财政转移支付制度。这需要双方基于生态系统服务功能，明确界定各自的权利和义务，并建立相应的补偿标准和渠道。但目前秦岭国家公园的生态补偿中，缺乏这种制度性安排。上下游地区之间的支援更多依赖临时性的行政性措施，而非法定的财政转移支付机制。这种不确定性，导致补偿标准和方式难以长期稳定。第三，协作机制有待完善。生态补偿需要建立在明确的地区协作基础之上。但就秦岭国家公园而言，上游的保护地政府与下游的受益地政府之间，缺乏常态化的沟通协调机制，各自的利益诉求难以有效对接，也无法就补偿标准、补偿方式等核心问题达成共识。这种地区协作关系的不成熟，导致生态补偿难以顺利推进。第四，补偿方式缺乏针对性。目前秦岭国家公园的生态补偿更多采取“对口支援”的方式，即由下游地区向上游支付一定的资金或物资。这种支付方式过于单一，无法针对上游不同的生态保护成本和需求进行差异化补偿。同时，也缺乏激励上游地区高质量保护生态的制度设计。

②合作的重点主要集中于项目层面，这些项目由双方政府共同商定。然而，政府、企事业单位之间主动性信息交流和公众参与较为欠缺。同时，“支援方”缺乏进入受援方（生态保护地）的引导和激励机制，也无法及时发掘和利用受援方本身的市场潜能。具体而言：第一，现有的生态补偿机制主要采取项目合作的形式，具体项目由政府双方协商确定。在这种合作模式下，政府在整个过程中发挥主导作用，而政府、企事业单位之间的主动信息交流和公众参与则相对较少。一方面，地方政府往往更关注自身行政区域内的生态建设，缺乏广泛的区域视野和全局思维，不能充分协调不同行政区域的利益诉求；另一方面，即使涉及跨区域合作，政府部门也常常缺乏与社会各界的深入沟通，很难充分了解公众对生态建设的需求和期待。这就造成生态补偿项目的供给侧与需求侧脱节，难以真正满足不同群体的利益诉求。第二，在目前的生态补偿模式中，所谓的“支援方”缺乏进入受援方（生态保护地）的引导和激励制度。一些生态富裕的地区，其资金和技术实力相对较强，可以为生态较差的地区提供必要的支持。但在实际操作中，这些“支援方”往往缺乏有效的机制去引导和吸引社会各类市场主体“深度进入”受援方，发掘当地的生态服务价值和市场潜能。结果是支援行为大多

流于表面，无法真正促进生态保护地区的内生发展。第三，生态补偿中对受援方本身的市场潜能开发也存在不足。一些生态较差但经济相对落后的地区，其资源禀赋和发展潜力可能远超表面，只是长期缺乏有效的开发手段。但在现有生态补偿机制中，支援方较少从这种角度去挖掘和激活受援地区的内生活力，往往仅局限于简单的资金转移和技术支持，难以真正推动生态保护区的内生性发展。

③当前对口支援工作中，过分着眼于单纯的技术交流，却缺乏对支援方和受援方企业互动的系统性引导。同时，支援方往往未能深入了解受援地区的人口特征、地理环境、经济发展状况及市场环境，这导致技术交流的补充性和融合性大打折扣。由此可见，目前对口支援的数额十分有限，其有效性也备受制约。具体而言：第一，现有的生态补偿机制过于强调技术层面的交流互鉴，而忽视了支援方与受援方企业之间的实际互动。生态补偿工作归根结底是一个系统性工程，需要各方主体的紧密配合和深入融合。但实际操作中，往往只局限于支援方提供技术指导或设备配置等，对支援方和受援方企业如何有效开展合作、共享资源等方面却缺乏必要的引导和规范。这势必影响技术交流的实际成效。第二，生态补偿中的支援方也常常对受援地区的实际情况了解不足。人口、地理、经济发展水平等差异巨大的因素，直接决定了技术方案的适用性和受援方的实际吸纳能力。但在实际对接中，支援方容易忽视这些重要的背景条件，生搬硬套自身的做法和经验，很难真正满足受援方的实际需求。这不仅降低了技术输出的针对性，也影响了双方的主观能动性和互利融合。第三，由于认知的局限性，支援方和受援方的利益需求难以完全融会贯通。一方面，支援方可能过于单纯地追求技术输出的硬指标，忽视了生态补偿的系统性目标；另一方面，受援方也可能过于注重短期的经济利益，而无法真正参与到长期的生态保护中来。双方缺乏深层次的利益契合，也阻碍了更紧密的协作互动。

3.5 机制规范缺失 补偿执行失序

我国新《环境保护法》规定了“生态保护地”可以获得生态保护补偿，但并未明确“补偿给谁（被补偿主体）、由谁来补偿（补偿主体），补偿的依据、核算方法，采取的程序以及发起补偿的条件，应获而未获得补偿情况下怎么寻求救济”等补偿的体制机制问题。由此可见：①补偿主体和补偿对象不明确。现行法规并未明确规定谁来负责对生态保护地进行补偿，以及应该补偿给谁；我国生态补偿的专门立法也一直未出台，已经公布的生态补偿政策也没有对这些问题作出具体规定。这就导致生态补偿缺乏明确的法律依据和责任主体，补偿工作容易随意进行。②补偿标准和核算方法不统一。新《环境保护法》虽然规定了“生态保护地”

可获得生态补偿，但并未明确具体的补偿标准和核算方法。这使得补偿标准往往缺乏科学依据，容易出现随意性和不统一性。

2017 年我国财政部印发的《中央对地方重点生态功能区转移支付办法》，也只是规定了重点生态功能区转移支付主要是用于平衡不同地区“基本公共服务保障能力”的目标。但“基本公共服务保障能力”显然不等于“重点生态功能区生态补偿”。所以，新《环境保护法》当中规定的“生态保护地”是否获得生态补偿以及获得多少数额的生态补偿，完全处于无法可依、无政策可循甚至无机制可实施的状态，导致南水北调中线陕西水源区只能通过所谓“环保项目”、上级政府“支持”或者受益地方政府的“对口支援”等手段有限度地实现生态补偿。由此可见：①补偿程序和条件不规范。现行法规未明确规定启动生态补偿的具体条件和程序。这就使得生态补偿缺乏规范性，缺乏可操作性，易受其他因素的影响而显得随意性大。②补偿纠纷救济途径不畅通。如果水源地无法获得应得的补偿，或者补偿标准明显偏低，现行法规也未规定相应的救济渠道，会使得受补偿主体无从维权，缺乏合法途径来解决纠纷。③专门的生态补偿法律法规缺失。尽管我国已出台了一些相关政策，但仍缺乏专门的生态补偿立法。这就使得生态补偿制度及其实施的法律依据不够充分，政策执行缺乏可操作性。

4　完善秦岭国家公园水源地生态补偿的政策建议

秦岭国家公园的水源地生态补偿存在的问题是带有全局性的问题。正如习近平总书记指出的“保护好秦岭生态环境，对确保中华民族长盛不衰、实现‘两个一百年’奋斗目标、实现可持续发展具有十分重大而深远的意义”。针对以陕南三市水源地生态补偿为代表存在的普遍性问题，本报告提出如下建议：

4.1　推进生态补偿立法进程　明确补偿责任主体

①推进生态补偿法律制度建设。首先，应当在国家层面加快生态补偿相关法律法规的起草制定。党的十八大以来，中央陆续出台了一系列有关生态文明建设、自然资源产权制度改革、绿色发展以及生态补偿的重要政策文件，为建立健全生态补偿法律体系奠定了坚实基础。下一步，应当整合这些政策文件的相关内容，在中央层面尽快出台生态补偿法律，明确生态

补偿的原则、方式、标准、资金来源等关键制度性安排。同时，还应当在法律中规定生态补偿的主体责任，如水源地所在政府、受益地区政府、企业等各方的权利义务，以及相关惩罚和奖励措施，为各主体参与提供有法可依的依归。其次，秦岭国家公园应当结合水源区生态保护和补偿的实践，在地方立法中补充完善相关规定。秦岭国家公园作为重要的水源涵养区，在维护水源地生态安全、保障区域供水安全方面肩负着重要责任。因此，秦岭国家公园应当依托已积累的保护和补偿经验，在地方立法中针对性地规定水源涵养等生态服务价值的认定和补偿方式，并就水源地保护责任、补偿资金来源、管理使用等重点内容作出针对性的制度安排。这不仅有利于规范秦岭国家公园水源地生态补偿实践，也可以为全国生态补偿立法提供可借鉴的地方实践经验。最后，地方政府应当积极推动生态补偿专门立法，为水源地生态补偿提供法律依据。目前，一些地区已在生态补偿方面探索出一些有益经验，如通过政府投入、价格补贴、转移支付等方式，为生态功能区提供必要的补偿，取得了一定成效。但这些做法往往缺乏法律依据，难以长期可持续发展。因此，各地政府应当根据自身实际，尽快制定出台生态补偿地方性法规，健全支持水源地生态补偿的法律体系，切实保障生态补偿的制度化运行。

②就补偿主体而言，根据“受益者付费”的原则，生态补偿的责任主体主要包括三类：国家、受水地区和普通消费者。这些都是水源地生态服务的主要受益群体。首先，明确国家作为生态补偿主体的责任。国家作为公共利益的代表，应当担负起秦岭国家公园水源地生态补偿的主要责任。一方面，国家应当尽快出台专门的生态补偿法律，为水源地生态补偿提供明确的法律依据。同时，中央财政应当安排专项资金用于秦岭水源地的生态修复和保护，确保水源地生态利益得到有效维护。另一方面，国家还应当发挥引导和协调作用，协同地方政府、企业等各方利益相关方，共同构建起水源地生态补偿的长效机制。其次，明确受水地区在生态补偿中的责任。作为直接受益于秦岭水源地生态服务的地区，受水地区理应承担起相应的生态补偿责任。一是可以通过立法明确受水地区向水源地支付水资源使用费和生态补偿费的义务。二是受水地区政府应当在财政预算中设立专项资金，用于支付水源地的生态补偿。三是还可以探索利用市场机制，如交易配额、排放权交易等方式，促进受水地区向水源地提供更多的生态补偿。最后，明确普通消费者在补偿中的责任。作为水资源最终消费者的广大群众，也应当为水源地生态服务的维护承担一定的责任。一方面，可以通过水价机制，在居民、工农业用水价格中加入生态补偿费用。这样不仅可以增加水源地的补偿资金，也能培养公众的生态环保意识。另一方面，还可以通过政府引导，鼓励企事业单位、社会组织等主体自愿缴纳生态补偿费用，为水源地生态保护贡献力量。

③就被补偿主体而言，被补偿主体，即生态利益的提供者或制造者，也是生态服务的创

造者。首先，被补偿主体应当包括水源保护地地方政府、企业单位和普通群众等。地方政府作为水源区的管理者和执法者，在水源保护中发挥着关键作用，应成为重要的被补偿主体。企业单位作为生产经营活动的主体，水源地生态环境保护行动可能会对其正常的生产活动产生限制，影响企业收益，因此企业单位也应当成为被补偿对象。而普通群众作为水源区的居民，水源保护行动也会对其生活产生影响，因此也应当纳入被补偿主体范畴。这些不同主体虽然贡献的方式不同，但都应当获得相应的生态补偿。其次，被补偿对象的贡献可分为积极贡献和消极贡献两类。其中，积极贡献指在水源区实施植树造林、退耕还林等直接提供生态服务的保护性行为，这些行为直接增加了生态价值，应成为重点补偿对象。而消极贡献则体现在一些为保护水源而进行的产业限制、搬迁等行为，虽然没有直接创造生态价值，但也为水源保护作出了牺牲和贡献，也应纳入补偿范畴。只有全面考虑这两种贡献类型，才能真正体现生态补偿的公平性和全面性。最后，明确被补偿主体的界定标准至关重要。例如，对于地方政府而言，可以根据其在水源区生态保护中的职责履行情况、实际投入等进行补偿；对于企业单位，可以根据其产业性质、排放量等指标进行补偿；对于普通群众，则可以根据其在日常生活中对水源的影响程度进行补偿。只有建立科学合理的界定标准，才能确保补偿的公平公正，增强各方的积极性和主动性。

4.2　积极争取中央财政纵向转移支付　提高生态补偿资金规模

为充分发挥国家重点生态功能区转移支付的政策导向功能，提高转移支付资金的使用绩效，财政部于 2011 年印发《国家重点生态功能区转移支付办法》。秦岭国家公园水源地生态补偿过程中应当紧紧依据财政部《国家重点生态功能区转移支付办法》，取得中央财政的更多支持。国家对重点生态功能区转移支付是既有的政策，秦岭国家公园的许多地区既是国务院确定的“生物多样性生态功能区”，也是国务院确定的“重点水源涵养区”，是同时承载两大特殊生态功能的国家级“双重点”生态功能区。一是全面梳理水源地生态保护的支出需求。秦岭国家公园应当全面梳理水源地生态保护所需的各项支出，包括污水处理、垃圾清运、森林管护、生态修复等方面的资金需求，并按照《国家重点生态功能区转移支付办法》中的相关指标，准确测算出资金缺口。这将为争取中央财政转移支付提供翔实的依据。二是编制详细的生态保护工作计划。在梳理资金需求的基础上，秦岭国家公园应当制订详细的水源地生态保护工作计划，明确各项具体措施和所需投入。这个计划应当与当地现有的生态保护规划、国家重点生态功能区的工作要求相衔接，充分体现重点生态区属性。通过编制这样一个详细的工作计划，可以为争取中央财政转移支付提供直观的参考依据。三是加强与上级部门的沟通协调。秦岭国家公园应当与上级自然资源管理、财政等部门加强沟通，主动宣传水源地生态保护的重要性和面临的资金缺口，争取这些部门的理解和支持。同时还要与省级生态环境管理部门密切配合，及时反映实际困难，寻求更多的政策支持和资金倾斜。这种主动沟通协调有利于增强上级部门对当地生态保护工作的了解和支持力度。四是完善生态补偿机制建设。在争取中央转移支付的同时，秦岭国家公园还应当进一步健全地方性的生态补偿机制。一方面要与下游受益地区签订水源地生态补偿协议，通过转移支付的方式实现生态价值的内部化。另一方面要完善内部的生态补偿政策，为当地居民提供更有针对性的生态补偿。这种多方位的生态补偿机制建设有利于提高综合补偿水平，为争取更多中央支持奠定基础。五是做好信息披露和绩效管理。为了确保中央转移支付资金得到规范高效使用，秦岭国家公园要建立完善的信息披露制度，定期向社会公开生态保护工作的进展和资金使用情况。同时要建立健全的绩效评估和考核体系，确保转移支付资金实现预期目标。良好的绩效管理有利于增强上级部门的信任，获得更多的政策与资金支持。

4.3 加强跨区域协调联动 拓宽生态补偿资金的来源渠道

①推动实现横向转移支付。首先，在中央财政转移支付不足以保障秦岭水源地生态环境保护投入的情况下，可以加强与输入地地方政府的合作，争取横向转移支付。秦岭国家公园应主动与依赖其水资源的下游地区地方政府开展密切沟通协商，争取加大对口支援力度，促进建立起秦岭国家公园与受益地区之间的横向财政转移支付机制。这不仅是秦岭国家公园的责任，也是输入地地方政府的法定义务。根据《环境保护法》的规定，受益地区和生态保护地区人民政府应当通过协商或者按照市场规则进行生态保护补偿。其次，秦岭国家公园应详细测算水源地保护所需的各项经济支出，包括生态环境保护的直接投入、生态友好型产业培育的投入、关停并转企业损失的补偿、发展机会成本等，并与中央财政转移支付的差额进行对比，为输入地地方政府提供明确的数据依据。这不仅有利于强化各方的责任意识，也有助于达成横向转移支付的共识。同时，秦岭国家公园还应广泛宣传这些测算结果，让输入地广大群众了解水源地保护的实际需求，从而形成良性的社会预期和舆论氛围，为实现横向转移支付创造有利条件。最后，为确保横向转移支付的可持续性，秦岭国家公园还应建立健全相关的监测评估和考核机制，切实保障转移支付资金的专款专用，提高资金使用效率。同时，鼓励输入地地方政府创新转移支付机制，例如，探索建立生态补偿基金、开展生态修复服务定价等，不断拓宽横向转移支付的渠道和模式。

②建立国家层面大秦岭区域体制机制。编制大秦岭中央水塔保护规划，加大大秦岭水土

保持支持力度，建立以“秦岭生态保护—南水北调发展基金”为主导的跨省水源地生态补偿机制，加快大秦岭水资源利用工程建设，加强对大秦岭地区全方位研究。具体而言：首先，建立健全国家层面的大秦岭区域体制机制。由于秦岭地区涉及多个省市，各地在生态补偿方面存在差异，因此亟须建立健全国家主导的大秦岭区域协调机制。这不仅有利于统筹协调各方利益诉求，制定统一的生态补偿标准和政策，还可以提高资金使用的整体效率。同时，建议编制“大秦岭中央水塔保护规划”，明确保护目标和具体措施，为后续生态补偿提供法律依据。其次，加大中央财政对大秦岭水土保持的支持力度。秦岭作为水源涵养区，水土流失问题突出，迫切需要加大生态修复投入。建议在现有的“天然林保护、三北防护林建设等重点生态工程”的基础上，设立“大秦岭水土保持支持专项”，根据实际需求持续加大资金投入。同时，要完善生态效益的考核体系，确保补偿资金的使用效果。再次，建立以“秦岭生态保护—南水北调发展基金”为主导的跨省水源地生态补偿机制，既要发挥中央财政的引导作用，动员地方政府和社会各界共同参与，还要明确不同区域和利益相关方的补偿责任。通过建立基金这种长效机制，可以有效整合各方资金，提高补偿资金的稳定性和持续性。同时，可探索水资源有偿使用等市场化手段，拓宽资金来源渠道。最后，加快推进大秦岭地区的水资源利用工程建设。一方面要加大对南水北调、引洮工程等重点项目的投入，提高水资源利用效率；另一方面要加强对大秦岭区域的全方位研究，包括气候、水文、生态等方面，为精准制定生态保护措施提供科学依据。

4.4　加强生态移民政策落实　优化补偿具体措施

生存繁衍一直是人类的传统追求，体现在“择水而居”的居住模式上。以秦岭国家公园及其丹江、汉江源头山区为例，许多村落都聚集在细小支流旁，这些区域由于村庄散布，很难满足规模化的垃圾和污水处理需求，相关基础设施的硬性配置也不符合经济效率原则。因此，这些区域普遍存在着垃圾乱扔、生活污水直排的问题。要从根本上解决这一问题，最有效的方式就是实施生态移民。

①生态移民的侧重点应该是进行“异地安置”，具体而言：首先，在选择安置区域时，要充分考虑环境承载能力，选择环境条件相对优越、对水源地影响最小的区域。一方面，要充分评估安置区域的自然资源禀赋、生态环境状况，确保移民搬迁后能够拥有较好的生态环境；另一方面，还要评估安置区域的经济社会发展水平，以确保移民的生产生活条件不会受到太大影响，避免遭受生活质量下降等问题。只有选择了合适的异地安置区，才能真正让移民“移得出，留得住”。其次，在具体的异地安置过程中，要注重移民的意愿诉求，充分了解和满足

他们的实际需求。比如可以在安置区域建立移民就业培训基地，提供多元就业机会，确保移民能够稳定就业，获得持续稳定的收入；同时还要为移民提供完善的基础设施建设，包括交通、通信、医疗等，满足他们的日常生活需求，使移民真正融入新的社区环境。只有充分尊重移民意愿，满足他们的生产生活需求，才能真正实现“移得出，留得住”的目标。最后，在异地安置完成后，还要加强对移民后续发展的跟踪监管。一方面，要定期对移民的生产生活状况进行评估，了解他们是否适应新的生活环境，是否存在诉求和问题；另一方面，要完善相关补助政策，确保移民享有长期稳定的生活保障。只有持续关注移民的实际需求，才能推动他们真正融入新的环境，避免出现“就近安置”造成的“回迁”等问题。

②要创新移民补贴方式，不能让“低补贴”成为推动移民的障碍。具体而言：首先，科学评估移民原居住地的生态价值和经济价值。秦岭国家公园水源地的生态系统，为当地居民提供了丰富的自然资源和生态服务。这些绿水青山不仅是移民赖以生存的居所，也蕴含着巨大的生态价值和经济价值。因此，在开展移民工作时，应当组织专业评估团队，全面系统地评估移民原居住地的各项生态价值和经济价值，包括土地、林木、水资源、农副产品等各方面。只有准确认识到移民原有资产的真实价值，才能为后续补偿提供科学依据。其次，采取政府购买的方式安置移民。针对移民原有的房屋、土地等资产，政府可以采取直接收购的方式，对其进行全额补偿。一方面，这有利于确保移民获得充分的补贴，并以此作为进入新生活的原始资本。另一方面，政府通过购买移民原有资产，也可以实现对水源地的全面治理和保护。值得一提的是，对于移民创造的生态价值，政府也应当给予等同的补偿，确保移民的整体利益得到最大限度的保障。最后，创新移民补贴的具体措施。除了采取政府购买的方式进行全面补偿外，还可以考虑引入其他创新性补贴措施。例如，建立移民利益分享机制，让移民能够按一定比例分享水源地生态补偿资金或相关生态效益。同时，可以为移民提供职业培训、创业支持等帮助，提高他们融入新环境的能力。还可以建立移民长期跟踪服务机制，确保移民生活、生产、生态环境等各方面权益得到持续保障。

4.5 科学量化生态补偿标准　健全水源地生态补偿监管机制

构建健全完善的生态产品价值实现机制，已成为新时代生态文明建设的关键抓手，也是落实“绿水青山就是金山银山”理念的重要实践载体。

①科学量化生态补偿标准。首先，准确核算生态系统服务价值。秦岭国家公园的水源涵养、水土保持、碳吸存等生态服务功能，是支撑下游地区经济社会发展的重要基础。要充分运用《陆地生态系统生产总值核算技术指南》等相关技术规范，系统量化各类生态系统服务

的实际价值，为生态补偿标准的制定提供科学依据。其次，合理确定补偿标准。在核算生态系统服务价值的基础上，应合理界定补偿对象和补偿范围，兼顾生态保护成本和受益程度，科学测算各方主体应承担的补偿责任和费用。可采用差异化标准，对重点生态功能区、生态敏感区等实施更高标准的补偿，确保生态补偿水平与生态保护任务相匹配。同时要充分吸收利益相关方的意见，确保补偿标准的公平性和可操作性。最后，动态调整补偿标准。生态补偿标准不能一成不变，要根据生态环境状况变化、补偿对象需求变化等因素，适时进行评估调整。对于已经基本实现预期生态目标的区域，可适度降低补偿标准，将有限资金集中用于生态保护程度较低的区域；对于生态环境恶化的区域，则应及时提高补偿标准，确保生态安全。

②健全水源地生态补偿监管机制。首先，完善生态补偿资金管理制度。建立专门的生态补偿资金管理机构，对资金来源、筹措途径、使用范围、监督管理等制定明确规定，确保资金使用的规范性和透明度。同时，健全绩效考核机制，将补偿资金使用效果纳入评估范围，切实提高资金使用效率。其次，强化生态补偿政策执行监督。制定包括目标责任制、信息公开制、社会监督等在内的全方位监管措施，确保各相关主体落实生态补偿政策的主体责任。对存在弄虚作假、截留挪用补偿资金等违法违规行为的，要严肃追究责任，形成有力的震慑。再次，建立生态效果评估机制。通过遥感监测、实地调查等方式，定期对秦岭国家公园生态服务功能的恢复程度、生态环境质量等进行评估，客观反映生态补偿政策的实际成效。将评估结果作为调整补偿标准、优化补偿政策的重要依据，确保生态补偿持续有效。最后，健全公众参与和信息披露制度。建立健全公众投诉、举报渠道，畅通社会各界对生态补偿工作的监督途径。定期向社会公开生态补偿的资金来源、使用情况、生态效果等信息，接受公众的广泛监督。

5　秦岭国家公园水源地生态补偿机制

——以设立秦岭国家公园水源地生态保护基金为例

当前秦岭国家公园水源地生态补偿面临法律法规不健全、制度不够规范、补偿资金缺口大、补偿方式过度依赖政府纵向转移支付等问题，以上问题造成水源地地区各种直接和间接保护成本与价值补偿不匹配、不对等，水源地保护缺乏可持续性的动力机制，亟需拓展市场化的生态补偿机制。因此，本报告建议设立以基金为主导的水源地生态补偿机制。机制的构建包含前期准备、中期运营和后期监督三个环节。在前端环节，由于秦岭国家公园水源地生态环境保护涉及陕西省6市，因此要综合决策，建立高效紧密的协调联动机制，完善水源地生态补偿的相关法规制度，为后续基金的运作、生态补偿标准的制定等奠定基础；在中端环节，采取 PPP 模式，以政府财政投入为种子基金，吸引社会资本参与生态补偿项目，通过建立专业的基金公司负责基金资产的管理，进行环境友好型产业项目投资，实现基金资产的保值增值；在后端环节，加大对于基金运转的监管，通过制定基金运行管理规章制度、设立基金监管机构、完善网络信息披露等方式，构建政府、市场和社会协同的监督机制，确保秦岭国家公园水源地生态保护基金的运行成效。秦岭国家公园水源地生态保护基金设立思路如图 7-1 所示。

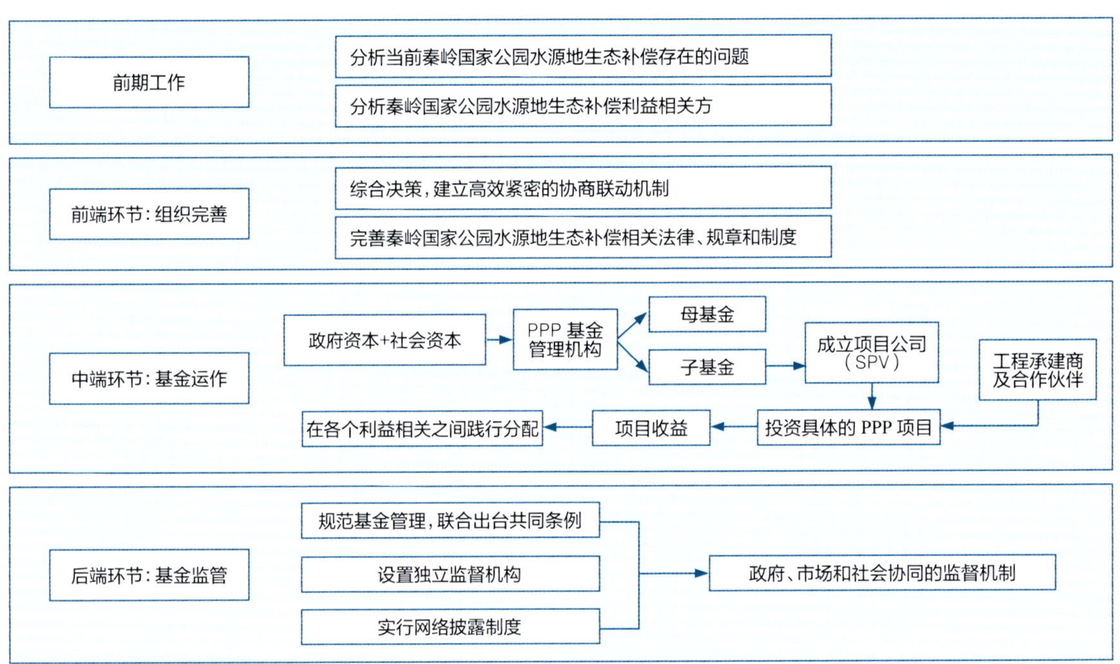

图 7-1　秦岭国家公园水源地生态保护基金设计思路

5.1　秦岭国家公园水源地生态补偿现状

作为我国战略性水资源补充地、来源地、持续地、涵养区和保护区，秦岭是陕西乃至全国高质量发展的保障地之一，加强对秦岭国家公园水源地的保护和修复具有不可替代的价值和意义。然而，现阶段开展秦岭国家公园水源地保护修复的资金投入缺乏可持续性，其水源地生态补偿目前仍存在以下问题：

①主体责任不清晰，缺乏联系紧密的跨区域协调合作机制。一方面，秦岭国家公园水资

源产权界定不清晰，有关水资源如何使用、收益如何分配的权利界定不明，生态补偿受益方和受损方难以确定；另一方面，秦岭国家公园水资源价值核算体系有待完善，补偿标准不统一、补偿金额不确定，难以充分体现受益者直接付费的补偿原则和激发相关主体对秦岭国家公园水源地保护的积极性。

②补偿资金不充足，缺乏市场化多元化的生态补偿机制。首先，生态补偿方式单一，以政府主导的、依靠行政机制推动的补偿模式为主，不仅中央财政、地方财政压力大，而且未能充分调动各方参与的积极性与主动性，由此造成补偿动力不足、补偿主体缺位、补偿效益不大的多重困境；其次，现阶段的补偿金额较少，严重偏离了秦岭国家公园水源地保护的真实价值，难以弥补水资源保护的全部成本，进而导致水源地生态设施建设和日常维护存在严重困难；最后，补偿形式不灵活，"造血式"补偿方式受阻，当前补偿渠道仍以资金输入为主，在技术、人才、管理等方面的补偿十分欠缺，难以实现供水区和受水区之间的互利共赢，不利于多元化补偿机制的发展。

③补偿机制的实施缺乏有效监管，容易造成补偿资金的浪费。由于监管力度不够、执法能力不强等原因，生态保护项目难以按照原计划贯彻执行，部分环境保护设施反复建设或未得到充分利用，造成补偿资金和项目投资的浪费。

5.2　利益相关方分析

水源地生态补偿机制的重要原则为"谁受益、谁补偿，谁保护、谁受偿"，因此确定水源地生态补偿机制可行性的重要前提是划分生态补偿的主体和客体，掌握水源地水环境保护各利益相关方的基本需求。在进行生态补偿机制构建时，需充分考虑国家与地方、政府与社会、企业和居民等方面的利益诉求，坚持生态、经济与社会效益相均衡的原则，将生态效益置于最重要的位置，同时充分考虑经济效益和社会效益，突出生态红利及其经济实现。秦岭国家公园水源地水环境保护的主客体及主要利益相关方包括中央政府、陕西省人民政府、当地各级地方政府及水源地居民。

5.2.1　中央政府

中央政府是构成秦岭国家公园水源地生态补偿主体的主要力量。秦岭是中国南北气候分界线、南水北调中线工程和关中城市群重要水源涵养地，作为我国的"中央水塔"，水源涵养功能突出，加强秦岭生态环境的保护，其意义与保护价值不言而喻。党中央、国务院历来高度重视水源区生态保护和水质改善，2020 年 4 月 20 日，习近平总书记在考察秦岭生态环境保护时强调，保护好秦岭生态环境，对确保中华民族长盛不衰、实现“两个一百年”奋斗目标、实现可持续发展具有十分重大而深远的意义。习近平总书记高度重视南水北调中线工程水源区水质安全保障工作，多次赴水源区考察调研，发表重要讲话并作出重要指示批示，强调要“守好一库碧水”，确保“一泓清水永续北上”。因此国家层面，中央政府的主要利益诉求包括：①生态环境保护诉求。持续推进秦岭国家公园水源地生态环境修复，增强其生态系统韧性，更好发挥秦岭国家公园的气候调节功能、水源涵养功能和文化传承功能，保护其生物多样性，维护国家生态安全；②经济社会可持续发展诉求。秦岭是南水北调水源地的主要涵养区，要确保南水北调工程安全、供水安全和水质安全，为沿线地区经济社会发展提供重要生态支撑，推动实现可持续发展；③推动实现人与自然和谐共生的现代化。秦岭国家公园生态环境保护，功在当代，利在千秋。在保证当代人生态红利的同时顾及子孙后代的利益，实现代际公平，同时处理好生态环境保护与地区高质量发展之间的矛盾，推动实现人与自然和谐共生的现代化。

5.2.2 陕西省人民政府

陕西省人民政府作为主要生态补偿主体参与秦岭国家公园水源地生态保护基金。陕西省积极响应国家政策，高度重视秦岭国家公园生态保护工作，2007 年，《陕西省秦岭生态环境保护条例》由陕西省人民代表大会常务委员会颁布实施，同年陕西省人民政府发布《陕西秦岭生态环境保护纲要》；2018 年以来，陕西省针对秦岭生态环境保护发布多部文件。2019 年，陕西省人民政府印发《秦岭生态环境保护行动方案》，陕西省自然资源厅发布《陕西省秦岭生态环境保护条例》，2020 年陕西省人民政府办公厅出台《陕西省秦岭生态环境保护总体规划》，2024 年陕西省发展和改革委员会发布《关于加强秦岭区域生态环境保护推动高质量发展的实施意见》，针对秦岭地区生态环境保护具体问题做出决策部署。为提高生态保护资金的使用效益，2022 年末陕西省财政厅、陕西省生态环境厅等部门联合印发《陕西省生态保护纵向综合补偿实施方案》，2023 年陕西省财政厅、陕西省发展和改革委员会、陕西省自然资源厅等 6 部门联合发布《省级秦岭生态环境保护专项资金管理办法》，加强秦岭区域的生态环境保护工作。设立秦岭国家公园水源地生态保护基金，陕西省人民政府同样兼具生态保护诉求和经济社会发展诉求。一方面，加大秦岭国家公园水源地生态环境保护措施的实施力度，抓好水资源、水环境和水生态的治理工作，实现水源涵养和水质提升目标，展现陕西在国家生态环境保护战略全局中的责任与担当；另一方面，加快秦岭国家公园水源地生态环境保护，更好地将生态红利转化为经济价值，合理利用秦岭国家公园的自然禀赋，为陕西省相关区域经济发展提供产业资源，发展特色农业和生态旅游业，实现陕西省经济社会的可持续发展。

5.2.3　其他各级地方政府

各级地方政府也十分重视秦岭生态环境保护，纷纷出台相关政策文件，如 2021 年西安市出台《西安市秦岭生态环境保护规划》，2020 年宝鸡市印发《宝鸡市秦岭生态环境保护规划》，2020 年商洛市发布《商洛市秦岭生态环境保护规划》等，支持秦岭生态环境保护。但同时由于生态保护的需要，对于当地采矿业、冶炼业等的发展作出限制，影响地区经济发展和财政增收。因此，各级市县应积极寻找水源地产业发展新方向，利用秦岭国家公园水源地生态保护基金，引导项目投资，将生态红利转化为经济收益。

5.2.4　水源地居民

秦岭国家公园涉及陕西省 6 市 21 县（区），区县内不同乡镇被划入国家公园的面积存在一定的差异。据初步统计，有嵌入型乡镇 18 个，边缘型乡镇 89 个。由于秦岭国家公园生态保护措施的需要，涉及生态搬迁问题，其中陕南地区即汉中、商洛、安康三市的搬迁比例较高。同时，秦岭国家公园区划内的部分乡镇经济发展较为落后，以传统种植业、林木业为收入主要来源，农业产业结构简单，居民生计水平较低，农村各项基础设施薄弱。此外，秦岭国家公园片区矿产资源较为丰富，但出于生态环境保护的需要和相关开发保护政策的限制，矿业采集业及冶炼业难以发展壮大。因此，水源地居民应作为主要的生态补偿客体，利用秦岭国家公园水源地生态保护基金对其进行资金补偿，同时可设立相关公益性岗位，进行就业补偿，保障其经济权益和生活福祉，促使水源地居民配合实施优化环境行为。

5.3　秦岭国家公园水源地生态保护基金的机制设计

秦岭国家公园水源地生态保护基金的运行机制包括前端环节、中端环节和后端环节三部分。前端环节注重建立协商联动机制并完善相关法律规章制度；中端环节重在资金筹集、基金设立和投资项目的决策与运行；后端环节重在建立基金的监督保障机制。

5.3.1　前端环节：组织完善

（1）综合决策，建立高效紧密的协商联动机制

秦岭国家公园水源地保护不仅涉及经济、社会、工程、环境等多层面问题，还包含陕西省西安、宝鸡、渭南、安康、商洛、汉中等 6 市 21 县（区）110 个乡镇 660 个行政村，相关利益主体众多，加之水产品具有“准公共物品”属性，因此，由陕西省人民政府主导，各地

级市共同出面协调利益关系、保障资金配置是设立生态保护基金的基础和前提。首先，规划引领。各地方政府通过利益表达、沟通协商而达成共识，确定保护基金的设立目的、范围和预期效果，明确资金用途和受益对象，积极编制秦岭国家公园水源地生态环境保护的专项规划，建立健全秦岭国家公园水源地水文、气象、自然灾害等监测网络体系和信息共享系统。其次，管理整合。以秦岭国家公园建设为契机，进一步整合优化行政、审计、司法等多部门力量，加强工作合力，共同促进生态保护基金的设立与运转。最后，机构专职。通过协商设立专门管理秦岭国家公园水源地生态保护基金日常运转的组织构架，统筹管理各类补偿资金，并明确各部门职责和管理层级，以确保补偿资金筹集、分配、使用和监督的集中性、公平性和延续性。

（2）完善秦岭国家公园水源地生态补偿相关法律、规章和制度

秦岭国家公园水源地涉及陕西省多个市县、多个部门和多个主体，且水源地生态环境保护是一项全局性、综合性和长期性的系统工程，因而具有强约束性、规范性的法律条例是秦岭国家公园水源地生态保护基金持续高效运转的法治保障。首先，确立标准。生态补偿标准是生态补偿机制的核心，因此要统一规划、统一标准、统一责任，明确补偿主体、补偿比例、补偿程序，要充分体现秦岭国家公园水源地的生态功能价值，综合考虑因生态保护而产生的直接成本、间接成本和机会成本，并将秦岭国家公园水源地水生态系统产品服务价值纳入其中，使水源地不同地区的生态补偿的功能得到最大化实现，兼顾生态补偿的效率和公平。同时逐步完善生态环境损害赔偿体系，为基金资金筹集奠定基础。其次，明晰权责。秦岭国家公园水源地涉及陕西省 6 市，各市经济发展水平存在较大差异，西安、宝鸡、渭南三市财政水平较高，而安康、商洛和汉中三市财政压力较大。且各市所涉及的水源地区位和资源禀赋不同，部分市县处于河流源头，水生态系统保护责任更重，加之各市利益与基金出资比例相挂钩，因此要明确保护基金的权利与义务，包括各市的出资比例、分配比例、基金的资金来源、使用范围以及违反规则的惩罚措施等，进而解决水源地内各市利益不对等的问题。最后，交叉执法与监督。设立地方政府协同治理的联合监管制度，将红线区域、重点生态功能区等作为市与市之间的双方监控、监管重点，进行市市联合的交叉执法与定期常态化检查，对保护和整改成果开展“回头看”，提高违法成本，同时加强区域内行政执法和刑事司法衔接，推动水源地保护公益诉讼。

5.3.2 中端环节：基金运作

（1）资金来源与组成

如图 7-2 所示，基金可采取 PPP 模式设立，即利用“公私合作伙伴关系”，由政府和社

会资本共同合作，分别发挥政府和私人部门彼此的优势，在水源地生态补偿基金设立和项目实施的过程中，从公共需求出发，以商业利益为纽带，风险共担，利益共享，在保证水源地涵养水源、提高水质等生态环境保护目标实现的基础上，兼顾社会投资者的投资回报诉求，实现生态补偿基金使用的效用最大化。秦岭国家公园水源地生态保护基金的资金主要来源于引导性资金和社会资本两部分。

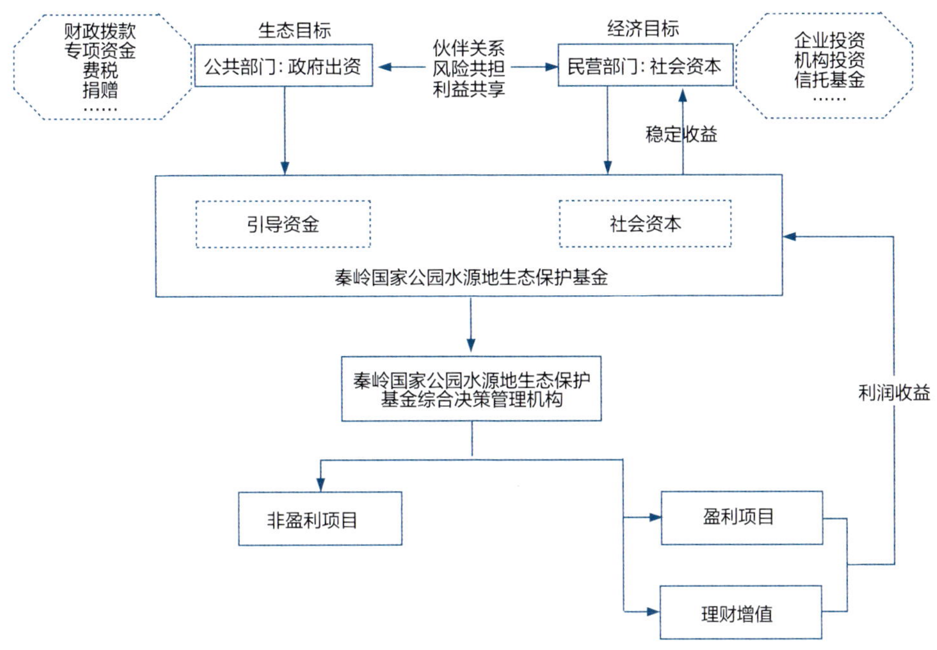

图 7-2　秦岭国家公园水源地生态保护基金框架

①资金的来源。

A. 引导性资金。引导性资金应由政府牵头，联合其他利益相关方作为基金发起方，共同筹集引导性资金。其中政府财政拨款投入秦岭国家公园水源地生态保护基金，体现了福利国家和积极财政理论。政府启动资金由中央政府的财政转移支付、陕西省政府的财政拨款和各市级财政的投入三部分组成。第一，中央政府的财政转移支付。《建立国家公园体制总体方案》明确规定了国家公园“国家所有、全民共享、世代传承”的基本原则，“部分国家公园的全民所有自然资源资产所有权由中央政府直接行使，其他的委托省级政府代理行使。条件成熟时，逐步过渡到国家公园内全民所有自然资源资产所有权由中央政府直接行使”。由于秦岭国家公园水源地特殊的生态重要性，生态环境保护和修复作为一个复杂的系统工程，需要强大的资金支持，因此，具有行政指令特征的中央政府财政拨款和财政转移支付是秦岭国家公园水源地生态补偿最直接和最容易实施的手段。第二，陕西省人民政府的财政拨款。秦岭国家公园由陕西省人民政府和国家公园局共同管理，因此，陕西省人民政府应负担部分秦岭国家公园水源地生态补偿资金。2023 年陕西省财政厅等六部门关于印发《省级秦岭生态环境保护专项资金管理办法》的通知，指出秦岭生态环境保护资金由重点项目资金和生态补偿资金两部分组成，资金的具体支持范围包括秦岭地区的水源涵养和生态保护纵向综合补偿等。第三，各市级财政的投入。秦岭国家公园涉及西安、宝鸡、渭南、安康、商洛和汉中 6 市，应根据各市的经济及财政发展水平以及对于水源地保护的资源环境压力来确定各市出资比例，例如，经济体量大、用水取水量大、污染程度高的市应当加大出资比例。基于此，一方面，地方各级政府应当将生态补偿资金纳入财政经常性预算，提高财政资金对于水源地生态补偿的支持力度，另一方面，要积极争取国家层面的重点生态功能区财政转移支付，通过增加财政资金，为基金增信，吸引社会资本的进入。其他利益相关方的投入主要由污染付费和生态服务付费构成。基于经济学外部性理论，根据“谁受益，谁出资，谁破坏，谁补偿”的原则，其他利益相关方投入的资金包括因破坏水源地生态环境和水资源的行为进行收费的费用所得以及因享受到水源地提供的优质生态系统服务而支付的资金。同时，也可以将企业性的注入资金纳入其中，由可能产生环境污染的企业设立专门的重大环境污染事故责任分摊基金，有关企业按照上一年度的收入水平以及易发生的风险系数为依据向其中注入资金，当发生水环境污染时，可以优先使用这部分资金进行环境侵权行为的追偿和污染治理，实现“外溢成本的内部化”。

B. 社会资本的广泛参与。以中央财政以及陕西各级地方政府财政投入作为种子资金，以政府信用为杠杆为 PPP 基金增信，同时与基金的投资项目完成对接，并通过贴息、担保等方式提高项目收益率，提高项目对于社会资本的吸引力。此外，政府也要向社会资本包括机构投资者等做好生态补偿机制必要性的解释说明工作，增进社会资本对于秦岭国家公园水源地生态保护基金的了解，进而吸纳社会资本即其他投资人或金融机构参与基金，以扩大基金的资金来源。社会资本可包括单边基金、信托基金、机构投资者的投资等。

②基金的组成。

适用于 PPP 项目的基金组成方式主要有母子基金、直投基金和 PPP 项目公司组建基金三种。本基金采取母子基金的基金结构。其原因在于母子基金结构中，母基金由政府作为主要发起人发起设立，以政府性基金为种子资金撬动社会资本，吸引金融资本和其他社会资本投入，进而设立子基金。其中母基金一般不直接投资于具体的项目，而是由子基金对项目进行投资。鉴于水源地生态补偿项目具有较大的不确定风险，母子基金结构中母基金不直接参与项目投资，从而可有效分散生态补偿项目风险，保障秦岭国家公园水源地生态保护基金的可持续运营。

③基金的设立方式。

在交易方式上根据基金可否赎回可以将基金分为封闭式基金和开放式基金。如果基金的资本总额和发行份额可以随意变动，发行后可以根据投资者意图随意赎回或追加投资，则为开放式基金；反之，如果发行前基金的资本总额和发行份额已经确定且在一定时期内不允许变动而且不能在发行后赎回或追加认购，则为封闭式基金。由于生态补偿基金主要投资于生态补偿项目，项目投资规模大，建设运营周期长，因此在项目运营过程中需要在极大程度上保证基金的稳定性，因此，秦岭国家公园水源地生态保护基金应当采取封闭式基金的设立方式。

（2）基金项目的运作

秦岭国家公园水源地生态保护基金采用有限合伙的形式完成融资目标。一方面，由于基金既包括政府资本也包括社会资本，所以应当成立秦岭国家公园水源地生态补偿 PPP 基金公司对基金的资产进行管理。通过契约和合同明确权利和义务，科学划分政府和市场的关系，划清政府和企业的责任与界限。水源地生态补偿 PPP 基金管理公司作为基金的一般合伙人，是基金的执行主体，主要负责基金的投融资、开发、建设、运营及后期维护工作。由于其身为基金的管理者需要承担无限的投资责任，因此这将促使有着丰富经验的基金管理人将专业的管理技术和人才资源投入其中，促使基金的长效发展。而其他投资者作为基金的有限合伙人，仅负责基金的资金投入，并不直接参与基金的运作，政府在基金的整体运营中起着统筹规划的领导作用，从而更好地实现“风险共担，利益共享”。其中政策风险和法律风险由政府承担，通过政府宏观调控政策予以化解；融资风险和商业风险由社会资本方分担解决，必要时可成立专门的风险控制部门，负责基金的市场化风险管控。“利益共享，风险共担”机制如图 7-3 所示。

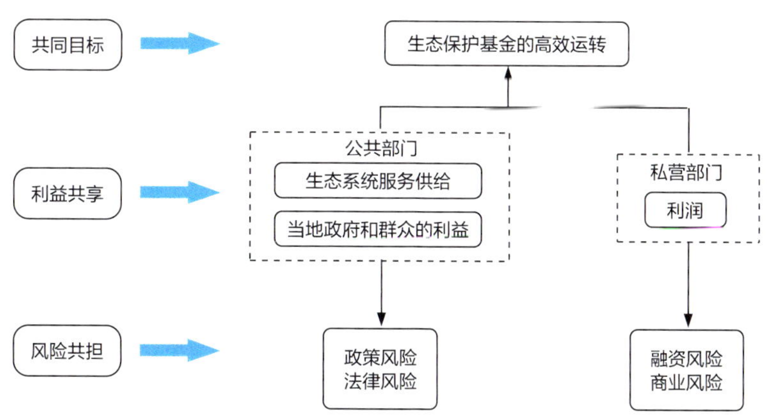

图 7-3　“利益共享，风险共担”机制图

另一方面，如图 7–4 所示，为保证基金投资项目选择的合理性，可成立专门的基金决策管理机构，基金管理公司承担投资决策委员会的秘书处职能，基金的部分重要有限合伙人、政府方代表和基金管理专家等作为基金的重要相关方也参与其中，保障基金效用最大化实现，使项目的投资既能满足政府水源地生态保护的需要，又能为投资人提供投资回报，提高基金的整体收益率。此外，为确保达到政府制定的水源地生态保护目标，在项目的决策过程中，需要政府有一定的制约和监督手段，防止项目资本过度追求项目收益而损害公共利益。在进行项目决策后，由母基金下设的子基金投资于具体的 PPP 项目。由 PPP 子基金作为社会资本方和政府部门联合组建项目公司（SPV），进行具体项目的投融资、建设和运营，有效整合政府、企业和社会资源。项目公司和施工建设单位签订合同，与施工单位达成合作关系共同完成项目的运作。

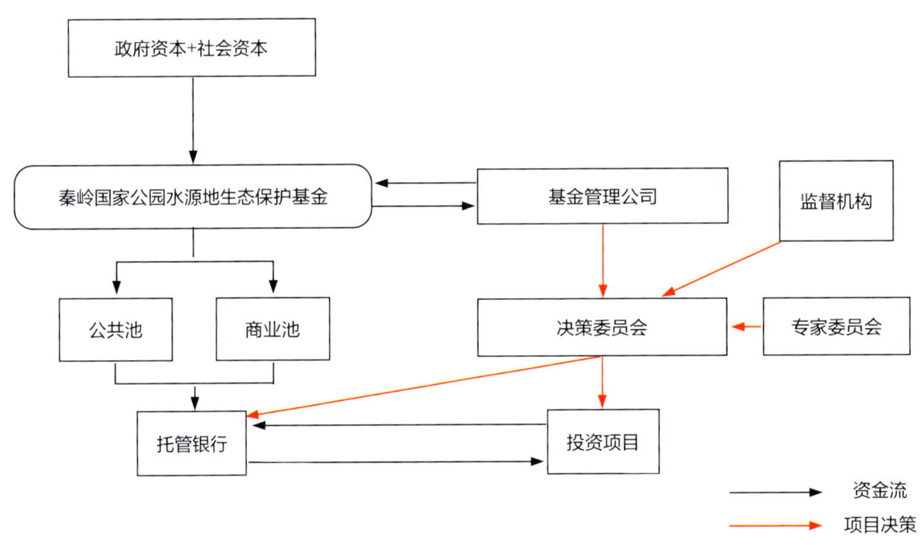

图 7–4　基金项目治理决策图

如图 7–5 所示，为兼顾生态目标与经济目标，可将基金划分为公共池和商业池，基金投资项目的选择既要包括主要由公共池资金投资的非营利性的建设项目，也要包括主要由商业池资金投资的具有较强盈利性的环境友好型产业项目。因此，秦岭国家公园水源地生态保护基金的投资对象是由水源地各个可能的生态补偿项目所组成的“项目包”，项目包由多个产业聚合而成，这些产业链可以相互影响和衔接，由各种产业链组合形成多种子项目，子项目具有低、中、高不同水平的利润结构，通过政府财政资金的引导和社会资本逐利性的驱动，将各个不同利润水平的生态补偿项目整合在一起，中低利润的生态补偿项目可以通过这些相互衔接和相互影响的产业链的设计，来使“项目包”的整体收益率能够满足社会资本的需求，使其愿意参与到无盈利或盈利水平较低的生态补偿项目，从而达到双向互利、合作共赢的资金运作效果。

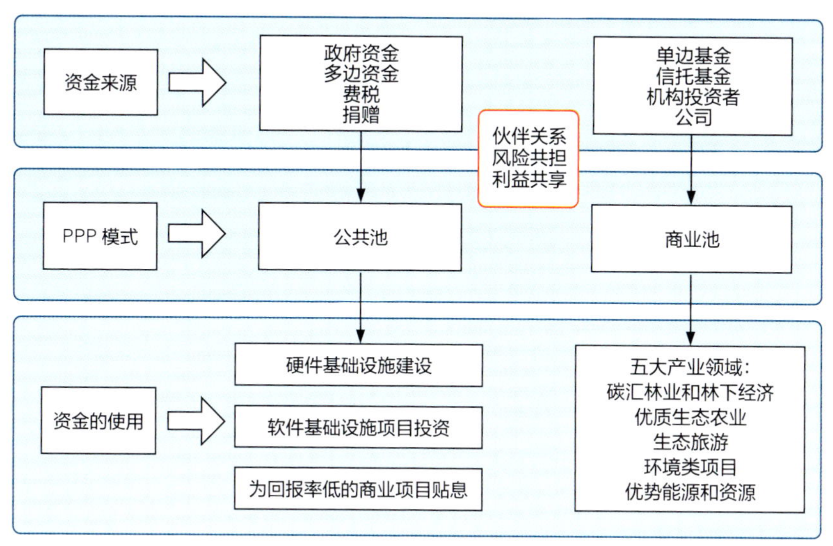

图 7-5　基金资金来源及使用框架

第一，基金要投入实现生态保护的非营利性项目建设。秦岭国家公园水源地城镇及村落多为经济相对落后地区，发展基础薄弱，基础设施建设仍不够充分和完善，因此基金可重点投资这些地区的基础设施建设和公用事业，如城乡铺路、架桥、互联网基站建设、污水处理设施建设等，进行生态重大工程建设，在此过程中可通过帮助当地居民参与工程建设获得劳务报酬，并通过设立生态公益性岗位帮助解决当地居民的就业问题。

第二，基金要投资一些盈利性较强的环境友好型产业项目，既有助于生态保护目标的实现，也能满足社会资本方的盈利需求。通过分析秦岭国家公园的资源禀赋，具体可投资以下 5 类产业：碳汇林业和林下经济、优质生态农业、生态旅游、环境类项目、优势能源与资源。①碳汇林业和林下经济：秦岭国家公园植被类型种类繁多，特色林果、木本粮油、木本调料、林源食品、林源医药等资源丰富，适宜发展地方特色林业；同时秦岭国家公园林草资源数量高、质量优，碳汇能力强，发展碳汇林业可充分发挥林木生态产品价值。②优质生态农业，秦岭南北麓不同的气候条件孕育各类各样的农业资源。秦岭国家公园水源地农作物种类多样，品种丰富，例如，周至县的猕猴桃，洋县槐树关红薯，蓝田县蜂蜜等，各市县可依据本地区的资源禀赋发展特色农业，进行规模化种植及产业经营，使本地区农业经济发展兼顾生态性和经济性。③生态旅游：青山在侧，绿水逶迤，秦岭国家公园片区拥有天然的山水景观，进一步与当地农业观光旅游、文化旅游等结合，可进一步延长旅游业产业发展链条。④环境类项目：包括建立垃圾处理厂、污水处理厂及其他综合利用项目等。⑤优势能源与资源：涉及秦岭优质生物质能的应用等。但当前由于小农户种植区域分散、缺乏现代化技术支撑，资金不足、缺少带动性的龙头企业等原因，产品规模小、标准化生产水平较低，碳汇林业、优质生态农业、生态旅游等产业发展面临一定的困境。因此，基金可投资此类环境友好型产业项目，成立专门的项目公司进行项目运作，延长此类生态农业、生态旅游、碳汇林业等环境友好型产业的产业链，有效盘活生态资源，充分释放生态红利，将资源优势转化为产业优势，综合协调生态保护目标和经济利益目标，进而保障秦岭国家公园水源地生态保护基金的可持续性。

第三，在资金保值增值方面，应当大力鼓励基金管理组织将部分资金依照国家规定进行投资运营，包括各种形式理财、有偿使用的利息收益等，或是对相关环保产业投资，在实现资金增值的同时保护生态环境，进而保障基金资金池的良性循环、行稳致远。在项目的执行过程中，要在整个项目周期对项目的实施成果进行跟踪管理和定期检查，及时发现项目执行中的问题并提出改善措施。同时将项目运营绩效与政府支付金额挂钩，激励社会资本方持续推进项目的高效高质运营，加强项目管理，增强生态建设实效。

（3）基金收益的分配和使用

项目运营产生的经济、社会和生态环境收益在补偿主体、补偿客体和基金管理公司等利益相关方之间进行分配。尤其是在进行补偿资金的分配时，要综合考虑不同地区的受益程度、保护责任、经济发展、各市县被纳入秦岭国家公园水源地的面积等因素，公平分配资金，例如，水源地面积大、用水效率高、水质明显改善的市县获得更多的资金分配。同时由于秦岭国家公园水源地东西跨距较大，支流数量多，涉及多个市县和多个跨界水流断面，因此某个跨界流域对上游地区来说是下游地区，对下游地区来说又是上游地区，因此在制定生态补偿标准、进行资金分配时，要以跨界水流断面为分水岭，分别核算各个地区的水流生态保护贡献率和断面间污染物贡献率，可根据生态效益外溢性、生态功能重要性、生态环境敏感性和脆弱性等特点，实施差异化补偿，以生态共享、损害共担的原则确保各个地区得到合理的生态补偿资金。

5.3.3 后端环节：基金监管

秦岭国家公园水源地生态保护基金是一个涉及多方利益主体、包含多个部门的有机复杂体，因此资金的规范、透明使用至关重要，直接关乎秦岭国家公园水源地生态保护的成效。基于秦岭国家公园水源地生态补偿的特殊性，可以采取联合监管方式，成立专门的基金监管机构，并加强社会监督。首先，政策先行。为进一步规范基金资金管理，要在陕西省人民政府的主导下，由秦岭国家公园涉及的6市共同联合出台共同条例，紧盯水源地保护任务目标、明确基金重点支持领域、增强资金使用的有效性、严厉打击资金滥用挪用与截留行为，确保基金运转与监督有章可循、有策可依；其次，设置独立监督机构。在国家公园局的指导下，由陕西省人民政府牵头，西安、宝鸡、渭南、汉中、安康、商洛等6市共同设立基金监督机构，与秦岭国家公园水源地生态保护基金综合决策管理机构相分离，相关人员可由政府部门、专家学者、第三方组织等组成，定期对基金管理方进行财务审计并公布审计结果，以确保监督的客观性和专业性；最后，实行网络披露制度。基金监管要注重信息披露，公布内容应包括资金来源、使用情况、项目执行情况等，并建立投诉举报机制，接受公众、媒体和社会监督，充分利用社会监督工具，重点增加社会监督的平台、渠道、方式，强化社会的信息、监督、诉求等功能，构建政府、市场和社会协同的监督机制。同时可与信用监管相结合，实施动态绩效管理、强化结果导向，确保资金使用的规范性、透明性。

参考文献

[1] BRANCA G，LIPPER L，NEVES B，et al．Payments for watershed services supporting sustainable agricultural development in Tanzania[J].Journal of Enviroment Development, 2011, 20 (3): 278-302.

[2]DISWANDI D. A hybrid Coasean and Pigouvian approach to payment for ecosystem services program in West Lombok: Does it contribute to poverty alleviation?[J].Ecosystem Services, 2017 (23): 138-145.

[3] GUAN X，LIU W，CHEN M．Study on the ecological compensation standard for river basin water environment based on total pollutants control[J]. Ecological indicators, 2016, 69 (10): 446-452.

[4]LU S B, LI J K, XIAO B, et al. Analysis of standard accounting method of economic compensation for ecological pollution in Watershed [J]. The Science of the Total Environment, 2020, 737: 138-157.

[5]MORENO-SANCHEZ R, MALDONADO J H, WUNDER S, et al. Heterogeneous users and willingness to pay in an ongoing payment for watershed protection initiative in the Co-lombian Andes [J]. Ecological Economics, 2012, 75(3):126-134.

[6]SHANG W, GONG Y, WANG Z, et al. Eco compensation in China: theory, practices and suggestions for the future[J]. Journal of Environmental Management, 2018, 210 (3): 162-170.

[7]Simon ZBINDEN, DAVID R. Paying for Environmental Services: An Analysis of Participation in Costa Rica's PSA Program[J]. World Development, 2005, 33 (2): 255-272.

[8] 白荣君，李军媛．南水北调中线水源地生态补偿机制的制度保障研究：以秦岭地区陕南三市为例 [J]. 生态经济，2022，38（11）：209-214.

[9] 曾维军．基于农户意愿的减施化肥生态补偿研究 [D]. 昆明：昆明理工大学，2014.

[10] 杜林远，许莹莹，高红贵．流域生态补偿综合效益评估：以湘江流域为例 [J]. 统计与决策，2022，38（16）：77-81.

[11] 耿涌，戚瑞，张攀．基于水足迹的流域生态补偿标准模型研究 [J]. 中国人口・资源与环境，2009，19（6）：11-16.

[12] 胡曾曾．首都水源涵养区和生态环境支撑区的生态补偿量化研究 [D]. 北京：首都经济贸易大学，2018.

[13] 靳乐山，孔德帅. 基于公私合作模式（PPP）的西部区域可持续发展研究：以贵州省赤水河流域为例[J]. 西南民族大学学报（人文社科版），2016，37（3）：140-144.

[14] 景楠. 西安市李家河水库水源地生态保护补偿研究 [D]. 西安：西安理工大学，2018.

[15] 孔德帅. 区域生态补偿机制研究 [D]. 北京：中国农业大学，2017.

[16]孔凡斌，廖文梅. 基于排污权的鄱阳湖流域生态补偿标准研究[J]. 江西财经大学学报，2013（4）：12-19.

[17] 李浩，黄薇，刘陶，等. 跨流域调水生态补偿机制探讨 [J]. 自然资源学报，2011，26（9）：1506-1512.

[18] 李恒臣，何理，赵文仪，等. 基于价格协商型动态博弈的水资源生态补偿模型 [J]. 中国人口·资源与环境，2023，33（11）：209-218.

[19] 李建，贾海燕，徐建锋. 长江流域水库型水源地生态补偿研究 [J]. 人民长江，2019，50（6）：15-19.

[20] 李宁. 长江中游城市群流域生态补偿机制研究 [D]. 武汉：武汉大学，2018.

[21] 李亚菲. 黄河全流域横向生态补偿机制构建 [J]. 社会科学家，2022（8）：104-111.

[22] 李亚菲. 南水北调中线水源区生态补偿问题与对策研究：以陕西省为例 [J]. 西安财经大学学报，2021，34（2）：81-90.

[23] 李悦. 云南跨流域调水生态补偿机制研究 [D]. 昆明：云南财经大学，2014.

[24] 李政通，白彩全，姚成胜，等. 长江流域经济发展效率与生态环境补偿机制研究 [J]. 统计与决策，2016（24）：126-130.

[25]林爱华，沈利生. 长三角地区生态补偿机制效果评估[J]. 中国人口·资源与环境，2020，30（4）：149-156.

[26] 刘广明，尤晓娜. 京津冀流域区际生态补偿模式检讨与优化 [J]. 河北学刊，2019，39（6）：185-189.

[27] 刘红光，陈敏，唐志鹏. 基于灰水足迹的长江经济带水资源生态补偿标准研究 [J]. 长江流域资源与环境，2019，28（11）：2553-2563.

[28] 马静，胡仪元. 南水北调中线工程汉江水源地生态补偿资金分配模式研究 [J]. 社会科学辑刊，2011（6）：136-139.

[29] 孟钰，张宽，高富豪，等. 基于组合赋权模型的小洪河流域生态补偿效果评价 [J]. 节水灌溉，2019（10）：64-67.

[30] 潘华，刘畅洁. 生态补偿 PPP 模式的金融创新机制研究 [J]. 生态经济，2019，35（3）：175-180.

[31] 彭玉婷. 新安江流域水源地生态补偿的综合效益评价 [J]. 江淮论坛，2020（5）：75-82.

[32] 曲超，刘桂环，吴文俊，等. 长江经济带国家重点生态功能区生态补偿环境效率评价 [J]. 环境科学研究，2020，33（2）：471-477.

[33] 舒卫先，尚小川. 淮河流域水库型重要饮用水水源地生态补偿模式探讨 [J]. 治淮，2016（1）：83-84.

[34] 孙鳌. 外部性的类型、庇古解、科斯解和非内部化 [J]. 华东经济管理，2006（9）：154-158.

[35] 孙翔，王玢，董战峰. 流域生态补偿：理论基础与模式创新 [J]. 改革，2021（8）：145-155.

[36] 孙玉环，张冬雪，丁娇，等. 跨流域调水核心水源地生态补偿标准研究：以丹江口库区为例 [J]. 长江流域资源与环境，2022，31（6）：1262-1271.

[37] 王爱敏，葛颜祥，接玉梅. 水源地保护区生态补偿主客体界定及其利益诉求研究 [J]. 山东农业大学学报（社会科学版），2017，19（3）：35-41，119.

[38] 王爱敏. 水源地保护区生态补偿制度研究 [D]. 济南：山东农业大学，2016.

[39] 王军锋，吴雅晴，姜银萍，等. 基于补偿标准设计的流域生态补偿制度运行机制和补偿模式研究 [J]. 环境保护，2017，45（7）：38-43.

[40] 王兰梅，张晏. 流域横向生态补偿的 “新安江模式”：经验、问题与优化 [J]. 环境保护，2022，50（8）：58-63.

[41] 王西琴，高佳，马淑芹，等. 流域生态补偿分担模式研究：以九洲江流域为例 [J]. 资源科学，2020，42（2）：242-250.

[42] 王燕. 水源地生态补偿理论与管理政策研究 [D]. 济南：山东农业大学，2011.

[43] 吴娜，宋晓谕，康文慧，等. 不同视角下基于 InVEST 模型的流域生态补偿标准核算：以渭河甘肃段为例 [J]. 生态学报，2018，38（7）：2512-2522.

[44] 武靖州. 国外生态补偿基金的实践与启示：基于政府与市场主导模式的比较 [J]. 生态经济，2018，34（10）：195-201.

[45] 夏晓捷. PPP 基金在生态补偿项目中的应用研究 [D]. 南京：南京信息工程大学，2021.

[46] 徐琳瑜，孙博文，王兵. 面向水源保护的秦巴山区生态补偿研究 [J]. 环境保护，2020，48（19）：33-37.

[47] 续衍雪，魏明海，张雨航，等. 基于水质的长江经济带生态补偿资金分配测算研究 [J]. 环境保护科学，2021，47（5）：13-15，36.

[48] 杨开忠，李少鹏，董亚宁，等. 纳入水资源利用量配置变化的流域生态补偿机制 [J]. 中国人口・资源与环境，2022，32（11）：184-197.

[49] 于冰. 多视角下的生态补偿效果研究评述及发展趋势分析 [J]. 环境保护，2018，46（Z1）：78-81.

[50] 於嘉闻，龙爱华，邓晓雅，等. 湄公河流域生态系统服务与利益补偿机制 [J]. 农业工程学报，2020，36（13）：280-290，315.

[51] 袁广达，宋玥，吴佳敏. PPP 生态补偿金运作模式研究 [J]. 会计之友，2022（2）：57-64.

[52] 袁婉潼，乔丹，柯水发，等. 资源机会成本视角下如何健全生态补偿机制：以国有林区停伐补偿中的福利倒挂问题为例 [J]. 中国农村观察，2022（2）：59-78.

[53] 张丛林，黄洲，郑诗豪，等. 基于赤水河流域生态补偿的政府和社会资本合作项目风险识别与分担 [J]. 生态学报，2021，41（17）：7015-7025.

[54] 张慧. 三江源国家公园生态补偿适度标准测算与补偿机制构建研究 [D]. 沈阳：辽宁大学，2021.

[55] 张君，张中旺，李长安. 跨流域调水核心水源区生态补偿标准研究 [J]. 南水北调与水利科技，2013，11（6）：153-156.

[56] 赵建国，刘宁宁. “责任共担” 原则下区际协同生态补偿标准研究：以长江经济带为例 [J]. 数量经济技术经济研究，2024，41（6）：191-212.

[57] 朱建华，张惠远，郝海广，等. 市场化流域生态补偿机制探索：以贵州省赤水河为例 [J]. 环境保护，2018，46（24）：26-31.

[58] 朱凯宁，陆昱蓉，靳乐山. 农户参与市场化生态补偿意愿及影响因素分析 [J]. 中国农业资源与区划，2021，42（7）：192-199.

[59] 宁哲，顾祎桐，朱震锋. 国外国家公园管理资金保障机制及启示 [J]. 世界林业研究，2024，37（3）：94-99.

专题报告 8
秦岭国家公园淡水生态系统保护和恢复机构和战略的性别分析报告①

1　项目背景

本项目属于知识与支持技术援助（TA）项目，将通过亚洲开发银行（ADB）和中国项目团队的联合研究，为位于黄河流域和长江流域的秦岭国家公园（QNP）的淡水生态系统保护与恢复提供制度性和战略性服务。具体目标包括：①将具有韧性的淡水生态系统制度性地整合进秦岭国家公园；②制定秦岭国家公园淡水生态系统保护与恢复的技术指南；③促进秦岭国家公园的治理现代化，并将知识分享推广至其他发展中成员国（DMCs）。

2　ADB 的性别政策

加速实现亚太地区性别平等是 ADB 2030 战略的 7 个操作优先事项之一。该战略认识到，性别平等对于实现社会经济发展至关重要。2030 战略强调，为了实现一个繁荣、包容、有韧性和可持续的区域，ADB 必须在 5 个关键领域中为加速区域内性别平等成果的努力做出贡献：促进妇女的经济赋权、追求人类发展中的性别平等、加强决策和领导方面的性别平等、减少

①西北农林科技大学，陈晓楠、陈道雄、赵玺钰，2024 年 12 月。

妇女的“时间贫困”，以及加强妇女抵御外部冲击的能力。

ADB 的性别分类体系由四个层级组成，旨在评估、量化和记录性别平等关注在项目设计中的整合程度。每个项目，无论是主权项目还是非主权项目，均被分配到 4 个性别主流化类别之一：

①以促进性别平等为主题（GEN）；

②有效的性别主流化（EGM）；

③一些性别因素（SGE）；

④没有性别因素（NGE）。

根据 ADB《性别主流化类别指南》，该项目被分类为有效的性别主流化（EGM）。女性占项目受益者的 48.62%，秦岭国家公园建设除最大限度发挥其生态保护功能外，还能成为推动区域经济发展的动力，其最主要的经济价值体现在自然资源的科学转化与合理利用上。通过多种行业、多种途径实现其生态服务功能向经济发展功能转化，使优质的生态产品惠及更多低收入群体，助力乡村振兴发展。同时，有利于优化区域经济产业发展结构，促进当地传统种植业、养殖业等第一产业结构调整、优化和转型，引导第二产业相关企业转型转产，助推旅游业、服务业等第三产业的快速发展。如形成一批特色生态旅游村和入口社区，将带动区域旅游等服务业的快速增长。另外，当地居民作为国家公园重要的有机组成部分，可吸纳当地居民作为生态管护员、宣导员、讲解员等，使当地居民由传统资源的利用者和依赖者逐步向保护生态、适度利用的生态守护者转变，实现生态保护和当地居民增收“双赢”。

女性将从增加的就业机会、改善的农业条件、增强的洪水保护、气候韧性、能力建设和节省时间中受益。该项目将通过女性经济赋权、人类发展、参与决策和增强对自然灾害及气候变化的韧性，为项目区域内的性别平等做出贡献。

3　中国在性别平等方面的政策与战略

中国拥有一套全面的法律体系，旨在保护女性的合法权益。《中华人民共和国宪法》明确规定，男女享有平等的权利。此外，中国是《消除对妇女歧视公约》（CEDAW）的签署国。1992 年，中国颁布了一部专门保护女性权利的法律，该法律在 2005 年、2018 年和 2022 年进行了修订，以进一步增强其条款。这些修订包括几个重要方面：①建立促进性别平等的国家政策；②将女性发展纳入更广泛的国家经济和社会计划；③明确政府在保障女性权利方面的义务，以及全国妇联（ACWF）的作用；④重申在政府机构组成人员中增加女性代表性的重要性，并关注教育、就业和社会保障中的女性权利；⑤明确禁止家庭暴力和性骚扰。该法律第四章专门涉及女性在工作场所和社会保障中的权利，通过促进招聘、薪酬和晋升实践中的公平对待，增强性别平等，从而为工作场所的女性提供特殊保护。在实施的30年间，该法律显著改善了各个领域对女性权利的保护，同时也获得了广泛支持。

2012年，中国出台了《女职工劳动保护特别规定》，其中包括规范女性工作禁忌范围、实施保护孕妇、新母亲和哺乳期女性的措施、确保产假保险以及防止职场骚扰的条款。1990年，在国务院下设立了全国儿童与妇女工作委员会（NWCCW），负责监督妇女和儿童的福利。该委员会负责与妇女和儿童相关的国家项目的发展和实施，并与其他政府部门合作，保障她们的权利。全国妇联负责在全国范围内推广与性别相关的政策，而NWCCW则为高级官员提供性别培训，以提高他们对性别问题的认识，并增强相关部门进行性别分析和规划的能力。

为了保护女性权利、促进女性发展以及推动男女平等，国务院于2021年颁布并发布了《中国妇女发展纲要（2021—2030年）》。在过去十年中，女性的社会地位显著提高，在促进性别平等和女性全面发展方面取得了历史性的成就，导致女性获得感、幸福感和安全感显著提升。根据2021年12月发布的《〈中国妇女发展纲要（2011—2020年）〉终期统计监测报告》结果：①女性平均预期寿命超过80岁；②在高等教育中，女性比例超过男性比例，例如，女学生在大学/学院及成人教育项目中的注册人数分别占所有本科生的51.0%和58.0%；③政府对低收入女性的支持不断加强。截至2020年年底，女性约占中国近1亿脱贫人口的50%；城市和农村最低生活保障及极度贫困农村人口共计4872万人，其中2095万人或43.0%为女性；④女性在政策制定和商业管理中的参与持续扩大。在2023年第十四届全国人民代表大会上，有790名女代表，占比26.54%，比上一届的24.9%提高1.64%。到2020年，企业董事会和监事会中女性比例分别达到34.9%和38.2%。农村村民委员会中女性成员比例为24.2%，城市居民委员会中女性成员比例在2020年达到52.1%。

女性在中国的产业部门发挥着关键作用。根据第五次全国经济普查公报，2023年年末从事第二产业和第三产业活动的法人单位从业人员 4.289 亿人，其中女性 1.705 亿人，占比39.75%；个体经营户从业人员1.796亿人，其中女性0.842亿人，占比46.9%。根据2016年第三次全国农业普查报告，中国有3.1422亿人从事农业生产经营，其中1.4927亿人（47.5%）为女性。这些统计数据证明，大量农村女性积极参与农业生产，从而确立了女性劳动作为农村中国主要生产和管理方式。

尽管过去几十年来中国在实现性别平等方面取得了显著进展，但仍存在一些领域中女性面临不平衡和不充分的发展。这表明，在这些特定领域需要进一步措施来加强对女性权利的保护。具体而言，需要改善农村女性参与社会事务和公共管理的程度。截至 2020 年，农村村民委员会中女性成员比例仅为 24.2%，远低于国家发展规划中“30%或以上”的目标。此外，职场上对女性仍存在歧视。女性在决策和管理角色中的参与及影响力仍然不足。此外，根深蒂固的性别刻板印象延续着男女之间的不平等，在不同程度上影响人们的认知与行为。因此，中国需要持续努力以促进女性全面发展，并为所有人创造一个公平的社会。

4　项目区域的性别分析

性别评估采用了多种方法进行，包括焦点小组讨论（FGDs）、关键知情人访谈（KIIs）、问卷调查（HHS）、协商会议和项目现场访问。在项目准备阶段，当地女性居民、女性社区领导和妇联主席在性别评估和公众咨询活动中发挥了积极作用。关于社会包容性和性别平等的重要发现和建议已纳入项目行动指南设计及相关提案中。

在秦岭国家公园建设中，共有 21 个县区的 849 万人将直接受到相关规划和政策的影响。其中，412.74 万人或 48.62%为女性。值得注意的是，与男性相比，女性在项目区域面临洪水、农业耕作用水、卫生设施差等问题时，承受着不成比例的负担。因此，女性是项目的主要利益相关者和受益者。（表 8−1）

表 8−1　秦岭国家公园区域区县人口情况表

县区	常住人口/万人	户籍人口/人	户籍人口女性人口占比/%		人口流入情况
长安区	162.24	1327092	669434	50.4	295308
鄠邑区	58.69	644827	315598	48.9	−57927
蓝田县	49.54	657632	315919	48.0	−162232
周至县	55.99	699280	330723	47.3	−139380
渭滨区	53.8	431633	217176	50.3	106367
陈仓区	47.1	596492	285855	47.9	−125492
眉县	27.9	321783	154233	47.9	−42783
太白县	3.9	46728	22029	47.1	−7728

续表

县区	常住人口/万人	户籍人口/人	户籍人口女性人口占比/%		人口流入情况
凤县	7.7	90957	43511	47.8	−13957
临渭区	90.97	950846	470801	49.5	−41146
华州区	26.52	317015	155263	49.0	−51815
华阴市	20.25	237720	116362	48.9	−35220
城固县	43.9	540726	262773	48.6	−101726
洋县	34.31	443648	208752	47.1	−100548
勉县	34.22	408940	199145	48.7	−66740
略阳县	14.06	175133	81844	46.7	−34533
留坝县	3.48	41508	19501	47.0	−6708
佛坪县	2.62	32360	15063	46.5	−6160
宁陕县	5.94	69709	32165	46.1	−10309
镇安县	25.2	295745	136849	46.3	−43745
柞水县	13.68	160226	74434	46.5	−23426
合计	782.01	8490000	4127430	48.62	−669900

对秦岭国家公园中男性和女性的需求、兴趣、知识和行为的性别分析揭示了以下内容：

妇女负责农村家庭的大部分水收集和使用。她们也更有可能参与农业活动，这可能对水质产生负面影响。

男性更有可能参与与土地和水利用相关的决策过程。他们也更有可能获得与水资源保护和管理相关的信息和资源。

男性和女性都缺乏对淡水生态系统的重要性及其面临的威胁的认识。部分原因是女性经常被排除在决策过程之外，并且没有参与决策的机会、获得与男性相同的信息和资源。

4.1　当地常住居民

4.1.1　女性

社会地位：在陕西省农村，女性在传统社会结构中可能仍然处于较为传统的社会地位，这可能影响她们在土地和水利用方面的参与。努力促进妇女社会地位的提升，可以为她们在农村决策中发挥更大作用创造条件。

劳动分工：女性在陕西农村主要从事农业生产和家庭劳动，她们通常负责家庭的水资源管理。然而，社会角色分工可能限制了她们更深入地参与水资源管理的机会，因此需要鼓励和支持她们更积极地参与相关活动。

教育水平：在陕西农村，一些地区的女性可能受到教育资源不足的影响，导致她们的教育水平相对较低。提升女性的教育水平，尤其是关注水资源管理方面的教育，可以增强她们在这方面的意识和能力。

社区支持：由于陕西农村社区的传统性质，女性可能需要更多的社区支持，以便更好地发挥她们在水资源管理中的作用。建设更具包容性和支持性的社区结构，有助于提高女性参与水资源管理的积极性。

交通与出行：陕西农村女性在交通和出行方面可能更多地受到家庭照料因素的制约。她们可能更倾向于使用简便的交通工具，如步行或自行车，以满足家庭照料的需要，这可能限制了她们在更广泛区域参与农村事务的能力。

4.1.2　男性

领导角色：在陕西省农村社会中，男性仍然可能更常见于领导角色，特别是在土地和水资源管理的决策层面。在这一背景下，鼓励男性要更加注重女性的参与，可以促使更多全面的决策。

职业多样性：男性通常参与各类农业和生产活动，包括耕种、养殖等，这直接关系到水资源的利用。然而，需要重点关注一些可能对水质产生负面影响的活动，强调可持续管理的必要性。

社区网络：在陕西省农村，男性可能更容易在社区中建立广泛的人际关系网络，这对于推动水资源管理方面的倡议至关重要。充分发挥这一社交网络的潜力，有助于更好地整合社区资源，推动农村水资源管理的进步。

信息获取：由于社会结构和文化差异，男性可能更容易获取有关现代水资源管理的信息。在陕西农村，推动信息平等化，确保信息更广泛地传递给女性和其他弱势群体，将有助于提升整个社区的水资源管理水平。

4.2　外来临时访客

外来临时访客，涉及普通游客、探险者和户外爱好者、科学家和研究人员、艺术家和摄影师、旅居者和生态志愿者等。（表 8–2）

表 8-2 外来临时访客的特征分析

类别	特征分析
需求	女性：①自然体验需求。女性访客可能更注重对自然环境的感受，渴望在国家公园中享受宁静、美丽的自然风光，寻求放松心情的体验。②社交需求。女性可能更愿意与他人共享体验，通过参加导览团或组织的生态讲座，满足她们对社交和知识交流的需求。 男性：①冒险挑战需求。男性访客可能更倾向于寻求刺激和挑战，喜欢参与极限运动、攀岩、徒步冒险等具有挑战性的户外活动。②独立探索需求。男性可能更倾向于独自探索，追求独立冒险，通过自驾游或独自徒步，满足他们对自主性和探索欲的需求。
兴趣	女性：①自然保育兴趣。女性可能更关心自然保育和环境问题，对野生动植物的保护和国家公园的生态平衡表现出更浓厚的兴趣。②文化历史兴趣。在参观国家公园时，女性访客可能更感兴趣于文化历史，愿意了解当地的文化传统和历史渊源。 男性：①户外运动兴趣。男性可能对与体力活动相关的旅游项目更感兴趣，如登山、山地自行车、钓鱼等，追求户外运动的乐趣。②科学探索兴趣。一些男性游客可能对科学探索充满兴趣，对国家公园中的自然生态和野生动植物进行更深层次的了解。
知识水平	女性：①环保意识。女性访客可能对环保知识有更高的关注度，更了解环境保护、可持续旅游等方面的知识。②文化传承。在文化历史方面，女性可能对当地的传统文化、民俗习惯有更深的了解和关注。 男性：①户外技能。男性访客可能更具有户外运动技能，对于野外生存、导航和极限运动的知识有较高的掌握度。②科学领域知识。一些男性可能对自然科学领域，如生物学、地质学等有更深的了解。
行为	女性：①参与社交活动。在国家公园内，女性访客可能更愿意参加团体活动，与他人分享体验，建立社交网络。②参与生态教育。参与生态讲座、研讨会，提高自身对自然环境的认识。 男性：①追求挑战活动。男性可能更倾向于参与具有挑战性的户外运动，追求刺激和冒险的感觉。②独立探险。喜欢独自徒步、自驾游，通过独立探险满足对自主性和探索的需求。

5 以性别为基础的行动计划

5.1 人居环境保护教育与培训

秦岭国家公园的建设过程中牵扯到当地居民的人居环境保护，人居环境作为人类生活的基本空间，通常是指当地居民生活区域周边的环境，包括公共服务设施及乡村面貌等内容。在秦岭国家公园的范围内，人居环境的保护水平与秦岭生态环境可持续发展的维护存在着极为重要的联系。在秦岭国家公园的整个规划范围内，由于存在着多个利益相关方，需要就不同利益相关方的特点进行秦岭国家公园范围内人居环境保护的教育和培训。以下是与人居环境保护教育培训相关政策的建议：

①人居环境生态教育。组织当地居民尤其是女性居民面向前来国家公园进行休憩活动的游客开展生态教育项目，增强他们对秦岭自然生态系统的认知。包括了解当地的植物、动物、地理特征以及生态系统的脆弱性。

②环境保护知识普及。当地国营农林牧场、保护地管理机构以及森林资源管理局可依据保护工作的实际情况教育外来游客关于如何减少对秦岭环境的负面影响。可在这些机构当中增加女性参与的比例，组织女性在参与保护工作的同时积极向外来休憩的游客提供知识普及。

③可持续旅游培训。针对从事旅游服务行业的人员，提供关于可持续旅游和生态友好旅游的培训。培训内容可以包括游客管理、生态导游知识、低碳旅游等。

④灾害防范与应急响应培训。秦岭国家公园的保护范围内发生泥石流等自然灾害的风险概率较高，针对自然灾害风险组织培训，以加强居民和从业人员的灾害防范意识和应急响应能力，并向外来休憩的游客普及关于在面对泥石流等自然灾害时的自我保护技能。

5.2　休憩活动区域生态环境保护的社区参与

目前国内存在的生态环境治理实践主要存在两种主要模式，一种是政府管制型，另一种是市场调控型。但以上两种模式均存在着“失灵”的状况，相对比于政府管制模式，在社区参与机制下，公众对环境污染的情况具有信息优势，能及时有效地提供环境污染线索以及监督和制止环境污染的发生，能节约政府环境治理的成本；而社区居民本身就具有世代相传的生态资源利用与维护方面的宝贵经验，作为社区治理中的无形资产，对其的有效利用也能解决政府在农村环境治理中经费投入不足和经验缺失的问题。

农村生态资源难以达到市场化调控下所需的产权彻底私有化，而农村生态环境的社区参与治理，也就是以自然村或者行政村为单位对农村生态资源的私有化，也可称为“社区产权”。一方面，从政府管制到社区“私有”的治理过程中，并未实现农村自然资源产权完全由个人所有，而是农村自然资源产权的一定程度的“私有”。另一方面，社区环境资源的价值主要由社区居民所享有，社区环境的好坏关系到社区居民自身利益，因而社区群体规模较小，成员的相对稳定性且同质性较强的特性使得社区居民较容易通过合作来促进农村环境资源的可持续发展，并且对各种外来的对本社区环境破坏的行为能有效制止，社区居民对环境保护的行为合力会带来生态环境的改善，减少环境污染的负外部性。

秦岭国家公园自身还具有重要的休憩作用。如何发挥社区参与在休憩活动区域的作用？

以下是社区参与的建议：

①社区宣传与教育。在国家公园内部的社区进一步推广环境保护的宣传和教育活动。通过举办座谈会、讲座、培训班等形式，向居民传达秦岭环境的重要性，并介绍环境保护的方法和行为准则。座谈会、讲座、培训班可以设定一定比例的女性参与者。

②建立社区环保组织。鼓励居民建立专门的社区环保组织，通过这些组织可以更有效地开展环保活动，形成合力。

③参与环保项目。鼓励社区居民积极参与各种环保项目，如水源保护、野生动植物保护等，通过实际行动保护秦岭的生态系统。

④倡导低碳生活。向居民倡导低碳、环保的生活方式，减少对秦岭休憩区域的生态压力，包括鼓励节能减排、绿色出行、减少一次性用品等。

⑤举办社区活动。组织环保主题的社区活动，如环保展览、自然探险等，增进居民对环保的兴趣和认知。社区参与不仅可以提高居民对秦岭环境的保护意识，还能够促成社区内外的协作，形成全社会对环保事业的共同责任感。这需要政府、非政府组织、学校和企业等多方的合作，共同推动社区参与的实践。

5.3 人居环境保护参与者的经济奖励

我国现行法律法规中关于环境保护奖励制度的规定仅为宣示性条款，但对于奖励金额、奖励标准、具体条件、程序细则等未有提及，缺乏规范。而在法律中环境保护奖励的条件为“显著”，但对于何为“显著”以及相应的判断依据并未明确。无独有偶，其他法律中对此问题也并未给出答案，在地方立法层面，大部分政策文件也只是列举了符合奖励的情形。正因如此，在国家公园的设立过程中需要注意确定环境保护参与者的经济奖励，设立合理的规范。鼓励秦岭人居环境保护的参与者，激发其积极性并提高参与度。以下是一些关于经济奖励的建议：

①设立秦岭国家公园生态保护奖。通过设立生态保护奖，对积极参与秦岭国家公园生态环境保护的个人或团队进行奖励。每年可就秦岭国家公园内各个参与人居环境保护的主体在保护上所取得的成效给予不同程度的奖励。在奖励的设置中应当着重体现女性在维护秦岭国家公园内部人居环境所做出的贡献。

②绿色就业机会。支持创造和提供与环保相关的就业机会，为秦岭地区居民提供更多的绿色职业选择。可选择的职业类型包括生态旅游导游和服务人员、自然保护员和生态监测人员、生态教育工作者、公益组织工作人员等，这些职业可以向更多女性开放，引导女性

参与到当地的环境保护工作中。

③环保基金资助。为秦岭地区的环保项目设立专项基金，参与者可通过提案、申请等方式获得资金支持，用于推动更多的环保活动。

这些经济奖励不仅可以直接激发个体参与秦岭人居环境保护的热情，也有助于建立一个可持续的社区生态系统，促使更多人参与到环保行动中。在实施这些奖励措施时，需要确保奖励机制的公正性、透明性和有效性，以便真正发挥激励作用。

5.4 国家公园人居绿色发展相关法律政策设置

在推动国家公园人居环境的绿色发展过程中，设立法律政策是非常重要的，以确保环境的保护、可持续发展和公众参与。以下是可能的法律政策设置：

①国家公园法规。制定国家公园相关法规，明确国家公园的界定、范围、管理办法等，确保人居环境的绿色发展与保护。需要确定国家公园的首要任务是生态保护。相关规定包括禁止采矿、错误的土地利用、破坏生态环境等行为，以确保自然生态系统的健康。再对游憩行为和旅游开发进行管理，对游客的流量、游憩活动的种类和范围，以及其他与公园游憩有关的事项进行规定，以平衡保护和利用的关系。

②环境保护法律。针对国家公园范围内的环境保护制定相关法律，包括空气、水质、土壤等各方面的保护标准和限制。

③土地利用法规。设立关于土地使用的法规，以确保国家公园内土地的合理利用和保护，限制破坏性开发行为。

④生态保护法律。确定生态保护的法律框架，保护野生动植物、生态系统完整性，防止非法捕猎和野生动植物贸易等。

⑤社区参与法规。制定鼓励社区参与国家公园管理的法规，保障公众参与决策、监督管理、共同保护国家公园的权利。

⑥教育与宣传法规。制定相关法规，推动国家公园内的环境教育、宣传和意识提升，促进公众环保意识的增强。

⑦创新技术支持法律政策。支持和鼓励创新技术在国家公园管理中的应用，提供相关的法律政策支持和激励措施。

这些法律政策的设立需要考虑到国家公园的特殊性，坚持生态优先、绿色发展的理念，同时保障公众利益和生态环境的可持续性。此外，这些政策也需要建立有效的执行机制和监督体系，确保其能够有效地落实和执行。

参考文献

[1] 梁淑惠，李佳妮，黄梦蝶，等. 国家公园官方投射形象与游客感知形象对比研究：以武夷山国家公园为例 [J]. 旅游导刊，2024,8（2）：47-69.

[2] 宗路平，赵文飞，王梦君，等. 国家公园设立社会影响评价体系构建与实践应用 [J]. 国家公园（中英文），2024,2（3）：185-197.

[3] 耿云，寇一祎，范新卓，等. 基于卡诺模型的大熊猫国家公园自然教育需求研究 [J]. 生物多样性，2024,32（1）：109-119.

[4] 张海霞，薛瑞，王爱华，等. 从局域到脱域：国家公园共同体理论思辨及其政策启示 [J]. 自然资源学报，2023,38（4）：885-901.

[5] 凌琴. 社区参与大熊猫国家公园自然教育研究 [D]. 成都：四川省社会科学院，2023.

[6] 陈君帜，叶菁，刘涛，等. 国家公园社会影响体系构建与评价：以秦岭国家公园为例 [J]. 中国园林，2022,38（4）：20-25.

[7] 谢文新. 大熊猫国家公园管理体制问题诊断与对策研究 [D]. 成都：四川大学，2022.

[8] 余付勤，张百平，王晶，等. 国外大尺度生态廊道保护进展与秦岭国家公园建设 [J]. 自然资源学报，2021,36（10）：2478-2490.

免责声明

本出版物中所述为作者个人观点，并不代表亚洲开发银行、亚行理事会或其所代表政府的观点和政策。亚行不担保本出版物中所含数据的准确性，而且对使用这些数据所产生的后果不承担任何责任。在本出版物中指称或引用某个特定版图或地理区域时，或使用“国家”一词时，不代表亚行意图对该版图或区域的法律地位或其他地位的任何评判。[The views expressed on this publication are those of the authors and do not necessarily reflect the views and policies of the Asian Development Bank（ADB） or its Board of Governors or the governments they represent. ADB does not guarantee the accuracy of the data included in this publication and accepts no responsibility for any consequence of their use. By making any designation of or reference to a particular territory or geographic area, or by using the term “country” in this document, ADB does not intend to make any judgments as to the legal or other status of any territory or area.]